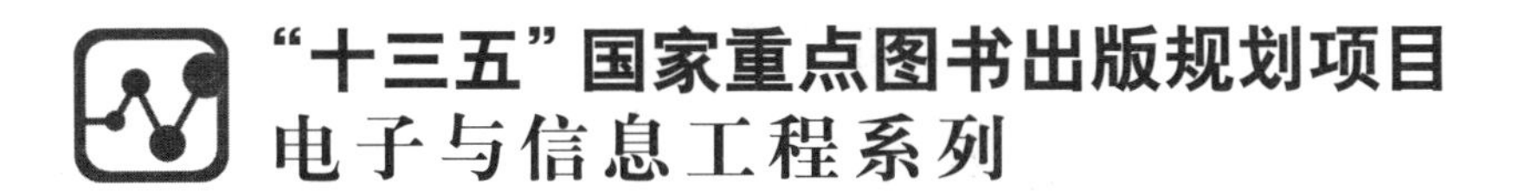

Electromagnetic Field and Microwave Technology

电磁场与微波技术

朱 磊 题原 陈 晚 主编
周喜权 董 亮 副主编
吴 群 主审

哈爾濱工業大學出版社
HARBIN INSTITUTE OF TECHNOLOGY PRESS

内容简介

本书以麦克斯韦方程组为研究基础，按照静态场、动态场、电磁场在空间的传播规律及微波技术、微波应用的思路进行讨论，最后结合ADS仿真软件平台，将理论与实际应用联系起来。本书各章内容环环相扣，叙述由浅入深、循序渐进，体系结构注重基础性，尽量避免复杂的公式推导，应用实例和实验能够反映工程应用中的热点和难点问题。

本书可作为高等学校电子科学与技术、电子信息工程、通信工程、电磁场与电磁波等专业的本科生、硕士研究生及博士研究生教材，也可作为工程技术人员的参考用书。

图书在版编目(CIP)数据

电磁场与微波技术/朱磊，题原，陈晚主编.—哈尔滨：哈尔滨工业大学出版社，2019.3(2022.3重印)

ISBN 978-7-5603-7842-8

Ⅰ.电… Ⅱ.①朱…②题…③陈… Ⅲ.①电磁场-高等学校-教材②微波技术-高等学校-教材 Ⅳ.①O441.4②TN015

中国版本图书馆CIP数据核字(2018)第266152号

电子与通信工程
图书工作室

策划编辑 许雅莹 杨 桦 张秀华
责任编辑 李长波 张艳丽
封面设计 高永利
出版发行 哈尔滨工业大学出版社
社　　址 哈尔滨市南岗区复华四道街10号 邮编150006
传　　真 0451-86414749
网　　址 http://hitpress.hit.edu.cn
印　　刷 黑龙江艺德印刷有限责任公司
开　　本 787mm×1092mm 1/16 印张21 字数500千字
版　　次 2019年3月第1版 2022年3月第3次印刷
书　　号 ISBN 978-7-5603-7842-8
定　　价 44.00元

前 言

PREFACE

“电磁场与微波技术”是通信与电子信息类专业的基础课程。随着计算机技术、微电子技术、集成电路技术、通信技术的不断发展，以及它们与电磁场与微波技术的交叉融合越来越显著，“电磁场与微波技术”已成为广大电类专业学生应该掌握的一门重要的专业基础课程。本书运用“场”的思维方法来进行相关问题的分析与研究，旨在提高学生的科学研究能力和解决实际问题的能力。本书实验部分内容结合 ADS 仿真软件平台，将理论与实际应用联系起来，将复杂、抽象、难懂的公式转变为实际的电路模型，通过电路模型的仿真计算，将场的各种参量以图形化的形式展示给学生，使得枯燥乏味的数学公式模型化、参量数值图像化。通过本书的学习，读者可在掌握电磁场与电磁波、微波技术理论知识的同时，学会电磁仿真的基本方法，并在学习过程中收获成功的喜悦。

本书由电磁场与电磁波、微波技术、电磁场与微波实验三大部分构成，电磁场与电磁波部分计划学时为 48 学时，微波技术部分计划学时为 32 学时，电磁场与微波实验部分计划学时为 12 学时。本书在编写过程中注重培养学生知识体系的完整性，能够将电磁场理论、微波技术及电磁仿真技术有机地结合起来。全书共 12 章，第 1 章矢量分析，介绍标量场、矢量场，以及通量、散度、环量、旋度等物理概念，为后续章节的学习打下良好的数学、物理基础；第 2 章静电场，介绍静电场的基本理论，包括高斯定理、环路定理、泊松方程、拉普拉斯方程、静电场的边界条件及恒定电场等内容；第 3 章恒定磁场，介绍恒定磁场的基本定律、方程及恒定磁场的边界条件等内容；第 4 章时变电磁场，介绍麦克斯韦方程组及时变电磁场的边界条件等内容；第 5 章平面波在无界空间的传播，介绍均匀平面波在不同介质空间中的传播特点；第 6 章平面电磁波在分界面的反射与折射，介绍均匀平面波对平面边界的垂直入射和斜入射的情况；第 7 章传输线理论，介绍微波传输线、史密斯圆图及阻抗匹配的方法；第 8 章规则金属波导，介绍矩形波导、圆波导等内容；第 9 章微波网络基础，介绍二端口微波网络的性质及各参数之间的关系；第 10 章微波元器件，介绍常用微波连接匹配元件和功率分配元器件；第 11 章微波应用系统，介绍微波系统的一些典型应用，包括雷达系统、微波中继通信系统及微波遥感等；第 12 章综合实验，介绍微波阻抗匹配电路、微带滤波器、定向耦合器等微波电路与器件的仿真设计方法，并结合微波分光仪测试验证电磁波的反射定律和电磁波的极化特性。上述内容既相互联系又相对独立，使用时可以根据教学任务量的情况进行适当的选取和调整。

本书由齐齐哈尔大学朱磊、题原和哈尔滨工业大学陈晚任主编，齐齐哈尔大学周喜权、董亮任副主编。具体分工为：朱磊编写第3、6、11、12章，并完成全书统稿；题原编写第7、8、9、10章及对应的习题答案；陈晚编写第2、4、5章；周喜权编写第1章；董亮编写第1～6章习题答案。本书由哈尔滨工业大学吴群教授主审，并提出了宝贵的修改意见和建议，在此表示衷心感谢。本书在编写过程中得到了齐齐哈尔大学通信与电子工程学院、哈尔滨工业大学电子与信息工程学院领导和同志的关心和支持，在此一并表示感谢。

由于编者水平有限，加之电磁场与微波技术的发展迅速，书中难免会出现一些疏漏和不足，恳请广大读者提出宝贵意见。

编　者

2018年6月

目　录

CONTENTS

第 1 章

矢量分析

熟练掌握矢量分析可以让学生在大学物理电磁学的基础上对电磁场理论有更多的认识。发表在《电磁学通论》中的麦克斯韦方程多达十几个，外表相似，让人很难理解，现在利用矢量分析把这些方程压缩为四个，让人容易理解和记忆。

本章从电磁场理论中常用的坐标系入手，在学习矢量的表示和运算的基础上，分析描述标量场和矢量场分布及变化规律的物理量。这些物理量包括标量场的等值面、方向导数、梯度以及矢量场的通量、散度、环量、旋度。学习这些物理量的定义和物理意义的同时，引入了高斯定理、斯托克斯定理和亥姆霍兹定理，为后续章节的学习奠定基础。

1.1　三种常用坐标系

直角坐标系(Rectangular Coordinate System)、圆柱坐标系(Cylindrical Coordinate System)和球坐标系(Spherical Coordinate System)是三种最常用的正交曲线坐标系，是分析场在空间中分布和变化规律的基础。根据被研究对象的几何形状不同采用不同的坐标系，可以使问题得到简化。

1.1.1　坐标系构成

1. 直角坐标系

直角坐标系是最常见的坐标系，广泛应用于多数常见电磁场及电磁波的分析过程中。直角坐标系的三个坐标变量是 x、y、z，它们的变化范围是

$$-\infty < x < +\infty, \quad -\infty < y < +\infty, \quad -\infty < z < +\infty$$

如图 1.1 所示，点 $M(x_1, y_1, z_1)$ 是 $x=x_1$、$y=y_1$、$z=z_1$ 三个坐标曲面的交点。在直角坐标系中，可以通过 x、y、z 的值寻找到空间中任意点 M 的位置。注意：x、y、z 所对应的三个坐标轴的方向一定是互相正交的。互相正交表明这三个坐标轴彼此之间均相互独立，且其中任意一个坐标无法被另外二者替代，这一特点与线性代数中的矩阵秩的概念相类似。事实上，x、y、z 可以看作是用来描述某三维空间的一个三维矩阵的基向量。

2. 圆柱坐标系

对于圆柱波导、光纤及同轴线，圆柱坐标系可以更好地描述其场分布情况，因此在分析上述电磁结构时往往采用圆柱坐标系。与直角坐标系类似，圆柱坐标系的三个坐标方向也是彼此正交的。圆柱坐标系的三个坐标变量是 ρ、φ、z，它们的变化范围是

$$0 \leqslant \rho < +\infty, \quad 0 \leqslant \varphi < 2\pi, \quad -\infty < z < +\infty$$

圆柱坐标系有时简称为柱坐标系，φ 坐标称为方位角，z 坐标与直角坐标系中 z 的名称、定义和值完全相同。

如图 1.2 所示，任意一点 M 的位置用 ρ_1、φ_1、z_1 三个量来确定，其中，ρ_1 表示 M 到 Oz 轴的距离；φ_1 表示过 M 且以 Oz 轴为界的半平面与 xOz 平面之间的夹角；z_1 表示同直角坐标系中 z 的坐标。

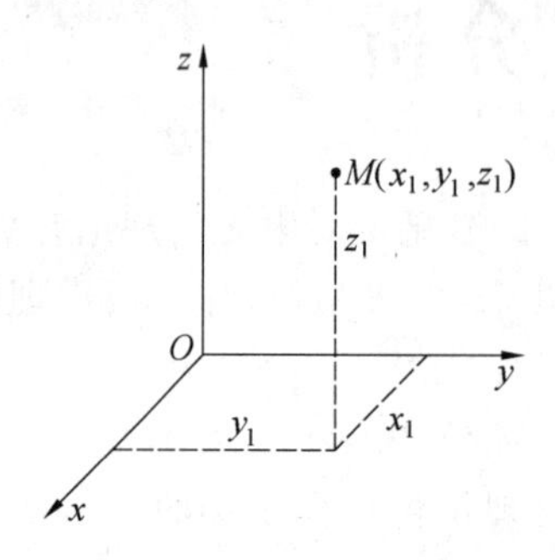

图 1.1　直角坐标系

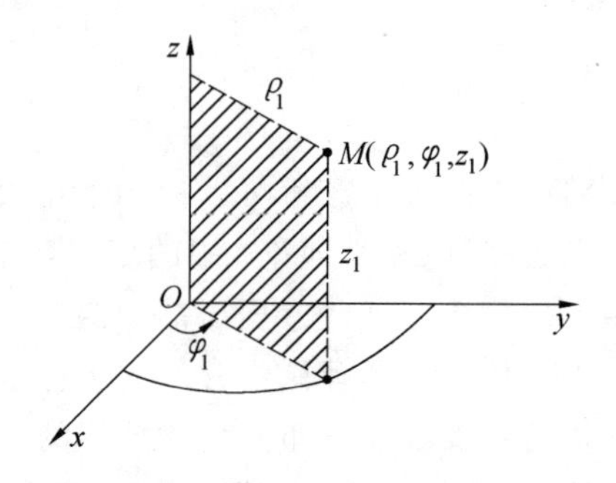

图 1.2　圆柱坐标系

从而，当 ρ=常数，φ、z 任意变化时，表示以 Oz 为轴的圆柱；当 φ=常数，ρ、z 任意变化时，表示以 Oz 轴为界的半平面；当 z=常数，ρ、φ 任意变化时，表示平行于 xOy 面的平面。

3. **球坐标系**

球坐标系主要用于描述球面波及天线的电磁场分布情况，球坐标系的三个坐标方向同样是彼此正交的。球坐标系的三个坐标变量是 r、θ、φ，它们的变化范围是

$$0 \leqslant r < +\infty, \quad 0 \leqslant \theta \leqslant \pi, \quad 0 \leqslant \varphi \leqslant 2\pi$$

如图 1.3 所示，任意一点 M 的位置用 r_1、θ_1、φ_1 三个量来确定，其中 r_1 表示 M 到原点 O 的距离，称为矢径长度；θ_1 表示矢径与 z 轴的夹角，称为高低角，φ_1 与对应的圆柱坐标变量 φ_1 名称、定义和值完全相同，也称方位角。

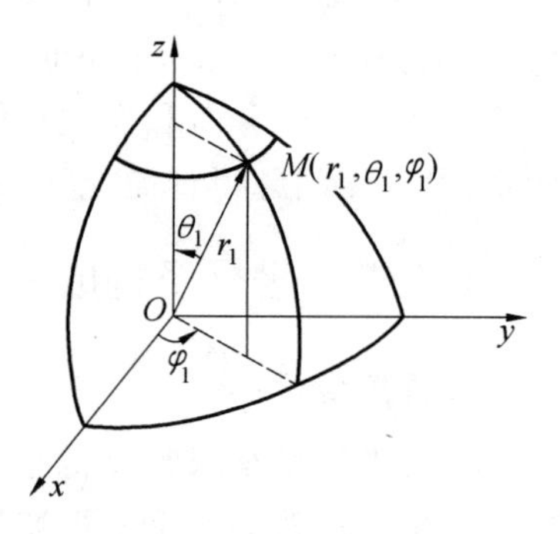

图 1.3　球坐标系

1.1.2　坐标变量代换

根据三种坐标系的图，可得三种坐标系的坐标变量之间的关系。

1. **直角坐标系与圆柱坐标系的关系**

(1) 圆柱坐标 → 直角坐标。

$$x = \rho\cos\varphi \tag{1.1a}$$

$$y = \rho\sin\varphi \tag{1.1b}$$

$$z = z \tag{1.1c}$$

(2) 直角坐标 → 圆柱坐标。

$$\rho=\sqrt{x^2+y^2} \tag{1.2a}$$

$$\varphi=\arctan\frac{y}{x}=\arcsin\frac{y}{\sqrt{x^2+y^2}}=\arccos\frac{x}{\sqrt{x^2+y^2}} \tag{1.2b}$$

$$z=z \tag{1.2c}$$

2. 直角坐标系与球坐标系的关系

(1) 球坐标 → 直角坐标。

$$x=r\sin\theta\cos\varphi \tag{1.3a}$$

$$y=r\sin\theta\sin\varphi \tag{1.3b}$$

$$z=r\cos\theta \tag{1.3c}$$

(2) 直角坐标 → 球坐标。

$$r=\sqrt{x^2+y^2+z^2} \tag{1.4a}$$

$$\theta=\arccos\frac{z}{\sqrt{x^2+y^2+z^2}}=\arcsin\frac{\sqrt{x^2+y^2}}{\sqrt{x^2+y^2+z^2}} \tag{1.4b}$$

$$\varphi=\arctan\frac{y}{x}=\arcsin\frac{y}{\sqrt{x^2+y^2}}=\arccos\frac{x}{\sqrt{x^2+y^2}} \tag{1.4c}$$

3. 圆柱坐标系与球坐标系的关系

(1) 球坐标 → 圆柱坐标。

$$\rho=r\sin\theta \tag{1.5a}$$

$$\varphi=\varphi \tag{1.5b}$$

$$z=r\cos\theta \tag{1.5c}$$

(2) 圆柱坐标 → 球坐标。

$$r=\sqrt{\rho^2+z^2} \tag{1.6a}$$

$$\theta=\arcsin\frac{\rho}{\sqrt{\rho^2+z^2}}=\arccos\frac{z}{\sqrt{\rho^2+z^2}} \tag{1.6b}$$

$$\varphi=\varphi \tag{1.6c}$$

利用坐标变量的代换关系可以解决下面的问题：已知点 M 的圆柱坐标或球坐标，求该点的直角坐标；已知点 M 的直角坐标，求该点的圆柱坐标或球坐标；同一点 M 的圆柱坐标与球坐标的相互换算等。

1.2　标量场与矢量场

在许多科学问题中，常常需要研究某种物理量在某一空间区域的分布情况和变化规律，为此，在数学上引入了场的概念。

在某一时刻，如果在某一空间区域 Ω 内的每一点都对应着某个物理量 A 的一个确定的值，则称此区域内确定了该物理量的一个场(Field)。可以用更数学化的语言来描述场，即场是某个物理量 A 关于空间区域 Ω 和时间 t 的函数。场是物质的存在形态，它有别

于实物粒子。在空间同一点上，允许同时存在多种场，或者一种场的多种模式，但与实物粒子具有不可入性和排他性有天壤之别。

1.2.1 标量场

只有大小而没有方向的物理量是标量(Scalar)。质量 M、体积 V、功 W、功率 P、能量 E、电压 U、电流强度 I、电量 Q 等都是标量。需要注意的是：一部分标量是算术量，如质量 M、体积 V 均大于等于零；另一部分标量是代数量，如电量 Q 等可正、可负。在研究问题时，如果只存在两种对立的广义方向，可以使用标量进行描述。

根据场的定义，如果物理量 A 是标量，则说明空间区域 Ω 内存在标量场(Scalar Field)。标量场的运算为算术运算和代数运算。

1.2.2 矢量场

矢量(Vector)是既有大小又有方向的物理量，例如电场强度(场强)$\boldsymbol{E}$、磁场强度 $\boldsymbol{H}$ 等。在本书中矢量用黑体字母表示，如用 $\boldsymbol{A}$ 来表示一个矢量。如果物理量 $\boldsymbol{A}$ 是矢量，则说明空间区域 Ω 内存在矢量场(Vector Field)。

1. 单位矢量

单位矢量是长度为 1 的矢量，在本书中用 $\boldsymbol{a}_{\mathrm{n}}$ 表示法向单位矢量，$\boldsymbol{a}_{\mathrm{t}}$ 表示切向单位矢量；在直角坐标系中，坐标单位矢量用 $\boldsymbol{a}_x$、$\boldsymbol{a}_y$、$\boldsymbol{a}_z$ 表示；在圆柱坐标系中，坐标单位矢量用 $\boldsymbol{a}_\rho$、$\boldsymbol{a}_\varphi$、$\boldsymbol{a}_z$ 表示；在球坐标系中，坐标单位矢量用 $\boldsymbol{a}_r$、$\boldsymbol{a}_\theta$、$\boldsymbol{a}_\varphi$ 表示；其他单位矢量用右上方带“0”的黑体字母表示，如 $\boldsymbol{l}^0$。

2. 矢量坐标分量表示

在直角坐标系中，若沿三个相互垂直的坐标单位矢量方向的三个分量都给定，分别是 A_x、A_y、A_z，则矢量 $\boldsymbol{A}$ 可表示为

$$\boldsymbol{A}=A_x\boldsymbol{a}_x+A_y\boldsymbol{a}_y+A_z\boldsymbol{a}_z \tag{1.7}$$

3. 矢量的模

矢量 $\boldsymbol{A}$ 的大小(即模)用符号 $|\boldsymbol{A}|$ 或 A 表示。在直角坐标系中，直接得出

$$A=\sqrt{A_x{}^2+A_y{}^2+A_z{}^2} \tag{1.8}$$

4. 方向余弦

如果矢量 $\boldsymbol{A}$ 与坐标轴 Ox、Oy、Oz 的正向之间的夹角(方向角)分别为 α、β、γ，则 $\cos\alpha$、$\cos\beta$、$\cos\gamma$ 称为矢量 $\boldsymbol{A}$ 的方向余弦，于是有

$$A_x=A\cos\alpha,\quad A_y=A\cos\beta,\quad A_z=A\cos\gamma \tag{1.9}$$

所以式(1.7)又可写成

$$\boldsymbol{A}=(A\cos\alpha)\boldsymbol{a}_x+(A\cos\beta)\boldsymbol{a}_y+(A\cos\gamma)\boldsymbol{a}_z \tag{1.10}$$

5. 矢量的三种乘法运算

若已知矢量 $\boldsymbol{A}=A_x\boldsymbol{a}_x+A_y\boldsymbol{a}_y+A_z\boldsymbol{a}_z$，矢量 $\boldsymbol{B}=B_x\boldsymbol{a}_x+B_y\boldsymbol{a}_y+B_z\boldsymbol{a}_z$ 以及标量 u，则有以下定律：

(1) 标乘。

矢量 $\boldsymbol{A}$ 与标量 u 之间的乘法称为矢量的标乘。

$$u\boldsymbol{A}=\boldsymbol{A}u=uA_x\boldsymbol{a}_x+uA_y\boldsymbol{a}_y+uA_z\boldsymbol{a}_z$$

(2) 点乘。

矢量 $\boldsymbol{A}$ 点乘矢量 $\boldsymbol{B}$ 的结果是标量,又称为标量积。

$$\boldsymbol{A}\cdot\boldsymbol{B}=A_xB_x+A_yB_y+A_zB_z \tag{1.11}$$

从上式可以看出,点乘满足交换律,即 $\boldsymbol{A}\cdot\boldsymbol{B}=\boldsymbol{B}\cdot\boldsymbol{A}$。

点乘的几何意义为

$$\boldsymbol{A}\cdot\boldsymbol{B}=|\boldsymbol{A}|\,|\boldsymbol{B}|\cos(\widehat{\boldsymbol{A},\boldsymbol{B}}) \tag{1.12}$$

式中,$\cos(\widehat{\boldsymbol{A},\boldsymbol{B}})$ 表示矢量 $\boldsymbol{A}$ 和矢量 $\boldsymbol{B}$ 的夹角余弦。若矢量 $\boldsymbol{A}$ 和矢量 $\boldsymbol{B}$ 夹角为 $90°$,则 $\boldsymbol{A}\cdot\boldsymbol{B}=0$,两矢量是否正交,常用此式判断。

(3) 叉乘。

矢量 $\boldsymbol{A}$ 叉乘矢量 $\boldsymbol{B}$ 的结果仍然是矢量,又称为矢量积。矢量积为

$$\boldsymbol{A}\times\boldsymbol{B}=\begin{vmatrix}\boldsymbol{a}_x & \boldsymbol{a}_y & \boldsymbol{a}_z\\ A_x & A_y & A_z\\ B_x & B_y & B_z\end{vmatrix} \tag{1.13}$$

由行列式的性质得知,叉乘不满足交换律,而是满足

$$\boldsymbol{A}\times\boldsymbol{B}=-\boldsymbol{B}\times\boldsymbol{A}$$

矢量积的几何意义为

$$|\boldsymbol{A}\times\boldsymbol{B}|=|\boldsymbol{A}|\,|\boldsymbol{B}|\sin(\widehat{\boldsymbol{A},\boldsymbol{B}})$$

$\boldsymbol{A}$ 叉乘 $\boldsymbol{B}$ 的积是一矢量,模等于 $\boldsymbol{A}$、$\boldsymbol{B}$ 的模的乘积再乘上矢量 $\boldsymbol{A}$ 和矢量 $\boldsymbol{B}$ 的夹角的正弦值;矢量积的方向用右手螺旋定则确定。若 $\boldsymbol{A}$、$\boldsymbol{B}$ 相互平行,则 $\boldsymbol{A}\times\boldsymbol{B}=\boldsymbol{0}$,反之亦然;矢量积 $\boldsymbol{A}\times\boldsymbol{B}$ 既与 $\boldsymbol{A}$ 矢量正交,也与 $\boldsymbol{B}$ 矢量正交。

对于一个特定点 (x,y,z) 处的电场强度 $\boldsymbol{E}$ 而言,可用 (E_x,E_y,E_z) 表示,因此对于三维空间内的一个特定点处的矢量场,需要6个维度即 (x,y,z,E_x,E_y,E_z) 来描述。由此可见矢量场的复杂性,随着学习的深入,还将接触到更为复杂的矢量场描述形式,如用于描述电磁场力学效应的张量(Tensor)。

1.3　描述标量场分布和变化规律的物理量

1.3.1　等值面

研究场的特性时,以场图表示场变量在空间逐点分布的情况有很大意义。对于标量场而言,二维空间用等值线(Contour Line)描述,如地图上的等高线。三维空间常用等值面(Contour Plane)描述。等值面是指在标量场 $\varphi(x,\ y,\ z)$ 中,使其函数 φ 取相同数值的所有点组成的曲面。标量场 $\varphi(x,\ y,\ z)$ 的等值面方程为

$$\varphi(x, y, z) = \text{常数} \tag{1.14}$$

例 1.1 求数量场 $\varphi = \ln(x^2 + y^2 - z)$ 通过点 $M(1,2,3)$ 的等值面方程。

解 由于点 M 的坐标是 $x_0 = 1$、$y_0 = 2$、$z_0 = 3$，则该点的数量场值为

$$\varphi = \ln({x_0}^2 + {y_0}^2 - z_0) = \ln 2$$

其等值面方程为

$$\ln(x^2 + y^2 - z) = \ln 2$$

即

$$x^2 + y^2 - z = 2$$

1.3.2 方向导数

标量场中，标量 $\varphi = \varphi(M)$ 的分布情况可由等值面或等值线来描述，但这只能了解标量场的整体分布情况。若要对标量场的局部状态深入分析，就要考查标量 φ 在场中各点处的邻域内沿每一方向的变化情况。为此，引入方向导数的概念。

设 M_0 是标量场 $\varphi = \varphi(M)$ 中的一个已知点，从 M_0 出发沿某一方向引一条射线 l，在 l 上 M_0 的邻近取一点 M，令$\overline{MM_0} = \rho$，如图 1.4 所示。当 M 趋于 M_0 时（即 ρ 趋于 0 时），若

$$\frac{\Delta\varphi}{\rho} = \frac{\varphi(M) - \varphi(M_0)}{\rho}$$

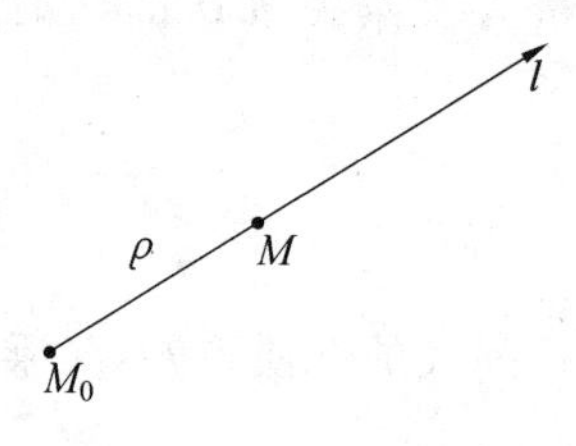

图 1.4 方向导数的定义

的极限存在，则称此极限为函数 $\varphi(M)$ 在点 M_0 处沿 l 方向的方向导数(Directional Derivative)，记为

$$\left.\frac{\partial\varphi}{\partial l}\right|_{M_0} = \lim_{M \to M_0} \frac{\varphi(M) - \varphi(M_0)}{\rho} \tag{1.15}$$

可见，$\left.\frac{\partial\varphi}{\partial l}\right|_{M_0}$ 是函数 φ 在点 M_0 处沿 l 方向对距离的变化率。当 $\left.\frac{\partial\varphi}{\partial l}\right|_{M_0} > 0$ 时，表示在点 M_0 处函数 φ 沿 l 方向是增加的，反之减小。

在直角坐标系中，方向导数可按下述公式计算。

若函数 $\varphi = \varphi(x, y, z)$ 在点 $M_0(x_0, y_0, z_0)$ 处可微，$\cos\alpha$、$\cos\beta$、$\cos\gamma$ 为沿 l 方向的方向余弦，则函数 φ 在点 M_0 处沿 l 方向的方向导数必定存在，且为

$$\left.\frac{\partial\varphi}{\partial l}\right|_{M_0} = \frac{\partial\varphi}{\partial x}\cos\alpha + \frac{\partial\varphi}{\partial y}\cos\beta + \frac{\partial\varphi}{\partial z}\cos\gamma \tag{1.16}$$

证明过程，请读者自行查阅相关资料。

例 1.2 求数量场 $\varphi = 3x^2y - y^3z^2$ 在点 $M(1, -2, -1)$ 处沿 $\boldsymbol{l} = yz\boldsymbol{a}_x + xz\boldsymbol{a}_y + xy\boldsymbol{a}_z$ 方向的方向导数。

解 矢量 $\boldsymbol{l}$ 在 M 处的值为

$$\boldsymbol{l}\,|_M = 2\boldsymbol{a}_x - \boldsymbol{a}_y - 2\boldsymbol{a}_z$$

其方向余弦为

$$\cos\alpha = \frac{2}{3},\quad \cos\beta = -\frac{1}{3},\quad \cos\gamma = -\frac{2}{3}$$

而

$$\left.\frac{\partial\varphi}{\partial x}\right|_M=6xy\Big|_M=-12$$

$$\left.\frac{\partial\varphi}{\partial y}\right|_M=3x^2-3y^2z^2\Big|_M=-9$$

$$\left.\frac{\partial\varphi}{\partial z}\right|_M=-2y^3z\Big|_M=-16$$

则数量场 φ 在 $\boldsymbol{l}$ 方向的方向导数为

$$\left.\frac{\partial\varphi}{\partial l}\right|_M=\left(\frac{\partial\varphi}{\partial x}\cos\alpha+\frac{\partial\varphi}{\partial y}\cos\beta+\frac{\partial\varphi}{\partial z}\cos\gamma\right)\Big|_M=\frac{17}{3}$$

1.3.3　梯度

方向导数可以描述标量场中某点处标量沿某方向的变化率，但从场中沿任一点出发有无穷多个方向，不可能研究所有方向的变化率，因而只关心沿哪一个方向的变化率最大，此变化率是多少。

标量场 $\varphi(x, y, z)$ 在 $\boldsymbol{l}$ 方向上的方向导数为

$$\frac{\partial\varphi}{\partial l}=\frac{\partial\varphi}{\partial x}\cos\alpha+\frac{\partial\varphi}{\partial y}\cos\beta+\frac{\partial\varphi}{\partial z}\cos\gamma$$

在直角坐标系中，令

$$\boldsymbol{l}^0=(\cos\alpha)\boldsymbol{a}_x+(\cos\beta)\boldsymbol{a}_y+(\cos\gamma)\boldsymbol{a}_z$$

$$\boldsymbol{G}=\frac{\partial\varphi}{\partial x}\boldsymbol{a}_x+\frac{\partial\varphi}{\partial y}\boldsymbol{a}_y+\frac{\partial\varphi}{\partial z}\boldsymbol{a}_z$$

则

$$\frac{\partial\varphi}{\partial l}=\boldsymbol{G}\cdot\boldsymbol{l}^0=|\boldsymbol{G}|\cos(\widehat{\boldsymbol{G},\boldsymbol{l}^0})\tag{1.17}$$

式中，$\boldsymbol{l}^0$ 是 $\boldsymbol{l}$ 方向的单位矢量；$\boldsymbol{G}$ 是在给定点处的一常矢量。由上式可见，当 $\boldsymbol{l}$ 与 $\boldsymbol{G}$ 的方向一致时，即 $\cos(\widehat{\boldsymbol{G},\boldsymbol{l}^0})=1$ 时，标量场在点 M 处的方向导数最大，也就是说沿矢量 $\boldsymbol{G}$ 方向的方向导数最大，此最大值为

$$\left.\frac{\partial\varphi}{\partial l}\right|_{\max}=|\boldsymbol{G}|$$

这样，就找到了一个矢量 $\boldsymbol{G}$，其方向是标量场在 M 点处变化率最大的方向，其模即为最大的变化率。

在标量场 $\varphi(x,y,z)$ 中的一点 M 处存在一矢量 $\boldsymbol{G}$，其方向为函数 $\varphi(x,y,z)$ 在 M 点处变化率最大的方向，其模又恰好等于最大变化率，则该矢量称为标量场 $\varphi(x,y,z)$ 在 M 点处的梯度(Gradient)，用 grad $\varphi(x,y,z)$ 表示。

在直角坐标系中，梯度的表达式为

$$\mathrm{grad}\ \varphi=\frac{\partial\varphi}{\partial x}\boldsymbol{a}_x+\frac{\partial\varphi}{\partial y}\boldsymbol{a}_y+\frac{\partial\varphi}{\partial z}\boldsymbol{a}_z\tag{1.18}$$

梯度用哈密顿(Hamiton)微分算子 ∇ 表示，其表达式为

$$\nabla\varphi=\mathrm{grad}\ \varphi\tag{1.19}$$

在直角坐标系中，哈密顿微分算子为

$$\nabla=\frac{\partial}{\partial x}\boldsymbol{a}_x+\frac{\partial}{\partial y}\boldsymbol{a}_y+\frac{\partial}{\partial z}\boldsymbol{a}_z \tag{1.20}$$

哈密顿微分算子必须与某些函数或其他标识符配合使用才有实际意义。运算过程中，哈密顿微分算子通常表现出矢量和微分的性质。圆柱坐标系和球坐标系中哈密顿微分算子的表达式，请读者自行查阅相关资料。

由分析可知，在 M 点处沿任意方向的方向导数等于该点处的梯度在此方向上的投影，因此只需要研究并确定 M 点的梯度，M 点沿任意方向的方向导数就可通过梯度方向与其他任意方向的夹角求得；标量场 $\varphi(x, y, z)$ 中某一点 M 处的梯度垂直于过该点的等值面，且指向函数 $\varphi(M)$ 增大的方向。因为 M 点处梯度的坐标$\frac{\partial\varphi}{\partial x}$、$\frac{\partial\varphi}{\partial y}$、$\frac{\partial\varphi}{\partial z}$恰好是过 M 点的等值面 $\varphi(x, y, z)=c$ 的法线方向的方向导数，即梯度为其法向矢量，所以梯度垂直于该等值面。由上述分析可以发现，描述一个标量场最关键的指标是等值线 / 面及梯度。等值线 / 面与梯度呈正交关系，一组描述具有正交关系的特殊矢量往往可以体现出该物理场的性质。

设 c 为一常数，$u(M)$ 和 $v(M)$ 为数量场，很容易证明下面的梯度运算法则成立。

$$\text{grad}\, c=0 \text{ 或} \nabla c=0 \tag{1.21}$$

$$\text{grad}(cu)=c\,\text{grad}\, u \text{ 或} \nabla(cu)=c\,\nabla u \tag{1.22}$$

$$\text{grad}(u\pm v)=\text{grad}\, u\pm \text{grad}\, v \text{ 或} \nabla(u\pm v)=\nabla u\pm\nabla v \tag{1.23}$$

$$\text{grad}(uv)=v\,\text{grad}\, u+u\,\text{grad}\, v \text{ 或} \nabla(uv)=v\,\nabla u+u\,\nabla v \tag{1.24}$$

$$\text{grad}\left(\frac{u}{v}\right)=\frac{1}{v^2}(v\,\text{grad}\, u\pm u\,\text{grad}\, v) \text{ 或} \nabla\left(\frac{u}{v}\right)=\frac{1}{v^2}(v\,\nabla u\pm u\,\nabla v) \tag{1.25}$$

$$\text{grad}[f(u)]=f'(u)\,\text{grad}\, u \text{ 或} \nabla[f(u)]=f'(u)\,\nabla u \tag{1.26}$$

例 1.3 产生场的源所在的空间位置点称为源点，记为 $\boldsymbol{r}'(x',y',z')$ 或 $\boldsymbol{r}'$；场所在的空间位置点称为场点，记为 $\boldsymbol{r}(x,y,z)$ 或 $\boldsymbol{r}$。从源点指向场点的矢量记为 $\boldsymbol{R}=\boldsymbol{r}-\boldsymbol{r}'$，源点到场点的距离记为 $R=|\boldsymbol{r}-\boldsymbol{r}'|$，如图 1.5 所示。求 $\nabla\frac{1}{R}$ 及 $\nabla'\frac{1}{R}$，其中 ∇ 表示对 (x,y,z) 运算，∇' 表示对 (x',y',z') 运算。

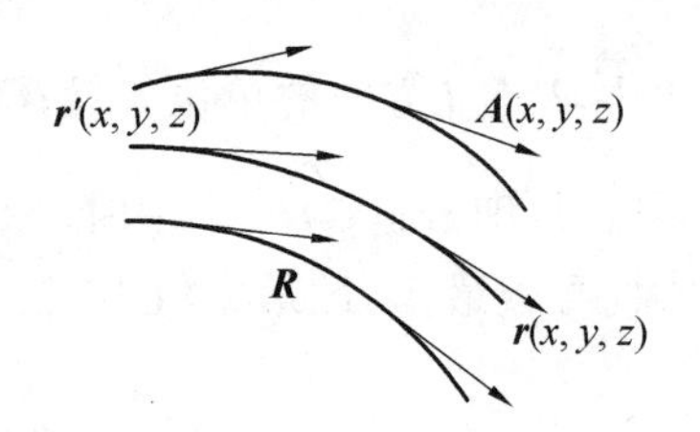

图 1.5 矢量场的矢量线

解 根据已知条件

$$\boldsymbol{r}=x\boldsymbol{a}_x+y\boldsymbol{a}_y+z\boldsymbol{a}_z,\quad \boldsymbol{r}'=x'\boldsymbol{a}_x+y'\boldsymbol{a}_y+z'\boldsymbol{a}_z$$

$$\boldsymbol{R}=(x-x')\boldsymbol{a}_x+(y-y')\boldsymbol{a}_y+(z-z')\boldsymbol{a}_z$$

$$R=\sqrt{(x-x')^2+(y-y')^2+(z-z')^2}$$

由于

$$\nabla\frac{1}{R}=\frac{\partial}{\partial x}\left(\frac{1}{R}\right)\boldsymbol{a}_x+\frac{\partial}{\partial y}\left(\frac{1}{R}\right)\boldsymbol{a}_y+\frac{\partial}{\partial z}\left(\frac{1}{R}\right)\boldsymbol{a}_z$$

其中

$$\frac{\partial}{\partial x}\left(\frac{1}{R}\right)=\frac{\partial}{\partial x}\left(\frac{1}{\sqrt{(x-x')^2+(y-y')^2+(z-z')^2}}\right)=-\frac{x-x'}{R^3}$$

$$\frac{\partial}{\partial y}\left(\frac{1}{R}\right)=\frac{\partial}{\partial y}\left(\frac{1}{\sqrt{(x-x')^2+(y-y')^2+(z-z')^2}}\right)=-\frac{y-y'}{R^3}$$

$$\frac{\partial}{\partial z}\left(\frac{1}{R}\right)=\frac{\partial}{\partial z}\left(\frac{1}{\sqrt{(x-x')^2+(y-y')^2+(z-z')^2}}\right)=-\frac{z-z'}{R^3}$$

则

$$\nabla\frac{1}{R}=-\frac{x-x'}{R^3}\boldsymbol{a}_x-\frac{y-y'}{R^3}\boldsymbol{a}_y-\frac{z-z'}{R^3}\boldsymbol{a}_z=-\frac{\boldsymbol{R}}{R^3}$$

同理得

$$\nabla'\frac{1}{R}=\frac{\boldsymbol{R}}{R^3}$$

从而发现，$\nabla\frac{1}{R}=-\nabla'\frac{1}{R}$，这个关系在以后的矢量证明中将直接引用。

1.4　描述矢量场分布和变化规律的物理量

1.4.1　矢量线

对于矢量场 $\boldsymbol{A}(x,y,z)$ 来讲，可用一些有向矢量线表示矢量 $\boldsymbol{A}$ 在空间的分布，称为矢量线(Vector Line)，其中 $\boldsymbol{A}(x,y,z)=A_x\boldsymbol{a}_x+A_y\boldsymbol{a}_y+A_z\boldsymbol{a}_z$。矢量线上任一点的切线方向必定与该点的矢量 $\boldsymbol{A}$ 的方向相同。直角坐标系中，矢量线方程可写成

$$\frac{\mathrm{d}x}{A_x}=\frac{\mathrm{d}y}{A_y}=\frac{\mathrm{d}z}{A_z}\tag{1.27}$$

可根据矢量线确定矢量场中各点矢量的方向，又可根据矢量的疏密程度判别矢量场中各点矢量的大小和变化趋势。

例 1.4　求矢量场 $\boldsymbol{A}=xy^2\boldsymbol{a}_x+x^2y\boldsymbol{a}_y+zy^2\boldsymbol{a}_z$ 的矢量线方程。

解　矢量线应满足的微分方程为

$$\frac{\mathrm{d}x}{xy^2}=\frac{\mathrm{d}y}{x^2y}=\frac{\mathrm{d}z}{y^2z}$$

从而有

$$\frac{\mathrm{d}x}{xy^2}=\frac{\mathrm{d}y}{x^2y}$$

$$\frac{\mathrm{d}x}{xy^2}=\frac{\mathrm{d}z}{y^2z}$$

解之即得矢量方程为

$$\begin{cases}z=c_1x\\x^2-y^2=c_2\end{cases}$$

式中，c_1 和 c_2 是积分常数。

1.4.2 通量和散度

1. 矢量场的通量

在分析矢量场的特性时,矢量穿过一个曲面的通量是个重要的概念。

将曲面的一个面元用矢量 d$\boldsymbol{S}$ 来表示,其方向取为面元的法线方向,其大小为 dS,即

$$\mathrm{d}\boldsymbol{S}=\boldsymbol{a}_{\mathrm{n}}\mathrm{d}S \tag{1.28}$$

式中,$\boldsymbol{a}_{\mathrm{n}}$ 是面元法线方向的单位矢量。$\boldsymbol{a}_{\mathrm{n}}$ 的指向有两种情况:① 对开曲面上的面元,设这个开曲面是由封闭曲线 l 所围成的,则选定绕行 l 的方向后,沿绕行方向按右手螺旋的拇指方向就是 $\boldsymbol{a}_{\mathrm{n}}$ 的方向,如图 1.6(a) 所示;② 对封闭曲面上的面元,外法线方向就是 $\boldsymbol{a}_{\mathrm{n}}$ 的方向,如图 1.6(b) 所示。

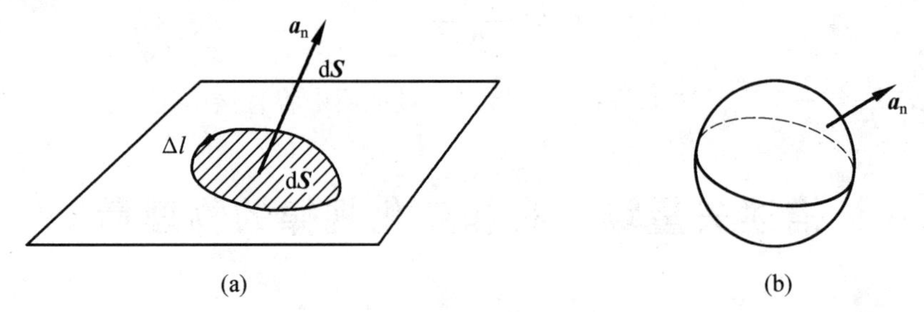

图 1.6 法线方向的取法

若面元 d$\boldsymbol{S}$ 位于矢量场 $\boldsymbol{A}(x,y,z)$ 中,由于 d$\boldsymbol{S}$ 很小,认为各点的 $\boldsymbol{A}$ 值相同,则 $\boldsymbol{A}\cdot\mathrm{d}\boldsymbol{S}$(点乘)便称为矢量 $\boldsymbol{A}$ 穿过面元 d$\boldsymbol{S}$ 的通量(Flux)。将曲面 S 各面元上的 $\boldsymbol{A}\cdot\mathrm{d}\boldsymbol{S}$ 相加来表示矢量场 $\boldsymbol{A}$ 穿过整个曲面 S 的通量,也称为矢量 $\boldsymbol{A}$ 在曲面 S 上的面积分,即

$$\Psi=\int_S\boldsymbol{A}\cdot\mathrm{d}\boldsymbol{S}=\int_S\boldsymbol{A}\cdot\boldsymbol{a}_{\mathrm{n}}\mathrm{d}S \tag{1.29}$$

如果曲面是一个封闭曲面,则

$$\Psi=\oint_S\boldsymbol{A}\cdot\mathrm{d}\boldsymbol{S} \tag{1.30}$$

表示矢量 $\boldsymbol{A}$ 穿过封闭曲面的通量。若 $\Psi>0$,表示有净流量流出,封闭曲面 S 内必有源(正源);若 $\Psi<0$,表示有净流量流入,封闭曲面 S 内必有洞(负源)。从式(1.30)还可看出,$\boldsymbol{A}$ 可以分解为垂直于 d$\boldsymbol{S}$ 的分量及平行于 d$\boldsymbol{S}$ 的分量,$\boldsymbol{A}\cdot\mathrm{d}\boldsymbol{S}$ 其实就是 $\boldsymbol{A}$ 垂直于 d$\boldsymbol{S}$ 的分量穿过 d$\boldsymbol{S}$ 的通量,因此对于 $\boldsymbol{A}$ 与 d$\boldsymbol{S}$ 不平行的情况,通过矢量分解即可求得矢量 $\boldsymbol{A}$ 穿过封闭曲面的通量。

下面以流体为例来讨论矢量场通量的物理意义。在流体中,设流体的流速 $\boldsymbol{v}$ 构成一个矢量场,则 $\boldsymbol{v}\cdot\mathrm{d}\boldsymbol{S}$ 是流体每秒穿过面元 d$\boldsymbol{S}$ 的流量,$\oint_S\boldsymbol{v}\cdot\mathrm{d}\boldsymbol{S}$ 是流体每秒从闭合面 S 流出的净流量。如果穿过闭合面的通量不等于 0,则表示闭合面包围的体积内有净的流量流出或流入。$\oint_S\boldsymbol{v}\cdot\mathrm{d}\boldsymbol{S}>0$ 表示每秒有净流量流出,这说明体积内必定存在流体的正源;$\oint_S\boldsymbol{v}\cdot\mathrm{d}\boldsymbol{S}<0$ 表示每秒有净流量流入,这说明体积内必定存在流体的负源。显然,前一种

情况下体积内也可能存在负源,但体积内正源肯定大于负源,所以流体有净流量从闭合面内流出;而后者恰恰相反,体积内总是负源大于正源,故流体有净流量从闭合面流入。如果 $\oint_S \boldsymbol{v} \cdot \mathrm{d}\boldsymbol{S} = 0$,则没有流体穿过闭合面,或流入和流出体积的流量相等,此时也说明体积内无流体的源,或流体的正源和负源相等。

2. 矢量场的散度

上述通量是一个大范围面积上的积分量,反映了某一空间内场源总的特性,但没有反映出场源分布特性。为了研究矢量场 $\boldsymbol{A}$ 在某一点附近的通量特性,把包围某点的封闭曲面向该点无限收缩,使包含这个点在内的体积元 $\Delta V \to 0$,取如下极限:

$$\lim_{\Delta V \to 0} \frac{\oint_S \boldsymbol{A} \cdot \mathrm{d}\boldsymbol{S}}{\Delta V}$$

称此极限为矢量场 $\boldsymbol{A}$ 在某点的散度(Divergence),记为 $\mathrm{div}\,\boldsymbol{A}$,即散度的定义式为

$$\mathrm{div}\,\boldsymbol{A} = \lim_{\Delta V \to 0} \frac{\oint_S \boldsymbol{A} \cdot \mathrm{d}\boldsymbol{S}}{\Delta V} \tag{1.31}$$

此式表明,$\boldsymbol{A}$ 的散度是标量,表示从该点单位体积内散发出来的 $\boldsymbol{A}$ 的通量(通量密度),反映出 $\boldsymbol{A}$ 在该点通量源的强度。$\mathrm{div}\,\boldsymbol{A} > 0$,该点是流出的源,其值表示源的强度;$\mathrm{div}\,\boldsymbol{A} < 0$,该点是吸收的洞,其值表示洞的强度。若在某区域中各点的 $\mathrm{div}\,\boldsymbol{A} = 0$,则称矢量场为无源场。

为什么要将包围某点的封闭曲面向该点无限收缩并取极限呢?这是因为通过对包围某点的封闭曲面上的矢量场 $\boldsymbol{A}$ 做面积分后可以发现,只要封闭曲面 $\boldsymbol{S}$ 包含此点,则面积分的结果就是不变的,这说明了该点的特殊性,因此有必要研究该点的性质。研究手段是通过不断缩小封闭曲面的范围,即令体积元 $\Delta V \to 0$,逐渐逼近该点,通过这种手段可以展现出该点的性质,方便对该点展开研究。注意,虽然体积元 $\Delta V \to 0$,但 ΔV 并不等于 0,而是无限趋近于 0。这是因为一旦 $\Delta V = 0$,式(1.31)的分母的值则变为 0,而分子是封闭曲面 S 的通量,在有源的条件下必然不为 0,这将导致通量的计算结果全部趋于无穷大。由于从物理上考虑,源必有一个虽小但可衡量的体积,一旦积分面围成的体积小于源的体积,积分的结果就会出现问题。因此,ΔV 可趋近于一个无限小量但绝不能小于源的体积,更不能等于 0。

矢量场 $\boldsymbol{A}$ 的散度可表示为哈密顿微分算子∇与矢量 $\boldsymbol{A}$ 的标量积,即

$$\mathrm{div}\,\boldsymbol{A} = \nabla \cdot \boldsymbol{A}$$

$$\nabla \cdot \boldsymbol{A} = \left(\frac{\partial}{\partial x}\boldsymbol{a}_x + \frac{\partial}{\partial y}\boldsymbol{a}_y + \frac{\partial}{\partial z}\boldsymbol{a}_z\right) \cdot (A_x\boldsymbol{a}_x + A_y\boldsymbol{a}_y + A_z\boldsymbol{a}_z) = \frac{\partial A_x}{\partial x} + \frac{\partial A_y}{\partial y} + \frac{\partial A_z}{\partial z} \tag{1.32}$$

散度运算符合以下规则:

$$\nabla \cdot (\boldsymbol{A} \pm \boldsymbol{B}) = \nabla \cdot \boldsymbol{A} \pm \nabla \cdot \boldsymbol{B} \tag{1.33a}$$

$$\nabla \cdot (\varphi\boldsymbol{A}) = \varphi\, \nabla \cdot \boldsymbol{A} \pm \boldsymbol{A} \cdot \nabla\varphi \tag{1.33b}$$

式中,φ 是标量。

例 1.5　求标量场梯度$\nabla\varphi$ 的散度。

解
$$\nabla\varphi=\frac{\partial\varphi}{\partial x}\boldsymbol{a}_x+\frac{\partial\varphi}{\partial y}\boldsymbol{a}_y+\frac{\partial\varphi}{\partial z}\boldsymbol{a}_z$$

$$\nabla\cdot\nabla\varphi=\frac{\partial}{\partial x}\frac{\partial\varphi}{\partial x}+\frac{\partial}{\partial y}\frac{\partial\varphi}{\partial y}+\frac{\partial}{\partial z}\frac{\partial\varphi}{\partial z}=\frac{\partial^2\varphi}{\partial x^2}+\frac{\partial^2\varphi}{\partial y^2}+\frac{\partial^2\varphi}{\partial z^2}$$

记运算$\nabla\cdot\nabla$为∇^2,称为拉普拉斯(Laplace) 算子,即

$$\nabla^2=\frac{\partial^2}{\partial x^2}+\frac{\partial^2}{\partial y^2}+\frac{\partial^2}{\partial z^2}\tag{1.34}$$

运算过程中,拉普拉斯算子通常表现出微分的性质。圆柱坐标系和球坐标系中拉普拉斯算子的表达式,请读者自行查阅相关资料。

3. **散度定理**

矢量 $\boldsymbol{A}$ 的散度是通量的体密度,所以 $\boldsymbol{A}$ 的散度的体积分等于矢量 $\boldsymbol{A}$ 穿过包围该体积的封闭曲面的总通量,即

$$\int_V \nabla\cdot\boldsymbol{A}\mathrm{d}V=\oint_S\boldsymbol{A}\cdot\mathrm{d}\boldsymbol{S}\tag{1.35}$$

证明如下:将曲面 S 包围的体积 V 分成许多体积元 $\mathrm{d}V_i(i=1\sim n)$,计算每个体积元的小封闭曲面 S_i 上穿过的通量,然后叠加,有

$$\int_{S_i}\boldsymbol{A}\cdot\mathrm{d}\boldsymbol{S}_i=(\nabla\cdot\boldsymbol{A})\Delta V_i\quad(i=1\sim n)$$

由散度定理可知:

① 相邻两体积元有一个公共表面,公共表面上的通量对这两个体积元来说恰好是等值异号的,求和可互相抵消。

② 除了邻近 S 面的体积元外,所有体积元都是由几个相邻体积元间的公共表面包围而成的,体积元的通量总和为 0。

③ 邻近 S 面那些体积元,有部分面积是在 S 面上的面元 $\mathrm{d}S$,这部分表面的通量没有被抵消,其总和刚好等于从封闭曲面 S 穿出的通量。

因此有
$$\sum_{i=1}^{n}\oint_{S_i}\boldsymbol{A}\cdot\mathrm{d}\boldsymbol{S}=\oint_S\boldsymbol{A}\cdot\mathrm{d}\boldsymbol{S}$$

故得到

$$\oint_S\boldsymbol{A}\cdot\mathrm{d}\boldsymbol{S}=\sum_{i=1}^{n}(\nabla\cdot\boldsymbol{A})\Delta V_i=\int_V\nabla\cdot\boldsymbol{A}\mathrm{d}V$$

例 1.6 已知矢径 $\boldsymbol{r}=x\boldsymbol{a}_x+y\boldsymbol{a}_y+z\boldsymbol{a}_z$,设 S 为由柱面 $x^2+y^2=a^2$ 及平面 $z=0$ 和 $z=h$ 围成的封闭曲面,求矢径 $\boldsymbol{r}$ 穿出 S 的柱面部分的通量。

解 设 S_1 和 S_2 为封闭曲面 S 的顶部与底部的圆面,则所求的通量可用穿出封闭曲面 S 的总通量减去穿出 S_1 面和 S_2 面的通量求得,即

$$\begin{aligned}\Psi&=\oiint_S\boldsymbol{r}\cdot\mathrm{d}\boldsymbol{S}-\iint_{S_1+S_2}\boldsymbol{r}\cdot\mathrm{d}\boldsymbol{S}\\&=\iiint_\Omega\nabla\cdot\boldsymbol{r}\mathrm{d}V-\iint_{S_1}h\mathrm{d}x\mathrm{d}y-\iint_{S_2}0\cdot\mathrm{d}x\mathrm{d}y\\&=\iiint_\Omega 3\mathrm{d}V-\pi a^2h+0\end{aligned}$$

$$=3\pi a^2 h-\pi a^2 h=2\pi a^2 h$$

1.4.3　环量和旋度

1. 矢量场的环量

在分析矢量场的性质时，除了通量以外，另一个重要的概念就是矢量场沿闭合曲线的环量。在建立通量的概念之后，为什么要研究环量呢？这是由于在进行通量计算时，存在一种特殊的矢量场。在计算通量面积分时，如果空间中只存在这种矢量场，不论如何取积分面 S，积分结果均为 0，这说明该矢量场为无源场。矢量场恒为无源场，那么场从何而来呢？这是由于这种特殊的场的矢量线形成了闭环，所以无论如何取通量积分面，也不论通量元 $\boldsymbol{A}\cdot\mathrm{d}\boldsymbol{S}$ 的结果为何值，总会有一个等值异号的通量元出现并将其抵消，保证总通量为 0。为对这种矢量场进行描述，普通的面积分是行不通的，然而此时若沿着一个特定的环路做环路积分，就可以避免这一问题。在力场中，某一质点沿着指定的曲线 c 运动时，力场所做的功可表示为力场 $\boldsymbol{F}$ 沿曲线 c 的线积分，即

$$W=\int_c \boldsymbol{F}\cdot\mathrm{d}\boldsymbol{l}=\int_c F\cos\theta\mathrm{d}l \tag{1.36}$$

式中，$\mathrm{d}\boldsymbol{l}$ 是曲线 c 的线元矢量，方向是该线元的切线方向；θ 是力场 $\boldsymbol{F}$ 与线元 $\mathrm{d}\boldsymbol{l}$ 的夹角。

在矢量场 $\boldsymbol{A}$ 中，若曲线 c 是闭合曲线，其矢量场 $\boldsymbol{A}$ 沿闭合曲线 c 的线积分可表示为

$$\oint_c \boldsymbol{A}\cdot\mathrm{d}\boldsymbol{l}=\oint_c A\cos\theta\mathrm{d}l \tag{1.37}$$

此线积分称为矢量场 $\boldsymbol{A}$ 的环量(Circulation)，如图 1.7 所示。

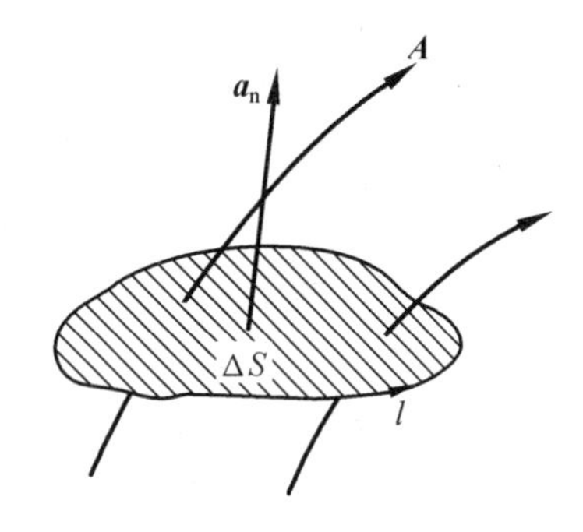

图 1.7　矢量场的环量

若矢量场沿闭合曲线的环量不为 0，则表示闭合曲线内有旋涡源；若矢量场沿闭合曲线的环量等于 0，则表示闭合曲线内无旋涡源。

不论是引入通量概念还是引入环量概念，其目的都是借助数学手段来表达研究对象的物理性质。环路积分、面积分、通量与体积元 ΔV 相除的目的也是如此，读者如果从数学角度去思考这些数学计算的缘由，必会对上述推导的逻辑产生疑惑。而在初步理解上述推导的物理含义之后，从物理角度思考上述公式推导的含义则容易得多。以面积分为例，做面积分的目的是为了表达实际存在的有源场的物理性质，之所以要做面积分运算，而不是其他运算，是因为面积分运算可以表述某些重要的物理性质。若对 $\boldsymbol{A}$ 做体积分，可以表述一些重要的物理含义，由此对 $\boldsymbol{A}$ 做体积分，并将其定义为一个新的物理量，也是可以的。

2. 矢量场的旋度

从式 $\int_c \boldsymbol{A}\cdot\mathrm{d}\boldsymbol{l}=\oint_c A\cos\theta\mathrm{d}l$ 中可以看出，环量是矢量 $\boldsymbol{A}$ 在大范围闭合曲线上的线积分，反映了闭合曲线内旋涡源分布的情况，而从矢量场分析的要求来看，希望知道每个点附近

的旋涡源分布的情况。为此,把闭合曲线收缩,使它包围的面积元 $\Delta S \to 0$,并求其极限值:

$$\lim_{\Delta S\to 0}\frac{\oint_c \boldsymbol{A}\cdot \mathrm{d}\boldsymbol{l}}{\Delta S} \tag{1.38}$$

此极限值的意义是环量的面密度(环量强度)。由于面元有方向,与闭合曲线 c 的绕行方向符合右手螺旋定则。因此在给定点上,上述极限对于不同的面元是不同的。与求散度类似,这里的面积元 ΔS 趋近于零但绝不能等于零。

为定量表述矢量线为闭环的矢量场的物理性质,进行如下定义:

$$\mathrm{rot}\,\boldsymbol{A}=\boldsymbol{a}_{\mathrm{n}}\lim_{\Delta S\to 0}\frac{\left[\oint_c \boldsymbol{A}\cdot \mathrm{d}\boldsymbol{l}\right]_{\max}}{\Delta S} \tag{1.39a}$$

式(1.39a)称为矢量场 $\boldsymbol{A}$ 的旋度(Rotation)。从中可见,旋度是矢量,其大小是矢量 $\boldsymbol{A}$ 在给定处的最大环量面密度,方向就是当面元的取向使环量面密度最大时面元外法线方向 $\boldsymbol{a}_{\mathrm{n}}$。$\mathrm{rot}\,\boldsymbol{A}$ 描述了矢量 $\boldsymbol{A}$ 在该点的旋涡源强度。若在某区域中各点的 $\mathrm{rot}\,\boldsymbol{A}=0$,则称矢量场为无旋场或保守场。

矢量场 $\boldsymbol{A}$ 的旋度可表示为哈密顿微分算子∇与矢量 $\boldsymbol{A}$ 的矢量积,即

$$\mathrm{rot}\,\boldsymbol{A}=\nabla\times\boldsymbol{A} \tag{1.39b}$$

直角坐标系中,

$$\begin{aligned}\nabla\times\boldsymbol{A}&=\left(\frac{\partial}{\partial x}\boldsymbol{a}_x+\frac{\partial}{\partial y}\boldsymbol{a}_y+\frac{\partial}{\partial z}\boldsymbol{a}_z\right)\times(A_x\boldsymbol{a}_x+A_y\boldsymbol{a}_y+A_z\boldsymbol{a}_z)\\&=\left(\frac{\partial A_z}{\partial y}-\frac{\partial A_y}{\partial z}\right)\boldsymbol{a}_x+\left(\frac{\partial A_x}{\partial z}-\frac{\partial A_z}{\partial x}\right)\boldsymbol{a}_y+\left(\frac{\partial A_y}{\partial x}-\frac{\partial A_x}{\partial y}\right)\boldsymbol{a}_z\end{aligned} \tag{1.40}$$

即

$$\nabla\times\boldsymbol{A}=\begin{vmatrix}\boldsymbol{a}_x & \boldsymbol{a}_y & \boldsymbol{a}_z\\ \dfrac{\partial}{\partial x} & \dfrac{\partial}{\partial y} & \dfrac{\partial}{\partial z}\\ A_x & A_y & A_z\end{vmatrix}$$

旋度运算符合以下规则:

$$\nabla\times(\boldsymbol{A}\pm\boldsymbol{B})=\nabla\times\boldsymbol{A}\pm\nabla\times\boldsymbol{B} \tag{1.41}$$

$$\nabla\times(\varphi\boldsymbol{A})=\varphi\,\nabla\times\boldsymbol{A}+\nabla\varphi\times\boldsymbol{A} \tag{1.42}$$

$$\nabla\cdot(\boldsymbol{A}\times\boldsymbol{B})=\boldsymbol{B}\cdot\nabla\times\boldsymbol{A}-\boldsymbol{A}\cdot\nabla\times\boldsymbol{B} \tag{1.43}$$

$$\nabla\cdot(\nabla\varphi)=0 \tag{1.44}$$

$$\nabla\times\nabla\times\boldsymbol{A}=\nabla(\nabla\cdot\boldsymbol{A})-\nabla^2\boldsymbol{A} \tag{1.45}$$

式中,φ 是标量。

3. 斯托克斯定理

因为旋度代表单位面积的环量,所以矢量场在闭合曲线 c 上的环量等于闭合曲线 c 所包围曲面 S 上旋度的总和,即

$$\int_S(\nabla\times\boldsymbol{A})\cdot\mathrm{d}\boldsymbol{S}=\oint_c\boldsymbol{A}\cdot\mathrm{d}\boldsymbol{l} \tag{1.46}$$

式中，$d\boldsymbol{S}$ 的方向与 $d\boldsymbol{l}$ 的方向成右手螺旋关系。

式(1.46) 称为斯托克斯定理或斯托克斯公式。它将矢量旋度的面积分转换成该矢量的线积分，或将矢量 $\boldsymbol{A}$ 的线积分转换为该矢量旋度的面积分。

例 1.7　已知 $\varphi=3x^2y$，$\boldsymbol{A}=x^3yz\boldsymbol{a}_y+3xy^2\boldsymbol{a}_z$，求 $\mathrm{rot}(\varphi\boldsymbol{A})$。

解
$$\mathrm{rot}(\varphi\boldsymbol{A})=\nabla\times(\varphi\boldsymbol{A})=\varphi\,\nabla\times\boldsymbol{A}+\nabla\varphi\times\boldsymbol{A}$$

而

$$\nabla\times\boldsymbol{A}=\begin{vmatrix}\boldsymbol{a}_x & \boldsymbol{a}_y & \boldsymbol{a}_z\\ \dfrac{\partial}{\partial x} & \dfrac{\partial}{\partial y} & \dfrac{\partial}{\partial z}\\ 0 & x^3yz & 3xy^2\end{vmatrix}=(6xy-x^3y)\boldsymbol{a}_x-3y^2\boldsymbol{a}_y+3x^2yz\boldsymbol{a}_z$$

$$\nabla\varphi\times\boldsymbol{A}=\begin{vmatrix}\boldsymbol{a}_x & \boldsymbol{a}_y & \boldsymbol{a}_z\\ 6xy & 3x^2 & 0\\ 0 & x^3yz & 3xy^2\end{vmatrix}=9x^3y^2\boldsymbol{a}_x-18x^2y^3\boldsymbol{a}_y+6x^4y^2z\boldsymbol{a}_z$$

所以

$$\nabla\times(\varphi A)=3x^2y^2[(9x-x^3)\boldsymbol{a}_x-9y\boldsymbol{a}_y+5x^2z\boldsymbol{a}_z]$$

例 1.8　求矢量场 $\boldsymbol{A}=x(z-y)\boldsymbol{a}_x+y(x-z)\boldsymbol{a}_y+z(y-x)\boldsymbol{a}_z$ 在点 $M(1,0,1)$ 处的旋度以及沿 $\boldsymbol{n}=2\boldsymbol{a}_x+6\boldsymbol{a}_y+3\boldsymbol{a}_z$ 方向的环量面密度。

解　矢量场 $\boldsymbol{A}$ 的旋度为

$$\mathrm{rot}\,\boldsymbol{A}=\nabla\times\boldsymbol{A}=\begin{vmatrix}\boldsymbol{a}_x & \boldsymbol{a}_y & \boldsymbol{a}_z\\ \dfrac{\partial}{\partial x} & \dfrac{\partial}{\partial y} & \dfrac{\partial}{\partial z}\\ x(z-y) & y(x-z) & z(y-x)\end{vmatrix}$$
$$=(z+y)\boldsymbol{a}_x+(x+z)\boldsymbol{a}_y+(y+x)\boldsymbol{a}_z$$

在点 $M(1,0,1)$ 处的旋度为

$$\nabla\times\boldsymbol{A}\Big|_M=\boldsymbol{a}_x+2\boldsymbol{a}_y+\boldsymbol{a}_z$$

$\boldsymbol{n}$ 方向的单位矢量为

$$\boldsymbol{a}_{\mathrm{n}}=\frac{1}{\sqrt{2^2+6^2+3^2}}(2\boldsymbol{a}_x+6\boldsymbol{a}_y+3\boldsymbol{a}_z)=\frac{2}{7}\boldsymbol{a}_x+\frac{6}{7}\boldsymbol{a}_y+\frac{3}{7}\boldsymbol{a}_z$$

在点 $M(1,0,1)$ 处沿 $\boldsymbol{n}$ 方向的环量面密度为

$$\mu=\nabla\times\boldsymbol{A}\,|_M\cdot\boldsymbol{a}_{\mathrm{n}}=\frac{2}{7}+\frac{6}{7}\cdot 2+\frac{3}{7}=\frac{17}{7}$$

1.5　亥姆霍兹定理

任何一个物理场都必须有源，场和源一起出现，把源看成是产生场的起因。以上从散度和旋度两方面对矢量场进行了讨论。那么，散度和旋度已知时，能否唯一地确定这个矢量场呢？亥姆霍兹定理回答了这个问题。为了从概念上理解这一定理，先将矢量场的散度和旋度的意义做一简要的归纳和比较。

(1) 矢量场的散度是一个标量,而矢量场的旋度是一个矢量。

(2) 散度表示场中某点的通量体密度,它是通量源强度的量度;旋度表示场中某点的最大环量面密度,它是旋度源强度的量度。

(3) 从散度的计算公式可知,散度取决于场矢量的各个分量沿各自方向上的变化率;而由旋度的计算公式可以看出,旋度由场矢量的各个分量在与之正交方向上的变化率来决定。

可见,散度表示矢量场在各点处的通量源,旋度表示矢量场在各点处的旋涡源。因此,矢量场的散度和旋度一旦给定,就意味着产生矢量场的通量源和旋涡源都确定了,而场总是由源激发的,通量源和旋涡源的确定就意味着场也就确定了。

在以上概念的基础上,下面介绍亥姆霍兹定理。

亥姆霍兹定理的简单表达是:若矢量场 $\boldsymbol{F}$ 在无限空间中处处单值,且其导数连续有界,而源分布在有限空间区域中,则矢量场由其散度、旋度和边界条件唯一确定,并且可以表示为梯度场 $\boldsymbol{F}_1$ 和旋度场 $\boldsymbol{F}_2$ 之和,即

$$\boldsymbol{F}=\boldsymbol{F}_1+\boldsymbol{F}_2 \tag{1.47}$$

式中,梯度场 $\boldsymbol{F}_1$ 可以用一个标量函数的负梯度表示,即 $\boldsymbol{F}_1=-\nabla\varphi$;旋度场 $\boldsymbol{F}_2$ 可以用一个矢量函数 $\boldsymbol{A}$ 的旋度表示,即 $\boldsymbol{F}_2=\nabla\times\boldsymbol{A}$。同时,分别把 φ 和 $\boldsymbol{A}$ 称作标量位和矢量位,从而亥姆霍兹定理的数学表达式为

$$\boldsymbol{F}=-\nabla\varphi+\nabla\times\boldsymbol{A} \tag{1.48}$$

亥姆霍兹定理的证明请参阅毕德显著的《电磁场理论》。

亥姆霍兹定理为本课程今后的研究指明了方向。研究一个矢量场,无论是静态场还是时变场,都要研究它的散度、旋度和边界条件。矢量场的散度和旋度决定了矢量场的基本性质,所以矢量场的散度和旋度所满足的关系式称为矢量场基本方程的微分形式,而把矢量场的通量和环量所满足的关系式称为矢量场基本方程的积分形式。矢量场的基本性质由矢量场的基本方程来表示。

本章小结

(1) 为了分析场在空间中的分布和变化规律,必须引入坐标系。在电磁场问题中,常用的坐标系是直角坐标系、柱坐标系和球坐标系。

(2) 在某一空间区域中,物理量的无穷集合表示一种场。若该物理量与时间无关,则该场称为静态场;若该物理量与时间有关,则该场称为动态场或时变场。标量函数所确定的场称为标量场,矢量函数所确定的场称为矢量场。考查标量场在空间的分布和变化规律的概念有等值面、方向导数和梯度。

等值面是指在标量场 $\varphi(x,y,z)$ 中,使其函数 φ 取相同数值的所有点组成的曲面。标量场 $\varphi(x,y,z)$ 的等值面方程为

$$\varphi(x,y,z)=\text{常数}$$

标量函数 φ 在某点处沿 l 方向的变化率 $\frac{\partial\varphi}{\partial l}$,称为标量场 φ 沿该方向的方向导数。

(3) 标量函数 φ 的梯度是一个矢量，其方向为函数 φ 在该点处变化率最大的方向，其模又恰好等于最大变化率，用 grad φ 表示。在直角坐标系中，梯度的表达式为

$$\mathrm{grad}\ \varphi=\nabla\varphi=\frac{\partial\varphi}{\partial x}\boldsymbol{a}_x+\frac{\partial\varphi}{\partial y}\boldsymbol{a}_y+\frac{\partial\varphi}{\partial z}\boldsymbol{a}_z$$

标量函数 φ 在该点的梯度与方向导数的关系为

$$\frac{\partial\varphi}{\partial l}=\nabla\varphi\cdot\boldsymbol{l}$$

(4) 矢量场中用一些有向矢量线表示矢量 $\boldsymbol{A}$ 在空间的分布，称为矢量线。直角坐标系中，矢量线的方程可写成

$$\frac{\mathrm{d}x}{A_x}=\frac{\mathrm{d}y}{A_y}=\frac{\mathrm{d}z}{A_z}$$

矢量场 $\boldsymbol{A}$ 穿过曲面 S 的通量为 $\Psi=\int_S\boldsymbol{A}\cdot\mathrm{d}\boldsymbol{S}$。矢量 $\boldsymbol{A}$ 在某点的散度定义式为

$$\mathrm{div}\ \boldsymbol{A}=\nabla\cdot\boldsymbol{A}=\lim_{\Delta V\to 0}\frac{\oint_S\boldsymbol{A}\cdot\mathrm{d}\boldsymbol{S}}{\Delta V}$$

散度是标量，表示从该点散发出来的 $\boldsymbol{A}$ 的通量密度，反映出 $\boldsymbol{A}$ 在该点通量源的强度。其散度定理为

$$\int_V\nabla\cdot\boldsymbol{A}\mathrm{d}V=\oint_S\boldsymbol{A}\cdot\mathrm{d}\boldsymbol{S}$$

矢量 $\boldsymbol{A}$ 沿闭合曲线 c 的线积分 $\int_c\boldsymbol{A}\cdot\mathrm{d}\boldsymbol{l}$，称为矢量 $\boldsymbol{A}$ 沿该曲线的环量。矢量 $\boldsymbol{A}$ 在某点的旋度定义为

$$\mathrm{rot}\ \boldsymbol{A}=\boldsymbol{a}_\mathrm{n}\lim_{\Delta S\to 0}\frac{\left[\oint_c\boldsymbol{A}\cdot\mathrm{d}\boldsymbol{l}\right]_{\max}}{\Delta S}$$

旋度是矢量，其大小是矢量 $\boldsymbol{A}$ 在给定处的最大环量面密度，方向就是当面元的取向使环量面密度最大时面元的方向，面元方向为 $\boldsymbol{a}_\mathrm{n}$。rot $\boldsymbol{A}$ 描述了矢量 $\boldsymbol{A}$ 在该点的旋涡源强度。其斯托克斯定理为

$$\int_S(\nabla\times\boldsymbol{A})\cdot\mathrm{d}\boldsymbol{S}=\oint_c\boldsymbol{A}\cdot\mathrm{d}\boldsymbol{l}$$

(5) 由亥姆霍兹定理可知，在无限空间中的矢量场可由它的散度和旋度唯一确定。因此，研究一个矢量场，无论是静态场还是时变场，都要研究它的散度、旋度和边界条件。矢量场的散度和旋度，决定了矢量场的基本性质，矢量场的基本性质由矢量场的基本方程来表示。

习　　题

1－1　已知 $\boldsymbol{A}=2\boldsymbol{a}_x+3\boldsymbol{a}_y-\boldsymbol{a}_z$，$\boldsymbol{B}=\boldsymbol{a}_x+\boldsymbol{a}_y-2\boldsymbol{a}_z$，$\boldsymbol{C}=3\boldsymbol{a}_x-\boldsymbol{a}_y+\boldsymbol{a}_z$，求：
(1)A。(2)$\boldsymbol{B}^0$。(3)$\boldsymbol{A}\cdot\boldsymbol{B}$。(4)$\boldsymbol{B}\times\boldsymbol{C}$。(5)$(\boldsymbol{A}\times\boldsymbol{B})\times\boldsymbol{C}$。(6)$(\boldsymbol{A}\times\boldsymbol{B})\cdot\boldsymbol{C}$。

1－2　已知 $\boldsymbol{A}=2\boldsymbol{a}_\rho+\pi\boldsymbol{a}_\varphi+\boldsymbol{a}_z$，$\boldsymbol{B}=-\boldsymbol{a}_\rho+3\boldsymbol{a}_\varphi-2\boldsymbol{a}_z$，求：

(1)A。(2) $\boldsymbol{B}^0$。(3)$\boldsymbol{A}\cdot\boldsymbol{B}$。(4)$\boldsymbol{B}\times\boldsymbol{A}$。(5)$\boldsymbol{A}+\boldsymbol{B}$。

1－3　已知 $\boldsymbol{A}=\boldsymbol{a}_x+2\boldsymbol{a}_y-\boldsymbol{a}_z$,$\boldsymbol{B}=\alpha\boldsymbol{a}_x+\boldsymbol{a}_y-3\boldsymbol{a}_z$,当 $\boldsymbol{A}\perp\boldsymbol{B}$ 时,求 α。

1－4　将直角坐标系中的矢量场 $\boldsymbol{F}_1(x,y,z)=\boldsymbol{a}_x$、$\boldsymbol{F}_2(x,y,z)=\boldsymbol{a}_y$ 分别用圆柱坐标系和球坐标系中的坐标分量表示。

1－5　将圆柱坐标系中的矢量场 $\boldsymbol{F}_1(\rho,\varphi,z)=2\boldsymbol{a}_\rho$、$\boldsymbol{F}_2(\rho,\varphi,z)=3\boldsymbol{a}_\varphi$ 分别用直角坐标系中的坐标分量表示。

1－6　将球坐标系中的矢量场 $\boldsymbol{F}_1(r,\theta,\varphi)=5\boldsymbol{a}_r$、$\boldsymbol{F}_2(r,\theta,\varphi)=\boldsymbol{a}_\theta$ 分别用直角坐标系中的坐标分量表示。

1－7　求函数 $\varphi=xy+z-xyz$ 在点(1,1,2)处沿方向角 $\alpha=\frac{\pi}{3}$、$\beta=\frac{\pi}{4}$、$\gamma=\frac{\pi}{3}$ 方向的方向导数。

1－8　求函数 $\varphi=xyz$ 在点(5,1,2)处沿着点(5,1,2)到点(9,4,14)的方向的方向导数。

1－9　已知 $\varphi=x^2+2y^2+3z^2+xy+3x-2y-6z$,求在点(0,0,0)和点(1,1,1)处的梯度。

1－10　求函数 $f(x,y,z)=5x+10xy-xz+6$ 的梯度。

1－11　u、v 都是 x、y、z 的函数,u、v 各偏导数都存在且连续,证明:

(1)$\text{grad}(u+v)=\text{grad}\,u+\text{grad}\,v$。

(2)$\text{grad}(uv)=v\text{grad}\,u+u\text{grad}\,v$。

(3)$\text{grad}\,u^2=2u\text{grad}\,u$。

1－12　证明:

(1) $\nabla\cdot(\boldsymbol{A}+\boldsymbol{B})=\nabla\cdot\boldsymbol{A}+\nabla\cdot\boldsymbol{B}$。

(2) $\nabla\cdot(\varphi\boldsymbol{A})=\varphi\nabla\cdot\boldsymbol{A}+\boldsymbol{A}\cdot\nabla\varphi$。

1－13　计算矢量场 $\boldsymbol{A}=yz\boldsymbol{a}_x+zy\boldsymbol{a}_y+xz\boldsymbol{a}_z$ 的散度。

1－14　求矢量场 $\boldsymbol{A}=x\boldsymbol{a}_x+\boldsymbol{a}_y+z\boldsymbol{a}_z$ 穿过由 $0\leqslant x\leqslant 1$、$0\leqslant y\leqslant 2$、$0\leqslant z\leqslant 1$ 确定的区域的封闭面的通量。

1－15　运用散度定理计算下列积分:

$$I=\oint\!\!\!\oint_S[xz^2\boldsymbol{a}_x+(x^2y-z^3)\boldsymbol{a}_y+(2xy+y^2z)\boldsymbol{a}_z]\cdot\mathrm{d}\boldsymbol{S}$$

其中,S 是 $z=0$ 和 $z=(a^2-x^2-y^2)^{1/2}$ 所围成的半球区域的外表面。

1－16　计算矢量场 $\boldsymbol{A}=xy\boldsymbol{a}_x+2yz\boldsymbol{a}_y-\boldsymbol{a}_z$ 的旋度。

1－17　已知 $\boldsymbol{A}=y\boldsymbol{a}_x-x\boldsymbol{a}_y$,计算 $\boldsymbol{A}\cdot(\nabla\times\boldsymbol{A})$。

1－18　已知 $\boldsymbol{A}=xy^2z^3\boldsymbol{a}_x+x^3z\boldsymbol{a}_y+x^2y^2\boldsymbol{a}_z$,试求 $\nabla\cdot\boldsymbol{A}$ 和 $\nabla\times\boldsymbol{A}$。

1－19　在球坐标系中,矢量场 $\boldsymbol{F}(\boldsymbol{r})$ 为

$$\boldsymbol{F}(\boldsymbol{r})=\frac{k}{r^2}\boldsymbol{a}_r$$

其中 k 为常数。证明矢量场 $\boldsymbol{F}(\boldsymbol{r})$ 对任意闭合曲线 l 的环量积分为0,即

$$\oint_l\boldsymbol{F}\cdot\mathrm{d}\boldsymbol{l}=0$$

第 2 章

静 电 场

相对于观察者保持静止且量值不随时间变化的电荷称为静电荷(Electrostatic Charge),静电荷激发的电场称为静电场(Electrostatic Field)。空间区域中静电场的分布与变化取决于电荷的分布以及周围的物质环境。本章以库仑定律为基础,详细研究了静电场在真空与介质中所满足的基本方程及介质分界面的边界条件;讨论了为简化电场的计算而引入的辅助位函数及其方程。

2.1 电场强度

2.1.1 电荷密度

自然界中存在两种电荷:正电荷(Positive Charge)和负电荷(Negative Charge)。物体所带电荷的多少,称为电荷量。由于正、负电荷相互抵消,实际所带电荷为抵消之后剩余的电荷,因此电荷量应指物体正、负电荷抵消之后剩余的电荷。实验表明,带电体的电荷量总是质子或电子所带电量的整数倍。目前人们所知的电荷的最小量度是单个电子的电量,用 e 表示,$e=1.60\times10^{-19}$ C。从物质的结构理论上说,电荷的分布是不连续的,但在研究宏观的电磁现象时,能观察的多为大量微观粒子的平均效应,而且观察的范围远大于带电粒子本身的大小,故常将带电体所带电荷视为连续分布,忽略电荷分布的离散性。

根据宏观电荷的分布形式可将电荷的分布分为体电荷、面电荷、线电荷和点电荷。下面给出这几种电荷密度分布的描述方法。

1. **体电荷**

体电荷是连续但不一定均匀分布在一个体积 V 内的电荷。设 P 为体积 V 内任意一点,取一小体积 ΔV 包围点 P,其中所含的电荷量 Δq 与体积 ΔV 之比的极限

$$\rho=\lim_{\Delta V\to 0}\frac{\Delta q}{\Delta V}=\frac{\mathrm{d}q}{\mathrm{d}V} \tag{2.1}$$

称为该点的电荷密度,也称为体电荷密度,单位为 $\mathrm{C/m^3}$。

2. **面电荷**

如果电荷分布在厚度很小的薄层内,则可认为电荷分布在一个几何曲面上,用面密度描述其分布。设 P 为曲面 P 内任意一点,取一小面元 ΔS 包围 P 点,其中所含的电荷量 Δq 与面元 ΔS 之比的极限

$$\rho_s = \lim_{\Delta S \to 0} \frac{\Delta q}{\Delta S} = \frac{dq}{dS} \tag{2.2}$$

称为面电荷密度,单位为 C/m^2。

3. **线电荷**

对于分布在一条细线上的电荷用线密度描述其分布情况,若线元 Δl 内的电量为 Δq,则 Δq 与 Δl 之比的极限

$$\rho_l = \lim_{\Delta l \to 0} \frac{\Delta q}{\Delta l} = \frac{dq}{dl} \tag{2.3}$$

称为线电荷密度,单位为 C/m。

4. **点电荷**

点电荷可以视为一个体积很小而密度很大的带电球体的极限,是电荷分布的极限情况。如果能够以函数的形式表示其密度,那么便可以把它当作分布电荷,这样可给研究带来方便。

设有一个中心在原点而半径为 a 的带有单位电荷电量的小球体。在 $|r|>a$ 的球外区域电荷密度为 0,而在 $|r|<a$ 的球体内区域电荷密度具有很大的值。当 $a\to 0$(即小球体积趋于 0)时,在 $|r|<a$ 的范围内,电荷密度 $\rho(r)\to\infty$,但总电荷仍保持一个单位。因此,可以借助数学上的 δ 函数来描述点电荷的这种密度分布。对于处于原点的单位点电荷,其电荷密度可表示为

$$\delta(r) = \delta(x,y,z) = \begin{cases} 0 & (r \neq 0) \\ \infty & (r = 0) \end{cases} \tag{2.4}$$

$$\int_V \delta(r)\,dV = \int_V \delta(x,y,z)\,dV = \begin{cases} 0 & (V\text{ 区域不含 } r=0\text{ 点}) \\ 1 & (V\text{ 区域含 } r=0\text{ 点}) \end{cases} \tag{2.5}$$

如果单位点电荷不在坐标原点而在 (x',y',z') 处,用 δ 函数表示的电荷密度为

$$\delta(r-r') = \delta(x-x',y-y',z-z') = \begin{cases} 0 & (r \neq r') \\ \infty & (r = r') \end{cases} \tag{2.6}$$

$$\int_V \delta(r-r')\,dV = \int_V \delta(x-x',y-y',z-z')\,dV = \begin{cases} 0 & (V\text{ 区域不含 } r=0\text{ 点}) \\ 1 & (V\text{ 区域含 } r=0\text{ 点}) \end{cases} \tag{2.7}$$

电荷量为 q 的点电荷若在 r' 点,即 (x',y',z') 处,则电荷密度分布可表示为

$$\rho(r) = q\delta(r-r') \tag{2.8}$$

对于分立的 N 个点电荷构成的点电荷系统,电荷密度分布可表示为

$$\rho(r) = \sum_{i=1}^{N} q_i \delta(r-r') \tag{2.9}$$

点电荷实际上并不存在,只是为了宏观计算引入的理想模型,但在电磁理论中,点电荷的概念占有重要的地位。不仅可将带电粒子及限度很小的带电体视为点电荷,而且也可以将连续分布的体、面、线电荷分割为无限多个点电荷,这样就可以用数学上的微积分来描述宏观的连续带电体。

上述提出了多种电荷密度的描述方法,不同的描述方法适用于不同的电荷分布情况,

如对于电荷只集中于表面的情况，用面电荷密度显然较体电荷密度及线电荷密度更为方便；对于电荷随机分布于物体内部的情况，体电荷密度则可更好地描述电荷分布情况。

2.1.2　库仑定律

1785 年，法国物理学家库仑发表了关于两个静止的点电荷之间相互作用力规律的实验结果 —— 库仑定律。库仑定律指出，在真空中两个相对静止的点电荷之间相互作用力的大小与它们电量之积成正比，与距离的平方成反比，其方向在它们的连线上。

设点电荷 q 与 q' 分别位于 $\boldsymbol{r}$ 和 $\boldsymbol{r}'$，如图 2.1 所示，其数学表达式为

$$\boldsymbol{F}=\frac{q'q}{4\pi\varepsilon_0 R^2}\boldsymbol{R}^0=\frac{q'q}{4\pi\varepsilon_0}\frac{\boldsymbol{R}}{R^3} \tag{2.10}$$

式中，$\boldsymbol{F}$ 是点电荷 q' 对 q 的作用力；$\boldsymbol{R}$ 表示从 $\boldsymbol{r}'$ 到 $\boldsymbol{r}$ 的矢量，$\boldsymbol{R}=\boldsymbol{r}-\boldsymbol{r}'$；$R=|\boldsymbol{r}-\boldsymbol{r}'|$ 是 $\boldsymbol{r}'$ 到 $\boldsymbol{r}$ 的距离；$\boldsymbol{R}^0$ 是 $\boldsymbol{R}$ 的单位矢量；ε_0 是表征真空电性质的物理量，称为真空的介电常数(Dielectric Constant)，其值为

$$\varepsilon_0=\frac{1}{36\pi}\times10^{-9}\,\mathrm{F/m}\approx8.854\times10^{-12}\,\mathrm{F/m}$$

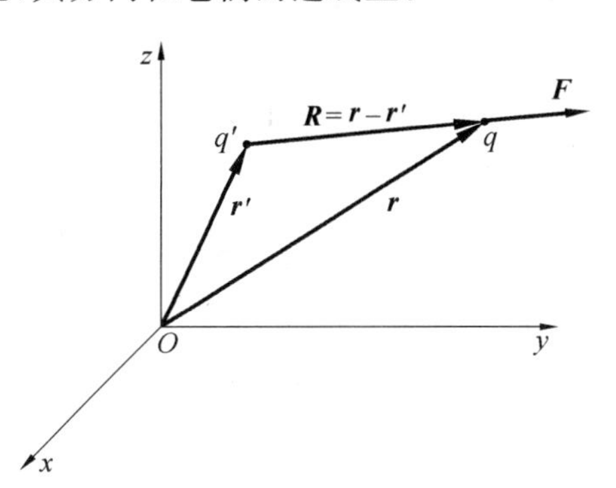

图 2.1　库仑定律示意图

2.1.3　电场强度

点电荷 q' 对点电荷 q 的作用力，不是相互接触产生的力，而是由于 q' 在空间产生电场，电场对处于其中的其他电荷都有作用力，称为电场力。用电场强度来描述电场，空间一点 $\boldsymbol{r}$ 处的电场强度定义为该点的单位正实验电荷所受到的力，即

$$\boldsymbol{E}(\boldsymbol{r})=\frac{\boldsymbol{F}(\boldsymbol{r})}{q_0} \tag{2.11}$$

式中，q_0 是实验电荷，是指带电量趋于零的点电荷，它的引入不影响场源电荷的分布状态。电场强度的单位为 V/m 或 N/C。

根据库仑定律和电场强度的定义可以得到点电荷在空间任意点所产生的电场强度为

$$\boldsymbol{E}(\boldsymbol{r})=\frac{q'}{4\pi\varepsilon_0}\frac{\boldsymbol{R}}{R^3}=\frac{q'}{4\pi\varepsilon_0}\frac{\boldsymbol{r}-\boldsymbol{r}'}{|\boldsymbol{r}-\boldsymbol{r}'|^3} \tag{2.12}$$

式中，$\boldsymbol{R}=|\boldsymbol{r}-\boldsymbol{r}'|=[(x-x')+(y-y')+(z-z')]^{\frac{1}{2}}$；$\boldsymbol{r}$ 是观察点(称作场点)的位置矢量；$\boldsymbol{r}'$ 是点电荷 q' 所在点(称作源点)的位置矢量。

N 个点电荷组成的点电荷系统在空间任意点激发的电场强度应为它们各自产生电场强度的线性叠加，即

$$\boldsymbol{E}(\boldsymbol{r})=\sum_{i=1}^{N}\frac{q_i}{4\pi\varepsilon_0}\frac{\boldsymbol{r}-\boldsymbol{r}_i'}{|\boldsymbol{r}-\boldsymbol{r}_i'|^3} \tag{2.13}$$

对于电荷密度为 $\rho(\boldsymbol{r}')$ 的体电荷，在其分布的区域 V' 内任取一体积元 $\mathrm{d}V'$，电量为 $\rho(\boldsymbol{r}')\mathrm{d}V'$，可将其视为一点电荷，而体电荷分布由无穷多个这样的点电荷所构成。根据矢量叠加原理，可得体电荷在空间任一点产生的电场强度为

$$\boldsymbol{E}(\boldsymbol{r})=\frac{1}{4\pi\varepsilon_0}\int_{V'}\frac{\rho(\boldsymbol{r}')(\boldsymbol{r}-\boldsymbol{r}')}{|\boldsymbol{r}-\boldsymbol{r}'|^3}\mathrm{d}V' \tag{2.14}$$

同样的分析方法，可以得到面电荷和线电荷的电场强度分别为

$$\boldsymbol{E}(\boldsymbol{r})=\frac{1}{4\pi\varepsilon_0}\int_{S'}\frac{\rho_s(\boldsymbol{r}')(\boldsymbol{r}-\boldsymbol{r}')}{|\boldsymbol{r}-\boldsymbol{r}'|^3}\mathrm{d}S' \tag{2.15}$$

$$\boldsymbol{E}(\boldsymbol{r})=\frac{1}{4\pi\varepsilon_0}\int_{l'}\frac{\rho_l(\boldsymbol{r}')(\boldsymbol{r}-\boldsymbol{r}')}{|\boldsymbol{r}-\boldsymbol{r}'|^3}\mathrm{d}l' \tag{2.16}$$

例 2.1 一个半径为 a 的均匀带电圆环，设电荷线密度为 ρ_l，求轴线上的电场强度。

解 取坐标系如图 2.2 所示，圆环位于 xOy 平面，圆环中心与坐标原点重合，且电荷以线电荷分布，由线电荷电场计算公式

$$\boldsymbol{E}(\boldsymbol{r})=\frac{1}{4\pi\varepsilon_0}\int_{l'}\frac{\rho_l(\boldsymbol{r}')(\boldsymbol{r}-\boldsymbol{r}')}{|\boldsymbol{r}-\boldsymbol{r}'|^3}\mathrm{d}l'$$

可知

$$\boldsymbol{r}=z\boldsymbol{a}_z$$
$$\boldsymbol{r}'=\boldsymbol{a}_x a\cos\theta+\boldsymbol{a}_y a\sin\theta$$
$$|\boldsymbol{r}-\boldsymbol{r}'|=(z^2+a^2)^{\frac{1}{2}}$$
$$\mathrm{d}l'=a\mathrm{d}\theta$$

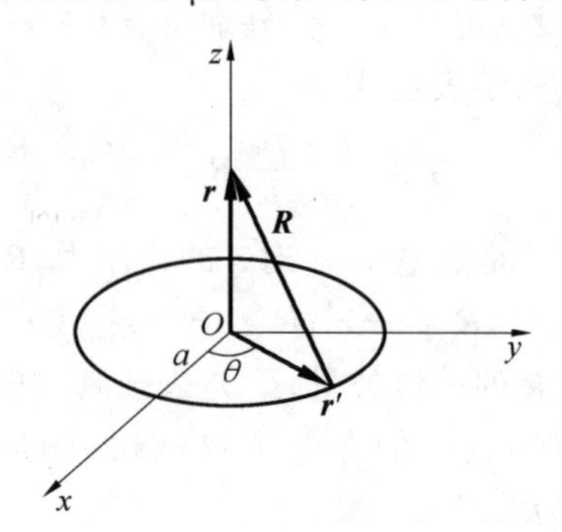

图 2.2 线电荷分布示意图

代入可得

$$\boldsymbol{E}(\boldsymbol{r})=\frac{\rho_l}{4\pi\varepsilon_0}\int_0^{2\pi}\frac{z\boldsymbol{a}_z-a\cos\theta\boldsymbol{a}_y-a\sin\theta\boldsymbol{a}_x}{(a^2+z^2)^{\frac{3}{2}}}a\mathrm{d}\theta$$
$$=\frac{a\rho_l}{2\varepsilon_0}\frac{z}{(a^2+z^2)^{\frac{3}{2}}}\boldsymbol{a}_z$$

由已知电荷分布求空间电场分布，必须正确理解公式中的物理量意义，并且注意矢量运算规则，将已知的矢量在坐标系下表示出来，代入相应公式即可得到正确结果。

2.2 静电场的高斯定理和散度

高斯定理(Gauss' Law)是解决静电场分布的重要定理之一，尤其静电场具有某种对称分布时，是最佳解决方案之一。在普通物理有关电磁场分布的内容教学中都有大量通过高斯定理解决的实际问题。本书也介绍一些例子，以便让大家灵活地使用高斯定理。

本节主要是应用高斯定理推导静电场微分方程，引出散度概念，从而给出场分布求解的一般方程，以便在后续章节中加以应用。

2.2.1 真空中的高斯定理和散度

1. 真空中的高斯定理

首先研究由一个点电荷形成的真空中的电场 $\boldsymbol{E}$ 所产生的通量。如图 2.3 所示，q 外取任意曲面的一个面元 $\mathrm{d}\boldsymbol{S}$，它与以 q 为圆心的球面 S' 相交于 O' 点。由通量定义

$$\oint_S \boldsymbol{E} \cdot \mathrm{d}\boldsymbol{S} = \oint_S \frac{q}{4\pi\varepsilon_0} \frac{\boldsymbol{R}}{R^3} \cdot \mathrm{d}\boldsymbol{S}$$

$$= \oint_S \frac{q}{4\pi\varepsilon_0} \frac{\boldsymbol{a}_R}{R^2} \cdot \mathrm{d}\boldsymbol{S}$$

$$= \oint_S \frac{q}{4\pi\varepsilon_0} \frac{\cos\theta}{R^2} \mathrm{d}S$$

$$= \oint_{S'} \frac{q}{4\pi\varepsilon_0} \frac{1}{R^2} \mathrm{d}S' = \frac{q}{4\pi\varepsilon_0} \oint_{S'} \mathrm{d}\Omega'$$

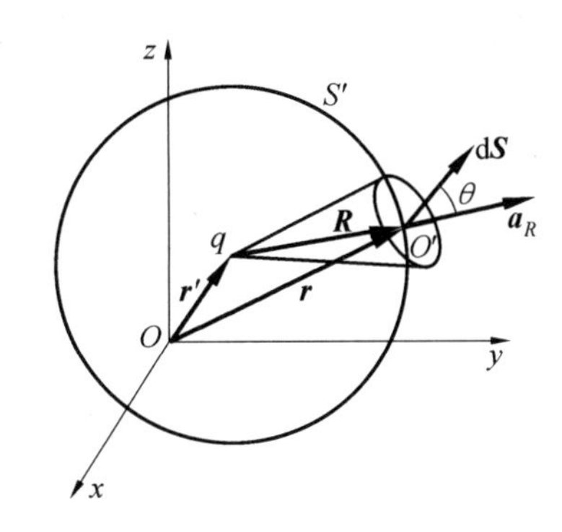

图 2.3　高斯定理示意图

式中，$\mathrm{d}\Omega'$ 是以 q 为圆心的正球体的立体角，由立体角定义

$$\int_V \mathrm{d}\Omega' = \begin{cases} 0 & (q\text{ 不在球体内}) \\ 4\pi & (q\text{ 在球体内}) \end{cases}$$

前面的推导过程实际是将 q 对空间任意曲面的通量计算转换为规则球体通量计算，再由通量定义可得单个点电荷的高斯定理：

$$\oint_S \boldsymbol{E} \cdot \mathrm{d}\boldsymbol{S} = \frac{q}{\varepsilon_0} \tag{2.17}$$

若有 N 个点电荷 $q_1, q_2, \cdots, q_N$，则

$$\oint_S \boldsymbol{E} \cdot \mathrm{d}\boldsymbol{S} = \oint_S \boldsymbol{E}_1 \cdot \mathrm{d}\boldsymbol{S} + \oint_S \boldsymbol{E}_2 \cdot \mathrm{d}\boldsymbol{S} + \cdots + \oint_S \boldsymbol{E}_N \cdot \mathrm{d}\boldsymbol{S}$$

$$= \frac{q_1}{\varepsilon_0} + \frac{q_2}{\varepsilon_0} + \cdots + \frac{q_N}{\varepsilon_0} = \frac{\sum_{i=1}^{N} q_i}{\varepsilon_0}$$

则

$$\oint_S \boldsymbol{E} \cdot \mathrm{d}\boldsymbol{S} = \frac{\sum_{i=1}^{N} q_i}{\varepsilon_0} \tag{2.18}$$

注意：$\sum_{i=1}^{N} q_i$ 为 S 面包围的空间内点电荷量的总和，当然 S 外围空间的电荷对通量无贡献，但不等于对 $\boldsymbol{E}$ 无贡献，$\boldsymbol{E}$ 的大小与整个空间范围内的电荷均有关。

可以推得，对于连续分布的体电荷形成的电场有如下高斯定理：

$$\oint_S \boldsymbol{E} \cdot \mathrm{d}\boldsymbol{S} = \frac{1}{\varepsilon_0} \int_V \rho \, \mathrm{d}V \tag{2.19}$$

式中，V 是闭合曲面 S 所包围的体积，S 称为高斯面。

式(2.19) 在求空间电荷分布具有对称性的系统的场分布时有广泛的应用，下面结合例子说明其应用方法。

例 2.2　假设在半径为 a 的球体内均匀分布着密度为 ρ_0 的电荷，如图 2.4 所示，试求任意点的电场强度。

解　因半径为 a 的球体内电荷均匀分布，故在空间形成的电场均有球对称性，取球坐标系。

在 $r > a$ 内任取一个半径为 r 的球体，如图 2.4 所示，即为所要研究的高斯面，高斯面

上的各点电场大小均相等，方向均垂直表面指向外侧（即球体矢径方向）。

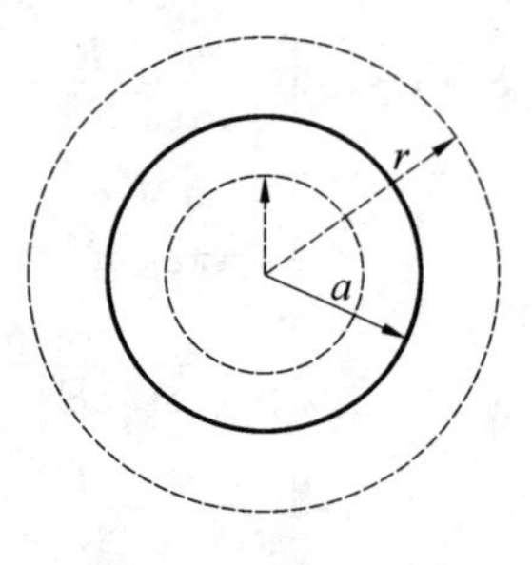

图 2.4　例 2.2 图

由式(2.19)得

$$\oint_S \boldsymbol{E} \cdot \mathrm{d}\boldsymbol{S} = \frac{1}{\varepsilon_0}\int_V \rho \,\mathrm{d}V$$

其中球体电荷密度 $\rho = \rho_0$，则

$$\oint_S \boldsymbol{E} \cdot \mathrm{d}\boldsymbol{S} = \frac{1}{\varepsilon_0}\oint_V \rho_0 \,\mathrm{d}V$$

即

$$E_r 4\pi r^2 = \frac{\rho_0}{\varepsilon_0}\ \frac{4}{3}\pi a^3$$

得

$$E_r = \frac{\rho_0 a}{3\varepsilon_0 r^2} \quad (r > a)$$

同理，在 $r < a$ 内取任意一个半径为 r 的高斯面，同样分析有

$$\oint_S E_r \mathrm{d}S = \frac{1}{\varepsilon_0}\oint_V \rho_0 \,\mathrm{d}V$$

$$E_r 4\pi r^2 = \frac{\rho_0}{\varepsilon_0}\ \frac{4}{3}\pi r^3$$

$$E_r = \frac{\rho_0 r}{3\varepsilon_0} \quad (r < a)$$

本例属于已知对称电荷分布求电场分布的问题。这类问题很多，只要正确应用高斯定理的积分形式，就可以顺利解决此类问题。

2. 真空中的静电场的散度

积分形式的高斯定理反映了一个有限范围内场与源之间的关系，并不能给出空间上每一点场与源之间的关系。为了描述空间各点场分布状态必须引入静电场的散度，也就是微分形式的高斯定理。

由第 1 章的散度定理和式(2.19)，得

$$\oint_V \nabla \cdot \boldsymbol{E} \mathrm{d}V = \int_S \boldsymbol{E} \cdot \mathrm{d}\boldsymbol{S}$$

$$\oint_S \boldsymbol{E} \cdot \mathrm{d}\boldsymbol{S} = \frac{1}{\varepsilon_0}\int_V \rho \,\mathrm{d}V$$

有

$$\oint_V \nabla \cdot \boldsymbol{E} \mathrm{d}V = \frac{1}{\varepsilon_0}\int_V \rho \,\mathrm{d}V$$

对于任意 V，若上式均成立，必有

$$\nabla \cdot \boldsymbol{E} = \frac{\rho}{\varepsilon_0} \tag{2.20}$$

这就是静电场的散度表示，也是微分形式的高斯定理。这表明电荷是电场的源，电力线从正电荷出发($\rho > 0$，$\nabla \cdot \boldsymbol{E} > 0$)而终止于负电荷($\rho < 0$，$\nabla \cdot \boldsymbol{E} < 0$)，其电力线不闭合，

这说明静电场为有源场。

2.2.2　电介质中的高斯定理和散度

现实生活中所研究的空间多是充满介质的空间，介质在电磁场作用下，其内部电荷的运动主要有极化、磁化和传导三种状态。本章主要研究静电场作用下的介质的极化状态，其他各种状态将在其他章节介绍。

在电场作用下，介质分子和原子的正负电荷，由于受到方向相反的电场力的作用，正负电荷中心会有一微小位移，其宏观效应可用正、负电荷间的相对位移来表示，这就相当于产生一电偶极矩，这种现象称为介质极化(Dielectric Polarization)。

1. **极化强度**(Intensity of Polarization)

极化的介质在空间中会产生附加电场，该电场会削弱原来的电场，这样在介质中的电场较真空中的电场要小。为描述介质对电场的影响，引入极化强度 $\boldsymbol{P}_e$，即

$$\boldsymbol{P}_e = \lim_{\Delta V \to 0} \frac{\sum \boldsymbol{p}_e}{\Delta V} \tag{2.21}$$

式中，$\sum \boldsymbol{p}_e$ 是 ΔV 内各分子的总电偶极矩之和。极化强度 $\boldsymbol{P}_e$ 也可以定义为该点分子的平均电偶极矩 $\boldsymbol{P}_{0e}$ 与分子密度 N 的乘积，即

$$\boldsymbol{P}_e = N\boldsymbol{P}_{0e} \tag{2.22}$$

式中，$\boldsymbol{P}_e$ 单位是$\mathrm{C/m^2}$。通常，极化强度是空间和时间坐标的函数。如果介质内各处 $\boldsymbol{P}_e$ 均相同，则此介质处于均匀极化状态。

2. **极化电荷**(Polarization Charge)

介质极化时，体积 V 内的正、负电荷可能无法完全抵消，从而在空间区域出现净余的正电荷或负电荷，即出现介质本身产生的宏观电荷分布，称为极化电荷或束缚电荷。而介质极化对电场的影响就取决于这些极化电荷的分布。

在介质内任取一闭合曲面 S，其包围体积为V，如图 2.5 所示。只需考查移出 S 面的电荷量，即可确定 V 内的净余电荷。为简化问题，以无极分子为例加以分析，并假定介质极化时每个分子的负电荷中心固定不动，正电荷中心相对于负电荷中心发生一个小的位移 $\boldsymbol{l}$，其分子的电偶极矩为 $\boldsymbol{p}_e = q\boldsymbol{l}$。可见，当介质极化时，远离 S 面的介质分子对极化电荷没有贡献，只有靠近 S 面处的介质分子的正电荷才有可能穿出或穿进 S 面。当穿出与穿进 S 面的电荷不等时，在 V 内就出现净余电荷，即出现极化电荷。

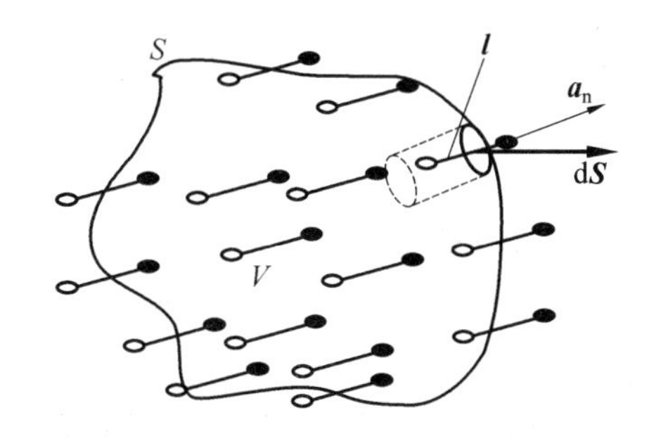

图 2.5　极化电荷示意图

如图 2.5 所示，在 S 面上取一面元 $\mathrm{d}\boldsymbol{S}$，并设在 $\mathrm{d}\boldsymbol{S}$ 附近的介质是均匀极化的，则在以 $\mathrm{d}\boldsymbol{S}$ 为底、$\boldsymbol{l}$ 为斜高的体积 $\mathrm{d}V = \boldsymbol{l} \cdot \mathrm{d}\boldsymbol{S}$ 内的分子电偶极矩中，正电荷 q 都要穿出 $\mathrm{d}\boldsymbol{S}$ 面，同一分子的电偶极子的负电荷 $-q$ 就留在 $\mathrm{d}\boldsymbol{S}$ 内，因此穿过 $\mathrm{d}\boldsymbol{S}$ 的正电荷量 $\mathrm{d}Q$ 就等于没有外电场作

用时体积元 $\mathrm{d}V$ 内的正电荷，即

$$\mathrm{d}Q = Nq\,\mathrm{d}V = Nq\boldsymbol{l}\cdot\mathrm{d}\boldsymbol{S} = \boldsymbol{P}_{\mathrm{e}}\cdot\mathrm{d}\boldsymbol{S}$$

则通过 V 的界面 S 穿出去的电荷量为$\oint_S \boldsymbol{P}_{\mathrm{e}}\cdot\mathrm{d}\boldsymbol{S}$。由于极化前介质是电中性的，因此 V 内的净余电荷量 Q_{p} 应与穿出 S 面的电荷量$\oint_S \boldsymbol{P}_{\mathrm{e}}\cdot\mathrm{d}\boldsymbol{S}$ 等值异号，即 S 面内的极化电荷（或束缚电荷）为

$$Q_{\mathrm{p}} = \oint_V \rho_{\mathrm{p}}\,\mathrm{d}V = -\oint_S \boldsymbol{P}_{\mathrm{e}}\cdot\mathrm{d}\boldsymbol{S} \tag{2.23}$$

式中，Q_{p} 是体积 V 内产生的体极化电荷；ρ_{p} 代表体极化电荷密度。

介质均匀极化时，$\boldsymbol{P}_{\mathrm{e}}$ 为常矢量，这时 S 面包围的体积内穿出与穿进 S 面的极化电荷相等，V 内总的极化电荷代数和为零，即 $Q_{\mathrm{p}}=0$，介质内就不存在体极化电荷，极化电荷只能出现在介质的分界面上，称为面极化电荷。下面来分析面极化电荷的分布。

设两种介质内的极化强度分别为 $\boldsymbol{P}_{\mathrm{e1}}$ 和 $\boldsymbol{P}_{\mathrm{e2}}$，在介质分界面上取一个上、下底面积均为 $\mathrm{d}S$ 的扁平圆柱形盒子，高度为 h，如图 2.6 所示，$\boldsymbol{a}_{\mathrm{n}}$ 为分界面上由介质2指向介质1的法向单位矢量。当 $h\to 0$ 时，圆柱面内总的极化电荷与 $\mathrm{d}S$ 之比称为分界面上极化电荷的面密度，记为 ρ_{sp}。由于 $\mathrm{d}S$ 很小，可认为每一个底面上的极化强度是均匀的，将式 $Q_{\mathrm{p}} = -\oint_S \boldsymbol{P}_{\mathrm{e}}\cdot\mathrm{d}\boldsymbol{S}$ 应用到此圆柱盒内，由于 $h\to 0$ 且 $\boldsymbol{P}_{\mathrm{e1}}$、$\boldsymbol{P}_{\mathrm{e2}}$ 为有限值，因此，圆柱盒侧面的积分量为 0，则盒内出现的净余电荷量为

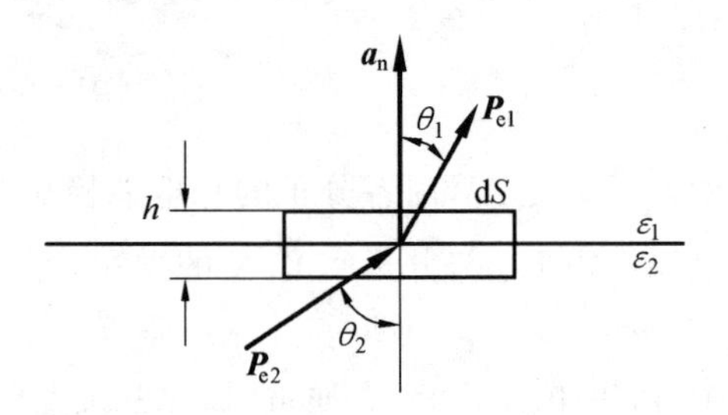

图 2.6　介质分界面极化情况示意图

$$-(\boldsymbol{P}_{\mathrm{e1}}\cdot\boldsymbol{a}_{\mathrm{n}}\mathrm{d}S - \boldsymbol{P}_{\mathrm{e2}}\cdot\boldsymbol{a}_{\mathrm{n}}\mathrm{d}S) = -(\boldsymbol{P}_{\mathrm{e1}} - \boldsymbol{P}_{\mathrm{e2}})\cdot\boldsymbol{a}_{\mathrm{n}}\mathrm{d}S = \rho_{\mathrm{sp}}\mathrm{d}S$$

由此得

$$\rho_{\mathrm{sp}} = -\boldsymbol{a}_{\mathrm{n}}\cdot(\boldsymbol{P}_{\mathrm{e1}} - \boldsymbol{P}_{\mathrm{e2}}) \tag{2.24}$$

若介质 1 为真空，即 $\boldsymbol{P}_{\mathrm{e1}} = \boldsymbol{0}$，则上式变为

$$\rho_{\mathrm{sp}} = \boldsymbol{a}_{\mathrm{n}}\cdot\boldsymbol{P}_{\mathrm{e2}} \tag{2.25}$$

3. 介质中静电场的高斯定理

由以上分析可见，外加电场使介质极化而产生极化电荷分布，这些极化电荷又激发电场，因而会改变原来电场的分布。因此，介质对电场的影响可归结为极化电荷所产生的影响。换句话说，在计算电场时，如果考虑了介质表面或体内的极化电荷，原来介质所占的空间可视为真空。介质中的电场就由两部分叠加而成：极化电荷 ρ_{p} 产生的电场及自由电荷 ρ_{f} 产生的外电场。所以只需将式(2.19) 中的 ρ 换成$\rho_{\mathrm{f}}+\rho_{\mathrm{p}}$，便可得到介质中的高斯定理的积分形式，即

$$\oint_S \boldsymbol{E}\cdot\mathrm{d}\boldsymbol{S} = \frac{1}{\varepsilon_0}\int_V(\rho_{\mathrm{f}}+\rho_{\mathrm{p}})\mathrm{d}V = \frac{1}{\varepsilon_0}\int_V\rho_{\mathrm{f}}\mathrm{d}V + \frac{1}{\varepsilon_0}\int_V\rho_{\mathrm{p}}\mathrm{d}V$$

将式(2.23) 代入上式可得

$$\oint_S \boldsymbol{E} \cdot \mathrm{d}\boldsymbol{S} = \frac{1}{\varepsilon_0}\int_V \rho_f \mathrm{d}V - \frac{1}{\varepsilon_0}\oint_S \boldsymbol{P}_e \cdot \mathrm{d}\boldsymbol{S}$$

即

$$\oint_S (\varepsilon_0 \boldsymbol{E} + \boldsymbol{P}_e) \cdot \mathrm{d}\boldsymbol{S} = \int_V \rho_f \mathrm{d}V \tag{2.26}$$

定义电位移矢量为

$$\boldsymbol{D} = \varepsilon_0 \boldsymbol{E} + \boldsymbol{P}_e \tag{2.27}$$

则式(2.26)变为

$$\oint_S \boldsymbol{D} \cdot \mathrm{d}\boldsymbol{S} = \int_V \rho_f \mathrm{d}V \tag{2.28}$$

式中，$\boldsymbol{D}$ 的单位是$\mathrm{C/m^2}$。

式(2.28)是介质中高斯定理的积分形式。它表明电位移矢量 $\boldsymbol{D}$ 穿过任一闭合面的通量等于闭合面所包围的自由电荷的代数和。电位移矢量 $\boldsymbol{D}$ 是为计算方便而引入的一个辅助量，并不代表介质中的电场强度，但引入它可使介质中电场强度计算避开极化电荷问题，因为极化电荷不容易确定，而自由电荷往往是已知分布的，所以通过此式首先能将 $\boldsymbol{D}$ 求得，然后通过下面的公式间接求得电场强度 $\boldsymbol{E}$。

4. 介质中静电场的散度

同样，介质中的高斯定理只能描述有限范围内 $\boldsymbol{D}$ 与该区域电荷间的关系，不能反映空间各点 $\boldsymbol{D}$ 与电荷的关系。引入微分形式的高斯定理，可更清楚地描述空间各点场与源的关系。对式(2.28)应用高斯散度定理可得

$$\oint_S \boldsymbol{D} \cdot \mathrm{d}\boldsymbol{S} = \oint_V \nabla \cdot \boldsymbol{D} \mathrm{d}V = \int_V \rho_f \mathrm{d}V$$

对任意闭曲面，所包围的体积是任意的，要使上式成立必有

$$\nabla \cdot \boldsymbol{D} = \rho_f \tag{2.29}$$

这就是介质中高斯定理的微分形式。可见，$\boldsymbol{D}$ 的源是自由电荷，$\boldsymbol{D}$ 的电力线的起点和终点均为自由电荷；而 $\boldsymbol{E}$ 的源可以是自由电荷或极化电荷，其电力线的起点和终点可以是自由电荷，也可以是极化电荷。

5. 电位移矢量 $\boldsymbol{D}$ 与电场强度 $\boldsymbol{E}$ 的关系

实验表明，各种介质材料有不同的电磁特性，$\boldsymbol{D}$ 与 $\boldsymbol{E}$ 之间的关系也有多种形式。对于线性各向同性介质(实际遇到的大多是这种介质)，极化强度 $\boldsymbol{P}_c$ 和电场强度 $\boldsymbol{E}$ 之间存在简单的线性关系

$$\boldsymbol{P}_c = \varepsilon_0 \chi_e \boldsymbol{E} \tag{2.30}$$

式中，χ_e 为介质的极化率，是一个无量纲的纯数。将上式代入式(2.27)，得

$$\boldsymbol{D} = \varepsilon_0 (1 + \chi_e) \boldsymbol{E} = \varepsilon_r \varepsilon_0 \boldsymbol{E} = \varepsilon \boldsymbol{E} \tag{2.31}$$

其中

$$\varepsilon_r = 1 + \chi_e, \quad \varepsilon = \varepsilon_r \varepsilon_0$$

式中，ε_r 和 ε 分别称为介质的相对介电常数和介电常数，是表示介质性质的物理量。ε_r 是无量纲纯数，ε 和 ε_0 的单位相同。在均匀介质中，ε 是常数；在非均匀介质中，ε 是空间坐

标的函数。

对于各向异性的介质，一般说来 $\boldsymbol{D}$ 与 $\boldsymbol{E}$ 的方向不同，介电常数是一个二阶张量。

例 2.3 一个半径为 a 的导体球，带电量为 Q，在导体球外套有外半径为 b 的同心介质球壳，壳外是空气，如图 2.7 所示。求空间任一点的 $\boldsymbol{D}$、$\boldsymbol{E}$、$\boldsymbol{P}_{\mathrm{e}}$ 以及束缚电荷密度。

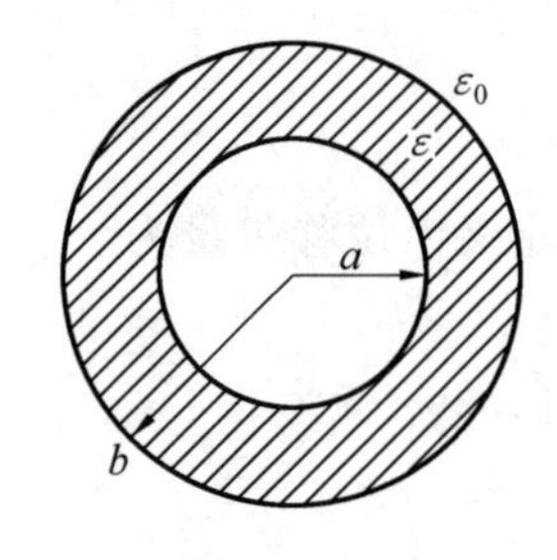

图 2.7 导体球壳结构示意图

解 选球坐标系，因电荷在球体上均匀分布，其产生的电场均沿球坐标矢径方向，且具有球对称分布性。

(1) 在真空内($r > b$) 取一高斯面，由高斯定理有

$$\oint_S \boldsymbol{D} \cdot \mathrm{d}\boldsymbol{S} = \int_V \rho_{\mathrm{f}} \mathrm{d}V$$

得

$$\boldsymbol{D} = \frac{Q}{4\pi r^2}\boldsymbol{a}_r$$

由 $\boldsymbol{D}$ 与 $\boldsymbol{E}$ 关系有

$$\boldsymbol{E} = \frac{\boldsymbol{D}}{\varepsilon_0} = \frac{Q}{4\pi\varepsilon_0 r^2}\boldsymbol{a}_r$$

因真空中无介质，故 $\boldsymbol{P}_{\mathrm{e}} = 0$，$\rho_{\mathrm{p}} = 0$。

(2) 同理，在介质内($a < r < b$) 取一高斯面，由高斯定理有

$$\oint_S \boldsymbol{D} \cdot \mathrm{d}\boldsymbol{S} = \int_V \rho_{\mathrm{f}} \mathrm{d}V$$

$$\boldsymbol{D} = \frac{Q}{4\pi r^2}\boldsymbol{a}_r$$

$$\boldsymbol{E} = \frac{\boldsymbol{D}}{\varepsilon} = \frac{Q}{4\pi\varepsilon r^2}\boldsymbol{a}_r$$

$$\boldsymbol{P}_{\mathrm{e}} = \boldsymbol{D} - \varepsilon_0 \boldsymbol{E} = \left(1 - \frac{\varepsilon_0}{\varepsilon}\right)\frac{Q}{4\pi r^2}\boldsymbol{a}_r$$

$$\rho_{\mathrm{p}} = -\nabla \cdot \boldsymbol{P}_{\mathrm{e}} = -\frac{1}{r^2}\frac{\partial}{\partial r}\left[r^2\left(1 - \frac{\varepsilon_0}{\varepsilon}\right)\frac{Q}{4\pi r^2}\right] = 0$$

(3) 导体球内($r < a$)，因处于静电平衡状态，则有

$$\boldsymbol{D} = 0,\quad \boldsymbol{E} = 0,\quad \boldsymbol{P}_{\mathrm{e}} = 0,\quad \rho_{\mathrm{p}} = 0$$

(4) $r = a$ 界面的极化面电荷，设 $\boldsymbol{a}_{\mathrm{n}}$ 的方向为由介质 2 指向导体球 1，有

$$\rho_{\mathrm{sp}} = \boldsymbol{P}_{\mathrm{e}} \cdot \boldsymbol{a}_{\mathrm{n}} = -\boldsymbol{P}_{\mathrm{e}} \cdot \boldsymbol{a}_r = \left(\frac{\varepsilon_0}{\varepsilon} - 1\right)\frac{Q}{4\pi a^2}$$

$r = b$ 界面的极化面电荷，设 $\boldsymbol{a}_{\mathrm{n}}$ 的方向为由介质 2 指向真空 1，有

$$\rho_{\mathrm{sp}} = \boldsymbol{P}_{\mathrm{e}} \cdot \boldsymbol{a}_{\mathrm{n}} = \boldsymbol{P}_{\mathrm{e}} \cdot \boldsymbol{a}_r = \left(1 - \frac{\varepsilon_0}{\varepsilon}\right)\frac{Q}{4\pi b^2}$$

2.3 静电场的环路定理、旋度和电位

静电场除用散度表示外，还要研究静电场的涡旋性，即旋度。旋度是描述矢量场的又

一重要物理量，通过散度、旋度和场边界条件可唯一确定矢量场。

1. 静电场环路定理

现在来讨论静电场沿任一闭合曲线的环流。首先考虑点电荷的情况，在点电荷 q 的场中任取一条曲线 C 连接 A、B 两点，如图 2.8 所示，$\boldsymbol{E}$ 沿此曲线的线积分为

$$\int_C \boldsymbol{E}\cdot \mathrm{d}\boldsymbol{l}=\frac{q}{4\pi\varepsilon_0}\int_{R_A}^{R_B}\frac{\boldsymbol{R}^0}{R^2}\cdot \mathrm{d}\boldsymbol{l}=\frac{q}{4\pi\varepsilon_0}\int_{R_A}^{R_B}\frac{\mathrm{d}R}{R^2}=-\frac{q}{4\pi\varepsilon_0}\left(\frac{1}{R}\right)\Bigg|_{R_A}^{R_B}=\frac{q}{4\pi\varepsilon_0}\left(\frac{1}{R_A}-\frac{1}{R_B}\right)$$

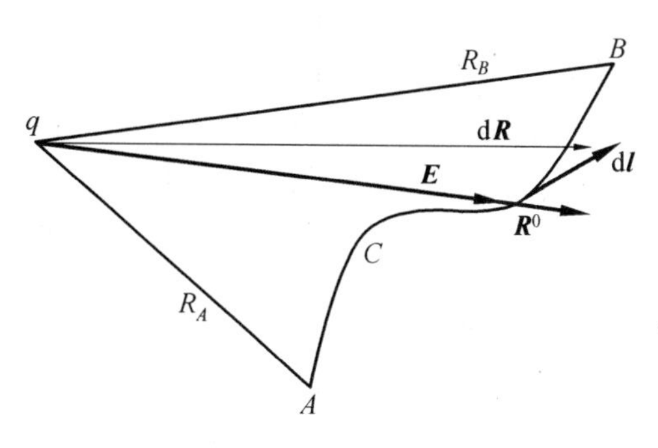

图 2.8　静电场环路定理示意图

当积分路径是闭合时，即当 A、B 两点重合时（$R_A=R_B$），由上式可见

$$\oint_C \boldsymbol{E}\cdot \mathrm{d}\boldsymbol{l}=0 \tag{2.32}$$

式(2.32)是由点电荷得出的结论，利用场的叠加原理，很容易推导空间任意电荷分布情形，即在静电场中，上式普遍成立。式(2.32)称为静电场环路定理的积分形式，它表明一个单位点电荷在静电场 $\boldsymbol{E}$ 中沿任一闭合回路 C 移动一周时，电场力所做的功为零。静电场类似于重力场，为保守场，存在势函数（或标量函数），将在下面详细介绍。

2. 静电场旋度

由斯托克斯定理 $\int_S \nabla\times\boldsymbol{A}\cdot \mathrm{d}\boldsymbol{S}=\oint_C \boldsymbol{A}\cdot \mathrm{d}\boldsymbol{l}$，可得

$$\oint_C \boldsymbol{E}\cdot \mathrm{d}\boldsymbol{l}=\int_S \nabla\times\boldsymbol{E}\cdot \mathrm{d}\boldsymbol{S}=0$$

由于回路 C 是任意的，若对任意曲面 S 上式均成立，必有

$$\nabla\times\boldsymbol{E}=\boldsymbol{0} \tag{2.33}$$

这就是静电场环路定理的微分形式，它表明静电场是一种无旋场。

3. 电位(Potential)函数

由上面的环路定理可知，静电场为无旋保守场，所以静电场存在一个标量位函数（电位函数），引入该标量函数有利于将矢量求解问题化为标量求解问题。

由式(2.14)

$$\boldsymbol{E}(\boldsymbol{r})=\frac{1}{4\pi\varepsilon_0}\int_{V'}\frac{\rho(\boldsymbol{r}')(\boldsymbol{r}-\boldsymbol{r}')}{|\boldsymbol{r}-\boldsymbol{r}'|^3}\mathrm{d}V'=\frac{1}{4\pi\varepsilon_0}\int_{V'}\frac{\rho(\boldsymbol{r}')\boldsymbol{R}}{R^3}\mathrm{d}V'$$

应用 $\nabla\left(\frac{1}{R}\right)=-\frac{\boldsymbol{R}}{R^3}$，代入上式得

$$\boldsymbol{E}(\boldsymbol{r})=\frac{1}{4\pi\varepsilon_0}\int_{V'}-\rho(\boldsymbol{r}')\,\nabla\left(\frac{1}{R}\right)\mathrm{d}V'=-\nabla\left[\frac{1}{4\pi\varepsilon_0}\int_V\frac{\rho(\boldsymbol{r}')}{R}\mathrm{d}V'\right]$$

令

$$\varphi=\frac{1}{4\pi\varepsilon_0}\int_{V'}\frac{\rho(\boldsymbol{r}')}{R}\mathrm{d}V' \tag{2.34}$$

则有

$$\boldsymbol{E}(\boldsymbol{r})=-\nabla\varphi \tag{2.35}$$

式中，φ 是静电场的电位函数(电势)，它表明电位函数的负梯度为静电场的电场强度，或者说电位变化最快的方向(即梯度)是电场方向。通过式(2.34)、式(2.35)可以间接求出电场分布，这就将原来用矢量公式计算的问题转换为通过标量来计算，给计算场强带来方便，下面将结合典型例子来说明其作用。

同理，可推得其他电荷分布时产生的电位计算公式。

用于面电荷分布的电位计算：$\varphi=\dfrac{1}{4\pi\varepsilon_0}\displaystyle\int_{S'}\dfrac{\rho_s(\boldsymbol{r}')}{R}\mathrm{d}S'$ (2.36)

用于线电荷分布的电位计算：$\varphi=\dfrac{1}{4\pi\varepsilon_0}\displaystyle\int_{l'}\dfrac{\rho_l(\boldsymbol{r}')}{R}\mathrm{d}l'$ (2.37)

用于点电荷分布的电位计算： $\varphi=\dfrac{1}{4\pi\varepsilon_0}\displaystyle\sum_i\dfrac{q_i}{R_i}$ (2.38)

式中，$R=|\boldsymbol{r}-\boldsymbol{r}'|=[(x-x')+(y-y')+(z-z')]^{\frac{1}{2}}$。

上面的已知空间电荷分布求电位函数的方法，只适合真空情况下求解，在介质中则需将真空介电常数 ε_0 变为介质中介电常数 ε。

下面再研究已知电场分布求电位函数，从而引出电势差和电势的概念。

如图 2.9 所示，求 P_0 和 P 两点间电场强度的线积分

$$\int_{P_0}^{P}\boldsymbol{E}\cdot\mathrm{d}\boldsymbol{l}=\int_{P_0}^{P}-\nabla\varphi\cdot\mathrm{d}\boldsymbol{l}$$

由函数微分公式有

$$\mathrm{d}\varphi=\frac{\partial\varphi}{\partial x}\mathrm{d}x+\frac{\partial\varphi}{\partial y}\mathrm{d}y+\frac{\partial\varphi}{\partial z}\mathrm{d}z=\nabla\varphi\cdot\mathrm{d}\boldsymbol{l}$$

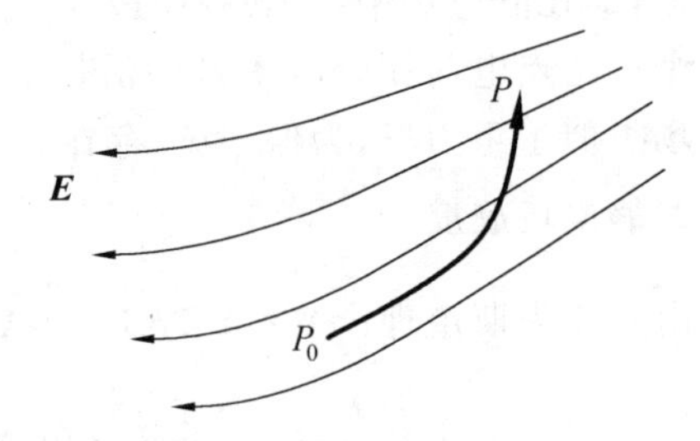

图 2.9　电位示意图

故有

$$\int_{P_0}^{P}\boldsymbol{E}\cdot\mathrm{d}\boldsymbol{l}=\int_{P}^{P_0}\mathrm{d}\varphi=\varphi(P_0)-\varphi(P) \tag{2.39}$$

这就是静电场电势差的计算公式，表明沿静电场任意两点电场强度的线积分为两点间的电势差。若规定某点电势为零电势，则可得到空间电场各点对应的电势大小。

若电荷分布在有限区域，一般将无穷远点视为电势零点，即 $\varphi(P_0)=0$，这样空间任一点 P 的电势大小为

$$\varphi(P)=\int_{P}^{\infty}\boldsymbol{E}\cdot\mathrm{d}\boldsymbol{l} \tag{2.40}$$

例 2.4　位于 xOy 平面上的半径为 a、圆心在坐标原点的带电圆盘，面电荷密度为 ρ_s，如图 2.10 所示，求 z 轴上的电位。

解　由面电荷分布电位公式：

$$\varphi(\boldsymbol{r})=\frac{1}{4\pi\varepsilon_0}\int_{S'}\frac{\rho_s(\boldsymbol{r}')}{R}\mathrm{d}S'=\frac{1}{4\pi\varepsilon_0}\int_{S'}\frac{\rho_s(\boldsymbol{r}')}{|\boldsymbol{r}-\boldsymbol{r}'|}\mathrm{d}S'$$

且有

$$\boldsymbol{r} = z\boldsymbol{a}_z$$

$$\boldsymbol{r}' = \rho'\cos\varphi'\boldsymbol{a}_x + \rho'\sin\varphi'\boldsymbol{a}_y$$

$$|\boldsymbol{r} - \boldsymbol{r}'| = (z^2 + \rho'^2)^{1/2}$$

$$\mathrm{d}S' = \rho'\mathrm{d}\varphi'\mathrm{d}\rho'$$

代入电位公式并积分有

$$\varphi(z) = \frac{\rho_s}{4\pi\varepsilon_0}\int_0^{2\pi}\mathrm{d}\varphi'\int_0^a \frac{\rho'\mathrm{d}\rho'}{(z^2 + \rho'^2)^{1/2}}$$

$$= \frac{\rho_s}{2\pi}[(a^2 + z^2)^{1/2} - z]$$

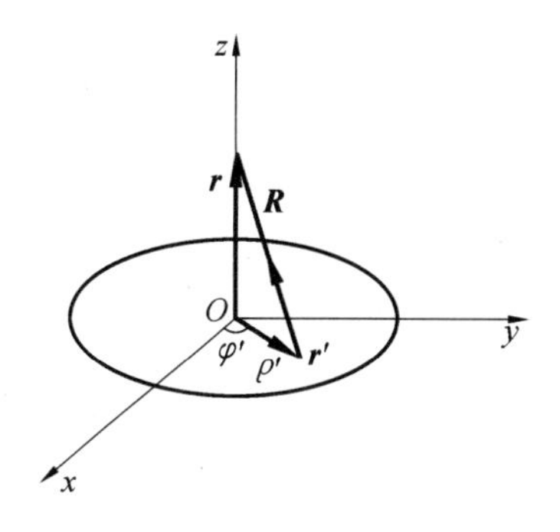

图 2.10　带电圆盘

以上结果是 $z > 0$ 的结论。对轴上的任意点，电位为

$$\varphi(z) = \frac{\rho_s}{2\pi}[(a^2 + z^2)^{1/2} - |z|] \quad (-\infty < z < \infty)$$

例 2.5　求半径为 a 的均匀带电球体产生的电位(设球体分布的体电荷密度为 ρ_0)。

解　在球坐标系下,由高斯定理可得球体内外场强大小为

$$E_r = \frac{\rho_0 a^3}{3\varepsilon_0 r^2} \quad (r > a)$$

$$E_r = \frac{\rho_0 r}{3\varepsilon_0} \quad (r < a)$$

由式(2.40)电场与电位的关系求得:

当 $r > a$ 时,

$$\varphi = \int_r^\infty E_r\mathrm{d}r = \int_r^\infty \frac{\rho_0 a^3}{3\varepsilon_0 r^2}\mathrm{d}r = \frac{\rho_0 a^3}{3\varepsilon_0 r}$$

当 $r < a$ 时,

$$\varphi = \int_r^a E_r\mathrm{d}r = \int_a^\infty E_r\mathrm{d}r = \frac{\rho_0}{3\varepsilon_0}\left(a^2 - \frac{r^2}{3}\right)$$

例 2.6　求一个电偶极子在空间产生的电场。

解　电偶极子是非常典型的电荷分布模型,是指由相距很近的一对异号等量电荷组成的电荷组。在理论研究中广泛应用,所以应掌握电偶极子的电场和电势分布。

如图 2.11 所示,电偶极子用电偶极矩 $\boldsymbol{p}_e = q\boldsymbol{l}$ 来描述,q 为一对等量异号电荷的电量,$\boldsymbol{l}$ 为由负电荷指向正电荷的位置矢量,故电偶极矩为矢量。

选择球坐标系,由电势定义可得空间任一点电势为

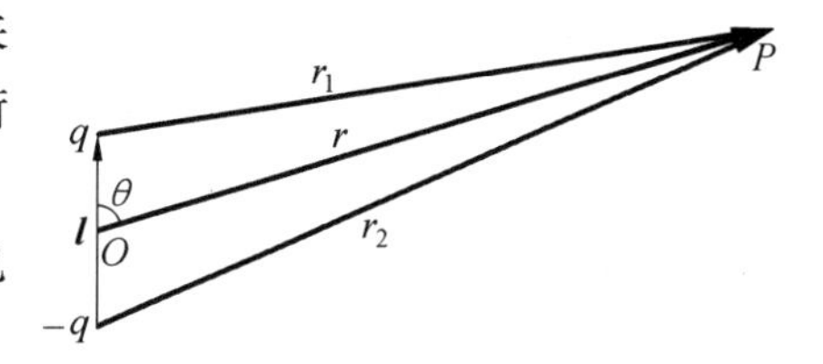

图 2.11　电偶极子

$$\varphi = \frac{q}{4\pi\varepsilon_0}\left(\frac{1}{r_1} - \frac{1}{r_2}\right)$$

式中,r_1 和 r_2 分别表示场点 P 与 q 和 $-q$ 的距离;r 表示坐标原点到 P 点的距离。

当 $l \ll r$ 时,

$$r_1=\left(r^2+\frac{l^2}{4}-2r\frac{l}{2}\cos\theta\right)^{1/2}\approx r\left(1-\frac{l}{2}\cos\theta\right)^{1/2}$$

$$r_2=\left(r^2+\frac{l^2}{4}+2r\frac{l}{2}\cos\theta\right)^{1/2}\approx r\left(1+\frac{l}{2}\cos\theta\right)^{1/2}$$

$$\frac{1}{r_1}\approx\frac{1}{r}\left(1+\frac{l}{2r}\cos\theta\right)$$

$$\frac{1}{r_2}\approx\frac{1}{r}\left(1-\frac{l}{2r}\cos\theta\right)$$

从而电位为

$$\varphi=\frac{ql\cos\theta}{4\pi\varepsilon_0 r^2}=\frac{\boldsymbol{p}_{\mathrm{e}}\cdot\boldsymbol{r}}{4\pi\varepsilon_0 r^3} \tag{2.41}$$

故由球坐标下梯度公式得电场强度为

$$\boldsymbol{E}=-\nabla\varphi=\frac{\boldsymbol{p}_{\mathrm{e}}}{4\pi\varepsilon_0 r^3}(\boldsymbol{a}_r 2\cos\theta+\boldsymbol{a}_\theta\sin\theta) \tag{2.42}$$

图 2.12 所示为电偶极子的空间电场分布。

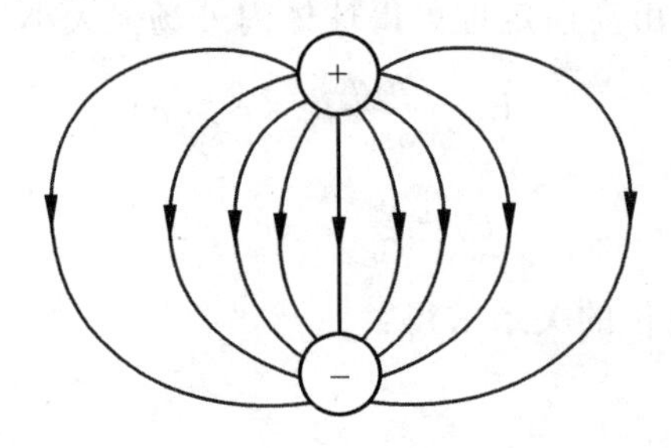

图 2.12　电偶极子的空间电场分布

2.4　泊松方程和拉普拉斯方程

高斯定理与环路定理都是矢量场方程，用这些场方程可求得场分布及电荷分布等问题，但这只是一种描述方法。由于静电场是有源无旋场，存在标量势函数，因此描述场变化的方程也可用电势方程，这就是将要介绍的泊松方程和拉普拉斯方程。

2.4.1　静电场的基本方程

由前面的推导过程可得静电场基本方程如下：

积分形式

$$\oint_S \boldsymbol{E}\cdot\mathrm{d}\boldsymbol{S}=\frac{1}{\varepsilon_0}\int_V \rho\,\mathrm{d}V \quad \text{（真空中高斯定理）}$$

$$\oint_S \boldsymbol{D}\cdot\mathrm{d}\boldsymbol{S}=\int_V \rho_{\mathrm{f}}\,\mathrm{d}V \quad \text{（介质中高斯定理）}$$

$$\oint_C \boldsymbol{E}\cdot\mathrm{d}\boldsymbol{l}=0 \quad \text{（任何情况下环路定理）}$$

微分形式

$$\nabla\cdot \boldsymbol{E}=\frac{\rho}{\varepsilon_0}\quad(\text{真空中高斯定理})$$

$$\nabla\cdot \boldsymbol{D}=\rho_{\mathrm{f}}\quad(\text{介质中高斯定理})$$

$$\nabla\times \boldsymbol{E}=\boldsymbol{0}\quad(\text{任何情况下环路定理})$$

积分形式的场方程适合任何线性介质，通过它们可解决具有某种对称性的电场问题；微分形式的场方程只适合连续性线性介质，通过解微分方程可解决空间各点场分布问题，但微分方程求解较烦琐。

从上面方程可以推得静电场是一个有源无旋场，形成的电力线始于正电荷，终于负电荷，电力线本身不构成闭合回路。

2.4.2　电位的泊松方程及拉普拉斯方程

静电场用场强能完整描述，但静电场为有源无旋场，存在标量电位函数(即电势)，所以静电场也可以用电位函数来描述。下面推导真空中电位的泊松方程及拉普拉斯方程。

将 $\boldsymbol{E}(\boldsymbol{r})=-\nabla\varphi$ 代入 $\nabla\cdot \boldsymbol{E}=\frac{\rho}{\varepsilon_0}$ 中，得

$$\nabla\cdot\nabla\varphi=-\frac{\rho}{\varepsilon_0}$$

由矢量运算可得电位的泊松方程为

$$\nabla^2\varphi=-\frac{\rho}{\varepsilon_0}\tag{2.43}$$

式中，$\nabla^2=\frac{\partial^2}{\partial x^2}+\frac{\partial^2}{\partial y^2}+\frac{\partial^2}{\partial z^2}$ 为直角坐标系下的拉普拉斯算子。

若 $\rho=0$，将得到电位的拉普拉斯方程，即

$$\nabla^2\varphi=0\tag{2.44}$$

在线性介质中将真空介电常数 ε_0 变为介质中介电常数 ε，即可得到介质中的对应方程。对于较复杂的静电场分布问题，通过电位方程很容易计算得到结果。同样电场强度也有对应的泊松方程和拉普拉斯方程，读者可自己推导得出。

2.5　静电场的边界条件

在实际问题中，经常遇到两种不同介质分界面的情形。由于在分界面两侧的介质的特性参数发生突变，矢量场在分界面两侧也发生突变。描述不同介质分界面两侧矢量场突变关系的方程，称为电磁场的边界条件。

由于在介质分界面处场矢量不连续，微分形式的静电场方程在分界面上已失去意义，但积分形式的静电场方程仍然适用。因此，从积分形式的静电场方程出发，可导出静电场的边界条件。

2.5.1　电位移矢量的边界条件

下面结合图 2.13 推导电位移矢量 $\boldsymbol{D}$ 的边界条件。

在分界面两侧作一上、下底面积均为 ΔS，高度为 h 的扁平圆柱状盒子。ΔS 很小，可

认为上下面 $\boldsymbol{D}$ 是均匀的。$\boldsymbol{a}_n$ 为由介质2指向介质1的法向单位矢量。由介质内静电场高斯定理如

$$\oint_S \boldsymbol{D} \cdot \mathrm{d}\boldsymbol{S} = \frac{1}{\varepsilon_0}\int_V \rho_f \mathrm{d}V$$

应用到此圆柱盒上，可得

$$\boldsymbol{D}_1 \cdot \boldsymbol{a}_n \Delta S - \boldsymbol{D}_2 \cdot \boldsymbol{a}_n \Delta S + \Delta\varphi = \rho_f h \Delta S$$

式中，ρ_f 为自由电荷密度；$\Delta\varphi$ 为 $\boldsymbol{D}$ 通过柱体侧面的电位移通量。令 $h \to 0$，即过渡到分界面两侧的情形，此时，$\Delta\varphi \to 0$，在分界面上存在自由面电荷的情况下，有

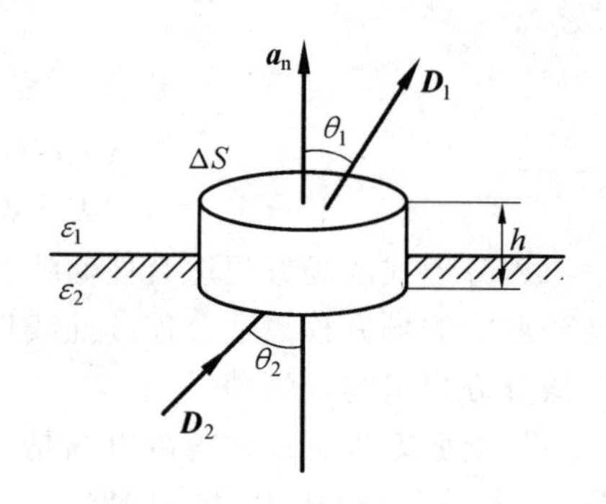

图 2.13　电位移矢量边界条件示意图

$$\lim_{h \to 0} \rho_f h = \rho_{sf}$$

式中，ρ_{sf} 为自由面电荷密度。将 $D_1 \cdot \boldsymbol{a}_n \Delta S - D_2 \cdot \boldsymbol{a}_n \Delta S + \Delta\varphi = \rho_f h \Delta S$ 消去 ΔS，于是有

$$\boldsymbol{a}_n \cdot (\boldsymbol{D}_1 - \boldsymbol{D}_2) = \rho_{sf} \text{ 或 } D_{1n} - D_{2n} = \rho_{sf} \tag{2.45}$$

上式表明，在任意带自由电荷的介质分界面上，$\boldsymbol{D}$ 的法向分量不连续，其突变量等于该处的自由电荷面密度 ρ_{sf}。

若 $\rho_{sf} = 0$，有

$$\boldsymbol{a}_n \cdot (\boldsymbol{D}_1 - \boldsymbol{D}_2) = 0 \text{ 或 } D_{1n} = D_{2n} \tag{2.46}$$

则 $\boldsymbol{D}$ 的法向分量就连续。

2.5.2　电场强度矢量的边界条件

1. 电场强度法向分量的边界条件

在线性介质中，由 $\boldsymbol{D} = \varepsilon \boldsymbol{E}$，将其代入式(2.45)可得电场强度分量所满足的法向分量边界条件，即

$$\boldsymbol{a}_n \cdot (\varepsilon_1 \boldsymbol{E}_1 - \varepsilon_2 \boldsymbol{E}_2) = \rho_{sf} \text{ 或 } \varepsilon_1 E_{1n} - \varepsilon_2 E_{2n} = \rho_{sf} \tag{2.47}$$

若 $\rho_{sf} = 0$，有

$$\boldsymbol{a}_n \cdot (\varepsilon_1 \boldsymbol{E} - \varepsilon_2 \boldsymbol{E}) = 0 \text{ 或 } \varepsilon_1 E_{1n} = \varepsilon_2 E_{2n} \tag{2.48}$$

但 $E_{1n} \neq E_{2n}$。

可见，在任意介质分界面上，无论是否带自由电荷 ρ_{sf}，$\boldsymbol{E}$ 的法向分量都不连续，即 $\boldsymbol{E}$ 只要通过两种介质分界面就一定有突变。

2. 电场强度切向分量的边界条件

在分界面上作一小的矩形回路 C，长为 Δl 的两条边分别位于分界面两侧，其与分界面平行，高度为 h。并设回路所围面积的法向单位矢量为 $\boldsymbol{N}^0$，界面的法向单位矢量为 $\boldsymbol{a}_n$，界面上沿 Δl 方向的切向单位矢量为 $\boldsymbol{a}_t$，且满足 $\boldsymbol{N}^0 \times \boldsymbol{a}_n = \boldsymbol{a}_t$，积分路径示意图如图2.14所示。

将静电场环路定理

$$\oint_C \boldsymbol{E} \cdot \mathrm{d}\boldsymbol{l} = 0$$

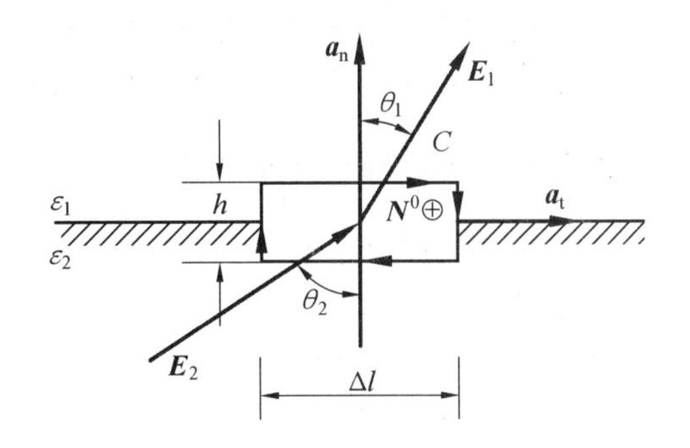

图 2.14　积分路径示意图

应用到回路上，且当 $h \to 0$ 时，回路两侧的线积分为零，只有上下边对积分有贡献，则有

$$\boldsymbol{E}_1 \cdot \boldsymbol{a}_t \Delta l - \boldsymbol{E}_2 \cdot \boldsymbol{a}_t \Delta l = 0$$

消去 Δl，并代入 $\boldsymbol{N}^0 \times \boldsymbol{a}_n = \boldsymbol{a}_t$，于是有

$$(\boldsymbol{E}_1 - \boldsymbol{E}_2) \cdot (\boldsymbol{N}^0 \times \boldsymbol{a}_n) = 0$$

利用矢量恒等式$\boldsymbol{A} \cdot (\boldsymbol{B} \times \boldsymbol{C}) = (\boldsymbol{C} \times \boldsymbol{A}) \cdot \boldsymbol{B}$，可得

$$[\boldsymbol{a}_n \times (\boldsymbol{E}_1 - \boldsymbol{E}_2)] \cdot \boldsymbol{N}^0 = 0$$

由于回路 C 是任意取得的，因此 $\boldsymbol{N}^0$ 也是任意的，因而有

$$\boldsymbol{a}_n \times (\boldsymbol{E}_1 - \boldsymbol{E}_2) = \boldsymbol{0} \text{ 或 } E_{1t} = E_{2t} \tag{2.49}$$

上式表明，在任一介质分界面上，$\boldsymbol{E}$ 的切向分量总是连续的。

3. 常见介质分界面电场边界条件及静电场折射定律

(1) 两种介质分界面。

在电介质分界面上，一般不存在自由电荷，即 $\rho_{sf} = 0$，由式(2.46) 及式(2.49) 有

$$D_{1n} = D_{2n}$$

$$E_{1t} = E_{2t}$$

即在两种介质分界面上，$\boldsymbol{D}$ 的法向分量连续，$\boldsymbol{E}$ 的切向分量连续。

由于

$$\boldsymbol{D}_1 = \varepsilon_1 \boldsymbol{E}_1, \quad \boldsymbol{D}_2 = \varepsilon_2 \boldsymbol{E}_2$$

故有

$$\frac{D_{1t}}{\varepsilon_1} = \frac{D_{2t}}{\varepsilon_2}$$

$$\varepsilon_1 E_{1n} = \varepsilon_2 E_{2n}$$

可见，场矢量通过分界面时方向总要发生改变。

由图 2.15 有

$$\frac{D_{1t}}{D_{1n}} = \frac{E_{1t}}{E_{1n}} = \tan\theta_1$$

$$\frac{D_{2t}}{D_{2n}} = \frac{E_{2t}}{E_{2n}} = \tan\theta_2$$

于是有

$$\frac{\tan\theta_1}{\tan\theta_2} = \frac{\varepsilon_1}{\varepsilon_2}$$

上式称为静电场的折射定律。

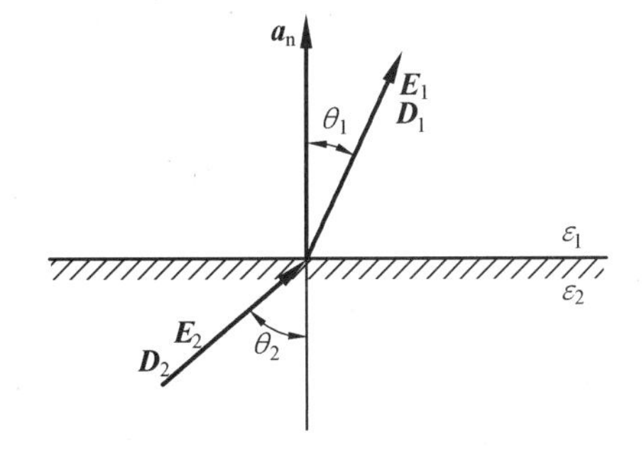

图 2.15　两种介质分界面示意图

(2) 导体与电介质分界面。

设介质 1 是电介质，介质 2 是导体，由于静电场中导体内部的电场为零，即 $\boldsymbol{E}_2 = \boldsymbol{D}_2 = \boldsymbol{0}$，因此得导体表面上的边界条件为

$$E_t = 0, \quad D_n = \rho_{sf}$$

这时的电场和电位移均为介质内物理量，并由此得知处于静电场中的导体其表面的电场强度 $\boldsymbol{E}$ 垂直于导体表面，故导体为等势体，表面为等势面。

2.5.3 电位的边界条件

由于静电场可以用电位函数描述，并且遵循泊松方程或拉普拉斯方程，因此也有电位的边界条件。

下面由 $\boldsymbol{E}$ 和 $\boldsymbol{D}$ 的边界条件来推导电位 φ 的边界条件。

由

$$\boldsymbol{E}=\boldsymbol{a}_{\mathrm{t}}E_{\mathrm{t}}+\boldsymbol{a}_{\mathrm{n}}E_{\mathrm{n}}=\boldsymbol{a}_{\mathrm{t}}\left(-\frac{\partial\varphi}{\partial t}\right)+\boldsymbol{a}_{\mathrm{n}}\left(-\frac{\partial\varphi}{\partial n}\right)=-\nabla\varphi$$

根据电场强度边界条件式(2.48)和式(2.49)，有

$$-\frac{\partial\varphi_1}{\partial t}+\frac{\partial\varphi_2}{\partial t}=0$$

$$-\varepsilon_1\frac{\partial\varphi_1}{\partial n}+\varepsilon_2\frac{\partial\varphi_2}{\partial n}=\rho_{\mathrm{sf}}$$

则有

$$\frac{\partial(\varphi_2-\varphi_1)}{\partial t}=0$$

即

$$\varphi_2-\varphi_1=C$$

由于界面两侧相邻两点 P_1 和 P_2 的距离 $|P_1P_2|\to 0$，电场强度值有限，于是把等位正电荷由 P_1 移到 P_2 电场力所做功为零，即 $C=0$，则有

$$\varphi_2=\varphi_1 \tag{2.50}$$

当分界面上无自由电荷（理想介质，$\rho_{\mathrm{sf}}=0$）时

$$\varepsilon_1\frac{\partial\varphi_1}{\partial n}=\varepsilon_2\frac{\partial\varphi_2}{\partial n} \tag{2.51}$$

由于静电场中的导体是等势体，因此导体表面的边界条件为

$$\varepsilon\frac{\partial\varphi}{\partial n}=-\rho_{\mathrm{sf}} \tag{2.52}$$

2.6 导体系统的电容

1. 孤立导体的电容

在静电场中，达到静电平衡时，导体是等位体。导体内没有电荷，电荷只能分布于导体的表面，且各点的电荷面密度 ρ_{sf} 取决于导体表面的形状。假设一个孤立导体带电荷为 q，所产生的电位为 φ，若将导体上的总电荷增加 k 倍，则电位也成比例增加，也就是说，一个孤立导体的电位与它所带的总电荷成正比。把一个孤立导体所带的总电荷 q 与它的电位 φ 之比

$$C=\frac{q}{\varphi} \tag{2.53}$$

称为孤立导体的电容。

2. 电容器的电容

电容器是由两个导体构成的导体系统。当两导体之间加电压U时，一个导体带电荷为$+q$，而另一个导体则带电荷$-q$。电荷量q与两导体之间的电压U也成正比，比值

$$C=\frac{q}{U} \tag{2.54}$$

称为电容器的电容。

电容是导体系统的一种物理属性，它只与导体的形状、尺寸、相互位置以及导体周围的介质有关，而与导体的电位和所带的电荷无关。

3. 电容的计算

计算电容器的电容的一般步骤是：

(1) 假设两导体上分别带电荷$+q$和$-q$。

(2) 计算两导体间的电场强度$\boldsymbol{E}$。

(3) 由$U=\int_1^2 \boldsymbol{E}\cdot \mathrm{d}\boldsymbol{l}$求出两导体间的电压。

(4) 求比值$\frac{q}{U}=C$，即可得到所求的电容。

例 2.7　如图 2.16 所示，计算同轴线单位长度的电容C_0。已知同轴线内、外导体半径分别为r_1、r_2，之间填充均匀介质，介电常数为ε。

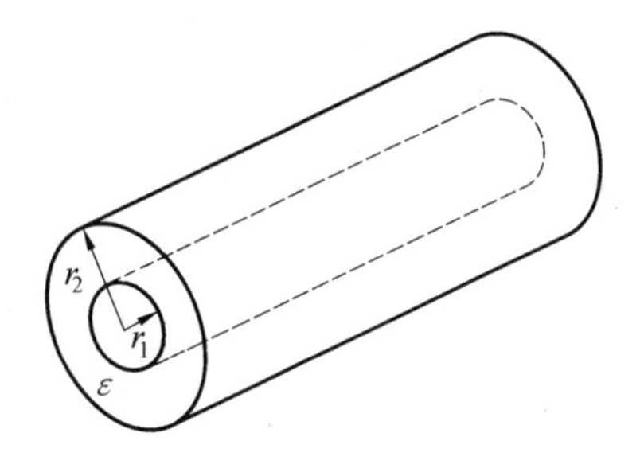

图 2.16　同轴线

解　假设内、外导体分别带电荷$+q$和$-q$（忽略边缘效应），则介质中的场沿径向分布，且具有轴对称性。由高斯定理可求得介质中的场强为

$$\boldsymbol{E}=\boldsymbol{a}_r E_r=\boldsymbol{a}_r\frac{q}{2\pi\varepsilon r l}$$

由此，两导体间的电压为

$$U=\int_{r_1}^{r_2}\boldsymbol{E}_r\cdot \mathrm{d}\boldsymbol{r}=\frac{q}{2\pi\varepsilon l}\ln\frac{r_2}{r_1}$$

故单位长度的电容为

$$C_0=\frac{C}{l}=\frac{q}{Ul}=\frac{2\pi\varepsilon}{\ln\frac{r_2}{r_1}}$$

例 2.8　平行双线传输导线的半径为a，两导线的轴线相距为D，且$D\gg a$。试求平行双线传输导线单位长度的电容。

解　设两导线单位长度带电量分别为ρ_l和$-\rho_l$。由于$D\gg a$，计算导线外的电场时，可近似地认为电荷均匀分布在导线的表面上。取如图 2.17 所示的坐标系，应用高斯定理和叠加原理，可得到单位长度两导线间的平面上任一点P的电场为

$$\boldsymbol{E}(y)=\frac{\rho_l}{2\pi\varepsilon_0}\left(\frac{1}{y}+\frac{1}{D-y}\right)\boldsymbol{a}_y$$

两导线间的电压为

$$U=\int_a^{D-a}\boldsymbol{E}(y)\cdot\boldsymbol{a}_y\mathrm{d}y$$

$$=\frac{\rho_l}{2\pi\varepsilon_0}\int_a^{D-a}\left(\frac{1}{y}+\frac{1}{D-y}\right)\mathrm{d}y$$

$$=\frac{\rho_l}{\pi\varepsilon_0}\ln\frac{D-a}{a}$$

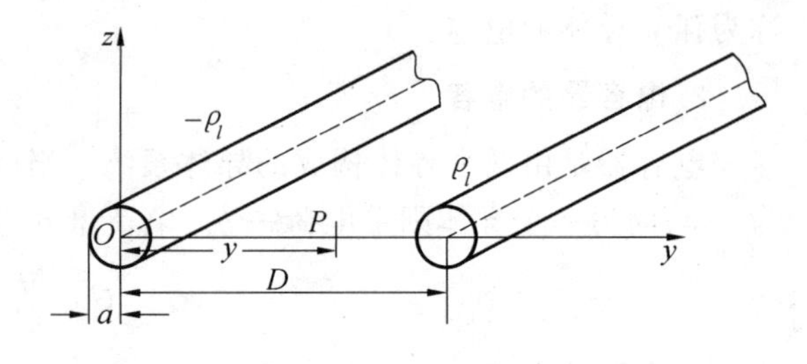

图 2.17　平行双线传输导线

于是得到平行双线传输导线单位长度的电容为

$$C_0=\frac{\rho_l}{U}=\frac{\pi\varepsilon_0}{\ln\dfrac{D-a}{a}}\approx\frac{\pi\varepsilon_0}{\ln\dfrac{D}{a}}$$

2.7　静电场能量与能量密度

电场最基本的性质是对静止的电荷有作用力，这也说明电场具有能量。电场能量来源于建立电荷系统过程中外界提供的能量，如给导体充电时外电源要对电荷做功，提高电荷的电位能，这样就构成了电荷系统的能量。

设由n个点电荷构成的系统，每个带电体的最终电位为$\varphi_1,\varphi_2,\cdots,\varphi_n$，最终电荷为$q_1$，$q_2,\cdots,q_n$。带电系统的能量与建立系统的过程无关，仅仅与系统的最终状态有关。假设在建立系统过程中的任一时刻，各个带电体的电量均是各自终值的a倍$(a<1)$，即带电量为aq_i，电位为$a\varphi_i$，经过一段时间，带电体i的电量增量为$\mathrm{d}(aq_i)$，外源对它所做的功为$\mathrm{d}A_i=a\varphi_i\mathrm{d}(aq_i)$，则外源对$n$个带电体做的功为

$$\mathrm{d}A=\sum_{i=1}^{n}q_i\varphi_i a\,\mathrm{d}a$$

因而，电场能量的增量为

$$\mathrm{d}W_\mathrm{e}=\sum_{i=1}^{n}q_i\varphi_i a\,\mathrm{d}a$$

在整个过程中，电场的储能为

$$W_\mathrm{e}=\int\mathrm{d}W_\mathrm{e}=\sum_{i=1}^{n}q_i\varphi_i\int_0^1 a\mathrm{d}a=\frac{1}{2}\sum_{i=1}^{n}q_i\varphi_i \tag{2.55}$$

同理，对于连续分布的电荷系统的电场能量为

$$W_\mathrm{e}=\int_V\frac{1}{2}\rho(r)\varphi(r)\mathrm{d}V \tag{2.56}$$

$$W_\mathrm{e}=\int_S\frac{1}{2}\rho_s(r)\varphi(r)\mathrm{d}S \tag{2.57}$$

$$W_\mathrm{e}=\int_l\frac{1}{2}\rho_l(r)\varphi(r)\mathrm{d}l \tag{2.58}$$

一般电荷分布在有限的区域内，所以通过这些公式可以得到电场能量的大小。下面

研究电场参量与电场能量的关系。

将 $\rho=\nabla\cdot\boldsymbol{D}$ 代入式(2.56)，应用 $\nabla\cdot(\varphi\boldsymbol{D})=(\nabla\cdot\boldsymbol{D})\varphi+\nabla\varphi\cdot\boldsymbol{D}$ 和 $\boldsymbol{E}=-\nabla\varphi$，得

$$W_{\mathrm{e}}=\int_V\frac{1}{2}\rho(r)\varphi(r)\mathrm{d}V=\frac{1}{2}\int_V(\nabla\cdot\boldsymbol{D})\varphi\mathrm{d}V$$

$$=\frac{1}{2}\int_V[\nabla\cdot(\varphi\boldsymbol{D})-\nabla\varphi\cdot\boldsymbol{D}]\mathrm{d}V$$

$$=\frac{1}{2}\oint_S\varphi\boldsymbol{D}\cdot\mathrm{d}\boldsymbol{S}+\frac{1}{2}\int_V\boldsymbol{E}\cdot\boldsymbol{D}\mathrm{d}V$$

式(2.56)的积分是对整个空间区域积分，虽然只有电荷存在的空间对积分才有贡献，但把积分区域任意扩大并不影响积分结果。当体积扩大时，包围这个体积的表面 S 也将扩大。只要电荷分布在有限的区域内，当闭合面 S 无限扩大时，有限区域内的电荷就可近似为一个点电荷，它在很大的闭合面上有 $\varphi\propto\frac{1}{R}$ 和 $|\boldsymbol{D}|\propto\frac{1}{R^2}$，故有 $|\varphi\boldsymbol{D}|\propto\frac{1}{R^3}$。当闭合面的 $R\to\infty$ 时，上式中的闭合面积分必然变为零，即

$$\oint_S\varphi\boldsymbol{D}\cdot\mathrm{d}\boldsymbol{S}\sim\frac{1}{R^3}\times R^2\sim\frac{1}{R}\bigg|_{R\to\infty}\to 0$$

故得到

$$W_{\mathrm{e}}=\frac{1}{2}\int_V\boldsymbol{E}\cdot\boldsymbol{D}\mathrm{d}V \tag{2.59}$$

对于各向同性的介质 $\boldsymbol{D}=\varepsilon\boldsymbol{E}$，代入上式得

$$W_{\mathrm{e}}=\frac{1}{2}\int_V\varepsilon\boldsymbol{E}\cdot\boldsymbol{E}\mathrm{d}V=\int_V\frac{1}{2}\varepsilon E^2\mathrm{d}V \tag{2.60}$$

上式表明 $\boldsymbol{E}\neq\boldsymbol{0}$，则 $W_{\mathrm{e}}\neq 0$。说明只有电场存在的区域对积分有贡献，即 $\boldsymbol{E}\neq\boldsymbol{0}$ 区域才有电场能量，$\boldsymbol{E}=\boldsymbol{0}$ 的区域没有电场能量。

将电场能量认为分布在有电场存在的空间中，其能量密度为

$$w_{\mathrm{e}}=\frac{1}{2}\boldsymbol{D}\cdot\boldsymbol{E}=\frac{1}{2}\varepsilon E^2 \tag{2.61}$$

理解静电场能量应注意以下几点：

(1) 式(2.59)的积分区域存在于电场的整个空间，被积函数就是电场的能量密度。它表明静电能量存在于电场中，电场所在空间中的任何地方都具有电场能量。

(2) 式(2.56)～(2.58)是在电荷密度不为零的区域内积分，但不能认为静电场能量仅存在于带电体内，其被积函数并不表示电场能量密度。

(3) 在静电场中式(2.56)与式(2.59)是一致的，它们都表示静电场的总能量。但式(2.56)～(2.58)只适合于静电场，而式(2.59)适用于任意电场。

例 2.9　若真空中电荷 q 均匀分布在半径为 a 的球体内，计算电场能量。

解　用高斯定理可以得到电场强度为

$$\boldsymbol{E}=\boldsymbol{a}_r\frac{q\boldsymbol{r}}{4\pi\varepsilon_0 a^3}\quad(r<a)$$

$$\boldsymbol{E}=\boldsymbol{a}_r\frac{q}{4\pi\varepsilon_0 r^2}\quad(r>a)$$

所以

$$\begin{aligned}W_{\mathrm{e}}&=\frac{1}{2}\int_V\varepsilon_0E^2\mathrm{d}V\\&=\frac{1}{2}\varepsilon_0\left(\frac{q}{4\pi\varepsilon_0}\right)^2\left[\int_0^a\left(\frac{r}{a^3}\right)^2 4\pi r^2\mathrm{d}r+\int_a^{\infty}\frac{1}{r^4}4\pi r^2\mathrm{d}r\right]\\&=\frac{3q^2}{20\pi\varepsilon_0 a}\end{aligned}$$

例 2.10 若一同轴线内导体的半径为 a，外导体的半径为 b，之间填充介电常数为 ε 的介质，当内、外导体间的电压为 U（外导体的电位为零）时，求单位长度的电场能量。

解 设内、外导体间电压为 U 时，内导体单位长度带电量为 ρ_l，则导体间的电场强度为

$$\boldsymbol{E}=\boldsymbol{a}_r\frac{\rho_l}{2\pi\varepsilon r}\quad(a<r<b)$$

由

$$U=\int_a^b\boldsymbol{E}\cdot\mathrm{d}\boldsymbol{l}$$

得两导体间的电压为

$$U=\frac{\rho_l}{2\pi\varepsilon}\ln\frac{b}{a}$$

即

$$\rho_l=\frac{2\pi\varepsilon U}{\ln\dfrac{b}{a}}$$

$$\boldsymbol{E}=\boldsymbol{a}_r\frac{U}{r\ln\dfrac{b}{a}}\quad(a<r<b)$$

所以单位长度的电场能量为

$$W_{\mathrm{e}}=\frac{1}{2}\int\varepsilon E^2\mathrm{d}V=\int_a^b\frac{\varepsilon U^2}{2r^2\ln^2\dfrac{b}{a}}2\pi r\mathrm{d}r=\frac{\pi\varepsilon U^2}{\ln\dfrac{b}{a}}$$

2.8 恒定电场

与静电场相比，恒定电流产生的电场有诸多相同点及不同点，由恒定电流产生的电场称为恒定电场。本节将简要介绍恒定电场的相关概念、基本方程及边界条件，并通过比较静电场与恒定电场的异同，深化对二者的理解。

2.8.1 电流密度

此处规定电流方向为正电荷的运动方向，为描述电荷在空间中的运动情况，需要研究与正电荷运动方向垂直的单位面积的电流强度，这一概念称为电流密度。若用 $\boldsymbol{n}$ 表示电流方向，ΔS 为与 $\boldsymbol{n}$ 垂直的面积微元，通过 ΔS 的电流为 ΔI，则电流密度 $\boldsymbol{J}$ 可表示为

$$\boldsymbol{J}=\lim_{\Delta S\to 0}\frac{\Delta I}{\Delta S}\boldsymbol{n}=\frac{\mathrm{d}I}{\mathrm{d}S}\boldsymbol{n} \tag{2.62}$$

考虑到 $\boldsymbol{J}$ 与 $\mathrm{d}\boldsymbol{S}$ 的法线方向之间往往存在夹角，因此计算通过总面积 S 的总电流 I 时，需要计算 $\boldsymbol{J}$ 在 S 上的通量。

$$I=\int_S \boldsymbol{J}\cdot\mathrm{d}\boldsymbol{S}=\int_S J\cos\theta\mathrm{d}S \tag{2.63}$$

当电流仅分布在导体表面时（如趋肤效应），此时可改用面电流密度 $\boldsymbol{J}_s$ 来对电流进行描述。

$$\boldsymbol{J}_s=\lim_{\Delta l\to 0}\frac{\Delta I}{\Delta l}\boldsymbol{n}=\frac{\mathrm{d}I}{\mathrm{d}l}\boldsymbol{n} \tag{2.64}$$

式中，$\mathrm{d}l$ 为与 $\boldsymbol{n}$ 相互垂直的线元；ΔI 为通过 Δl 的电流。电流密度 $\boldsymbol{J}$ 及面电流密度 $\boldsymbol{J}_s$ 的概念都是为方便对总电流 I 的描述而提出的，二者并无本质区别。

2.8.2　电荷守恒定律

对于一个封闭的系统，其电荷总量是不变的，换句话说，对于一个任意体积 V 内的电荷，体积 V 内的电荷增量必等于流入体积 V 内的电荷量，流出亦然。类似地，在电流密度 $\boldsymbol{J}$ 的空间内任取一个封闭的曲面 S，通过 S 流出的电荷量等于 S 围成的体积 V 在单位时间内减少的电荷量，即

$$\oint_S \boldsymbol{J}\cdot\mathrm{d}\boldsymbol{S}=-\frac{\mathrm{d}q}{\mathrm{d}t}=-\frac{\mathrm{d}}{\mathrm{d}t}\int_V\rho\mathrm{d}V=-\int_V\frac{\mathrm{d}\rho}{\mathrm{d}t}\mathrm{d}V=-\int_V\frac{\partial\rho}{\partial t}\mathrm{d}V \tag{2.65}$$

注意到 $\int_V\rho\mathrm{d}V$ 与时间无关，故对时间的微分可转移至积分内。考虑到 $\boldsymbol{J}$ 一般是时间与空间的函数，故式(2.65) 的求导运算应改写成偏导运算。

$\oint_S \boldsymbol{J}\cdot\mathrm{d}\boldsymbol{S}=-\int_V\frac{\partial\rho}{\partial t}\mathrm{d}V$ 为电荷守恒的数学表达式，即电流连续性方程的积分形式，依据散度定理，式(2.65) 可写作

$$\oint_V \nabla\cdot\boldsymbol{J}\mathrm{d}V=-\int_V\frac{\partial\rho}{\partial t}\mathrm{d}V \tag{2.66}$$

即

$$\oint_V\left(\nabla\cdot\boldsymbol{J}+\frac{\partial\rho}{\partial t}\right)\mathrm{d}V=0 \tag{2.67}$$

为保证该式在任何条件下均成立，积分对象必恒为 0，故有

$$\nabla\cdot\boldsymbol{J}+\frac{\partial\rho}{\partial t}=0 \tag{2.68}$$

该式为电流连续性方程的微分形式。

为维持电流密度 $\boldsymbol{J}$ 的恒定，显然在介质内部电荷分布不应随时间变化，因此式(2.68) 的第二项为 0，即

$$\frac{\partial\rho}{\partial t}=0 \tag{2.69}$$

此时电流连续性方程变为

$$\nabla\cdot\boldsymbol{J}=0 \tag{2.70}$$

该式是保证恒定电流场的条件，又称为恒定电流场方程，其积分形式为

$$\oint_S \boldsymbol{J} \cdot \mathrm{d}\boldsymbol{S} = 0 \tag{2.71}$$

该式说明恒定电流密度的矢量线总是闭合曲线，无起点及终点。

2.8.3 欧姆定律的微分形式及焦耳定律

对于导体而言，其内部存在自由运动的电子，在电场的作用下，电子进行定向运动，形成电流。实验表明，对于线性各向同性的导体而言，任意一点的电流密度与电场强度成正比，即

$$\boldsymbol{J} = \sigma \boldsymbol{E} \tag{2.72}$$

式中，σ 是电导率，单位为 S/m。

欧姆定律的积分形式即常见的欧姆定律形式 $U = RI$。

下面将分析体积元 ΔV 内的功耗情况，假设体积元 ΔV 的长度为 Δl，截面积为 ΔS，故有 $\Delta V = \Delta l \Delta S$，在该体积元内消耗的功率 ΔP 为

$$\Delta P = \Delta U \Delta I = E \Delta l J \Delta S = EJ \Delta l \Delta S = EJ \Delta V \tag{2.73}$$

当体积元 $\Delta V \to 0$ 时，可以求出导体内部任意一点的热功率密度 p 为

$$p = \lim_{\Delta V \to 0} \frac{\Delta P}{\Delta V} = EJ = \sigma E^2$$

该式也可写成

$$p = \boldsymbol{J} \cdot \boldsymbol{E} \tag{2.74}$$

式(2.74) 为焦耳定律的微分形式。

2.8.4 恒定电场的基本方程

对于电源外部导体而言，恒定电场的基本方程可归纳为

$$\nabla \cdot \boldsymbol{J} = 0 \tag{2.75}$$

$$\nabla \times \boldsymbol{E} = \boldsymbol{0} \tag{2.76}$$

积分形式为

$$\oint_S \boldsymbol{J} \cdot \mathrm{d}\boldsymbol{S} = 0 \tag{2.77}$$

$$\oint_C \boldsymbol{E} \cdot \mathrm{d}\boldsymbol{l} = 0 \tag{2.78}$$

电流密度 $\boldsymbol{J}$ 与电场强度 $\boldsymbol{E}$ 之间满足欧姆定律的微分形式 $\boldsymbol{J} = \sigma \boldsymbol{E}$。

2.8.5 恒定电场的边界条件

由式(2.77) 及式(2.78) 可知，恒定电场的边界条件为

$$\boldsymbol{n} \times (\boldsymbol{E}_2 - \boldsymbol{E}_1) = \boldsymbol{0} \tag{2.79}$$

$$\boldsymbol{n} \cdot (\boldsymbol{J}_2 - \boldsymbol{J}_1) = 0 \tag{2.80}$$

或

$$E_{1\mathrm{t}} = E_{2\mathrm{t}} \tag{2.81}$$

$$J_{1n} = J_{2n} \tag{2.82}$$

例 2.11　若一同轴线内导体的半径为 a，外导体的半径为 b，之间填充电导率为 σ 的介质，求单位长度的漏电电导(I/U)。

解　设内、外导体间电压为 U，内导体流向外导体的电流为 I，则介质内($a < r < b$)的电流密度为

$$\boldsymbol{J} = \frac{I}{2\pi r}\boldsymbol{a}_r$$

电场强度为

$$\boldsymbol{E} = \frac{\boldsymbol{J}}{\sigma} = \frac{I}{2\pi\sigma r}\boldsymbol{a}_r$$

电位差为

$$U = \int_a^b \boldsymbol{E} \cdot \mathrm{d}\boldsymbol{r} = \frac{I}{2\pi\sigma}\ln\frac{b}{a}$$

故漏电电导为

$$\frac{I}{U} = \frac{2\pi\sigma}{\ln\dfrac{b}{a}}$$

本 章 小 结

(1) 分析宏观电磁现象时，电荷 q 是按体积分布的，其密度定义为 $\rho(r) = \lim\limits_{\Delta V \to 0}\dfrac{\Delta q}{\Delta V} = \dfrac{\mathrm{d}q}{\mathrm{d}V}$，$\rho(r)$ 是一个空间位置的连续函数，体积元 $\Delta\tau$ 内的微小电荷 $\mathrm{d}q = \rho\mathrm{d}\tau$，体积 τ 内的电荷量为 $q = \int_\tau \rho\mathrm{d}\tau$。

(2) 出于理论分析的需要，电荷有按面积和按曲线分布的概念，其密度定义为 $\rho_s = \lim\limits_{\Delta S \to 0}\dfrac{\Delta q}{\Delta S} = \dfrac{\mathrm{d}q}{\mathrm{d}S}$ 和 $\rho_l = \lim\limits_{\Delta S \to 0}\dfrac{\Delta q}{\Delta l} = \dfrac{\mathrm{d}q}{\mathrm{d}l}$，故任意面积元 $\mathrm{d}S$ 和线元 $\mathrm{d}l$ 的微分电荷量为 $\mathrm{d}q = \rho_s\mathrm{d}S$ 和 $\mathrm{d}q = \rho_l\mathrm{d}l$。

(3) 由库仑定律可以得到在无界的真空空间中点电荷、体电荷、面电荷和线电荷的电场强度分别为

$$\boldsymbol{E}(\boldsymbol{r}) = \frac{q'\boldsymbol{R}}{4\pi\varepsilon_0 R^3} = \frac{q'}{4\pi\varepsilon_0 R^2}\boldsymbol{a}_r \quad (\text{点电荷})$$

$$\boldsymbol{E}(\boldsymbol{r}) = \frac{1}{4\pi\varepsilon_0}\int_{V'}\frac{\rho(\boldsymbol{r}')\boldsymbol{R}}{R^3}\mathrm{d}V' = \frac{1}{4\pi\varepsilon_0}\int_{V'}\frac{\rho(\boldsymbol{r}')\mathrm{d}V'}{R^2}\boldsymbol{a}_r \quad (\text{体电荷})$$

$$\boldsymbol{E}(\boldsymbol{r}) = \frac{1}{4\pi\varepsilon_0}\int_{S'}\frac{\rho_s(\boldsymbol{r}')\boldsymbol{R}}{R^3}\mathrm{d}S' = \frac{1}{4\pi\varepsilon_0}\int_{S'}\frac{\rho_s(\boldsymbol{r}')\mathrm{d}S'}{R^2}\boldsymbol{a}_r \quad (\text{面电荷})$$

$$\boldsymbol{E}(\boldsymbol{r}) = \frac{1}{4\pi\varepsilon_0}\int_{l'}\frac{\rho_l(\boldsymbol{r}')\boldsymbol{R}}{R^3}\mathrm{d}l' = \frac{1}{4\pi\varepsilon_0}\int_{l'}\frac{\rho_l(\boldsymbol{r}')\mathrm{d}l'}{R^2}\boldsymbol{a}_r \quad (\text{线电荷})$$

式中，$\boldsymbol{R} = |\boldsymbol{r} - \boldsymbol{r}'| = [(x - x') + (y - y') + (z - z')]^{\frac{1}{2}}$。已知电荷分布时，结合选取的

坐标系就可以求出电场分布，一般只能对规则分布电荷积分得到结果。

(4) 在场源变量 $\rho_f(r)$ 确定的条件下，建立起来的静电场的基本方程为

①$\boldsymbol{D}$ 沿闭合面积分的通量等于闭合面内的自由电荷总量(高斯定理)。

$$\oint_S \boldsymbol{D} \cdot \mathrm{d}\boldsymbol{S} = \int_V \rho_f \mathrm{d}V$$

其微分形式为$\nabla \cdot \boldsymbol{D} = \rho_f$。

②$\boldsymbol{E}$ 沿闭合回路的线积分的环量等于零。

$$\oint_C \boldsymbol{E} \cdot \mathrm{d}\boldsymbol{l} = 0$$

其微分形式为$\nabla \times \boldsymbol{E} = \boldsymbol{0}$。

对于各向同性的线性介质，基本场变量之间的关系为 $\boldsymbol{D}=\varepsilon\boldsymbol{E}$，通常称它为介质的本构方程。

(5) 静电场为无旋有源矢量场，$\boldsymbol{E}$ 可用电位函数来表示，因而可将矢量的问题化为标量的问题。场源变量确定的情况下，规定某一电位零点 $\varphi=0$(在电荷分布在有限区域时，一般将无穷远点视为零电位点 $\varphi_\infty=0$)，无界空间内的电位函数分别为

点电荷的电位

$$\varphi = \frac{1}{4\pi\varepsilon_0} \sum_i \frac{q_i}{R_i}$$

体电荷的电位

$$\varphi = \frac{1}{4\pi\varepsilon_0} \int_{V'} \frac{\rho(\boldsymbol{r}')\mathrm{d}V'}{R}$$

面电荷的电位

$$\varphi = \frac{1}{4\pi\varepsilon_0} \int_{S'} \frac{\rho_s(\boldsymbol{r}')\mathrm{d}S'}{R}$$

线电荷的电位

$$\varphi = \frac{1}{4\pi\varepsilon_0} \int_{l'} \frac{\rho_l(\boldsymbol{r}')\mathrm{d}l'}{R}$$

式中，$R = |\boldsymbol{r} - \boldsymbol{r}'| = [(x-x') + (y-y') + (z-z')]^{\frac{1}{2}}$。已知电荷分布时，结合选取的坐标系就可以求出电位分布，一般只能对规则分布电荷积分得到结果。

(6) 在均匀电介质中，由 $\boldsymbol{E}(\boldsymbol{r}) = -\nabla\varphi$，$\nabla \cdot \boldsymbol{D} = \rho_f$，$\boldsymbol{D}=\varepsilon\boldsymbol{E}$，导出电位的泊松方程和拉普拉斯微分方程为

$$\nabla^2 \varphi = -\frac{\rho}{\varepsilon_0} \text{ 和 } \nabla^2 \varphi = 0$$

(7) 在不同介质的分界面上，由于存在束缚电荷(或者自由电荷)，场量在分界面上是不连续的，由基本方程的积分形式可导出

$$D_{1n} - D_{2n} = \rho_{sf} \text{ 或 } D_{1n} = D_{2n} \quad (\rho_{sf} = 0)$$

$$E_{1t} = E_{2t}$$

$$\varepsilon_1 \frac{\partial \varphi_1}{\partial n} = \varepsilon_2 \frac{\partial \varphi_2}{\partial n}$$

$$\varphi_1 = \varphi_2$$

(8) 恒定电场的基本方程。

微分形式为

$$\nabla \cdot \boldsymbol{J} = 0$$

$$\nabla \times \boldsymbol{E} = \boldsymbol{0}$$

积分形式为

$$\oint_S \boldsymbol{J} \cdot \mathrm{d}\boldsymbol{S} = 0$$

$$\oint_C \boldsymbol{E} \cdot \mathrm{d}\boldsymbol{l} = 0$$

欧姆定律的微分形式为

$$\boldsymbol{J} = \sigma \boldsymbol{E}$$

恒定电场的边界条件为

$$\boldsymbol{n} \times (\boldsymbol{E}_2 - \boldsymbol{E}_1) = \boldsymbol{0}$$

$$\boldsymbol{n} \cdot (\boldsymbol{J}_2 - \boldsymbol{J}_1) = 0$$

或

$$E_{1\mathrm{t}} = E_{2\mathrm{t}}$$

$$J_{1\mathrm{n}} = J_{2\mathrm{n}}$$

习　　题

2－1　两个点电荷，$q_1 = 8$ C，位于 z 轴上 $z = 4$ 处；$q_2 = -4$ C，位于 y 轴上 $y = 4$ 处，求(4,0,0) 处的场强。

2－2　半径为 a 的圆面上均匀带电，电荷密度为 ρ_s，试求：

(1) 轴上离圆中心为 z 处的场强大小。

(2) 在保持 ρ_s 不变的情况下，当 $a \to 0$ 和 $a \to \infty$ 时场强大小如何变化？

(3) 在保持总电荷 $q = \pi a^2 \rho_s$ 不变的情况下，当 $a \to 0$ 和 $a \to \infty$ 时场强大小又如何变化？

2－3　证明：在均匀电介质内部，极化电荷体密度 ρ_{p} 总是等于自由电荷体密度 ρ_{f} 的 $(\frac{\varepsilon_0}{\varepsilon} - 1)$ 倍。

2－4　已知半径为 a、介电常数为 ε 的介质球带电荷量为 q，求下列情况下空间各点的电场强度大小、极化电荷分布和总极化电荷。

(1) 电荷 q 均匀分布于球体内。

(2) 电荷 q 集中于球心上。

2－5　已知半径为 a、介电常数为 ε 的无穷长直圆柱，单位长度带电荷量为 q，求下列情况下空间各点的电场强度、极化电荷分布和总的极化电荷：

(1) 电荷均匀分布于圆柱内。

(2) 电荷均匀分布于轴线上。

2－6　半径为 a 的金属球均匀带电 q，被半径为 r_1 和 $r_2(r_2 > r_1)$、介电常数为 ε_1 和

ε_2 的两同心的均匀介质球所包围，其外是空气。求：

(1) 金属球内、两介质中及空气中的 $\boldsymbol{E}, \boldsymbol{P}_e$。

(2) 各个分界面上的 ρ_{sf}。

(3) 两介质中的 ρ_{p1} 和 ρ_{p2}。

(4) 总的束缚电荷。

2－7　如图所示，已知 $\varepsilon_1 = \varepsilon_0$，$\varepsilon_2 = \sqrt{3}\varepsilon_0$，$E_1 = 100$ V/m。求当 $\theta_2 = \frac{\pi}{4}$ 时的 θ_1 和 E_2。

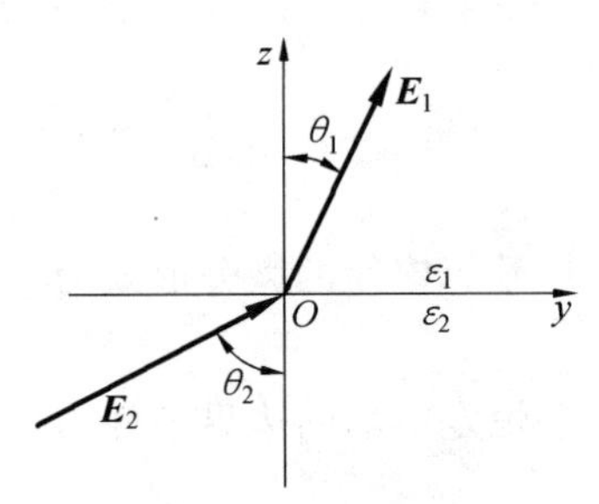

题 2－7、2－8 图

2－8　如图所示，$\varepsilon_1 = 4\varepsilon_0$，$\varepsilon_2 = 2\varepsilon_0$，$\theta_1 = \frac{\pi}{4}$，$E_1 = 100$ V/m；并且在界面上均匀分布着自由电荷，其面密度 $\rho_s = 1.53 \times 10^{-9}$ C/m²。求 θ_2。

2－9　内、外半径分别为 a 和 b 的球形电容器，上半部分填满介电常数为 ε_1 的电介质，下半部分填满介电常数为 ε_2 的另一种电介质，如图所示，在两极板间加电压 U_0。试求：

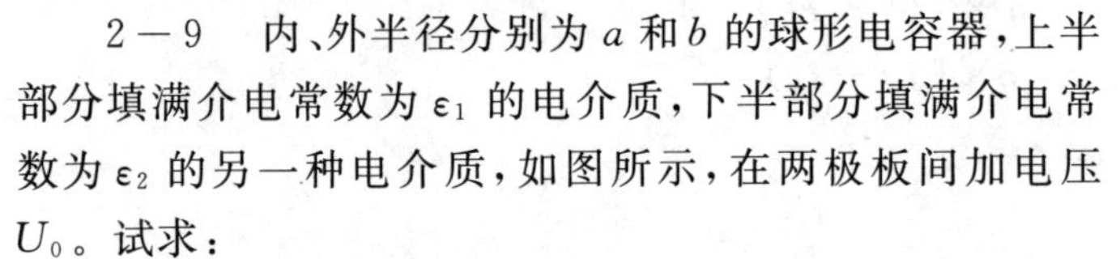

(1) 电容器的电位和电场分布。

(2) 电容器的电容。

题 2－9 图

2－10　面积为 S 的平行板电容器中填充有介质，其介电常数做线性变化，从一极板（$y=0$）处的 ε_1 一直变化到另一极板（$y=d$）处的 ε_2。若忽略边缘效应，试求其电容量。

2－11　如图所示，在平行电容器两极板间加电压 U，两极板间充两种有耗介质（ε_1, σ_1）和（ε_2, σ_2）。求：

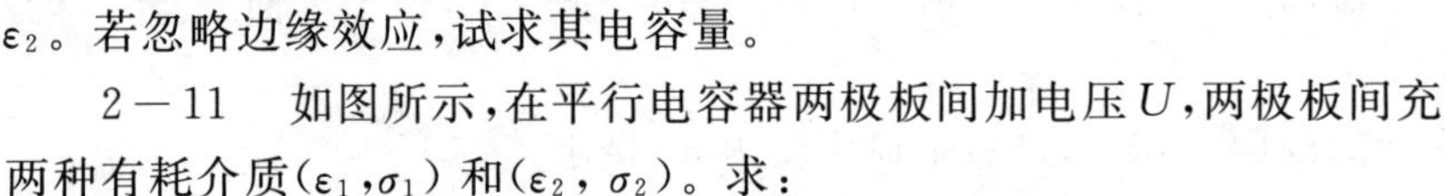

(1) 每种介质中的电场。

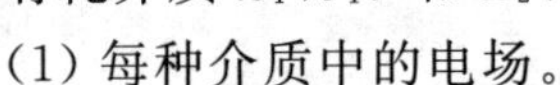

(2) 介质分界面上自由电荷和束缚电荷的面密度。

2－12　中心位于原点、边长为 L 的电介质立方体极化强度矢量为 $\boldsymbol{P}_e = P_0(\boldsymbol{a}_x x + \boldsymbol{a}_y y + \boldsymbol{a}_z z)$。

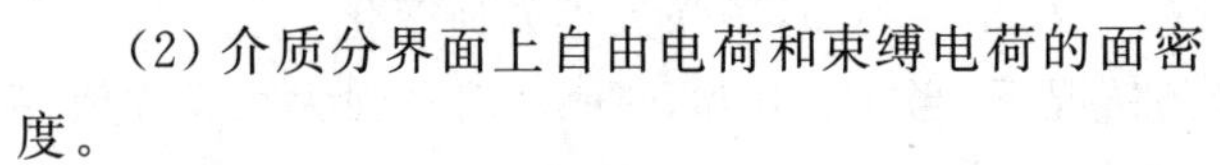

(1) 计算面和体束缚电荷密度。

(2) 证明总的束缚电荷为零。

题 2－11 图

2－13　电场中一半径为 a 的介质球，已知球内、外的电位函数分别为

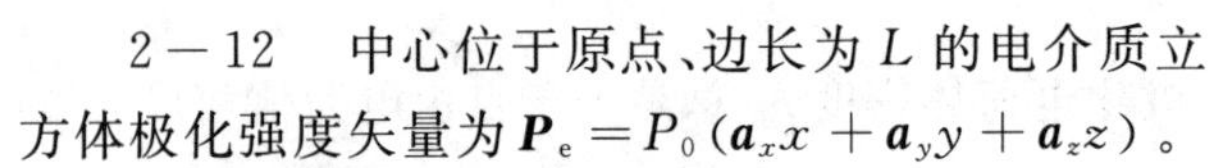

$$\varphi_1 = -E_0 r\cos\theta + \frac{\varepsilon - \varepsilon_0}{\varepsilon + 2\varepsilon_0} a^3 E \frac{\cos\theta}{r^2} \quad (r \geqslant a)$$

$$\varphi_2 = -\frac{3\varepsilon_0}{\varepsilon + 2\varepsilon_0} E_0 r\cos\theta \quad (r < a)$$

验证球表面的边界条件，并计算球表面的束缚电荷密度。

2－14　电场中有一半径为 a 的圆柱体，已知柱内外的电位函数分别为

$$\varphi = 0 \quad (r \leqslant a)$$

$$\varphi = A(r - \frac{a^2}{r})\cos\varphi \quad (r > a)$$

求：(1) 圆柱内、外的电场强度。

(2) 这个圆柱是什么材料制成的？表面有电荷分布吗？

2－15　在半径为 R 的球内电荷均匀分布，体电荷密度为 ρ_0，试计算它的静电场能量（设球内外的介质为真空）。

第 3 章

恒定磁场

第 2 章讨论了恒定电流条件下分布不变的电荷会产生恒定电场。实验表明，恒定电流也会产生恒定磁场，或称之为静态磁场。静态电场与静态磁场统称为静态电磁场。本章首先从基本实验定律出发，证明磁感应强度矢量为无散场或连续场、有旋场，给出恒定磁场的基本方程，并引入磁矢位函数；分析磁偶极子的磁场分布，以及磁介质对恒定磁场的影响，并由恒定磁场基本方程的积分形式给出不同介质分界面上的边界条件，最后讨论导体回路的电感、互感等问题。

3.1 恒定磁场的基本定律

3.1.1 安培定律

实验表明，两个恒定电流回路之间存在相互作用力。1820 年，法国物理学家安培通过实验总结出这个相互作用力所遵循的规律，即为安培环路定律(简称安培定律)。如图 3.1 所示，根据安培定律，在真空中分别载有恒定电流 I、I_1(线电流) 的两个回路 C_0、C_1，则 C_0 对 C_1 的作用力为

$$\boldsymbol{F}_{10}=\frac{\mu_0}{4\pi}\oint_{C_0}\oint_{C_1}\frac{I_1 \mathrm{d}\boldsymbol{l}\times(I\mathrm{d}\boldsymbol{l}'\times\boldsymbol{a}_R)}{R^2} \tag{3.1}$$

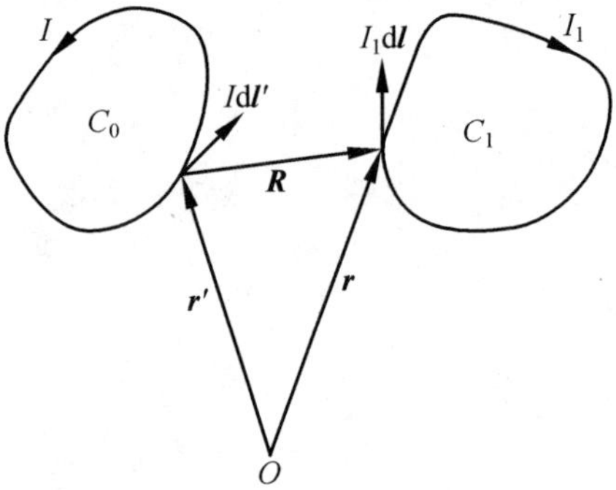

式中，μ_0 为真空中的磁导率，$\mu_0=4\pi\times10^{-7}\,\mathrm{H/m}$；$R$ 为两个电流元之间的距离；$\boldsymbol{R}=\boldsymbol{r}-\boldsymbol{r}'=R\boldsymbol{a}_R$，$\boldsymbol{a}_R=\dfrac{\boldsymbol{R}}{R}$($\boldsymbol{r}'$ 和 $\boldsymbol{r}$ 分别为电流元 $I\mathrm{d}\boldsymbol{l}'$ 与 $I_1\mathrm{d}\boldsymbol{l}$ 的位置矢量)。

图 3.1 两电流回路之间的相互作用力

同样，回路 C_1 对 C_0 的作用力为 $\boldsymbol{F}_{01}=-\boldsymbol{F}_{10}$，即两个回路之间的相互作用力满足牛顿第三定律。

由式(3.1) 可以得到两个电流元 $I\mathrm{d}\boldsymbol{l}'$ 与 $I_1\mathrm{d}\boldsymbol{l}$ 之间的相互作用力为

$$\mathrm{d}\boldsymbol{F}_{10}=-\mathrm{d}\boldsymbol{F}_{01}=\frac{\mu_0}{4\pi}\frac{I_1\mathrm{d}\boldsymbol{l}\times(I\mathrm{d}\boldsymbol{l}'\times\boldsymbol{a}_R)}{R^2} \tag{3.2}$$

值得注意的是，实际中孤立的电流元并不存在，这里是为了对电流闭合回路进行安培力的计算。

3.1.2　毕奥－萨伐尔定律

实验表明，电流元在磁场中会受到力的作用，该力的大小与磁场、电流大小及磁场与电流方向夹角的正弦成正比，其方向与电流方向和磁场方向均垂直。因此可以得到该力与电流元 $I\mathrm{d}\boldsymbol{l}$、磁感应强度 $\boldsymbol{B}$ 的关系如下：

$$\mathrm{d}\boldsymbol{f}=I\mathrm{d}\boldsymbol{l}\times\boldsymbol{B} \tag{3.3}$$

对于闭合回路，其在磁场中受到的力为

$$\boldsymbol{f}=\oint_{l}I\mathrm{d}\boldsymbol{l}\times\boldsymbol{B} \tag{3.4}$$

类似于静电场中电场强度的定义，恒定电流回路在某点产生的磁感应强度也可定义为单位电流元在该点所受到的最大磁场力。由此比较式(3.3)与式(3.2)，此时式(3.3)中的 $I\mathrm{d}\boldsymbol{l}$ 相当于式(3.2)中的 $I_1\mathrm{d}\boldsymbol{l}$，因此可以得到电流元 $I\mathrm{d}\boldsymbol{l}'$ 在距离矢量 $\boldsymbol{R}$ 处所产生的磁场为

$$\mathrm{d}\boldsymbol{B}=\frac{\mu_0}{4\pi}\frac{I\mathrm{d}\boldsymbol{l}'\times\boldsymbol{a}_R}{R^2}=\frac{\mu_0}{4\pi}\frac{I\mathrm{d}\boldsymbol{l}'\times\boldsymbol{R}}{R^3} \tag{3.5}$$

磁感应强度 $\boldsymbol{B}$ 是一个矢量，其单位为特斯拉(T)，或者韦伯 / 平方米($\mathrm{Wb/m^2}$)。在工程上，常因这个单位太大而选用高斯，1 高斯(Gs) $=10^{-4}$ 特斯拉(T)。

对式(3.5)积分，可以得到线电流分布时电流回路产生的磁感应强度为

$$\boldsymbol{B}=\frac{\mu_0}{4\pi}\oint_{l'}\frac{I\mathrm{d}\boldsymbol{l}'\times\boldsymbol{R}}{R^3} \tag{3.6}$$

若产生磁感应强度的电流不是线电流，而是面电流 $\boldsymbol{J}_s(r')$ 或体电流 $J(r')$，那么它们所产生的磁感应强度分别为

$$\boldsymbol{B}=\frac{\mu_0}{4\pi}\iint_{S'}\frac{\boldsymbol{J}_s(\boldsymbol{r}')\times\boldsymbol{R}}{R^3}\mathrm{d}S' \tag{3.7}$$

$$\boldsymbol{B}=\frac{\mu_0}{4\pi}\iiint_{V'}\frac{\boldsymbol{J}(\boldsymbol{r}')\times\boldsymbol{R}}{R^3}\mathrm{d}V' \tag{3.8}$$

式中，S' 为面电流分布区域；V' 为体电流分布区域。

以上各式是毕奥－萨伐尔定律的表达形式，是 1820 年由法国物理学家毕奥－萨伐尔根据闭合电流回路的实验结果，并通过理论分析总结出来的。

由于 $I\mathrm{d}\boldsymbol{l}=\frac{\mathrm{d}q}{\mathrm{d}t}\cdot\boldsymbol{v}\mathrm{d}t=\boldsymbol{v}\mathrm{d}q$，因此磁场对电流的作用可认为是对运动电荷的作用。将此表达式代入式(3.3)可得

$$\boldsymbol{f}=q\boldsymbol{v}\times\boldsymbol{B} \tag{3.9}$$

上式为运动速度为 $\boldsymbol{v}$ 的电荷 q 在磁场 $\boldsymbol{B}$ 中受到的洛伦兹力的表达式。

电荷 q 被放置到电场 $\boldsymbol{E}$ 中受到的电场作用力为 $q\boldsymbol{E}$。结合式(3.9)可知，运动速度为 $\boldsymbol{v}$ 的电荷 q 在电场 $\boldsymbol{E}$ 和磁场 $\boldsymbol{B}$ 中受到的作用力为

$$\boldsymbol{f}=q\boldsymbol{E}+q\boldsymbol{v}\times\boldsymbol{B}$$

例 3.1　电流为 I 的一根长为 $2l$ 的直导线沿 z 轴放置，求空间任一点处的磁感应强度。

解　如图 3.2 所示，由于导线圆柱对称，因此选择圆柱坐标系。设场点的位置坐标为 $P(\rho,\varphi,z)$，则电流元 $I\mathrm{d}\boldsymbol{l}'=I\mathrm{d}z'\boldsymbol{a}_z$ 到场点的距离矢量为

$$\boldsymbol{R}=\rho\boldsymbol{a}_\rho+(z-z')\boldsymbol{a}_z$$

因而场点 P 处的磁感应强度为

$$\boldsymbol{B}=\frac{\mu_0}{4\pi}\oint_C\frac{I\mathrm{d}z'\boldsymbol{a}_z\times\boldsymbol{a}_R}{R^2}=\frac{\mu_0 I}{4\pi}\boldsymbol{a}_\varphi\oint_C\frac{\rho\mathrm{d}z'}{R^3}$$

由图 3.2 可知

$$R=\rho\csc\theta,\quad z-z'=\rho\cot\theta$$

$$\mathrm{d}z'=\rho\csc^2\theta\mathrm{d}\theta$$

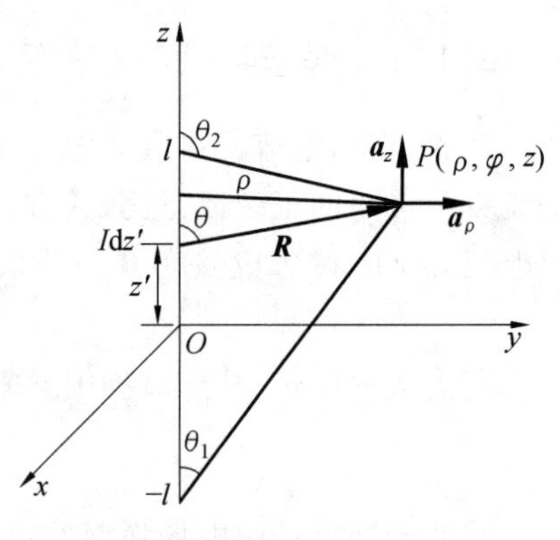

图 3.2　载流直导线产生的磁场

因而有

$$\boldsymbol{B}=\frac{\mu_0 I}{4\pi}\boldsymbol{a}_\varphi\int_{\theta_1}^{\theta_2}\frac{\sin\theta}{\rho}\mathrm{d}\theta=\boldsymbol{a}_\varphi\frac{\mu_0 I}{4\pi\rho}(\cos\theta_1-\cos\theta_2)$$

如果导线无限长，则 $\theta_1\to 0,\theta_2\to\pi$，因此无限长载流直导线产生的磁场的磁感应强度为

$$\boldsymbol{B}=\boldsymbol{a}_\varphi\frac{\mu_0 I}{2\pi\rho}$$

通过上面的分析可以看出，沿 z 轴放置的载流直导线产生的磁场的磁感应强度矢量场是一个连续的闭合曲线，其方向是以直导线为轴、以 ρ 为半径的圆柱面的切线 $\boldsymbol{a}_\varphi$ 的方向，与电流元的方向呈右手螺旋关系。

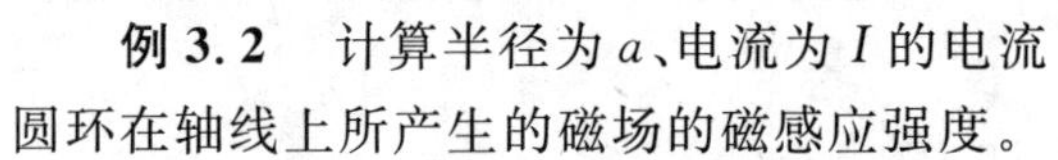

例 3.2　计算半径为 a、电流为 I 的电流圆环在轴线上所产生的磁场的磁感应强度。

解　如图3.3所示，取圆柱坐标系，场点和源点坐标分别为$(0,0,z)$、$(a,\varphi',0)$。电流元为 $I\mathrm{d}\boldsymbol{l}'=Ia\mathrm{d}\varphi'\boldsymbol{a}_\varphi$，应用毕奥－萨伐尔定律，考虑到 $I\mathrm{d}\boldsymbol{l}'$ 与其对称位置$(a,-\varphi',0)$处的电流元 $I\mathrm{d}\boldsymbol{l}''$ 产生的$\boldsymbol{B}$矢量在xOy平面的分量相互抵消，只剩下 $\boldsymbol{a}_z$ 方向的分量。因此

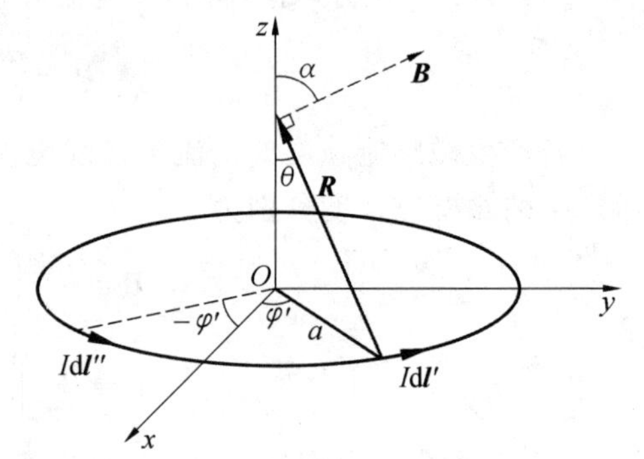

图 3.3　电流圆环

$$\mathrm{d}\boldsymbol{B}=\frac{\mu_0}{4\pi}\frac{I\mathrm{d}\boldsymbol{l}'\times\boldsymbol{a}_R}{R^2}=\frac{\mu_0}{4\pi}\frac{I\cos\alpha\mathrm{d}z'}{R^2}\boldsymbol{a}_z=\frac{\mu_0}{4\pi}\frac{I\sin\theta\mathrm{d}z'}{R^2}\boldsymbol{a}_z$$

由于 $R=(z^2+a^2)^{1/2},\sin\theta=\dfrac{a}{[a^2+z^2]^{1/2}}$，因此可得

$$\boldsymbol{B}=\frac{\mu_0\boldsymbol{a}_z}{4\pi}\int_0^{2\pi}\frac{I\sin\theta a\mathrm{d}\varphi'}{R^2}=\frac{\mu_0 I\boldsymbol{a}_z}{4\pi}\int_0^{2\pi}\frac{a^2\mathrm{d}\varphi'}{(z^2+a^2)^{3/2}}=\frac{\mu_0 Ia^2}{2(z^2+a^2)^{3/2}}\boldsymbol{a}_z$$

3.2　真空中的恒定磁场方程

与静电场类似，恒定磁场的性质也是由其散度和旋度决定的，本节主要讨论真空中恒

定磁场的基本性质。

3.2.1　恒定磁场的散度及磁通连续性原理

利用矢量恒等式$\nabla\frac{1}{R}=-\frac{\boldsymbol{R}}{R^3}$,式(3.8) 可写成

$$\boldsymbol{B}=\frac{\mu_0}{4\pi}\iiint_{V'}\frac{\boldsymbol{J}(\boldsymbol{r}')\times\boldsymbol{R}}{R^3}\mathrm{d}V'=-\frac{\mu_0}{4\pi}\iiint_{V'}\boldsymbol{J}(\boldsymbol{r}')\times\nabla\frac{1}{R}\mathrm{d}V'$$

再利用矢量恒等式$\nabla\times\frac{\boldsymbol{J}(\boldsymbol{r}')}{R}=\frac{1}{R}\nabla\times\boldsymbol{J}(\boldsymbol{r}')+\nabla\frac{1}{R}\times\boldsymbol{J}(\boldsymbol{r}')$,考虑到$\boldsymbol{J}(\boldsymbol{r}')$仅为源点坐标$\boldsymbol{r}'$的函数,并且$\nabla\times\boldsymbol{J}(\boldsymbol{r}')=\boldsymbol{0}$,代入上式,可得

$$\boldsymbol{B}=\nabla\times\left[\frac{\mu_0}{4\pi}\int_{V'}\left(\frac{\boldsymbol{J}(\boldsymbol{r}')}{R}\right)\mathrm{d}V'\right]\tag{3.10}$$

利用矢量恒等式$\nabla\cdot(\nabla\times\boldsymbol{F})=0$,显然上式的散度为零,即

$$\nabla\cdot\boldsymbol{B}=0\tag{3.11}$$

上式表明,由恒定电流产生的恒定磁场其散度处处为零,因此磁场是无散场或连续场。

磁感应强度$\boldsymbol{B}$可以用磁感线形象地描述,其通量称为磁通量,单位为韦伯(Wb),因此$\boldsymbol{B}$又称为磁通量密度。

对于任一闭合曲面S包围的体积V,应用散度定理可得

$$\iiint_V\nabla\cdot\boldsymbol{B}\mathrm{d}V=\oiint_S\boldsymbol{B}\cdot\mathrm{d}\boldsymbol{S}$$

将式(3.11) 代入上式得

$$\oiint_S\boldsymbol{B}\cdot\mathrm{d}\boldsymbol{S}=0\tag{3.12}$$

式(3.12) 称为磁通连续性原理,式(3.11) 是其微分形式。由于上式积分是针对任意闭合曲面,因此表明自然界中没有独立的磁荷存在,磁感线是封闭的,也没有磁流源。式(3.12) 也表示磁通量守恒,表明通过任一闭合曲面的净磁通量为零,也就是磁通线永远是连续的。

3.2.2　恒定磁场的旋度及安培定理

在静电场中,电场强度与电位移矢量的关系为$\boldsymbol{D}=\varepsilon\boldsymbol{E}$。这里,采用类似的方法定义自由空间的磁场强度$\boldsymbol{H}$为

$$\boldsymbol{H}=\frac{\boldsymbol{B}}{\mu_0}\tag{3.13}$$

下面用磁场强度$\boldsymbol{H}$来讨论安培环定律。

安培定律表明磁场强度沿任一闭合路径的线积分等于闭合路径所包围的电流,即

$$\oint_L\boldsymbol{H}\cdot\mathrm{d}\boldsymbol{l}=I\tag{3.14}$$

式(3.14) 为恒定磁场中安培定律的积分形式。这里的闭合积分路径L是非闭合曲面S的边界,电流I是闭合路径所包围曲面内的净电流,它可以是任意形状导体所承载的

电流，积分路径和电流方向满足右手螺旋定则。

对式(3.14)应用斯托克斯定理，并考虑到电流可表示为 $I=\int_S \boldsymbol{J}\cdot\mathrm{d}\boldsymbol{S}$，因而可以得到

$$\int_S (\nabla\times\boldsymbol{H})\cdot\mathrm{d}\boldsymbol{S}=\int_S \boldsymbol{J}\cdot\mathrm{d}\boldsymbol{S}$$

因此

$$\nabla\times\boldsymbol{H}=\boldsymbol{J} \tag{3.15}$$

式(3.15)为恒定磁场中安培定律的微分形式。它表明由恒定电流产生的磁场是有旋场，它的旋度源为电流密度矢量，即恒定电流是产生恒定磁场的旋涡源。

式(3.12)和式(3.14)称为恒定磁场基本方程的积分形式，式(3.11)和式(3.15)称为恒定磁场基本方程的微分形式。

3.2.3 恒定磁场的位函数

恒定磁场也可以用位函数来描述。在式(3.11)中，令

$$\boldsymbol{B}=\nabla\times\boldsymbol{A} \tag{3.16}$$

式中，$\boldsymbol{A}$ 称为磁场中的矢量磁位(也称为磁矢位)。显然，根据矢量恒等式 $\nabla\cdot(\nabla\times\boldsymbol{A})=0$，由矢量磁位得到的磁感应强度 $\boldsymbol{B}$ 满足式(3.11)表述的恒定磁场的散度处处为零的条件。

由亥姆霍兹定理可知，要想唯一确定矢量场，需要同时确定矢量场的散度和旋度。因此，要想唯一确定矢量 $\boldsymbol{A}$ 还必须确定矢量 $\boldsymbol{A}$ 的散度。在恒定磁场中，定义 $\nabla\cdot\boldsymbol{A}=0$，并将此约束条件称为库仑规范。

对比式(3.10)可得体电流分布时的磁矢位 $\boldsymbol{A}$ 的表达式为

$$\boldsymbol{A}=\frac{\mu_0}{4\pi}\int_{V'}\frac{\boldsymbol{J}(\boldsymbol{r}')}{R}\mathrm{d}V' \tag{3.17}$$

可见对磁矢位 $\boldsymbol{A}$ 的计算比直接计算磁感应强度 $\boldsymbol{B}$ 要简便。$\boldsymbol{A}$ 的引入方便了对某些问题的分析。

在面电流分布和线电流分布的情况下，磁矢位 $\boldsymbol{A}$ 的表达式分别为

$$\boldsymbol{A}=\frac{\mu_0}{4\pi}\int_S\frac{\boldsymbol{J}_s(\boldsymbol{r}')}{R}\mathrm{d}S' \tag{3.18}$$

$$\boldsymbol{A}=\frac{\mu_0}{4\pi}\int_C\frac{I\mathrm{d}\boldsymbol{l}'}{R} \tag{3.19}$$

观察式(3.17)～(3.19)，可以发现磁矢位 $\boldsymbol{A}$ 的方向与电流源的方向一致。因此当电流分布已知，利用上述公式可求出磁矢位 $\boldsymbol{A}$，再对其求旋度可以得到磁感应强度 $\boldsymbol{B}$，这种求解 $\boldsymbol{B}$ 的方法比利用毕奥－萨伐尔定律的直接求解要简单。

例 3.3 求真空中长为 L、电流为 I 的载流直导线产生的磁矢位 $\boldsymbol{A}$。

解 仍取圆柱坐标系，选取源点和场点如图 3.2 所示。

$$A_z=\frac{\mu_0 I}{4\pi}\int_{-\frac{L}{2}}^{\frac{L}{2}}\frac{\mathrm{d}z'}{[r^2+(z-z')^2]^{1/2}}=\frac{\mu_0 I}{4\pi r}\ln\left\{\frac{[r^2+(L/2-z)^2]^{1/2}+(L/2-z)}{[r^2+(L/2+z)^2]^{1/2}-(z+L/2)}\right\}$$

在 $L\gg z, L\gg r$ 时，有

$$A_z \approx \frac{\mu_0 I}{4\pi}\ln\left(\frac{L}{r}\right)^2 = \frac{\mu_0 I}{2\pi}\ln\left(\frac{L}{r}\right) \xrightarrow{L\to\infty} \frac{\mu_0 I}{2\pi}\ln\left(\frac{r_0}{r}\right)$$

式中，r_0 为磁矢位 $\boldsymbol{A}$ 的零点参考距离。可以进一步根据矢量磁位 $\boldsymbol{A}$ 计算磁感应强度 $\boldsymbol{B}$，该方法比直接使用毕奥－萨伐尔定律求解简单。

例 3.4　真空中半径为 a 的无限长导体圆柱上沿轴方向电流密度为 J_0，求导体内外的磁场。

解　如图 3.4 所示，取圆柱坐标系，导体轴沿 z 轴，根据导体圆柱的对称性可知，磁场大小只与径向 ρ 有关，且方向为 $\boldsymbol{a}_\varphi$。取半径为 ρ 的积分回路，根据安培环路定理得

$$\oint_L \boldsymbol{B}\cdot \mathrm{d}\boldsymbol{l} = \int_0^{2\pi} B_\varphi \rho\,\mathrm{d}\varphi = \mu_0 I$$

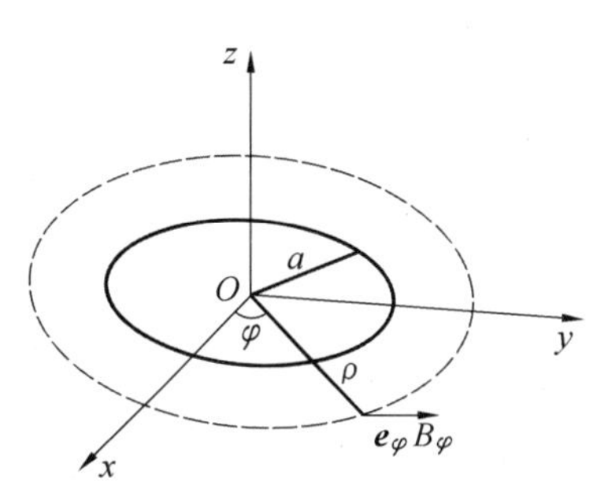

图 3.4　载流导体圆柱

所以

$$B_\varphi = \frac{\mu_0 I}{2\pi\rho}$$

由于当 $\rho \geqslant a$ 时，$I = J_0 \pi a^2$；当 $\rho < a$ 时，$I = J_0 \pi \rho^2$。因此有

$$B_\varphi = \begin{cases} \dfrac{\mu_0 J_0 \rho}{2} & (\rho < a) \\ \dfrac{\mu_0 J_0 a^2}{2\rho} & (\rho \geqslant a) \end{cases}$$

例 3.5　一根沿 z 轴方向放置的无限长直导线上载有电流 I，请使用安培环路定律求出空间中任一点的磁场强度与磁感应强度。

解　电流分布在直导线上，由电流源的对称性可知，该电流产生的磁力线是同心圆，如图 3.5 所示。沿每个同心圆的磁场强度数值相同，因此对任意半径 ρ，有

$$\oint_L \boldsymbol{H}\cdot \mathrm{d}\boldsymbol{l} = \int_0^{2\pi} H_\varphi \rho\,\mathrm{d}\varphi = 2\pi\rho H_\varphi = I$$

因此，空间中任一点处的磁场强度为

$$\boldsymbol{H} = \frac{I}{2\pi\rho}\boldsymbol{a}_\varphi$$

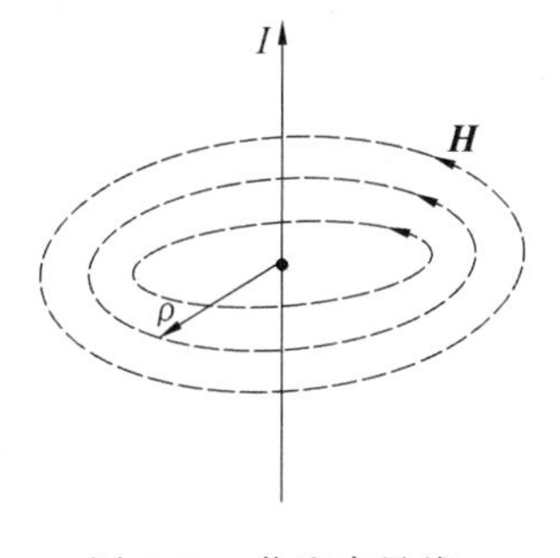

图 3.5　载流直导线

因而，磁感应强度为

$$\boldsymbol{B} = \frac{\mu_0 I}{2\pi\rho}\boldsymbol{a}_\varphi$$

由此可见，利用安培定律求解磁感应强度，其求解过程简便很多。

例 3.6　无限长同轴电缆内导体半径为 a，外导体内、外半径分别为 b 和 c。当电缆中通过恒定电流 I 时（内导体上电流为 I，外导体上电流为 $-I$），求电缆内、外空间的磁场分布（假设内、外导体之间为空气）。

解　图 3.6 显示了同轴电缆的横截面，可以发现同轴电缆结构对称，磁场必然是对称的。在半径 ρ 等于常数的圆柱上磁场只有 $\boldsymbol{a}_\varphi$ 方向且大小恒定，可用安培环路定律来计

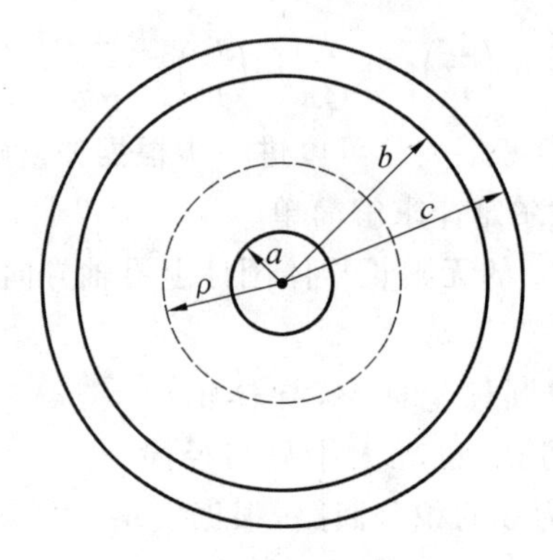

图 3.6　同轴电缆的磁场

算。

在 $a<\rho<b$ 区域内，

$$\oint_L \boldsymbol{H}\cdot \mathrm{d}\boldsymbol{l}=\int_0^{2\pi} H_\varphi \rho \mathrm{d}\varphi = 2\pi\rho H_\varphi = I$$

因而，有

$$\boldsymbol{H}=\frac{I}{2\pi\rho}\boldsymbol{a}_\varphi$$

当 $\rho>c$ 时，

$$\oint_L \boldsymbol{H}\cdot \mathrm{d}\boldsymbol{l}=\int_0^{2\pi} H_\varphi \rho \mathrm{d}\varphi = 2\pi\rho H_\varphi = I-I=0$$

即同轴电缆外的磁场为零。

3.3　磁偶极子与磁介质的磁化

3.3.1　磁偶极子及其矢量磁位

一个小载流圆环称为磁偶极子。设载流圆环的电流为 i，面积为 $\Delta\boldsymbol{S}$，则该磁偶极子的磁偶极矩（简称磁矩）为 $\boldsymbol{m}=i\Delta\boldsymbol{S}$，其中 $\boldsymbol{m}$ 和 $\Delta\boldsymbol{S}$ 的方向与 i 方向呈右手螺旋关系。与电偶极子产生电位（标量位）类似，磁偶极子会产生矢量磁位。下面计算半径为 a 的小电流环产生的磁矢位和磁感应强度，如图 3.7 所示。

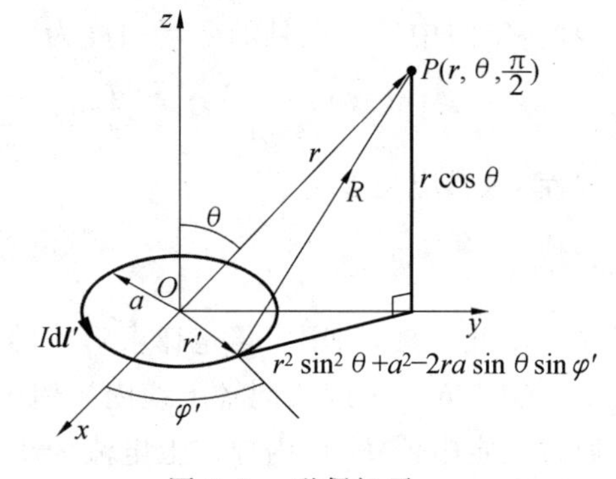

图 3.7　磁偶极子

如图 3.7 所示，采用球坐标系，使电流环位于 xOy 平面，中心在坐标原点。因为电流环具有圆对称性，其在空间产生的磁场具有轴对称性，所以磁场与角度 φ 无关。不失一般性，将待求场点选择在 yOz 平面内的 $P(r,\theta,\frac{\pi}{2})$ 点。

电流环在场点 P 处产生的磁矢位为

$$\boldsymbol{A}=\frac{\mu_0}{4\pi}\int_C \frac{I\mathrm{d}\boldsymbol{l}'}{R}$$

其中

$$I\mathrm{d}\boldsymbol{l}'=\boldsymbol{a}_{\varphi'}Ia\,\mathrm{d}\varphi'=Ia(-\boldsymbol{a}_x\sin\varphi'+\boldsymbol{a}_y\cos\varphi')\mathrm{d}\varphi'$$

$$R=|\boldsymbol{r}-\boldsymbol{r}'|=\sqrt{r^2+a^2-2ra\sin\theta\sin\varphi'}$$

因为 $r\gg a$，所以

$$\frac{1}{R}\approx\frac{1}{r}\left(1+\frac{a}{r}\sin\theta\sin\varphi'\right)$$

将上式代入到矢量磁位的表达式中可得

$$\boldsymbol{A}=\frac{\mu_0 Ia}{4\pi}\int_0^{2\pi}\frac{1}{r}\left(1+\frac{a}{r}\sin\theta\sin\varphi'\right)(-a_x\sin\varphi'+a_y\cos\varphi')\,\mathrm{d}\varphi'$$

将上式积分得

$$\boldsymbol{A}=-\boldsymbol{a}_x\frac{\mu_0 Ia^2}{4r^2}\sin\theta$$

将上式写成球坐标中的表达式，有

$$\boldsymbol{A}=\boldsymbol{a}_\varphi\frac{\mu_0 Ia^2}{4r^2}\sin\theta$$

令小电流环的面积 $\pi a^2=S$，$\boldsymbol{p}_\mathrm{m}=I\boldsymbol{S}$，$\boldsymbol{S}$ 的方向与电流的方向符合右手螺旋定则。因而，可将小电流环的矢量磁位表示为

$$\boldsymbol{A}=\frac{\mu_0\boldsymbol{p}_\mathrm{m}\times\boldsymbol{a}_r}{4\pi r^2} \tag{3.20}$$

得到小电流环的磁感应强度为

$$\boldsymbol{B}=\nabla\times\boldsymbol{A}=\frac{\mu_0 p_\mathrm{m}}{4\pi r^3}(\boldsymbol{a}_r 2\cos\theta+\boldsymbol{a}_\theta\sin\theta) \tag{3.21}$$

显然，上式与电偶极子的电场强度 $\boldsymbol{E}$ 的表达式互为对偶关系，即将电场强度 $\boldsymbol{E}$ 的表达式中的 $1/\varepsilon_0$ 换成 μ_0，$\boldsymbol{p}$ 换成 $\boldsymbol{p}_\mathrm{m}$，则 $\boldsymbol{E}(\boldsymbol{r})$ 就变成 $\boldsymbol{B}(\boldsymbol{r})$ 。这样一个微小的电流环路就可以等效为一个磁偶极子，它的磁偶极矩 $\boldsymbol{p}_\mathrm{m}=I\boldsymbol{S}$。

3.3.2　介质的磁化

当研究物质的磁效应时，物质被视为磁介质。根据物质的基本原子模型可知，物质由原子或者分子构成，而原子是由一个带正电的原子核和大量带负电的电子构成。环绕轨道旋转的电子产生环路分子电流和微观的磁偶极子。此外，原子的电子和原子核以确定的磁偶极矩围绕各自的轴旋转。相对而言，原子核的质量很大而角速度很小，因而原子自旋产生的磁偶极矩通常可以被忽略，而电子自旋的磁偶极矩也可忽略。这样，每个磁介质分子（或者原子）等效为一个分子电流环。当不存在外磁场时，大多数材料分子磁矩的取向是杂乱无章的，因此其等效磁矩（净磁矩）为零，介质对外不显磁性。当存在外磁场时，分子磁矩会有序排列，等效磁矩不再为零，对外呈现磁性，即介质被磁化，如图3.8所示。

介质磁化后将出现磁化电流（束缚电流），并作为二次源产生附加磁场。如果附加磁场与外磁场方向相反，使总磁场减弱，则该物质被称为抗磁质；如果附加磁场与外磁场同

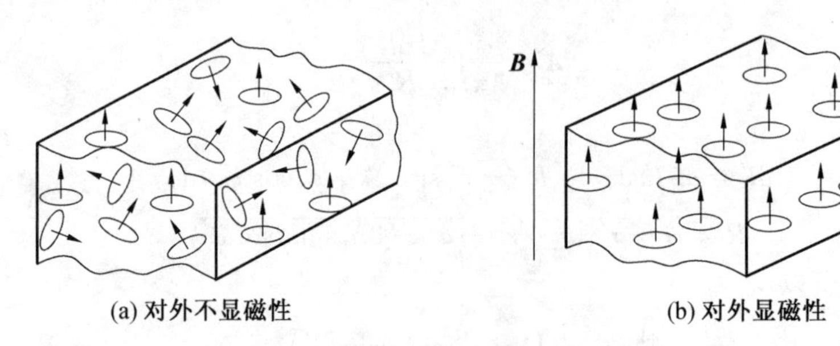

图 3.8　介质的磁化

向，使总磁场增强，则该物质被称为顺磁质。而对于铁磁性物质，能够产生显著的磁性，有剩磁和磁滞现象，存在磁畴。铁磁物质所受磁力可能是顺磁物质所受磁力的 5 000 倍。由于顺磁物质与抗磁物质所受的力很弱，因此实际上将它们归在一起，统称为非磁性物质，非磁性物质的磁导率与自由空间相同。

为了描述介质的磁化效应对磁感应强度 $\boldsymbol{B}$ 产生的影响，下面引入磁化强度矢量 $\boldsymbol{P}_{\mathrm{m}}$，即单位体积中的分子磁矩的矢量和，其表达式为

$$\boldsymbol{P}_{\mathrm{m}} = \lim_{\Delta V \to 0} \frac{\sum_{k=1}^{N} \boldsymbol{m}_k}{\Delta V} \tag{3.22}$$

式中，$\boldsymbol{m}_k$ 为第 k 个分子的磁矩。

如果 $\boldsymbol{P}_{\mathrm{m}} \neq 0$，表明该物体是已经磁化的。

介质被磁化后，在其内部及表面会出现磁化电流，这种磁化电流是分子电流叠加的整体效应。本节将基于磁化强度的定义计算磁化电流密度（也可以利用磁偶极子产生的矢量磁位与电流分布之间的关系式分析）。如图 3.9 所示，计算穿过由曲线 C 包围的曲面 S 的磁化电流。可见，只有环绕 C 的分子电流（磁偶极子）对穿过曲面 S 的磁化电流才有贡献。如图 3.9(a) 所示，当分子环流在曲线 C 内部时，与 C 并不交链，此时电流会沿相反的方向两次穿过曲面 S，因而其作用会相互抵消；当分子环流在曲线 C 外部时，与 C 不交链，因此不会穿过曲面 S，对磁化电流也没有贡献。如图 3.9(b) 所示，在 C 上取积分元 $\mathrm{d}\boldsymbol{l}$，并以分子电流的环面积 $\Delta \boldsymbol{S}$ 为底、以 $\mathrm{d}\boldsymbol{l}$ 为斜高作一圆柱体，此时只有分子电流中心在圆柱体内的分子电流才能与 $\mathrm{d}\boldsymbol{l}$（或 C）交链，对圆柱体的磁化电流有贡献。

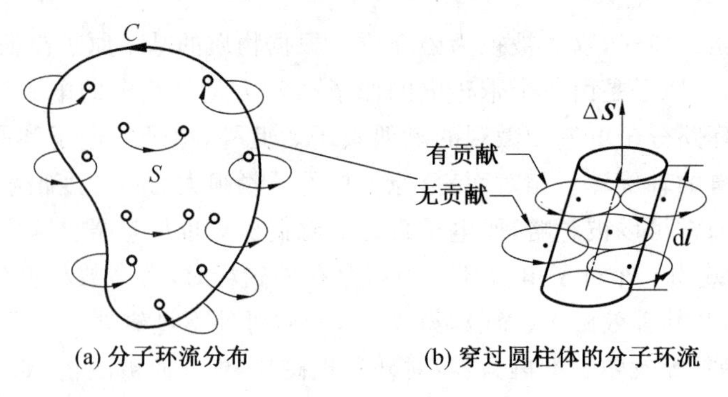

图 3.9　介质的磁化

设磁介质单位体积内的分子数为 N，每个分子的磁矩为 $\boldsymbol{m}=i\Delta\boldsymbol{S}$，根据磁化强度的定义，在图 3.9(b) 圆柱体内与 $\mathrm{d}\boldsymbol{l}$ 交链的磁化电流为 $\mathrm{d}I_{\mathrm{m}}=Ni\cdot\Delta\boldsymbol{S}\cdot\mathrm{d}\boldsymbol{l}=N\boldsymbol{m}\cdot\mathrm{d}\boldsymbol{l}=\boldsymbol{P}_{\mathrm{m}}\cdot\mathrm{d}\boldsymbol{l}$。因此，穿过曲面 S 的磁化电流为

$$I_{\mathrm{m}}=\oint_C \mathrm{d}I_{\mathrm{m}}=\oint_C \boldsymbol{P}_{\mathrm{m}}\cdot\mathrm{d}\boldsymbol{l}$$

将磁化电流表示为电流密度 $\boldsymbol{J}_{\mathrm{m}}$ 的通量形式，并对上式应用斯托克斯定理得

$$I_{\mathrm{m}}=\iint_S \boldsymbol{J}_{\mathrm{m}}\cdot\mathrm{d}\boldsymbol{S}=\iint_S(\nabla\times\boldsymbol{P}_{\mathrm{m}})\cdot\mathrm{d}\boldsymbol{S} \tag{3.23}$$

因为曲面 S 是任意的，因此可得

$$\boldsymbol{J}_{\mathrm{m}}=\nabla\times\boldsymbol{P}_{\mathrm{m}} \tag{3.24}$$

式中，$\boldsymbol{J}_{\mathrm{m}}$ 为磁化电流体密度。同理，可以得到磁化电流面密度的形式为

$$\boldsymbol{J}_{\mathrm{sm}}=\boldsymbol{P}_{\mathrm{m}}\times\boldsymbol{a}_{\mathrm{n}} \tag{3.25}$$

式中，$\boldsymbol{a}_{\mathrm{n}}$ 为介质表面的法向单位矢量。

3.3.3　介质中的场方程

磁化电流具有与传导电流相同的磁效应。磁介质被磁化后，其中的磁感应强度 $\boldsymbol{B}$ 是真空中传导电流与磁化电流共同作用的结果，因此在磁介质中描述磁场旋度与源的关系为

$$\nabla\times\boldsymbol{B}=\mu_0(\boldsymbol{J}+\boldsymbol{J}_{\mathrm{m}}) \tag{3.26}$$

将式(3.24) 代入上式得

$$\nabla\times\boldsymbol{B}=\mu_0\boldsymbol{J}+\mu_0\nabla\times\boldsymbol{P}_{\mathrm{m}}$$

即

$$\nabla\times\left(\frac{\boldsymbol{B}}{\mu_0}-\boldsymbol{P}_{\mathrm{m}}\right)=\boldsymbol{J}$$

令

$$\boldsymbol{H}=\frac{\boldsymbol{B}}{\mu_0}-\boldsymbol{P}_{\mathrm{m}} \tag{3.27}$$

式中，$\boldsymbol{H}$ 称为磁场强度，单位为安 / 米(A/m)，故有

$$\nabla\times\boldsymbol{H}=\boldsymbol{J} \tag{3.28}$$

式(3.28) 是任意磁介质中安培环路定理的微分形式，表明磁介质中任一点磁场强度的旋度只与该点的自由电流密度有关。

电流密度的通量为电流。对式(3.28) 两边进行任意曲面的线积分，并应用斯托克斯定理得

$$\oint_L \boldsymbol{H}\cdot\mathrm{d}\boldsymbol{l}=I \tag{3.29}$$

式(3.29) 为磁介质中安培环路定理的积分形式，其中 L 的方向和电流 I 的方向满足右手螺旋定则。它表明在电流周围存在一个磁场的闭合路径，并且任意闭合路径中磁场强度的环量与该路径包围的自由电流相等。

实验证明，除铁磁介质外，对于线性、均匀、各向同性的介质，磁矩 $\boldsymbol{P}_{\mathrm{m}}$ 和 $\boldsymbol{H}$ 的关系为

$$\boldsymbol{P}_{\mathrm{m}}=\chi_{\mathrm{m}}\boldsymbol{H} \tag{3.30}$$

式中，χ_{m} 称为介质的磁化率，是一个无量纲常数，它取决于物质的物理、化学性质。在真空中$\chi_{\mathrm{m}}=0$。一般对于非铁磁物质$\chi_{\mathrm{m}}\approx 1$。在顺磁介质中，$\chi_{\mathrm{m}}>0$，顺磁性主要由旋转电子的磁偶极矩引起。顺磁介质通常有很小的正磁化率，如铝、镁、钛、钨等，其磁化率大约为10^{-5}。在抗磁介质中，$\chi_{\mathrm{m}}<0$，抗磁性的成因主要是由施加的外磁场在电子轨道上产生一个力，并引导磁化形成净磁矩，等效为负磁化。抗磁介质的磁导率也很小，如铋、铜、铅、水银、锗、银、金、钻石等，其χ_{m} 的大小约为10^{-5}。对于铁磁物质，$\boldsymbol{B}$ 和 $\boldsymbol{H}$ 呈非线性关系，其磁化本领要比顺磁性物质强很多，如钴、镍、铁等，它们包含由电子旋转导致的被排列好的大量磁偶极子，其χ_{m} 可以达到 $50\sim 5\,000$，甚至到10^{6}（对一些特殊的合金甚至更高）。这些材料的磁导率不仅与 $\boldsymbol{H}$ 的大小有关，还与材料的性质有关。

将式(3.30)代入式(3.27)，得

$$\boldsymbol{B}=\mu_0(1+\chi_{\mathrm{m}})\boldsymbol{H}$$

令

$$\mu_{\mathrm{r}}=1+\chi_{\mathrm{m}}=\frac{\mu}{\mu_0} \tag{3.31}$$

则

$$\boldsymbol{B}=\mu_0\mu_{\mathrm{r}}\boldsymbol{H}=\mu\boldsymbol{H} \tag{3.32}$$

式中，μ_{r} 为介质的相对磁导率，是一个无量纲常数；μ 为介质的磁导率，$\mu=\mu_0\mu_{\mathrm{r}}$，其单位是亨利 / 米(H/m)。磁导率和相对磁导率反映了磁介质的磁化特性，是物质的三个基本电磁参数之一。由于自然界中没有发现孤立的磁荷存在，因此磁通连续性原理在磁介质中仍然成立，即

$$\oiint_S \boldsymbol{B}\cdot \mathrm{d}\boldsymbol{S}=0 \tag{3.33}$$

$$\nabla\cdot\boldsymbol{B}=0 \tag{3.34}$$

上述磁场方程表明，磁场是无源（无通量源）、有旋场；恒定电流是产生恒定磁场的旋涡源。

至此，综合第 2 章介质的极化、导电及磁化性能，对线性、均匀、各向同性介质，有下列方程：

$$\left.\begin{aligned}\boldsymbol{D}&=\varepsilon\boldsymbol{E}\\ \boldsymbol{J}&=\sigma\boldsymbol{E}\\ \boldsymbol{B}&=\mu\boldsymbol{H}\end{aligned}\right\} \tag{3.35}$$

这三个方程通常称为介质的本构方程。

例 3.7　磁导率为 μ，内外半径分别为 a、b 的无限长空心圆柱体，其中存在轴向均匀电流密度 $\boldsymbol{J}$，求各处的磁场强度和磁化电流密度。

解　取半径为 r 的积分环路，根据安培环路定理得

$$\oint_L \boldsymbol{H}\cdot \mathrm{d}\boldsymbol{l}=\int_S \boldsymbol{J}\cdot \mathrm{d}\boldsymbol{S}=I$$

式中，L 为积分路径，磁场沿 $\boldsymbol{a}_{\varphi}$ 方向。于是

当 $0<r<a$ 时，$J=0, I=0$，所以 $H=0$；

当 $a<r\leqslant b$ 时，$I=J(\pi r^2-\pi a^2)$，$\boldsymbol{H}=\dfrac{J(r^2-a^2)}{2r}\boldsymbol{a}_\varphi$；

当 $r>b$ 时，$I=J(\pi b^2-\pi a^2)$，$\boldsymbol{H}=\dfrac{J(b^2-a^2)}{2r}\boldsymbol{a}_\varphi$。

由式(3.24)得

$$\boldsymbol{J}_{\mathrm{m}}=\nabla\times\boldsymbol{P}_{\mathrm{m}}=\nabla\times(\mu_{\mathrm{r}}-1)\boldsymbol{H}=(\mu_{\mathrm{r}}-1)\nabla\times\boldsymbol{H}$$

因此，磁化电流体密度为

$$\boldsymbol{J}_{\mathrm{m}}=\begin{cases}(\mu_{\mathrm{r}}-1)J\boldsymbol{a}_z & (a<r<b)\\ 0 & (0<r<a, r>b)\end{cases}$$

在边界处，由式(3.25)得

$$\boldsymbol{J}_{\mathrm{sm}}=\boldsymbol{P}_{\mathrm{m}}\times\boldsymbol{a}_{\mathrm{n}}=(\mu_{\mathrm{r}}-1)\boldsymbol{H}\times\boldsymbol{a}_{\mathrm{n}}$$

故在 $r=a^+$ 处，磁化电流面密度为

$$\boldsymbol{J}_{\mathrm{sm}}=(\mu_{\mathrm{r}}-1)H\boldsymbol{a}_\varphi\times(-\boldsymbol{a}_r)\big|_{r=a}=0$$

在 $r=b^-$ 处，磁化电流面密度为

$$\boldsymbol{J}_{\mathrm{sm}}=(\mu_{\mathrm{r}}-1)H\boldsymbol{a}_\varphi\times\boldsymbol{a}_r\big|_{r=b}=-(\mu_{\mathrm{r}}-1)\frac{J(b^2-a^2)}{2b}\boldsymbol{a}_z$$

3.4　恒定磁场的边界条件

在描述介质分界面两侧电磁场的变化情况时，介质参数和场量是不连续的，因而不能利用微分方程。而积分方程本身就包含了边界条件，因此本节应用与静电场边界条件类似的求解方法，即从恒定磁场方程的积分形式出发，来确定磁场在交界面上的突变规律，该突变规律也称为边界条件。

3.4.1　磁感应强度法向分量的边界条件

如图 3.10 所示，通过介质分界面构建一个足够小的闭合圆柱面，圆柱体各表面处的恒定磁场可以视为均匀分布。令圆柱面的高度趋于零，则场量在侧面上的积分结果也会趋于零。设在磁导率为 μ_1 的介质 1 中 $\Delta\boldsymbol{S}_1$ 处分布的磁感应强度为 $\boldsymbol{B}_1$，磁导率为 μ_2 的介质 2 中 $\Delta\boldsymbol{S}_2$ 处分布的磁感应强度为 $\boldsymbol{B}_2$。因此，式(3.33)中磁通量可写成如下形式：

$$\oint\boldsymbol{B}\cdot\mathrm{d}\boldsymbol{S}\overset{\Delta h\to 0}{=}\boldsymbol{B}_1\cdot\Delta\boldsymbol{S}_1+\boldsymbol{B}_2\cdot\Delta\boldsymbol{S}_2=0$$

由于圆柱体上下底面的关系为 $\Delta\boldsymbol{S}_1=-\Delta\boldsymbol{S}_2=\boldsymbol{a}_{\mathrm{n}}\Delta S$，因此可得

$$\boldsymbol{a}_{\mathrm{n}}\cdot(\boldsymbol{B}_1-\boldsymbol{B}_2)=0 \tag{3.36}$$

式(3.36)称为恒定磁场磁感应强度边界条件的矢量形式，其中 $\boldsymbol{a}_{\mathrm{n}}$ 代表的是垂直于分界面、由介质 2 指向介质 1 的单位方向矢量。式(3.36)的标量形式为

$$B_{1\mathrm{n}}=B_{2\mathrm{n}} \tag{3.37}$$

以上两式也称为磁感应强度的法向分量的边界条件，即介质分界面两侧磁感应强度的法向分量是连续的。

根据式(3.32)可得

$$\mu_1 H_{1n} = \mu_2 H_{2n}$$

由于分界面两侧 $\mu_1 \neq \mu_2$,即 $H_{1n} \neq H_{2n}$,可见分界面处 $\boldsymbol{H}$ 的法向分量不连续。

如果两介质中有一个是理想导体(其内部没有电磁场的存在,也没有电流),则边界条件变为

$$B_n = 0$$

根据上式可知,导体表面没有恒定磁场的法向分量存在。

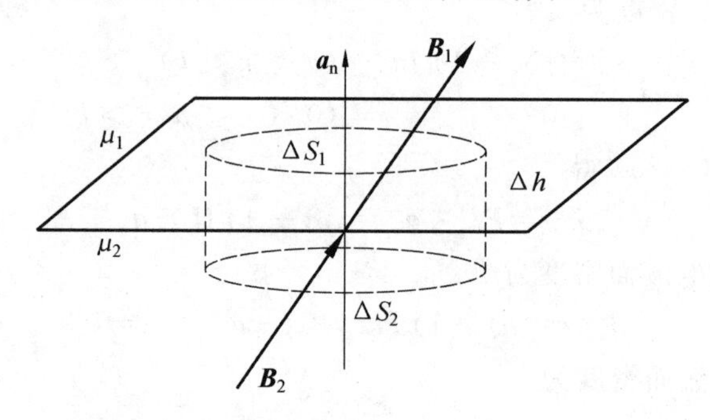

图 3.10　磁感应强度的法向分量的边界条件

3.4.2　磁场强度的切向分量的边界条件

如图 3.11 所示,在介质分界面两侧构建一个矩形积分回路。假设该矩形积分回路足够小,高度 Δh 趋于零,因此沿线的磁场可以认为是均匀分布的。由于 Δh 趋于零,因此磁场沿高度方向的积分结果也趋于零,此时环量仅取决于场量沿 $\Delta \boldsymbol{l}_1$、$\Delta \boldsymbol{l}_2$ 的积分结果。假设磁导率为 μ_1 的介质中磁场强度为 $\boldsymbol{H}_1$,磁导率为 μ_2 的介质中磁场强度为 $\boldsymbol{H}_2$,$\boldsymbol{J}_s$ 为两种介质分界面处的表面电流密度,右手四指沿回路方向弯曲,拇指方向为 $\boldsymbol{J}_s$ 的方向。此时,环量为

$$\oint_L \boldsymbol{H} \cdot \mathrm{d}\boldsymbol{l} \xlongequal{\Delta h \to 0} \boldsymbol{H}_1 \cdot \Delta \boldsymbol{l}_1 + \boldsymbol{H}_2 \cdot \Delta \boldsymbol{l}_2 = \boldsymbol{J}_s \Delta l$$

考虑到矩形积分回路中 $\Delta \boldsymbol{l}_1 = -\Delta \boldsymbol{l}_2 = \Delta \boldsymbol{l} = \boldsymbol{a}_t \Delta l$,因此上式表示为

$$(\boldsymbol{H}_1 - \boldsymbol{H}_2) \cdot \boldsymbol{a}_t = \boldsymbol{J}_s$$

式中,$\boldsymbol{a}_t$ 为分界面的切向单位矢量。上式又可以用法向单位矢量 $\boldsymbol{a}_n$ 表示为

$$\boldsymbol{a}_n \times (\boldsymbol{H}_1 - \boldsymbol{H}_2) = \boldsymbol{J}_s \tag{3.38}$$

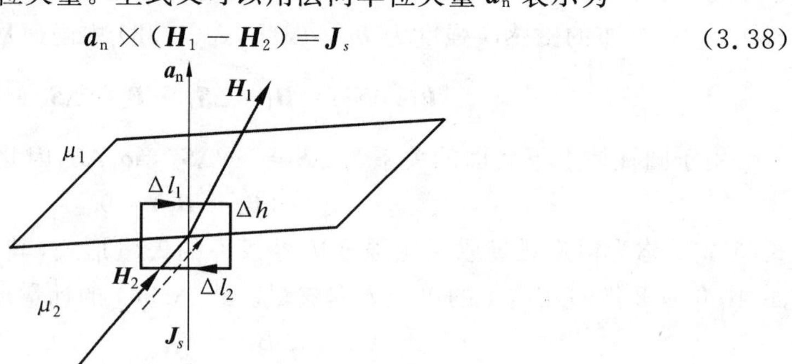

图 3.11　磁场强度的切向边界条件

式(3.38) 为恒定磁场中磁场强度切向分量的边界条件的矢量形式，其标量形式为

$$H_{1t}-H_{2t}=J_s \tag{3.39}$$

式(3.38) 和式(3.39) 称为磁场强度的切向分量的边界条件。一般情况下，对电导率有限的两种介质而言，电流由体电流密度定义，所以自由面电流不会出现在两种介质的交界面处，因此 $\boldsymbol{J}_s$ 等于零。所以，穿过几乎所有物理介质边界的 $\boldsymbol{H}$ 切向分量是连续的。

根据式(3.32) 及式(3.39) 可以得到

$$\frac{B_{1t}}{\mu_1}-\frac{B_{2t}}{\mu_2}=J_s$$

由于分界面两侧 $\mu_1\neq\mu_2$，即使 J_s 等于零，分界面处 $\boldsymbol{B}$ 的切向分量 B_t 也不连续。

当分界面为理想导体或超导体表面时，$\boldsymbol{H}$ 的切向分量也可能不连续。如果介质 2 为导体(其内部 $H_2=0$)，此时边界条件为

$$H_t=J_s$$

根据上式可知，如果导体表面有自由面电流存在，它将产生与导体表面平行的磁场强度分量。

如果分界面上的 $J_s=0$，如图 3.12 所示，则有

$$\frac{\tan\theta_1}{\tan\theta_2}=\frac{\mu_1}{\mu_2} \tag{3.40}$$

式(3.40) 表明：

(1) 如果 $\theta_2=0$，则 $\theta_1=0$。换句话说，磁场垂直穿过两种磁介质的分界面时，磁场的方向不发生改变，且数值相等。

(2) 如果 $\mu_1\gg\mu_2$，且 $\theta_2\neq 90°$，则 $\theta_1\to 0$。这就是说磁场由铁磁体物质穿出进入一个非磁性物质的区域时，磁场几乎垂直于铁磁体物质的表面，这与电场垂直于理想导体的表面类似。

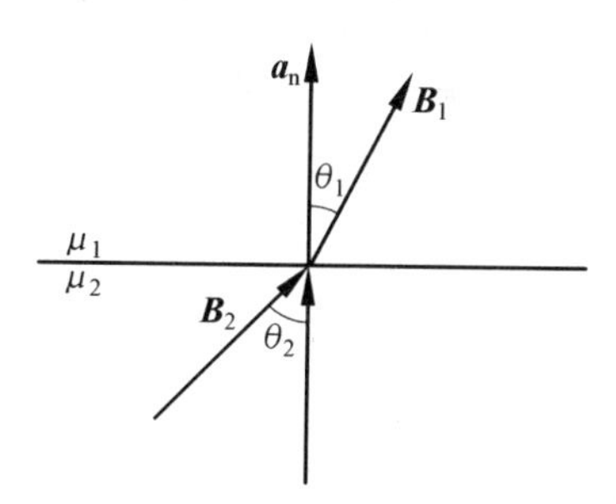

图 3.12　两种磁介质的边界

例 3.8　设 $x<0$ 的半空间充满磁导率为 μ 的均匀介质，$x>0$ 的半空间的磁导率为 μ_0，现有一无限长直电流 I 沿 z 轴正向流动，且处在两种介质的分界面上，如图 3.13 所示。求两种介质的磁感应强度和磁化电流的分布。

解　因为线电流位于两种介质的分界面上，所以分界面上磁场的方向与分界面垂直，设在 $x<0$ 的半空间其磁感应强度和磁场强度分别为 $\boldsymbol{B}_1$ 和 $\boldsymbol{H}_1$，在 $x>0$ 的半空间其磁感应强度和磁场强度分别为 $\boldsymbol{B}_2$ 和 $\boldsymbol{H}_2$。

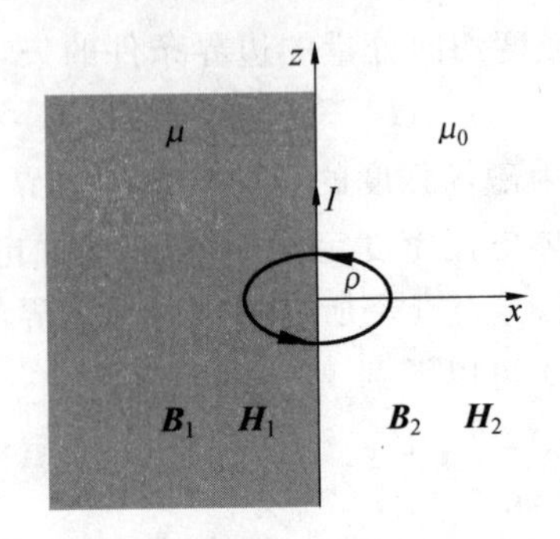

图 3.13　两种介质中的磁感应强度

根据安培环路定律：

$$\oint_L \boldsymbol{H} \cdot \mathrm{d}\boldsymbol{l} = I$$

得

$$H_1 \pi\rho + H_2 \pi\rho = I$$

根据两种介质的分界面上磁感应强度的法向分量连续的边界条件可得

$$B_1 = B_2 = B$$

再利用介质的本构方程：

$$H_1 = \frac{B_1}{\mu}$$

$$H_2 = \frac{B_2}{\mu_0}$$

综合上述分析，可以求得两种介质中的磁感应强度大小为

$$B = \frac{\mu\mu_0 I}{(\mu + \mu_0)\pi\rho}$$

由于导磁介质是均匀的，因此介质内部无磁化电流。在两种介质的分界面上，由于磁场与界面垂直，因此也没有磁化电流；但在电流与介质相接触的介质分界面上，存在磁化电流 I_b。现以 z 轴为中心轴，根据安培环路定律：

$$\oint_C \boldsymbol{B} \cdot \mathrm{d}\boldsymbol{l} = \mu_0 (I + I_b)$$

可得

$$2\pi\rho B = \mu_0 (I + I_b)$$

将磁感应强度表达式代入上式可得磁化电流为

$$I_b = \frac{\mu_r - 1}{\mu_r + 1} I$$

例 3.9　磁导率为 μ、气隙宽度为 d 的环形铁芯上密绕了 N 匝线圈，如图 3.14 所示。求线圈电流为 I 时，气隙中的磁感应强度。

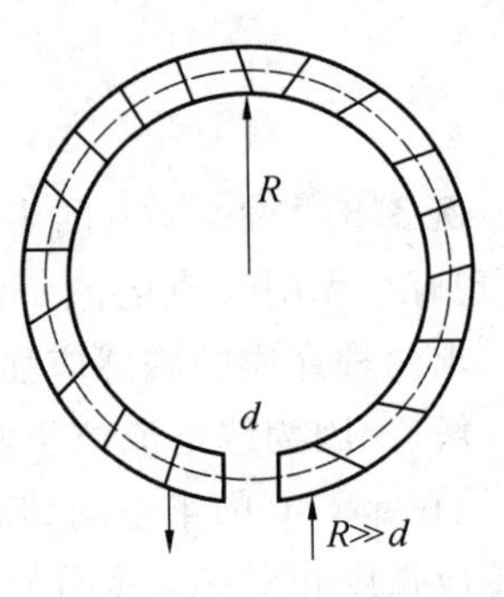

图 3.14　通电线圈

解　根据式(3.29)安培环路定理得

$$\oint_L \boldsymbol{H} \cdot \mathrm{d}\boldsymbol{l} = NI$$

式中，L 为积分环路。磁场沿 $\boldsymbol{a}_\varphi$ 方向。

在铁芯内，$\boldsymbol{B}_1=\mu\boldsymbol{H}_1$；在铁芯外，$\boldsymbol{B}_2=\mu_0\boldsymbol{H}_2$。

根据恒定磁场的边界条件有

$$\boldsymbol{B}_1=\boldsymbol{B}_2=\boldsymbol{B}=B\boldsymbol{a}_\varphi$$

故有

$$\oint_L \boldsymbol{H}\cdot d\boldsymbol{l}=H_1(2\pi r-d)+H_2 d=\frac{B}{\mu}(2\pi r-d)+\frac{B}{\mu_0}d=IN$$

即

$$\boldsymbol{B}=\frac{\mu\mu_0 NI}{\mu d+\mu_0(2\pi r-d)}\boldsymbol{a}_\varphi$$

例 3.10　在磁化率为 χ_m 的介质与空气分界面上，已知靠近空气一侧的磁感应强度 $\boldsymbol{B}_0$ 与介质表面的法线成 α 角。求靠近介质一侧的 $\boldsymbol{B}$ 及 $\boldsymbol{H}$。

解　如图3.15所示，将 $\boldsymbol{B}_0$ 分解成沿法向和切向的分量 B_{0n}、B_{0t}，则其大小分别为

$$B_{0t}=B_0\sin\alpha,\quad B_{0n}=B_0\cos\alpha$$

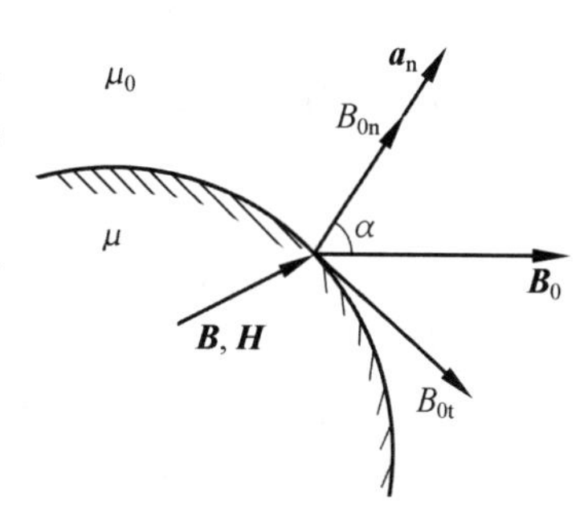

图 3.15　介质与空气的分界面

根据恒定磁场的边界条件 $B_n=B_{0n}$，及 $\boldsymbol{B}=\mu\boldsymbol{H}$ 得

$$B_n=B_{0n}=B_0\cos\alpha,\quad H_n=B_n/\mu=\frac{B_0\cos\alpha}{(1+\chi_m)\mu_0}$$

设磁介质材料的电导率有限，则界面上没有自由电流，因此 $H_t=H_{0t}$，即

$$H_t=H_{0t}=\frac{B_0\sin\alpha}{\mu_0},\quad B_t=\mu H_t=\frac{\mu B_0\sin\alpha}{\mu_0}=(1+\chi_m)\mu_0 B_0\sin\alpha$$

因此，靠近介质一侧的 $\boldsymbol{B}$ 及 $\boldsymbol{H}$ 为

$$\boldsymbol{B}=\boldsymbol{a}_n B_n+\boldsymbol{a}_t B_t=\boldsymbol{a}_n B_0\cos\alpha+\boldsymbol{a}_t(1+\chi_m)\mu_0 B_0\sin\alpha$$

$$\boldsymbol{H}=\boldsymbol{a}_n H_n+\boldsymbol{a}_t H_t=\boldsymbol{a}_n\frac{B_0\cos\alpha}{(1+\chi_m)\mu_0}+\boldsymbol{a}_t\frac{B_0\sin\alpha}{\mu_0}$$

3.5　电　　感

根据毕奥－萨伐尔定律，在线性和各向同性的介质中，一个电流回路在空间任一点产生的磁感应强度 $\boldsymbol{B}$ 的大小与其激发的电流 I 成正比，因此，穿过回路的磁通量(或磁链)也与电流有关。为了描述回路的磁通量与电流的关系，引入电感 L 的概念。此外，根据法拉第电磁感应定律，变化的磁通量会产生感应电动势，因此还可通过电感进一步由电流计算感应电动势。

3.5.1　自电感

设回路电流产生的磁场能够与该回路交链，该磁链 Ψ 与电流 I 的比值称为自感(自电感)，单位是亨利(H)。

$$L=\frac{\Psi}{I} \tag{3.41}$$

其中,磁链的表达式为

$$\Psi=\int_S \boldsymbol{B}\cdot \mathrm{d}\boldsymbol{S}=\int_l \boldsymbol{A}\cdot \mathrm{d}\boldsymbol{l} \tag{3.42}$$

式中,$\boldsymbol{l}$ 的方向就是电流 I 的方向;$\boldsymbol{S}$ 的方向与电流 I 的方向遵循右手螺旋定则;$\boldsymbol{B}$ 和 $\boldsymbol{A}$ 分别为电流 I 在回路内产生的磁感应强度和磁矢位。

自感又分为内自感 L_i 和外自感 L_o。内自感是导体内部的磁场仅与部分电流交链的等效磁链 Ψ_i 与回路电流 I 的比值,如图 3.16(a) 所示。

$$L_i=\frac{\Psi_i}{I} \tag{3.43}$$

外自感是导体外部闭合的磁链 Ψ_o 与回路电流 I 的比值,如图 3.16(b) 所示。

$$L_o=\frac{\Psi_o}{I} \tag{3.44}$$

因此,回路的总自感为

$$L=L_i+L_o \tag{3.45}$$

虽然自感可以用磁链和电流计算,但是在线性各向同性介质中,L 仅与回路的几何尺寸、介质参数有关,与回路的电流无关。

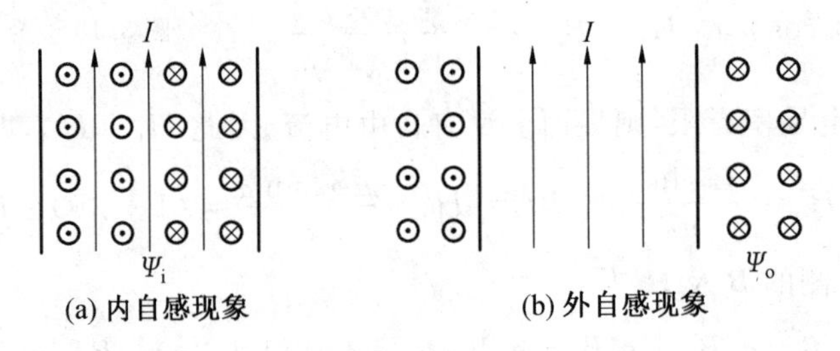

图 3.16　自感现象

3.5.2　互电感

回路电流产生的磁场与其他回路交链,该磁链与电流的比值称为互感(互电感)。如图 3.17 所示,回路 1(l_1) 的电流 I_1 产生与回路 2(l_2) 相交链的磁链 Ψ_{21},并与 I_1 成正比,则

$$\Psi_{21}=M_{21}I_1$$

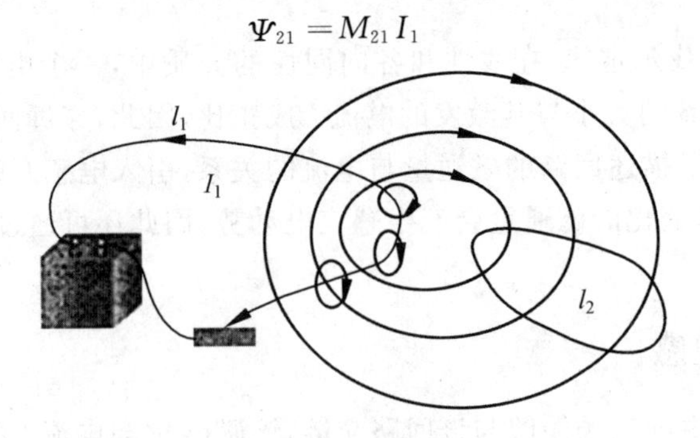

图 3.17　互感现象

因此，定义回路1对回路2的互感为

$$M_{21}=\frac{\Psi_{21}}{I_1} \tag{3.46}$$

互感的单位也是亨利(H)。

利用聂以曼公式可以得到 $M_{12}=M_{21}=M$。互感是一个回路电流在另一个回路所产生的磁效应，与两个回路的几何尺寸和周围介质，以及两个回路之间的相对位置有关，而与回路电流无关。

例3.11　求如图3.18所示的双导线传输线单位长度的自感。已知导线半径为 a，导线间距 $D\gg a$。

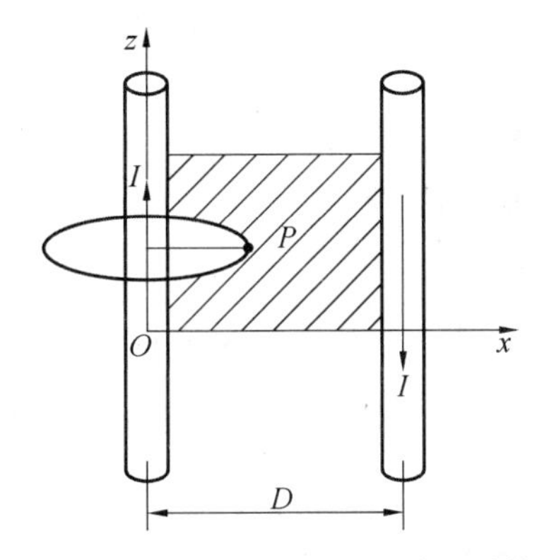

图3.18　双导线传输线自感的计算

解　双导线中各输入一方向相反的电流。由安培环路定律求得双导线之间 xOz 平面内点 P 处的磁感应强度为

$$\boldsymbol{B}=\boldsymbol{a}_y\left(\frac{\mu_0 I}{2\pi x}+\frac{\mu_0 I}{2\pi(D-x)}\right),\quad a\leqslant x\leqslant D-a$$

因此，单位长度双导线平面上的磁链为

$$\Psi=\int_S \boldsymbol{B}\cdot\mathrm{d}\boldsymbol{S}=\int_0^1\int_a^{D-a}\frac{\mu_0 I}{2\pi}\left(\frac{1}{x}+\frac{1}{D-x}\right)\boldsymbol{a}_y\cdot\boldsymbol{a}_y\mathrm{d}x\mathrm{d}z$$

积分得

$$\Psi=\frac{\mu_0 I}{\pi}\ln\frac{D-a}{a}$$

故双导线传输线单位长度的自感为

$$L=\frac{\Psi}{I}=\frac{\mu_0}{\pi}\ln\frac{D-a}{a}\approx\frac{\mu_0}{\pi}\ln\frac{D}{a}$$

类似分析可得同轴线单位长度的自感为

$$L=\frac{\mu_0}{2\pi}\ln\frac{b}{a}$$

式中，a 和 b 分别为同轴线的内、外导体半径。

值得注意的是，上面计算的自感只考虑了外自感，在导线内部的磁力线同样套链着电流，其磁链与电流的比值称为内自感。通常所说的自感一般指外自感。

例3.12　半径为 a 的长直螺线管，单位长度上绕有 N 匝线圈，在螺线管轴线处，有一

半径为b的单匝小环线圈，线圈平面的法线$\boldsymbol{a}_{\mathrm{n}}$与螺线管轴线的夹角为$\theta$，如图3.19所示。现忽略边缘效应，求螺线管与小环线圈之间的互感。

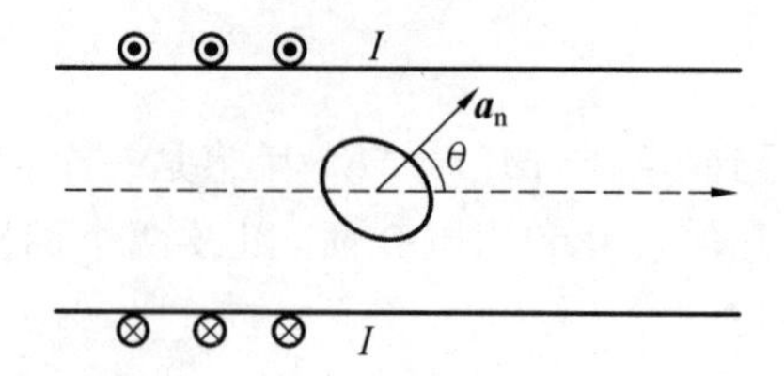

图3.19　例3.12图

解　设螺线管通有的电流为I，则其内的磁感应强度$\boldsymbol{B}$为

$$\boldsymbol{B}=\mu_0 NI\boldsymbol{a}_z$$

因此，穿过小环线圈的磁链(磁通)为

$$\Psi_{\mathrm{m}}=\Phi_{\mathrm{m}}=\boldsymbol{B}\cdot\boldsymbol{S}=BS\cos\theta=\mu_0 NIpb^2\cos\theta$$

故螺线管与小环线圈之间的互感为

$$M=\frac{\Psi_{\mathrm{m}}}{I}=\mu_0 N\pi b^2\cos\theta$$

由此可见，互感的大小与回路的形状、尺寸、匝数有关，互感的正负则取决于通过两回路电流的方向。

例3.13　假设N匝线圈紧紧缠在尺寸如图3.20(a)所示的环形框架的矩形截面上，线圈横截面的尺寸如图3.20(b)所示，环形框架的内半径为a，外半径为b，高为h。假定介质的磁导率为μ_0，试求环形线圈的自感。

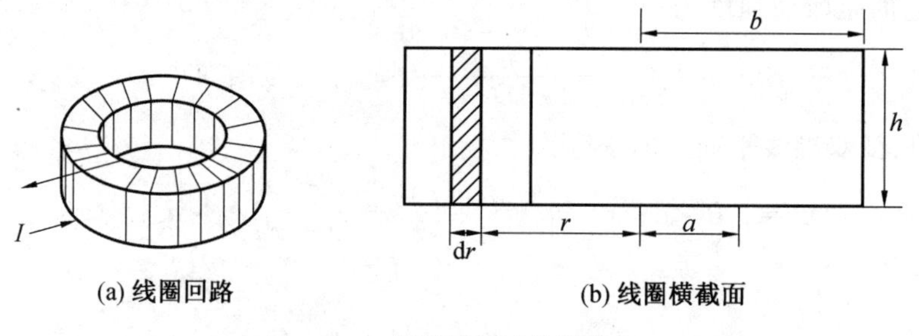

(a) 线圈回路　　(b) 线圈横截面

图3.20　线圈回路及其横截面

解　因为环形结构关于轴对称，所以选取圆柱坐标系。假定导线中电流为I，对于半径为$r(a<r<b)$的环形路径，包围环路的总电流为NI，根据安培环路定理有

$$\oint_C \boldsymbol{B}\cdot\mathrm{d}\boldsymbol{l}=\int_0^{2\pi}\boldsymbol{a}_\varphi\boldsymbol{B}\cdot r\boldsymbol{a}_\varphi\mathrm{d}\varphi=2\pi rB=\mu_0 NI$$

所以

$$\boldsymbol{B}=\frac{\mu_0 NI}{2\pi r}\boldsymbol{a}_\varphi$$

根据图3.20(b)，穿过每匝线圈的磁通量为

$$\Phi=\int_S\boldsymbol{B}\cdot\mathrm{d}\boldsymbol{S}=\int_S\left(\boldsymbol{a}_\varphi\frac{\mu_0 NI}{2\pi r}\right)\cdot(\boldsymbol{a}_\varphi h\,\mathrm{d}r)=\frac{\mu_0 NIh}{2\pi}\int_a^b\frac{\mathrm{d}r}{r}=\frac{\mu_0 NIh}{2\pi}\ln\frac{b}{a}$$

故穿过 N 匝线圈的磁链为

$$\Psi=\frac{\mu_0 N^2 Ih}{2\pi}\ln\frac{b}{a}$$

因此,得到自感为

$$L=\frac{\Psi}{I}=\frac{\mu_0 N^2 h}{2\pi}\ln\frac{b}{a}$$

本 章 小 结

1. 恒定磁场的基本定律

(1) 安培力定律。

$$\boldsymbol{F}_{10}=\frac{\mu_0}{4\pi}\oint_{C_0}\oint_{C_1}\frac{I_1\mathrm{d}\boldsymbol{l}\times(I\mathrm{d}\boldsymbol{l}'\times\boldsymbol{a}_R)}{R^2}$$

(2) 毕奥－萨伐尔定律。

线电流分布时产生的磁感应强度为

$$\boldsymbol{B}=\frac{\mu_0}{4\pi}\oint_{l'}\frac{I\mathrm{d}\boldsymbol{l}'\times\boldsymbol{R}}{R^3}$$

面电流分布时产生的磁感应强度为

$$\boldsymbol{B}=\frac{\mu_0}{4\pi}\iint_{S'}\frac{\boldsymbol{J}_s(\boldsymbol{r}')\times\boldsymbol{R}}{R^3}\mathrm{d}S'$$

体电流分布时产生的磁感应强度为

$$\boldsymbol{B}=\frac{\mu_0}{4\pi}\iiint_{V'}\frac{\boldsymbol{J}(\boldsymbol{r}')\times\boldsymbol{R}}{R^3}\mathrm{d}V'$$

2. 真空中的恒定磁场方程

积分形式为

$$\oint\!\!\!\oint_S\boldsymbol{B}\cdot\mathrm{d}\boldsymbol{S}=0$$

$$\oint_L\boldsymbol{H}\cdot\mathrm{d}\boldsymbol{l}=I$$

微分形式为

$$\nabla\cdot\boldsymbol{B}=0$$
$$\nabla\times\boldsymbol{H}=\boldsymbol{J}$$

3. 恒定磁场的位函数

线电流分布时磁矢位为

$$\boldsymbol{A}=\frac{\mu_0}{4\pi}\int_C\frac{I\mathrm{d}\boldsymbol{l}'}{R}$$

面电流分布时的磁矢位为

$$\boldsymbol{A}=\frac{\mu_0}{4\pi}\int_{S'}\frac{\boldsymbol{J}_s(\boldsymbol{r}')}{R}\mathrm{d}\boldsymbol{S}'$$

体电流分布时的磁矢位为

$$\boldsymbol{A}=\frac{\mu_0}{4\pi}\int_{V'}\frac{\boldsymbol{J}(\boldsymbol{r}')}{R}\mathrm{d}V'$$

4. 磁偶极子与磁介质的磁化

(1) 磁偶极子的矢量磁位。

$$\boldsymbol{A}=\frac{\mu_0\boldsymbol{p}_{\mathrm{m}}\times\boldsymbol{a}_r}{4\pi r^2}$$

$$\boldsymbol{B}=\nabla\times\boldsymbol{A}=\frac{\mu_0 p_{\mathrm{m}}}{4\pi r^3}(\boldsymbol{a}_r 2\cos\theta+\boldsymbol{a}_\theta\sin\theta)$$

(2) 磁介质的磁化。

磁化强度为

$$\boldsymbol{P}_{\mathrm{m}}=\lim_{\Delta V\to 0}\frac{\sum_{k=1}^{N}\boldsymbol{m}_k}{\Delta V}$$

磁化电流体密度为

$$\boldsymbol{J}_{\mathrm{m}}=\nabla\times\boldsymbol{P}_{\mathrm{m}}$$

磁化电流面密度为

$$\boldsymbol{J}_{\mathrm{sm}}=\boldsymbol{P}_{\mathrm{m}}\times\boldsymbol{a}_{\mathrm{n}}$$

(3) 介质的本构方程。

$$\boldsymbol{D}=\varepsilon\boldsymbol{E}$$

$$\boldsymbol{J}=\sigma\boldsymbol{E}$$

$$\boldsymbol{B}=\mu\boldsymbol{H}$$

5. 恒定磁场的边界条件

标量形式为

$$B_{1\mathrm{n}}=B_{2\mathrm{n}}$$

$$H_{1\mathrm{t}}-H_{2\mathrm{t}}=J_s$$

矢量形式为

$$\boldsymbol{a}_{\mathrm{n}}\cdot(\boldsymbol{B}_1-\boldsymbol{B}_2)=0$$

$$\boldsymbol{a}_{\mathrm{n}}\times(\boldsymbol{H}_1-\boldsymbol{H}_2)=\boldsymbol{J}_s$$

磁场方向为

$$\frac{\tan\theta_1}{\tan\theta_2}=\frac{\mu_1}{\mu_2}$$

6. 电感

(1) 自电感。

$$L_i=\frac{\Psi_i}{I}$$

(2) 互电感。

$$M_{21}=\frac{\Psi_{21}}{I_1}$$

习　　题

3－1　在真空中,电流分布如下,求磁感应强度。

$$J=\begin{cases}0 & (0<\rho<a)\\ \dfrac{\rho}{b}\boldsymbol{a}_z & (a<\rho<b)\end{cases}$$

3－2　如图所示,在 xOy 面有一个宽度为 W 的无限长导电板,其上的电流密度为 $\boldsymbol{J}_s=J_0\boldsymbol{a}_y$,求 xOz 面上任一点的磁感应强度。

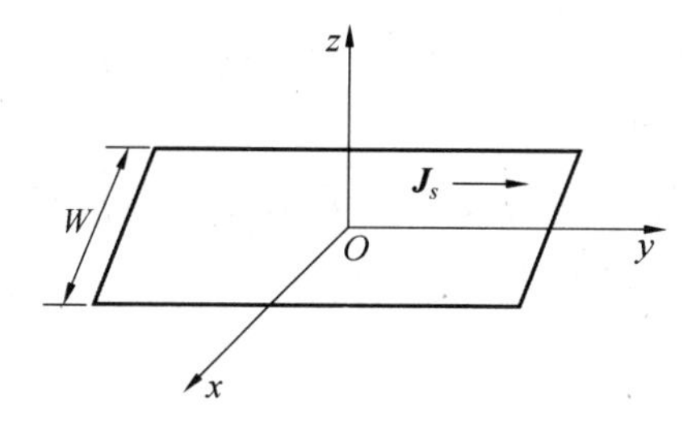

题 3－2 图

3－3　已知某电流在空间产生的磁矢位是

$$\boldsymbol{A}=\boldsymbol{a}_x x^2 y+\boldsymbol{a}_y x y^2+\boldsymbol{a}_z(y^2-z^2)$$

求磁感应强度 $\boldsymbol{B}$。

3－4　如图所示,在空气中,有载有恒定电流密度为 $\boldsymbol{K}_0$ 的无限大平面,求其产生的磁感应强度 $\boldsymbol{B}$。如果无限大平面的厚度为 d,电流密度为 $\boldsymbol{J}_0$,求空间磁感应强度 $\boldsymbol{B}$ 的分布。

3－5　如图所示,求真空中电流为 I,传输方向相反的无限长平行双线产生的矢量磁位 $\boldsymbol{A}$。

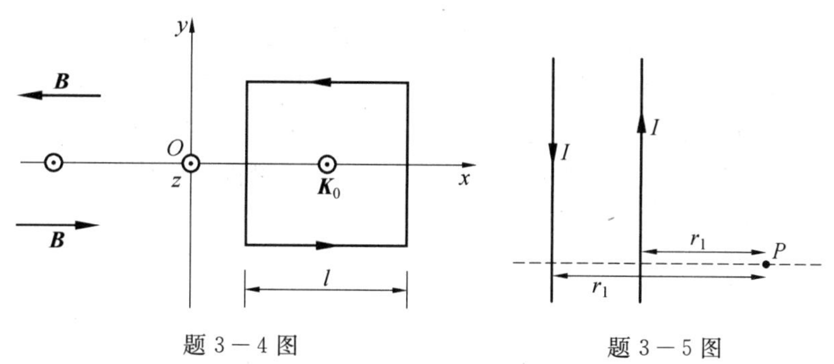

题 3－4 图　　　　题 3－5 图

3－6　两半径为 a 且平行放置的长直圆柱导体,轴线距离为 $d(d<2a)$。现将相交部分挖成一空洞并且在相交处用绝缘纸隔开,如图所示。设两导体分别通有面电流密度为 $\boldsymbol{J}_1=J_0\boldsymbol{a}_z$ 和 $\boldsymbol{J}_2=-J_0\boldsymbol{a}_z$ 的电流,求空洞中的磁场强度。

3－7　边长分别为 a 和 b,载有电流 I 的小矩形回路,如图所示,求远处的一点 $P(x,y,z)$ 的磁矢位。

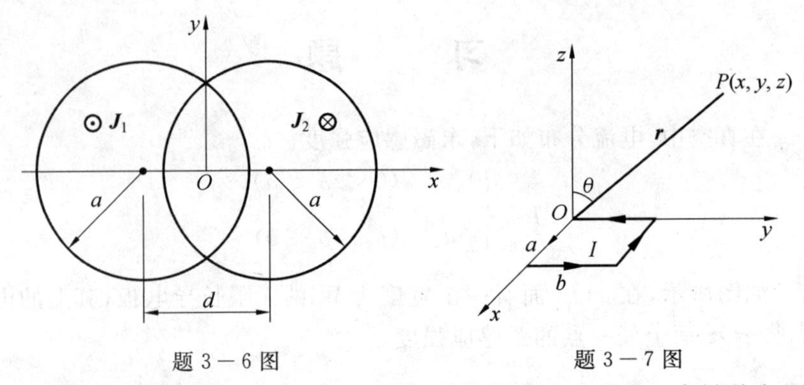

题 3－6 图　　　　题 3－7 图

3－8　已知圆柱的半径为 b，长为 L，轴向磁化强度大小为 M，求被均匀磁化了的磁介质圆柱体轴上的磁通量密度。

3－9　无限长直线电流 I 垂直于磁导率分别为 μ_1 和 μ_2 的两种磁介质的交界面，如图所示，试求两种介质中的磁感应强度 $\boldsymbol{B}_1$ 和 $\boldsymbol{B}_2$。

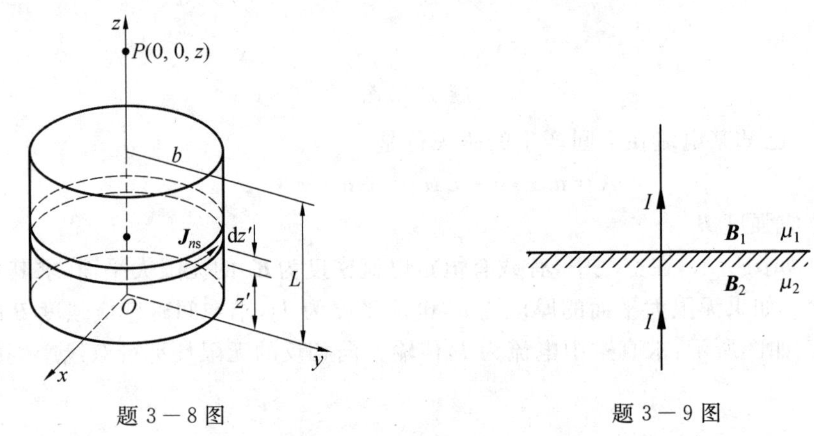

题 3－8 图　　　　题 3－9 图

3－10　任意一个平面电流回路在真空中产生的磁场强度为 $\boldsymbol{H}_0$，若平面回路位于磁导率分别为 μ_1 和 μ_2 的两种磁介质的交界面上，试求两种介质中的磁场强度 $\boldsymbol{H}_1$ 和 $\boldsymbol{H}_2$。

3－11　沿 z 轴方向和正 y 轴方向为无限长的铁磁体槽，其内有一很长的沿 z 轴方向电流 I，如图所示。如果铁磁体的磁导率 $\mu\to\infty$，试写出槽内磁矢位 $\boldsymbol{A}$ 应满足的微分方程及边界条件。

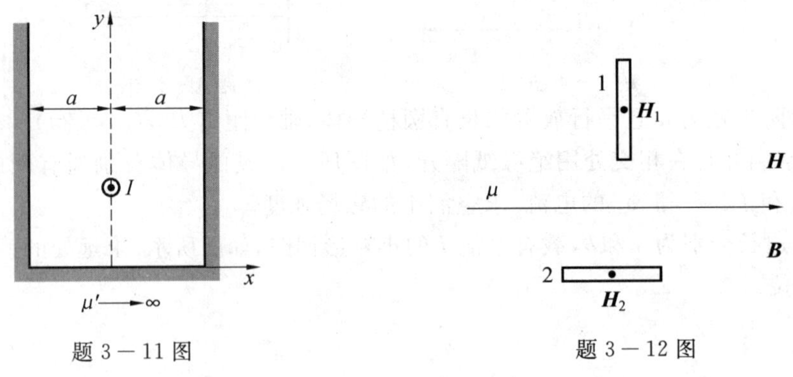

题 3－11 图　　　　题 3－12 图

3－12　均匀磁化的无线大导磁介质的磁导率为 μ，磁感应强度为 $\boldsymbol{B}$，若在该介质内有两个空腔，空腔 1 的形状为一薄盘，空腔 2 的形状像一长针，腔内都充有空气，如图所示。试求两空腔中心处磁场强度大小的比值。

3－13　如图所示，已知钢在某种磁饱和情况下的磁导率为 $\mu_1=2\ 000\mu_0$，当钢中的磁感应强度大小 $B_1=0.5\times10^{-2}$ T、$\theta_1=75°$ 时，试求此时磁力线由钢进入自由空间一侧后，磁感应强度 $\boldsymbol{B}_2$ 的大小及 $\boldsymbol{B}_2$ 与法线的夹角 θ_2。

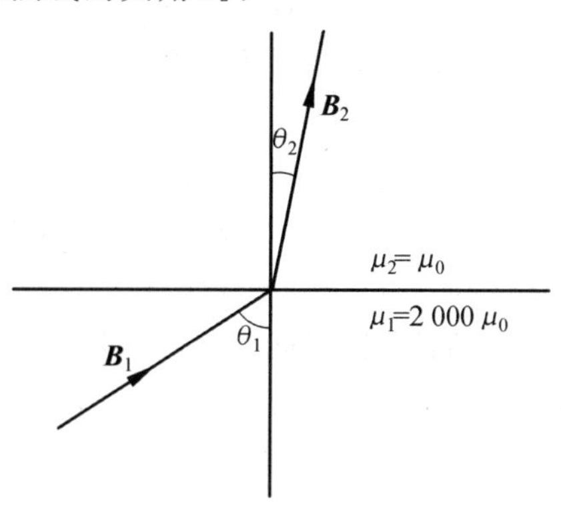

题 3－13 图

3－14　如图所示，设空气同轴传输线的内导体半径为 a，有非常薄的外导体半径为 b。试求同轴线每单位长度的电感。

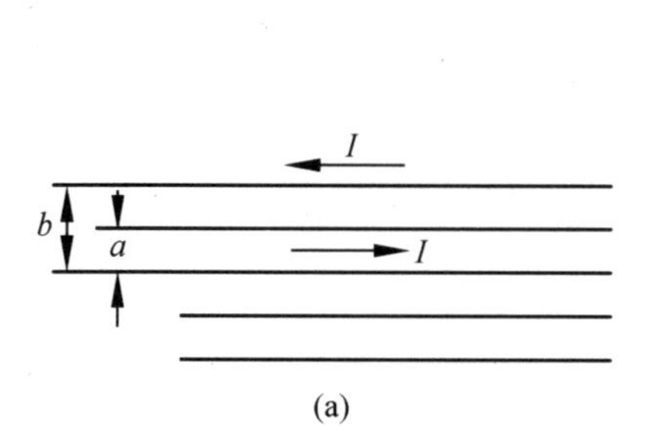

题 3－14 图

3－15　一个正 n 边形(长边为 a)线圈中通过的电流为 I，证明该线圈中心的磁感应强度大小为

$$B=\frac{\mu_0 nI}{2\pi a}\tan\frac{\pi}{n}$$

3－16　有一长方形闭合回路与双线传输线在同一平面内，如图所示，回路两边与传输线平行，求传输线与回路之间的互感。

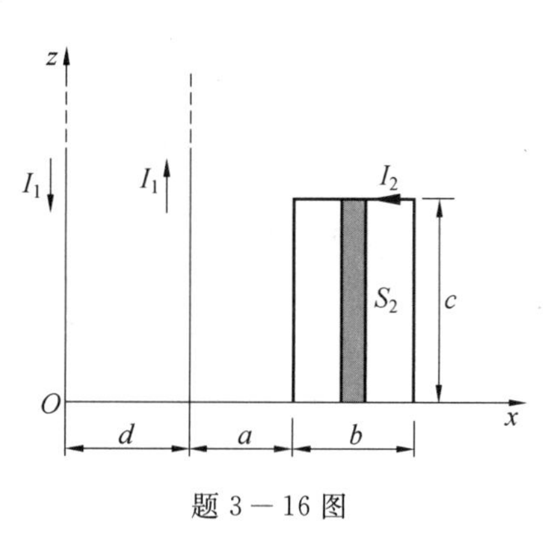

题 3－16 图

第 4 章

时变电磁场

前面章节研究的是静止电荷(或恒定电流)形成的电场及恒定电流产生的磁场,这两种场互不影响且相互独立存在,因而可以分开来研究。但电流或电荷随时间变化时,产生的电场和磁场也随时间变化,这时的电场和磁场就不再是相互无关的了。随时间变化的电场要在空间产生变化的磁场,同样,随时间变化的磁场也要在空间产生变化的电场。电场和磁场构成了统一的两个不可分割的部分 —— 电磁场。

1831 年法拉第提出了电磁感应定律,并提出变化的磁场会产生电场。1864 年麦克斯韦提出了位移电流假设,揭示了变化的电场会产生磁场,并全面总结了电磁现象的基本规律,即麦克斯韦方程组(Maxwell's Equation)。以麦克斯韦方程组为核心的经典电磁理论已成为研究宏观电磁场的基本规律,是今天研究电磁理论的重要理论基础。

本章首先给出电流连续性方程、法拉第电磁感应定律、位移电流和坡印廷定理等重要概念及结论;然后,给出麦克斯韦方程组和电磁场边界条件;最后,给出复数形式的麦克斯韦方程组和电磁场能量的计算方法。

4.1 麦克斯韦方程组

麦克斯韦方程组体现的是宏观电磁场运动的基本规律,前面章节介绍的场方程都是麦克斯韦方程在某种条件下的特例,如静电场和稳恒磁场方程都只是在电荷静止和电流稳恒流动情况下所遵循的规律。然而,宏观电荷的运动是普遍的,即麦克斯韦方程组是支配宏观电荷运动的一般规律。所以下面将逐步揭示麦克斯韦方程组的建立过程以及它的应用。

4.1.1 电流连续性方程

由于本章所研究的电流或电荷是时间和位置的函数,电荷的定向运动会形成电流,那么电荷与电流所遵循的规律是怎样的呢? 下面将研究这个问题。

如图 4.1 所示,在体电流分布为 $\boldsymbol{J}$ 的区域内任取一闭合曲面 $\boldsymbol{S}$,其包围体积为 V,由于电荷是守恒的,因此从闭合面流出的电流应等于此体积内单位时间内电荷的减少量,即

$$\oint_S \boldsymbol{J} \cdot \mathrm{d}\boldsymbol{S} = -\frac{\mathrm{d}q}{\mathrm{d}t} = -\frac{\mathrm{d}}{\mathrm{d}t}\int_V \rho \,\mathrm{d}V$$

$$\oint_S \boldsymbol{J} \cdot \mathrm{d}\boldsymbol{S} = -\frac{\mathrm{d}}{\mathrm{d}t}\int_V \rho \,\mathrm{d}V$$

若 $\boldsymbol{S}$ 面包围的体积 V 在空间是静止或固定的，则$\frac{\mathrm{d}}{\mathrm{d}t}$变为$\frac{\partial}{\partial t}$。

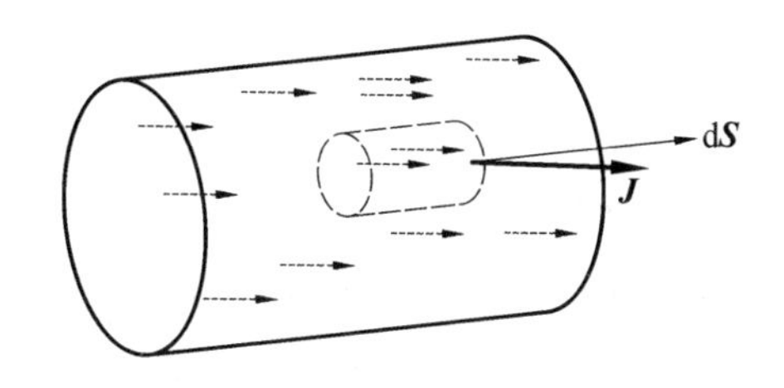

图 4.1　电流连续性方程示意图

上式左侧应用高斯散度定理，并将右端的微分和积分交换次序（体积 V 的大小和形状不随时间变化），得

$$\int_V \nabla \cdot \boldsymbol{J} \mathrm{d}V = -\int_V \frac{\partial \rho}{\partial t} \mathrm{d}V \tag{4.1}$$

由于体积 V 是任意的，则必有

$$\nabla \cdot \boldsymbol{J} = -\frac{\partial \rho}{\partial t} \tag{4.2}$$

式(4.1) 与式(4.2) 分别称为电流连续性方程的积分形式与微分形式。电流连续性是包括极化电流在内的任何电流都必须满足的一个基本性质。

对于导体中不随时间变化的稳恒电流，要求维持电荷运动的电场也必须是稳恒的，这就要求电荷在空间的分布也不随时间变化，即$\frac{\partial \rho}{\partial t}=0$，因而式(4.1) 和式(4.2) 可简化为

$$\int_V \nabla \cdot \boldsymbol{J} \mathrm{d}V = 0 \tag{4.3}$$

$$\nabla \cdot \boldsymbol{J} = 0 \tag{4.4}$$

这两个方程是第 2 章恒定电场所要满足的方程，也称为基尔霍夫定律。

4.1.2　电磁感应定律

前面章节讨论的静电场、稳恒电场和稳恒磁场都是场量，不随时间变化，仅是空间坐标的函数，统称为静态场。一般情况下，场量是时间和空间坐标的函数，称为时变电磁场，下面讨论时变电磁场规律。

1831 年法拉第通过实验发现，当穿出闭合线圈的磁通量由于某种原因发生变化时，在此闭合线圈中就有感应电流产生，表明回路中感应了电动势，并由此总结出电磁感应定律：当通过任意导体回路的磁通量 Φ 发生变化时，回路中就会产生感应电动势，等于磁通量 Φ 的时间变化率的负值，即

$$\xi = -\frac{\mathrm{d}\Phi}{\mathrm{d}t} \tag{4.5}$$

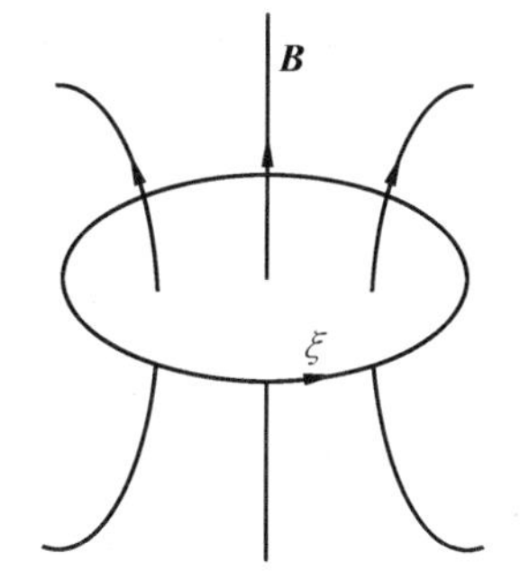

图 4.2　楞次定律示意图

式中，负号是楞次定律的体现，表示感应电动势作用总是要阻止回路中磁通量 Φ 的变化，如图 4.2 所示。规定感应电动势的正方向和磁通的正方向之间存在右手螺旋关系。穿过导体回路的磁通量 Φ 为

$$\Phi = \int_S \boldsymbol{B} \cdot \mathrm{d}\boldsymbol{S} \tag{4.6}$$

由于感应电动势可视为由感应电场产生的，大小为感应电场沿导体回路的线积分，故

式(4.5)变为

$$\oint_C \boldsymbol{E}' \cdot \mathrm{d}\boldsymbol{l} = -\frac{\mathrm{d}}{\mathrm{d}t}\int_S \boldsymbol{B} \cdot \mathrm{d}\boldsymbol{S} \tag{4.7}$$

式中,$\boldsymbol{E}'$ 是感应的电场强度。麦克斯韦认为,上式变化的磁场产生的感应电场不仅存在于导体回路中,而且也存在于空间任意点,电磁波的存在证明了这一推广的正确性。

如果空间同时存在库仑电场 $\boldsymbol{E}_c$,则总电场 $\boldsymbol{E} = \boldsymbol{E}' + \boldsymbol{E}_c$,而$\int_C \boldsymbol{E}_c \cdot \mathrm{d}\boldsymbol{l} = 0$,故有

$$\oint_C \boldsymbol{E} \cdot \mathrm{d}\boldsymbol{l} = -\frac{\mathrm{d}}{\mathrm{d}t}\int_S \boldsymbol{B} \cdot \mathrm{d}\boldsymbol{S} \tag{4.8}$$

上式适合于 $\boldsymbol{B}$ 随时间变化或回路运动的情形,是一普适公式。

对于只有磁场变化而回路静止的情形,式(4.8)中的全导数可改为偏导数,即

$$\oint_C \boldsymbol{E} \cdot \mathrm{d}\boldsymbol{l} = -\int_S \frac{\partial \boldsymbol{B}}{\partial t} \cdot \mathrm{d}\boldsymbol{S} \tag{4.9}$$

左端利用斯托克斯定理,上式变为

$$\oint_S (\nabla \times \boldsymbol{E}) \cdot \mathrm{d}\boldsymbol{S} = -\int_S \frac{\partial \boldsymbol{B}}{\partial t} \cdot \mathrm{d}\boldsymbol{S} \tag{4.10}$$

要使上式对任意曲面 $\boldsymbol{S}$ 均成立,只需满足

$$\nabla \times \boldsymbol{E} = -\frac{\partial \boldsymbol{B}}{\partial t} \tag{4.11}$$

式(4.9)和式(4.11)分别称为电磁感应定律的积分形式和微分形式。式(4.10)表明,当空间某点磁场发生变化时,在该点就有感应电场出现,这种电场不同于库仑电场,它是有旋度的场,也可称为涡旋电场(电力线构成闭合曲线,众多电力线形成管道形状,故也称为管型电场)。法拉第通过此定律将变化的磁场与变化的电场紧密结合起来,充分说明了变化的磁场在其周围空间会激发变化的电场。下面观察相反的过程。

4.1.3 位移电流

由于静态场中的安培环路定律的积分形式和微分形式为

$$\oint_L \boldsymbol{H} \cdot \mathrm{d}\boldsymbol{l} = \int_S \boldsymbol{J} \cdot \mathrm{d}\boldsymbol{S}$$

$$\nabla \times \boldsymbol{H} = \boldsymbol{J}$$

此外,对于任意矢量 $\boldsymbol{A}$,其旋度的散度恒为零,即

$$\nabla \cdot (\nabla \times \boldsymbol{A}) = 0$$

则有

$$\nabla \cdot (\nabla \times \boldsymbol{H}) = 0 = \nabla \cdot \boldsymbol{J}$$

由上式可见,由静态场的安培环路定理只能得到稳恒电流满足的方程$\nabla \cdot \boldsymbol{J} = 0$。但在任意时变电流下的电流方程$\nabla \cdot \boldsymbol{J} \neq 0$,而是$\nabla \cdot \boldsymbol{J} + \frac{\partial \rho}{\partial t} = 0$,所以必须将静态场方程变为下式,即

$$\nabla \cdot (\nabla \times \boldsymbol{H}) = 0 = \nabla \cdot \boldsymbol{J} + \frac{\partial \rho}{\partial t}$$

在承认

$$\oint_S \boldsymbol{D} \cdot \mathrm{d}\boldsymbol{S} = Q = \int_V \rho \mathrm{d}V, \quad \nabla \cdot \boldsymbol{D} = \rho$$

也适用于时变场的前提下，则有

$$\nabla \cdot (\nabla \times \boldsymbol{H}) = \nabla \cdot \boldsymbol{J} + \frac{\partial}{\partial t}(\nabla \cdot \boldsymbol{D}) = \nabla \cdot \left(\boldsymbol{J} + \frac{\partial \boldsymbol{D}}{\partial t}\right)$$

最后有

$$\nabla \times \boldsymbol{H} = \boldsymbol{J} + \frac{\partial \boldsymbol{D}}{\partial t} \tag{4.12}$$

也相当于将静态场中的电流密度 $\boldsymbol{J}$ 用 $\boldsymbol{J} + \frac{\partial \boldsymbol{D}}{\partial t}$ 替换，从而得到时变电磁场下安培环路定理（也称为全电流定律）。

安培环路定理说明变化的磁场可以由自由电流 $\boldsymbol{J}$ 和 $\frac{\partial \boldsymbol{D}}{\partial t}$ 共同产生，自由电流产生磁场在前面就已经知道，而 $\frac{\partial \boldsymbol{D}}{\partial t}$ 产生的磁场是未知的。

令

$$\boldsymbol{J}_\mathrm{d} = \frac{\partial \boldsymbol{D}}{\partial t}$$

麦克斯韦称 $\boldsymbol{J}_\mathrm{d}$ 为位移电流密度矢量(单位为$\mathrm{A/m^2}$)。它与自由电流密度矢量具有相同的量纲，且具有相同的磁效应，它的引入是麦克斯韦做出的最杰出的贡献，充分说明了变化的电场与变化的磁场的关系。将变化的电场与变化的磁场紧密结合在一起，从而有了电磁波的出现，为后续电磁场内容奠定了坚实的理论基础。

下面讨论位移电流的组成及物理意义。结合式(2.27)和式(4.12)，有

$$\boldsymbol{J}_\mathrm{d} = \varepsilon_0 \frac{\partial \boldsymbol{E}}{\partial t} + \frac{\partial \boldsymbol{P}}{\partial t} \tag{4.13}$$

上式表明，在一般介质中位移电流由两部分组成，一部分 $\varepsilon_0 \frac{\partial \boldsymbol{E}}{\partial t}$ 是由电场随时间变化所引起的，它在真空中同样存在，并不代表任何形式的电荷运动，只是在产生磁效应方面和一般意义下的电流等效；另一部分 $\frac{\partial \boldsymbol{P}}{\partial t}$ 是由极化强度变化所引起的，可称为极化电流，它代表极化电荷的运动。

从上面的分析可知，位移电流可以由变化的电场直接产生，它没有直接对应的实际电流的流动，但可直接产生磁效应。另外介质极化的变化也同样产生位移电流，也没有电荷在对应流动(因为电荷被束缚)，磁效应只是变化的极化电荷所产生的。所以位移电流不像自由电流形象化，相对抽象，但客观存在。

在无源真空中($\boldsymbol{J} = \boldsymbol{0}, \boldsymbol{P} = \boldsymbol{0}$)，有

$$\nabla \times \boldsymbol{H} = \frac{\partial \boldsymbol{D}}{\partial t} = \varepsilon_0 \frac{\partial \boldsymbol{E}}{\partial t} \tag{4.14}$$

这说明变化的电场会激发变化的磁场(因磁场磁力线闭合，故也称管型磁场)。

综合法拉第电磁感应定律和时变电磁场环路定理，可以看出变化的电场与变化的磁

场是紧密联系的，构成一个变化的统一的整体，它们互相激发，并在空间自由存在，无须电荷或电流维持，这就是时变电磁场，也是电磁波在自由空间存在的根本原因。

例 4.1 计算铜中的位移电流密度和传导电流密度的比值。设铜中的电场为 $E_0 \sin \omega t$，铜的电导率 $\sigma = 5.8 \times 10^7$ S/m，$\varepsilon \approx \varepsilon_0$。

解 铜中的电流大小为(只考虑数值大小)

自由电流(或传导电流)：

$$J_f = \sigma E = \sigma E_0 \sin \omega t$$

位移电流：

$$J_d = \frac{\partial D}{\partial t} = \varepsilon \frac{\partial E}{\partial t} = \varepsilon_0 E_0 \cos \omega t$$

$$\frac{J_d}{J_c} = \frac{\omega \varepsilon_0}{\sigma} = \frac{2\pi f \dfrac{1}{36\pi} \times 10^{-9}}{5.8 \times 10^7} = 9.6 \times 10^{-19} f$$

可见，频率 f 比较低时，位移电流远小于自由电流大小，可忽略，但高频时就应考虑它的大小。

例 4.2 证明通过任意封闭曲面的传导电流和位移电流的总量为零。

解 根据时变电磁场安培环路定理

$$\nabla \times \boldsymbol{H} = \boldsymbol{J} + \frac{\partial \boldsymbol{D}}{\partial t}$$

可知，通过任意封闭曲面的传导电流和位移电流为

$$\oint_S \left(\boldsymbol{J} + \frac{\partial \boldsymbol{D}}{\partial t} \right) \cdot \mathrm{d}\boldsymbol{S} = \oint_S (\nabla \times \boldsymbol{H}) \cdot \mathrm{d}\boldsymbol{S}$$

由

$$\oint_S (\nabla \times \boldsymbol{H}) \cdot \mathrm{d}\boldsymbol{S} = \int_V \nabla \cdot (\nabla \times \boldsymbol{H}) \, \mathrm{d}V = 0$$

有

$$\oint_S \left(\boldsymbol{J} + \frac{\partial \boldsymbol{D}}{\partial t} \right) \cdot \mathrm{d}\boldsymbol{S} = I_f + I_d = 0$$

得

$$I = I_d + I_f = 0$$

例 4.3 在无源的自由空间中，已知磁场强度

$$\boldsymbol{H} = \boldsymbol{a}_y 2.63 \times 10^{-5} \cos(3 \times 10^9 t - 10z)$$

求位移电流密度 $\boldsymbol{J}_d$。

解 在无源的自由空间中 $\boldsymbol{J} = \boldsymbol{0}$，式(4.12)变为

$$\boldsymbol{J}_d = \frac{\partial \boldsymbol{D}}{\partial t} = \nabla \times \boldsymbol{H} = \begin{vmatrix} \boldsymbol{a}_x & \boldsymbol{a}_y & \boldsymbol{a}_z \\ \dfrac{\partial}{\partial x} & \dfrac{\partial}{\partial y} & \dfrac{\partial}{\partial z} \\ H_x & H_y & H_z \end{vmatrix}$$

$$= -\boldsymbol{a}_x \frac{\partial H_y}{\partial z} = -\boldsymbol{a}_x 2.63 \times 10^{-4} \sin(3 \times 10^9 t - 10z)$$

4.1.4　麦克斯韦方程组

概括以上分析，得到描述宏观电磁运动规律的麦克斯韦方程组微分形式如下：

$$\nabla\times \boldsymbol{H}=\boldsymbol{J}_{\mathrm{f}}+\frac{\partial \boldsymbol{D}}{\partial t}\quad \text{（全电流定律）} \tag{4.15}$$

$$\nabla\times \boldsymbol{E}=-\frac{\partial \boldsymbol{B}}{\partial t}\quad \text{（法拉第电磁感应定律）} \tag{4.16}$$

$$\nabla\cdot \boldsymbol{B}=0\quad \text{（磁通连续性原理）} \tag{4.17}$$

$$\nabla\cdot \boldsymbol{D}=\rho\quad \text{（高斯定理）} \tag{4.18}$$

$$\nabla\cdot \boldsymbol{J}_{\mathrm{f}}=-\frac{\partial \rho}{\partial t}\quad \text{（电流连续原理）} \tag{4.19}$$

可以看出，式(4.15)、式(4.16)和式(4.19)三个方程式是在时变电磁场下导出的，适用于任何情况；而式(4.18)是在静电场中得到的，它反映了电位移矢量 $\boldsymbol{D}$ 与电荷间的定量关系，在时变场情况下，实验和理论分析都没有发现不合理的地方，因而可以将其推广到普遍情形；对于式(4.17)，可以由适合于时变情况的法拉第电磁感应定律推得；对式(4.16)两边取散度，有

$$\nabla\cdot \nabla\times \boldsymbol{E}=-\frac{\partial}{\partial t}\nabla\cdot \boldsymbol{B}\equiv 0$$

所以

$$\nabla\cdot \boldsymbol{B}=g(x,y,z)$$

式中，$g(x,y,z)$ 相对于时间 t 来说是常数，由初始条件决定。假设某处原来不存在磁场或只有稳恒磁场，后来才有场值随时间变化的磁场，则必有 $t=0$，$\nabla\cdot \boldsymbol{B}=0$，故 $g(x,y,z)=0$。因此，式(4.17)在普遍情形下成立。

需要注意的是，上述五个方程只有两个旋度方程和任一个散度方程是独立的，另外三个散度方程可由其中三个独立方程导出，因而是非独立方程。

麦克斯韦方程组中共有五个未知矢量($\boldsymbol{E}$、$\boldsymbol{D}$、$\boldsymbol{B}$、$\boldsymbol{H}$、$\boldsymbol{J}$)和一个未知标量 ρ，因而实际上有 16 个未知参数，而独立的参数方程(两个矢量方程分解的六个分量方程和一个标量方程)仅有七个，所以还必须补充另外九个独立的标量方程，这九个独立方程就是介质的本构关系，又称状态方程。

对于各向同性介质，其本构关系为

$$\boldsymbol{D}=\varepsilon\boldsymbol{E},\quad \boldsymbol{B}=\mu\boldsymbol{H},\quad \boldsymbol{J}=\sigma\boldsymbol{E} \tag{4.20}$$

它们在坐标系下分解可得到九个标量参数方程，这样同上面七个标量参数方程联立满足麦克斯韦方程求解条件。

通过麦克斯韦方程及介质的本构关系及后面的电磁场边界条件，理论上可解决介质中的各种电磁场问题。

将上述微分方程积分，并利用高斯散度定理和斯托克斯定理，可得麦克斯韦方程组的积分形式如下：

$$\oint_L \boldsymbol{H}\cdot \mathrm{d}\boldsymbol{l}=\int_S\left(\boldsymbol{J}+\frac{\partial \boldsymbol{D}}{\partial t}\right)\cdot \mathrm{d}\boldsymbol{S} \tag{4.21}$$

$$\oint_C \boldsymbol{E} \cdot \mathrm{d}\boldsymbol{l} = -\int_S \frac{\partial \boldsymbol{B}}{\partial t} \cdot \mathrm{d}\boldsymbol{S} \tag{4.22}$$

$$\oint_S \boldsymbol{B} \cdot \mathrm{d}\boldsymbol{S} = 0 \tag{4.23}$$

$$\oint_S \boldsymbol{D} \cdot \mathrm{d}\boldsymbol{S} = \int_V \rho \mathrm{d}V \tag{4.24}$$

麦克斯韦方程组适用条件如下：

(1) 由于微分存在必须满足参量的连续性，因此微分形式的方程组只适用于连续性介质内部，而积分形式的麦克斯韦方程组适用于有场存在的任何区域。

(2) 微分形式的麦克斯韦方程组是一组线性微分方程，故线性叠加原理同样适用。

(3) 麦克斯韦方程组是宏观电磁现象的总规律，电磁场与电磁波的求解都归结为麦克斯韦方程组的求解。静电场、稳恒电场及稳恒磁场都是在特定条件下的麦克斯韦方程组的应用。

麦克斯韦方程组的物理意义如下：

它反映了电荷与电流激发电磁场以及电场与磁场相互转化的运动规律。电荷与电流可以激发电磁场，而且变化的电场与变化的磁场也可以相互激发。因此，只要在空间某处发生电磁扰动，由于电场与磁场互相激发，就会在紧邻的地方激发起电磁场，形成新的电磁扰动，新的扰动又会在稍远一些的地方激发电磁场，如此继续下去形成电磁波运动。由此可见，在不存在电荷与电流的区域，电场与磁场可以通过本身的变化互相激发而运动传播，这也进一步揭示出电磁场的物质性。麦克斯韦于1873年出版的科学名著《电磁理论》预言了电磁波的存在，并指出光波也是一种电磁波。近代无线电技术的广泛应用，完全证实了麦克斯韦的预言及其方程组的正确性。

4.2　时变电磁场的边界条件

在实际问题中，经常遇到两种不同介质分界面的情形。由于分界面两侧的介质的特性参数发生变化，场矢量在分界面两侧也发生变化。描述不同介质分界面两侧场矢量突变关系的方程，称为电磁场的边界条件。边界条件与麦克斯韦方程组相当，是麦克斯韦方程组在分界面上的表述形式。由于在介质分界面处场矢量不连续，微分形式的麦克斯韦方程组在分界面上已失去意义，但积分形式的麦克斯韦方程组仍然适用。因此，从积分形式的麦克斯韦方程组出发，可导出电磁场的边界条件。利用麦克斯韦方程和边界条件才可以解决复杂介质内电磁场的分布问题。

下面推导边界条件的过程同第2章有些类似，但不同的是它们使用的场方程有些不同，另外，本节所讨论的边界条件适合电磁变化的普遍情况。

4.2.1　场矢量 *D* 和 *B* 的法向分量的边界条件

先推导 $\boldsymbol{D}$ 的法向分量的边界条件。图4.3所示为两种介质的分界面示意图，介质1的电磁参数为 ε_1、μ_1、σ_1；介质2的电磁参数为 ε_2、μ_2、σ_2。跨分界面两侧作一上、下底面均为 ΔS、高度为 h 的扁平圆柱状盒子。由于 ΔS 很小，可认为每一底面上的场是均匀的。$\boldsymbol{a}_\mathrm{n}$ 为

由介质 2 指向介质 1 的法向单位矢量。将积分形式的麦克斯韦方程

$$\oint_S \boldsymbol{D} \cdot \mathrm{d}\boldsymbol{S} = \int_V \rho \mathrm{d}V$$

应用到此圆柱盒上，可得

$$\boldsymbol{D}_1 \cdot \boldsymbol{a}_n \Delta S - \boldsymbol{D}_2 \cdot \boldsymbol{a}_n \Delta S + \Delta\varphi = \rho h \Delta S$$

式中，ρ 为自由电荷密度，$\Delta\varphi$ 为 $\boldsymbol{D}$ 通过柱体侧面的电位移通量。令 $h \to 0$，即过渡到分界面两侧的情形。此时，$\Delta\varphi \to 0$，在分界面上存在自由面电荷的情况下，有

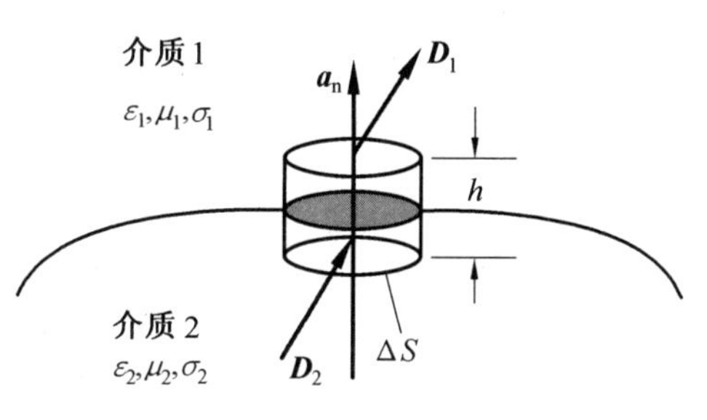

图 4.3　两种介质的分界面示意图

$$\lim_{h\to 0} \rho h = \rho_{sf}$$

为自由面电荷密度。消去 ΔS，于是有

$$\boldsymbol{a}_n \cdot (\boldsymbol{D}_1 - \boldsymbol{D}_2) = \rho_{sf} \quad 或 \quad D_{1n} - D_{2n} = \rho_{sf} \tag{4.25}$$

上式表明，在任意带自由电荷的分界面上，$\boldsymbol{D}$ 的法向分量不连续，其突变量等于该处自由电荷面密度 ρ_{sf}。

同理，由 $\boldsymbol{B}$ 的法向分量的边界条件，将式(4.23)应用到分界面上的扁平圆柱状盒子上，并令 $h \to 0$，即有

$$\boldsymbol{a}_n \cdot (\boldsymbol{B}_1 - \boldsymbol{B}_2) = 0 \quad 或 \quad B_{1n} = B_{2n} \tag{4.26}$$

上式表明，在任意分界面上 $\boldsymbol{B}$ 的法向分量总是连续的。

4.2.2　场矢量 $\boldsymbol{E}$ 和 $\boldsymbol{H}$ 的切向分量的边界条件

先推导 $\boldsymbol{H}$ 的切向分量的边界条件。在分界面上任作一小的矩阵回路 C，长为 Δl 的两条边分别位于分界面两侧且与分界面平行，高度为 h。并设回路所围面积的法向单位矢量为 $\boldsymbol{N}^0$，界面的法向单位矢量为 $\boldsymbol{a}_n$(介质2→介质1方向)，界面上沿 Δl 方向的切向单位矢量为 $\boldsymbol{a}_t$，且满足 $\boldsymbol{N}^0 \times \boldsymbol{a}_n = \boldsymbol{a}_t$，如图 4.4 所示。

将积分形式的麦克斯韦方程式

$$\oint_L \boldsymbol{H} \cdot \mathrm{d}\boldsymbol{l} = \int_S \left(\boldsymbol{J} + \frac{\partial \boldsymbol{D}}{\partial t}\right) \cdot \mathrm{d}\boldsymbol{S}$$

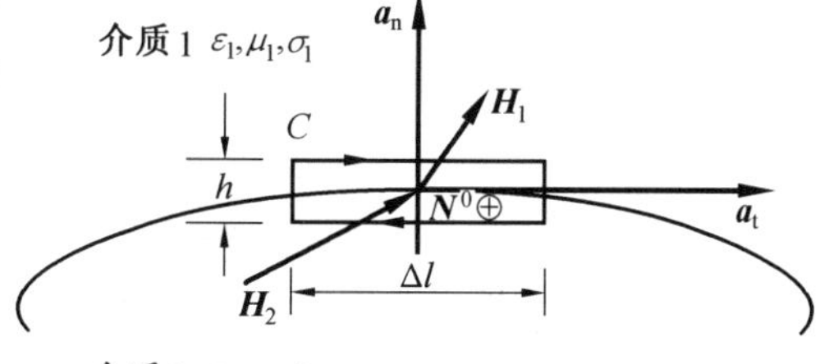

图 4.4　两种介质分界面矩阵回路示意图

应用于回路上，并令 $h \to 0$，由于 $\boldsymbol{H}$ 及 $\dfrac{\partial \boldsymbol{D}}{\partial t}$ 均为有限值，因此 $\boldsymbol{H}$ 沿两短边的线积分量为零，而面元 $\mathrm{d}\boldsymbol{S} \to 0$，则积分 $\int_S \dfrac{\partial \boldsymbol{D}}{\partial t} \cdot \mathrm{d}\boldsymbol{S} = 0$。故有

$$\boldsymbol{H}_1 \cdot \boldsymbol{a}_t \Delta l - \boldsymbol{H}_2 \cdot \boldsymbol{a}_t \Delta l = \lim_{h\to 0} \boldsymbol{J} \cdot \Delta \boldsymbol{S} = \lim_{h\to 0} \boldsymbol{J} \cdot h \Delta l \boldsymbol{N}^0$$

在分界面存在自由面电流的情形下，有

$$\lim_{h\to 0} \boldsymbol{J} h = \boldsymbol{J}_{sf}$$

为自由面电流密度。

消去 Δl，于是有

$$\boldsymbol{a}_n \times (\boldsymbol{H}_1 - \boldsymbol{H}_2) \cdot (\boldsymbol{N}^0 \times \boldsymbol{a}_n) = \boldsymbol{J}_{sf} \cdot \boldsymbol{N}$$

利用矢量恒等式 $\boldsymbol{A} \cdot (\boldsymbol{B} \times \boldsymbol{C}) = (\boldsymbol{C} \times \boldsymbol{A}) \cdot \boldsymbol{B}$ 可得

$$[\boldsymbol{a}_n \times (\boldsymbol{H}_1 - \boldsymbol{H}_2)] \cdot \boldsymbol{N}^0 = \boldsymbol{J}_{sf} \cdot \boldsymbol{N}^0$$

由于回路 C 是任取的，因此 $\boldsymbol{N}$ 也是任意的，因而有

$$\boldsymbol{a}_n \times (\boldsymbol{H}_1 - \boldsymbol{H}_2) = \boldsymbol{J}_{sf} \quad 或 \quad H_{1t} - H_{2t} = J_{sf} \tag{4.27}$$

上式表明，在存在自由面电流的介质分界面上，$\boldsymbol{H}$ 的切向分量是不连续的，其突变量等于该处的自由电流面密度。

同理，将式(4.22)应用于分界面上的矩形回路 C 上，得到电场 $\boldsymbol{E}$ 的切向分量的边界条件为

$$\boldsymbol{a}_n \times (\boldsymbol{E}_1 - \boldsymbol{E}_2) = \boldsymbol{0} \quad 或 \quad E_{1t} = E_{2t} \tag{4.28}$$

上式表明，在介质分界面上 $\boldsymbol{E}$ 的切向分量总是连续的。

两种边界条件特例：

(1) 两种理想介质的分界面。

在理想介质中，电导率等于零($\sigma = 0$)，因而分界面上一般不存在自由电荷和电流，即 $\rho_{sf} = 0$ 和 $\boldsymbol{J}_{sf} = 0$，故边界条件可简化为

$$\boldsymbol{a}_n \times (\boldsymbol{E}_1 - \boldsymbol{E}_2) = 0 \tag{4.29}$$

$$\boldsymbol{a}_n \times (\boldsymbol{H}_1 - \boldsymbol{H}_2) = 0 \tag{4.30}$$

$$\boldsymbol{a}_n \cdot (\boldsymbol{D}_1 - \boldsymbol{D}_2) = 0 \tag{4.31}$$

$$\boldsymbol{a}_n \cdot (\boldsymbol{B}_1 - \boldsymbol{B}_2) = 0 \tag{4.32}$$

说明在理想介质的边界面上电磁场的 $\boldsymbol{E}$、$\boldsymbol{H}$ 的切向分量总是连续的，而法向分量是不连续的；电磁场的 $\boldsymbol{D}$、$\boldsymbol{B}$ 的法向分量总是连续的，而切向分量是不连续的。总体来说，电场和磁场在理想介质的边界上总是有突变的，即电力线和磁力线满足电磁场折射定律。注意 $\boldsymbol{n}$ 方向约定是由介质 2 → 介质 1。

(2) 理想导体与介质分界面。

理想导体是指电导率为无限大的理想情况，实际上并不存在。但在实际问题中，为了简化分析，常常把电导率很大的导体视为理想导体。由于理想导体 σ 趋于 ∞，根据 $\boldsymbol{J}$ 为有限值，且由微分形式的欧姆定律 $\boldsymbol{J} = \sigma \boldsymbol{E}$，必有理想导体内部的 $\boldsymbol{E}$ 处处为零。再由 $\nabla \times \boldsymbol{E} = -\frac{\partial \boldsymbol{B}}{\partial t}$ 可得 $\frac{\partial \boldsymbol{B}}{\partial t} = 0$，积分得

$$\boldsymbol{B} = \boldsymbol{g}(x, y, z)$$

式中，$\boldsymbol{g}(x, y, z)$ 是与时间 t 无关的常数，由初始条件决定。假设某处原来 $t = 0$、$\boldsymbol{B} = \boldsymbol{0}$，则 $\boldsymbol{g}(x, y, z)$ 在该处瞬时也等于零，由于 $\boldsymbol{g}(x, y, z)$ 与时间无关，因此在任何 $t > 0$ 时刻仍为零，所以 $\boldsymbol{B}$ 为零。由此，理想导体内部电场和磁场强度均为零。设 1 区为介质，2 区为理想导体，则 $\boldsymbol{E}_2 = \boldsymbol{0}$，$\boldsymbol{D}_2 = \boldsymbol{0}$，$\boldsymbol{H}_2 = \boldsymbol{0}$，$\boldsymbol{B}_2 = \boldsymbol{0}$，去掉 1 区场矢量下标，边界条件简化为

$$\boldsymbol{a}_n \times \boldsymbol{E} = \boldsymbol{0} \tag{4.33}$$

$$\boldsymbol{a}_n \times \boldsymbol{H} = \boldsymbol{J}_{sf} \tag{4.34}$$

$$\boldsymbol{a}_n \cdot \boldsymbol{D} = \rho_{sf} \tag{4.35}$$

$$\boldsymbol{a}_{\mathrm{n}} \cdot \boldsymbol{B} = 0 \tag{4.36}$$

式(4.34)和式(4.35)还经常被用来从已知的 $\boldsymbol{H}$ 和 $\boldsymbol{D}$ 确定分界面(或表面)上的自由电流面密度 $\boldsymbol{J}_{\mathrm{sf}}$ 和自由电荷面密度 ρ_{sf}。

例 4.4 设 $z=0$ 平面为空气与理想导体的分界面,$z<0$ 一侧为理想导体,分界面处的磁场强度为

$$\boldsymbol{H}(x,y,0,t)=\boldsymbol{a}_x H_0 \sin ax \cos(\omega t - ay)$$

试求理想导体表面上的电流分布、电荷分布以及分界面处的电场强度。

解 应用边界条件公式一定清楚 $\boldsymbol{a}_{\mathrm{n}}$ 的默认方向为 $2\to1$(1代表空气,2代表理想导体),令 $\boldsymbol{a}_{\mathrm{n}}$ 与 $\boldsymbol{a}_z$ 方向相同。

由边界条件式(4.34)可得

$$\begin{aligned}\boldsymbol{J}_{\mathrm{sf}} &= \boldsymbol{a}_{\mathrm{n}} \times \boldsymbol{H} = \boldsymbol{a}_z \times \boldsymbol{a}_x H_0 \sin ax \cos(\omega t - ay) \\ &= \boldsymbol{a}_y H_0 \sin ax \cos(\omega t - ay)\end{aligned}$$

由电流连续方程可得

$$-\frac{\partial \rho_{\mathrm{sf}}}{\partial t} = \nabla \cdot \boldsymbol{J}_{\mathrm{sf}} = \frac{\partial}{\partial y}\left[H_0 \sin ax \cos(\omega t - ay)\right] = aH_0 \sin ax \sin(\omega t - ay)$$

$$\rho_{\mathrm{sf}} = \frac{aH_0}{\omega}\sin ax \cos(\omega t - ay) + c(x,y)$$

假设 $t=0$ 时,$\rho_{\mathrm{sf}}=0$,由边界条件 $\boldsymbol{a}_{\mathrm{n}} \cdot \boldsymbol{D} = \rho_{\mathrm{sf}}$ 以及 $\boldsymbol{a}_{\mathrm{n}}$ 的方向可得

$$D(x,y,0,t) = \boldsymbol{a}_z \frac{aH_0}{\omega}\left[\sin ax \cos(\omega t - ay) - \sin ax \cos(-ay)\right]$$

$$E(x,y,0,t) = \boldsymbol{a}_z \frac{aH_0}{\varepsilon_0 \omega}\left[\sin ax \cos(\omega t - ay) - \sin ax \cos(-ay)\right]$$

4.3 复数形式的麦克斯韦方程组

4.3.1 谐变场量的复数表示

时变电磁场的一种重要类型是时谐场,在这种场中,激励源以单一频率随时间做正弦变化。通常在稳定状态下,各场量均随时间做简谐变化的电磁场,称为时谐场或简谐场(Time-Harmonic Field)。时谐场在工程实际中具有广泛的应用。而且应用傅立叶变换或傅立叶级数,可将任意时变场展开为连续频谱(对非周期函数)或离散频谱(对周期函数)的简谐分量。因此,对时谐场的研究具有普遍意义。

在时变电磁场中,如果场源(电荷或电流)以一定的角频率 ω 随时间做简谐变化,则它所激发的电磁场的每一个坐标分量都可以相同的角频率 ω 随时间做简谐变化。以电场强度为例并以余弦函数表示为

$$\begin{aligned}\boldsymbol{E}(x,y,z,t) = &\boldsymbol{a}_x E_{x\mathrm{m}}(x,y,z)\cos[\omega t + \varphi_x(x,y,z)] + \\ &\boldsymbol{a}_y E_{y\mathrm{m}}(x,y,z)\cos[\omega t + \varphi_y(x,y,z)] + \\ &\boldsymbol{a}_z E_{z\mathrm{m}}(x,y,z)\cos[\omega t + \varphi_z(x,y,z)]\end{aligned} \tag{4.37}$$

式中,各坐标分量的振幅值 $E_{x\mathrm{m}}$、$E_{y\mathrm{m}}$、$E_{z\mathrm{m}}$ 以及初相位 φ_x、φ_y、φ_z 都不随时间变化,只是空

间位置的函数。

对正弦函数在线性运算的条件下,采用复数表示可以简化运算。将式(4.37)每一个分量用复数的实部表示,即取

$$\begin{aligned}
\boldsymbol{E}_x(\boldsymbol{r},t)&=\mathrm{Re}[\boldsymbol{E}_{x\mathrm{m}}(\boldsymbol{r})\,\mathrm{e}^{\mathrm{j}\varphi_x(\boldsymbol{r})}\,\mathrm{e}^{\mathrm{j}\omega t}]=\mathrm{Re}[\dot{\boldsymbol{E}}_{x\mathrm{m}}(\boldsymbol{r})\,\mathrm{e}^{\mathrm{j}\omega t}]\\
\boldsymbol{E}_y(\boldsymbol{r},t)&=\mathrm{Re}[\boldsymbol{E}_{y\mathrm{m}}(\boldsymbol{r})\,\mathrm{e}^{\mathrm{j}\varphi_y(\boldsymbol{r})}\,\mathrm{e}^{\mathrm{j}\omega t}]=\mathrm{Re}[\dot{\boldsymbol{E}}_{y\mathrm{m}}(\boldsymbol{r})\,\mathrm{e}^{\mathrm{j}\omega t}]\\
\boldsymbol{E}_z(\boldsymbol{r},t)&=\mathrm{Re}[\boldsymbol{E}_{z\mathrm{m}}(\boldsymbol{r})\,\mathrm{e}^{\mathrm{j}\varphi_z(\boldsymbol{r})}\,\mathrm{e}^{\mathrm{j}\omega t}]=\mathrm{Re}[\dot{\boldsymbol{E}}_{z\mathrm{m}}(\boldsymbol{r})\,\mathrm{e}^{\mathrm{j}\omega t}]
\end{aligned}\tag{4.38}$$

其中

$$\begin{aligned}
\dot{\boldsymbol{E}}_{x\mathrm{m}}(\boldsymbol{r})&=\boldsymbol{E}_{x\mathrm{m}}(\boldsymbol{r})\,\mathrm{e}^{\mathrm{j}\varphi_x}\\
\dot{\boldsymbol{E}}_{y\mathrm{m}}(\boldsymbol{r})&=\boldsymbol{E}_{y\mathrm{m}}(\boldsymbol{r})\,\mathrm{e}^{\mathrm{j}\varphi_y}\\
\dot{\boldsymbol{E}}_{z\mathrm{m}}(\boldsymbol{r})&=\boldsymbol{E}_{z\mathrm{m}}(\boldsymbol{r})\,\mathrm{e}^{\mathrm{j}\varphi_z}
\end{aligned}\tag{4.39}$$

于是

$$\begin{aligned}
\boldsymbol{E}(\boldsymbol{r},t)&=\mathrm{Re}[\boldsymbol{a}_x\dot{E}_{x\mathrm{m}}(\boldsymbol{r})\mathrm{e}^{\mathrm{j}\omega t}+\boldsymbol{a}_y\dot{E}_{y\mathrm{m}}(\boldsymbol{r})\mathrm{e}^{\mathrm{j}\omega t}+\boldsymbol{a}_z\dot{E}_{z\mathrm{m}}(\boldsymbol{r})\mathrm{e}^{\mathrm{j}\omega t}]\\
&=\mathrm{Re}[\dot{E}_{\mathrm{m}}(\boldsymbol{r})\mathrm{e}^{\mathrm{j}\omega t}]
\end{aligned}\tag{4.40}$$

其中

$$\dot{\boldsymbol{E}}_{\mathrm{m}}(\boldsymbol{r})=\boldsymbol{a}_x\,\dot{E}_{x\mathrm{m}}(\boldsymbol{r})+\boldsymbol{a}_y\,\dot{E}_{y\mathrm{m}}(\boldsymbol{r})+\boldsymbol{a}_z\,\dot{E}_{z\mathrm{m}}(\boldsymbol{r})\tag{4.41}$$

称为电场强度的复振幅矢量。

同理,可得到 $\boldsymbol{D}$、$\boldsymbol{B}$、$\boldsymbol{H}$、$\boldsymbol{J}$ 和 ρ 等场参量的复数表示,即

$$\boldsymbol{D}(\boldsymbol{r},t)=\mathrm{Re}[\dot{\boldsymbol{D}}_{\mathrm{m}}(\boldsymbol{r})\,\mathrm{e}^{\mathrm{j}\omega t}]\tag{4.42}$$

$$\boldsymbol{B}(\boldsymbol{r},t)=\mathrm{Re}[\dot{\boldsymbol{B}}_{\mathrm{m}}(\boldsymbol{r})\,\mathrm{e}^{\mathrm{j}\omega t}]\tag{4.43}$$

$$\boldsymbol{H}(\boldsymbol{r},t)=\mathrm{Re}[\dot{\boldsymbol{H}}_{\mathrm{m}}(\boldsymbol{r})\,\mathrm{e}^{\mathrm{j}\omega t}]\tag{4.44}$$

$$\boldsymbol{J}(\boldsymbol{r},t)=\mathrm{Re}[\dot{\boldsymbol{J}}_{\mathrm{m}}(\boldsymbol{r})\,\mathrm{e}^{\mathrm{j}\omega t}]\tag{4.45}$$

$$\rho(\boldsymbol{r},t)=\mathrm{Re}[\dot{\rho}_{\mathrm{m}}(\boldsymbol{r})\,\mathrm{e}^{\mathrm{j}\omega t}]\tag{4.46}$$

最后再强调一下复振幅矢量的概念。它是复振幅的组合,可看作是复数空间中的一个复矢量。复数空间和复数平面是两个不同的概念。一般情况下,复矢量不能用三维空间的一个矢量来表示,除非只有一个分量或者三个分量的初相位相等。从这个意义上讲,复矢量只是一种简化的书写形式,表示等式两端沿同一坐标分量的复数相等而已。

4.3.2 时谐场下麦克斯韦方程组的复数形式

时谐场用前面的复数表示后,麦克斯韦方程组的表示更为简洁,有利于方程的求解,使问题求解更方便。

时谐场对时间的偏导数变得很简单,如

$$\frac{\partial\boldsymbol{D}}{\partial t}=\frac{\partial}{\partial t}\mathrm{Re}[\dot{\boldsymbol{D}}_{\mathrm{m}}(\boldsymbol{r})\,\mathrm{e}^{\mathrm{j}\omega t}]=\mathrm{Re}[\mathrm{j}\omega\,\dot{\boldsymbol{D}}_{\mathrm{m}}(\boldsymbol{r})\,\mathrm{e}^{\mathrm{j}\omega t}]\tag{4.47}$$

将式(4.44)、式(4.45)和式(4.47)代入麦克斯韦方程组(4.12)得

$$\nabla\times\left[\mathrm{Re}\,\dot{\boldsymbol{H}}_{\mathrm{m}}(\boldsymbol{r})\,\mathrm{e}^{\mathrm{j}\omega t}\right]=\mathrm{Re}\left[\dot{\boldsymbol{J}}_{\mathrm{m}}(\boldsymbol{r})\,\mathrm{e}^{\mathrm{j}\omega t}\right]+\mathrm{Re}\left[\mathrm{j}\omega\,\dot{\boldsymbol{D}}_{\mathrm{m}}(\boldsymbol{r})\,\mathrm{e}^{\mathrm{j}\omega t}\right]\tag{4.48}$$

式中，∇是空间坐标微分算子，可以和取实部符号 Re 调换次序。省略等式两边的 Re，再省去时间因子 $\mathrm{e}^{\mathrm{j}\omega t}$，式(4.48)变为

$$\nabla\times\dot{\boldsymbol{H}}_{\mathrm{m}}=\dot{\boldsymbol{J}}_{\mathrm{m}}+\mathrm{j}\omega\dot{\boldsymbol{D}}_{\mathrm{m}}\tag{4.49}$$

同理，可得到其他麦克斯韦方程的复数表示

$$\nabla\times\dot{\boldsymbol{E}}_{\mathrm{m}}=-\mathrm{j}\omega\dot{\boldsymbol{B}}_{\mathrm{m}}\tag{4.50}$$

$$\nabla\cdot\dot{\boldsymbol{B}}_{\mathrm{m}}=0\tag{4.51}$$

$$\nabla\cdot\dot{\boldsymbol{D}}_{\mathrm{m}}=\dot{\rho}_{\mathrm{m}}\tag{4.52}$$

为书写方便起见，可将表示复数的点"•"和表示振幅的下标"m"去掉，即用符号 $\boldsymbol{E}(\boldsymbol{r})$、$\boldsymbol{D}(\boldsymbol{r})$、$\boldsymbol{B}(\boldsymbol{r})$、$\boldsymbol{J}(\boldsymbol{r})$ 和 $\rho(\boldsymbol{r})$ 表示复振幅矢量，一般不致引起混淆。于是麦克斯韦方程组的复数形式可写为

$$\nabla\times\boldsymbol{E}=-\mathrm{j}\omega\boldsymbol{B}\tag{4.53}$$

$$\nabla\times\boldsymbol{H}=\boldsymbol{J}+\mathrm{j}\omega\boldsymbol{D}\tag{4.54}$$

$$\nabla\cdot\boldsymbol{D}=\rho\tag{4.55}$$

$$\nabla\cdot\boldsymbol{B}=0\tag{4.56}$$

在线性各向同性介质中，本构关系复数形式不变，仍有

$$\boldsymbol{D}=\varepsilon\boldsymbol{E},\quad \boldsymbol{B}=\varepsilon\boldsymbol{H},\quad \boldsymbol{J}=\sigma\boldsymbol{E}\tag{4.57}$$

需要注意的是，复数形式的麦克斯韦方程组中的各个场量均是坐标的函数，与时间无关，且为复振幅矢量。求解后的复振幅矢量还需加上时间因子 $\mathrm{e}^{\mathrm{j}\omega t}$，这样才是最后求得的瞬时变化的场解。工程上一般都是以时谐场为研究对象，所以复数形式的麦克斯韦方程组在后续章节中将广泛应用。

4.3.3　谐变场下介质及复介电常数

在静态场情况下，介质的电磁参数 ε、μ 和 σ 均为常数，且与频率无关。但在时谐场中，介质的电磁参数要发生变化，且与频率有关。下面简要分析介质在时谐场中的特性。

1. 介质的色散

介质是一种具有一定结构的宏观上显中性但又带电的体系。在有电磁场存在的情形下，介质中微观带电粒子与场相互作用而出现极化、磁化和传导特性。在时谐场中，发生极化、磁化、定向运动时，粒子的惯性是不能忽略的，因此，即使是均匀介质，它的 ε、μ 和 σ 也是频率的函数，即 $\varepsilon=\varepsilon(\omega)$，$\mu=\mu(\omega)$，$\sigma=\sigma(\omega)$。但当频率较低时，带电粒子在场的作用下做强迫振动，属于同步振动。介质的极化、磁化和粒子的运动没有滞后现象，因此 ε、μ 和 σ 仍为常量，并和静态场中所测得的数据相同。当频率升高时，由于带电粒子的惯性，在高频场的作用下粒子的运动跟不上场的变化，产生滞后效应，ε、μ 和 σ 就不再是实数，而变为复数(即有振动相位)，甚至，当频率高达(或接近)物质的固有振动频率时，将发生共振现象。此时，粒子从电磁场中拾取能量，发生单色散射。

介质的电磁参数随频率变化而变化的现象称为色散介质(Dispersive Mediou m)。在色散介质中,介电常数和磁导率均变为复数,即

$$\bar{\varepsilon}=\varepsilon'-\mathrm{j}\varepsilon'' \tag{4.58}$$

$$\bar{\mu}=\mu'-\mathrm{j}\mu'' \tag{4.59}$$

式中,实部 ε' 和 μ' 分别代表介质的极化和磁化;虚部 ε'' 和 μ'' 分别代表由粒子滞后效应引起的介电损耗和磁滞损耗,不过,滞后效应仅对介电常数影响较大,一般非铁磁性物质的磁导率仍为实数。对于良导体中自由电子的惯性,即使在红外频率也可忽略,因此,可以认为电导率 σ 与 ω 无关,均等于在稳恒场中的值。

对于具有复介电常数介质,复数形式的麦克斯韦方程组中磁场强度的旋度方程变为

$$\begin{aligned}\nabla\times\boldsymbol{H}&=\sigma\boldsymbol{E}+\mathrm{j}\omega\varepsilon\boldsymbol{E}\\&=\sigma\boldsymbol{E}+\mathrm{j}\omega(\varepsilon'-\mathrm{j}\varepsilon'')\boldsymbol{E}\\&=\mathrm{j}\omega\left(\varepsilon'-\mathrm{j}\frac{\sigma+\omega\varepsilon''}{\omega}\right)\boldsymbol{E}\\&=\mathrm{j}\omega\varepsilon_{\mathrm{f}}\boldsymbol{E}\end{aligned}$$

式中

$$\varepsilon_{\mathrm{f}}=\varepsilon'-\mathrm{j}\frac{\sigma+\omega\varepsilon''}{\omega} \tag{4.60}$$

称为等效复介电常数。引入等效复介电常数可以将传导电流和位移电流用一个等效的位移电流代替,从而可以把导电介质视为一种介质,使包括导电介质在内的所有各向同性介质均可采用同样的方式研究。

下面再来说明等效复介电常数的含义。观察下式

$$\nabla\times\boldsymbol{H}=\sigma\boldsymbol{E}+\omega\varepsilon''\boldsymbol{E}+\mathrm{j}\omega\varepsilon'\boldsymbol{E}$$

式中,含 σ 项相应于传导电流,产生焦耳热损耗;含 ε'' 项可称为电滞损耗电流,产生介电损耗,传导电流和电滞损耗电流均为有功电流;含 ε' 项对应于介质中的位移电流,是无功电流,反映介质的极化特性。

通常取有功电流对无功电流的比值

$$\tan\delta=\frac{\sigma+\omega\varepsilon''}{\omega\varepsilon'} \tag{4.61}$$

表示电介质的损耗,称为电介质的损耗角正切,δ 称为电介质的损耗角。对高频绝缘材料,$\sigma\approx 0$,则

$$\tan\delta=\frac{\varepsilon''}{\varepsilon'} \tag{4.62}$$

良介质的损耗角正切在 10^{-3} 或 10^{-4} 以下。

2. 介质的分类

在高频场中,为了区别不同的介质特性,通常根据传导电流与位移电流的比值

$$\frac{|\sigma\boldsymbol{E}|}{|\mathrm{j}\omega\varepsilon'\boldsymbol{E}|}=\frac{\sigma}{\omega\varepsilon'}$$

来对介质进行分类。

(1) 若$\frac{\sigma}{\omega\varepsilon'}\gg 1$,即其中传导电流远大于位移电流的介质称为良导体,此时电滞损耗电流可忽略,$\varepsilon'\approx 0$。当σ无穷大时称为理想导体。

(2) 若$\frac{\sigma}{\omega\varepsilon''}\approx 1$,即传导电流和位移电流可比拟,哪一个都不能忽略的介质称为半导体或半电介质,此时$\varepsilon''\approx 0$。

(3) 若$\frac{\sigma}{\omega\varepsilon''}\ll 1$,即其中传导电流远小于位移电流的介质,称为电介质(或绝缘介质)。$\sigma=0$、$\varepsilon''=0$的介质称为理想介质;$\sigma=0$、$\varepsilon''\ll\varepsilon'$的介质称为良介质;$\varepsilon''$与$\varepsilon'$相比不可忽略的介质称为不良介质。

可见,介质的分类并没有绝对的界限。工程实用中通常取$\frac{\sigma}{\omega\varepsilon'}\geqslant 100$时的介质为良导体;$0.01<\frac{\sigma}{\omega\varepsilon'}<100$的介质为半导体或半电介质;$\frac{\sigma}{\omega\varepsilon'}\ll 0.01$的介质为电介质。

需要注意的是,在时谐场中,判断某种介质是导体或电介质还是半导体,除要考虑介质本身的性质外,还必须同时考虑频率的因素。同一介质在不同频率下可以是导体,也可以是电介质。

4.4　波动方程

麦克斯韦方程组揭示了时变电磁场的波动性。下面从麦克斯韦方程组出发,导出电磁场$\boldsymbol{E}$和$\boldsymbol{H}$随时间和空间变化的波动方程。为后续章节做准备。

1. 无源、均匀、线性及各向同性无耗介质区域一般波动方程

设所讨论的区域为无源区,即$\rho=0$,$\boldsymbol{J}=\boldsymbol{0}$,且充满均匀、线性及各向同性的无损耗介质($\sigma=0$,$\varepsilon''\approx 0$),由微分形式的麦克斯韦方程组可得

$$\nabla\times\boldsymbol{H}=\varepsilon\frac{\partial\boldsymbol{E}}{\partial t}\tag{4.63}$$

$$\nabla\times\boldsymbol{E}=-\mu\frac{\partial\boldsymbol{H}}{\partial t}\tag{4.64}$$

$$\nabla\cdot\boldsymbol{H}=0\tag{4.65}$$

$$\nabla\cdot\boldsymbol{E}=0\tag{4.66}$$

式(4.64)两端取旋度,并利用式(4.63),可得

$$\nabla\times\nabla\times\boldsymbol{E}=-\varepsilon\mu\frac{\partial^2\boldsymbol{E}}{\partial t^2}$$

再利用矢量恒等式$\nabla\times\nabla\times\boldsymbol{E}=\nabla(\nabla\cdot\boldsymbol{E})-\nabla^2\boldsymbol{E}$及式(4.66),可得

$$\nabla^2\boldsymbol{E}-\varepsilon\mu\frac{\partial^2\boldsymbol{E}}{\partial t^2}=0\tag{4.67}$$

同理可得

$$\nabla^2\boldsymbol{H}-\varepsilon\mu\frac{\partial^2\boldsymbol{H}}{\partial t^2}=0\tag{4.68}$$

式(4.67)和式(4.68)分别是电场 $\boldsymbol{E}$ 和磁场 $\boldsymbol{H}$ 在无源空间所满足的齐次矢量波动方程。这是两个标准的波动方程,它表明满足这两个方程的一切脱离场源而单独存在的电磁场,都是以波的形式运动传播的。以波动形式存在的电磁场称为电磁波。该波动方程中物理量 $\boldsymbol{E}$、$\boldsymbol{H}$ 是位置与时间的函数。

2.无源、均匀、线性及各向同性无耗介质区域时谐场波动方程

对于时谐场,由复数形式麦克斯韦方程组可得无源空间电磁场满足

$$\nabla\times\boldsymbol{E}=-\mathrm{j}\omega\mu\boldsymbol{H} \tag{4.69}$$

$$\nabla\times\boldsymbol{H}=\mathrm{j}\omega\varepsilon\boldsymbol{E} \tag{4.70}$$

$$\nabla\cdot\boldsymbol{E}=0 \tag{4.71}$$

$$\nabla\cdot\boldsymbol{H}=0 \tag{4.72}$$

式(4.69)两端取旋度,并利用式(4.70),再利用矢量恒等式 $\nabla\times\nabla\times\boldsymbol{E}=\nabla(\nabla\cdot\boldsymbol{E})-\nabla^2\boldsymbol{E}$ 及式(4.71)可得对应的波动方程为

$$\nabla^2\boldsymbol{E}+k^2\boldsymbol{E}=0 \tag{4.73}$$

同理可得

$$\nabla^2\boldsymbol{H}+k^2\boldsymbol{H}=0 \tag{4.74}$$

式中

$$k^2=\omega^2\mu\varepsilon \tag{4.75}$$

式(4.73)和式(4.74)称为齐次亥姆霍兹方程(或时谐场下齐次矢量波动方程)。

应当指出,方程式(4.73)和式(4.74)的解并不能保证 $\nabla\cdot\boldsymbol{H}=0$ 和 $\nabla\cdot\boldsymbol{E}=0$。因此,仅满足方程式(4.73)和式(4.74)的解不一定是无源区域中的电磁波的解,只有将方程式(4.73)和 $\nabla\cdot\boldsymbol{E}=0$、式(4.74)与 $\nabla\cdot\boldsymbol{H}=0$ 联立起来所得的解,才能真正代表电磁波的解。该波动方程中的物理量只是位置的函数。

3.无源、均匀、线性及各向同性有耗介质下时谐场波动方程

对于有耗介质,即 $\sigma\neq0$ 或 $\varepsilon''\neq0$ 的情形,用有耗介质中等效介电常数 ε_{f} 替换时谐场中介电常数 ε,于是有方程

$$\nabla\times\boldsymbol{E}=-\mathrm{j}\omega\mu\boldsymbol{H} \tag{4.76}$$

$$\nabla\times\boldsymbol{H}=-\mathrm{j}\omega\varepsilon_{\mathrm{f}}\boldsymbol{E} \tag{4.77}$$

$$\nabla\cdot\boldsymbol{E}=0 \tag{4.78}$$

$$\nabla\cdot\boldsymbol{H}=0 \tag{4.79}$$

比较方程组式(4.69)~(4.72)与式(4.76)~(4.79)可见,二者的差别仅在于 $\boldsymbol{H}$ 的旋度方程中 ε 与 ε_{f} 的不同,因此,与无损耗介质相比,有耗介质中电磁场的波动方程形式不变,只需将 k 用 $k_{\mathrm{f}}=\omega\sqrt{\mu\varepsilon_{\mathrm{f}}}$ 代替,即

$$\nabla^2\boldsymbol{E}+k_{\mathrm{f}}^2\boldsymbol{E}=0 \tag{4.80}$$

$$\nabla^2\boldsymbol{H}+k_{\mathrm{f}}^2\boldsymbol{H}=0 \tag{4.81}$$

式中

$$k_{\mathrm{f}}^2=\omega^2\mu\varepsilon_{\mathrm{f}} \tag{4.82}$$

可见,均匀、线性及各向同性介质中的时谐场,都必须满足齐次亥姆霍兹方程,只是介

质不同，k 的取值也不同；对于无耗介质，k 为实数，有耗介质中 k_f 为复数，故无耗介质可视为有耗介质的特殊情形。

例 4.5　在自由空间中某点存在频率为 5 GHz 的时谐电磁场，其磁场强度复矢量为

$$\boldsymbol{H}=\boldsymbol{a}_y 0.01\mathrm{e}^{-\mathrm{j}(100\pi/3)z}$$

求：(1) 磁场强度瞬时值 $\boldsymbol{H}(t)$。

(2) 电场强度瞬时值 $\boldsymbol{E}(t)$。

解　(1) 由 $f=5\times10^9$ Hz，得

$$\omega=2\pi f=\pi\times10^{10}$$

$$\boldsymbol{H}(t)=\mathrm{Re}\left[\boldsymbol{a}_y 0.01\mathrm{e}^{-\mathrm{j}(100\pi/3)z}\mathrm{e}^{\mathrm{j}2\pi\times5\times10^9 t}\right]$$
$$=\boldsymbol{a}_y\left[0.01\cos 10^{10}\pi t-(100\pi/3)z\right]$$

(2) 由无源空间复数形式麦克斯韦方程 $\nabla\times\boldsymbol{H}=\mathrm{j}\omega\varepsilon_0\boldsymbol{E}$ 得

$$\boldsymbol{E}=\frac{-\mathrm{j}}{\omega\varepsilon_0}\nabla\times\boldsymbol{H}=\frac{-\mathrm{j}}{10^{10}\pi\times\dfrac{1}{36\pi}\times10^{-9}}\begin{vmatrix}\boldsymbol{a}_x & \boldsymbol{a}_y & \boldsymbol{a}_z\\ \dfrac{\partial}{\partial x} & \dfrac{\partial}{\partial y} & \dfrac{\partial}{\partial z}\\ 0 & 0.01\mathrm{e}^{-\mathrm{j}(100\pi/3)z} & 0\end{vmatrix}=\boldsymbol{a}_x 1.2\pi\mathrm{e}^{-\mathrm{j}(100\pi/3)z}$$

$$\boldsymbol{E}(t)=\mathrm{Re}\left[\boldsymbol{a}_x 1.2\pi\mathrm{e}^{-\mathrm{j}(100\pi/3)z}\mathrm{e}^{\mathrm{j}10^{10}\pi t}\right]$$
$$=\boldsymbol{a}_x 1.2\pi\cos\left[10^{10}\pi t-(100\pi/3)z\right]$$

4.5　电磁场能量与能流

电磁场作为一种特殊的物质，同样具有能量，而且电磁能量同其他能量一样服从能量守恒定律。由于时变电磁场中各物理量均随时间变化，空间各点的电磁能量密度也随之变化，从而引起能量流动。定义单位时间内穿过与能量流动方向相垂直的单位面积的能量为能流密度矢量或功率流密度矢量，亦称坡印廷矢量，记为 $\boldsymbol{S}$，其方向为该点能量流动的方向。

下面将从麦克斯韦方程组出发，导出表征电磁场能量守恒与转换的坡印廷定理及坡印廷矢量表达式。

4.5.1　坡印廷定理

假设电磁场在一有耗的导电介质中，介质的电导率为 σ，电场会在此有耗导电介质中引起传导电流 $\boldsymbol{J}=\sigma\boldsymbol{E}$，单位体积功率损耗为 $\boldsymbol{J}\cdot\boldsymbol{E}$。根据焦耳定律，在体积 V 内由于传导电流引起的功率损耗是

$$\boldsymbol{P}=\int_V \boldsymbol{J}\times\boldsymbol{E}\mathrm{d}V \tag{4.83}$$

由麦克斯韦方程式

$$\boldsymbol{J}=\nabla\times\boldsymbol{H}-\frac{\partial\boldsymbol{D}}{\partial t}$$

有

$$\int_V \boldsymbol{J}\cdot\boldsymbol{E}\mathrm{d}V=\int_V\left[\boldsymbol{E}\cdot(\nabla\times\boldsymbol{H})-\boldsymbol{E}\cdot\frac{\partial\boldsymbol{D}}{\partial t}\right]\mathrm{d}V$$

利用矢量恒等式

$$\nabla\cdot(\boldsymbol{E}\times\boldsymbol{H})=\boldsymbol{H}\cdot(\nabla\times\boldsymbol{E})-\boldsymbol{E}\cdot(\nabla\times\boldsymbol{H})$$

$$\boldsymbol{E}\cdot(\nabla\times\boldsymbol{H})=\boldsymbol{H}\cdot(\nabla\times\boldsymbol{E})-\nabla\cdot(\boldsymbol{E}\times\boldsymbol{H})=\boldsymbol{H}\cdot\left(-\frac{\partial\boldsymbol{B}}{\partial t}\right)-\nabla\cdot(\boldsymbol{E}\times\boldsymbol{H})$$

得

$$\int_V \boldsymbol{J}\cdot\boldsymbol{E}\mathrm{d}V=-\int_V\left[\boldsymbol{H}\cdot\frac{\partial\boldsymbol{B}}{\partial t}+\boldsymbol{E}\cdot\frac{\partial\boldsymbol{D}}{\partial t}+\nabla\cdot(\boldsymbol{E}\times\boldsymbol{H})\right]\mathrm{d}V$$

移项并整理得

$$\int_V \nabla\cdot(\boldsymbol{E}\times\boldsymbol{H})\,\mathrm{d}V=-\int_V\left(\boldsymbol{H}\cdot\frac{\partial\boldsymbol{B}}{\partial t}+\boldsymbol{E}\cdot\frac{\partial\boldsymbol{D}}{\partial t}+\boldsymbol{J}\cdot\boldsymbol{E}\right)\mathrm{d}V$$

应用高斯散度定理上式变为

$$\oint_S(\boldsymbol{E}\times\boldsymbol{H})\cdot\mathrm{d}\boldsymbol{S}=\int_V\left(\boldsymbol{H}\cdot\frac{\partial\boldsymbol{B}}{\partial t}+\boldsymbol{E}\cdot\frac{\partial\boldsymbol{D}}{\partial t}+\boldsymbol{J}\cdot\boldsymbol{E}\right)\mathrm{d}V \tag{4.84}$$

对于各向同性的线性介质，有 $\boldsymbol{D}=\varepsilon\boldsymbol{E}$，$\boldsymbol{B}=\mu\boldsymbol{H}$，$\boldsymbol{J}=\sigma\boldsymbol{E}$，可知

$$\boldsymbol{H}\cdot\frac{\partial\boldsymbol{B}}{\partial t}=\boldsymbol{B}\cdot\frac{\partial\boldsymbol{H}}{\partial t}=\frac{1}{2}\left(\boldsymbol{H}\cdot\frac{\partial\boldsymbol{B}}{\partial t}+\boldsymbol{B}\cdot\frac{\partial\boldsymbol{H}}{\partial t}\right)=\frac{\partial}{\partial t}\left(\frac{1}{2}\boldsymbol{B}\cdot\boldsymbol{H}\right)$$

同理有

$$\boldsymbol{E}\cdot\frac{\partial\boldsymbol{D}}{\partial t}=\frac{\partial}{\partial t}\left(\frac{1}{2}\boldsymbol{D}\cdot\boldsymbol{E}\right)$$

将以上两式代入式(4.84)，得到

$$-\oint_S(\boldsymbol{E}\times\boldsymbol{H})\cdot\mathrm{d}\boldsymbol{S}=\int_V\left[\frac{\partial}{\partial t}\left(\frac{1}{2}\boldsymbol{B}\cdot\boldsymbol{H}\right)+\frac{\partial}{\partial t}\left(\frac{1}{2}\boldsymbol{D}\cdot\boldsymbol{H}\right)+\boldsymbol{J}\cdot\boldsymbol{E}\right]\mathrm{d}V$$

$$=\frac{\partial}{\partial t}\int_V\left(\frac{1}{2}\boldsymbol{B}\cdot\boldsymbol{H}+\frac{1}{2}\boldsymbol{D}\cdot\boldsymbol{E}\right)\mathrm{d}V+\int_V\boldsymbol{J}\cdot\boldsymbol{E}\mathrm{d}V \tag{4.85}$$

这就是坡印延定理(Poynting's Theorem)的积分形式，式中，$\frac{1}{2}\boldsymbol{B}\cdot\boldsymbol{H}$ 为磁场能量密度，记为 w_{m}；$\frac{1}{2}\boldsymbol{D}\cdot\boldsymbol{E}$ 为电场能量密度，记为 w_{e}；$\frac{1}{2}\boldsymbol{B}\cdot\boldsymbol{H}+\frac{1}{2}\boldsymbol{D}\cdot\boldsymbol{E}=w_{\mathrm{m}}+w_{\mathrm{e}}=w$ 为电磁场能量密度，它们的单位都是 $\mathrm{J/m^3}$，它们的形式同静态场相同，只是这里的各物理量均是时变的参数。

这里引入一个新的矢量 $\boldsymbol{S}$，且定义为

$$\boldsymbol{S}=\boldsymbol{E}\times\boldsymbol{H} \tag{4.86}$$

称为坡印延矢量(Poynting Vector)。据此，坡印延定理可以写成

$$-\oint_S\boldsymbol{S}\cdot\mathrm{d}\boldsymbol{S}=\frac{\partial}{\partial t}\int_V(w_{\mathrm{e}}+w_{\mathrm{m}})\,\mathrm{d}V+\int_V\boldsymbol{J}\cdot\boldsymbol{E}\mathrm{d}V$$

式中，右边第一项表示体积 V 中电磁能量随时间的增加率；第二项表示体积 V 中的热损耗功率(单位时间内以热能形式损耗在体积 V 中的能量)。根据能量守恒定理，上式左边一项 $-\oint_S\boldsymbol{S}\cdot\mathrm{d}\boldsymbol{S}=-\oint_S(\boldsymbol{E}\times\boldsymbol{H})\cdot\mathrm{d}\boldsymbol{S}$ 必定代表单位时间内穿过体积 V 的表面 S 流入体积 V

的总电磁能量。而正的面积分$\oint_S \boldsymbol{S}\cdot d\boldsymbol{S}=\oint_S(\boldsymbol{E}\times\boldsymbol{H})\cdot d\boldsymbol{S}$表示单位时间内流出包围体积$V$的表面$\boldsymbol{S}$的总电磁能量。由此可见，坡印廷矢量$\boldsymbol{S}=\boldsymbol{E}\times\boldsymbol{H}$可解释为通过$S$面上单位面积的电磁功率，其方向为波能量流动方向，单位是$\mathrm{W/m^2}$。

(1) 在静电场和静磁场情况下，由于电流密度$\boldsymbol{J}$为零以及$\frac{\partial}{\partial t}\int_V\left(\frac{1}{2}\boldsymbol{B}\cdot\boldsymbol{H}+\frac{1}{2}\boldsymbol{D}\cdot\boldsymbol{E}\right)dV=0$，因此坡印廷定理只剩一项$\oint_S(\boldsymbol{E}\times\boldsymbol{H})\cdot d\boldsymbol{S}=0$。由坡印廷定理可知，此式表示在场中任何一点单位时间内流出包围体积V表面的总能量为零，即没有电磁能量流动。由此可见，在静电场和静磁场情况下，$\boldsymbol{S}=\boldsymbol{E}\times\boldsymbol{H}$并不代表电磁功率流密度。

(2) 在稳恒电流形成的电场和磁场情况下，$\frac{\partial}{\partial t}\int_V\left(\frac{1}{2}\boldsymbol{B}\cdot\boldsymbol{H}+\frac{1}{2}\boldsymbol{D}\cdot\boldsymbol{E}\right)dV=0$，所以由坡印廷定理可知，$-\oint_S(\boldsymbol{E}\times\boldsymbol{H})\cdot d\boldsymbol{S}=\int_V\boldsymbol{J}\cdot\boldsymbol{E}dV$。因此，在稳恒电磁场中，$\boldsymbol{S}=\boldsymbol{E}\times\boldsymbol{H}$可以代表通过单位面积的电磁功率密度。它说明，在无源区域中，通过S面流入V内的电磁功率等于V内的损耗功率。这个结论将在下面的例子中得到验证。

(3) 在时变电磁场中，$\boldsymbol{S}=\boldsymbol{E}\times\boldsymbol{H}$代表瞬时功率流密度，它通过任意截面积的面积分$P=\oint_S(\boldsymbol{E}\times\boldsymbol{H})\cdot d\boldsymbol{S}$代表瞬时功率。

例 4.6　试求一段半径为b、电导率为σ、载有直流电流I的长直导线表面的坡印廷矢量，并验证坡印廷定理。

解　如图4.5所示，一段长度为l的长直导线，其轴线与圆柱坐标系的z轴重合，直流电流将均匀分布在导线的横截面上，于是恒定电流密度和恒定电场为

$$\boldsymbol{J}=\boldsymbol{a}_z\frac{I}{\pi b^2},\quad \boldsymbol{E}=\frac{\boldsymbol{J}}{\sigma}=\boldsymbol{a}_z\frac{I}{\pi b^2\sigma}$$

由安培环路定理得导线表面分布磁场为

$$\boldsymbol{H}=\boldsymbol{a}_\varphi\frac{I}{2\pi b}$$

因此，导线表面的坡印廷矢量为

$$\boldsymbol{S}=\boldsymbol{E}\times\boldsymbol{H}=-\boldsymbol{a}_\rho\frac{I^2}{2\sigma\pi^2 b^3}$$

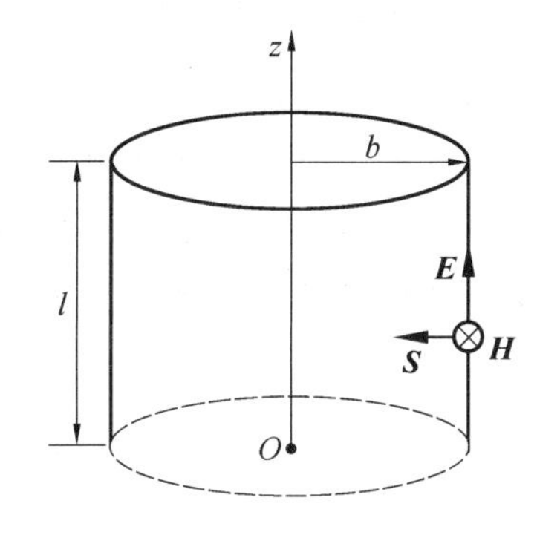

图4.5　通电直导线

它的方向处处指向导线的表面，故电磁功率沿导体表面传入导体内。将坡印廷矢量沿导线表面积分便得到导体消耗的功率。

即

$$-\oint_S\boldsymbol{S}\cdot d\boldsymbol{S}=-\oint_S\boldsymbol{S}\cdot\boldsymbol{a}_\rho dS=\left(\frac{I^2}{2\sigma\pi^2 b^3}\right)2\pi bl=I^2\left(\frac{l}{\sigma\pi b^2}\right)=I^2R$$

可见，穿入导体表面S进入到导体中的功率等于该段导体损耗的功率。验证了稳恒电流情况下的坡印廷定理。

例 4.7 同轴线的内导体半径为 a，外导体半径为 b，内、外导体间为空气，内、外导体均为理想导体，载有直流电流 $\boldsymbol{I}$，直流电流的幅度为 I，内、外导体间的电压为 U。求同轴线的能流密度矢量和传输功率。

解 如图 4.6 所示，取柱坐标系，且 z 轴沿轴线与电流方向一致，分别根据高斯定理和安培环路定律，可以求出同轴线内、外导体间的电场和磁场为

$$\boldsymbol{E}=\frac{U}{r\ln\dfrac{b}{a}}\boldsymbol{a}_\rho,\quad \boldsymbol{H}=\frac{I}{2\pi r}\boldsymbol{a}_\varphi\quad (a<r<b)$$

由此可得能流密度矢量 $\boldsymbol{S}$ 为

$$\boldsymbol{S}=\boldsymbol{E}\times\boldsymbol{H}=\frac{UI}{2\pi r^2\ln\dfrac{b}{a}}\boldsymbol{a}_z$$

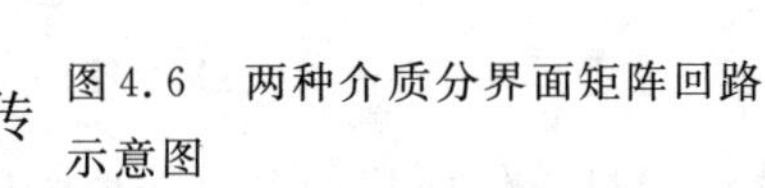

图 4.6　两种介质分界面矩阵回路示意图

上式说明电磁能量沿 z 轴方向流动，由电源向负载传输。通过同轴线内、外导体间任一横截面的功率为

$$P=\int_{S'}\boldsymbol{S}\cdot\mathrm{d}\boldsymbol{S}'=\int_a^b\frac{UI}{2\pi r^2\ln\dfrac{b}{a}}\cdot 2\pi r\mathrm{d}r=UI$$

这一结果与稳恒电路理论中熟知的结果一致。以上两个例子更加印证了早期引入的公式都可以由电磁理论加以推得，充分说明了电磁理论的基础作用。

4.5.2 坡印廷定理的复数形式

坡印廷矢量 $\boldsymbol{S}=\boldsymbol{E}\times\boldsymbol{H}$ 表示任一点功率流密度的瞬时值，由于在一般时变场中很难确定每一点的 $\boldsymbol{S}$ 值，因此通常在时谐场情形下，讨论坡印廷矢量在一个周期 T 内的时间平均值更有意义，犹如在交流电中引入有效值一样。

1. 坡印廷矢量的复数形式

定义

$$\boldsymbol{S}_{\mathrm{av}}=\frac{1}{T}\int_0^T(\boldsymbol{E}\times\boldsymbol{H})\,\mathrm{d}t \tag{4.87}$$

为平均坡印廷矢量。下面研究它的计算方法。

设 $\boldsymbol{A}(\boldsymbol{r},t)$ 和 $\boldsymbol{B}(\boldsymbol{r},t)$ 是两个简谐变化的矢量函数，其复振动矢量分别为 $\boldsymbol{A}=\boldsymbol{A}_{\mathrm{R}}+\mathrm{j}\boldsymbol{A}_{\mathrm{I}}$ 和 $\boldsymbol{B}=\boldsymbol{B}_{\mathrm{R}}+\mathrm{j}\boldsymbol{B}_{\mathrm{I}}$，这里 $\boldsymbol{A}_{\mathrm{R}}$、$\boldsymbol{B}_{\mathrm{R}}$ 和 $\boldsymbol{A}_{\mathrm{I}}$、$\boldsymbol{B}_{\mathrm{I}}$ 分别是它们的实部和虚部。则有

$$\boldsymbol{A}(\boldsymbol{r},t)=\mathrm{Re}[\boldsymbol{A}(\boldsymbol{r})\mathrm{e}^{\mathrm{j}\omega t}]=\boldsymbol{A}_{\mathrm{R}}\cos\omega t-\boldsymbol{A}_{\mathrm{I}}\sin\omega t$$

$$\boldsymbol{B}(\boldsymbol{r},t)=\mathrm{Re}[\boldsymbol{B}(\boldsymbol{r})\mathrm{e}^{\mathrm{j}\omega t}]=\boldsymbol{B}_{\mathrm{R}}\cos\omega t-\boldsymbol{B}_{\mathrm{I}}\sin\omega t$$

$\boldsymbol{A}(\boldsymbol{r},t)$ 和 $\boldsymbol{B}(\boldsymbol{r},t)$ 的矢积为

$$\boldsymbol{A}(\boldsymbol{r},t)\times\boldsymbol{B}(\boldsymbol{r},t)=(\boldsymbol{A}_{\mathrm{R}}\times\boldsymbol{B}_{\mathrm{R}}\cos^2\omega t+\boldsymbol{A}_{\mathrm{I}}\times\boldsymbol{B}_{\mathrm{I}}\sin^2\omega t)-\frac{\boldsymbol{A}_{\mathrm{R}}\times\boldsymbol{B}_{\mathrm{I}}}{2}\sin^2\omega t-\frac{\boldsymbol{A}_{\mathrm{I}}\times\boldsymbol{B}_{\mathrm{R}}}{2}\sin^2\omega t$$

取 $\boldsymbol{A}(\boldsymbol{r},t)\times\boldsymbol{B}(\boldsymbol{r},t)$ 的时间平均值，后两项积分为零，只剩最后一项，故有

$$[\boldsymbol{A}(\boldsymbol{r},t)\times\boldsymbol{B}(\boldsymbol{r},t)]_{\mathrm{av}}=\frac{1}{T}\int\boldsymbol{A}(\boldsymbol{r},t)\times\boldsymbol{B}(\boldsymbol{r},t)\mathrm{d}t=\frac{1}{2}(\boldsymbol{A}_{\mathrm{R}}\times\boldsymbol{B}_{\mathrm{R}}+\boldsymbol{A}_{\mathrm{I}}\times\boldsymbol{B}_{\mathrm{I}})$$

同理,复振幅矢量 $\boldsymbol{A}(\boldsymbol{r})$ 和 $\boldsymbol{B}^*(\boldsymbol{r})$ 的矢积可表示为

$$\boldsymbol{A}(\boldsymbol{r})\times\boldsymbol{B}^*(\boldsymbol{r})=\boldsymbol{A}_{\mathrm{R}}\times\boldsymbol{B}_{\mathrm{R}}+\boldsymbol{A}_{\mathrm{I}}\times\boldsymbol{B}_{\mathrm{I}}+\mathrm{j}(\boldsymbol{A}_{\mathrm{I}}\times\boldsymbol{B}_{\mathrm{R}}+\boldsymbol{A}_{\mathrm{R}}\times\boldsymbol{B}_{\mathrm{I}})$$

比较以上两式可得

$$[\boldsymbol{A}(\boldsymbol{r},t)\times\boldsymbol{B}(\boldsymbol{r},t)]_{\mathrm{av}}=\frac{1}{2}\mathrm{Re}[\boldsymbol{A}(\boldsymbol{r})\times\boldsymbol{B}^*(\boldsymbol{r})]$$

可见,任意两时谐变量叉乘的平均值等于其中一个矢量与另外一个矢量复数叉乘取实部的 1/2。

类比可知,时谐场平均坡印廷矢量 $\boldsymbol{S}_{\mathrm{av}}$ 可表示为

$$\boldsymbol{S}_{\mathrm{av}}=\frac{1}{2}\mathrm{Re}[\boldsymbol{E}(\boldsymbol{r})\times\boldsymbol{H}^*(\boldsymbol{r})] \tag{4.88}$$

可见,计算 $\boldsymbol{S}_{\mathrm{av}}$ 只需将电场和磁场矢量写为复振幅矢量形式,按式(4.88)即可得到结果,省去了用积分求平均值的计算过程。

同理,可得电场与磁场能量密度的时间平均值分别为

$$w_{\mathrm{e}}=\frac{1}{4}\mathrm{Re}[\boldsymbol{E}(\boldsymbol{r})\cdot\boldsymbol{D}^*(\boldsymbol{r})] \tag{4.89}$$

$$w_{\mathrm{m}}=\frac{1}{4}\mathrm{Re}[\boldsymbol{B}(\boldsymbol{r})\cdot\boldsymbol{H}^*(\boldsymbol{r})] \tag{4.90}$$

这两个式子适合任意介质时电场与磁场能量密度平均值计算公式。

2.复数形式坡印廷定理

下面用复数形式的麦克斯韦方程导出复数形式的坡印廷定理。

由矢量恒等式

$$\nabla\cdot(\boldsymbol{E}\times\boldsymbol{H}^*)=\boldsymbol{H}^*\cdot(\nabla\times\boldsymbol{E})-\boldsymbol{E}\cdot(\nabla\times\boldsymbol{H}^*)$$

和时谐场 $\boldsymbol{E}$、$\boldsymbol{H}$ 的旋度方程

$$\nabla\times\boldsymbol{E}=-\mathrm{j}\omega\boldsymbol{B}$$

$$\nabla\times\boldsymbol{H}^*=\boldsymbol{J}^*-\mathrm{j}\omega\boldsymbol{D}^*$$

可得

$$\nabla\cdot(\boldsymbol{E}\times\boldsymbol{H}^*)=-\mathrm{j}\omega(\boldsymbol{B}\cdot\boldsymbol{H}^*-\boldsymbol{E}\cdot\boldsymbol{D}^*)-\boldsymbol{J}^*\cdot\boldsymbol{E}$$

对上式两端进行体积 V 内积分,并应用高斯散度定理,可以导出

$$-\oint_S\frac{1}{2}(\boldsymbol{E}\times\boldsymbol{H}^*)\cdot\mathrm{d}\boldsymbol{S}=\mathrm{j}2\omega\int_V\left(\frac{1}{4}\boldsymbol{B}\cdot\boldsymbol{H}^*-\frac{1}{4}\boldsymbol{E}\cdot\boldsymbol{D}^*\right)\mathrm{d}V+\int_V\frac{1}{2}\boldsymbol{J}^*\cdot\boldsymbol{E}\mathrm{d}V \tag{4.91}$$

这就是复数形式的坡印廷定理。

设宏观电磁参数 σ 为实数,磁导率 μ 和介电常数 ε 为复数,则有

$$\frac{1}{2}\boldsymbol{E}\cdot\boldsymbol{J}^*=\frac{1}{2}\sigma\boldsymbol{E}^2$$

$$\frac{\mathrm{j}\omega}{2}\boldsymbol{B}\cdot\boldsymbol{H}^*=\frac{\mathrm{j}\omega}{2}(\mu'-\mathrm{j}\mu'')\boldsymbol{H}\cdot\boldsymbol{H}^*=\frac{1}{2}\omega\mu''H^2+\frac{1}{2}\mathrm{j}\omega\mu'H^2$$

$$-\frac{\mathrm{j}\omega}{2}\boldsymbol{E}\cdot\boldsymbol{D}^*=-\frac{\mathrm{j}\omega}{2}(\varepsilon''+\mathrm{j}\varepsilon'')\boldsymbol{E}^*\cdot\boldsymbol{E}=\frac{1}{2}\omega\mu''E^2-\frac{1}{2}\mathrm{j}\omega\varepsilon'E^2$$

代入式(4.91)得

$$
\begin{aligned}
& -\oint_S \left(\frac{1}{2}\boldsymbol{E}\times\boldsymbol{H}^*\right)\cdot \mathrm{d}\boldsymbol{S} \\
& = \int_V \left(\frac{1}{2}\sigma E^2 + \frac{1}{2}\omega\varepsilon'' E^2 + \frac{1}{2}\omega\mu'' H^2\right)\mathrm{d}V + \mathrm{j}2\omega\int_V \left(\frac{1}{4}\mu' H^2 - \frac{1}{4}\varepsilon' E^2\right)\mathrm{d}V \\
& = \int_V (p_{\mathrm{av,c}} + p_{\mathrm{av,e}} + p_{\mathrm{av,m}})\,\mathrm{d}V + \mathrm{j}2\omega\int_V (w_{\mathrm{av,m}} - w_{\mathrm{av,e}})\,\mathrm{d}V
\end{aligned}
$$

式中

$$p_{\mathrm{av,c}} = \frac{1}{2}\sigma E^2$$

$$p_{\mathrm{av,e}} = \frac{1}{2}\omega\varepsilon'' E^2$$

$$p_{\mathrm{av,m}} = \frac{1}{2}\omega\mu'' H^2$$

$$w_{\mathrm{av,e}} = \mathrm{Re}\left[\frac{1}{4}(\boldsymbol{E}\cdot\boldsymbol{D}^*)\right] = \frac{1}{4}\varepsilon' E^2$$

$$w_{\mathrm{av,m}} = \mathrm{Re}\left[\frac{1}{4}(\boldsymbol{B}\cdot\boldsymbol{H}^*)\right] = \frac{1}{4}\mu' H^2$$

在有耗介质的时谐场中，式中，$p_{\mathrm{av,c}}$、$p_{\mathrm{av,e}}$、$p_{\mathrm{av,m}}$ 分别是单位体积内的导电损耗功率、极化损耗功率和磁化损耗功率的时间平均值；$w_{\mathrm{av,e}}$ 和 $w_{\mathrm{av,m}}$ 分别是电场和磁场在线性介质中能量密度的时间平均值。

例 4.8　已知在无源（$\rho=\mathbf{0}, \boldsymbol{J}=\mathbf{0}$）的自由空间中，时变电磁场的电场强度复矢量为

$$\boldsymbol{E}(z) = \boldsymbol{a}_y E_0 \mathrm{e}^{-\mathrm{j}kz}$$

式中，k、E_0 为常数。求：

(1) 磁场强度复矢量。

(2) 坡印廷矢量的瞬时值。

(3) 平均坡印廷矢量。

解　(1) 由无源空间复数麦克斯韦方程

$$\nabla\times\boldsymbol{E} = -\mathrm{j}\omega\mu_0\boldsymbol{H}$$

得

$$\boldsymbol{H}(z) = -\frac{1}{\mathrm{j}\omega\mu_0}\nabla\times\boldsymbol{E}(z) = -\frac{1}{\mathrm{j}\omega\mu_0}\boldsymbol{a}_z\frac{\partial}{\partial z}\times(\boldsymbol{a}_y E_0\mathrm{e}^{-\mathrm{j}kz}) = -\boldsymbol{a}_x\frac{kE_0}{\omega\mu_0}\mathrm{e}^{-\mathrm{j}kz}$$

(2) 电场、磁场的瞬时值为

$$\boldsymbol{E}(z,t) = \mathrm{Re}[\boldsymbol{E}(z)\mathrm{e}^{\mathrm{j}\omega t}] = \boldsymbol{a}_y E_0\cos(\omega t - kz)$$

$$\boldsymbol{H}(z,t) = \mathrm{Re}[\boldsymbol{H}(z)\mathrm{e}^{\mathrm{j}\omega t}] = -\boldsymbol{a}_x\frac{kE_0}{\omega\mu_0}\cos(\omega t - kz)$$

所以，坡印廷矢量的瞬时值为

$$\boldsymbol{S}(z,t) = \boldsymbol{E}(z,t)\times\boldsymbol{H}(z,t) = \boldsymbol{a}_z\frac{kE_0^2}{\omega\mu_0}\cos^2(\omega t - kz)$$

(3) 平均坡印廷矢量为

$$\boldsymbol{S}_{\mathrm{av}} = \frac{1}{2}\mathrm{Re}[\boldsymbol{E}(z)\times\boldsymbol{H}^*(z)]$$

$$=\frac{1}{2}\mathrm{Re}\left[\boldsymbol{a}_y E_0 \mathrm{e}^{-\mathrm{j}kz}\times\left(-\boldsymbol{a}_x\frac{kE_0}{\omega\mu_0}\mathrm{e}^{-\mathrm{j}kz}\right)^*\right]$$

$$=\frac{1}{2}\mathrm{Re}\left[\boldsymbol{a}_z\frac{kE_0^2}{\omega\mu_0}\right]=\boldsymbol{a}_z\frac{1}{2}\frac{kE_0^2}{\omega\mu_0}$$

本 章 小 结

(1) 法拉第电磁感应定律表征的是变化的磁场产生电场的规律。对于磁场中的任意闭合回路有

$$\xi=-\frac{\mathrm{d}\Phi}{\mathrm{d}t}$$

从而

$$\oint_C \boldsymbol{E}\cdot\mathrm{d}\boldsymbol{l}=-\int_S\frac{\partial\boldsymbol{B}}{\partial t}\cdot\mathrm{d}\boldsymbol{S}$$

其微分形式为

$$\nabla\times\boldsymbol{E}=-\frac{\partial\boldsymbol{B}}{\partial t}$$

(2) 麦克斯韦提出位移电流的假说,对安培环路定律做了修正,它表征变化的电场产生磁场

$$\oint_C \boldsymbol{H}\cdot\mathrm{d}\boldsymbol{l}=\int_S(\boldsymbol{J}+\frac{\partial\boldsymbol{D}}{\partial t})\cdot\mathrm{d}S$$

其微分形式为

$$\nabla\times\boldsymbol{H}=\boldsymbol{J}+\frac{\partial\boldsymbol{D}}{\partial t}$$

(3) 麦克斯韦方程是经典电磁理论的基本定律,其方程为

积分形式	微分形式
$\oint_C \boldsymbol{H}\cdot\mathrm{d}\boldsymbol{l}=\int_S\left(\boldsymbol{J}+\frac{\partial\boldsymbol{D}}{\partial t}\right)\cdot\mathrm{d}\boldsymbol{S}$	$\nabla\times\boldsymbol{H}=\boldsymbol{J}+\frac{\partial\boldsymbol{D}}{\partial t}$
$\oint_C \boldsymbol{E}\cdot\mathrm{d}\boldsymbol{l}=-\int_S\frac{\partial\boldsymbol{B}}{\partial t}\cdot\mathrm{d}\boldsymbol{S}$	$\nabla\times\boldsymbol{E}=-\frac{\partial\boldsymbol{B}}{\partial t}$
$\oint_S \boldsymbol{B}\cdot\mathrm{d}\boldsymbol{S}=0$	$\nabla\cdot\boldsymbol{B}=0$
$\oint_S \boldsymbol{D}\cdot\mathrm{d}\boldsymbol{S}=\int_V\rho\,\mathrm{d}V$	$\nabla\cdot\boldsymbol{D}=\rho$

线性介质本构关系为

$$\boldsymbol{D}=\varepsilon\boldsymbol{E},\quad \boldsymbol{B}=\mu\boldsymbol{H},\quad \boldsymbol{J}=\sigma\boldsymbol{E}$$

要注意它们的适用条件及解题技巧应用。

(4) 分界面上的边界条件。

①$\boldsymbol{D}$ 与 $\boldsymbol{B}$ 的法向分量的边界条件为

$$\boldsymbol{a}_n\cdot(\boldsymbol{D}_1-\boldsymbol{D}_2)=\rho_{sf}\quad 或\quad D_{1n}-D_{2n}=\rho_{sf}$$

$$\boldsymbol{a}_n\cdot(\boldsymbol{B}_1-\boldsymbol{B}_2)=0\quad 或\quad B_{1n}=B_{2n}$$

磁场在法向方向上总是连续的。

当分界面上 $\rho_{sf}=0$,即无自由面电荷分布,有

$$\boldsymbol{a}_n\cdot(\boldsymbol{D}_1-\boldsymbol{D}_2)=0$$

即无自由电荷分布的分界面,电位移矢量的法向也是连续的。

②$\boldsymbol{E}$ 和 $\boldsymbol{H}$ 的切向分量的边界条件为

$$\boldsymbol{a}_n\times(\boldsymbol{H}_1-\boldsymbol{H}_2)=\boldsymbol{J}_{sf} \quad 或 \quad H_{1t}-H_{2t}=J_{sf}$$

$$\boldsymbol{a}_n\times(\boldsymbol{E}_1-\boldsymbol{E}_2)=\boldsymbol{0} \quad 或 \quad E_{1t}=E_{2t}$$

电场在切向方向总是连续的。

当分界面上 $\boldsymbol{J}_{sf}=\boldsymbol{0}$,即无自由面电流分布,有

$$\boldsymbol{a}_n\times(\boldsymbol{H}_1-\boldsymbol{H}_2)=\boldsymbol{0}$$

(5) 坡印廷定理描述的是电磁场的能量守恒关系,即单位时间内某体积中能量的增加量等于从表面进入体积的功率。

$$-\oint_S(\boldsymbol{E}\times\boldsymbol{H})\cdot\mathrm{d}\boldsymbol{S}=\frac{\partial}{\partial t}\int_V\left(\frac{1}{2}\boldsymbol{B}\cdot\boldsymbol{H}+\frac{1}{2}\boldsymbol{D}\cdot\boldsymbol{E}\right)\mathrm{d}V+\int_V\boldsymbol{J}\cdot\boldsymbol{E}\mathrm{d}V$$

坡印廷矢量表示沿能流方向的单位表面的功率的矢量,即

$$\boldsymbol{S}=\boldsymbol{E}\times\boldsymbol{H}$$

坡印廷矢量的平均值 $\boldsymbol{S}_{av}$ 与时间无关,为

$$\boldsymbol{S}_{av}=\frac{1}{2}\mathrm{Re}[\boldsymbol{E}(\boldsymbol{r})\times\boldsymbol{H}^*(\boldsymbol{r})]$$

电场与磁场的能量密度为

$$w_e=\frac{1}{2}\boldsymbol{D}\cdot\boldsymbol{E}$$

$$w_m=\frac{1}{2}\boldsymbol{B}\cdot\boldsymbol{H}$$

电场与磁场能量密度平均值为

$$w_e=\frac{1}{4}\mathrm{Re}[\boldsymbol{E}(\boldsymbol{r})\cdot\boldsymbol{D}^*(\boldsymbol{r})]$$

$$w_m=\frac{1}{4}\mathrm{Re}[\boldsymbol{B}(\boldsymbol{r})\cdot\boldsymbol{H}^*(\boldsymbol{r})]$$

当介质为线性有耗介质时,电场与磁场能量密度平均值为

$$w_{av,e}=\mathrm{Re}\left[\frac{1}{4}\boldsymbol{E}\cdot\boldsymbol{D}^*\right]=\frac{1}{4}\varepsilon' E^2$$

$$w_{av,m}=\mathrm{Re}\left[\frac{1}{4}\boldsymbol{B}\cdot\boldsymbol{H}^*\right]=\frac{1}{4}\mu' H^2$$

(6) 无源区内,$\boldsymbol{E}$、$\boldsymbol{H}$ 的波动方程为

$$\nabla^2\boldsymbol{E}-\varepsilon\mu\frac{\partial^2\boldsymbol{E}}{\partial t^2}=0$$

$$\nabla^2\boldsymbol{H}-\varepsilon\mu\frac{\partial^2\boldsymbol{H}}{\partial t^2}=0$$

即无源区内的电场与磁场以波动形式存在,形成电磁波。

习　　题

4－1　已知铜导线的直径为 1 mm,$\varepsilon=\varepsilon_0$,$\mu=\mu_0$,$\sigma=5.8\times10^7$ S/m。当导线中电流为 $i=2\cos 2\pi\times50t$(A) 时,导线中的位移电流密度为多少?

4－2　同轴线的内外导体半径分别为 $r_1=5$ mm、$r_2=6$ mm,内外导体间填充 $\varepsilon_r=6.7$ 的电介质,外加电压 $U=250\sin 377t$(V),试求介质中的位移电流密度。

4－3　已知在无源的自由空间中,$\boldsymbol{E}=\boldsymbol{a}_xE_0\cos(\omega t-\beta z)$,其中 E_0、β 为常数,求 $\boldsymbol{H}$。

4－4　将下列用复数形式表示的场矢量变换成瞬时值,或进行相反的变换。

(1)$\dot{\boldsymbol{E}}=\boldsymbol{a}_x\dot{E}_0$。

(2)$\dot{\boldsymbol{E}}=\mathrm{j}\boldsymbol{a}_xE_0\mathrm{e}^{-\mathrm{j}kz}$

(3)$\boldsymbol{E}=\boldsymbol{a}_xE_0\cos(\omega t-kz)+\boldsymbol{a}_y2E_0\cos(\omega t-kz)$。

4－5　已知空间某处电场和磁场的瞬时值分别表示为

$$\boldsymbol{E}=E_0\cos(\omega t-k_0z)\boldsymbol{a}_x$$
$$\boldsymbol{H}=\xi_0E_0\cos(\omega t-k_0z)\boldsymbol{a}_y$$

式中,ξ_0 是常数。求:

(1) 瞬时坡印廷矢量 $\boldsymbol{S}$。

(2) 由(1) 的结果求时间平均功率流密度 $\boldsymbol{S}_{av}$。

4－6　已知空间某处的电场和磁场为

$$\boldsymbol{E}=\boldsymbol{a}_xE_0\cos(\omega t-k_0z)+\boldsymbol{a}_yE_0\sin(\omega t-k_0z)$$
$$\boldsymbol{H}=-\boldsymbol{a}_x\xi_0E_0\sin(\omega t-k_0z)+\boldsymbol{a}_y\xi_0E_0\cos(\omega t-k_0z)$$

求 $\boldsymbol{S}$ 和 $\boldsymbol{S}_{av}$。

4－7　已知无源的空气中的电场为

$$\boldsymbol{E}=\boldsymbol{a}_y0.1\sin 10\pi x\cos(6\pi\times10^9t-\beta z)$$

利用麦克斯韦方程求相应的 $\boldsymbol{H}$ 以及常数 β。

4－8　试将麦克斯韦方程组中式(4.15) ～ (4.19) 写成九个标量方程:

(1) 在直角坐标系中。

(2) 在圆柱坐标系中。

(3) 在球坐标系中。

4－9　由麦克斯韦方程组出发,导出点电荷的电场强度公式和泊松方程。

4－10　在理想导电壁($\gamma=\infty$) 限定的区域 $0\leqslant x\leqslant a$ 内存在一个电磁场如下:

$$E_y=H_0\mu\omega\left(\frac{a}{\pi}\right)\sin(kz-\omega t)$$

$$H_x=-H_0k\left(\frac{a}{\pi}\right)\sin\frac{\pi x}{a}\sin(kz-\omega t)$$

$$H_z=H_0\cos\frac{\pi x}{a}\cos(kz-\omega t)$$

这个电磁场满足的边界条件如何? 导电壁的电流密度值如何?

4－11　自由空间中时谐场波动方程为 $\nabla^2\boldsymbol{E}+k^2\boldsymbol{E}=0$,证明 $\boldsymbol{E}=E_0\mathrm{e}^{-\mathrm{j}kx}\boldsymbol{a}_x$ 满足该方程,其中 E_0 为常数。

第 5 章

平面波在无界空间的传播

麦克斯韦方程组指出，在时间和空间变化的条件下，电磁场以波动形式传播形成电磁波，如无线电波、电视信号等都是电磁波。需要说明的是，这里的波动形式主要是指电磁场按照正弦或余弦形式做简谐变化，此时的电磁场称为简谐电磁场或时谐 / 正弦电磁场。本章从最简单的均匀平面波着手，主要研究均匀平面波在无限大介质空间中的传播规律和特点。所谓均匀平面波，是指电磁波的场矢量只沿着它的传播方向变化，在与波传播方向垂直的无限大平面内，电场强度 $\boldsymbol{E}$ 和磁场强度 $\boldsymbol{H}$ 的方向、振幅和相位都保持不变。例如，沿直角坐标系的 z 方向传播的均匀平面波，在 x 和 y 构成的平面上无变化，如图 5.1 所示。

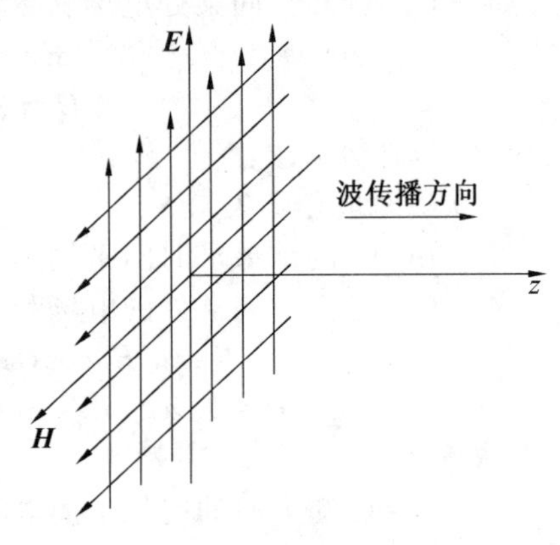

图 5.1　均匀平面波

均匀平面波是电磁波的一种理想情况，它的特性及方法很简单，但又能表征重要的和主要的性质。虽然这种均匀平面波实际并不存在，但讨论这种均匀平面波具有实际的意义。因为在距离波源足够远的地方，呈球面的波阵面上的一小部分就可以近似看作一个均匀平面波。本章讨论在无界理想介质中均匀平面波的传播特点和各项参数的物理意义，然后讨论在有耗介质中的均匀平面波的传播特点，最后讨论在各向异性介质中的均匀平面波的传播特点。

5.1　理想介质中的均匀平面波

5.1.1　理想介质中的均匀平面波函数

假设所讨论的区域为无源区，即 $\rho=0$，$\boldsymbol{J}=\boldsymbol{0}$，且充满线性、各向同性的均匀理想介质，现在来讨论均匀平面波在这种理想介质中的传播特点。首先考虑一种简单的情况，假设选用的直角坐标系中均匀平面波沿 z 方向传播，则电场强度 $\boldsymbol{E}$ 和磁场强度 $\boldsymbol{H}$ 都不是 x 和 y 的函数，即

$$\frac{\partial \boldsymbol{E}}{\partial x}=\frac{\partial \boldsymbol{E}}{\partial y}=0,\quad \frac{\partial \boldsymbol{H}}{\partial x}=\frac{\partial \boldsymbol{H}}{\partial y}=0$$

同时，由 $\nabla\cdot \boldsymbol{E}=0$ 和 $\nabla\cdot \boldsymbol{H}=0$，有

$$\frac{\partial E_z}{\partial z}=0,\quad \frac{\partial H_z}{\partial z}=0$$

可见 E_z 和 H_z 均为常数，考虑到上式对任何时间点 t(包括 $t=0$) 均成立，所以可得到

$$E_z=0,\quad H_z=0$$

这表明沿 z 方向传播的均匀平面波的电场强度 $\boldsymbol{E}$ 和磁场强度 $\boldsymbol{H}$ 都没有沿传播方向的分量，即电场强度 $\boldsymbol{E}$ 和磁场强度 $\boldsymbol{H}$ 都与波的传播方向垂直，这种波又称为横电磁波(TEM 波)。

对于沿 z 方向传播的均匀平面波，电场强度和磁场强度的分量 E_x、E_y 和 H_x、H_y 满足标量亥姆霍兹方程

$$\frac{\mathrm{d}^2 E_x}{\mathrm{d}z^2}+k^2E_x=0 \tag{5.1}$$

$$\frac{\mathrm{d}^2 E_y}{\mathrm{d}z^2}+k^2E_y=0 \tag{5.2}$$

$$\frac{\mathrm{d}^2 H_x}{\mathrm{d}z^2}+k^2H_x=0 \tag{5.3}$$

$$\frac{\mathrm{d}^2 H_y}{\mathrm{d}z^2}+k^2H_y=0 \tag{5.4}$$

上述四个方程都是二阶常微分方程，它们具有相同的形式，因而它们的解的形式也相同。下面只对式(5.1) 及其解进行讨论。式(5.1) 的通解为

$$E_x(z)=A_1\mathrm{e}^{-\mathrm{j}kz}+A_2\mathrm{e}^{\mathrm{j}kz} \tag{5.5}$$

式中，$A_1=E_{1\mathrm{m}}\mathrm{e}^{-\mathrm{j}\varphi_1}$；$A_2=E_{2\mathrm{m}}\mathrm{e}^{-\mathrm{j}\varphi_2}$；$\varphi_1$、$\varphi_2$ 分别为 A_1、A_2 的辐角。写成瞬时表达式，则为

$$E_x(z,t)=\mathrm{Re}[E_x(z)\mathrm{e}^{\mathrm{j}\omega t}]=E_{1\mathrm{m}}\cos(\omega t-kz+\varphi_1)+E_{2\mathrm{m}}\cos(\omega t-kz+\varphi_2) \tag{5.6}$$

式中，右侧第一项 $E_{1\mathrm{m}}\cos(\omega t-kz+\varphi_1)$ 代表沿 $+z$ 方向传播的均匀平面波；第二项 $E_{2\mathrm{m}}\cos(\omega t-kz+\varphi_2)$ 代表沿 $-z$ 方向传播的均匀平面波。波传播方向可通过等相位面的移动来判断，此处等相位面可表示为 $\omega t-kz=$常数。当时间 t 增加时，z 必须同时增加(沿坐标轴正向移动) 以保证等相位面的存在，换句话说，原来的等相位面朝着 $+z$ 方向移动。

5.1.2　理想介质中的均匀平面波传播特点

对于无界的均匀介质中只沿一个方向传播的波，这里只讨论沿 $+z$ 方向传播的均匀平面波，即

$$E_x(z)=E_x\mathrm{e}^{-\mathrm{j}kz}\mathrm{e}^{\mathrm{j}\varphi_x} \tag{5.7}$$

瞬时表达式为

$$E_x(z,t)=E_{x\mathrm{m}}\cos(\omega t-kz+\varphi_x) \tag{5.8}$$

可见，场分量 $E_x(z,t)$ 既是时间的周期函数，又是空间坐标的周期函数。在 $z=$常数的平面上，$E_x(z,t)$ 随时间 t 做周期性变化。图 5.2 给出了 $E_x(0,t)=E_{x\mathrm{m}}\cos\omega t$ 的变化曲线，这里取 $\varphi_x=0$。ωt 为时间相位，ω 则表示单位时间内的相位变化，称为角频率，单位为 rad/s。由 $\omega T=2\pi$ 得到场量随时间变化的周期为

$$T=\frac{2\pi}{\omega} \tag{5.9}$$

它表征在给定的位置上，时间相位变化 2π 的时间间隔。

$$f=\frac{1}{T}=\frac{\omega}{2\pi} \tag{5.10}$$

称为电磁波的频率。由于简谐波的相位变化周期是 2π，因此 T 与相位变化 2π 的时间相关联。

在任意固定时刻，$E_x(z,t)$ 随空间坐标 z 做周期性变化，图 5.3 给出了 $E_x(z,0)=E_{xm}\cos kz$ 的变化曲线。kz 为空间相位，所以波的等相位面(波阵面)是 z 为常数的平面，故称为平面波。k 表示波传播单位距离的相位变化，称为相位常数，单位为 rad/s。在任一固定时刻，空间相位差为 2π 的两个波阵面之间的距离称为电磁波的波长，用 λ 表示，单位为 m。由 $k\lambda=2\pi$ 可得到

$$\lambda=\frac{2\pi}{k} \tag{5.11}$$

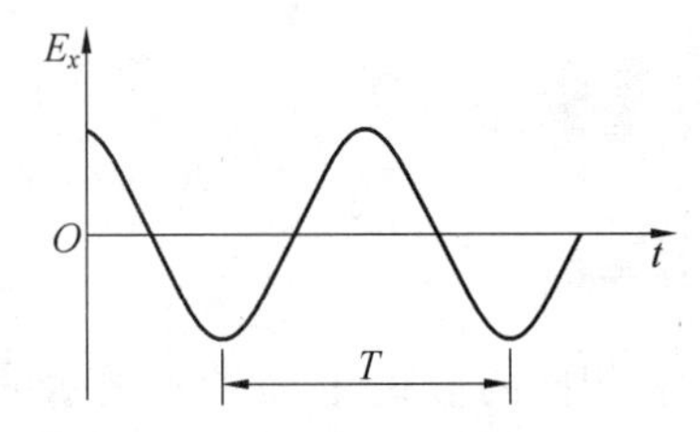

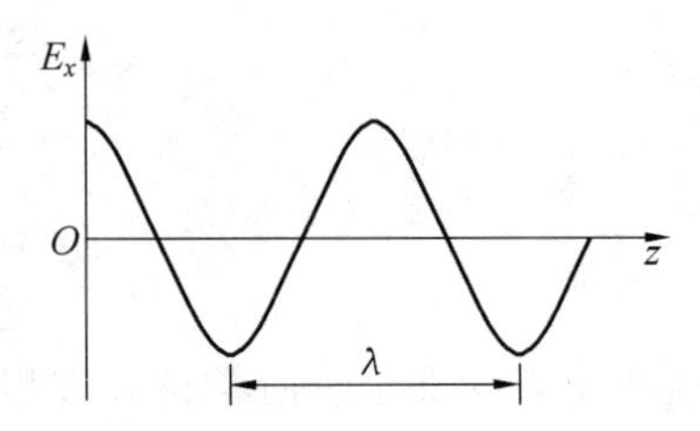

图 5.2 $E_x(0,t)=E_{xm}\cos\omega t$ 的变化曲线　图 5.3 $E_x(z,0)=E_{xm}\cos kz$ 的变化曲线

由于 $k=\omega\sqrt{\mu\varepsilon}=2\pi f\sqrt{\mu\varepsilon}$，又可得到

$$\lambda=\frac{1}{f\sqrt{\mu\varepsilon}} \tag{5.12}$$

可见电磁波的波长不仅与频率有关，还与介质参数有关。

由式(5.11)可得到

$$k=\frac{2\pi}{\lambda} \tag{5.13}$$

所以 k 的大小也表示在 2π 的空间距离内所包含的波长数，又将 k 称为波数。电磁波的等相位面在空间中的移动速度称为相位速度，或简称相速，以 v 表示，单位为 m/s。图 5.4 给出了在几个不同时刻 $E_x(z,t)=E_{xm}\cos(\omega t-kz)$ 的图形，对于波上任意一固定观察点(如波峰点 P)，其相位为恒定值，即 $\omega t-kz=$常数，于是 $\omega\mathrm{d}t-k\mathrm{d}z=0$，由此得到均匀平面电磁波的相速为

$$v=\frac{\mathrm{d}z}{\mathrm{d}t}=\frac{\omega}{k} \tag{5.14}$$

由于 $k=\omega\sqrt{\mu\varepsilon}$，因此又得到

$$v=\frac{1}{\sqrt{\mu\varepsilon}} \tag{5.15}$$

由此可见，在理想介质中，均匀平面波的相速与频率无关，但与介质参数有关。在自由空间中 $\varepsilon=\varepsilon_0=\frac{1}{36\pi}\times10^{-9}$ F/m，$\mu=4\pi\times10^{-7}$ H/m，这时

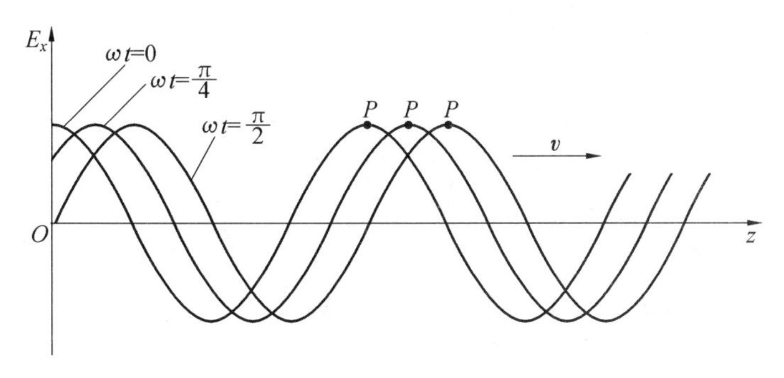

图 5.4　在几个不同时刻 $E_x(z,t)=E_{xm}\cos(\omega t-kz)$ 的图形

$$v=v_0=\frac{1}{\sqrt{\mu_0\varepsilon_0}}=3\times10^8\text{(m/s)} \tag{5.16}$$

为自由空间的光速。

利用麦克斯韦方程,可得到电磁波的磁场表达式。由$\nabla\times\boldsymbol{E}=-\mathrm{j}\omega\mu\boldsymbol{H}$,有

$$\begin{aligned}\boldsymbol{H}&=-\frac{1}{\mathrm{j}\omega\mu}\nabla\times\boldsymbol{E}=-\boldsymbol{a}_y\frac{1}{\mathrm{j}\omega\mu}\frac{\partial E_x}{\partial z}=\boldsymbol{a}_y\frac{k}{\omega\mu}E_{xm}\mathrm{e}^{-\mathrm{j}(kz-\varphi_x)}\\&=\boldsymbol{a}_y\sqrt{\frac{\varepsilon}{\mu}}E_{xm}\mathrm{e}^{-\mathrm{j}(kz-\varphi_x)}=\boldsymbol{a}_y\frac{1}{\eta}E_{xm}\mathrm{e}^{-\mathrm{j}(kz-\varphi_x)}\end{aligned} \tag{5.17}$$

其瞬时表达式为

$$\boldsymbol{H}=\boldsymbol{a}_y\frac{1}{\eta}E_0\cos(\omega t-kz+\varphi_x) \tag{5.18}$$

其中

$$\eta=\sqrt{\frac{\mu}{\varepsilon}}(\Omega) \tag{5.19}$$

是电场的振幅与磁场的振幅之比,具有阻抗的量纲,故称为波阻抗。由于η的值与介质的参数有关,因此又称为介质的本征阻抗(或特征阻抗)。在自由空间中

$$\eta=\eta_0=\sqrt{\frac{\mu_0}{\varepsilon_0}}=120\pi\approx377(\Omega) \tag{5.20}$$

由式(5.17)可知,磁场与电场之间满足关系

$$\boldsymbol{H}=\frac{1}{\eta}\boldsymbol{a}_x\times\boldsymbol{E} \tag{5.21}$$

或者写为

$$\boldsymbol{E}=\eta\boldsymbol{H}\times\boldsymbol{a}_x \tag{5.22}$$

由此可见,电场$\boldsymbol{E}$、磁场$\boldsymbol{H}$与传播方向$\boldsymbol{a}_x$之间相互垂直,且遵循右手螺旋关系。

如图 5.5 所示,在理想介质中,由于$|\boldsymbol{H}|=\frac{1}{\eta}|\boldsymbol{E}|$,所以有

$$\frac{1}{2}\varepsilon|\boldsymbol{E}|^2=\frac{1}{2}\mu|\boldsymbol{H}|^2 \tag{5.23}$$

这表明,在理想介质中,均匀平面电磁波的电场能量密度等于磁场能量密度。因此,电磁能量密度可表示为

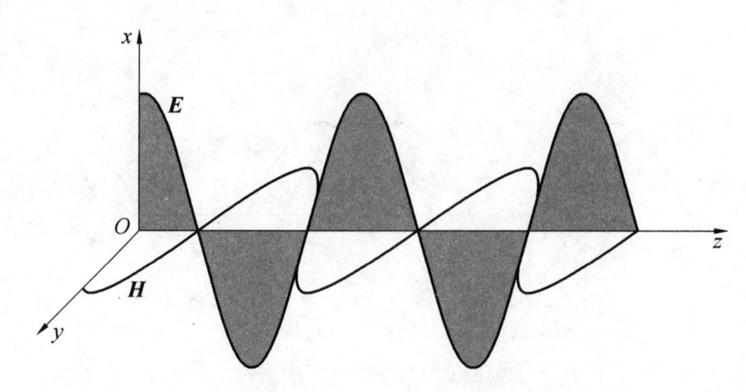

图 5.5　理想介质中均匀平面电磁波的 $\boldsymbol{E}$ 和 $\boldsymbol{H}$

$$w = w_e + w_m = \frac{1}{2}\varepsilon\ |\boldsymbol{E}|^2 + \frac{1}{2}\mu\ |\boldsymbol{H}|^2 = \varepsilon\ |\boldsymbol{E}|^2 = \mu\ |\boldsymbol{H}|^2 \tag{5.24}$$

在理想介质中，瞬时坡印廷矢量为

$$\boldsymbol{S} = \boldsymbol{E} \times \boldsymbol{H} = \frac{1}{\eta}\boldsymbol{E} \times (\boldsymbol{a}_z \times \boldsymbol{E}) = \boldsymbol{a}_z \frac{1}{\eta}\ |\boldsymbol{E}|^2 \tag{5.25}$$

平均坡印廷矢量为

$$\boldsymbol{S}_{av} = \frac{1}{2}\mathrm{Re}[\boldsymbol{E} \times \boldsymbol{H}^*] = \frac{1}{2\eta}\mathrm{Re}[\boldsymbol{E} \times (\boldsymbol{a}_z \times \boldsymbol{E}^*)] = \boldsymbol{a}_z \frac{1}{2\eta}\ |\boldsymbol{E}_m|^2 \tag{5.26}$$

由此可见，均匀平面波电磁能量沿波的传播方向波动。

综合以上的讨论，可将理想介质中的均匀平面波的传播特点归纳为

① 电场 $\boldsymbol{E}$、磁场 $\boldsymbol{H}$ 与传播方向 $\boldsymbol{a}_z$ 之间相互垂直，是横电磁波(TEM 波)。

② 电场与磁场的振幅不变。

③ 波阻抗为实数，即电场与磁场同相位。

④ 电磁波的相速与频率无关。

⑤ 电场能量密度等于磁场能量密度。

例 5.1　频率为 100 MHz 的均匀平面波，在一无耗介质中沿 $+z$ 方向传播，其电场 $\boldsymbol{E} = \boldsymbol{a}_x E_x$。已知该介质的相对介电常数 $\varepsilon_r = 4$，相对磁导率 $\mu_r = 1$，且当 $\varphi_y - \varphi_x = \pm\frac{\pi}{2}$ 时，电场幅值为 10^{-4} V/m。求：

(1)$\boldsymbol{E}$ 的瞬时表达式。

(2)$\boldsymbol{H}$ 的瞬时表达式。

解　(1) 设 $\boldsymbol{E}$ 的瞬时表达式为

$$E(z,t) = \boldsymbol{a}_x E_x = \boldsymbol{a}_x 10^{-4}\cos(\omega t - kz + \varphi)$$

式中

$$\omega = 2\pi f = 2\pi \times 10^8 \,(\mathrm{rad/s})$$

$$k = \omega\sqrt{\varepsilon\mu} = \frac{\omega}{c}\sqrt{\varepsilon_r \mu_r} = \frac{2\pi \times 10^8}{3 \times 10^8}\sqrt{4} = \frac{4}{3}\pi \,(\mathrm{rad/s})$$

对于余弦函数，当相角为零时达振幅值。因此，考虑条件 $t=0$、$z=1/8$ 时的电场达到幅值，有

$$\varphi = kz = \frac{4\pi}{3} \times \frac{1}{8} = \frac{\pi}{6}$$

所以

$$\boldsymbol{E}(z,t) = \boldsymbol{a}_x 10^{-4} \cos\left(2\pi \times 10^8 t - \frac{4\pi}{3}z + \frac{\pi}{6}\right)$$

$$= \boldsymbol{a}_x 10^{-4} \cos\left[2\pi \times 10^8 t - \frac{4\pi}{3}\left(z - \frac{1}{8}\right)\right] (\mathrm{V/m})$$

(2)$\boldsymbol{H}$ 的瞬时表达式为

$$\boldsymbol{H} = \boldsymbol{a}_y H_y = \boldsymbol{a}_y \frac{1}{\eta} E_x$$

式中

$$\eta = \sqrt{\frac{\mu}{\varepsilon}} = 60\pi(\Omega)$$

因此

$$\boldsymbol{H}(z,t) = \boldsymbol{a}_y \frac{10^{-4}}{60\pi} \cos\left[2\pi \times 10^8 t - \frac{4}{3}\pi\left(z - \frac{1}{8}\right)\right] (\mathrm{A/m})$$

例 5.2　频率为 9.4 GHz 的均匀平面波在聚乙烯中传播，设其为无耗材料，介电常数为 $\varepsilon_r = 2.26$，若磁场的振幅为 7 mA/m，求相速、波长、波阻抗和电场强度的振幅。

解　由题意

$$\varepsilon_r = 2.26, \quad \mu_r = 1, \quad f = 9.4 \times 10^9 \ \mathrm{Hz}$$

因此

$$v = \frac{v_0}{\sqrt{2.26}} = 1.996 \times 10^8 (\mathrm{m/s})$$

$$\lambda = \frac{v}{f} = \frac{1.996 \times 10^8}{9.4 \times 10^9} \mathrm{m} = 2.12 \ \mathrm{cm}$$

$$\eta = \sqrt{\frac{\mu}{\varepsilon}} = \frac{\eta_0}{\sqrt{\varepsilon_r}} = \frac{377}{\sqrt{2.26}} \approx 251(\Omega)$$

$$E_m = H_m \eta = 7 \times 10^{-3} \times 251 = 1.757 (\mathrm{V/m})$$

例 5.3　自由空间中平面波的电场强度 $\boldsymbol{E} = \boldsymbol{a}_x 50\cos(\omega t - kz)$ V/m，求在 $z = z_0$ 处垂直穿过半径 $R = 2.5$ m 的圆平面的平均功率。

解　电场强度 $\boldsymbol{E}$ 的复数表达式为

$$\boldsymbol{E} = \boldsymbol{a}_x 50 \mathrm{e}^{-\mathrm{j}kz}$$

自由空间的本征阻抗为

$$\eta_0 = 120\pi$$

故得到该平面波的磁场强度为

$$\boldsymbol{H} = \boldsymbol{a}_y \frac{E}{\eta} = \boldsymbol{a}_y \frac{5}{12\pi} \mathrm{e}^{-\mathrm{j}kz} (\mathrm{A/m})$$

于是，平均坡印廷矢量为

$$\boldsymbol{S}_{av} = \frac{1}{2} \mathrm{Re}(\boldsymbol{E} \times \boldsymbol{H}^*) = \boldsymbol{a}_z \frac{1}{2} \times 50 \times \frac{5}{12\pi} = \boldsymbol{a}_z \frac{125}{12\pi} (\mathrm{W/m^2})$$

则垂直穿过半径 $R=2.5\ \mathrm{m}$ 的圆平面的平均功率为

$$P_{\mathrm{av}}=\int_S \boldsymbol{S}_{\mathrm{av}}\cdot \mathrm{d}\boldsymbol{S}=\frac{125}{12\pi}\times\pi R^2=\frac{125}{12\pi}\times\pi\times(2.5)^2=65.1(\mathrm{W})$$

5.1.3 沿任意方向传播的均匀平面波

均匀平面波的传播方向与等相位面垂直，在等相位面内任意一点的电磁场的大小和方向都是相同的，这些都与坐标系的选择无关。前面讨论了沿坐标轴方向传播的均匀平面波，这里讨论均匀平面波沿任意方向传播的一般情况。

图 5.6 所示为沿任意方向传播的均匀平面波，传播方向的单位矢量为 $\boldsymbol{a}_{\mathrm{n}}$。定义一个波矢量为 $\boldsymbol{k}$，其大小为相位常数 k，方向为 $\boldsymbol{a}_{\mathrm{n}}$，即

$$\boldsymbol{k}=\boldsymbol{a}_{\mathrm{n}}=\boldsymbol{a}_x k_x+\boldsymbol{a}_y k_y+\boldsymbol{a}_z k_z \tag{5.27}$$

式中，$\boldsymbol{k}_x$、$\boldsymbol{k}_y$、$\boldsymbol{k}_z$ 为 $\boldsymbol{k}$ 的三个分量。

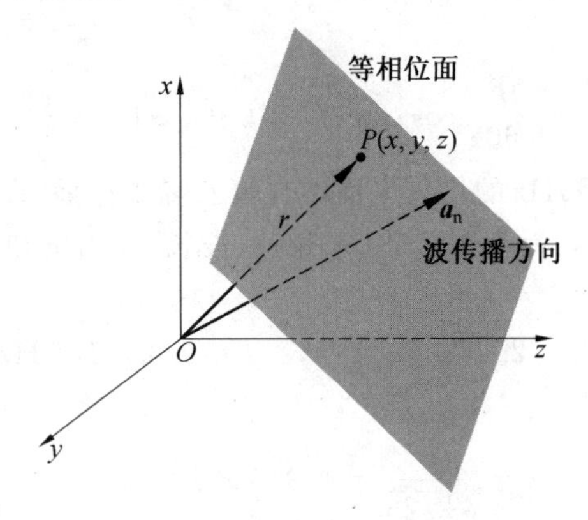

图 5.6 沿任意方向传播的均匀平面波

沿 $\boldsymbol{a}_z$ 方向传播的均匀平面波是一种特殊情况，其波矢量为

$$\boldsymbol{k}=\boldsymbol{a}_z k$$

设空间任意点的矢径为 $\boldsymbol{r}=\boldsymbol{a}_x x+\boldsymbol{a}_y y+\boldsymbol{a}_z z$，则 $kz=k\boldsymbol{a}_z\cdot\boldsymbol{r}$，因此可将沿 $\boldsymbol{a}_z$ 方向传播的均匀平面波表示为

$$\boldsymbol{E}(z)=\boldsymbol{E}_{\mathrm{m}}\mathrm{e}^{-\mathrm{j}k\boldsymbol{a}_z\cdot\boldsymbol{r}}$$

$$\boldsymbol{H}(z)=\frac{1}{\eta}\boldsymbol{a}_z\times\boldsymbol{E}(z)$$

式中，$\boldsymbol{E}_{\mathrm{m}}$ 是一个常矢量，其等相位面为 $\boldsymbol{a}_z\cdot\boldsymbol{r}=z=$常数的平面。

对于沿 $\boldsymbol{a}_{\mathrm{n}}$ 方向传播的均匀平面波，等相位面是垂直于 $\boldsymbol{a}_{\mathrm{n}}$ 的平面，其方程为

$$\boldsymbol{a}_{\mathrm{n}}\cdot\boldsymbol{r}=\text{常数}$$

对照沿 $\boldsymbol{a}_{\mathrm{n}}$ 方向传播的情况可知，沿任意方向 $\boldsymbol{a}_{\mathrm{n}}$ 传播的均匀平面波的电场矢量可表示为

$$\boldsymbol{E}(\boldsymbol{r})=\frac{1}{\eta}\boldsymbol{a}_{\mathrm{n}}\times\boldsymbol{E}(\boldsymbol{r})=\frac{1}{\eta}\boldsymbol{a}_{\mathrm{n}}\times\boldsymbol{E}_{\mathrm{m}}\mathrm{e}^{-\mathrm{j}\boldsymbol{k}\cdot\boldsymbol{r}} \tag{5.28}$$

而且由 $\nabla\times\boldsymbol{E}=\boldsymbol{0}$，可以得到 $\boldsymbol{a}_{\mathrm{n}}\cdot\boldsymbol{E}_{\mathrm{m}}=0$，这表明电场矢量的方向垂直于传播的方向。

与式(5.28)相应的磁场矢量可表示为

$$\boldsymbol{H}(\boldsymbol{r})=\frac{1}{\eta}\boldsymbol{a}_{\mathrm{n}}\times\boldsymbol{E}(\boldsymbol{r})=\frac{1}{\eta}\boldsymbol{a}_{\mathrm{n}}\times\boldsymbol{E}_{\mathrm{m}}\mathrm{e}^{-\mathrm{j}\boldsymbol{k}\cdot z} \tag{5.29}$$

例 5.4　频率 $f=500$ kHz 的均匀平面波，在 $\mu=\mu_0, \varepsilon=\varepsilon_0\varepsilon_r, \sigma=0$ 的无损耗介质中传播。已知 $\boldsymbol{E}_m=2\boldsymbol{a}_x-\boldsymbol{a}_y+\boldsymbol{a}_z$(kV/m)、$\boldsymbol{H}_m=6\boldsymbol{a}_x+9\boldsymbol{a}_y-3\boldsymbol{a}_z$(A/m)。求：

(1) 传播方向 $\boldsymbol{a}_n$。

(2)ε_r 和 λ。

解　(1)$\boldsymbol{a}_n=\boldsymbol{a}_H=\dfrac{\boldsymbol{E}_m\times\boldsymbol{H}_m}{|\boldsymbol{E}_m||\boldsymbol{H}_m|}=\dfrac{1}{\sqrt{21}}(-\boldsymbol{a}_x+2\boldsymbol{a}_y+4\boldsymbol{a}_z)$

(2) 由 $\eta=\dfrac{\eta_0}{\sqrt{\varepsilon_r}}=\dfrac{|E_m|}{|H_m|}=\dfrac{10^3}{\sqrt{21}}$，得

$$\varepsilon_r=\frac{21\eta_0^2}{10^6}=2.98$$

$$\lambda=\frac{\lambda_0}{\sqrt{\varepsilon_r}}=0.58\frac{v_0}{f}=347.3(\text{m})$$

5.2　电磁波的极化

5.2.1　极化的概念

5.1 节研究了电磁场在传播方向(z 方向)上的性质，电磁场在传播方向上的性质决定了传播方向及相速度，本节将讨论电磁场在 x 及 y 方向上的性质，电磁场在 x 及 y 方向的状态决定了电磁场的状态。在讨论沿 z 方向传播的均匀平面波时，假设 $\boldsymbol{E}=\boldsymbol{a}_xE_m\cos(\omega t-kz+\varphi)$。这说明电场 $\boldsymbol{E}$ 沿 $+z$ 方向传播，电场在 x 方向上振幅随时间变化。一般情况下，沿 z 方向传播的均匀平面波的 E_x 和 E_y 分量都存在，可表示为

$$E_x=E_{xm}\cos(\omega t-kz+\varphi_x) \tag{5.30}$$

$$E_y=E_{ym}\cos(\omega t-kz+\varphi_y) \tag{5.31}$$

合成波电场 $\boldsymbol{E}=\boldsymbol{a}_xE_x+\boldsymbol{a}_yE_y$。由于 E_x 和 E_y 分量的振幅和相位不一定相同，因此，在空间任意给定点上，合成波电场强度 $\boldsymbol{E}$ 的大小和方向都可能会随时间变化，这种现象称为电磁波的极化。

电磁波的极化是电磁理论中的一个重要概念，它表征在空间给定点上电场强度矢量的取向随时间变化的特性，并用电场强度矢量的端点随时间变化的轨迹来描述。显然，电场强度矢量的端点运动轨迹取决于 E_x 和 E_y 分量的振幅和相位。依照 E_x 和 E_y 分量的振幅和相位之间的数学关系，可将轨迹分为直线、圆及椭圆三种。若该轨迹是直线，则称为直线极化，若轨迹是圆，则称为圆极化，若介于直线及圆之间，则称为椭圆极化。5.1 节讨论的均匀平面波就是沿 x 方向极化的线极化波。

合成波的极化形式取决于 E_x 和 E_y 分量的振幅之间以及相位之间的关系，因此极化形式与传输方向的坐标 z 无关。为简单起见，下面取 $z=0$ 的给定点来讨论，这时式(5.30)和式(5.31) 写为

$$E_x=E_{xm}\cos(\omega t+\varphi_x) \tag{5.32}$$

$$E_y=E_{ym}\cos(\omega t+\varphi_y) \tag{5.33}$$

5.2.2 直线极化波

若电场强度的 x 分量和 y 分量的相位相同或相差 π，即 $\varphi_y - \varphi_x = 0$ 或 $\pm\pi$ 时，则合成波为直线极化波。

当 $\varphi_y - \varphi_x = 0$ 时，可得到合成波电场强度的大小为

$$E = \sqrt{E_x^2 + E_y^2} = \sqrt{E_{xm}^2 + E_{ym}^2}\cos(\omega t + \varphi_x) \tag{5.34}$$

合成波电场与 x 轴夹角为

$$\alpha = \arctan\frac{E_y}{E_x} = \arctan\frac{E_{ym}}{E_{xm}} = \text{const} \tag{5.35}$$

由此可见，合成波电场的大小虽然随时间变化，但其矢量端点的运动轨迹与 x 轴夹角始终保持不变，如图5.7所示，因此为直线极化波。

对 $\varphi_x - \varphi_y = \pm\pi$ 的情况，可类似讨论。

从以上讨论可以得出结论：任何两个不同频率、同传播方向且极化方向互相垂直的线极化波，当它们的相位相同或相差为 π 时，其合成波为线极化波。

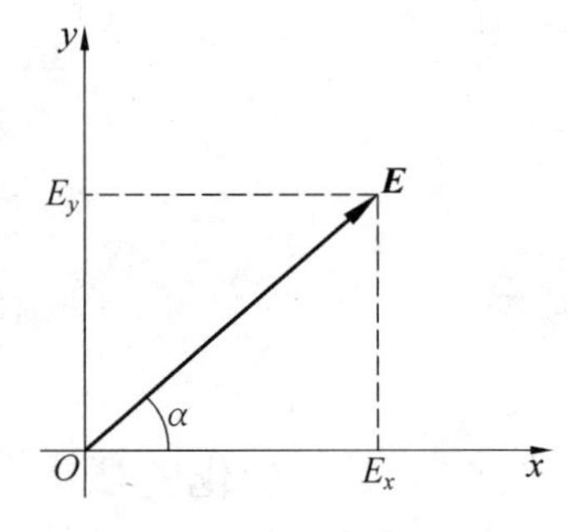

图 5.7　直线极化

5.2.3 圆极化波

若电场分量的 x 分量和 y 分量的振幅相等，但相位相差为 $\frac{\pi}{2}$，即 $E_{xm} = E_{ym} = E_m$、$\varphi_y - \varphi_x = \pm\frac{\pi}{2}$ 时，则合成波为圆极化波。

当 $\varphi_y - \varphi_x = \frac{\pi}{2}$ 时，即 $\varphi_y = \frac{\pi}{2} + \varphi_x$，由式(5.32)和式(5.33)可得

$$E_x = E_m\cos(\omega t + \varphi_x)$$

$$E_y = E_m\cos(\omega t + \varphi_x + \frac{\pi}{2}) = -E_m\sin(\omega t + \varphi_x)$$

故合成波电场强度大小为

$$E = \sqrt{E_x^2 + E_y^2} = E_m = \text{const} \tag{5.36}$$

合成波电场与 x 轴的夹角为

$$\alpha = \arctan\frac{E_y}{E_x} = -(\omega t + \varphi_x) \tag{5.37}$$

由此可见，合成电磁波的方向随时间变化，其端点轨迹在一个圆上并以角速度 ω 旋转，称为圆极化波。

由式(5.37)可知，当时间 t 的值逐渐增加时，电场 $\boldsymbol{E}$ 的端点沿顺时针方向旋转。若以左手大拇指指向波的传播方向(这里为 z 方向)，则其余四指的转向与电场 $\boldsymbol{E}$ 的端点运动方向一致，故将图5.8所示的圆极化波称为左旋圆极化波。

对于 $\varphi_y - \varphi_x = -\frac{\pi}{2}$ 的情况，可类似讨论。此时，合成波电场与 x 轴夹角为

$$\alpha = \arctan\frac{E_y}{E_x} = \omega t + \varphi_x \tag{5.38}$$

由此可见，随时间 t 逐渐增加时，电场 $\boldsymbol{E}$ 的端点沿逆时针方向旋转，如图 5.9 所示。若以右手大拇指指向波的传播方向（这里为 z 方向），则其余四指的转向与电场 $\boldsymbol{E}$ 的端点运动方向一致，故将图 5.9 所示的圆极化波称为右旋圆极化波。

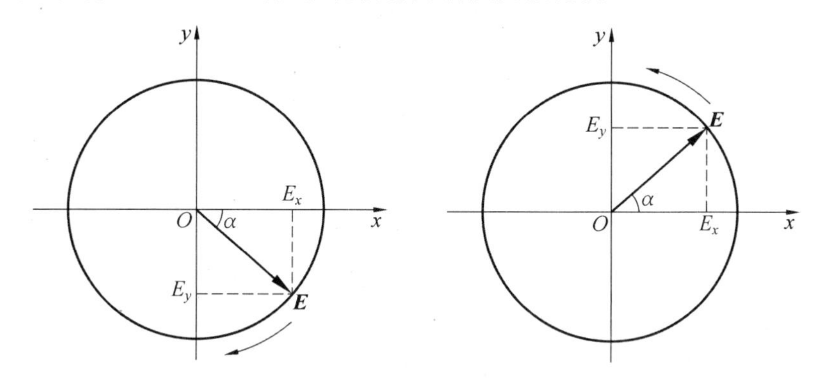

图 5.8　左旋圆极化波　　　图 5.9　右旋圆极化波

任何两个同频率、同传播方向且极化方向互相垂直的线极化波，当它们的振幅相等且相位差为 $\pm\frac{\pi}{2}$ 时，其合成波都为圆极化波。

线极化波的极化方向是固定的，而圆极化波的极化方向是随着时间旋转的，对于弹载天线，若天线收发的是垂直或水平极化波，则容易出现导弹因变换姿态导致天线无法收发信号的情况，而采用圆极化波则可以确保不论导弹处于何种姿态均能够正常收发电磁波信号。

5.2.4　椭圆极化波

当电场的两个分量的振幅和相位都不相等，称为椭圆极化波，电场既不是线极化波，又不是圆极化波时，则一定为椭圆极化波。椭圆极化波是最一般的电磁波极化形式。

为简单起见，在式(5.32) 和式(5.33) 中，取 $\varphi_x=0$、$\varphi_y=\varphi$，有

$$E_x=E_{xm}\cos\omega t$$

$$E_y=E_{ym}\cos(\omega t+\varphi)$$

由此二式中消去 t，可以得到

$$\frac{E_x^2}{E_{xm}^2}+\frac{E_y^2}{E_{ym}^2}-\frac{2E_xE_y}{E_{xm}E_{ym}}\cos\varphi=\sin^2\varphi \tag{5.39}$$

这是一个椭圆方程，故合成波电场 $\boldsymbol{E}$ 的端点在一个椭圆上旋转，如图 5.10 所示。当 $0<\varphi<\pi$ 时，它沿顺时针方向旋转，为左旋椭圆极化；当 $-\pi<\varphi<0$ 时，它沿逆时针方向旋转，为右旋椭圆极化。可以证明，椭圆的长轴与 x 轴的夹角 θ 由下式确定：

$$\tan 2\theta=\frac{2E_{xm}E_{ym}}{E_{xm}^2+E_{ym}^2}\cos\varphi \tag{5.40}$$

直线极化和圆极化都可看作椭圆极化的特例。

以上讨论了两个正交的线极化波的合成波的极化情况，它可以是线极化波，或圆极化波，或椭圆极化波。反之，任一线极化波、圆极化波或椭圆极化波也可以分解为两个正交的线极化波。而且一个线极化波还可以分解为两个振幅相等但旋向相反的圆极化波；一

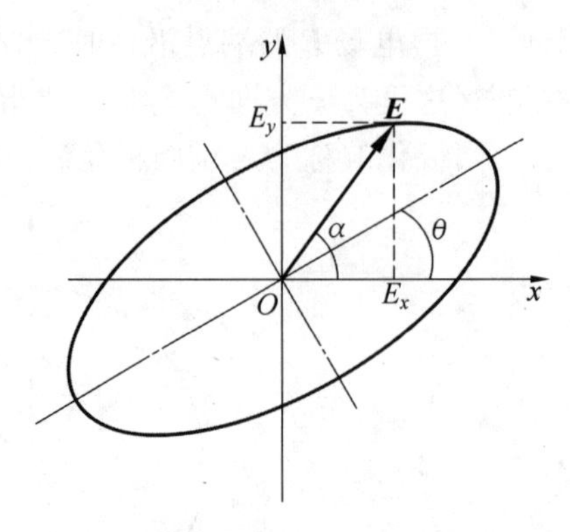

图 5.10　椭圆极化

个椭圆极化波也可以分解为两个旋向相反的圆极化波，但振幅不相等。

例 5.5　判别下列均匀平面波的极化形式：

(1)$\boldsymbol{E}(z,t)=\boldsymbol{a}_xE_{\rm m}\sin(\omega t-kz-\frac{\pi}{4})+\boldsymbol{a}_yE_{\rm m}\cos(\omega t-kz+\frac{\pi}{4})$。

(2)$\boldsymbol{E}(z)=\boldsymbol{a}_x{\rm j}E_{\rm m}{\rm e}^{{\rm j}kz}-\boldsymbol{a}_yE_{\rm m}{\rm e}^{{\rm j}kz}$。

(3)$\boldsymbol{E}(z,t)=\boldsymbol{a}_xE_{\rm m}\cos(\omega t-kz)+\boldsymbol{a}_yE_{\rm m}\sin(\omega t-kz+\frac{\pi}{4})$。

解　(1) 由于

$$E_x(z,t)=E_{\rm m}\sin(\omega t-kz-\frac{\pi}{4})=E_{\rm m}\cos(\omega t-kz-\frac{\pi}{4}-\frac{\pi}{2})$$

$$=E_{\rm m}\cos(\omega t-kz-\frac{3\pi}{4})$$

所以

$$\varphi_y-\varphi_x=\frac{\pi}{4}-\left(-\frac{3\pi}{4}\right)=\pi$$

这是一个线极化波，合成波电场与 x 轴的夹角为

$$\alpha=\arctan\frac{\boldsymbol{E}_y}{\boldsymbol{E}_x}=\arctan(-1)=-\frac{\pi}{4}$$

(2) 由于

$$E_x(z,t)={\rm Re}[{\rm j}E_{\rm m}{\rm e}^{{\rm j}kz}{\rm e}^{{\rm j}\omega t}]=E_{\rm m}\cos\left(\omega t+kz+\frac{\pi}{2}\right)$$

$$E_y(z,t)={\rm Re}[-E_{\rm m}{\rm e}^{{\rm j}kz}{\rm e}^{{\rm j}\omega t}]=E_{\rm m}\cos(\omega t+kz+\pi)$$

所以

$$\varphi_y-\varphi_x=\pi-\frac{\pi}{2}=\frac{\pi}{2}$$

此波的传播方向为 $-z$ 轴方向，与图 5.8 所示的圆极化波的传播方向相反，故应为右旋圆极化波。

(3) 由于 $E_y(z,t)=E_{\rm m}\sin\left(\omega t-kz+\frac{\pi}{4}\right)=E_{\rm m}\cos\left(\omega t-kz-\frac{\pi}{4}\right)$，所以

$$\varphi_y-\varphi_x=-\frac{\pi}{4}$$

此波沿 $+z$ 轴方向传播，故应为右旋椭圆极化波。

例 5.6　已知一线极化波的电场 $\boldsymbol{E}(z)=\boldsymbol{a}_x E_{\mathrm{m}}\mathrm{e}^{-\mathrm{j}kz}+\boldsymbol{a}_y E_{\mathrm{m}}\mathrm{e}^{-\mathrm{j}kz}$，将其分解为两个振幅相等、旋向相反的圆极化波。

解　设两个振幅相等、旋向相反的圆极化波分别为

$$\boldsymbol{E}_1(z)=(\boldsymbol{a}_x+\mathrm{j}\boldsymbol{a}_y)E_{1\mathrm{m}}\mathrm{e}^{-\mathrm{j}kz},\quad \boldsymbol{E}_2(z)=(\boldsymbol{a}_x-\mathrm{j}\boldsymbol{a}_y)E_{2\mathrm{m}}\mathrm{e}^{-\mathrm{j}kz}$$

式中，$E_{1\mathrm{m}}$ 和 $E_{2\mathrm{m}}$ 为待定常数。令

$$\boldsymbol{E}_1(z)+\boldsymbol{E}_2(z)=\boldsymbol{E}(z)$$

即

$$(\boldsymbol{a}_x+\mathrm{j}\boldsymbol{a}_y)E_{1\mathrm{m}}\mathrm{e}^{-\mathrm{j}kz}+(\boldsymbol{a}_x-\mathrm{j}\boldsymbol{a}_y)E_{2\mathrm{m}}\mathrm{e}^{-\mathrm{j}kz}=\boldsymbol{a}_x E_{\mathrm{m}}\mathrm{e}^{-\mathrm{j}kz}+\boldsymbol{a}_y E_{\mathrm{m}}\mathrm{e}^{-\mathrm{j}kz}$$

由此可解得

$$E_{1\mathrm{m}}=\frac{E_{\mathrm{m}}}{2}(1-\mathrm{j})=\frac{E_{\mathrm{m}}}{\sqrt{2}}\mathrm{e}^{-\mathrm{j}\pi/4},\quad E_{2\mathrm{m}}=\frac{E_{\mathrm{m}}}{2}(1+\mathrm{j})=\frac{E_{\mathrm{m}}}{\sqrt{2}}\mathrm{e}^{\mathrm{j}\pi/4}$$

显然有 $|E_{1\mathrm{m}}|=|E_{2\mathrm{m}}|=\dfrac{E_{2\mathrm{m}}}{\sqrt{2}}$。故两个振幅相等、旋向相反的圆极化波分别为

$$\boldsymbol{E}_1(z)=(\boldsymbol{a}_x+\mathrm{j}\boldsymbol{a}_y)\frac{E_{\mathrm{m}}}{\sqrt{2}}\mathrm{e}^{-\mathrm{j}\pi/4}\mathrm{e}^{-\mathrm{j}kz},\quad \boldsymbol{E}_2(z)=(\boldsymbol{a}_x-\mathrm{j}\boldsymbol{a}_y)\frac{E_{\mathrm{m}}}{\sqrt{2}}\mathrm{e}^{\mathrm{j}\pi/4}\mathrm{e}^{-\mathrm{j}kz}$$

5.3　均匀平面波在导电介质中的传播

在导电介质中，电导率 $\sigma\neq 0$，当电磁波在导电介质中传播时，依据欧姆定律，必然有传导电流 $\boldsymbol{J}=\sigma\boldsymbol{E}$。因而，均匀平面波在导电介质中的传播特性与无损耗介质的情况不同。

在均匀的导电介质中，由

$$\nabla\times\boldsymbol{H}=\boldsymbol{J}+\mathrm{j}\omega\varepsilon\boldsymbol{E}=\mathrm{j}\omega\left(\varepsilon-\mathrm{j}\frac{\sigma}{\omega}\right)\boldsymbol{E}=\mathrm{j}\omega\varepsilon_{\mathrm{c}}\boldsymbol{E}$$

可得到

$$\nabla\cdot\boldsymbol{E}=\frac{1}{\mathrm{j}\omega\varepsilon_{\mathrm{c}}}\nabla\cdot(\nabla\times\boldsymbol{H})=0\tag{5.41}$$

因此可见，在均匀的导电介质中，虽然传导电流密度 $\boldsymbol{J}\neq\boldsymbol{0}$，但不存在自由电荷密度，即 $\rho=0$。

在均匀的导电介质中，电场 $\boldsymbol{E}$ 和磁场 $\boldsymbol{H}$ 满足的亥姆霍兹方程为

$$(\nabla^2+k_{\mathrm{c}}^2)\boldsymbol{E}=0\tag{5.42}$$

$$(\nabla^2+k_{\mathrm{c}}^2)\boldsymbol{H}=0\tag{5.43}$$

式中

$$k_{\mathrm{c}}=\omega\sqrt{\mu\varepsilon_{\mathrm{c}}}\tag{5.44}$$

为导电介质中的波数，为一复数。

在讨论导电介质中电磁波的传播时，通常将式(5.42) 和式(5.43) 写为

$$(\nabla^2-\gamma^2)\boldsymbol{E}=0\tag{5.45}$$

$$(\nabla^2-\gamma^2)\boldsymbol{H}=0 \tag{5.46}$$

式中

$$\gamma=\mathrm{j}k_{\mathrm{c}}=\mathrm{j}\omega\sqrt{\mu\varepsilon_{\mathrm{c}}} \tag{5.47}$$

称为传播系数,仍为一复数。

这里仍然假定电磁波是沿 $+z$ 轴方向传播的均匀平面波,且电场只有 E_x 分量,则式(5.45)的解为

$$\boldsymbol{E}=\boldsymbol{a}_xE_x=\boldsymbol{a}_xE_{x\mathrm{m}}\mathrm{e}^{-\gamma z} \tag{5.48}$$

由于 γ 是复数,令 $\gamma=\alpha+\mathrm{j}\beta$,代入上式得

$$\boldsymbol{E}=\boldsymbol{a}_xE_{x\mathrm{m}}\mathrm{e}^{-\alpha z}\mathrm{e}^{-\mathrm{j}\beta z} \tag{5.49}$$

式中,第一个因子 $\mathrm{e}^{-\alpha z}$ 表示电场的振幅随传播距离 z 的增加而呈指数衰减,因而称为衰减因子,α 则称为衰减系数,表示电磁波每传播一个单位距离,其振幅的衰减量,单位为 Np/m;第二个因子 $\mathrm{e}^{-\mathrm{j}\beta z}$ 是相位因子,β 称为相位系数,其单位为 rad/m。把式(5.42)及式(5.43)中的 k_{c}^2 改写为式(5.45)及式(5.46)中的 $-\gamma^2$,有利于凑成 $\gamma=\alpha+\mathrm{j}\beta$ 的形式,且 α 代表衰减,$-\alpha$ 代表增益,$\mathrm{j}\beta$ 代表传输。如果不做上述改写,则 $\gamma=\beta-\mathrm{j}\alpha$,$\beta$ 代表传输,α 代表增益,$-\alpha$ 代表衰减。一般采用 $\gamma=\alpha+\mathrm{j}\beta$ 的形式。

与式(5.49)对应的瞬时值形式为

$$\boldsymbol{E}(z,t)=\mathrm{Re}[E(z)\mathrm{e}^{\mathrm{j}\omega t}]=\mathrm{Re}[\boldsymbol{a}_xE_{x\mathrm{m}}\mathrm{e}^{-\alpha z}\mathrm{e}^{-\mathrm{j}\beta z}\mathrm{e}^{\mathrm{j}\omega t}]=\boldsymbol{a}_xE_{x\mathrm{m}}\mathrm{e}^{-\alpha z}\cos(\omega t-\beta z) \tag{5.50}$$

由方程 $\nabla\times\boldsymbol{E}=-\mathrm{j}\omega\mu\boldsymbol{H}$,可得到导电介质中的磁场强度为

$$\boldsymbol{H}=\boldsymbol{a}_y\sqrt{\frac{\varepsilon_{\mathrm{c}}}{\mu}}E_{x\mathrm{m}}\mathrm{e}^{-\gamma z}=\boldsymbol{a}_y\frac{1}{\eta_{\mathrm{c}}}E_{x\mathrm{m}}\mathrm{e}^{-\gamma z} \tag{5.51}$$

式中

$$\eta_{\mathrm{c}}=\sqrt{\frac{\mu}{\varepsilon_{\mathrm{c}}}} \tag{5.52}$$

为导电介质的本征阻抗。η_{c} 为一复数,常将其表示为

$$\eta_{\mathrm{c}}=|\eta_{\mathrm{c}}|\mathrm{e}^{\mathrm{j}\varphi} \tag{5.53}$$

由此可知,在导电介质中,磁场与电场的相位不相同。将 $\varepsilon_{\mathrm{c}}=\varepsilon-\mathrm{j}\sigma/\omega$ 代入式(5.52),可得到

$$\eta_{\mathrm{c}}=\sqrt{\frac{\mu}{\varepsilon-\mathrm{j}\sigma/\omega}}=\left(\frac{\mu}{\varepsilon}\right)^{\frac{1}{2}}\left[1+\left(\frac{\sigma}{\omega\varepsilon}\right)^2\right]^{-\frac{1}{4}}\mathrm{e}^{\mathrm{j}\frac{1}{2}\arctan\frac{\sigma}{\omega\varepsilon}}$$

即

$$|\eta_{\mathrm{c}}|=\left(\frac{\mu}{\varepsilon}\right)^{\frac{1}{2}}\left[1+\left(\frac{\sigma}{\omega\varepsilon}\right)^2\right]^{\frac{1}{4}}$$

$$\varphi=\frac{1}{2}\arctan\frac{\sigma}{\omega\varepsilon} \tag{5.54}$$

由式(5.51)可得出,磁场强度矢量与电场强度矢量之间满足关系

$$\boldsymbol{H}=\frac{1}{|\eta_{\mathrm{c}}|}\boldsymbol{a}_x\times\boldsymbol{E} \tag{5.55}$$

这表明,在导电介质中,电场 $\boldsymbol{E}$、磁场 $\boldsymbol{H}$ 与传播方向 $\boldsymbol{a}_x$ 之间仍然相互垂直,并遵循右手螺

旋关系，如图 5.11 所示。

由 $\gamma=\alpha+\mathrm{j}\beta$ 和式(5.47)，可得

$$\gamma^2=\alpha^2-\beta^2+\mathrm{j}2\alpha\beta=-\omega^2\mu\varepsilon_c=-\omega^2\mu\varepsilon+\mathrm{j}\omega\sigma$$

由此可解得

$$\alpha=\omega\sqrt{\frac{\mu\varepsilon}{2}\left[\sqrt{1+\left(\frac{\sigma}{\omega\varepsilon}\right)^2}-1\right]} \tag{5.56a}$$

$$\beta=\omega\sqrt{\frac{\mu\varepsilon}{2}\left[\sqrt{1+\left(\frac{\sigma}{\omega\varepsilon}\right)^2}+1\right]} \tag{5.56b}$$

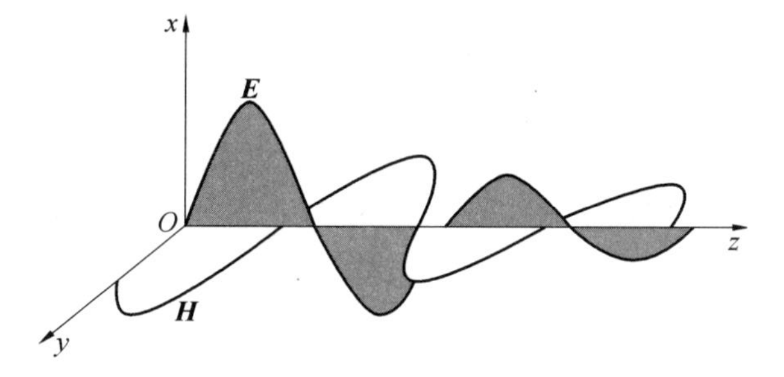

图 5.11　导电介质中的电场和磁场

电磁波的相速 $v=\dfrac{\omega}{\beta}$ 是频率的函数，即在同一种导电介质中，不同频率的电磁波的相速是不同的，这种现象称为色散，相应的介质称为色散介质，故导电介质是色散介质。

由式(5.49) 和式(5.51) 可得到导电介质中的平均电场能量密度和平均磁场能量密度分别为

$$w_{\mathrm{eav}}=\frac{1}{4}\mathrm{Re}[\varepsilon_c\boldsymbol{E}\cdot\boldsymbol{E}^*]=\frac{\varepsilon}{4}E_{x\mathrm{m}}^2\mathrm{e}^{-2\alpha z} \tag{5.57}$$

$$w_{\mathrm{mav}}=\frac{1}{4}\mathrm{Re}[\mu\boldsymbol{H}\cdot\boldsymbol{H}^*]=\frac{\mu}{4}\frac{E_{x\mathrm{m}}^2}{|\eta_c|^2}\mathrm{e}^{-2\alpha z}=\frac{\varepsilon}{4}E_{x\mathrm{m}}^2\mathrm{e}^{-2\alpha z}\left[1+\left(\frac{\sigma}{\omega\varepsilon}\right)^2\right]^{\frac{1}{2}} \tag{5.58}$$

由此可见，在导电介质中，平均磁场能量密度大于平均电场能量密度。只有当 $\sigma=0$ 时，才有 $w_{\mathrm{eav}}=w_{\mathrm{mav}}$。

在导电介质中，平均坡印廷矢量为

$$\begin{aligned}\boldsymbol{S}_{\mathrm{av}}&=\frac{1}{2}\mathrm{Re}[\boldsymbol{E}\times\boldsymbol{H}^*]=\frac{1}{2}\mathrm{Re}\left[\boldsymbol{E}\times\left(\frac{1}{\eta_c}\boldsymbol{a}_x\times\boldsymbol{E}\right)^*\right]\\&=\frac{1}{2}\mathrm{Re}\left[\boldsymbol{a}_x\ |\boldsymbol{E}|^2\frac{1}{|\eta_c|}\mathrm{e}^{\mathrm{j}\varphi}\right]=\boldsymbol{a}_x\frac{1}{2|\eta_c|}\ |\boldsymbol{E}|^2\cos\varphi\end{aligned} \tag{5.59}$$

综合以上的讨论，可将导电介质中的平均平面波的传播特点归纳为：

① 电场 $\boldsymbol{E}$、磁场 $\boldsymbol{H}$ 与传播方向 $\boldsymbol{a}_x$ 之间相互垂直，仍然是横电磁波(TEM 波)。

② 电场与磁场的振幅呈指数衰减。

③ 波阻抗为复数，电场与磁场不同相位。

④ 电磁波的相速与频率有关。

⑤ 平均磁场能量密度大于平均电场能量密度。

例5.7 一沿x方向极化的线极化波在海水中传播，取$+z$轴方向为传播方向。已知海水的介质参数为$\varepsilon_r=81$、$\mu_r=1$、$\sigma=4$ S/m，在$z=0$处的电场$E_x=100\cos(10^7\pi t)$ V/m。求：

(1) 衰减常数、相位常数、本征阻抗、相速、波长及趋肤深度。

(2) 电场强度幅值减小为$z=0$处的1/1 000时，波传播的距离。

(3) $z=0.8$ m处的电场$\boldsymbol{E}$和磁场$\boldsymbol{H}$的瞬时表达式。

(4) $z=0.8$ m处穿过1 m^2面积的平均功率。

解 (1) 根据题意，有

$$\omega=10^7\pi\ \text{rad/m},\quad f=\frac{\omega}{2\pi}=\frac{10^7\pi}{2\pi}=5\times10^6(\text{Hz})$$

所以

$$\frac{\sigma}{\omega\varepsilon}=\frac{4}{10^7\pi\times\left(\dfrac{1}{36\pi}\times10^{-9}\right)\times80}=180\gg1$$

此时海水可视为良导体，故衰减常数为

$$\alpha=\sqrt{\pi f\mu\sigma}=\sqrt{\pi\times5\times10^6\times4\pi\times10^{-7}\times4}=8.89(\text{Np/m})$$

相位常数

$$\beta=\alpha=8.89(\text{rad/m})$$

本征阻抗为

$$\eta_c=\sqrt{\frac{\omega\mu}{\sigma}}e^{j\frac{\pi}{4}}=\sqrt{\frac{10^7\pi\times4\pi\times10^{-7}}{4}}e^{j\frac{\pi}{4}}=\pi e^{j\frac{\pi}{4}}(\Omega)$$

相速为

$$v=\frac{\omega}{\beta}=\frac{10^7\pi}{8.89}=3.53\times10^6(\text{m/s})$$

波长为

$$\lambda=\frac{2\pi}{\beta}=\frac{2\pi}{8.89}=0.707\ (\text{m})$$

趋肤深度为

$$\delta=\frac{1}{\alpha}=\frac{1}{8.89}=0.112\ (\text{m})$$

(2) 令$e^{-\alpha z}=1/1\,000$，即$e^{\alpha z}=1\,000$，由此得到电场强度幅值减小为$z=0$处的1/1 000时，波传播的距离为

$$z=\frac{1}{\alpha}\ln 1\,000=\frac{3\times2.302}{8.89}=0.777\ (\text{m})$$

(3) 根据题意，电场的瞬时表达式为

$$\boldsymbol{E}=\boldsymbol{E}(z,t)=\boldsymbol{a}_x100e^{-8.89z}\cos(10^7t-8.89z)\ (\text{V/m})$$

故在$z=0.8$ m处，电场的瞬时表达式为

$$\begin{aligned}\boldsymbol{E}(0.8,t)&=\boldsymbol{a}_x\ 100e^{-8.89\times0.8}\cos(10^7\pi t-8.89\times0.8)\\&=\boldsymbol{a}_x0.082\cos(10^7\pi t-7.11)\ (\text{V/m})\end{aligned}$$

磁场的瞬时表达式为

$$\boldsymbol{H}(0.8,t)=\boldsymbol{a}_y\frac{100\mathrm{e}^{-8.89\times0.8}}{|\eta_c|}\cos\left(10^7\pi-8.89\times0.8-\frac{\pi}{4}\right)$$
$$=\boldsymbol{a}_y0.026\cos(10^7\pi t-1.61)\ (\mathrm{A/m})$$

(4) 在 $z=0.8$ m 处的平均坡印廷矢量为

$$\boldsymbol{S}_{\mathrm{av}}=\boldsymbol{a}_x\frac{1}{2|\eta_c|}E_{xm}^2\mathrm{e}^{-2\alpha z}\cos\varphi=\boldsymbol{a}_x\frac{100^2}{2\pi}\mathrm{e}^{-2\times8.89\times0.8}\cos\frac{\pi}{4}=\boldsymbol{a}_x0.75\ (\mathrm{mW/m^2})$$

故穿过1 m^2 的平均功率为

$$P_{\mathrm{av}}=0.75\ \mathrm{mW}$$

由以上的计算结果可知，电磁波在海水中传播时衰减很快，尤其在高频时，衰减更为严重，这给潜艇之间的通信带来了很大的困难。若要保持低衰减，工作频率必须很低，但即使在1 kHz的低频下，衰减仍然很明显。图5.12所示是频率在10 Hz ~ 10 kHz范围内，海水中趋肤深度的变化曲线。

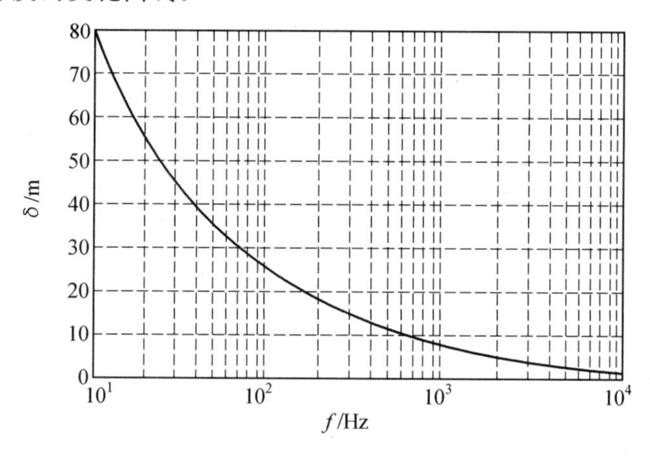

图5.12　海水中的趋肤深度随频率变化的曲线

例5.8　在进行电磁测量时，为了防止室内的电子设备受到外界电磁场的干扰，可采用金属铜板构造屏蔽室，通常铜板厚度大于5δ就能满足要求。若要求屏蔽的电磁干扰频率范围为10 kHz ~ 100 MHz，试计算至少需要多厚的铜板才能达到要求？(铜的参数为 $\mu=\mu_0$、$\varepsilon=\varepsilon_0$、$\sigma=5.8\times10^7$ S/m)

解　对于频率范围的低端 $f_{\mathrm{L}}=10$ kHz，有

$$\frac{\sigma}{\omega_{\mathrm{L}}\varepsilon}=\frac{5.8\times10^7}{2\pi\times10^4\times\frac{1}{36\pi}\times10^{-9}}=1.04\times10^{14}\gg1$$

对于频率范围的高端 $f_{\mathrm{H}}=100$ MHz，有

$$\frac{\sigma}{\omega_{\mathrm{H}}\varepsilon}=\frac{5.8\times10^7}{2\pi\times10^8\times\frac{1}{36\pi}\times10^{-9}}=1.04\times10^{10}\gg1$$

由此可见，在要求的频率范围内均可将铜视为良导体，故

$$\delta_{\mathrm{L}}=\frac{1}{\sqrt{\pi f_{\mathrm{L}}\mu\sigma}}=\frac{1}{\sqrt{\pi\times10^4\times4\pi\times10^{-7}\times5.8\times10^7}}\mathrm{m}=0.66\ \mathrm{mm}$$

$$\delta_H = \frac{1}{\sqrt{\pi f_H \mu\sigma}} = \frac{1}{\sqrt{\pi \times 10^8 \times 4\pi \times 10^{-7} \times 5.8 \times 10^7}}\ \text{m} = 6.6\ \mu\text{m}$$

为了满足给定的频率范围内的屏蔽要求，δ 应取 δ_L 与 δ_H 中的较大值，即 0.66 mm，铜板的厚度 d 至少应为

$$d = 5\delta_L = 3.3\ \text{mm}$$

5.4　色散、相速和群速

不同频率的电磁波在同一介质中具有不同的相速度的现象称为电磁波的色散。一个任意波形的信号总可以看成是由许多时谐波叠加而成的，每一时谐波传播的相速由介质的参数 ε、μ 和 σ 确定。若介质的参数 ε、μ 和 σ 与频率有关，则是色散介质，在其中传播的电磁波必然要发生色散。下面介绍由洛伦兹给出的简单的色散介质模型和由此导出的色散关系。

前几节讨论了以 $\cos(\omega t - \beta z)$ 表示其相位变化的均匀平面电磁波，这种在时间、空间上无限延伸的单一频率的电磁波称为单色波。一个单一频率的正弦电磁波不能传递任何信息，并且理想的单频正弦电磁波实际上也是不存在的。实际工程中的电磁波在时间和空间上是有限的，它由不同频率的正弦波(谐波)叠加而成，称为非单色波。非单色波在传播过程中，由于各谐波分量的相速度不同而使其相对相位关系发生变化，从而引起波形(信号)的畸变。在色散介质中，不同频率分量的单色波各以不同的相速度传播，那么，由不同频率的单色散叠加而成的电磁波信号在介质中是以何速度传播的呢？下面来讨论一个情况。假定色散介质中同时存在着两个电磁场强度方向相同、振幅相同、频率不同，向 z 方向传播的正弦波极化电磁波，它们的角频率和相位常数分别为

$$\omega_0 + \Delta\omega \text{ 和 } \omega_0 - \Delta\omega, \quad \beta_0 + \Delta\beta \text{ 和 } \beta_0 - \Delta\beta$$

且有

$$\Delta\omega \ll \omega_0, \quad \Delta\beta \ll \beta_0$$

电场强度表达式为

$$\boldsymbol{E}_1 = \boldsymbol{E}_0 \cos[(\omega_0 + \Delta\omega)t - (\beta_0 + \Delta\beta)z]$$
$$\boldsymbol{E}_2 = \boldsymbol{E}_0 \cos[(\omega_0 - \Delta\omega)t - (\beta_0 - \Delta\beta)z]$$

合成电磁波的电场强度表达式为

$$\begin{aligned}\boldsymbol{E}(t) &= \boldsymbol{E}_0 \cos[(\omega_0 + \Delta\omega)t - (\beta_0 + \Delta\beta)z] + \boldsymbol{E}_0 \cos[(\omega_0 - \Delta\omega)t - (\beta_0 - \Delta\beta)z] \\ &= 2\boldsymbol{E}_0 \cos(t\Delta\omega - z\Delta\beta)\cos(\omega_0 t - \beta_0 z)\end{aligned}$$

可以将上式看成角频率是 ω_0 而振幅按 $\cos(t\Delta\omega - z\Delta\beta)$ 缓慢变化的向 z 方向传播的行波。

图 5.13 所示为固定时刻此合成波随 z 的分布(这里 $f_0 = 1$ MHz，$\Delta f = 100$ kHz，$E_0 = 1$ V/m)，可见，这是按一定周期排列的波群。随着时间的推移，波群向 $+z$ 方向运动，合成波的振幅随时间按余弦变化，是一调谐波。调制的频率为这个按余弦变化的调制波，称为包络波(图 5.13 中的虚线)。群速(Group Velocity)的定义是包络波上某一恒定相位点推进的速度。令调制波的相位为常数：

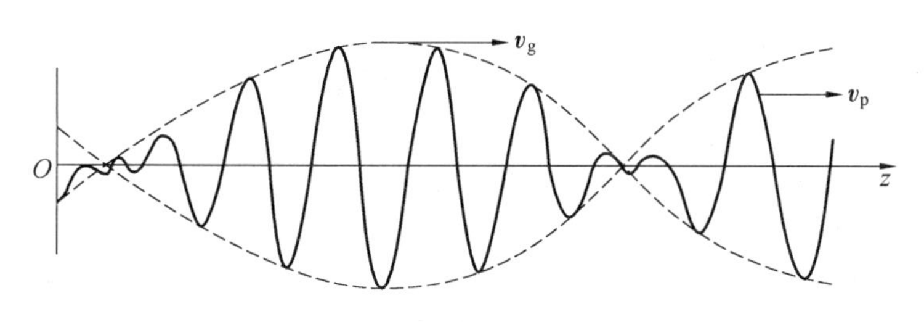

图 5.13　相速与群速

$$t\Delta\omega - z\Delta\beta = \text{const}$$

由此得

$$v_g = \frac{dz}{dt} = \frac{\Delta\omega}{\Delta\beta}$$

称 v_g 为电磁波的群速度，上式可写成

$$v_g = \frac{d\omega}{d\beta}(\text{m/s})$$

由于群速是波的包络波上一个点传播速度，只有当包络的形状不随波的传播而变化时，它才有意义，若信号频谱很宽，则信号包络在传播过程中将发生畸变，只是对窄频带信号群速才有意义。

对于非色散波，在介质无色散的情况下，$\beta = \omega\sqrt{\mu\varepsilon}$，而 ε、μ 与频率无关，因此

$$v_g = \frac{d\omega}{d\beta}\bigg|_{\omega=\omega_0} = \frac{1}{\sqrt{\mu\varepsilon}} = \frac{\omega}{\beta} = v_p$$

即群速和相速相等。

在色散介质中，

$$v_g = \frac{d\omega}{d\beta}\bigg|_{\omega=\omega_0} = v_p + \frac{\omega_0}{v_p}\frac{dv_p}{d\omega}v_g\bigg|_{\omega=\omega_0}$$

从而得

$$v_g = \frac{v_p}{1 - \dfrac{\omega_0}{v_p}\dfrac{dv_p}{d\omega}v_g\bigg|_{\omega=\omega_0}}$$

可见，当 $\dfrac{dv_p}{d\omega} = 0$ 时，则是无色散情况，群速等于相速；当 $\dfrac{dv_p}{d\omega} \neq 0$ 时，相速是频率的函数，$v_p \neq v_g$。这时又分两种情况：

(1) $\dfrac{dv_p}{d\omega} < 0$，则 $v_p < v_g$，这类色散称为正常色散。

(2) $\dfrac{dv_p}{d\omega} > 0$，则 $v_p > v_g$，这类色散称为非正常色散。

群速及相速的区别可用下面一个例子来说明：一列载有一套正在工作的走马灯的向前行驶的火车。走马灯的速度就是相速，而火车的速度是群速。走马灯的速度并非是实际速度，相速是可以超过光速的，而群速不能超过光速。

本章小结

(1) 理想介质中的均匀平面波的传播特点可归纳为：

① 电场 $\boldsymbol{E}$、磁场 $\boldsymbol{H}$ 与传播方向 $\boldsymbol{a}_z$ 之间相互垂直，是横电磁波(TEM 波)。

② 电场与磁场的振幅不变。

③ 波阻抗为实数，即电场与磁场同相位。

④ 电磁波的相速与频率无关。

⑤ 电场能量密度等于磁场能量密度。

(2) 电场矢量的端点运动轨迹取决于 E_x 和 E_y 分量的振幅和相位。依照 E_x 和 E_y 分量的振幅和相位之间的数学关系，可将轨迹分为直线、圆及椭圆三种。若该轨迹是直线，则称为直线极化；若轨迹是圆，则称为圆极化；若介于直线及圆之间，则称为椭圆极化。

(3) 相移常数一般写作 $\gamma=\alpha+\mathrm{j}\beta$ 的形式。α 称为衰减常数，表示电磁波每传播一个单位距离，其振幅的衰减量，单位为 Np/m；β 称为相位常数，其单位为 rad/m。

(4) 导电介质中的平均平面波的传播特点归纳为：

① 电场 $\boldsymbol{E}$、磁场 $\boldsymbol{H}$ 与传播方向 $\boldsymbol{a}_x$ 之间相互垂直，仍然是横电磁波(TEM 波)。

② 电场与磁场的振幅呈指数衰减。

③ 波阻抗为复数，电场与磁场相位不同。

④ 电磁波的相速与频率有关。

⑤ 平均磁场能量密度大于平均电场能量密度。

(5) 群速 $v_{\mathrm{g}}=\dfrac{\mathrm{d}z}{\mathrm{d}t}=\dfrac{\Delta\omega}{\Delta\beta}$。当 $\dfrac{\mathrm{d}v_{\mathrm{p}}}{\mathrm{d}\omega}=0$ 时，则是无色散情况，群速等于相速；当 $\dfrac{\mathrm{d}v_{\mathrm{p}}}{\mathrm{d}\omega}\neq 0$ 时，相速是频率的函数，$v_{\mathrm{p}}\neq v_{\mathrm{g}}$。

习　　题

5－1　在自由空间中，已知电场 $\boldsymbol{E}(z,t)=\boldsymbol{a}_y 10^3\sin(\omega t-\beta z)$ V/m，试求磁场强度 $\boldsymbol{H}(z,t)$。

5－2　理想介质(参数为 $\mu=\mu_0$、$\varepsilon=\varepsilon_0\varepsilon_r$、$\sigma=0$) 中有一均匀平面波沿 x 方向传播，已知其电场瞬时值表达式为

$$\boldsymbol{E}(x,t)=\boldsymbol{a}_y 377\cos(10^9 t-5x)\,\mathrm{V/m}$$

试求：(1) 该理想介质的相对介电常数。

(2) 与 $E(x,t)$ 相伴的磁场 $H(x,t)$。

(3) 该平面波的平均功率密度。

5－3　在空气中，沿 $\boldsymbol{a}_y$ 方向传播的均匀平面波的频率 $f=400$ MHz。当 $y=0.5$ m、$t=0.2$ ns 时，电场强度 $\boldsymbol{E}$ 的最大值为 250 V/m，表征其方向的单位矢量为 $0.6\boldsymbol{a}_x-0.8\boldsymbol{a}_z$。试求电场 $\boldsymbol{E}$ 和磁场 $\boldsymbol{H}$ 的瞬时表达式。

5－4　有一均匀平面电磁波在 $\mu=\mu_0$、$\varepsilon=4\varepsilon_0$、$\sigma=0$ 的介质中传播，其电场强度 $\boldsymbol{E}=$

$E_{\mathrm{m}}\sin(\omega t-kz+\frac{\pi}{3})$。若已知平面波的频率 $f=150$ MHz，平均功率密度为 0.265 $\mu\mathrm{W/m^2}$。试求：(1) 电磁波的波数、相速、波长和波阻抗。

(2) $t=0$、$z=0$ 时的电场 $\boldsymbol{E}(0,0)$ 值。

(3) 经过 $t=0.1\ \mu\mathrm{s}$ 后，电场 $\boldsymbol{E}(0,0)$ 值出现在什么位置？

5－5　理想介质中的均匀平面波的电场和磁场分别为

$$\boldsymbol{E}=\boldsymbol{a}_x 10\cos(6\pi\times10^7 t-0.8\pi z)\ \mathrm{V/m}$$

$$\boldsymbol{H}=\boldsymbol{a}_y \frac{1}{6\pi}\cos(6\pi\times10^7 t-0.8\pi z)\ \mathrm{A/m}$$

试求该介质的相对磁导率 μ_{r} 和相对介电常数 ε_{r}。

5－6　在自由空间传播的均匀平面波的电场强度复矢量为

$$\boldsymbol{E}=\boldsymbol{a}_x 10^{-4}\mathrm{e}^{-\mathrm{j}20\pi z}+\boldsymbol{a}_y 10^{-4}\mathrm{e}^{-\mathrm{j}(20\pi z-\frac{\pi}{2})}\ \mathrm{V/m}$$

试求：(1) 平面波的传播方向和频率。

(2) 波的极化方式。

(3) 磁场强度 $\boldsymbol{H}$。

(4) 流过与传播方向垂直的单位面积的平均功率。

5－7　在空气中，一均匀平面波的波长为 12 cm，当该波进入某无损耗介质传播时，其波长减小为 8 cm，且已知在介质中的 $\boldsymbol{E}$ 和 $\boldsymbol{H}$ 的振幅分别为 50 V/m 和 0.1 A/m。求该平面波的频率和介质的相对磁导率和相对介电常数。

5－8　在自由空间中，一均匀平面波的相位常数为 $\beta_0=0.524$ rad/m，当该波进入到理想介质后，其相位常数变为 $\beta=1.81$ rad/m。设该理想介质的 $\mu_{\mathrm{r}}=1$，试求该理想介质的 ε_{r} 和波在该理想介质中的传播速度。

5－9　在自由空间中，一均匀平面波的波长为 $\lambda=0.2$ m，当该波进入理想介质后波长变为 $\lambda=0.09$ m。设该理想介质的 $\mu_{\mathrm{r}}=1$，试求该理想介质的 ε_{r} 和波在该理想介质中的传播速度。

5－10　均匀平面波的磁场强度 $\boldsymbol{H}$ 的振幅为 $\frac{1}{3\pi}$ A/m，在自由空间沿 $-\boldsymbol{a}_z$ 方向传播，其相位常数 $\beta=30$ rad/m。当 $t=0$、$z=0$ 时，$\boldsymbol{H}$ 在 $-\boldsymbol{a}_y$ 方向。

(1) 写出 $\boldsymbol{E}$ 和 $\boldsymbol{H}$ 的表达式。

(2) 求频率和波长。

5－11　在空气中，一均匀平面波沿 $\boldsymbol{a}_y$ 方向传播，其磁场强度的瞬时表达式为

$$\boldsymbol{H}(y,t)=\boldsymbol{a}_z 4\times10^{-6}\cos(10^7\pi t-\beta y+\frac{\pi}{4})\ \mathrm{A/m}$$

(1) 求相位常数 β 和 $t=3$ ms 时，$\boldsymbol{H}_z=0$ 的位置。

(2) 求电场强度的瞬时表达式 $\boldsymbol{E}(y,t)$。

5－12　已知在自由空间传播的均匀平面波的磁场强度为

$$\boldsymbol{H}(z,t)=(\boldsymbol{a}_x+\boldsymbol{a}_y)\times0.8\cos(6\pi\times10^8 t-2\pi z)\ \mathrm{A/m}$$

试求：(1) 该均匀平面波的频率、波长、相位常数和相速。

(2) 与 $\boldsymbol{H}(z,t)$ 相伴的 $\boldsymbol{E}(z,t)$。

(3) 计算瞬时坡印廷矢量。

5－13　频率 $f=500$ kHz 的正弦均匀平面波在理想介质中传播，其电场振幅矢量 $\boldsymbol{E}_{\mathrm{m}}=4\boldsymbol{a}_x-\boldsymbol{a}_y+2\boldsymbol{a}_z$(kV/m)，磁场振幅矢量 $\boldsymbol{H}_{\mathrm{m}}=6\boldsymbol{a}_x+18\boldsymbol{a}_y-3\boldsymbol{a}_z$(A/m)。
试求：(1) 波传播方向的单位矢量。

(2) 介质的相对介电常数 ε_{r}。

(3) 电场 $\boldsymbol{E}$ 和磁场 $\boldsymbol{H}$ 的复数表达式。

5－14　已知自由空间传播的均匀平面波的磁场强度为

$$\boldsymbol{H}=(\frac{3}{2}\boldsymbol{a}_x+\boldsymbol{a}_y+\boldsymbol{a}_z)10^{-6}\cos[\omega t-\pi(-x+y+\frac{1}{2}z)]\ \mathrm{A/m}$$

试求：(1) 波的传播方向。

(2) 波的频率和波长。

(3) 与 $\boldsymbol{H}$ 相伴的电场 $\boldsymbol{E}$。

(4) 平均坡印廷矢量。

5－15　频率为 100 MHz 的正弦均匀平面波，沿 $\boldsymbol{a}_z$ 方向传播，在自由空间点 $P(4,-2,6)$ 的电场强度为 $\boldsymbol{E}=100\boldsymbol{a}_x-70\boldsymbol{a}_y$(V/m)。
试求：(1) $t=0$ 时，P 点的 $|\boldsymbol{E}|$。

(2) $t=1$ ns 时，P 点的 $|\boldsymbol{E}|$。

(3) $t=2$ ns 时，点 $Q(3,5,8)$ 的 $|\boldsymbol{E}|$。

5－16　频率 $f=3$ GHz的均匀平面波垂直入射到一个大孔的聚苯乙烯($\varepsilon_{\mathrm{r}}=2.7$)的介质板上，平面波将分别通过孔洞和介质板达到右侧界面，如图所示。试求介质板的厚度 d 为多少时，才能使通过孔洞和通过介质板的平面波具有相同的相位？(注：计算此题时不考虑边缘效应，也不考虑在界面上的反射)

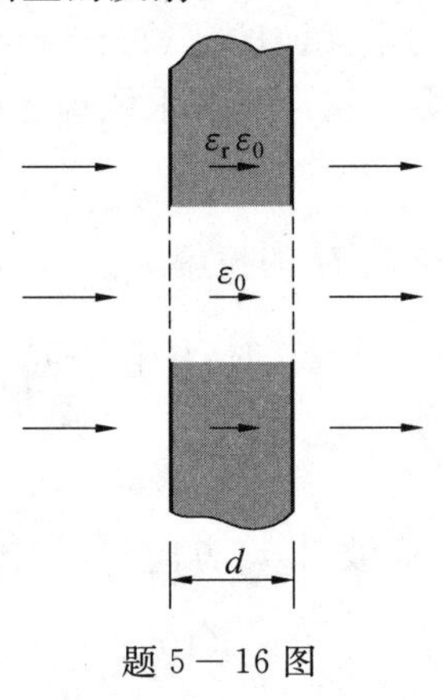

题 5－16 图

5－17　试证明：一个椭圆极化波可以分解为两个旋向相反的圆极化波。

5－18　已知一右旋圆极化波的波矢量为

$$\boldsymbol{k}=\omega\sqrt{\frac{\mu\varepsilon}{2}}(\boldsymbol{a}_y+\boldsymbol{a}_z)$$

且 $t=0$ 时，坐标原点处的电场 $\boldsymbol{E}(0)=\boldsymbol{a}_x E_0$。试求此右旋圆极化波的电场、磁场表达式。

5－19　自由空间中的均匀平面波的电场表达式为

$$\boldsymbol{E}(\boldsymbol{r},t)=10(\boldsymbol{a}_x+2\boldsymbol{a}_y+E_z\boldsymbol{a}_z)\cos(\omega t+3x-y-z)\ \text{V/m}$$

式中，E_z 为待定量。试由该表达式确定波的传播方向、角频率 ω、极化状态，并求与 $\boldsymbol{E}(\boldsymbol{r},t)$ 相伴的磁场 $\boldsymbol{H}(\boldsymbol{r},t)$。

5－20　已知自由空间中的均匀平面波的电场表达式为

$$\boldsymbol{E}(\boldsymbol{r})=(\boldsymbol{a}_x+2\boldsymbol{a}_y+\mathrm{j}\sqrt{5}\boldsymbol{a}_z)\mathrm{e}^{-\mathrm{j}(2x+by+cz)}\ \text{V/m}$$

试由此表达式确定波的传播方向、波长、极化状态，并求与 $\boldsymbol{E}(\boldsymbol{r})$ 相伴的磁场 $\boldsymbol{H}(\boldsymbol{r})$。

5－21　证明电磁波在良导体中传播时，电场强度每经过一个波长，振幅衰减 55 dB。

5－22　有一线极化的均匀平面波在海水（$\varepsilon_r=81$、$\mu_r=1$、$\sigma=4$ S/m）中沿 $+y$ 方向传播，其磁场强度在 $y=0$ 处为

$$\boldsymbol{H}(0,t)=0.1\boldsymbol{a}_x\sin(10^{10}\pi t-\pi/3)\ \text{A/m}$$

(1) 求衰减常数、相位常数、本征阻抗、相速、波长以及透入深度。

(2) 求出 $\boldsymbol{H}$ 的振幅为 0.01 A/m 时的位置。

(3) 写出 $\boldsymbol{H}(y,t)$ 和 $\boldsymbol{E}(y,t)$ 的表达式。

5－23　海水的电导率 $\sigma=4$ S/m，相对介电常数 $\varepsilon_r=81$。求频率为 10 kHz、100 kHz、1 MHz、10 MHz、100 MHz、1 GHz 的电磁波在海水中的波长、衰减系数和波阻抗。

5－24　已知某区域内的电场强度的表达式为

$$\boldsymbol{E}=(4\boldsymbol{a}_x+3\boldsymbol{a}_y\mathrm{e}^{-\mathrm{j}\frac{\pi}{2}})\mathrm{e}^{-(0.1z+\mathrm{j}0.3z)}\ \text{V/m}$$

试讨论电场所表示的均匀平面波的极化特性。

5－25　在相对介电常数 $\varepsilon_r=2.5$、损耗角正切值为 10^{-2} 的非磁性介质中，频率为 3 GHz、$\boldsymbol{a}_y$ 方向极化的均匀平面波沿 $\boldsymbol{a}_x$ 方向传播。

试求：(1) 波的振幅衰减一半时，传播的距离。

(2) 介质的本征阻抗、波的波长和相速。

(3) 设在 $x=0$ 处的 $\boldsymbol{E}(0,t)=\boldsymbol{a}_y 50\sin(6\pi\times 10t+\frac{\pi}{3})$，写出 $\boldsymbol{H}(x,t)$ 的表达式。

5－26　已知在 100 MHz 时，石墨的趋肤深度为 0.16 mm，试求：

(1) 石墨的电导率。

(2) 1 GHz 的电磁波在石墨中传播多长距离其振幅衰减了 30 dB？

5－27　频率为 150 MHz 的均匀平面电磁波在损耗介质中传播，已知 $\varepsilon_r=1.4$、$\mu_r=1$ 及 $\frac{\sigma}{\omega\varepsilon}=10^{-4}$，问：电磁波在该介质中传播几米后波的相位改变 90°？

第 6 章

平面电磁波在分界面的反射与折射

在线性、均匀、各向同性的无限大介质中传播的电磁波，其各场量随空间和时间连续分布；而在实际中遇到的情况往往比较复杂，如当电磁波在传播过程中遇到了两种不同介质的分界面时，这种连续性无法满足。受边界条件的限制，电磁波入射到分界面上会激发出时变电流和电荷，这些时变电流和电荷在分界面两侧所激发出的电磁波通常称为反射波和折射波（透射波），而原来的电磁波称为入射波。

本章将以两种不同介质构成的无限大分界平面为例，讨论在线极化入射波激励下电磁波的运动规律。

6.1 均匀平面波对平面边界的垂直入射

6.1.1 均匀平面波垂直入射到理想导体表面

如图 6.1 所示，假设 $z=0$ 为两种介质的分界面，$z<0$ 的区域 1 为理想介质，$z>0$ 的区域 2 为理想导体。均匀平面波沿 z 轴方向传播，并在 $z=0$ 处，垂直入射到理想导体表面上。因为理想导体内部电磁场为零，所以只考虑理想导体表面的边界条件。

对区域 1 而言，其内部既有入射波也有反射波存在，因此其电磁场分布应该是两者的叠加，因而区域 1 中的合成电场和磁场可表示为

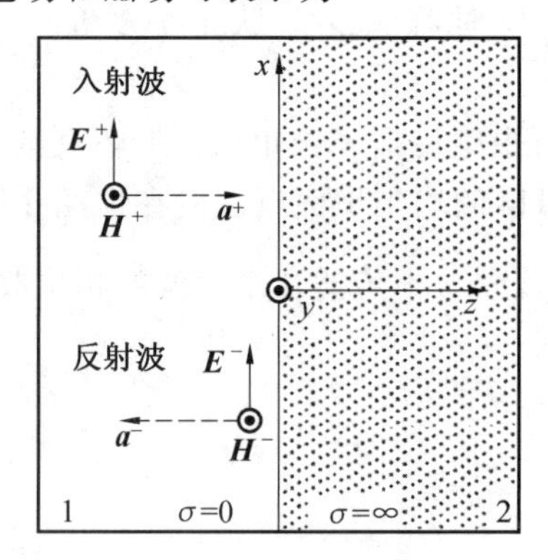

图 6.1 平面波垂直入射到理想导体表面

$$\boldsymbol{E}_1=\boldsymbol{E}^{+}+\boldsymbol{E}^{-}=\boldsymbol{a}_x(E_0^{+}\mathrm{e}^{-\mathrm{j}\beta z}+E_0^{-}\mathrm{e}^{\mathrm{j}\beta z}) \tag{6.1}$$

$$\boldsymbol{H}_1=\boldsymbol{H}^+ + \boldsymbol{H}^- = \boldsymbol{a}_y(H_0^+ \mathrm{e}^{-\mathrm{j}\beta z} + H_0^- \mathrm{e}^{\mathrm{j}\beta z}) = \boldsymbol{a}_y \frac{1}{\eta}(E_0^+ \mathrm{e}^{-\mathrm{j}\beta z} - E_0^- \mathrm{e}^{\mathrm{j}\beta z}) \tag{6.2}$$

根据场量的边界条件可知，理想导体表面切向电场强度为零，因此根据式(6.1)可以得到合成电场强度在 $z=0$ 边界条件处等于零，即

$$\boldsymbol{E}_1 \big|_{z=0} = \boldsymbol{a}_x(\boldsymbol{E}_0^+ + \boldsymbol{E}_0^-) = 0$$

因此

$$\boldsymbol{E}_0^+ = -\boldsymbol{E}_0^- \tag{6.3}$$

显然，相对于入射波在边界处的电场强度复振幅而言，反射波电场在边界处的复振幅大小不变，相位变化了180°。为了更加直接地反映这种变化情况，定义分界面处反射波的切向电场强度与入射波的切向电场强度比值为电场反射系数 R(反射系数与场矢量的参考方向有关，本书取切向场反射系数)，即

$$R=\frac{E_0^-}{E_0^+}$$

将式(6.3)代入上式可得，理想导体和理想介质分界面上的电场反射系数 $R=-1$。

类似地，可定义分界面处的磁场反射系数，即分界面处反射波的切向磁场强度与入射波的切向磁场强度比值，其表达式为

$$R_H=\frac{H_0^-}{H_0^+} \tag{6.4}$$

结合式(6.3)及式(6.2)可得

$$H_0^- = -\frac{E_0^-}{\eta} = \frac{E_0^+}{\eta}$$

由式(6.2)可知 $H_0^+ = \dfrac{E_0^+}{\eta}$，将它代入式(6.4)，得到理想导体分界面上的磁场强度反射系数为 $R_H=1$。

此外，将式(6.3)分别代入式(6.1)和式(6.2)可得区域1中合成电场强度和磁场强度的表达式如下：

$$\boldsymbol{E}_1 = -\boldsymbol{a}_x \mathrm{j}2E_0^+ \sin \beta z \tag{6.5}$$

$$\boldsymbol{H}_1 = \boldsymbol{a}_y 2H_0^+ \cos \beta z = \boldsymbol{a}_y 2\frac{E_0^+}{\eta}\cos \beta z \tag{6.6}$$

分析上面电磁场的表达式，可以得到电磁波经理想导体全反射后空间电磁场分布的一些重要特征。

(1) 由入射波和反射波合成的电场和磁场在空间仍然相互垂直。

(2) 合成场的振幅随距离 z 按正弦(余弦)规律变化。

(3) 电场和磁场在时间上有90°的相位差，即电场最大时磁场为零，磁场最大时电场为零，其平均坡印廷矢量等于零。

(4) 分界面处合成电场的幅度为零。分界面处合成磁场的振幅等于入射波磁场振幅的两倍，即

$$\boldsymbol{H}_1 \big|_{z=0} = \boldsymbol{a}_y 2H_0^+ = \boldsymbol{a}_y 2\frac{E_0^+}{\eta}$$

(5) 根据磁场的切向边界条件，理想导体表面的自由面电流密度为

$$\boldsymbol{J}_1=(-\boldsymbol{a}_z)\times\boldsymbol{H}_1\big|_{z=0}=\boldsymbol{a}_x 2H_0^+=\boldsymbol{a}_x 2\frac{E_0^+}{\eta}$$

显然，均匀平面波入射到理想导体表面会引起全反射，即入射波和反射波的平均功率大小相等、方向相反，因而区域 1 中没有电磁场平均功率的定向传播。

6.1.2 平面波垂直入射到两种理想介质分界面

如图 6.2 所示，沿 z 方向传播的均匀平面波在 $z=0$ 处从理想介质 1(μ_0、ε_1、$\sigma_1=0$) 垂直入射到理想介质 2(μ_0、ε_2、$\sigma_2=0$) 所在的区域。

对区域 1 而言，其内部既有入射波也有反射波存在，因此其合成电磁场的表达式为

$$\boldsymbol{E}_1=\boldsymbol{E}^+ +\boldsymbol{E}^- =\boldsymbol{a}_x(E_0^+\mathrm{e}^{-\mathrm{j}\beta_1 z}+E_0^-\mathrm{e}^{\mathrm{j}\beta_1 z}) \tag{6.7}$$

$$\boldsymbol{H}_1=\boldsymbol{H}^+ +\boldsymbol{H}^- =\boldsymbol{a}_y(H_0^+\mathrm{e}^{-\mathrm{j}\beta_1 z}+H_0^-\mathrm{e}^{\mathrm{j}\beta_1 z})=\boldsymbol{a}_y\left(\frac{E_0^+}{\eta_1}\mathrm{e}^{-\mathrm{j}\beta_1 z}-\frac{E_0^-}{\eta_1}\mathrm{e}^{\mathrm{j}\beta_1 z}\right) \tag{6.8}$$

而对于区域 2 而言，其内部只有折射波存在。

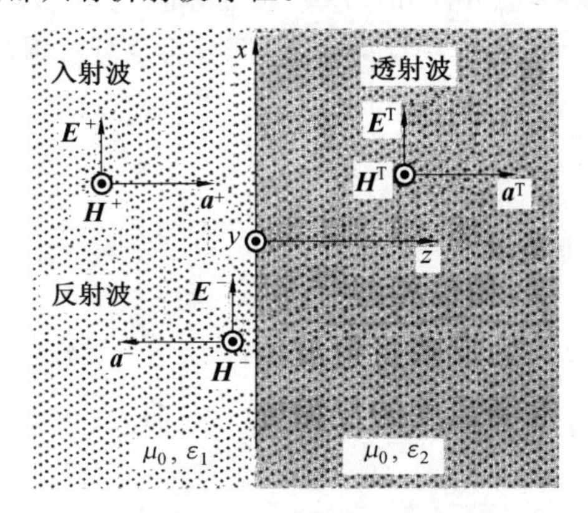

图 6.2 平面波垂直入射到两种理想介质分界面

$$\boldsymbol{E}^{\mathrm{T}}=\boldsymbol{a}_x E_0^{\mathrm{T}}\mathrm{e}^{-\mathrm{j}\beta_2 z} \tag{6.9}$$

$$\boldsymbol{H}^{\mathrm{T}}=\boldsymbol{a}_z\times\frac{\boldsymbol{E}^{\mathrm{T}}}{\eta_2}=\boldsymbol{a}_y\frac{E_0^{\mathrm{T}}}{\eta_2}\mathrm{e}^{-\mathrm{j}\beta_2 z}=\boldsymbol{a}_y H_0^{\mathrm{T}}\mathrm{e}^{-\mathrm{j}\beta_2 z} \tag{6.10}$$

式(6.7) ～ (6.10) 中，E_0^+ 和 H_0^+、E_0^- 和 H_0^-、E_0^{T} 和 H_0^{T} 分别表示入射波、反射波和折射波在分界面处的电场强度和磁场强度的复振幅，另外两个区域中均匀平面波的相位常数和波阻抗则分别表示为 $\beta_1=\omega\sqrt{\mu_0\varepsilon_1}$，$\eta_1=\sqrt{\frac{\mu_0}{\varepsilon_1}}$，$\beta_2=\omega\sqrt{\mu_0\varepsilon_2}$，$\eta_2=\sqrt{\frac{\mu_0}{\varepsilon_2}}$。

根据场量的边界条件可知，理想介质分界面两侧的切向电场强度连续，可得

$$E_0^+ + E_0^- = E_0^{\mathrm{T}} \tag{6.11}$$

另外考虑到理想介质分界面处没有面电流分布，因此其切向磁场强度也连续，可得

$$H_0^+ + H_0^- = H_0^{\mathrm{T}}$$

即

$$\frac{E_0^+}{\eta_1}-\frac{E_0^-}{\eta_1}=\frac{E_0^{\mathrm{T}}}{\eta_2} \tag{6.12}$$

根据式(6.11)和式(6.12)可得电场、磁场的反射系数如下：

$$R=\frac{E_0^-}{E_0^+}=\frac{\eta_2-\eta_1}{\eta_2+\eta_1} \tag{6.13}$$

$$R_H=\frac{H_0^-}{H_0^+}=\frac{-E_0^-/\eta_1}{E_0^+/\eta_2}=-\frac{E_0^-}{E_0^+}=\frac{\eta_1-\eta_2}{\eta_1+\eta_2}=-R \tag{6.14}$$

显然，均匀平面波垂直入射到两种理想介质分界面的电场反射系数与磁场反射系数大小相等，相位相差 180°。

为描述折射波相对入射波的变化情况，通常将分界面处折射波的切向电场强度与入射波的切线电场强度的复振幅之比定义为电场折射(透射，传输)系数(T)，即

$$T=\frac{E_0^{\mathrm{T}}}{E_0^+} \tag{6.15}$$

将式(6.11)代入上式得

$$T=\frac{E_0^++E_0^-}{E_0^+}=1+R \tag{6.16}$$

将式(6.13)代入上式，得

$$T=\frac{2\eta_2}{\eta_2+\eta_1} \tag{6.17}$$

同理，磁场的折射系数定义为分界面处折射波的切向磁场强度与入射波的切向磁场强度的复振幅之比，即

$$T_H=\frac{H_0^{\mathrm{T}}}{H_0^+} \tag{6.18}$$

将 $H_0^++H_0^-=H_0^{\mathrm{T}}$ 代入上式，则

$$T_H=\frac{H_0^++H_0^-}{H_0^+}=1+R_H \tag{6.19}$$

将式(6.14)代入上式，并利用式(6.13)可得

$$T_H=\frac{2\eta_1}{\eta_1+\eta_2}=\frac{\eta_1}{\eta_2}T \tag{6.20}$$

此时，在区域 1 中的合成电场强度和磁场强度为

$$\begin{aligned}\boldsymbol{E}_1&=\boldsymbol{a}_xE_0^+\left(\mathrm{e}^{-\mathrm{j}\beta_1 z}+R\mathrm{e}^{\mathrm{j}\beta_1 z}\right)=\boldsymbol{a}_xE_0^+\left[(1+R)\mathrm{e}^{-\mathrm{j}\beta_1 z}+R\left(\mathrm{e}^{\mathrm{j}\beta_1 z}-\mathrm{e}^{-\mathrm{j}\beta_1 z}\right)\right]\\&=\boldsymbol{a}_xE_0^+\left[(1+R)\mathrm{e}^{-\mathrm{j}\beta_1 z}+\mathrm{j}2R\sin\beta_1 z\right]\end{aligned}$$

$$\boldsymbol{H}_1=\boldsymbol{a}_y\frac{E_0^+}{\eta_1}\left[(1+R)\mathrm{e}^{-\mathrm{j}\beta_1 z}-2R\cos\beta_1 z\right]$$

区域 2 中的折射波的电场强度和磁场强度为

$$\boldsymbol{E}^{\mathrm{T}}=\boldsymbol{a}_xTE_0^+\mathrm{e}^{-\mathrm{j}\beta_2 z},\quad \boldsymbol{H}^{\mathrm{T}}=\boldsymbol{a}_y\frac{T}{\eta_2}E_0^+\mathrm{e}^{-\mathrm{j}\beta_2 z}$$

由上述表达式可以得到以下结论：

(1) 区域 1 中存在着入射波和反射波这两个成分。由于反射系数的大小始终小于 1，入射波的振幅总是大于反射波的振幅。

(2) 区域 1 中的合成电场 $\boldsymbol{E}_1$ 的第一项是行波，而第二项为驻波，这种由行波和纯驻波合成的波称为行驻波。区域 2 中的折射波为行波。

(3) 若 $\eta_2 > \eta_1$，R 为正，说明在分界面上反射波电场与入射波电场同相，则在分界面上必定出现电场波腹点；反之，若 $\eta_2 < \eta_1$，R 为负，说明在分界面上反射波电场与入射波电场反相，则在界面上必定出现电场波节点。

例 6.1 电场强度 $\boldsymbol{E}^{+}=\boldsymbol{a}_x E_0 \sin\omega\left(t-\frac{z}{c}\right)$ 的均匀平面波由空气垂直入射到与玻璃板的交界面上（$z=0$）。其中，c 为光速，玻璃介质板的电磁参数为 $\mu_r=1$、$\varepsilon_r=4$。试求反射波和折射波的电场强度表达式。

解 已知玻璃板的波阻抗为

$$\eta_2=\sqrt{\frac{\mu}{\varepsilon}}=\sqrt{\frac{\mu_r\mu_0}{\varepsilon_r\varepsilon_0}}=\frac{1}{2}\sqrt{\frac{\mu_0}{\varepsilon_0}}=\frac{1}{2}\eta_0$$

当均匀平面波从空气垂直入射到该玻璃板时，其电场反射系数和折射系数分别为

$$R=\frac{\eta_2-\eta_1}{\eta_2+\eta_1}=\frac{\frac{1}{2}\eta_0-\eta_0}{\frac{1}{2}\eta_0+\eta_0}=-\frac{1}{3}$$

$$T=1+R=\frac{2}{3}$$

显然，对分界面处的反射波电场而言，其幅度是该处入射波电场幅度的 $\frac{1}{3}$，而相位则相差 π；对其折射波而言，其幅度是入射波电场强度的 $\frac{2}{3}$，相位不变。

另外，在空气中入射波沿 z 轴方向传播，其相速等于光速 c；而反射波沿 $-z$ 轴方向，其相速也为 c，因此反射波电场强度可以写成

$$\boldsymbol{E}^{-}=\boldsymbol{a}_x\left(-\frac{1}{3}\right)E_0\sin\omega\left(t+\frac{z}{c}\right)$$

同理，折射波的传播方向仍沿正 z 轴方向，但相速度会有所不同，即

$$v=\sqrt{\frac{1}{\mu_2\varepsilon_2}}=\frac{1}{2}c$$

因此，折射波电场的表达式如下：

$$\boldsymbol{E}^{\mathrm{T}}=\boldsymbol{a}_x\frac{2}{3}E_0\sin\omega\left(t-2\frac{z}{c}\right)$$

例 6.2 平面电磁波在 $\varepsilon_1=9\varepsilon_0$ 的介质 1 中沿 $+z$ 方向传播，在 $z=0$ 处垂直入射到 $\varepsilon_2=4\varepsilon_0$ 的介质 2 中 。若平面电磁波在分界面处最大值为 0.1 V/m，极化为 $+x$ 方向，角频率为 300 Mrad/s，求：

(1) 反射系数。

(2) 透射系数。

(3) 写出介质 1 和介质 2 中电场的表达式。

解 介质 1 的传播常数为

$$k_1=\omega\sqrt{\mu_0\varepsilon_1}=3$$

波阻抗为

$$\eta_1=\sqrt{\frac{\mu_0}{\varepsilon_1}}=\frac{120\pi}{3}=40\pi$$

介质 2 的传播常数为

$$k_2=\omega\sqrt{\mu_0\varepsilon_2}=2$$

波阻抗为

$$\eta_2=\sqrt{\frac{\mu_0}{\varepsilon_2}}=\frac{120\pi}{2}=60\pi$$

(1) 反射系数为

$$R=\frac{\eta_2-\eta_1}{\eta_2+\eta_1}=\frac{60\pi-40\pi}{60\pi+40\pi}=0.2$$

(2) 透射系数为

$$T=\frac{2\eta_2}{\eta_2+\eta_1}=\frac{120\pi}{60\pi+40\pi}=1.2$$

(3) 介质 1 中电场的表达式为

$$\boldsymbol{E}_1=\boldsymbol{E}^{+}+\boldsymbol{E}^{-}=\boldsymbol{a}_x(0.1\mathrm{e}^{-\mathrm{j}3z}+0.02\mathrm{e}^{\mathrm{j}3z})=\boldsymbol{a}_x[0.04\cos 3z+0.08\mathrm{e}^{-\mathrm{j}3z}]$$

介质 2 中电场的表达式为

$$\boldsymbol{E}_2=\boldsymbol{E}^{\mathrm{T}}=\boldsymbol{a}_x 0.12\mathrm{e}^{-\mathrm{j}2z}$$

由表达式可见，介质 1 中的合成电磁场为行驻波，或者称为混合波状态，而介质 2 中的电磁场为行波状态。

例 6.3　TEM 波由空气垂直入射到非磁性电介质(ε_r) 的分界面上并造成 20% 的功率被反射。试确定该介质的相对介电常数。

解　非磁性电介质的波阻抗为

$$\eta_2=\sqrt{\frac{\mu}{\varepsilon}}=\sqrt{\frac{1}{\varepsilon_r}\frac{\mu_0}{\varepsilon_0}}=\frac{1}{\sqrt{\varepsilon_r}}\eta_0$$

因此，其电场反射系数为

$$R=\frac{\eta_2-\eta_1}{\eta_2+\eta_1}=\frac{\frac{1}{\sqrt{\varepsilon_r}}\eta_0-\eta_0}{\frac{1}{\sqrt{\varepsilon_r}}\eta_0+\eta_0}=\frac{1-\sqrt{\varepsilon_r}}{1+\sqrt{\varepsilon_r}}$$

因为反射波与入射波功率密度之比等于电场反射系数的平方，因此

$$R^2=\left[\frac{1-\sqrt{\varepsilon_r}}{1+\sqrt{\varepsilon_r}}\right]^2=20\%$$

根据上式可得

$$\varepsilon_r=6.85$$

6.2 均匀平面波对平面边界的斜入射

6.2.1 均匀平面波斜入射到理想导体表面

前面分析了均匀平面波垂直入射到分界面的情况，其中的各场矢量都与分界面平行，属于切向分量；当均匀平面波以任意角度入射到分界面上时，称为斜入射，此时各场分量会出现切向分量和法向分量。因此在分析斜入射情况下的反射波和折射波之前，首先需要对入射波进行分类，从而确定哪些场量在边界上会出现法向分量。定义由入射波传播方向 $\boldsymbol{a}^{+}$ 和分界面法向方向 $\boldsymbol{a}_{\mathrm{n}}$ 所构成的平面为入射面，如图 6.3 所示。如果入射波的电场强度平行于入射面则该入射波称为平行极化波；如果入射波的电场强度垂直于入射面，则该入射波称为垂直极化波。典型的平行极化波和垂直极化波如图 6.4 所示。

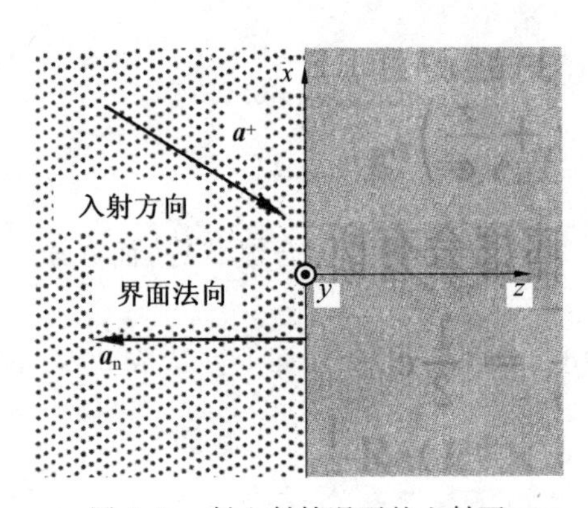

图 6.3　斜入射情况下的入射面

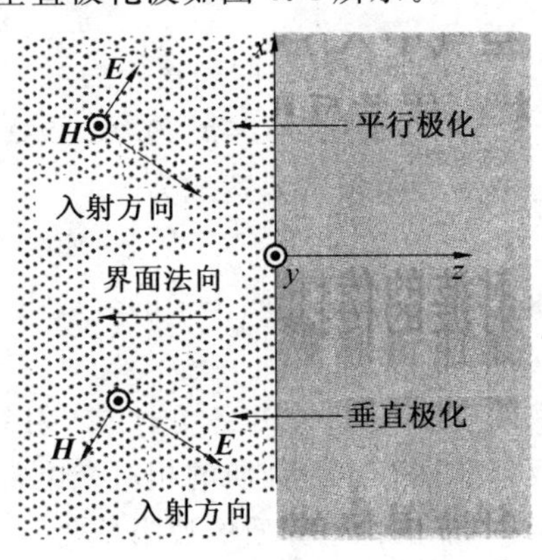

图 6.4　平行极化与垂直极化

1. 垂直极化波斜入射

如图 6.5 所示，理想介质(μ_0,ε)中的垂直极化波斜入射到分界面为 $z=0$ 的理想导体表面，入射角为 θ_{i}。则入射波的波矢量及其电场强度、磁场强度的表达式分别为

$$\boldsymbol{k}^{+}=\beta\boldsymbol{a}^{+}=\boldsymbol{a}_x\beta\sin\theta_{\mathrm{i}}+\boldsymbol{a}_z\beta\cos\theta_{\mathrm{i}} \tag{6.21}$$

$$\boldsymbol{E}^{+}=\boldsymbol{a}_yE_y^{+}=\boldsymbol{a}_yE_0^{+}\mathrm{e}^{-\mathrm{j}\boldsymbol{k}^{+}\cdot\boldsymbol{r}}=\boldsymbol{a}_yE_0^{+}\mathrm{e}^{-\mathrm{j}(\beta x\sin\theta_{\mathrm{i}}+\beta z\cos\theta_{\mathrm{i}})} \tag{6.22}$$

$$\boldsymbol{H}^{+}=\frac{1}{\eta}\boldsymbol{a}^{+}\times\boldsymbol{E}^{+}=\frac{1}{\eta}(\boldsymbol{a}_z\sin\theta_{\mathrm{i}}-\boldsymbol{a}_x\cos\theta_{\mathrm{i}})E_0^{+}\mathrm{e}^{-\mathrm{j}(\beta x\sin\theta_{\mathrm{i}}+\beta z\cos\theta_{\mathrm{i}})} \tag{6.23}$$

式中，E_0^{+} 为入射波在分界面处的电场强度复振幅；$\boldsymbol{a}^{+}$ 代表的是入射波传播方向的单位矢量。

同理，假设反射波电场的参考方向沿 $\boldsymbol{a}_y$ 方向，反射角为 θ_{r}，则反射波的波矢量及其电场强度、磁场强度的表达式为

$$\boldsymbol{k}^{-}=\beta\boldsymbol{a}^{-}=\boldsymbol{a}_x\beta\sin\theta_{\mathrm{r}}-\boldsymbol{a}_z\beta\cos\theta_{\mathrm{r}} \tag{6.24}$$

$$\boldsymbol{E}^{-}=\boldsymbol{a}_yE_y^{-}=\boldsymbol{a}_yE_0^{-}\mathrm{e}^{-\mathrm{j}\boldsymbol{k}^{-}\cdot\boldsymbol{r}}=\boldsymbol{a}_yE_0^{-}\mathrm{e}^{-\mathrm{j}(\beta x\sin\theta_{\mathrm{r}}-\beta z\cos\theta_{\mathrm{r}})} \tag{6.25}$$

$$\boldsymbol{H}^{-}=\frac{1}{\eta}\boldsymbol{a}^{-}\times\boldsymbol{E}^{-}=\frac{1}{\eta}(\boldsymbol{a}_z\sin\theta_{\mathrm{r}}+\boldsymbol{a}_x\cos\theta_{\mathrm{r}})E_0^{-}\mathrm{e}^{-\mathrm{j}(\beta x\sin\theta_{\mathrm{r}}-\beta z\cos\theta_{\mathrm{r}})} \tag{6.26}$$

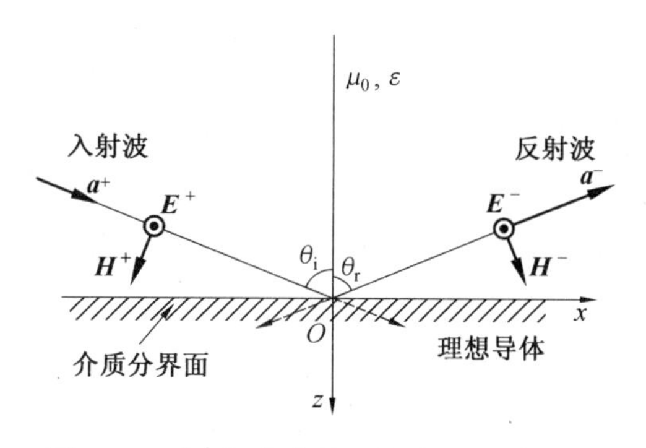

图6.5　垂直极化波斜入射到理想导体表面

式中，E_0^- 为反射波在分界面处的电场强度复振幅；$\boldsymbol{a}^-$ 代表的是反射波传播方向的单位矢量。

对理想介质区域而言，其内部既有入射波也有反射波存在，因此其电磁场分布应该是两者的叠加，即合成电场和磁场强度的表达式为

$$\boldsymbol{E}=\boldsymbol{E}^++\boldsymbol{E}^-=\boldsymbol{a}_y\left[E_0^+\mathrm{e}^{-\mathrm{j}(\beta x\sin\theta_i+\beta z\cos\theta_i)}+E_0^-\mathrm{e}^{-\mathrm{j}(\beta x\sin\theta_r-\beta z\cos\theta_r)}\right] \tag{6.27}$$

$$\begin{aligned}\boldsymbol{H}=\boldsymbol{H}^++\boldsymbol{H}^-=\frac{1}{\eta}\{&\boldsymbol{a}_z\left[\sin\theta_iE_0^+\mathrm{e}^{-\mathrm{j}(\beta x\sin\theta_i+\beta z\cos\theta_i)}+\sin\theta_rE_0^-\mathrm{e}^{-\mathrm{j}(\beta x\sin\theta_r-\beta z\cos\theta_r)}\right]+\\&\boldsymbol{a}_x\left[-\cos\theta_iE_0^+\mathrm{e}^{-\mathrm{j}(\beta x\sin\theta_i+\beta z\cos\theta_i)}+\cos\theta_rE_0^-\mathrm{e}^{-\mathrm{j}(\beta x\sin\theta_r-\beta z\cos\theta_r)}\right]\}\end{aligned} \tag{6.28}$$

根据理想导体表面的切向电场强度为零的边界条件，得

$$\boldsymbol{E}\Big|_{z=0}=\boldsymbol{a}_y(E_0^+\mathrm{e}^{-\mathrm{j}\beta x\sin\theta_i}+E_0^-\mathrm{e}^{-\mathrm{j}\beta x\sin\theta_r})=0 \tag{6.29}$$

考虑到边界条件适用于入射波以任何角度入射到边界面上的任何位置，因此上述等式的成立与 θ_i、θ_r、x 无关。因此可得

$$\theta_i=\theta_r=\theta \tag{6.30}$$

$$E_0^+=-E_0^- \tag{6.31}$$

显然，对于从理想介质斜入射到理想导体表面的垂直极化波而言，其入射角等于反射角(反射定律)，反射波的切向电场在理想导体表面仅发生180°的相位变化，大小维持不变。结合对电场反射系数的定义可知，垂直极化波斜入射到理想导体表面的电场反射系数为

$$R=\frac{E_0^-}{E_0^+}=-1 \tag{6.32}$$

将式(6.30)和式(6.31)代入到合成电场和磁场强度的表达式式(6.27)和式(6.28)中，可得

$$\boldsymbol{E}=\boldsymbol{a}_y(-\mathrm{j}2)E_0^+\sin(\beta z\cos\theta)\mathrm{e}^{-\mathrm{j}\beta x\sin\theta} \tag{6.33}$$

$$\boldsymbol{H}=-\frac{2E_0^+}{\eta}\left[\boldsymbol{a}_z\mathrm{j}\sin\theta\sin(\beta z\cos\theta)+\boldsymbol{a}_x\cos\theta\cos(\beta z\cos\theta)\right]\mathrm{e}^{-\mathrm{j}\beta x\sin\theta} \tag{6.34}$$

从上面的分析中可以得到如下结论：

(1) 不论是电场强度还是磁场强度，在平行于分界面的方向(x 方向)上，合成波仍然为行波状态，它的相速为 $v_{px}=\dfrac{\omega}{k_x}=\dfrac{\omega}{k\sin\theta}=\dfrac{v_p}{\sin\theta}$。

(2) 在垂直于分界面的方向(z 方向)上,合成波的场量呈现出驻波分布,该合成波为非均匀平面波。

(3) 从平均功率密度的角度来看,由于上述电场与磁场的 x 轴分量间有90°的相位差,而与磁场的 z 轴分量没有相位差,因此合成波沿 z 轴方向的平均坡印廷矢量必然为零。

(4) 由于沿电磁波传播方向(x 轴方向)不存在电场分量($E_x=0$),因此这种波称为横电波,简称 TE(Transverse Electronic) 波。

2. 平行极化波斜入射

如图 6.6 所示,理想介质(μ_0,ε)中的平行极化波斜入射到分界面 $z=0$ 的理想导体表面,入射角为 θ_i。设入射波磁场的参考方向为 $\boldsymbol{a}_y$,则其波矢量、电场强度和磁场强度的表达式为

$$\boldsymbol{k}^+=\beta\boldsymbol{a}^+=\boldsymbol{a}_x\beta\sin\theta_i+\boldsymbol{a}_z\beta\cos\theta_i \tag{6.35}$$

$$\boldsymbol{E}^+=(\boldsymbol{a}_x\cos\theta_i-\boldsymbol{a}_z\sin\theta_i)E_0^+\mathrm{e}^{-\mathrm{j}(\beta x\sin\theta_i+\beta z\cos\theta_i)} \tag{6.36}$$

$$\boldsymbol{H}^+=\frac{1}{\eta}\boldsymbol{a}^+\times\boldsymbol{E}^+=\boldsymbol{a}_y\frac{E_0^+}{\eta}\mathrm{e}^{-\mathrm{j}(\beta x\sin\theta_i+\beta z\cos\theta_i)} \tag{6.37}$$

式中,$\eta=\sqrt{\dfrac{\mu_0}{\varepsilon}}$ 为波阻抗。

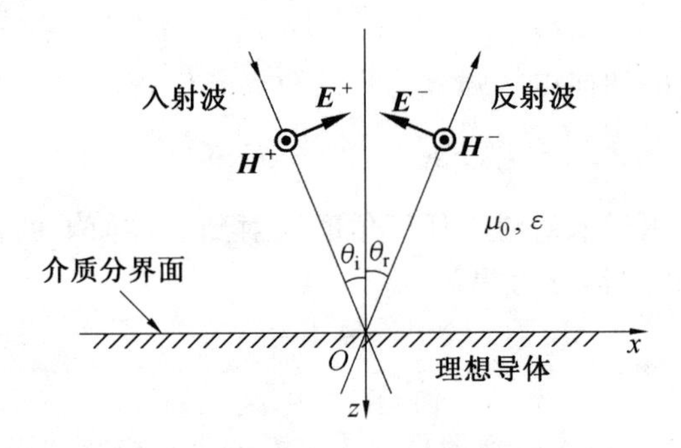

图 6.6　平行极化波斜入射到理想导体表面

同理,如果假设反射波磁场的参考方向为 $\boldsymbol{a}_y$ 方向,反射角为 θ_r,则反射波的波矢量、电场强度、磁场强度的表达式为

$$\boldsymbol{k}^-=\beta\boldsymbol{a}^-=\boldsymbol{a}_x\beta\sin\theta_r-\boldsymbol{a}_z\beta\cos\theta_r \tag{6.38}$$

$$\boldsymbol{E}^-=-(\boldsymbol{a}_x\cos\theta_r+\boldsymbol{a}_z\sin\theta_r)E_0^-\mathrm{e}^{-\mathrm{j}(\beta x\sin\theta_r-\beta z\cos\theta_r)} \tag{6.39}$$

$$\boldsymbol{H}^-=\frac{1}{\eta}\boldsymbol{a}^-\times\boldsymbol{E}^-=\boldsymbol{a}_y\frac{E_0^-}{\eta}\mathrm{e}^{-\mathrm{j}(\beta x\sin\theta_r-\beta z\cos\theta_r)} \tag{6.40}$$

对理想介质区域 1 而言,其内部既有入射波也有反射波存在,因此其合成电场和磁场强度的表达式为

$$\begin{aligned}\boldsymbol{E}=\boldsymbol{E}^++\boldsymbol{E}^-=\boldsymbol{a}_x&\left[\cos\theta_iE_0^+\mathrm{e}^{-\mathrm{j}(\beta x\sin\theta_i+\beta z\cos\theta_i)}-\cos\theta_rE_0^-\mathrm{e}^{-\mathrm{j}(\beta x\sin\theta_r-\beta z\cos\theta_r)}\right]-\\ \boldsymbol{a}_z&\left[\sin\theta_iE_0^+\mathrm{e}^{-\mathrm{j}(\beta x\sin\theta_i+\beta z\cos\theta_i)}+\sin\theta_rE_0^-\mathrm{e}^{-\mathrm{j}(\beta x\sin\theta_r-\beta z\cos\theta_r)}\right]\end{aligned} \tag{6.41}$$

$$\boldsymbol{H}=\boldsymbol{H}^++\boldsymbol{H}^-=\boldsymbol{a}_y\frac{E_0^+}{\eta}\mathrm{e}^{-\mathrm{j}(\beta x\sin\theta_i+\beta z\cos\theta_i)}+\boldsymbol{a}_y\frac{E_0^-}{\eta}\mathrm{e}^{-\mathrm{j}(\beta x\sin\theta_r-\beta z\cos\theta_r)} \tag{6.42}$$

根据场量的边界条件可知,理想导体表面的切向电场强度等于零。因此由式(6.41)

得

$$(\boldsymbol{E}\cdot\boldsymbol{a}_x)\big|_{z=0}=0 \tag{6.43}$$

考虑到边界条件适用于入射波以任何角度入射到分界面上的任何位置，因此上述等式成立与 θ_i、θ_r、x 无关。因此可得

$$\theta_i=\theta_r=\theta \tag{6.44}$$

$$E_0^+=-E_0^- \tag{6.45}$$

显然，当平行极化波从理想介质斜入射到理想导体表面时，其入射角等于反射角，满足反射定律。另外，结合图 6.6 及式(6.45)，根据电场反射系数的定义，平行极化波斜入射到理想导体表面时切向电场反射系数为

$$R_\tau=\frac{-E_0^-\cos\theta_r}{E_0^+\cos\theta_r}=-1 \tag{6.46}$$

将式(6.44) 和式(6.45) 代入到合成电场和磁场的表达式(6.41) 和式(6.42) 中，可得

$$\boldsymbol{E}=\boldsymbol{a}_x(-2\mathrm{j})E_0^+\cos\theta\sin(\beta z\cos\theta)\mathrm{e}^{-\mathrm{j}\beta x\sin\theta}-\boldsymbol{a}_z 2E_0^+\sin\theta\cos(\beta z\cos\theta)\mathrm{e}^{-\mathrm{j}\beta x\sin\theta} \tag{6.47}$$

$$\boldsymbol{H}=\boldsymbol{a}_y 2\frac{E_0^+}{\eta}\cos(\beta z\cos\theta)\mathrm{e}^{-\mathrm{j}\beta x\sin\theta} \tag{6.48}$$

根据上面的分析，可以得到如下结论：

(1) 无论是电场强度还是磁场强度，合成波在平行于分界面的方向(x 方向) 上为行波状态，它的相速为 $v_{px}=\dfrac{\omega}{k_x}=\dfrac{\omega}{k\sin\theta}=\dfrac{v_p}{\sin\theta}$。

(2) 在垂直于分界面的方向(z 方向) 上，合成波的场量是驻波分布，该合成波为非均匀平面波。

(3) 从平均功率密度的角度来看，由于磁场与电场的 x 轴分量间有90°的相位差，而与电场的 z 轴分量间有180° 的相位差。因此，合成波沿 z 方向的平均功率密度为零。

(4) 由于沿电磁波传播方向(x 方向) 不存在磁场分量($H_x=0$)，因此这种波称为横磁波，简称 TM(Transverse Magnetic) 波。

例6.4　一均匀平面波由空气入射到 $z=0$ 处的理想导体平面上。已知入射波电场的表达式为 $\boldsymbol{E}^+=\boldsymbol{a}_y 10\mathrm{e}^{-\mathrm{j}(6x+8z)}$ V/m。求：

(1) 入射角 θ_i。

(2) 频率 f 及波长 λ。

(3) 反射波电场的复数形式。

(4) 合成波电场的表达式。

解　(1) 根据题意，可以得到入射波波矢量为

$$\boldsymbol{k}^+=\boldsymbol{a}_x 6+\boldsymbol{a}_z 8$$

因此其入射角为

$$\theta=\arctan\frac{6}{8}=36.87^\circ$$

(2) 入射波波矢量的大小等于入射波在空气中传播的相位系数，因此

$$|\boldsymbol{k}^+|=|\boldsymbol{a}_x 6+\boldsymbol{a}_z 8|=10=\beta=\omega\sqrt{\mu_0\varepsilon_0}$$

因此，可以得到波长和频率分别为

$$\lambda=\frac{2\pi}{\beta}=\frac{2\pi}{10}=0.2\pi(\mathrm{m})$$

$$f=\frac{\beta}{2\pi\sqrt{\mu_0\varepsilon_0}}=477.7\ (\mathrm{MHz})$$

(3) 根据反射定律可得反射波的波矢量为

$$\boldsymbol{k}^-=\boldsymbol{a}_x6-\boldsymbol{a}_z8$$

对于垂直极化波，电场反射系数为 -1，因此反射波电场表达式为

$$\boldsymbol{E}^-=\boldsymbol{a}_y(-10)\,\mathrm{e}^{-\mathrm{j}(6x-8z)}\ (\mathrm{V/m})$$

(4) 综合上述分析，可以得到合成电场表达式为

$$\boldsymbol{E}=\boldsymbol{E}^-+\boldsymbol{E}^+=\boldsymbol{a}_y(-10)\,\mathrm{e}^{-\mathrm{j}(6x-8z)}+\boldsymbol{a}_y(10)\,\mathrm{e}^{-\mathrm{j}(6x+8z)}=\boldsymbol{a}_y(-20\mathrm{j}\sin 8z)\,\mathrm{e}^{-\mathrm{j}6x}\ (\mathrm{V/m})$$

6.2.2 平面波斜入射到两种理想介质分界面

当电磁波斜入射到两种理想介质分界面时，一部分波被反射回来形成反射波，另一部分波透射到第二种介质中形成折射波或透射波。下面对均匀平面波斜入射到两种理想介质分界面的情况进行分析。

1. 平行极化波斜入射

如图 6.7 所示，理想介质 1(μ_0,ε_1) 中，平行极化波以角度 θ_i 斜入射到分界面为 $z=0$ 的理想介质 2 的(μ_0,ε_2) 表面上，反射波和折射波与分界面法线方向所形成的反射角和折射角分别为 θ_r 和 θ_T。假设入射波和折射波磁场的参考方向为 $\boldsymbol{a}_y$，反射波磁场的参考方向为 $-\boldsymbol{a}_y$，则入射波、反射波、折射波的磁场强度和电场强度分别表示为

$$\boldsymbol{H}^+=\boldsymbol{a}_yH_0^+\mathrm{e}^{-\mathrm{j}(\boldsymbol{k}^+\cdot\boldsymbol{r})}=\boldsymbol{a}_yH_0^+\mathrm{e}^{-\mathrm{j}(\beta_1\cos\theta_\mathrm{i}z+\beta_1\sin\theta_\mathrm{i}x)} \tag{6.49}$$

$$\boldsymbol{H}^-=(-\boldsymbol{a}_y)H_0^-\mathrm{e}^{-\mathrm{j}(\boldsymbol{k}^-\cdot\boldsymbol{r})}=(-\boldsymbol{a}_y)H_0^-\mathrm{e}^{-\mathrm{j}(\beta_1\cos\theta_\mathrm{r}z-\beta_1\sin\theta_\mathrm{r}x)} \tag{6.50}$$

$$\boldsymbol{H}^\mathrm{T}=\boldsymbol{a}_yH_0^\mathrm{T}\mathrm{e}^{-\mathrm{j}(\boldsymbol{k}^\mathrm{T}\cdot\boldsymbol{r})}=\boldsymbol{a}_yH_0^\mathrm{T}\mathrm{e}^{-\mathrm{j}(\beta_2\cos\theta_\mathrm{T}z+\beta_2\sin\theta_\mathrm{T}x)} \tag{6.51}$$

$$\boldsymbol{E}^+=\eta_1\boldsymbol{H}^+\times\boldsymbol{a}^+=E_0^+[-\boldsymbol{a}_z\sin\theta_\mathrm{i}+\boldsymbol{a}_x\cos\theta_\mathrm{i}]\,\mathrm{e}^{-\mathrm{j}(\beta_1\cos\theta_\mathrm{i}z+\beta_1\sin\theta_\mathrm{i}x)} \tag{6.52}$$

$$\boldsymbol{E}^-=\eta_1\boldsymbol{H}^-\times\boldsymbol{a}^-=E_0^-[\boldsymbol{a}_z\sin\theta_\mathrm{r}+\boldsymbol{a}_x\cos\theta_\mathrm{r}]\,\mathrm{e}^{\mathrm{j}(\beta_1\cos\theta_\mathrm{r}z-\beta_1\sin\theta_\mathrm{r}x)} \tag{6.53}$$

$$\boldsymbol{E}^\mathrm{T}=\eta_2\boldsymbol{H}^\mathrm{T}\times\boldsymbol{a}^\mathrm{T}=E_0^\mathrm{T}[-\boldsymbol{a}_z\sin\theta_\mathrm{T}+\boldsymbol{a}_x\cos\theta_\mathrm{T}]\,\mathrm{e}^{-\mathrm{j}(\beta_2\cos\theta_\mathrm{T}z+\beta_2\sin\theta_\mathrm{T}x)} \tag{6.54}$$

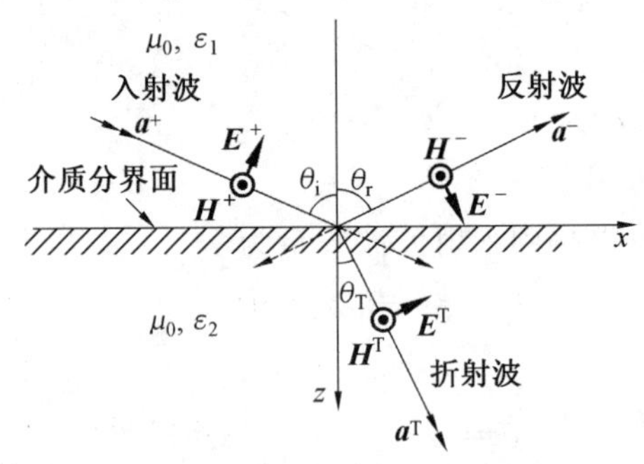

图 6.7　平行极化波斜入射到两种理想介质分界面

式中，$\boldsymbol{k}^+=\beta_1\boldsymbol{a}^+=\boldsymbol{a}_x\beta_1\sin\theta_\mathrm{i}+\boldsymbol{a}_z\beta_1\cos\theta_\mathrm{i}$；$\boldsymbol{k}^-=\beta_1\boldsymbol{a}^-=\boldsymbol{a}_x\beta_1\sin\theta_\mathrm{r}-\boldsymbol{a}_z\beta_1\cos\theta_\mathrm{r}$；$\boldsymbol{k}^\mathrm{T}=\beta_2\boldsymbol{a}^\mathrm{T}=$

$\boldsymbol{a}_x\beta_2\sin\theta_T+\boldsymbol{a}_z\beta_2\cos\theta_T$；$E_0^+=\eta_1 H_0^+$；$E_0^-=\eta_1 H_0^-$；$E_0^T=\eta_2 H_0^T$。

根据两种理想介质分界面的边界条件可知，分界面处电场强度的切向分量连续，磁场强度的切向分量也连续，因此

$$\boldsymbol{H}^+|_{z=0}+\boldsymbol{H}^-|_{z=0}=\boldsymbol{H}^T|_{z=0}$$

$$(\boldsymbol{a}_x\cdot\boldsymbol{E}^+)|_{z=0}+(\boldsymbol{a}_x\cdot\boldsymbol{E}^-)|_{z=0}=(\boldsymbol{a}_x\cdot\boldsymbol{E}^T)|_{z=0}$$

由此可得

$$H_0^+e^{-j\beta_1\sin\theta_i x}-H_0^-e^{-j\beta_1\sin\theta_r x}=H_0^T e^{-j\beta_2\sin\theta_T x} \tag{6.55}$$

$$E_0^+\cos\theta_i e^{-j\beta_1\sin\theta_i x}+E_0^-\cos\theta_r e^{-j\beta_1\sin\theta_r x}=E_0^T\cos\theta_T e^{-j\beta_2\sin\theta_T x} \tag{6.56}$$

考虑到上述边界条件适用于入射波以任何角度入射到边界面上的任何位置，因此上述等式的成立与θ_i、θ_r、θ_T、x无关。可以得到$\beta_1\sin\theta_i=\beta_1\sin\theta_r=\beta_2\sin\theta_T$，即

$$\theta_i=\theta_r=\theta \tag{6.57}$$

$$\frac{\sin\theta_T}{\sin\theta_i}=\frac{\beta_1}{\beta_2}=\frac{\omega\sqrt{\mu_0\varepsilon_1}}{\omega\sqrt{\mu_0\varepsilon_2}}=\frac{\sqrt{\varepsilon_1}}{\sqrt{\varepsilon_2}} \tag{6.58}$$

根据式(6.57)，反射角等于入射角，反射定律仍然适用，而式(6.58)又可以表示为

$$n_1\sin\theta_i=n_2\sin\theta_T$$

这就是斯涅尔折射定律，因此透射波又称为折射波。其中$n_1=\sqrt{\varepsilon_{r1}}$为介质1的折射率，$n_2=\sqrt{\varepsilon_{r2}}$为介质2的折射率。

将上述反射定律和折射定律代入式(6.55)和式(6.56)可得

$$H_0^+-H_0^-=H_0^T \tag{6.59}$$

$$E_0^+\cos\theta_i+E_0^-\cos\theta_i=E_0^T\cos\theta_T \tag{6.60}$$

将平面波中电场与磁场的关系式代入式(6.59)得

$$E_0^+-E_0^-=\frac{\eta_2}{\eta_1}E_0^T \tag{6.61}$$

根据式(6.60)和式(6.61)并利用反射定律和折射定律可得电场反射系数和透射系数的表达式分别为

$$R_{//}=\frac{E_0^-}{E_0^+}=\frac{\eta_1\cos\theta_i-\eta_2\cos\theta_T}{\eta_1\cos\theta_i+\eta_2\cos\theta_T} \tag{6.62}$$

$$T_{//}=\frac{E_0^T}{E_0^+}=\frac{2\eta_2\cos\theta_i}{\eta_1\cos\theta_i+\eta_2\cos\theta_T} \tag{6.63}$$

且有$1+R_{//}=T_{//}\dfrac{\eta_1}{\eta_2}$。

2. 垂直极化波斜入射

如图6.8所示，理想介质1(μ_0，ε_1)中的垂直极化波以角度θ_i斜入射到分界面为$z=0$的理想介质2(μ_0，ε_2)的表面上，反射波和折射波与分界面法线方向所形成的反射角和折射角分别为θ_r和θ_T。假设入射波、反射波和折射波电场的参考方向为$-\boldsymbol{a}_y$，那么入射波、反射波、折射波的电场强度和切向磁场强度可表示为

$$\boldsymbol{E}^+=(-\boldsymbol{a}_y)E_0^+\cdot e^{-j(\beta_1 x\sin\theta_i+\beta_1 z\cos\theta_i)} \tag{6.64}$$

$$\boldsymbol{E}^{-}=(-\boldsymbol{a}_y)E_0^{-}\cdot \mathrm{e}^{-\mathrm{j}(\beta_1 x\sin\theta_\mathrm{r}-\beta_1 z\cos\theta_\mathrm{r})} \tag{6.65}$$

$$\boldsymbol{E}^{\mathrm{T}}=(-\boldsymbol{a}_y)E_0^{\mathrm{T}}\cdot \mathrm{e}^{-\mathrm{j}(\beta_2 x\sin\theta_\mathrm{T}+\beta_2 z\cos\theta_\mathrm{T})} \tag{6.66}$$

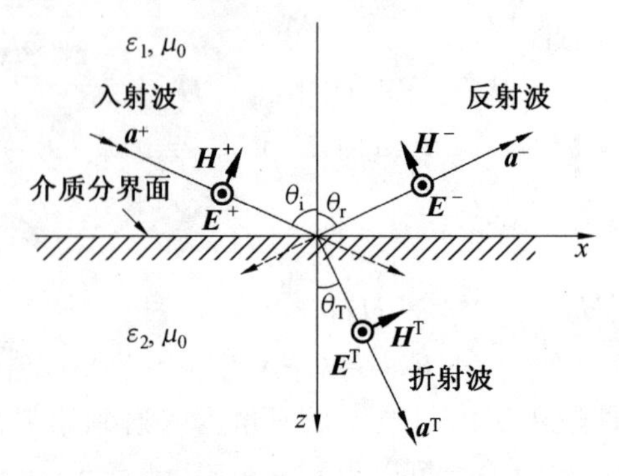

图 6.8　垂直极化波斜入射到两种理想介质分界面

$$\boldsymbol{a}_x\cdot\boldsymbol{H}^{+}=H_0^{+}\cos\theta_\mathrm{i}\cdot \mathrm{e}^{-\mathrm{j}(\beta_1 x\sin\theta_\mathrm{i}+\beta_1 z\cos\theta_\mathrm{i})} \tag{6.67}$$

$$\boldsymbol{a}_x\cdot\boldsymbol{H}^{-}=-H_0^{-}\cos\theta_\mathrm{r}\cdot \mathrm{e}^{-\mathrm{j}(\beta_1 x\sin\theta_\mathrm{r}-\beta_1 z\cos\theta_\mathrm{r})} \tag{6.68}$$

$$\boldsymbol{a}_x\cdot\boldsymbol{H}^{T}=H_0^{T}\cos\theta_\mathrm{T}\cdot \mathrm{e}^{-\mathrm{j}(\beta_2 z\cos\theta_\mathrm{T}+\beta_2 x\sin\theta_\mathrm{T})} \tag{6.69}$$

根据两种理想介质分界面上切向磁场和切向电场强度连续的边界条件，仍然可以得到如式(6.57)和式(6.58)所表示的反射定律和折射定律。类似分析可以得到，垂直极化波斜入射到两种理想介质表面时的电场反射系数和透射系数分别为

$$R_{\perp}=\frac{E_0^{-}}{E_0^{+}}=\frac{\eta_2\cos\theta_\mathrm{i}-\eta_1\cos\theta_\mathrm{T}}{\eta_2\cos\theta_\mathrm{i}+\eta_1\cos\theta_\mathrm{T}} \tag{6.70}$$

$$T_{\perp}=\frac{E_0^{\mathrm{T}}}{E_0^{+}}=\frac{2\eta_2\cos\theta_\mathrm{i}}{\eta_2\cos\theta_\mathrm{i}+\eta_1\cos\theta_\mathrm{T}} \tag{6.71}$$

且有 $1+R_{\perp}=T_{\perp}$。

6.3　全透射与全反射

6.3.1　全透射

当线极化波斜入射到理想介质分界面时，通常采用反射系数和折射系数进行描述。当反射系数为零时意味着没有反射波存在，这种情况称为全透射。

对平行极化波而言，令其反射系数为零，即

$$R_{//}=\frac{\eta_1\cos\theta_\mathrm{i}-\eta_2\cos\theta_\mathrm{T}}{\eta_1\cos\theta_\mathrm{i}+\eta_2\cos\theta_\mathrm{T}}=0$$

可得

$$\tan\theta_\mathrm{i}=\sqrt{\frac{\varepsilon_2}{\varepsilon_1}}$$

此时入射角也称布儒斯特角，其表达式为

$$\theta_\mathrm{B}=\arctan\sqrt{\frac{\varepsilon_2}{\varepsilon_1}}=\arcsin\sqrt{\frac{\varepsilon_2}{\varepsilon_1+\varepsilon_2}} \tag{6.72}$$

而对于垂直极化波而言,反射系数不可能等于零。只有平行极化波在入射角等于布儒斯特角时才会出现全透射的现象。所以,当一任意极化的电磁波以布儒斯特角入射时,反射波只包含垂直极化分量。 这表明椭圆极化波或圆极化波经过反射后将成为线极化波。 因此,布儒斯特角又称为极化角。

6.3.2　全反射

除全透射现象之外,还会出现一种全反射现象。根据折射定律可知,当平面波从折射率高的介质入射到折射率相对较低的介质($\varepsilon_{r1} > \varepsilon_{r2}$)时,折射角大于入射角,并且折射角 θ_T 随着入射角 θ_i 的增大而增大,因此,总存在一个入射角 θ_i,使得 $\theta_T = \frac{\pi}{2}$。此时,折射波将沿着分界面表面传播。因此当入射角大于某个临界值以后,$\theta_T > \frac{\pi}{2}$,这种情况称为全反射,将使 $\theta_T = \frac{\pi}{2}$ 时的入射角称为临界角,用 θ_c 来表示。

$$\theta_c = \arcsin \frac{\sqrt{\varepsilon_2}}{\sqrt{\varepsilon_1}} \tag{6.73}$$

由式(6.62)和式(6.70)可知,当 $\theta_i \geqslant \theta_c$ 时,$|R_{//}| = |R_{\perp}| = 1$。显然,无论是平行极化波还是垂直极化波,只要入射角大于等于临界角就会出现全反射的现象。此时,介质 2 中虽然没有电磁波传入,但在分界面上要满足电场和磁场切向分量连续的边界条件,所以介质 2 中有场分量存在,这些场量沿着分界面方向(z 方向)会按照指数规律衰减。由于该透射波主要存在于分界面附近,故被称为表面波(衰逝波)。这种表面波的等相位面为"$x =$ 常数"的平面,而等振幅面是"$z =$ 常数"的平面,即波的振幅在等相位面上不均匀,因此该透射波为非均匀平面波。

例 6.5　图 6.9 所示为光纤的剖面示意图。光纤芯线材料的相对折射率 $n_1 = \sqrt{\varepsilon_{r1}}$,包层材料的相对折射率 $n_2 = \sqrt{\varepsilon_{r2}}$。若要求光波从空气(相对折射率 $n_0 = 1$)中进入光纤后,能在芯线和包层的分界面上发生全反射,试确定最大的入射角 θ_i,其中 θ_t 为透射角。

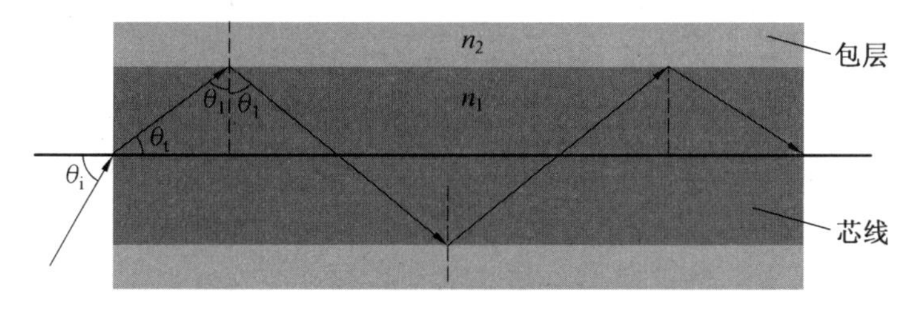

图 6.9　光纤内的全反射的剖面示意图

解　在芯线和包层分界面上发生全反射的条件为

$$\theta_1 \geqslant \theta_c = \arcsin \sqrt{\frac{\varepsilon_2}{\varepsilon_1}} = \arcsin \frac{n_2}{n_1}$$

即

$$\sin\theta_1 \geqslant \sin\theta_c = \frac{n_2}{n_1}$$

由于 $\theta_1 = \frac{\pi}{2} - \theta_t$，因此 $\sin\theta_1 = \sin\left(\frac{\pi}{2} - \theta_t\right) = \cos\theta_t$，因而得到

$$\cos\theta_t \geqslant \sin\theta_c = \frac{n_2}{n_1}$$

根据折射定律，有

$$\sin\theta_i = \frac{n_1}{n_0}\sin\theta_t = n_1\sin\theta_t = n_1\sqrt{1-\cos^2\theta_t} \leqslant n_1\sqrt{1-\left(\frac{n_2}{n_1}\right)^2} = \sqrt{{n_1}^2 - {n_2}^2}$$

故得到

$$\theta_i \leqslant \arcsin\sqrt{{n_1}^2 - {n_2}^2}$$

本 章 小 结

1. 均匀平面波对平面边界的垂直入射

(1) 均匀平面波垂直入射到理想导体表面。

$$\boldsymbol{E}_1 = -\boldsymbol{a}_x \mathrm{j}2E_0^+ \sin\beta z$$

$$\boldsymbol{H}_1 = \boldsymbol{a}_y 2\frac{E_0^+}{\eta}\cos\beta z$$

由上述表达式可以得到以下结论：

① 由入射波和反射波合成的电场和磁场在空间中仍然相互垂直。

② 合成场的振幅随距离 z 按正弦(余弦) 规律变化。

③ 电场和磁场在时间上有 $90°$ 的相位差，即电场最大时磁场为零，磁场最大时电场为零，其平均坡印廷矢量等于零。

④ 分界面处合成电场的幅度为零。分界面处合成磁场的振幅等于入射波磁场振幅的两倍，即

$$\boldsymbol{H}_1 \big|_{z=0} = \boldsymbol{a}_y 2\frac{E_0^+}{\eta}$$

⑤ 根据磁场的切向边界条件，理想导体表面的自由面电流密度为

$$\boldsymbol{J}_1 = (-\boldsymbol{a}_z) \times \boldsymbol{H}_1 \big|_{z=0} = \boldsymbol{a}_x 2\frac{E_0^+}{\eta}$$

(2) 平面波垂直入射到两种理想介质分界面。

区域 1 中的合成电场强度和磁场强度为

$$\boldsymbol{E}_1 = \boldsymbol{a}_x E_0^+ [(1+R)\mathrm{e}^{-\mathrm{j}\beta_1 z} + \mathrm{j}2R\sin\beta_1 z]$$

$$\boldsymbol{H}_1 = \boldsymbol{a}_y \frac{E_0^+}{\eta_1}[(1+R)\mathrm{e}^{-\mathrm{j}\beta_1 z} - 2R\cos\beta_1 z]$$

区域 2 中的折射波的电场强度和磁场强度为

$$\boldsymbol{E}^{\mathrm{T}} = \boldsymbol{a}_x T E_0^+ \mathrm{e}^{-\mathrm{j}\beta_2 z}, \quad \boldsymbol{H}^{\mathrm{T}} = \boldsymbol{a}_y \frac{T}{\eta_2} E_0^+ \mathrm{e}^{-\mathrm{j}\beta_2 z}$$

由上述表达式可以得到以下结论：

① 区域 1 中存在着入射波和反射波这两个成分。由于反射系数的大小始终小于 1，入射波的振幅总是大于反射波的振幅。

② 区域 1 中的合成电场 $\boldsymbol{E}_1$ 的第一项是行波，而第二项为驻波，这种由行波和纯驻波合成的波称为行驻波。区域 2 中的折射波为行波。

③ 若 $\eta_2 > \eta_1$，R 为正，说明在分界面上反射波电场与入射波电场同相，则在分界面上必定出现电场波腹点；反之，若 $\eta_2 < \eta_1$，R 为负，说明在分界面上反射波电场与入射波电场反相，则在界面上必定出现电场波节点。

2. 均匀平面波对平面边界的斜入射

(1) 均匀平面波斜入射到理想导体表面。

① 垂直极化波斜入射。

垂直极化波斜入射合成电场和磁场强度的表达式为

$$\boldsymbol{E} = \boldsymbol{a}_y(-\mathrm{j}2)E_0^+\sin(\beta z\cos\theta)\,\mathrm{e}^{-\mathrm{j}\beta x\sin\theta}$$

$$\boldsymbol{H} = -\frac{2E_0^+}{\eta}\left[\boldsymbol{a}_z\mathrm{j}\sin\theta\sin(\beta z\cos\theta) + \boldsymbol{a}_x\cos\theta\cos(\beta z\cos\theta)\right]\mathrm{e}^{-\mathrm{j}\beta x\sin\theta}$$

由上述表达式可以得到以下结论：

a. 不论是电场强度还是磁场强度，在平行于分界面的方向上（x 方向），合成波仍然为行波状态，它的相速度为 $v_{px} = \dfrac{\omega}{k_x} = \dfrac{\omega}{k\sin\theta} = \dfrac{v_p}{\sin\theta}$。

b. 在垂直于分界面的方向（z 方向）上，合成波的场量呈现出驻波分布，该合成波为非均匀平面波。

c. 从平均功率密度的角度来看，由于上述电场与磁场的 x 轴分量间有$90°$ 的相位差，而与磁场的 z 轴分量没有相位差，因此合成波沿 z 轴方向的平均坡印廷矢量必然为零。

d. 由于沿电磁波传播方向（x 轴方向）不存在电场分量（$E_x = 0$），因此这种波称为横电波，简称 TE 波。

② 平行极化波斜入射。

平行极化波斜入射合成电场和磁场强度的表达式为

$$\boldsymbol{E} = \boldsymbol{a}_x(-2\mathrm{j})E_0^+\cos\theta\sin(\beta z\cos\theta)\,\mathrm{e}^{-\mathrm{j}\beta x\sin\theta} - \boldsymbol{a}_z 2E_0^+\sin\theta\cos(\beta z\cos\theta)\,\mathrm{e}^{-\mathrm{j}\beta x\sin\theta}$$

$$\boldsymbol{H} = \boldsymbol{a}_y 2\frac{E_0^+}{\eta}\cos(\beta z\cos\theta)\,\mathrm{e}^{-\mathrm{j}\beta x\sin\theta}$$

由上述表达式可以得到以下结论：

a. 无论是电场强度还是磁场强度，合成电磁波在平行于分界面的方向（x 方向）上为行波状态，它的相速为 $v_{px} = \dfrac{\omega}{k_x} = \dfrac{\omega}{k\sin\theta} = \dfrac{v_p}{\sin\theta}$。

b. 在垂直于分界面的方向（z 方向），合成波的场量是驻波分布，该合成波为非均匀平面波。

c. 从平均功率密度的角度来看，由于磁场与电场的 x 轴分量间有$90°$ 的相位差，而与电场的 z 轴分量间有$180°$ 的相位差。因此，合成波沿 z 方向的平均功率密度为零。

d. 由于沿电磁波传播方向(x 方向)不存在磁场分量($H_x=0$),因此这种波称为横磁波,简称 TM(Transverse Magnetic) 波。

(2) 平面波斜入射到两种理想介质分界面。

① 平行极化波斜入射。

平行极化波斜入射时,电场反射系数和透射系数分别为

$$R_{//}=\frac{E_0^-}{E_0^+}=\frac{\eta_1\cos\theta_i-\eta_2\cos\theta_T}{\eta_1\cos\theta_i+\eta_2\cos\theta_T}$$

$$T_{//}=\frac{E_0^T}{E_0^+}=\frac{2\eta_2\cos\theta_i}{\eta_1\cos\theta_i+\eta_2\cos\theta_T}$$

② 垂直极化波斜入射。

垂直极化波斜入射时,电场反射系数和透射系数分别为

$$R_{\perp}=\frac{E_0^-}{E_0^+}=\frac{\eta_2\cos\theta_i-\eta_1\cos\theta_T}{\eta_2\cos\theta_i+\eta_1\cos\theta_T}$$

$$T_{\perp}=\frac{E_0^T}{E_0^+}=\frac{2\eta_2\cos\theta_i}{\eta_2\cos\theta_i+\eta_1\cos\theta_T}$$

3. 全透射与全反射

(1) 全透射的布儒斯特角。

$$\theta_B=\arctan\sqrt{\frac{\varepsilon_2}{\varepsilon_1}}=\arcsin\sqrt{\frac{\varepsilon_2}{\varepsilon_1+\varepsilon_2}}$$

(2) 全反射的临界角。

$$\theta_c=\arcsin\frac{\sqrt{\varepsilon_2}}{\sqrt{\varepsilon_1}}$$

习　　题

6－1　均匀平面电磁波频率 $f=100$ MHz,从空气垂直入射到 $x=0$ 的理想导体上,设入射波电场沿 $+y$ 方向,振幅 $E_m=6$ mV/m,如图所示。试写出:

(1) 入射波电场 $\boldsymbol{E}^+$ 表达式。

(2) 反射波电场 $\boldsymbol{E}^-$ 表达式。

(3) 空气中合成波的电场 $\boldsymbol{E}$ 表达式。

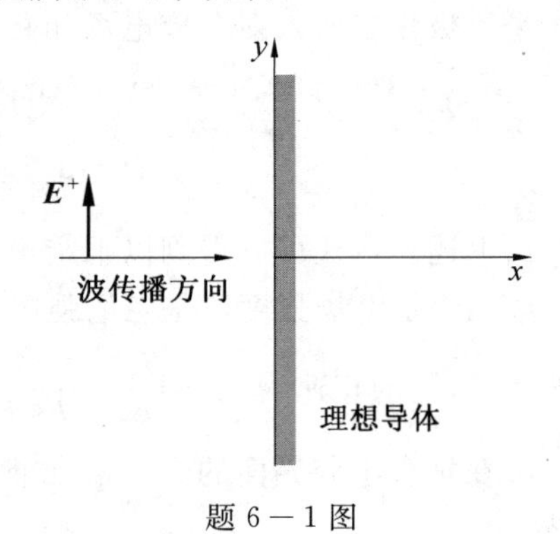

题 6－1 图

6－2　均匀平面电磁波由空气垂直入射到 $z=0$ 的理想导体表面上,已知入射波电场的表达式为 $\boldsymbol{E}=50\cos(\omega t-\beta z)\boldsymbol{a}_x$。试写出:

(1) 入射波磁场的表达式。

(2) 反射波电场的表达式。

(3) 合成波电场的表达式。

6－3　一圆极化平面电磁波的电场为

$$\boldsymbol{E}=(\boldsymbol{a}_y+j\boldsymbol{a}_z)E_0e^{-j\beta x}\ \text{V/m}$$

它沿 $+x$ 方向从空气中垂直入射到 $\varepsilon_r=4$、$\mu_r=1$ 的理想介质表面上。求：

(1) 反射波和透射波的电场。

(2) 它们分别属于什么极化?

6－4　均匀平面波 $\boldsymbol{E}=E_0(\boldsymbol{a}_x-\mathrm{j}\boldsymbol{a}_y)\mathrm{e}^{-\mathrm{j}\beta z}$ 由空气垂直入射到 $z=0$ 位置处的理想导体表面。

(1) 写出反射波和合成波电场的表达式。

(2) 判断入射波和反射波的极化方式。

(3) 计算理想导体表面的电流密度。

6－5　某均匀平面波从理想介质 1 垂直入射到与理想介质 2 的分界面上。若两种介质的相对磁导率都等于 1，试计算：

(1) 入射波功率的 10% 被反射时，两种介质的相对介电常数之比。

(2) 入射波功率的 10% 进入介质 2 时，两种介质的相对介电常数之比。

6－6　垂直极化波从水下以入射角 $\theta_i=20°$ 投射到水与空气的分界面上，设水的 $\varepsilon_r=81$、$\mu_r=1$，试求：

(1) 临界角 θ_c。

(2) 反射系数和透射系数。

6－7　一个频率为 300 MHz 的平行极化平面波从自由空间(介质 1) 斜入射到 $\varepsilon_r=4$、$\mu_r=1$(介质 2) 的理想介质表面上，如果入射线与分界面法线的夹角为 60°，入射波电场的振幅为 E_0，如图所示。试求：

(1) 入射波电场强度的表达式。

(2) 入射波磁场强度的表达式。

(3) 反射系数和透射系数。

6－8　一均匀平面波从自由空间(介质 1) 沿 $+z$ 方向垂直入射到 $\varepsilon_r=8$，$\mu_r=2$(介质 2) 的理想介质表面上，电磁波的频率为 100 MHz，入射波电场的振幅为 E_0，极化方向为 $+x$ 方向，如图所示。试求：

(1) 入射波电场强度的表达式。

(2) 入射波磁场强度的表达式。

(3) 反射系数和透射系数。

(4) 介质 1 中的电场表达式。

(5) 介质 2 中的电场表达式。

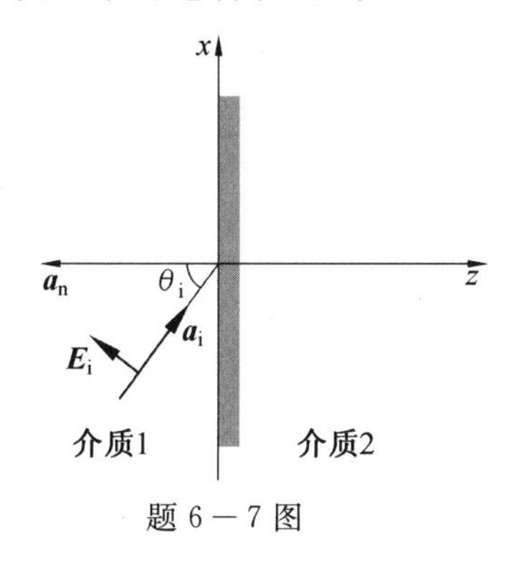

题 6－7 图

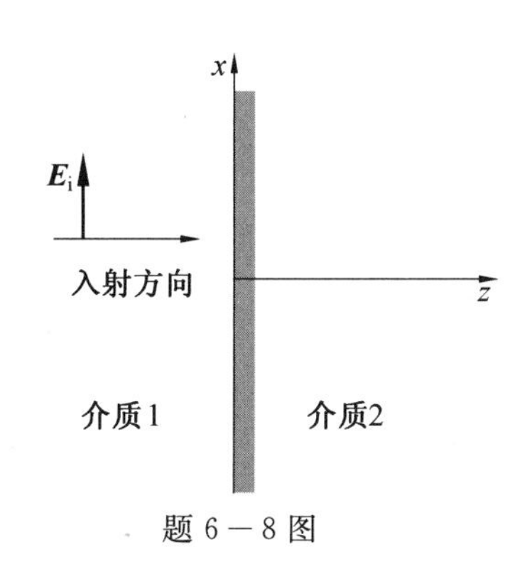

题 6－8 图

6－9　自由空间中一均匀平面波的电场强度为

$$\boldsymbol{E}=\boldsymbol{a}_x E_0\cos(\omega t-\beta z)+\boldsymbol{a}_y 2E_0\sin\left(\omega t-\beta z+\frac{\pi}{3}\right)$$

求其平均坡印廷矢量。

6－10　某均匀平面波从空气斜射入到理想介质($\varepsilon_r=3$,$\mu_r=1$)表面,入射角为60°。如果入射波电场的幅度为1 V/m,试分别计算垂直极化波和平行极化波情况下反射波、折射波的电场振幅。

6－11　真空中波长为1.5 μm的远红外电磁波以75°的入射角从$\varepsilon_r=1.5$、$\mu_r=1$的介质斜入射到空气中,求空气界面上的电场强度与距空气界面一个波长处的电场强度之比。

6－12　平面波由空气垂直入射到某介质($\mu_r=1$)表面,若要求反射系数和折射系数的大小相等。试求:

(1)ε_r。

(2)若入射波的$S_{av}^{+}=1$ mW/m²,求反射波和折射波的S_{av}^{-}和S_{av}^{+}。

6－13　一圆极化平面电磁波从折射率为3的介质斜入射到折射率为1的介质。若发生全透射且反射波为一线极化波,求入射波的入射角。

6－14　线极化波从自由空间斜入射到某介质($\varepsilon_r=4$、$\mu_r=1$)表面,如果入射波的电场强度与入射面的夹角为45°,试求反射波为垂直极化波时所对应的入射角。

6－15　某月球卫星向月球发射无线电波,其布儒斯特角为60°。试由此确定月球表面的相对介电常数ε_r。

第 7 章

传输线理论

在微波传输线中的波传播现象一方面可以认为是电路理论的延伸，又可以理解成麦克斯韦方程的一种特殊情况。传输线理论在基本电路理论和场分析之间架起了桥梁，使这种波的传播可以利用类似于研究平面波的思想来研究。

传输线理论是微波技术最重要的基础理论之一。本章首先研究微波信号在微波传输线上存在的三种状态，在此基础上，介绍传输线上微波传输特性的基本分析方法，包括输入阻抗、反射系数和驻波比等参数的定义、计算和相互之间的换算关系以及如何利用史密斯圆图来实现阻抗匹配。阻抗匹配是微波工程中的核心概念，读者不仅可以学会如何实现阻抗匹配，还可通过阻抗匹配来理解“波”和“场”的运动的特殊性。

7.1 微波传输线

传输线(Transmission Line)是指能够引导电磁波沿一定方向传输的导体、介质或由它们构成的导波系统的总称，其所导引的电磁波被称为导行波。把导行波传播的方向称为纵向，垂直于导行波传播的方向称为横向。一般将截面尺寸、形状、介质分布、材料及边界条件均不变的规则导波系统称为均匀传输线。传输线本身的不连续性可以构成各种形式的微波无源元器件，这些元器件和均匀传输线、有源元器件及天线一起构成微波系统。

导波系统中的电磁波按其纵向分量的有无可分为横电(TE)波、横磁(TM)波和横电磁(Transverse Electro Magnetic，TEM)波。其中TE波的电场 $\boldsymbol{E}$ 是纯横向的，而磁场 $\boldsymbol{H}$ 具有纵向分量，即 $E_z=0, H_z\neq 0$；TM波的磁场 $\boldsymbol{H}$ 是纯横向的，而电场 $\boldsymbol{E}$ 具有纵向分量，即 $H_z=0, E_z\neq 0$。TE波和TM波属于色散波，一般存在于单导体传输系统中。TEM波的电场 $\boldsymbol{E}$ 和磁场 $\boldsymbol{H}$ 均无纵向分量，即 $E_z=0, H_z=0$，属于非色散波，只存在于多导体系统中。

微波传输线按其所传输电磁波的性质大致可分为三种类型。第一类是双导体传输线，由两根或两根以上的平行导体构成，使电磁能量约束或限制在导体之间的空间并沿轴向传输，其传输的电磁波是TEM波或准TEM波，故又称为TEM波传输线，主要包括平行双线、同轴线、带状线和微带线等，如图7.1(a)所示；第二类是单导体传输线，一般由均匀填充介质的金属波导管构成，使电磁能量约束或限制在金属管内或介质槽内沿轴向传输，因电磁波在管内传播，其传输的电磁波是TE波或TM波，故又称为色散波传输线，主要包括矩形波导、圆波导、脊形波导和椭圆波导等，如图7.1(b)所示；第三类是介质传输

线，使电磁能量约束在波导结构周围介质表面沿轴向传输，其传输的电磁波是 TE 波和 TM 波的混合波，沿传输线表面传播，故又称为表面波传输线，主要包括镜像线、介质线、空心介质波导和填充介质的介质波导等，如图 7.1(c) 所示。

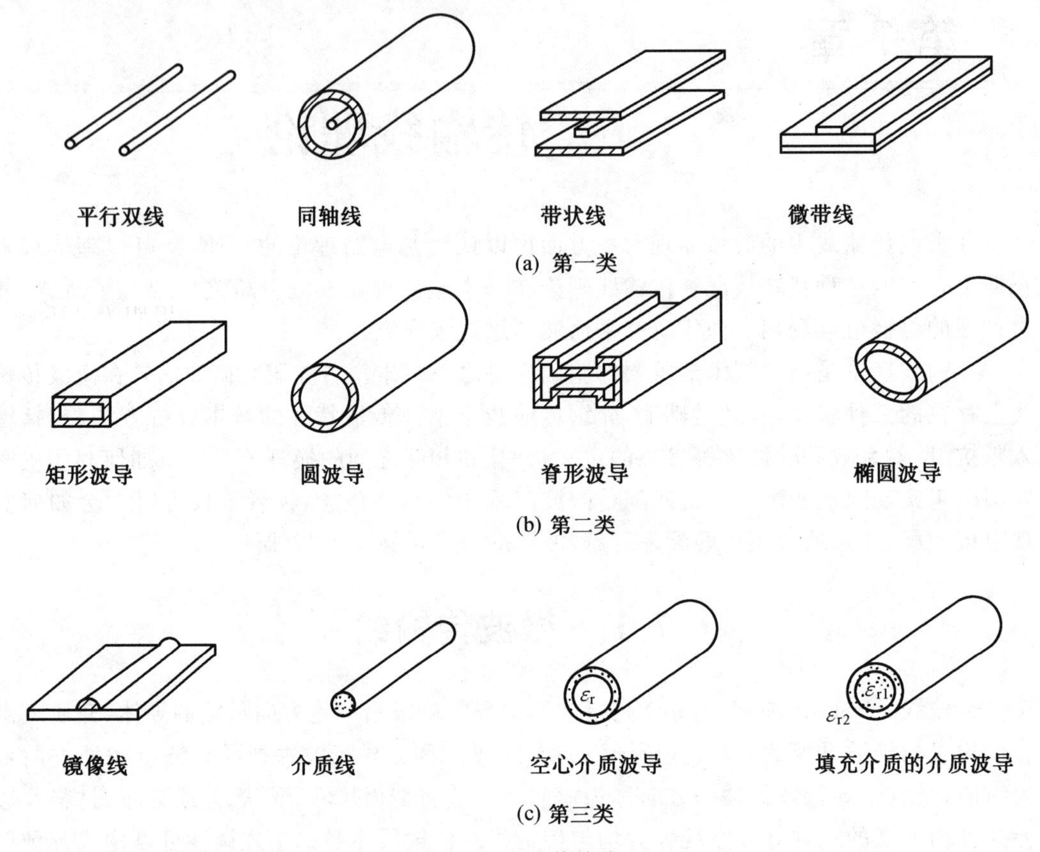

图 7.1 微波传输线

分析电磁波沿均匀传输线的传输特性的方法通常有两种。一种是场分析法，即从麦克斯韦方程出发，求解满足特定边界条件的电磁场波动方程，获得各场分量随时间和空间的变化规律，进而分析电磁波沿线的各种传输特性；另一种是路分析法，即从传输线方程出发，求出满足边界条件的电压、电流波动方程的解，得出沿线等效电压、电流的表达式，进而分析其传输特性。前一种方法较为严格，但数学上比较烦琐；后一种方法比较简单，即在一定的条件下“化场为路”，有足够的精度，数学上较为简便。场分析法和路分析法实质上是分析同一问题的两种不同途径，从广义传输线理论的观点来看，两者是等效的。

7.2 均匀传输线方程及其解

7.2.1 均匀传输线的等效电路

在低频电路中，常忽略元件的分布参数效应，认为电场能量全部集中在电容器中；磁

场能量全部集中在电感器中；只有电阻元件消耗电磁能量；连接元件的导线是既无电阻又无电感的理想连接线，由这些集总参数元件组成的电路称为集总参数电路，其沿线电压、电流的大小和相位与空间位置无关。微波传输线与集总参数电路不同，当电磁波频率升高到微波波段后，导体表面流过的高频电流会产生趋肤效应，致使导体有效导电截面积减小，高频损耗电阻增大，而且沿线各处都存在损耗，这就是分布电阻效应；高频电流还会在导线周围产生高频磁场，磁场也是沿线分布的，这就是分布电感效应；又由于双导线上流过的电流彼此相反，两线之间存在高频电场，电场也是沿线分布的，这就是分布电容效应；此外，由于导线周围介质非理想绝缘，存在漏电现象，这就是分布电导效应。可见，微波传输线上的分布参数效应是不容忽视的，所以微波传输线是一种分布参数电路，其沿线电压和电流同时随时间和空间位置的变化而改变。

均匀传输线一般有四个分布参数，分别用单位长度传输线上的分布电阻 R_0(Ω/m)、分布电导 G_0(S/m)、分布电感 L_0(H/m) 和分布电容 C_0(F/m) 来描述，其取值取决于传输线的类型、尺寸、导体材料和周围介质参数。同时，一般传输线的始端接微波信号源，终端接负载，选取传输线的纵向坐标为 z，坐标原点选在终端处，电磁波沿 $-z$ 方向传播。在均匀传输线上任取一点 z，选一段微分线元 $\Delta z(\Delta z \ll \lambda)$，如图 7.2(a) 所示。依据分布参数的概念每一个小线元可看成集总参数电路，其上有电阻 $R_0\Delta z$、漏电导 $G_0\Delta z$、电感 $L_0\Delta z$ 和电容 $C_0\Delta z$，于是得到一段微分线元 Δz 由集总元件构成的 Γ 型网络等效电路，如图 7.2(b) 所示。则整个传输线可看作由无限多个上述等效电路级联而成，其中有耗和无耗传输线的等效电路分别如图 7.2(c)、(d) 所示。

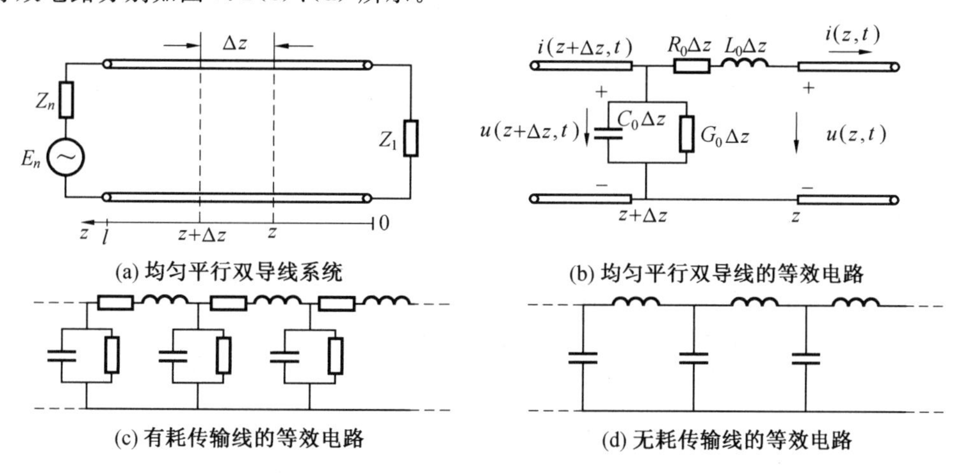

图 7.2　均匀传输线及其等效电路

7.2.2　均匀传输线方程

均匀传输线方程(Transmission Line Equation)是研究均匀传输线上电压、电流变化规律及相互关系的方程，可由均匀传输线的等效电路导出。

如图 7.2(b) 所示，设在时刻 t，位置 z 处的电压和电流分别为 $u(z,t)$ 和 $i(z,t)$，而在位置 $z+\Delta z$ 处的电压和电流分别为 $u(z+\Delta z,t)$ 和 $i(z+\Delta z,t)$。对 Δz 求电压和电流的偏微分，并忽略方程中高阶小分量，则有

$$u(z+\Delta z,t)-u(z,t)=\frac{\partial u(z,t)}{\partial z}\Delta z \tag{7.1a}$$

$$i(z+\Delta z,t)-i(z,t)=\frac{\partial i(z,t)}{\partial z}\Delta z \tag{7.1b}$$

对图 7.2(b),应用基尔霍夫定律可得

$$u(z,t)+R_0\Delta z i(z,t)+L_0\Delta z\,\frac{\partial i(z,t)}{\partial t}-u(z+\Delta z,t)=0 \tag{7.2a}$$

$$i(z,t)+G_0\Delta z u(z+\Delta z,t)+C_0\Delta z\,\frac{\partial u(z+\Delta z,t)}{\partial t}-i(z+\Delta z,t)=0 \tag{7.2b}$$

将式(7.1) 代入式(7.2),并忽略高阶小分量,可得

$$\frac{\partial u(z,t)}{\partial z}=R_0 i(z,t)+L_0\,\frac{\partial i(z,t)}{\partial t} \tag{7.3a}$$

$$\frac{\partial i(z,t)}{\partial z}=G_0 u(z,t)+C_0\,\frac{\partial u(z,t)}{\partial t} \tag{7.3b}$$

式(7.3) 就是均匀传输线方程,也称为电报方程。

由于电压和电流随时间做简谐变化,其瞬时值 u、i 可用复振幅形式 U、I 表示为

$$u(z,t)=\mathrm{Re}[U(z)\mathrm{e}^{\mathrm{j}\omega t}] \tag{7.4a}$$

$$i(z,t)=\mathrm{Re}[I(z)\mathrm{e}^{\mathrm{j}\omega t}] \tag{7.4b}$$

将式(7.4) 代入式(7.3) 中,消去等式两边的因子 $\mathrm{e}^{\mathrm{j}\omega t}$,可得

$$\frac{\mathrm{d}U(z)}{\mathrm{d}z}-(R_0+\mathrm{j}\omega L_0)I(z)=0 \tag{7.5a}$$

$$\frac{\mathrm{d}I(z)}{\mathrm{d}z}-(G_0+\mathrm{j}\omega C_0)U(z)=0 \tag{7.5b}$$

令 $R_0+\mathrm{j}\omega L_0=Z$,$G_0+\mathrm{j}\omega C_0=Y$,即可得时谐传输线方程为

$$\frac{\mathrm{d}U(z)}{\mathrm{d}z}=ZI(z) \tag{7.6a}$$

$$\frac{\mathrm{d}I(z)}{\mathrm{d}z}=YU(z) \tag{7.6b}$$

式中,Z 和 Y 分别称为传输线单位长度的串联阻抗和单位长度的并联导纳。

传输线方程表明,传输线上电压的变化是由串联阻抗的降压作用造成的,而电流的变化是由并联导纳的分流作用造成的。

7.2.3 均匀传输线方程的解

1. 均匀传输线方程的通解

将式(7.6a) 两边微分并将式(7.6b) 代入,可得

$$\frac{\mathrm{d}^2U(z)}{\mathrm{d}z^2}-ZYU(z)=0$$

同理可得

$$\frac{\mathrm{d}^2I(z)}{\mathrm{d}z^2}-ZYI(z)=0$$

令 $\gamma^2=ZY=(R_0+\mathrm{j}\omega L_0)(G_0+\mathrm{j}\omega C_0)$,则以上两式可写为

$$\frac{d^2U(z)}{dz^2}-\gamma^2U(z)=0 \tag{7.7a}$$

$$\frac{d^2I(z)}{dz^2}-\gamma^2I(z)=0 \tag{7.7b}$$

式(7.7)称为均匀传输线的波动方程，这是一个标准的二阶齐次微分方程组，其通解为

$$U(z)=U_i(z)+U_r(z)=A_1e^{+\gamma z}+A_2e^{-\gamma z} \tag{7.8a}$$

$$I(z)=I_i(z)+I_r(z)=\frac{1}{Z_0}(A_1e^{+\gamma z}-A_2e^{-\gamma z}) \tag{7.8b}$$

式中，A_1 和 A_2 为待定系数，由边界条件确定；Z_0 为传输线的特性阻抗，$Z_0=\sqrt{\frac{Z}{Y}}=\sqrt{\frac{(R_0+j\omega L_0)}{(G_0+j\omega C_0)}}$；$\gamma$ 为传输线波的传播系数，$\gamma=\sqrt{ZY}=\sqrt{(R_0+j\omega L_0)(G_0+j\omega C_0)}$。

令 $\gamma=\alpha+j\beta$，可得传输线上的电压和电流的瞬时值表达式分别为

$$u(z,t)=u_i(z,t)+u_r(z,t)=A_1e^{+\alpha z}\cos(\omega t+\beta z)+A_2e^{-\alpha z}\cos(\omega t-\beta z) \tag{7.9a}$$

$$i(z,t)=i_i(z,t)+i_r(z,t)=\frac{1}{Z_0}[A_1e^{+\alpha z}\cos(\omega t+\beta z)-A_2e^{-\alpha z}\cos(\omega t-\beta z)] \tag{7.9b}$$

由式(7.9)可知，传输线上任意一点处的电压和电流以波的形式传播，且由两个部分组成。第一部分表示由微波信号源向负载方向传播的行波，称之为入射波；第二部分表示由负载向微波信号源方向传播的行波，称之为反射波。传输线上的入射波和反射波的瞬时分布图如图7.3所示。因此，传输线上任意一点的电压和电流都等于该点相对应的入射波和反射波的叠加。

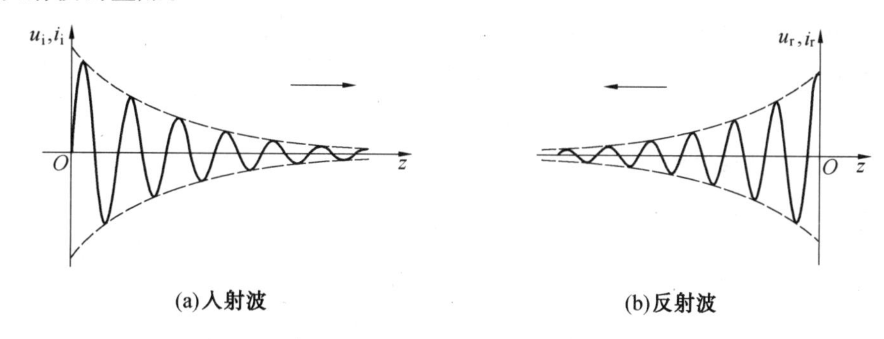

图7.3　传输线上入射波和反射波的瞬时分布图

2.均匀传输线方程的特解

待定系数 A_1、A_2 可由传输线的边界条件来确定，传输线的边界条件通常有以下三种情况：

(1) 已知传输线终端负载电压 U 和终端负载电流 I_L。

(2) 已知传输线始端电压 U_0 和始端电流 I_0。

(3) 已知信源电动势 E_g 和内阻 Z_g 以及负载阻抗 Z_L。

下面以第一种情况为例来讨论传输线方程的特解。

将边界条件 $z=0$ 处 $U(0)=U_L$，$I(0)=I_L$ 代入式(7.8)，可得

$$U_L = A_1 + A_2 \tag{7.10a}$$

$$I_L = \frac{1}{Z_0}(A_1 - A_2) \tag{7.10b}$$

整理后解得

$$A_1 = \frac{1}{2}(U_L + I_L Z_0) \tag{7.11a}$$

$$A_2 = \frac{1}{2}(U_L - I_L Z_0) \tag{7.11b}$$

将 A_1 和 A_2 代入式(7.8),根据双曲函数表达式整理后可得

$$U(z) = U_L \operatorname{ch} \gamma z + I_L Z_0 \operatorname{sh} \gamma z \tag{7.12a}$$

$$I(z) = U_L \frac{\operatorname{sh} \gamma z}{Z_0} + I_L \operatorname{ch} \gamma z \tag{7.12b}$$

写成矩阵形式为

$$\begin{bmatrix} U(z) \\ I(z) \end{bmatrix} = \begin{bmatrix} \operatorname{ch} \gamma z & Z_0 \operatorname{sh} \gamma z \\ \frac{\operatorname{sh} \gamma z}{Z_0} & \operatorname{ch} \gamma z \end{bmatrix} \begin{bmatrix} U_L \\ I_L \end{bmatrix} \tag{7.13}$$

由式(7.13)可知,只要已知传输线终端负载电压 U_L、终端负载电流 I_L 及传输线特性参数 γ、Z_0,就可求得传输线上任意一点的电压和电流。另外两种情况的特解,请读者自行推导。

7.2.4 传输线的特性参数和状态参数

传输线的工作状况一般用其传输特性参数和状态参数来描述。传输线的特性参数用来衡量传输线的传播特性,主要包括特性阻抗、传播常数、相速与波长等参量;传输线的状态参数用来衡量传输线的工作状态,主要包括输入阻抗、反射系数、行波系数和驻波比等。

1. 传输线的特性参数

(1) 特性阻抗 Z_0。

特性阻抗(Characteristic Impedance)是分布参数电路中描述传输线固有特性的一个物理量,由传输线自身的分布参数决定,与负载及信源无关。

传输线特性阻抗的定义为传输线上入射波电压 $U_i(z)$ 与入射波电流 $I_i(z)$ 之比,或反射波电压 $U_r(z)$ 与反射波电流 $I_r(z)$ 之比的负值,即

$$Z_0 = \frac{U_i(z)}{I_i(z)} = -\frac{U_r(z)}{I_r(z)} = \sqrt{\frac{(R_0 + j\omega L_0)}{(G_0 + j\omega C_0)}} \tag{7.14}$$

可见,特性阻抗 Z_0 一般情况下为复数,与工作频率有关。但在以下两种特殊情况下与频率无关,一般为实数(纯电阻)。

① 无耗传输线。

对于均匀无耗传输线,$R_0 = G_0 = 0$,传输线的特性阻抗为

$$Z_0 = \sqrt{\frac{L_0}{C_0}} \tag{7.15}$$

此时，特性阻抗 Z_0 为实数，且与频率无关。

② 微波低耗传输线。

对于微波低耗传输线，满足 $R_0 \ll \omega L_0$，$G_0 \ll \omega C_0$，有

$$Z_0=\sqrt{\frac{R_0+j\omega L_0}{G_0+j\omega C_0}}\approx\sqrt{\frac{L_0}{C_0}}\left(1+\frac{1}{2}\frac{R_0}{j\omega L_0}\right)\left(1-\frac{1}{2}\frac{G_0}{j\omega C_0}\right)$$

$$\approx\sqrt{\frac{L_0}{C_0}}\left[1-j\frac{1}{2}\left(\frac{R_0}{\omega L_0}-\frac{G_0}{\omega C_0}\right)\right]\approx\sqrt{\frac{L_0}{C_0}} \tag{7.16}$$

由此可见，在低耗情况下，传输线的特性阻抗 Z_0 近似为实数，其值仅取决于分布参数 L_0 和 C_0，而与频率无关。

工程上一般常用平行双导线或同轴线作为微波传输线。对于直径为 d、间距为 D 的平行双导线，其特性阻抗为

$$Z_0=\frac{120}{\sqrt{\varepsilon_r}}\ln\frac{2D}{d} \tag{7.17}$$

式中，ε_r 为导线周围填充介质的相对介电常数。一般 Z_0 在 100～1 000 Ω之间，常用的平行双导线的特性阻抗有 250 Ω、400 Ω 和 600 Ω 等几种。

对于内、外导体半径分别为 a、b 的无耗同轴线，其特性阻抗为

$$Z_0=\frac{60}{\sqrt{\varepsilon_r}}\ln\frac{b}{a} \tag{7.18}$$

式中，ε_r 为同轴线内、外导体间填充介质的相对介电常数。一般 Z_0 在 40～150 Ω之间，常用的同轴线的特性阻抗有 50 Ω 和 75 Ω 两种。

(2) 传播系数 γ。

传播系数(Propagation Constant)γ 是描述传输线上导行波的幅度和相位变化的一个物理量，即描述传输线上导行波传播过程中衰减和相移的参数，通常为复数。由前面分析可知

$$\gamma=\sqrt{(R_0+j\omega L_0)(G_0+j\omega C_0)}=\alpha+j\beta \tag{7.19}$$

式中，α 为衰减常数，表示传输线上导行波每经过单位长度后幅度的衰减倍数，其单位为 dB/m 或 Np/m，其中 1 Np/m＝8.686 dB/m；β 为相移系数，表示传输线上导行波每经过单位长度后相位滞后的弧度数，其单位为 rad/m。

γ 一般是频率的函数，对于无耗或微波低耗传输线，其表达式可适当简化。

① 无耗传输线。

对于无耗传输线，$R_0=G_0=0$，则 $\gamma=j\beta=j\omega\sqrt{L_0C_0}$，即

$$\begin{cases}\alpha=0\\ \beta=\omega\sqrt{L_0C_0}\end{cases} \tag{7.20}$$

② 微波低耗传输线。

对于微波低耗传输线，满足 $R_0 \ll \omega L_0$，$G_0 \ll \omega C_0$，有

$$\gamma=\sqrt{(R_0+j\omega L_0)(G_0+j\omega C_0)}$$

$$\approx j\omega\sqrt{L_0C_0}\left(1+\frac{R_0}{j\omega L_0}\right)^{\frac{1}{2}}\left(1+\frac{G_0}{j\omega C_0}\right)^{\frac{1}{2}}$$

$$\approx \frac{1}{2}\left(R_0\sqrt{\frac{C_0}{L_0}}+G_0\sqrt{\frac{L_0}{C_0}}\right)+\mathrm{j}\omega\sqrt{L_0C_0}$$

所以

$$\begin{cases}\alpha=\dfrac{R_0}{2}\sqrt{\dfrac{C_0}{L_0}}+\dfrac{G_0}{2}\sqrt{\dfrac{L_0}{C_0}}=\alpha_c+\alpha_d \\ \beta=\omega\sqrt{L_0C_0}\end{cases} \tag{7.21}$$

由此可见，衰减系数 α 是由导体衰减系数 α_c 和介质衰减系数 α_d 两部分组成，其中 α_c 是由单位长度上的分布电阻决定的，α_d 是由单位长度上的分布漏电导决定的。

(3) 相速 v_p 和相波长 λ_p。

传输线上的相速(Phase Velocity) 定义为电压、电流入射波(或反射波) 等相位面沿传输方向的传播速度，用 v_p 来表示。 由式(7.9) 得等相位面的运动方程为

$$\omega t\pm\beta z=\mathrm{const}$$

上式两边同时对 t 求导，可得相速 v_p 为

$$v_p=\frac{\mp\,\mathrm{d}z}{\mathrm{d}t}=\frac{\omega}{\beta} \tag{7.22}$$

对于微波低耗传输线，由于 $\beta=\omega\sqrt{L_0C_0}$，所以有

$$v_p=\frac{1}{\sqrt{L_0C_0}} \tag{7.23}$$

将平行双导线或同轴线的 L_0 和 C_0 代入上式，可得

$$v_p=\frac{1}{\sqrt{\mu\varepsilon}}=\frac{v_0}{\sqrt{\varepsilon_r}} \tag{7.24}$$

式中，v_0 为光速。由此可见，平行双导线和同轴线上导行波电压和电流的相速等于传输线周围介质中的光速，它和频率无关，只取决于周围介质特性参量 ε_r，因此这类双导体传输线又称为非色散波传输线。

传输线上的相波长(Phase Wave Length) 定义为导行波在一个周期 T 内等相位面沿传输线移动的距离，即

$$\lambda_p=v_pT=\frac{v_p}{f}=\frac{\omega/\beta}{f}=\frac{2\pi}{\beta}=\frac{\lambda_0}{\sqrt{\varepsilon_r}} \tag{7.25}$$

式中，λ_0 为真空中的电磁波的波长。

2. 传输线的状态参数

(1) 输入阻抗 $Z_{in}(z)$。

输入阻抗(Input Impedance) 定义为传输线上任意一点 z 处的电压 $U(z)$ 和电流 $I(z)$ 之比，即

$$Z_{in}(z)=\frac{U(z)}{I(z)} \tag{7.26}$$

对于均匀无耗传输线，由式(7.12) 可得线上各点电压 $U(z)$、电流 $I(z)$ 与终端负载电压 U_L、终端负载电流 I_L 之间的关系，即

$$U(z)=U_L\cos\beta z+\mathrm{j}I_LZ_0\sin\beta z \tag{7.27a}$$

$$I(z)=I_L\cos\beta z+\mathrm{j}\frac{U_L}{Z_0}\sin\beta z \tag{7.27b}$$

将式(7.27)代入式(7.26)可得

$$Z_{in}(z)=\frac{U_L\cos\beta z+\mathrm{j}I_L Z_0\sin\beta z}{I_L\cos\beta z+\mathrm{j}\frac{U_L}{Z_0}\sin\beta z}=Z_0\frac{Z_L+\mathrm{j}Z_0\tan\beta z}{Z_0+\mathrm{j}Z_L\tan\beta z} \tag{7.28}$$

式中，Z_L 为终端负载阻抗。

上式表明，无耗传输线上任意一点的输入阻抗与观察点的位置、传输线的特性阻抗、终端负载阻抗及工作频率有关，且一般为复数，故不宜直接测量。

输入阻抗的概念在工程设计中经常用到，有了传输线上某点处的输入阻抗，可将该点处右侧的一段传输线连同 Z_L 一并去掉，并在该点处跨接一个等于输入阻抗 $Z_{in}(z)$ 的负载阻抗，则该点左侧传输线上的电压和电流并不受影响，即两种情况是完全等效的。

当传输线和负载阻抗给定时，由于 $\tan\beta z$ 是周期函数，因此线上各点的输入阻抗随至终端的距离 l 的不同而做周期变化，其周期为 $\lambda/2$。另外，传输线上的输入阻抗具有 $\lambda/4$ 的阻抗变换性和 $\lambda/2$ 的阻抗重复性，其对应的阻抗关系如下：

$$Z_{in}(z+\lambda/4)=Z_0\frac{Z_L-\mathrm{j}Z_0\cot\beta z}{Z_0-\mathrm{j}Z_L\cot\beta z}=Z_0\frac{Z_0+\mathrm{j}Z_L\tan\beta z}{Z_L+\mathrm{j}Z_0\tan\beta z}=\frac{Z_0^2}{Z_{in}(z)}$$

即

$$Z_{in}(z+\lambda/4)Z_{in}(z)=Z_0^2(\text{常数}) \tag{7.29a}$$

$$Z_{in}(z+\lambda/2)=Z_0\frac{Z_L+\mathrm{j}Z_0\tan(\beta z+\pi)}{Z_0+\mathrm{j}Z_L\tan(\beta z+\pi)}=Z_0\frac{Z_L+\mathrm{j}Z_0\tan(\beta z)}{Z_0+\mathrm{j}Z_L\tan(\beta z)}=Z_{in}(z)$$

即

$$Z_{in}(z+\lambda/2)=Z_{in}(z) \tag{7.29b}$$

式(7.29)表明，传输线上相距 $\lambda/4$ 两点的输入阻抗的乘积等于常数，即 $\lambda/4$ 传输线具有变换阻抗性质的作用(感性阻抗经 $\lambda/4$ 长的传输线可变换成容性阻抗，容性阻抗经 $\lambda/4$ 长的传输线可变换成感性阻抗。)；传输线上相距 $\lambda/2$ 两点的输入阻抗相等，即 $\lambda/2$ 传输线具有阻抗重复特性。这些关系在研究传输线的阻抗匹配问题时是很有用的。

在许多情况下，如并联电路的阻抗计算，采用导纳比较方便，无耗传输线的输入导纳表达式为

$$Y_{in}(z)=\frac{1}{Z_{in}(z)}=Y_0\frac{Y_L+\mathrm{j}Y_0\tan\beta z}{Y_0+\mathrm{j}Y_L\tan\beta z} \tag{7.30}$$

式中，Y_0 为特性导纳，$Y_0=\frac{1}{Z_0}$；Y_L 为负载导纳，$Y_L=\frac{1}{Z_L}$。

(2) 反射系数 $\Gamma(z)$。

反射系数(Reflection Coefficient)定义为传输线上任意一点 z 处的反射波电压(或电流)与入射波电压(或电流)之比，即

$$\Gamma_u(z)=\frac{U_r(z)}{U_i(z)} \tag{7.31a}$$

$$\Gamma_i(z)=\frac{I_r(z)}{I_i(z)} \tag{7.31b}$$

式中，$\Gamma_u(z)$ 称为电压反射系数；$\Gamma_i(z)$ 称为电流反射系数，且 $\Gamma_u(z)=-\Gamma_i(z)$。因此，只需讨论其中一种即可，通常将电压反射系数简称为反射系数，并记作 $\Gamma(z)$。

对于均匀无耗传输线，将式(7.9)和式(7.11)代入式(7.31a)，可得

$$\Gamma(z)=\frac{A_2\mathrm{e}^{-\mathrm{j}\beta z}}{A_1\mathrm{e}^{\mathrm{j}\beta z}}=\frac{Z_L-Z_0}{Z_L+Z_0}\mathrm{e}^{-\mathrm{j}2\beta z}=\Gamma_L\mathrm{e}^{-\mathrm{j}2\beta z} \tag{7.32}$$

式中，$\Gamma_L(z)$ 为终端反射系数，$\Gamma_L(z)=\dfrac{Z_L-Z_0}{Z_L+Z_0}=|\Gamma_L|\mathrm{e}^{\mathrm{j}\varphi_L}$；$\varphi_L$ 为初始相位。于是传输线上任意一点反射系数都可以用终端反射系数 Γ_L 表示为

$$\Gamma(z)=|\Gamma_L|\mathrm{e}^{\mathrm{j}(\varphi_L-2\beta z)} \tag{7.33}$$

由此可见，对均匀无耗传输线，反射系数的幅值仅由负载决定，与距离无关。沿线任意点反射系数大小均相等，只有相位按周期变化，其周期为$\lambda/2$，即反射系数也具有$\lambda/2$的重复性。

(3) 输入阻抗 $Z_{in}(z)$ 与反射系数 $\Gamma(z)$ 的关系。

反射系数与输入阻抗都是描述传输线工作状态的重要参数，它们之间存在着一定的关系，并且有着非常重要的普遍应用。

传输线上同一点处的反射系数 $\Gamma(z)$ 与输入阻抗 $Z_{in}(z)$ 的关系可以根据其定义得到。将式(7.31)代入式(7.8)可得

$$U(z)=U_i(z)+U_r(z)=A_1\mathrm{e}^{\mathrm{j}\omega z}[1+\Gamma(z)] \tag{7.34a}$$

$$I(z)=I_i(z)+I_r(z)=\frac{A_1}{Z_0}\mathrm{e}^{\mathrm{j}\omega z}[1-\Gamma(z)] \tag{7.34b}$$

所以

$$Z_{in}(z)=\frac{U(z)}{I(z)}=Z_0\frac{1+\Gamma(z)}{1-\Gamma(z)} \tag{7.35}$$

式中，Z_0 为传输线特性阻抗。式(7.35)反过来还可以写成

$$\Gamma(z)=\frac{Z_{in}(z)-Z_0}{Z_{in}(z)+Z_0} \tag{7.36}$$

由此可见，当传输线特性阻抗一定时，输入阻抗与反射系数有一一对应的关系。因此，输入阻抗 $Z_{in}(z)$ 可通过反射系数 $\Gamma(z)$ 的测量来确定。

当 $z=0$ 时，$\Gamma(0)=\Gamma_L$，则终端负载阻抗 Z_L 与终端反射系数 Γ_L 的关系为

$$\Gamma_L=\frac{Z_L-Z_0}{Z_L+Z_0} \tag{7.37}$$

或

$$Z_L=Z_0\frac{1+\Gamma_L}{1-\Gamma_L} \tag{7.38}$$

显然，当 $Z_L=Z_0$ 时，$\Gamma_L=0$，即负载终端无反射，此时传输线上反射系数处处为零，一般称之为负载匹配。而当 $Z_1\neq Z_0$ 时，负载端就会产生一反射波，向信源方向传播，若信源阻抗与传输线特性阻抗不相等，它将再次被反射。

波的反射是传输线工作的基本物理现象，反射系数不仅具有明确的物理概念，而且可以测量，因此在微波测量技术和微波网络的分析与综合设计中广泛采用反射系数这一物

理量。

(4) 驻波比 ρ 和行波系数 K。

由前面分析可知,当终端负载阻抗与传输线的特性阻抗不相等时,传输线上就会同时存在入射波和反射波,这种情况称为负载与传输线阻抗不匹配(失配)。描述失配程度不仅可以用反射系数,还可以用驻波比(Standing Wave Ratio)来衡量,其表征了传输线上的导行波中驻波所占的比例。

驻波比定义为传输线上波腹点电压(或电流)振幅与波节点电压(或电流)振幅之比,即

$$\rho=\frac{|U|_{\max}}{|U|_{\min}}=\frac{|I|_{\max}}{|I|_{\min}} \tag{7.39}$$

由于传输线上电压(或电流)是由入射波电压和反射波电压(或电流)叠加而成的,因此入射波和反射波相位相同时电压(或电流)振幅最大,入射波和反射波相位相反时电压(或电流)振幅最小,故有

$$|U|_{\max}=|U_{\mathrm{i}}|+|U_{\mathrm{r}}|=|U_{\mathrm{i}}|(1+|\Gamma|)$$
$$|U|_{\min}=|U_{\mathrm{i}}|-|U_{\mathrm{r}}|=|U_{\mathrm{i}}|(1-|\Gamma|)$$

由此可得驻波比与反射系数的关系式为

$$\rho=\frac{|U|_{\max}}{|U|_{\min}}=\frac{1+|\Gamma|}{1-|\Gamma|} \tag{7.40}$$

或

$$|\Gamma|=\frac{\rho-1}{\rho+1} \tag{7.41}$$

有时为了分析问题的方便,也可用行波系数来描述传输线上反射波的相对大小,其表征了导行波中行波所占的比例。行波系数 K 定义为传输线上波节点电压(或电流)振幅与波腹电压(或电流)振幅之比,即

$$K=\frac{|U|_{\min}}{|U|_{\max}}=\frac{|I|_{\min}}{|I|_{\max}}=\frac{1}{\rho}=\frac{1-|\Gamma|}{1+|\Gamma|} \tag{7.42}$$

因此,传输线上反射波的大小(失配程度),可用反射系数的模、驻波比和行波系数三个参量来描述。反射系数模的变化范围是 $0\leqslant|\Gamma|\leqslant 1$;驻波比的变化范围是 $1\leqslant\rho<\infty$;行波系数的变化范围是 $0\leqslant K\leqslant 1$。

例7.1　图7.4所示的传输线为均匀无耗传输线,ab 间特性阻抗为 Z_0,bc 间特性阻抗为 $Z_0/2$。

求:(1) 输入阻抗 $Z_{\mathrm{in}}(z)$。

(2) 线上各点的反射系数 Γ_a、Γ_{b}、Γ_c。

(3) 各段传输线的电压驻波比 ρ_{ab}、ρ_{bc}。

解　(1) 由式(7.29a)可知,b 点右侧的传输线输入阻抗 $Z_{\mathrm{in}b}$ 为

$$Z_{\mathrm{in}b}=\frac{Z_{01}^2}{Z_{\mathrm{L}}}=\frac{(Z_0/2)^2}{Z_0}=\frac{Z_0}{4}$$

b 点处的等效阻抗 Z_b 为

$$Z_b=Z_{\mathrm{in}b}\ //\ 2Z_0=\frac{2}{9}Z_0$$

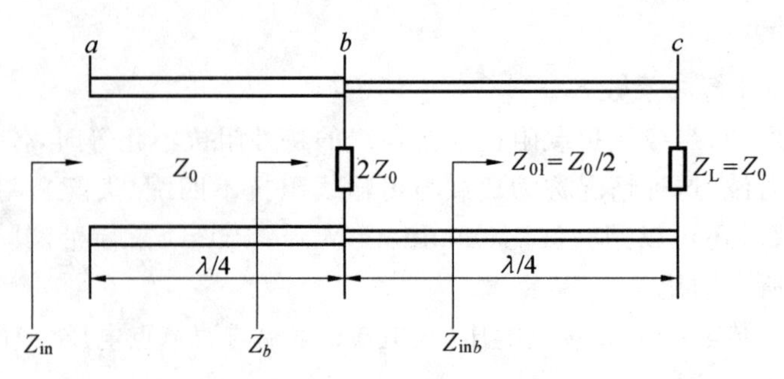

图 7.4　均匀无耗传输线

由式(7.29a)可知，a 点输入阻抗 Z_{in} 为

$$Z_{\text{in}}=\frac{Z_0^2}{Z_b}=\frac{{Z_0}^2}{\frac{2}{9}Z_0}=\frac{9}{2}Z_0$$

(2) 传输线上各点的反射系数分别为

$$\Gamma_a=\frac{Z_{\text{in}}-Z_0}{Z_{\text{in}}+Z_0}=\frac{\frac{9}{2}Z_0-Z_0}{\frac{9}{2}Z_0+Z_0}=\frac{7}{11}$$

$$\Gamma_b=\frac{Z_{\text{b}}-Z_0}{Z_{\text{b}}+Z_0}=\frac{\frac{2}{9}Z_0-Z_0}{\frac{2}{9}Z_0+Z_0}=-\frac{7}{11}$$

或

$$\Gamma_b=\Gamma_a\mathrm{e}^{\mathrm{j}2\beta z}=\frac{7}{11}\mathrm{e}^{\mathrm{j}2\frac{2\pi}{\lambda}\frac{\lambda}{4}}=-\frac{7}{11}$$

$$\Gamma_c=\frac{Z_{\text{L}}-Z_{01}}{Z_{\text{L}}+Z_{01}}=\frac{Z_0-Z_0/2}{Z_0+Z_0/2}=\frac{1}{3}$$

(3) 各段的电压驻波比分别为

$$\rho_{ab}=\frac{1+|\Gamma_b|}{1-|\Gamma_b|}=\frac{1+\frac{7}{11}}{1-\frac{7}{11}}=\frac{9}{2}$$

$$\rho_{bc}=\frac{1+|\Gamma_c|}{1-|\Gamma_c|}=\frac{1+\frac{1}{3}}{1-\frac{1}{3}}=2$$

通过上述例题的分析，可以进一步看出反射系数与传输线上的点一一对应，不同点的反射系数是不一样的；而驻波比是对应传输线上的一段，只要该段传输线是均匀的，即不发生特性阻抗的突变、串接或并接其他阻抗，也就是说没有新的反射产生，则这段传输线的驻波比就不会发生改变，各点反射系数的模也是相等的。

7.3　无耗传输线的状态分析

传输线的工作状态是指传输线终端接不同负载时，沿线的电压、电流以及阻抗的分布规律，其反映了有无反射波存在及反射波与入射波的比例大小，也就是反映了负载与传输线的匹配程度。归纳起来，无耗传输线有三种不同的工作状态：行波状态；纯驻波状态；行驻波状态。

7.3.1　行波状态

当负载阻抗与传输线的特性阻抗相等时，即 $Z_L = Z_0$，传输线上只存在一个由信源传向负载的单向行波，而没有反射波，传输线任意一点的反射系数 $\Gamma(z)=0$，此时称传输线工作在行波状态(Travelling Wave State)。行波状态意味着入射波功率全部被负载吸收，即负载与传输线匹配。行波状态下无耗传输线上的电压和电流的表达式为

$$U(z) = U_i(z) = A_1 e^{j\beta z} \tag{7.43a}$$

$$I(z) = I_i(z) = \frac{A_1}{Z_0} e^{j\beta z} \tag{7.43b}$$

设 $A_1 = |A_1| e^{j\varphi_0}$，考虑到时间因子 $e^{j\omega t}$，则传输线上电压、电流的瞬时表达式为

$$u(z,t) = |A_1| \cos(\omega t + \beta z + \varphi_0) \tag{7.44a}$$

$$i(z,t) = \frac{|A_1|}{Z_0} \cos(\omega t + \beta z + \varphi_0) \tag{7.44b}$$

此时传输线上任意一点 z 处的输入阻抗为

$$Z_{in}(z) = \frac{U(z)}{I(z)} = Z_0$$

综上所述，可得无耗传输线行波状态下电压、电流和输入阻抗的分布规律，如图 7.5 所示。

(1) 传输线上电压和电流的振幅恒定不变，且相位相同。

(2) 传输线上各点的输入阻抗均等于传输线特性阻抗。

(3) 反射系数 $\Gamma(z)=0$，驻波比 $\rho=1$，行波系数 $K=1$。

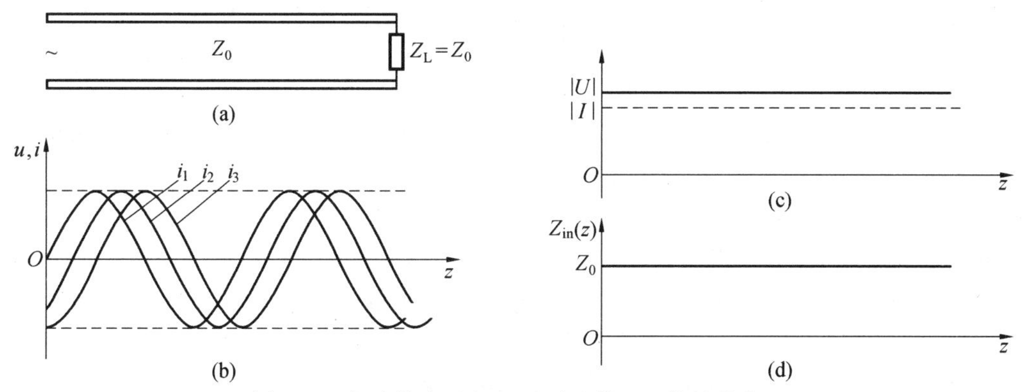

图 7.5　行波状态下电压、电流和输入阻抗的分布

7.3.2 纯驻波状态

当传输线终端短路、终端开路或终端接纯电抗负载时，即$|\Gamma_L|=1$，入射波在终端将全部被反射，传输线上入射波与反射波叠加形成纯驻波分布。驻波状态意味着入射波功率一点也没有被负载吸收，即负载与传输线完全匹配。下面以终端短路为例分析纯驻波状态(Pure Standing Wave State)。

1. 终端短路

终端负载短路时，即负载阻抗$Z_L=0$，终端反射系数$\Gamma_L=-1$，而驻波比$\rho\to\infty$。由式(7.32)可得，传输线上任意点z处的反射系数为$\Gamma(z)=-e^{-j2\beta z}$，将之代入式(7.34)并经整理得

$$U(z)=j2A_1\sin\beta z \tag{7.45a}$$

$$I(z)=\frac{2A_1}{Z_0}\cos\beta z \tag{7.45b}$$

设$A_1=|A_1|e^{j\varphi_0}$，考虑到时间因子$e^{j\omega t}$，则传输线上电压、电流的瞬时表达式分别为

$$u(z,t)=2|\boldsymbol{A}_1|\cos(\omega t+\varphi_0+\frac{\pi}{2})\sin\beta z \tag{7.46a}$$

$$i(z,t)=\frac{2|\boldsymbol{A}_1|}{Z_0}\cos(\omega t+\varphi_0)\cos\beta z \tag{7.46b}$$

传输线上的电压、电流的幅值分别为

$$|U(z)|=2|A_1||\sin\beta z| \tag{7.47a}$$

$$|I(z)|=\frac{2|A_1|}{Z_0}|\cos\beta z| \tag{7.47b}$$

此时传输线上任意一点z处的输入阻抗为

$$Z_{in}(z)=jZ_0\tan\beta z \tag{7.47c}$$

图7.6给出了终端短路时传输线上电压、电流瞬时变化的幅度分布以及阻抗变化的情况，由此可得终端短路时无耗传输线纯驻波状态下的分布规律：

(1) 传输线上各点电压和电流的振幅按正弦或余弦规律变化，电压和电流在时间和空间上的相位均差$\pi/2$，表明此功率为无功功率，即无能量传输。

(2) 在$z=n\lambda/2(n=0,1,2,\cdots)$处电压振幅恒为零，而电流振幅恒为最大且等于$\frac{2|\boldsymbol{A}_1|}{Z_0}$，称这些位置为电压波节点或电流的波腹点；在$z=(2n+1)\lambda/4(n=0,1,2,\cdots)$处电压振幅恒为最大且等于$2|\boldsymbol{A}_1|$，而电流振幅为零，称这些位置为电压波腹点或电流的波节点。可见，电压(或电流)的波腹点和波节点相距$\lambda/4$。

(3) 传输线上各点阻抗为纯电抗，且随z按正切规律变化，如图7.6(b)所示。在电压波节点$z=n\lambda/2$处，输入阻抗$Z_{in}=0$，相当于一个串联谐振回路；在电压波腹点$z=(2n+1)\lambda/4$处，输入阻抗$|Z_{in}|\to\infty$，相当于一个并联谐振回路；在$0<z<\lambda/4$内，$Z_{in}=jX>0$，相当于一个纯电感；在$\lambda/4<z<\lambda/2$内，$Z_{in}=-jX<0$，相当于一个纯电容。由此可见，沿线每隔$\lambda/4$阻抗性质就变换一次，即$\lambda/4$传输线的阻抗变换性，而每隔$\lambda/2$阻抗就重复一次，即$\lambda/2$传输线的阻抗重复性。

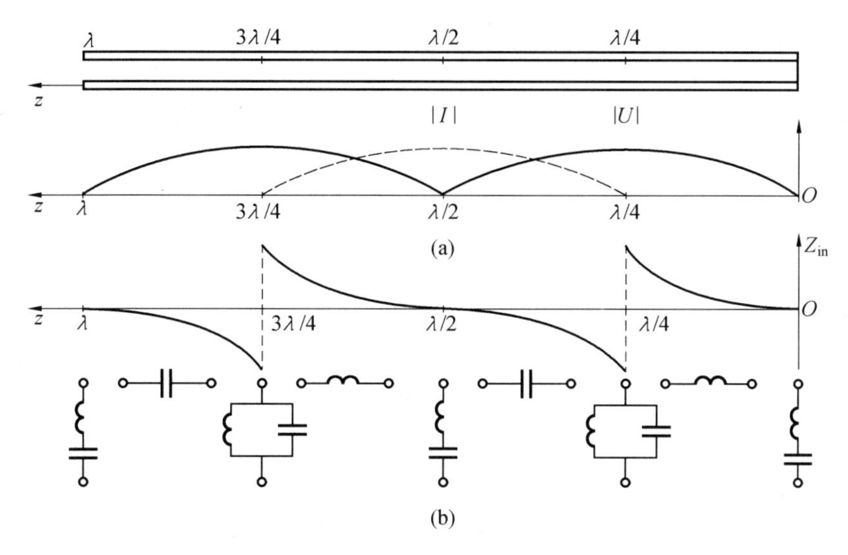

图 7.6　终端短路线的驻波分布

2. **终端开路**

终端负载开路时，即负载阻抗 $Z_{\mathrm{L}}=\infty$，终端反射系数 $\Gamma_{\mathrm{L}}=1$，而驻波比 $\rho\to\infty$。根据与终端短路同样的分析方法，可知终端开路时传输线上的电压和电流也呈纯驻波分布，传输线也只能存储能量而不进行能量的传输。

根据 $\lambda/4$ 传输线的阻抗变换特性可知，将终端短路传输线由负载向微波源方向平移 $\lambda/4$，那么位置 O' 处的输入阻抗 $Z_{\mathrm{in}}=\infty$，如图 7.7 所示。

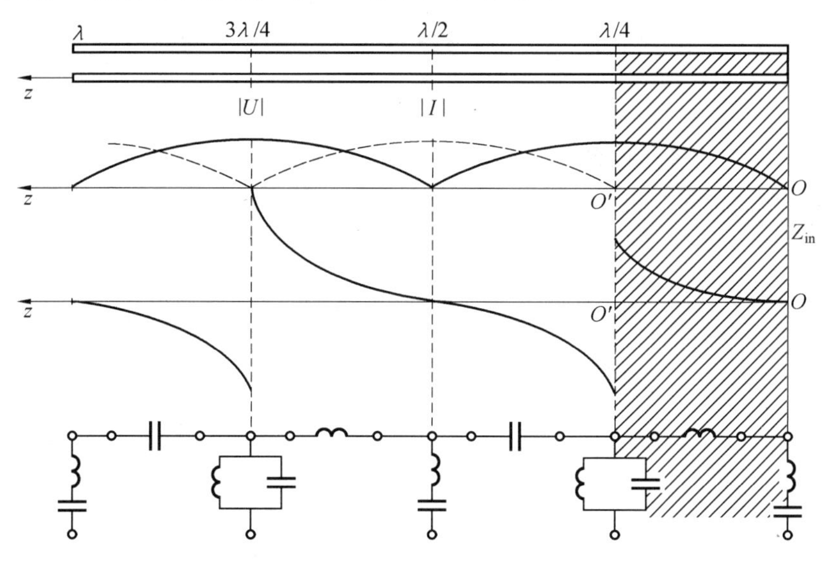

图 7.7　终端开路线的驻波分布

因此，从终端短路传输线的 O' 位置向微波信号源方向看去，就可得到全部终端开路传输线的分布特性曲线，如图 7.7 中阴影部分左侧所示。由此可得终端开路时无耗传输线纯驻波状态下的分布规律：

(1) 传输线上各点电压和电流的振幅也按正弦或余弦规律变化，电压和电流在时间和空间上的相位相差$\pi/2$，传输功率也为无功功率，即无能量传输。

(2) 在$z=n\lambda/2(n=0,1,2,\cdots)$处电流振幅恒为零，而电压振幅恒为最大且等于$2|\boldsymbol{A}_1|$，称这些位置为电流波节点或电压的波腹点；在$z=(2n+1)\lambda/4(n=0,1,2,\cdots)$处电流振幅恒为最大且等于$\dfrac{2|\boldsymbol{A}_1|}{Z_0}$，而电压振幅为零，称这些位置为电流波腹点或电压的波节点。

(3) 传输线上各点阻抗仍为纯电抗，且随z按正切规律变化，如图7.7所示。在电流波节点$z=n\lambda/2$处，输入阻抗$|Z_{in}|\to\infty$，相当于一个并联谐振回路；在电流波腹点$z=(2n+1)\lambda/4$处，输入阻抗$Z_{in}=0$，相当于一个串联谐振回路；在$0<z<\lambda/4$内，$Z_{in}=-jX<0$，相当于一个纯电容；在$\lambda/4<z<\lambda/2$内，$Z_{in}=jX>0$，相当于一个纯电感。同样具有$\lambda/4$阻抗变换性和$\lambda/2$阻抗重复性。

实际上，终端开口的传输线并不是真正开路传输线，因为在开口处会有辐射(相当于天线)，所以理想的终端开路线是在终端开口处接上$\lambda/4$短路线来实现的。

3. 终端接纯电抗负载

终端接纯电抗负载时，即负载阻抗$Z_L=\pm jX$，终端反射系数$|\Gamma_L|=1$，驻波比$\rho\to\infty$，也就是说终端反射波与入射波幅度相等，将产生全反射，负载不吸收能量。但此时终端既不是波腹也不是波节，沿线电压、电流仍按纯驻波分布。

(1) 负载阻抗为纯感抗。

当终端负载为纯电感，即$Z_L=jX_L$时，由前面分析可知，小于$\lambda/4$的短路线相当于一纯电感，因此当$Z_L=jX_L$，可用长度小于$\lambda/4$的短路线l_{sl}来代替。由式(7.47)可得

$$l_{sl}=\frac{\lambda}{2\pi}\arctan\frac{X_L}{Z_0} \tag{7.48}$$

因此，长度为l、终端接感性负载的传输线，沿线电压、电流及阻抗的变化规律与长度为$(l+l_{sl})$的短路线上对应段的变化规律完全一致，距离终端最近的电压波节点在$\lambda/4<z<\lambda/2$范围内，如图7.8(a)所示。

(2) 负载阻抗为纯容抗。

当终端负载为纯容抗，即$Z_L=-jX_C$时，同理可用长度在$\lambda/4<l<\lambda/2$范围内的开路线l_{oc}来代替。由式(7.47)得

$$l_{oc}=\frac{\lambda}{2}-\frac{\lambda}{2\pi}\arctan\frac{|X_C|}{Z_0} \tag{7.49}$$

因此，长度为l、终端接容性负载的传输线，沿线电压、电流及阻抗的变化规律与长度为$(l+l_{oc})$的开路线上对应段的变化规律完全一致，距离终端最近的电压波节点在$0<z<\lambda/4$范围内，如图7.8(b)所示。

总之，处于纯驻波工作状态的无耗传输线，沿线各点电压、电流在时间和空间上相差均为$\pi/2$，故它们不能用于微波功率的传输，但因其输入阻抗的纯电抗特性，其在微波技术中有着非常广泛的应用。

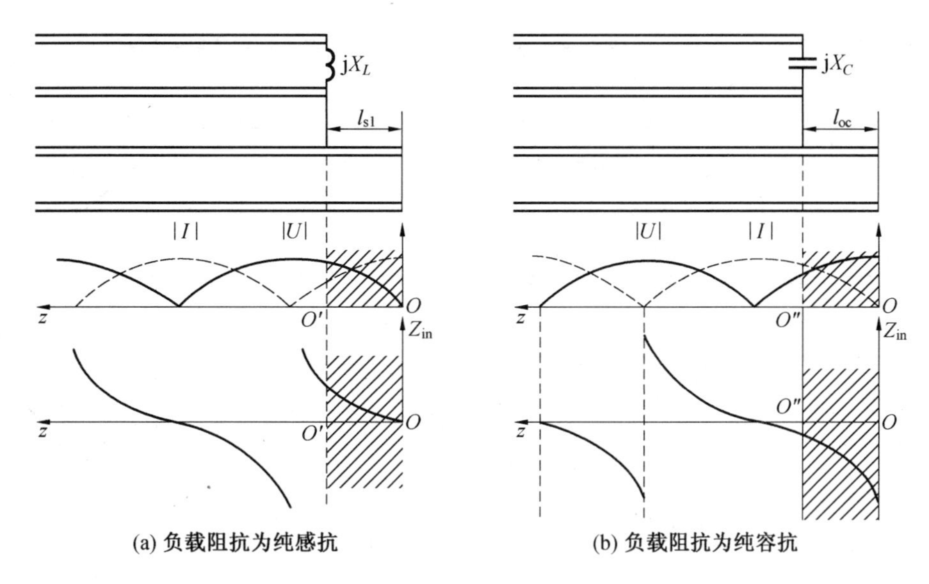

(a) 负载阻抗为纯感抗　　(b) 负载阻抗为纯容抗

图 7.8　终端接电抗的驻波分布及短路线和开路线等效

7.3.3　行驻波状态

当微波传输线终端接任意复数阻抗负载时,负载与传输线不可能完全匹配,这样由微波信号源入射的电磁波功率一部分被终端负载吸收,另一部分则被反射,因此传输线上既有行波又有纯驻波,构成混合波状态,故称之为行驻波状态。行波与驻波的相对大小取决于负载与传输线的失配程度。

1. 传输线上电压和电流的分布

设终端负载为 $Z_{\mathrm{L}}=R_{\mathrm{L}}+\mathrm{j}X_{\mathrm{L}}$,由式(7.37)得终端反射系数为

$$\Gamma_{\mathrm{L}}=\frac{Z_{\mathrm{L}}-Z_0}{Z_{\mathrm{L}}+Z_0}=\frac{R_{\mathrm{L}}+\mathrm{j}X_{\mathrm{L}}-Z_0}{R_{\mathrm{L}}+\mathrm{j}X_{\mathrm{L}}+Z_0}=|\Gamma_{\mathrm{L}}|\mathrm{e}^{\mathrm{j}\varphi_{\mathrm{L}}} \tag{7.50}$$

式中

$$|\Gamma_{\mathrm{L}}|=\sqrt{\frac{(R_{\mathrm{L}}-Z_0)^2+X_{\mathrm{L}}^2}{(R_{\mathrm{L}}+Z_0)^2+X_{\mathrm{L}}^2}},\quad \varphi_{\mathrm{L}}=\arctan\frac{2X_{\mathrm{L}}Z_0}{R_{\mathrm{L}}^2+X_{\mathrm{L}}^2-Z_0^2}$$

由式(7.32)和式(7.34)可得传输线上各点电压、电流的时谐表达式为

$$U(z)=A_1\mathrm{e}^{\mathrm{j}\beta z}[1+\Gamma_{\mathrm{L}}\mathrm{e}^{-\mathrm{j}2\beta z}] \tag{7.51a}$$

$$I(z)=\frac{A_1}{Z_0}\mathrm{e}^{\mathrm{j}\beta z}[1-\Gamma_{\mathrm{L}}\mathrm{e}^{-\mathrm{j}2\beta z}] \tag{7.51b}$$

设 $A_1=|A_1|\mathrm{e}^{\mathrm{j}\varphi_0}$,则传输线上电压、电流的模值为

$$|U(z)|=|A_1|[1+|\Gamma_{\mathrm{L}}|^2+2|\Gamma_{\mathrm{L}}|\cos(\varphi_{\mathrm{L}}-2\beta z)]^{1/2} \tag{7.52a}$$

$$|I(z)|=\frac{|A_1|}{Z_0}[1+|\Gamma_{\mathrm{L}}|^2-2|\Gamma_{\mathrm{L}}|\cos(\varphi_{\mathrm{L}}-2\beta z)]^{1/2} \tag{7.52b}$$

根据式(7.52)可知行驻波条件下传输线上电压和电流的分布,如图 7.9 所示,具有如下特点:

(1) 沿线电压和电流呈非正弦的周期分布。

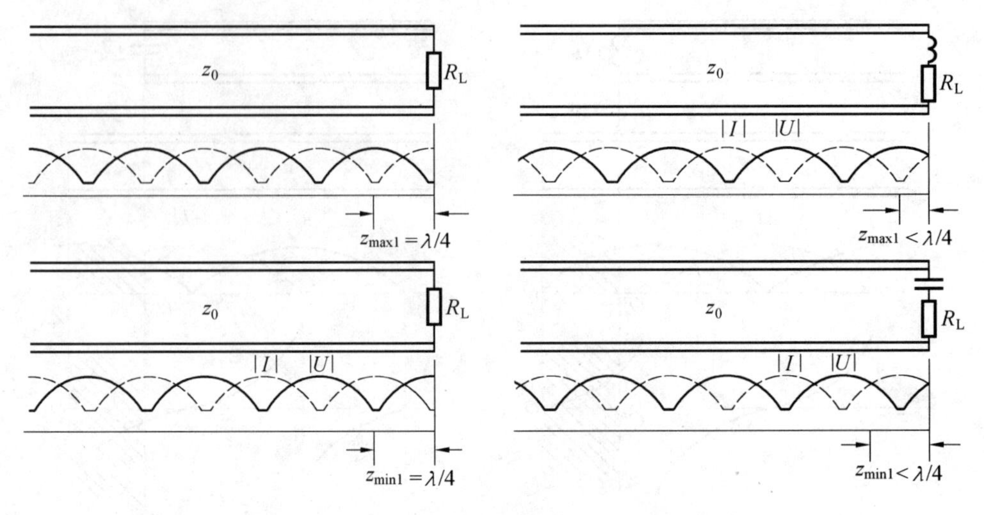

图 7.9　行驻波状态下传输线上电压和电流的分布

(2) 当 $\cos(\varphi_L-2\beta z)=1$ 时,电压幅度最大,而电流幅度最小,此处称为电压的波腹点和电流的波节点,对应位置为

$$z_{\max}=\frac{\lambda}{4\pi}\varphi_L+n\frac{\lambda}{2}\quad(n=0,1,2,\cdots)\tag{7.53}$$

该处相应的电压、电流分别为

$$|U|_{\max}=|\boldsymbol{A}_1|(1+|\Gamma_L|)\tag{7.54a}$$

$$|I|_{\min}=\frac{|\boldsymbol{A}_1|}{Z_0}(1-|\Gamma_L|)\tag{7.54b}$$

(3) 当 $\cos(\varphi_L-2\beta z)=-1$ 时,电压幅度最小,而电流幅度最大,此处称为电压的波节点和电流的波腹点,对应位置为

$$z_{\min}=\frac{\lambda}{4\pi}\varphi_L+(2n\pm1)\frac{\lambda}{4}\quad(n=0,1,2,\cdots)\tag{7.55}$$

相应的电压、电流分别为

$$|U|_{\min}=|A_1|(1-|\Gamma_L|)\tag{7.56a}$$

$$|I|_{\max}=\frac{|A_1|}{Z_0}(1+|\Gamma_L|)\tag{7.56b}$$

(4) 相邻的电压或电流的波腹点和波节点相距 $\frac{\lambda}{4}$。

2. 沿线阻抗的分布

当终端接任意负载时,其输入阻抗按式(7.28)计算可得

$$Z_{in}(z)=Z_0\frac{Z_L+jZ_0\tan\beta z}{Z_0+jZ_L\tan\beta z}=R_{in}+jX_{in}$$

将 $Z_L=R_L+jX_L$ 代入上式,可得电阻 R_{in} 和电抗 X_{in} 的表达式为

$$R_{in}=Z_0^2\frac{R_L\sec^2\beta z}{(Z_0-X_L\tan\beta z)^2+(R_L\tan\beta z)^2}\tag{7.57a}$$

$$X_{in}=Z_0\frac{(Z_0-X_L\tan\beta z)(X_L+Z_0\tan\beta z)-R_L^2\tan\beta z}{(Z_0-X_L\tan\beta z)^2+(R_L\tan\beta z)^2}\tag{7.57b}$$

由式(7.57)可知,在终端接任意负载时沿线阻抗的分布具有如下特点:

(1) 沿线阻抗值是非正弦的周期函数,在电压的波腹点和波节点,阻抗分别为最大值和最小值,且均为纯电阻,它们分别为

$$R_{\max}=\frac{|U|_{\max}}{|I|_{\min}}=Z_0\frac{1+|\Gamma_L|}{1-|\Gamma_L|}=Z_0\rho \tag{7.58a}$$

$$R_{\min}=\frac{|U|_{\min}}{|I|_{\max}}=Z_0\frac{1-|\Gamma_L|}{1+|\Gamma_L|}=\frac{Z_0}{\rho} \tag{7.58b}$$

(2) 无耗传输线上每隔 $\lambda/4$,阻抗性质变换一次,即 $\lambda/4$ 阻抗变换性;每隔 $\lambda/2$,阻抗值重复一次,即 $\lambda/2$ 阻抗重复性。

7.4　史密斯圆图

在微波工程中,经常会遇到输入阻抗、反射系数等参量的计算或阻抗匹配方面的问题,若用公式计算处理,会遇到大量烦琐的复数运算,因此为了简化运算,工程上常用阻抗圆图来辅助分析和计算,既方便直观,又具有较高的精度,能够满足工程设计的要求,其作为处理传输线问题的一种图解方法,在实际中得到了广泛的应用。

7.4.1　阻抗的归一化

为了使阻抗圆图适用于任意特性阻抗传输线的计算和分析,因此需对圆图上的阻抗做归一化的处理。设任意输入阻抗为

$$Z_{in}=R_{in}+jX_{in}$$

根据归一化阻抗的定义可得

$$\overline{Z_{in}}=\frac{Z_{in}}{Z_0}=\frac{R_{in}+jX_{in}}{Z_0}=\overline{R_{in}}+j\overline{X_{in}} \tag{7.59}$$

式中,$\overline{Z_{in}}$ 表示归一化阻抗;$\overline{R_{in}}$ 表示归一化电阻;$\overline{X_{in}}$ 表示归一化电抗。

由式(7.35)和式(7.36)可得归一化阻抗 $\overline{Z_{in}}$ 和对应反射系数 Γ 之间的关系为

$$\overline{Z_{in}}=\frac{Z_{in}}{Z_0}=\frac{1+\Gamma}{1-\Gamma} \tag{7.60a}$$

$$\Gamma=\frac{\overline{Z_{in}}-1}{\overline{Z_{in}}+1} \tag{7.60b}$$

根据上述关系表达式,在直角坐标系中绘制的曲线图称为直角坐标圆图,而在极坐标系中绘制的曲线图称为极坐标圆图,又称为史密斯圆图(Smith Chart)。其中以史密斯圆图应用最为广泛,下面介绍史密斯圆图的构造原理和主要应用。

7.4.2　阻抗圆图

阻抗圆图由等反射系数圆和等阻抗圆两部分构成。

1. 等反射系数圆

均匀无耗传输线的特性阻抗为 Z_0,终端接负载阻抗 Z_L,终端电压反射系数为 Γ_L,那

么距离终端 z 处的反射系数 $\Gamma(z)$ 为

$$\Gamma(z)=|\Gamma|\mathrm{e}^{\mathrm{j}\varphi}=|\Gamma|\cos\varphi+\mathrm{j}|\Gamma|\sin\varphi=\Gamma_u+\mathrm{j}\Gamma_v$$

其中

$$|\Gamma|=\sqrt{\Gamma_u^2+\Gamma_v^2},\quad \varphi=\arctan\frac{\Gamma_v}{\Gamma_u} \tag{7.61}$$

式(7.61)表明在复平面上等反射系数模 $|\Gamma|$ 的轨迹是以坐标原点为圆心、$|\Gamma|$ 为半径的圆，这个圆称为等反射系数圆或反射系数圆。又因为驻波比与反射系数的模一一对应，所以又称为等驻波比圆。不同反射系数的模，对应不同大小的等反射系数圆，其中半径等于1的圆称为等反射系数单位圆。由于 $|\Gamma|\leqslant 1$，因此全部的等反射系数圆都位于单位圆内。

由式(7.33)和式(7.37)可知，当终端负载阻抗确定后，终端反射系数 Γ_{L} 就确定了，那么线上反射系数的模也就随之确定了，其对应着某一半径的等反射系数圆，反映了传输线上反射系数模相等各点的相位角是不同的。对于均匀无耗传输线，电压反射系数可表示成极坐标形式

$$\Gamma(z)=|\Gamma_{\mathrm{L}}|\mathrm{e}^{\mathrm{j}(\varphi_{\mathrm{L}}-2\beta z)}=|\Gamma_{\mathrm{L}}|\mathrm{e}^{\mathrm{j}\varphi_{\mathrm{L}}} \tag{7.62}$$

式中，φ_{L} 为终端反射系数 Γ_{L} 的相位角；$\varphi=\varphi_{\mathrm{L}}-2\beta z$ 是传输线上 z 处反射系数 $\Gamma(z)$ 的相位角。

如图7.10所示，当 z 增加时，即由负载向微波源方向移动时，φ 减小，相当于反射系数矢径沿等反射系数圆顺时针转动；而当 z 减小时，即由微波信号源向负载方向移动时，φ 增大，相当于反射系数矢径沿等反射系数圆逆时针转动。线上移动的距离 Δz 与转动的角度 $\Delta\varphi$ 之间的关系为

$$\Delta\varphi=2\beta\Delta z=\frac{4\pi}{\lambda}\Delta z \tag{7.63}$$

由此可见，传输线上每移动 $\lambda/2$ 时，转动角度 $\Delta\varphi=2\pi$，即对应的反射系数矢径转动一周。一般沿传输线移动的距离以波长为单位来计量，即在等反射系数圆图上转动的角度用波

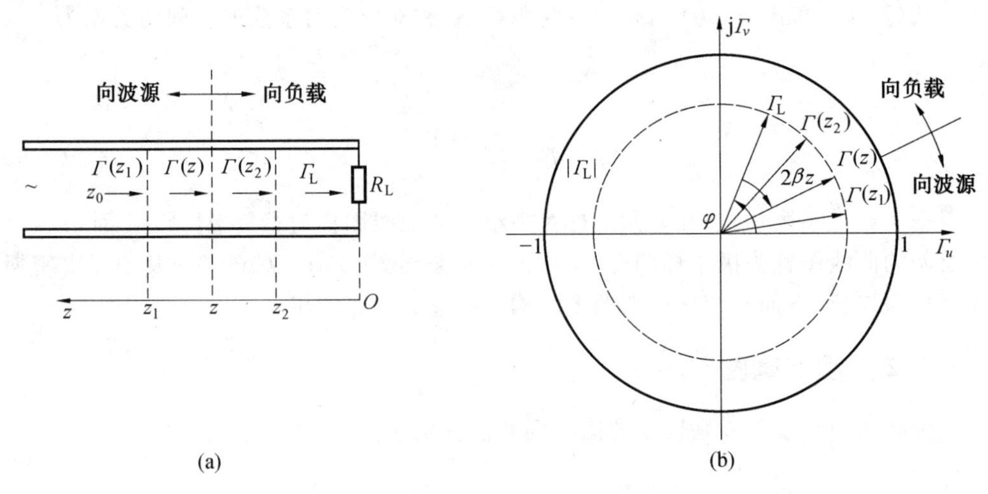

图7.10　反射系数的极坐标表示

长数(或电长度)$\Delta z/\lambda$ 来表示，波长数的零点位置通常选在 $\varphi=\pi$ 处。圆图中任一点与圆心连线的长度就是与该点相应的传输线上某点处反射系数的大小，连线与 $\varphi=0$ 的那段实轴间的夹角就是反射系数的相位角。

有时为了使用方便，等反射系数圆图上标有两个方向的波长数数值，如图 7.11 所示。由波源向负载方向移动时读内圈读数，由负载向波源方向移动时读外圈读数。值得注意的是，相位角相等的反射系数的轨迹是单位圆内的径向线，$\varphi=0$ 的径向线为传输线上电压波腹点反射系数的轨迹，$\varphi=\pi$ 的径向线为传输线上电压波节点反射系数的轨迹。

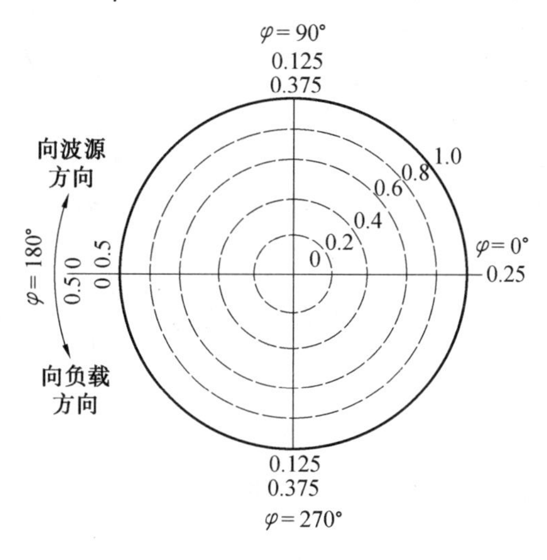

图 7.11　等反射系数圆

2. **等阻抗圆**

对于任一个确定的负载阻抗的归一化值，都能在圆图中找到一个与之相对应的点，它是利用圆图来分析传输线问题的起点，这一点从极坐标关系来看代表了 $|\Gamma(z)|=|\Gamma(z)|e^{j\varphi}$。当将 $\Gamma(z)$ 表示成直角坐标形式时，有

$$\Gamma(z)=\Gamma_u+j\Gamma_v \tag{7.64}$$

将式(7.64) 代入式(7.60a)，可得

$$\overline{Z_{in}}=\frac{Z_{in}}{Z_0}=\frac{1+(\Gamma_u+j\Gamma_v)}{1-(\Gamma_u+j\Gamma_v)} \tag{7.65}$$

令 $\overline{Z_{in}}=\overline{R}+j\overline{X}$，将式(7.65) 整理后可得以下两个方程：

$$\left(\Gamma_u-\frac{\overline{R}}{1+\overline{R}}\right)^2+\Gamma_v^2=\left(\frac{1}{1+\overline{R}}\right)^2 \tag{7.66a}$$

$$(\Gamma_u-1)^2+\left(\Gamma_v-\frac{1}{\overline{X}}\right)^2=\left(\frac{1}{\overline{X}}\right)^2 \tag{7.66b}$$

这两个方程在 $\Gamma_u+j\Gamma_v$ 复平面内是以归一化电阻 $\overline{R}$ 和归一化电抗 $\overline{X}$ 为参数的两个圆方程。方程(7.66a) 为归一化等电阻圆，如图 7.12(a) 所示；方程(7.66(b)) 为归一化等电

抗圆,如图 7.12(b) 所示。

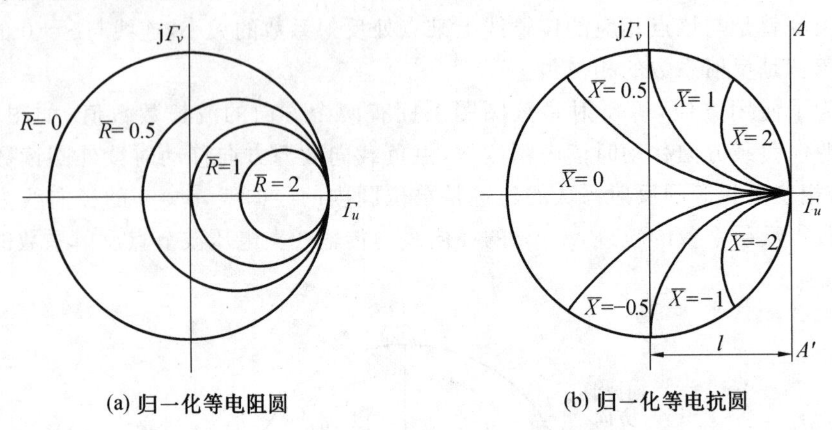

图 7.12　归一化等电阻和等电抗圆

由图 7.12(a) 和表 7.1 可知,等电阻圆的圆心为$\left(\frac{\bar{R}}{1+\bar{R}},0\right)$,半径为$\frac{1}{1+\bar{R}}$,且 $\bar{R}$ 越大半径越小。其中当 $\bar{R}=0$ 时,圆心在(0,0) 点,半径为 1,对应的等电阻圆为单位圆;当 $\bar{R}\to\infty$ 时,圆心在(1,0) 点,半径为 0,对应的等电阻圆由单位圆缩小为一点,且所有的等电阻圆都相切于(1,0) 点。

由图 7.12(b) 和表 7.2 可知,等电抗圆的圆心为$(1,\frac{1}{\bar{X}})$,半径为$\frac{1}{|\bar{X}|}$。因为 $|\Gamma|\leqslant 1$,所以只有在单位圆内的圆弧部分才有意义。其中当 $\bar{X}=0$ 时,等电抗圆与实轴重合;当 $\bar{X}\to\pm\infty$ 时,等电抗圆由直线缩小为一点,且所有的等电抗圆都相切于(1,0) 点。$\bar{X}$ 为正值(即感性) 的等电抗圆均在上半平面,$\bar{X}$ 为负值(即容性) 的等电抗圆均在下半平面。

表 7.1　等电阻圆

$\bar{R}$	圆心 $\left(\frac{\bar{R}}{1+\bar{R}},0\right)$	半径 $\frac{1}{1+\bar{R}}$
0	(0,0)	1
$\frac{1}{2}$	$(\frac{1}{3},0)$	$\frac{2}{3}$
1	$(\frac{1}{2},0)$	$\frac{1}{2}$
2	$(\frac{2}{3},0)$	$\frac{1}{3}$
∞	(1,0)	0

表 7.2　等电抗圆

$\bar{X}$	圆心 $\left(1,\frac{1}{\bar{X}}\right)$	半径 $\frac{1}{\lvert\bar{X}\rvert}$
0	$(1,\pm\infty)$	∞
$\pm\frac{1}{2}$	$(1,\pm 2)$	2
± 1	$(1,\pm 1)$	1
± 2	$(1,\pm\frac{1}{2})$	$\frac{1}{2}$
$\pm\infty$	(1,0)	0

将上述的等反射系数圆图、归一化等电阻圆图和归一化等电抗圆图画在一起，就构成了完整的阻抗圆图，也称为史密斯圆图，如图 7.13 所示。工程上使用的史密斯圆图可参见书后附录，在实际使用中，一般不需要知道反射系数的情况，故不少圆图中并不画出等反射系数圆图。

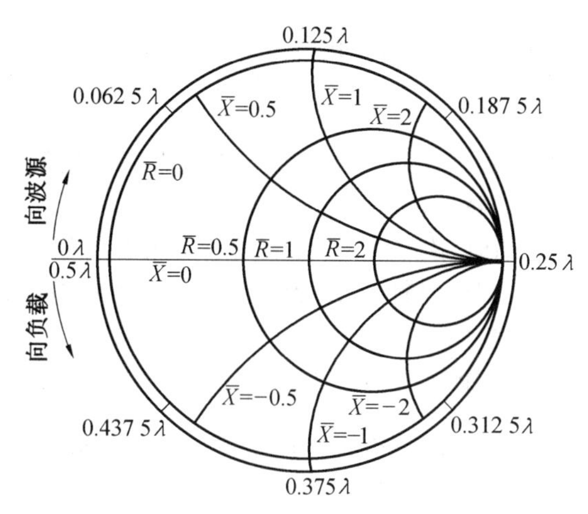

图 7.13　阻抗圆图

根据上述分析可知，阻抗圆图具有如下特点(图 7.14)：

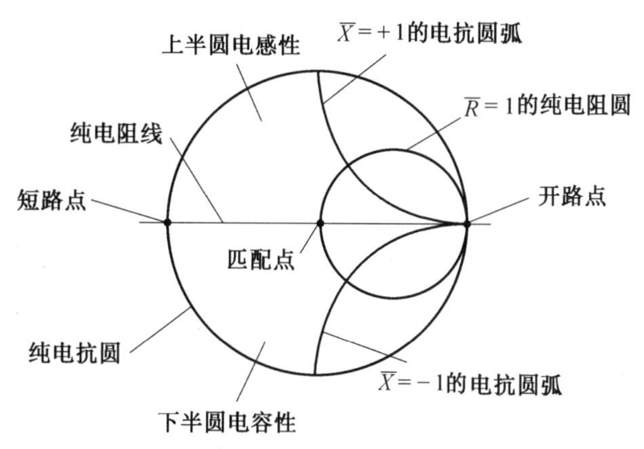

图 7.14　阻抗圆图上的特殊点、线、面

(1) 阻抗圆图上包含三个特殊点。坐标为(−1,0)的短路点，该点的 $\overline{R}=0$，$\overline{X}=0$，$|\Gamma|=1$，$\rho=\infty$，$\varphi=\pi$；坐标为(1,0)的开路点，该点的 $\overline{R}=\infty$，$\overline{X}=\infty$，$|\Gamma|=1$，$\rho=\infty$，$\varphi=0$；坐标为(0,0)的匹配点，该点的 $\overline{R}=1$，$\overline{X}=0$，$|\Gamma|=0$，$\rho=1$。

(2) 阻抗圆图上包含三条特殊线。圆图上实轴为纯电阻线，即 $\overline{X}=0$ 的轨迹，其中正实半轴为电压波腹点的轨迹，线上的 $\overline{R}$ 值即为驻波比 ρ 的读数；负实半轴为电压波节点的轨迹，线上的 $\overline{R}$ 值即为行波系数 K 的读数；最外面的单位圆为 $\overline{R}=0$ 的纯电抗轨迹，即为

$|\Gamma|=1$ 的全反射系数圆的轨迹。

(3) 阻抗圆图上包含两个特殊面:圆图实轴以上的上半平面($\overline{X}>0$)电抗呈感性;实轴以下的下半平面($\overline{X}<0$)电抗呈容性。

(4) 阻抗圆图上包含四个参量:归一化电阻 $\overline{R}$、归一化电抗 $\overline{X}$、反射系数的模 $|\Gamma|$(或 ρ)和反射系数的相位角 φ。这四个参量中只要知道其中的前两个参量或后两个参量就可确定该点在圆图上的位置。需要注意的是,$\overline{R}$ 和 $\overline{X}$ 均为归一化值,如果要求它们的实际值,则需要分别乘以传输线的特性阻抗 Z_0。

(5) 阻抗圆图上包含两个旋转方向:当传输线上的点由负载向微波源方向移动时,圆图上的对应点沿等反射系数圆顺时针转动;当传输线上的点由微波源向负载方向移动时,圆图上的对应点沿等反射系数圆逆时针转动。

(6) 阻抗圆图上的点与传输线上的位置一一对应,且该点的读数为该位置输入阻抗的归一化值 $\overline{R}+\mathrm{j}\overline{X}$;该点对称点的读数则为该位置的输入导纳归一化值 $\overline{G}+\mathrm{j}\overline{B}$。

7.4.3 导纳圆图

有时为了分析问题的方便,需要用到导纳圆图。输入导纳是输入阻抗的倒数,故导纳的归一化值为

$$\overline{Y_{\text{in}}}=\frac{Y_{\text{in}}}{Y_0}=\frac{1}{\overline{Z_{\text{in}}}}=\frac{1-\Gamma}{1+\Gamma}=\overline{G}+\mathrm{j}\overline{B} \tag{7.67}$$

根据无耗传输线的 $\lambda/4$ 的阻抗变换特性,以单位圆圆心为轴心,将复平面上的阻抗圆图旋转 180° 即可得到导纳圆图。因此,一张圆图理解为阻抗圆图还是理解为导纳圆图,视具体解决问题方便而定。比如,处理并联情况时用导纳圆图较为方便,而处理沿线变化的阻抗问题时使用阻抗圆图较为方便。

将阻抗圆图转化为导纳圆图时,将归一化阻抗表示式中的 $\Gamma\to-\Gamma$,则 $\overline{Z_{\text{in}}}\to\overline{Y_{\text{in}}}$,也就是 $R\to G$,$X\to B$,阻抗圆图即变为导纳圆图。由于 $-\Gamma=\Gamma\mathrm{e}^{\mathrm{j}\pi}$,因此让反射系数圆在圆图上旋转 180°,本来在阻抗圆图上代表归一化阻抗的点,经过 $\Gamma\to-\Gamma$ 变换,则该点相对于圆心的对称点即代表归一化导纳在圆图上的位置。上述变换过程并未对圆图做任何修正,且保留了圆图上的所有已标注好的数字。若对导纳圆图再进行 $\Gamma\to-\Gamma$ 变换,导纳圆图同样变为阻抗圆图。导纳圆图如图 7.15 所示。

由于 $\overline{Z_{\text{in}}}=\dfrac{1}{\overline{Y_{\text{in}}}}$、$\overline{G}=\dfrac{1}{\overline{R}}$、$\overline{B}=\dfrac{1}{\overline{X}}$,因此阻抗圆图与导纳圆图具有如下对应关系(图 7.16):匹配点不变,开路点变为短路点,短路点变为开路点;$\overline{R}=1$ 的纯电阻圆变为 $\overline{G}=1$ 的纯电导圆,纯电阻线变为纯电导线;$\overline{X}=\pm1$ 的电抗圆弧变为 $\overline{B}=\pm1$ 的电纳圆弧;上半平面 $\overline{X}>0$ 的感性电抗变为 $\overline{B}>0$ 的容性电纳;下半平面 $\overline{X}<0$ 的容性电抗变为 $\overline{B}<0$ 的感性电纳。

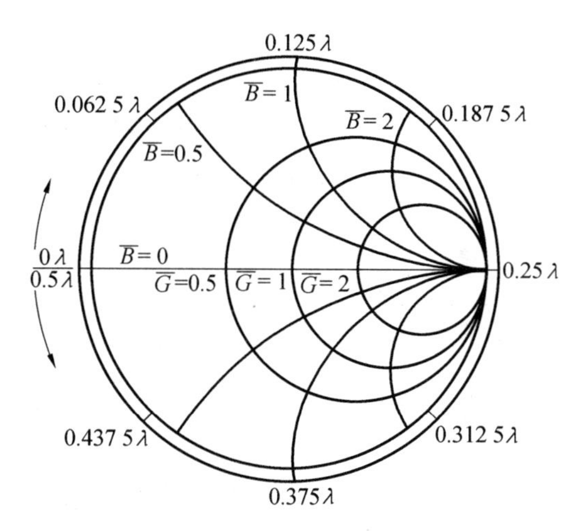

图 7.15　导纳圆图

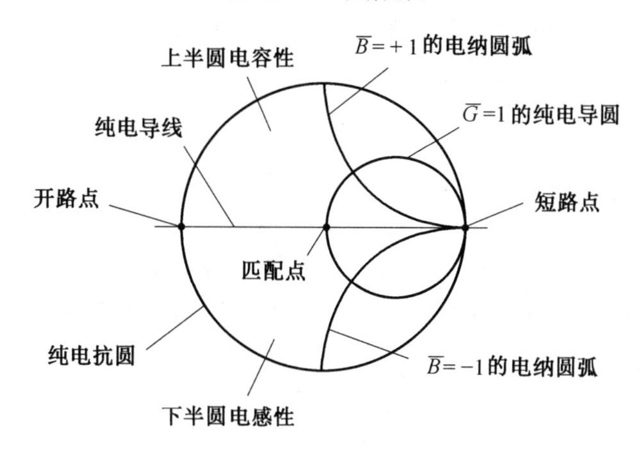

图 7.16　导纳圆图上的特殊点、线、面

7.4.4　圆图的应用举例

阻抗圆图是天线和微波工程设计中必不可少的重要图解工具，它是传输线计算和分析传输线问题的有效方法之一，具有方便直观、简捷快速等优点。下面举例说明阻抗圆图的使用方法和应用技巧。

例 7.2　如图 7.17(a) 所示，已知传输线的负载阻抗为 $Z_L=25+j25(\Omega)$，特性阻抗为 $Z_0=50\ \Omega$，求自终端负载算起 $z=0.2\lambda$ 处的输入阻抗值。

解　(1) 首先求出归一化负载阻抗

$$\overline{Z_L}=\frac{Z_L}{Z_0}=\frac{25+j25}{50}=0.5+j0.5(\Omega)$$

(2) 在圆图上找到与之相对应的点为 P_1，然后以圆心为中心、以 P_1 点和圆心的距离为半径，顺时针旋转 0.2λ 到达点 P_2。

(3) 从圆图上找 P_2 点对应的归一化阻抗为 $\overline{Z_2}=2-j1.04(\Omega)$，再将其乘以特性阻抗 $Z_0=50\ \Omega$，即可得到 $z=0.2\lambda$ 处的输入阻抗 $Z_2=100-j52(\Omega)$。利用圆图的解题过程如

图7.17(b) 所示。

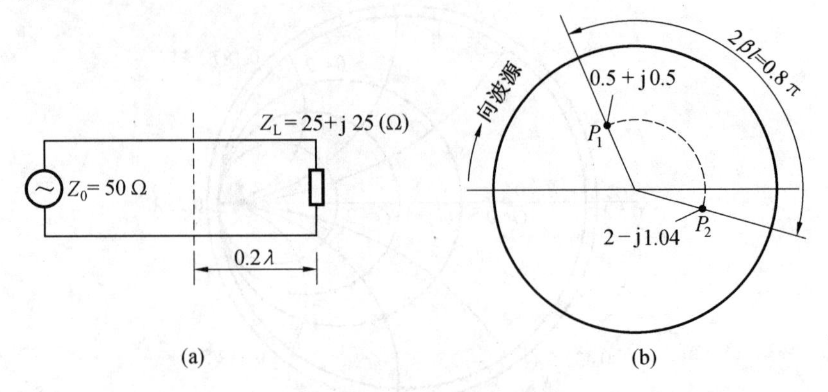

图 7.17 例 7.2 解题示意图

例 7.3 如图 7.18(a) 所示，已知传输线的特性阻抗 $Z_0=100\ \Omega$，线长为 0.12λ，终端负载阻抗为 $Z_L=50+j150(\Omega)$，求传输线电源输入端的输入导纳。

解 (1) 求出归一化负载阻抗

$$\overline{Z}_L=\frac{Z_L}{Z_0}=\frac{50+j150}{100}=0.5+j1.5(\Omega)$$

在圆图上找到与之相对应的点为 a。

(2) 由 a 点旋转 180° 至 b 点，b 点的值就是和 $\overline{Z}_L$ 相对应的归一化导纳值 $\overline{Y}_L$。

(3) 向电源(顺时针) 方向旋转 0.12λ 到 0.532λ 处，亦即 0.032λ 处，相应的点为 c 点，从 c 点读出的值就是所求的归一化导纳，即 $\overline{Y}=0.15+j0.21(S)$。

(4) 因为 $Y_0=\dfrac{1}{Z_0}=0.01$ S，所以电源输入端实际输入导纳为

$$Y=\overline{Y}Y_0=(0.15+j0.21)\times 0.01=0.001\,5+j0.002\,1(S)$$

利用圆图的解题过程如图 7.18(b) 所示。

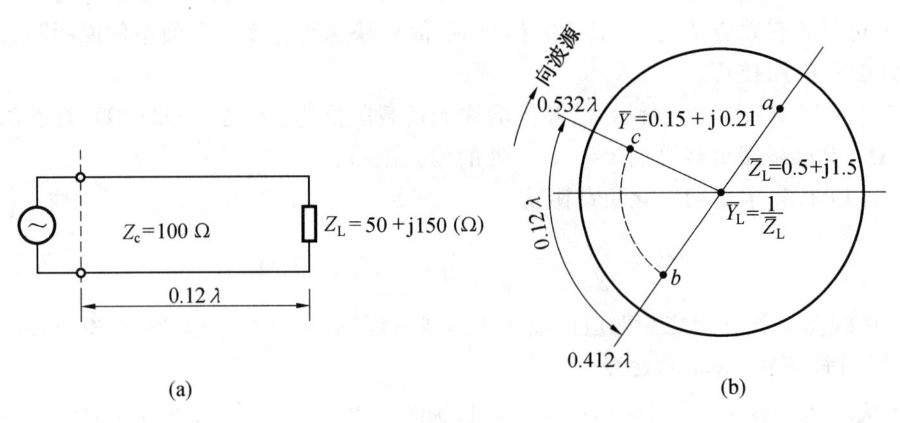

图 7.18 例 7.3 解题示意图

7.5　阻抗匹配

阻抗匹配(Impedance Matching)是微波技术中的一个重要概念,主要用于消除微波电路中的反射波,其直接关系到微波传输系统的传输效率、功率容量和工作稳定性。阻抗匹配主要包括两方面内容:一是负载匹配,解决如何使负载全部吸收入射功率;二是微波信号源匹配,解决如何使微波信号源的输出功率最大。

7.5.1　阻抗匹配的类型

阻抗匹配按其功能划分为三种不同的类型,分别是负载阻抗匹配、源阻抗匹配和共轭阻抗匹配。其反映了传输线上三种不同的工作状态。

1. 负载阻抗匹配

负载阻抗等于传输线上的特性阻抗时,即 $Z_L=Z_0$,称为负载阻抗匹配,其主要目的是使终端负载不产生反射。此时匹配负载完全吸收了由信源入射来的功率,传输线上只有从信源到负载的入射波,而无反射波。

如果负载阻抗不匹配,负载则将一部分功率反射回去,在传输线上就会出现驻波。当反射波较大时,波腹电场要比行波电场大得多,容易发生击穿,这就限制了传输线的最大传输功率。因此,一般采用阻抗匹配器进行负载阻抗匹配。

负载阻抗匹配具有以下几个优点:匹配负载可以从信源输出的功率中吸收最大功率;行波状态时传输线的效率最高,传输线功率容量最大;行波状态时信源工作比较稳定。

2. 信源阻抗匹配

信源的内阻等于传输线的特性阻抗时,即 $Z_g=Z_0$,信源与传输线是匹配的,称为信源阻抗匹配。对于匹配信源来说,它给传输线的入射功率是不随负载变化的,当负载有反射时,反射回来的反射波会被信源吸收。实现信源匹配一般采用的方法是加一个去耦衰减器或非互易隔离器,其作用是吸收或抑制反射波,保护信号源。

3. 共轭阻抗匹配

共轭阻抗匹配要求传输线的输入阻抗与信号源内阻互为共轭,即 $Z_{in}=Z_g^*$,其目的是使信号源的输出功率最大。

设信源电压为 E_g,信源内阻抗 $Z_g=R_g+jX_g$,传输线的特性阻抗为 Z_0,终端负载为 Z_L,总长为 l,如图 7.19(a) 所示,则始端输入阻抗 Z_{in} 为

$$Z_{in}=Z_0\frac{Z_L+jZ_0\tan\beta l}{Z_0+jZ_L\tan\beta l}=R_{in}+jX_{in}\tag{7.68}$$

如图 7.19(b) 所示,负载吸收的功率为

$$P=\frac{1}{2}\frac{E_gE_g^*}{(Z_g+Z_{in})(Z_g+Z_{in})^*}R_{in}=\frac{1}{2}\frac{|E_g|^2R_{in}}{(R_g+R_{in})^2+(X_g+X_{in})^2}\tag{7.69}$$

为使负载得到的功率最大,则首先要求

$$X_{in}=-X_g\tag{7.70}$$

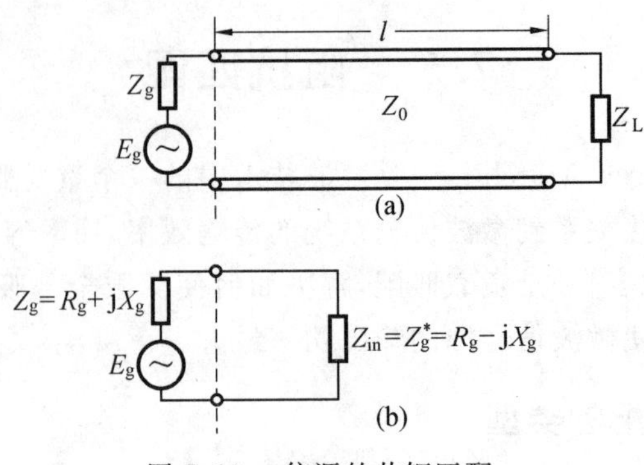

图 7.19　信源的共轭匹配

此时负载得到的功率为

$$P=\frac{1}{2}\frac{|E_g|^2R_{in}}{(R_g+R_{in})^2} \tag{7.71}$$

当$\frac{dP}{dR_{in}}=0$时，P取最大值，此时应满足

$$R_{in}=R_g \tag{7.72}$$

综合式(7.70)和式(7.71)可得

$$Z_{in}=Z_g{}^* \tag{7.73}$$

因此，对于不匹配电源，当负载阻抗折合到信源参考面上的输入阻抗与信源的内阻抗互为共轭时，即当$Z_{in}=Z_g^*$时，负载的吸收功率最大。此时，负载得到的最大功率为

$$P_{max}=\frac{1}{2}|E_g|^2\frac{1}{4R_g} \tag{7.74}$$

7.5.2　阻抗匹配的方法

对一个由信源、传输线和负载阻抗组成的微波传输系统，总是希望信源在输出最大功率的同时，能够被负载全部吸收，以实现高效稳定的传输。因此，一方面在信号源与传输线之间应用阻抗匹配器使信源输出端达到共轭匹配，使信源输出最大功率；另一方面在传输线与负载之间应用阻抗匹配器使负载与传输线特性阻抗相匹配，使传输线上形成行波传输，负载吸收信号源输出的最大功率，如图 7.20 所示。但实际上要达到信源的完全匹配是不可能的，它会损失其他的功能和效率。

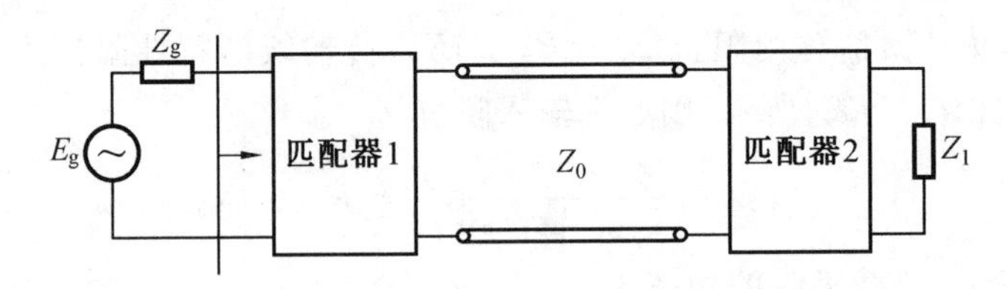

图 7.20　传输线阻抗匹配方法示意图

因为信源端一般用隔离器或去耦衰减器以实现信源端匹配，所以这里只重点讨论负载阻抗匹配的方法。阻抗匹配的设计理念主要有两种，一是在不匹配的系统中适当加入无功元件，即调配器，人为引入一个或多个反射，使之与原系统中产生的反射相互抵消，从

而达到匹配的目的。另一种是在两个系统中间连接一个阻抗变换器，其作用是将原来不匹配系统中的大反射变为多级小反射，并最终过渡到匹配状态。

从实现手段上来划分，常用的阻抗匹配方法有 $\lambda/4$ 阻抗变换器法和支节调配器法两种。

1. $\lambda/4$ 阻抗变换器法

$\lambda/4$ 阻抗变换器法的具体实现方案是在传输线上距不匹配负载的某一电压波节或波腹点处串接一段或几段长度为 $\lambda/4$、特性阻抗为 Z_{01} 的传输线，其串接线的特性阻抗 Z_{01} 主要由传输线的特性阻抗 Z_0 及波节或波腹点处的输入阻抗 Z_{in} 决定。

(1) $Z_L = R_L (X_L = 0)$。

当负载阻抗为纯电阻 R_L 且其值与传输线特性阻抗 Z_0 不相等时，可在两者之间加接一段长度为 $\lambda/4$、特性阻抗为 Z_{01} 的传输线来实现负载和传输线间的匹配，如图 7.21(a) 所示。

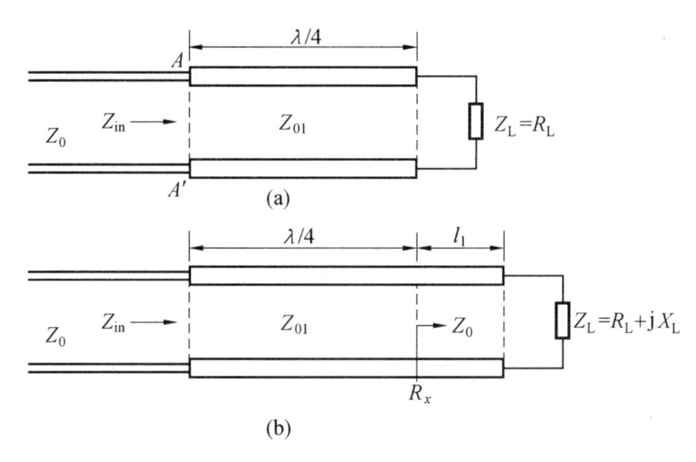

图 7.21　$\lambda/4$ 阻抗变换器

由无耗传输线输入阻抗公式可得

$$Z_{in} = Z_{01} \frac{R_L + jZ_{01} \tan \frac{\beta\lambda}{4}}{Z_{01} + jR_L \tan \frac{\beta\lambda}{4}} = \frac{Z_{01}^2}{R_L}$$

因此，当传输线的特性阻抗 Z_{01} 满足

$$Z_{01} = \sqrt{Z_0 R_L} \tag{7.75}$$

输入端的输入阻抗 $Z_{in} = Z_0$，从而实现了负载和传输线间的阻抗匹配。由于传输线的特性阻抗为实数，因此 $\lambda/4$ 阻抗变换器只适合于匹配纯电阻性负载。

(2) $Z_L = R_L + jX_L (X_L \neq 0)$。

若负载阻抗是一般的复阻抗，此时则需先在负载与变换器之间加一段传输线，并使该段传输线的长度恰与传输线电压波腹点或波节点出现的位置相重合，从而使变换器的终端为纯电阻，然后用 $\lambda/4$ 阻抗变换器实现负载匹配，如图 7.21(b) 所示。

若在电压波节点接入 $\lambda/4$ 阻抗变换器，其特性阻抗为

$$Z_{01}=\sqrt{Z_0\cdot\rho Z_0}=Z_0\sqrt{\rho} \tag{7.76}$$

若在电压波腹点接入$\lambda/4$阻抗变换器，其特性阻抗为

$$Z_{01}=\sqrt{Z_0\cdot\frac{Z_0}{\rho}}=\frac{Z_0}{\sqrt{\rho}} \tag{7.77}$$

由于$\lambda/4$阻抗变换器的长度取决于波长，因此，严格地说它只能在中心频率点才能匹配，当频偏时匹配特性变差，所以说该匹配法是窄带的。若要实现宽频匹配，可采用多级$\lambda/4$阻抗变换器或渐变线阻抗变换器。

2. **支节调配器法**

支节调配器法的具体实现方案是在距离负载的某固定位置上并联或串联终端短路或终端开路传输线，即支节调配器(无功元件)，使之产生的反射波与不匹配负载产生的反射波等幅反相，从而相互抵消。支节调配器可分为单支节调配器、双支节调配器和多支节调配器。其中，单支节调配器又可分为串联单支节调配器和并联单支节调配器。

(1) 串联单支节调配器。

设主传输线和调配支节的特性阻抗均为Z_0，负载阻抗为Z_1，长度为l_2的单支节调配器串联于距主传输线负载l_1处，如图7.22所示。设终端反射系数为$|\Gamma_1|e^{j\varphi_1}$，驻波比为ρ，传输线的工作波长为λ。由无耗传输线状态分析可知，距离负载的第一个电压波腹点位置和该点阻抗分别为

$$l_{\max1}=\frac{\lambda}{4\pi}\varphi_1 \tag{7.78}$$

$$Z_1'=Z_0\rho \tag{7.79}$$

令$l_1'=l_1-l_{\max1}$，并设参考面AA'处主传输线上的输入阻抗为Z_{in1}，则有

$$Z_{\text{in1}}=Z_0\frac{Z_1'+jZ_0\tan\beta l_1'}{Z_0+jZ_1'\tan\beta l_1'}=R_1+jX_1 \tag{7.80}$$

又因为终端短路的串联支节输入阻抗为

$$Z_{\text{in2}}=jZ_0\tan\beta l_2 \tag{7.81}$$

则总的输入阻抗为

$$Z_{\text{in}}=Z_{\text{in1}}+Z_{\text{in2}}=R_1+jX_1+jZ_0\tan\beta l_2 \tag{7.82}$$

要使其与传输线特性阻抗匹配，必须有

$$\begin{cases}R_1=Z_0\\X_1=-Z_0\tan\beta l_2\end{cases}$$

上式经推导可解得

$$\tan\beta l_1'=\sqrt{\frac{Z_0}{Z_1'}}=\frac{1}{\sqrt{\rho}} \tag{7.83a}$$

$$\tan\beta l_2=\frac{Z_1'-Z_0}{\sqrt{Z_0Z_1'}}=\frac{\rho-1}{\sqrt{\rho}} \tag{7.83b}$$

从而可以推出

$$l_1'=\frac{\lambda}{2\pi}\arctan\frac{1}{\sqrt{\rho}} \tag{7.84a}$$

$$l_2 = \frac{\lambda}{2\pi}\arctan\frac{\rho - 1}{\sqrt{\rho}} \tag{7.84b}$$

因此,AA' 面距实际负载的距离 l_1 为

$$l_1 = l_1' + l_{\max 1} \tag{7.85}$$

由式(7.84) 和式(7.85) 就可求得串联支节的位置和长度。

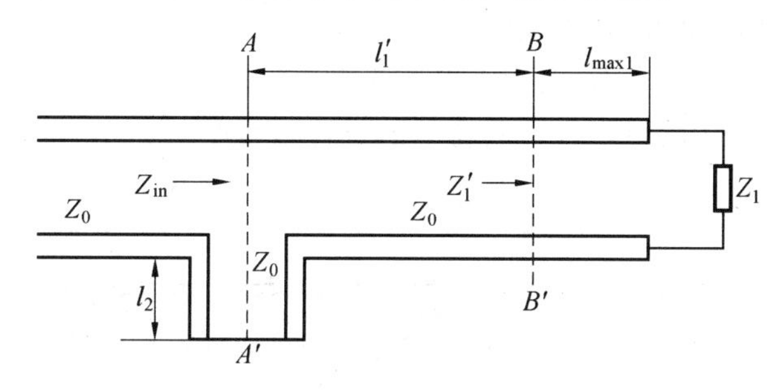

图 7.22　串联单支节调配器

(2) 并联单支节调配器。

设传输线和调配支节的特性导纳均为 Y_0,负载导纳为 Y_1,长度为 l_2 的单支节调配器并联于距主传输线负载 l_1 处,如图 7.23 所示。设终端反射系数为 $|\Gamma_1|e^{j\varphi_1}$,驻波比为 ρ,传输线的工作波长为 λ。由无耗传输线状态分析可知,距离负载的第一个电压波节点位置和该点阻抗分别为

$$l_{\min 1} = \frac{\lambda}{4\pi}\varphi_1 \pm \frac{\lambda}{4} \tag{7.86}$$

$$Y_1' = Y_0\rho \tag{7.87}$$

令 $l_1' = l_1 - l_{\min 1}$,并设参考面 AA' 处主传输线上的输入导纳为 $Y_{\text{in}1}$,则有

$$Y_{\text{in}1} = Y_0\frac{Y_1' + jY_0\tan\beta l_1'}{Y_0 + jY_1'\tan\beta l_1'} = G_1 + jB_1 \tag{7.88}$$

又因为终端短路的并联支节输入导纳为

$$Y_{\text{in}2} = -j\frac{Y_0}{\tan\beta l_2} \tag{7.89}$$

则总的输入导纳为

$$Y_{\text{in}} = Y_{\text{in}1} + Y_{\text{in}2} = G_1 + jB_1 - j\frac{Y_0}{\tan\beta l_2} \tag{7.90}$$

要使其与传输线特性导纳匹配,必须有

$$\begin{cases} G_1 = Y_0 \\ Y_0 = B_1\tan\beta l_2 \end{cases}$$

上式经推导可解得

$$\tan\beta l_1' = \sqrt{\frac{Y_0}{Y_1'}} = \frac{1}{\sqrt{\rho}} \tag{7.91a}$$

$$\tan\beta l_2 = \frac{\sqrt{Y_0 Y_1{}'}}{Y_0 Y_1{}'} = \frac{\sqrt{\rho}}{1-\rho} \tag{7.91b}$$

从而可以推出

$$l_1' = \frac{\lambda}{2\pi}\arctan\frac{1}{\sqrt{\rho}} \tag{7.92a}$$

$$l_2 = \frac{\lambda}{4} - \frac{\lambda}{2\pi}\arctan\frac{1-\rho}{\sqrt{\rho}} \tag{7.92b}$$

因此，AA' 面距实际负载的距离 l_1 为

$$l_1 = l_1' + l_{\min 1} \tag{7.93}$$

由式(7.84)和式(7.85)就可求得并联支节的位置和长度。

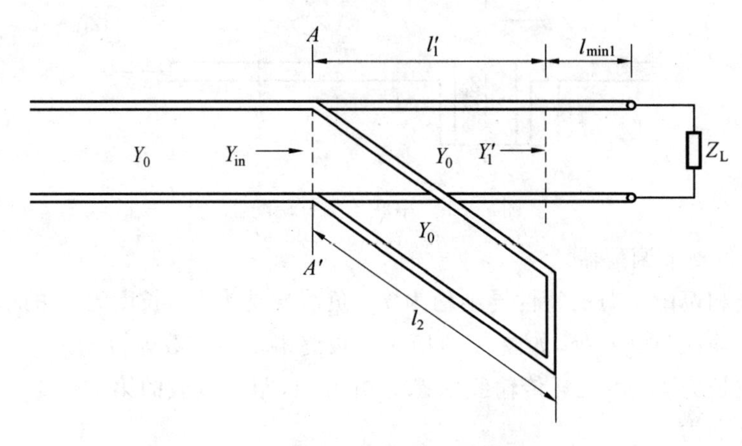

图 7.23　并联单支节调配器

阻抗匹配的方法除了上述提到的方法外，还有双支节匹配法、渐变线匹配法等，这些匹配方法可参阅相关书籍。

本 章 小 结

(1) 微波传输线是指能够引导电磁波沿一定方向传输的导体、介质或由它们构成的导波系统的总称，按其所传输电磁波的性质可分为双导体传输线、单导体传输线和介质传输线。研究均匀传输线的方法有两种：一种是“路”分析法；一种是“场”分析法。

(2) 均匀传输线方程为

$$\frac{\mathrm{d}U(z)}{\mathrm{d}z} = ZI(z)$$

$$\frac{\mathrm{d}I(z)}{\mathrm{d}z} = YU(z)$$

其通解为

$$U(z) = U_i(z) + U_r(z) = A_1 e^{+\gamma z} + A_2 e^{-\gamma z}$$

$$I(z) = I_i(z) + I_r(z) = \frac{1}{Z_0}(A_1 e^{+\gamma z} - A_2 e^{-\gamma z})$$

传输线方程表明，传输线上电压的变化是由串联阻抗的降压作用造成的，而电流的变化是由并联导纳的分流作用造成的。方程通解表明，传输线上任意一点的电压和电流都是入射波和反射波叠加而成的。

(3) 均匀无耗传输线的特性参数主要包括特性阻抗、传播系数、相速和相波长。

① 特性阻抗：$Z_0=\dfrac{U_i(z)}{I_i(z)}=-\dfrac{U_r(z)}{I_r(z)}=\sqrt{\dfrac{(R_0+j\omega L_0)}{(G_0+j\omega C_0)}}=\sqrt{\dfrac{L_0}{C_0}}$。

② 传播系数：$\gamma=\sqrt{(R_0+j\omega L_0)(G_0+j\omega C_0)}=\alpha+j\beta$。

③ 相速：$v_p=\dfrac{\omega}{\beta}=\dfrac{1}{\sqrt{L_0C_0}}=\dfrac{1}{\sqrt{\mu\varepsilon}}=\dfrac{v_0}{\sqrt{\varepsilon_r}}$。

④ 相波长：$\lambda_p=v_pT=\dfrac{2\pi}{\beta}=\dfrac{\lambda_0}{\sqrt{\varepsilon_r}}$。

(4) 均匀无耗传输线的状态参数主要包括输入阻抗、反射系数、驻波比和行波系数。

① 输入阻抗：$Z_{in}(z)=\dfrac{U(z)}{I(z)}=Z_0\dfrac{Z_L+jZ_0\tan\beta z}{Z_0+jZ_L\tan\beta z}$。

② 反射系数：$\Gamma(z)=\dfrac{U_r(z)}{U_i(z)}=\Gamma_L e^{-j2\beta z}=|\Gamma_L|e^{j(\varphi_L-2\beta z)}=\dfrac{Z_{in}(z)-Z_0}{Z_{in}(z)+Z_0}(0\leqslant|\Gamma|\leqslant1)$。

③ 驻波比：$\rho=\dfrac{|U|_{max}}{|U|_{min}}=\dfrac{|I|_{max}}{|I|_{min}}=\dfrac{1+|\Gamma|}{1-|\Gamma|}(1\leqslant\rho<\infty)$。

④ 行波系数：$K=\dfrac{|U|_{min}}{|U|_{max}}=\dfrac{|I|_{min}}{|I|_{max}}=\dfrac{1}{\rho}=\dfrac{1-|\Gamma|}{1+|\Gamma|}(0\leqslant K\leqslant1)$。

(5) 无耗传输线有三种不同的工作状态。

① 行波状态：$Z_L=Z_0$。传输线上只有入射波而无反射波，入射波功率全部被负载吸收；沿线电压和电流的振幅恒定不变，各点的输入阻抗均等于特性阻抗。

② 纯驻波状态：$Z_L=0,\infty,\pm jX$。传输线上的入射波和反射波的振幅相等，驻波的波腹为入射波振幅的两倍，波节位点为零；电压波腹点的阻抗为无穷大，电压波节点的阻抗为零，沿线其余各点的阻抗均为纯电抗；此时没有电磁能量的传输，只有电磁能量的交换。

③ 行驻波状态：$Z_L=R_L+jX_L(R_L,X_L\neq0$ 或 $\infty)$。电磁波能量一部分被终端负载吸收，另一部分则被反射回去；行驻波的波腹小于两倍入射波振幅，且波节点为零；电压波腹点和波节点的阻抗均为纯电阻，且波腹点的电阻值最大 $R_{max}=Z_0\rho$，波节点的电阻值最小 $R_{min}=Z_0/\rho$。

(6) 阻抗圆图又称为史密斯圆图，由等反射系数圆和等阻抗圆两部分构成，是进行阻抗计算和阻抗匹配的重要工具。

(7) 阻抗匹配按其功能分为负载阻抗匹配、信源阻抗匹配和共轭阻抗匹配三种类型。常用的阻抗匹配方法有 $\lambda/4$ 阻抗变换器法和支节调配器法两种。

习　　题

7－1　微波传输线按其所传输电磁波的性质可分哪几类？分别包括哪些具体的传输线？

7－2　分别说明什么是集总参数电路和分布参数电路？

7－3　什么是均匀无耗传输线？传输线方程及其物理意义是什么？

7－4　长度为 1 m、工作频率为 1 000 MHz 的传输线属于长线还是短线，长度为 1 km、工作频率为 50 Hz 的传输线属于长线还是短线？

7－5　均匀无耗传输线的分布电感 $L_0=1.665$ nH/mm，分布电容 $C_0=0.666$ pF/mm，介质为空气。求传输线的特性阻抗 Z_0。

7－6　求内、外导体直径分别为 0.25 cm 和 0.75 cm 的空气同轴线的特性阻抗。若在内、外两导体间填充相对介电常数 $\varepsilon_r=2.25$ 的介质，求其特性阻抗及 $f=300$ MHz 时的波长。

7－7　如图所示，均匀无耗传输线的特性阻抗 $Z_0=100\ \Omega$，终端接负载阻抗 Z_L，已知终端电压入射波复振幅 $U_{i2}=20$ V，终端电压反射波复振幅 $U_{r2}=2$ V。求距终端 $z_1=3\lambda/4$ 处合成电压复振幅 $U(z_1)$ 及合成电流复振幅 $I(z_1)$，以及电压、电流瞬时值表示式 $u(z_1,t)$ 和 $i(z_1,t)$。

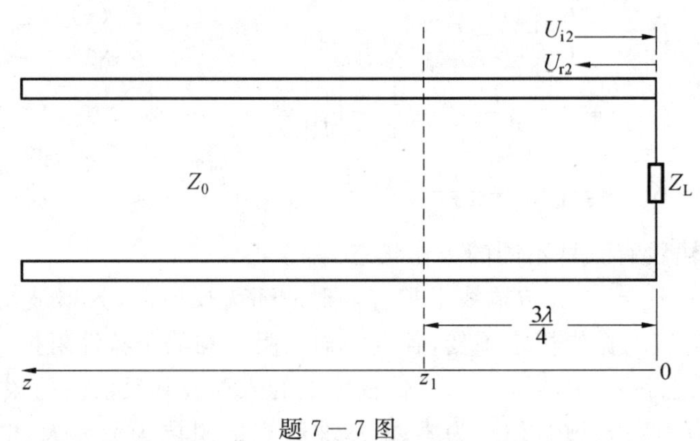

题 7－7 图

7－8　设一特性阻抗为 50 Ω 的均匀传输线终端接负载 $R_L=100\ \Omega$，求负载反射系数 Γ_L。在距离负载 0.2λ、0.25λ、0.5λ 处的输入阻抗和反射系数分别为多少？

7－9　有一特性阻抗为 $Z_0=50\ \Omega$ 的均匀无耗传输线，导体间的相对介电常数为 $\varepsilon_r=2.25$，终端接有 $Z_L=1\ \Omega$ 的负载。当 $f=100$ MHz 时，其传输线的长度为 $\lambda/4$。试求：

(1) 传输线的实际长度。

(2) 负载终端反射系数。

(3) 输入端反射系数。

(4) 输入端阻抗。

7－10　设均匀无耗传输线特性阻抗为 Z_0，驻波比为 ρ，第一个电压波节点离负载的距离为 $l_{\min 1}$，试证明此时终端负载应为

$$Z_L=Z_0\frac{1-\mathrm{j}\rho\tan\beta l_{\min 1}}{\rho-\mathrm{j}\tan\beta l_{\min 1}}$$

7－11　求如图所示电路输入端的反射系数 Γ_{in} 及输入阻抗 Z_{in}。

7－12　特性阻抗为 50 Ω 的长线终端接负载阻抗时，测得反射系数的模 $|\Gamma|=0.2$，求线上电压波腹和波节处的输入阻抗。

7－13　均匀无耗传输线终端接负载阻抗 Z_L 时，传输线上电压呈行驻波分布，相邻

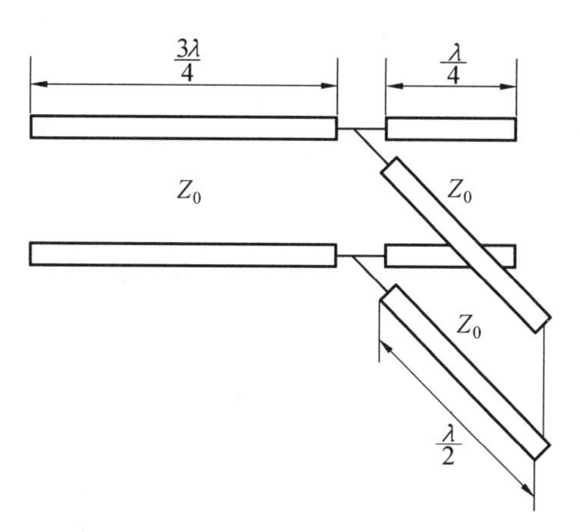

题 7－11 图

波节点之间的距离为 2 cm，靠近终端的第一个电压波节点离终端 0.5 cm，驻波比为 1.5，求终端反射系数。

7－14　均匀无耗传输线终端接负载阻抗 $Z_L=100\ \Omega$，传输的电磁波频率 $f_0=1\ 000$ MHz 时，测得终端电压反射系数相角 $\varphi_L=\pi$ 和电压驻波比 $\rho=1.5$。计算终端电压反射系数 Γ_L、传输线特性阻抗 Z_0 及距终端最近的一个电压波腹点的距离 l_{min}。

7－15　传输线特性阻抗为 50 Ω，电压波节点的输入阻抗为 25 Ω，终端为电压波腹，求终端反射系数 Γ_L 及负载阻抗 Z_L。

7－16　特性阻抗为 50 Ω 的长线，终端负载不匹配，沿线电压波腹 $|U_{max}|=10$ V，波节 $|U_{min}|=6$ V，离终端最近的电压波节点与终端间距离为 0.12λ，求负载阻抗 Z_L。若用短路分支线进行匹配，求短路分支线的并接位置和分支线的最短长度。

7－17　特性阻抗 $Z_0=150\ \Omega$ 的均匀无耗传输线，终端接有负载 $Z_L=250+\mathrm{j}100\ \Omega$，用 λ/4 阻抗变换器实现阻抗匹配，试求 λ/4 阻抗变换器的特性阻抗 Z_{01} 及离终端的距离。

7－18　设特性阻抗 $Z_0=50\ \Omega$ 的均匀无耗传输线，终端接有负载阻抗 $Z_L=100+\mathrm{j}75\ \Omega$ 为复阻抗时，可以用以下方法实现 λ/4 阻抗变换器匹配：即在终端或在 λ/4 阻抗变换器前并接一段终端短路线。试分别求这两种情况下 λ/4 阻抗变换器的特性阻抗 Z_{01} 及短路线长度 l。

7－19　在特性阻抗为 600 Ω 的无耗双导体传输线上测得 $|U|_{max}=200$ V，$|U|_{min}=40$ V，第一个电压波节点的位置 $l_{min1}=0.15\lambda$，求负载阻抗 Z_L。现用并联支节进行匹配，求出支节的位置和长度。

7－20　无耗传输线的特性阻抗 $Z_0=50\ \Omega$，终端负载阻抗 $Z_L=130-\mathrm{j}70\ \Omega$，线长 $l=30$ cm，线上电磁波频率 $f_0=300$ MHz，试用圆图确定始端输入阻抗和输入导纳。

7－21　已知传输线的特性阻抗 $Z_0=200\ \Omega$，线长 $l=0.6\lambda$，信源端的输入阻抗 $Z_{in}=70-\mathrm{j}147(\Omega)$，求负载阻抗 Z_L。

7－22　已知特性阻抗 $Z_0=125\ \Omega$，离负载最近的电压波节点为 0.3 m，工作波长 $\lambda=1.6$ m，行波系数 $K=0.2$，求负载阻抗 Z_L。

7－23　已知传输线终端接入的负载阻抗 $Z_L=40+\mathrm{j}25(\Omega)$，传输线的特性阻抗

$Z_0=50\ \Omega$，求驻波比 ρ。

7－24　某一均匀无耗传输线的特性阻抗为 $Z_0=50\ \Omega$，现在传输线上测得电压最大值和最小值分别为 100 mV 和 20 mV，第一个电压波节的位置离负载 $l_{\min1}=\lambda/3$，求终端反射系数 Γ_L 和负载阻抗 Z_L。

第 8 章

规则金属波导

8.1 导行波的传输特性

8.1.1 导行波的波动方程

对规则波导一般电磁特性的分析，是以后几节研究具体波导（如矩形波导和圆波导）的基础，其研究的理论依据是麦克斯韦方程组和波动方程。对规则金属波导建立如图8.1所示的坐标系，取波导的轴线方向为 z 轴方向。为了分析的方便，下面做如下假设：

（1）波导管内填充的介质是均匀、线性、各向同性的。

（2）波导管内无自由电荷和传导电流的存在。

（3）波导管内的场是时谐场。

由电磁场理论可知，无源均匀无耗介质中的电场 $\boldsymbol{E}$ 和磁场 $\boldsymbol{H}$ 满足矢量亥姆霍兹方程：

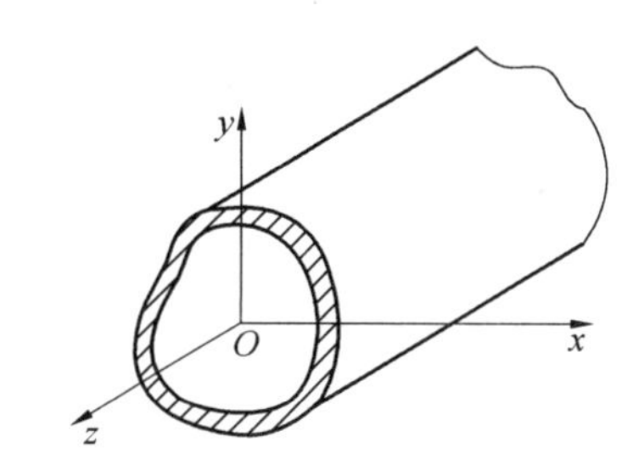

图 8.1　金属波导管结构图

$$\nabla^2 \boldsymbol{E} + k^2 \boldsymbol{E} = 0 \tag{8.1a}$$

$$\nabla^2 \boldsymbol{H} + k^2 \boldsymbol{H} = 0 \tag{8.1b}$$

式中，$\boldsymbol{E}$ 和 $\boldsymbol{H}$ 均随时间按正弦规律变化；k 为波数，$k=\omega\sqrt{\mu\varepsilon}$。

现将拉普拉斯算子∇^2分解为与横向坐标有关的∇_t^2和与纵向有关的$\dfrac{\partial^2}{\partial z^2}$两部分，电场和磁场分解为横向分量和纵向分量，即

$$\nabla^2 = \nabla_t^2 + \frac{\partial^2}{\partial z^2} \tag{8.2a}$$

$$\boldsymbol{E} = \boldsymbol{E}_t + \boldsymbol{a}_z E_z \tag{8.2b}$$

$$\boldsymbol{H} = \boldsymbol{H}_t + \boldsymbol{a}_z H_z \tag{8.2c}$$

考虑到波沿 z 向的变化规律为 $e^{-\gamma z}$，$\dfrac{\partial}{\partial z} = -\gamma$，则将式(8.2a)代入式(8.1)可得

$$\nabla_t^2 \boldsymbol{E} + (k^2 + \gamma^2)\boldsymbol{E} = 0 \tag{8.3a}$$

$$\nabla_t^2 \boldsymbol{H} + (k^2 + \gamma^2)\boldsymbol{H} = 0 \tag{8.3b}$$

式(8.3)是关于电场 $\boldsymbol{E}$ 和磁场 $\boldsymbol{H}$ 的波动方程。

如果直接求解方程(8.3a)和式(8.3b),需求解电场和磁场的每一个分量,共需求解六个标量方程。因为电场和磁场之间存在内在联系,下面利用这种内在联系,化简波导问题的求解。

将 $\nabla\times\boldsymbol{H}=\mathrm{j}\omega\varepsilon\boldsymbol{E}$ 写成为

$$(\nabla_{\mathrm{t}}^{2}+\frac{\partial}{\partial z}\boldsymbol{a}_{z})\times(\boldsymbol{H}_{\mathrm{t}}+\boldsymbol{a}_{z}H_{z})=\mathrm{j}\omega\varepsilon(\boldsymbol{E}_{\mathrm{t}}+\boldsymbol{a}_{z}E_{z})$$

上式的横向和纵向分量可以分解为

横向:

$$\nabla_{\mathrm{t}}^{2}\times(\boldsymbol{a}_{z}\boldsymbol{H}_{z})+\boldsymbol{a}_{z}\frac{\partial\boldsymbol{H}_{\mathrm{t}}}{\partial z}=\mathrm{j}\omega\varepsilon\boldsymbol{E}_{\mathrm{t}}\tag{8.4a}$$

纵向:

$$\nabla_{\mathrm{t}}^{2}\times\boldsymbol{H}_{\mathrm{t}}=\boldsymbol{a}_{z}\mathrm{j}\omega\varepsilon E_{z}\tag{8.4b}$$

同理,对方程 $\nabla\times\boldsymbol{E}=-\mathrm{j}\omega\mu\boldsymbol{H}$ 有

横向:

$$\nabla_{\mathrm{t}}^{2}\times(\boldsymbol{a}_{z}E_{z})+\boldsymbol{a}_{z}\frac{\partial\boldsymbol{E}_{\mathrm{t}}}{\partial z}=-\mathrm{j}\omega\mu\boldsymbol{H}_{\mathrm{t}}\tag{8.5a}$$

纵向:

$$\nabla_{\mathrm{t}}^{2}\times\boldsymbol{E}_{\mathrm{t}}=-\boldsymbol{a}_{z}\mathrm{j}\omega\mu H_{z}\tag{8.5b}$$

式(8.4a)两边乘以 $\mathrm{j}\omega\mu$,式(8.5a)进行 $\boldsymbol{a}_{z}\times\frac{\partial}{\partial z}$ 运算有

$$\boldsymbol{a}_{z}\mathrm{j}\omega\mu\times\frac{\partial\boldsymbol{H}_{\mathrm{t}}}{\partial z}=-\mathrm{j}\omega\mu\,\nabla_{\mathrm{t}}^{2}\times(\boldsymbol{a}_{z}H_{z})-\omega^{2}\mu\varepsilon\boldsymbol{E}_{\mathrm{t}}$$

$$-\boldsymbol{a}_{z}\mathrm{j}\omega\mu\times\frac{\partial\boldsymbol{H}_{\mathrm{t}}}{\partial z}=\boldsymbol{a}_{z}\times\frac{\partial}{\partial z}(\nabla_{\mathrm{t}}^{2}\times\boldsymbol{a}_{z}E_{z})+\boldsymbol{a}_{z}\times\frac{\partial}{\partial z}(\boldsymbol{a}_{z}\frac{\partial\boldsymbol{E}_{\mathrm{t}}}{\partial z})$$

上两式相加,消去 $\boldsymbol{H}_{\mathrm{t}}$ 有

$$(k^{2}+\gamma^{2})\boldsymbol{E}_{\mathrm{t}}=\frac{\partial}{\partial z}\nabla_{\mathrm{t}}^{2}E_{z}+\boldsymbol{a}_{z}\mathrm{j}\omega\mu\times\nabla_{\mathrm{t}}^{2}H_{z}\tag{8.6a}$$

上式推导中使用了矢量恒等式 $\boldsymbol{A}\times(\boldsymbol{B}\times\boldsymbol{C})=(\boldsymbol{A}\cdot\boldsymbol{C})\boldsymbol{B}-(\boldsymbol{A}\cdot\boldsymbol{B})\boldsymbol{C}$。

同理可得

$$(k^{2}+\gamma^{2})\boldsymbol{H}_{\mathrm{t}}=\frac{\partial}{\partial z}\nabla_{\mathrm{t}}^{2}H_{z}-\boldsymbol{a}_{z}\mathrm{j}\omega\varepsilon\times\nabla_{\mathrm{t}}^{2}E_{z}\tag{8.6b}$$

令

$$k_{\mathrm{c}}^{2}=k^{2}+\gamma^{2}\tag{8.7}$$

则式(8.6a)和式(8.6b)可以写为

$$\boldsymbol{E}_{\mathrm{t}}=\frac{1}{k_{\mathrm{c}}^{2}}[-\gamma\,\nabla_{\mathrm{t}}^{2}E_{z}+\boldsymbol{a}_{z}\mathrm{j}\omega\mu\times\nabla_{\mathrm{t}}^{2}H_{z}]\tag{8.8a}$$

$$\boldsymbol{H}_{\mathrm{t}}=\frac{1}{k_{\mathrm{c}}^{2}}[-\gamma\,\nabla_{\mathrm{t}}^{2}H_{z}-\boldsymbol{a}_{z}\mathrm{j}\omega\varepsilon\times\nabla_{\mathrm{t}}^{2}E_{z}]\tag{8.8b}$$

由式(8.8a)和式(8.8b)可见,只要确定了电磁场的纵向分量 E_z 和 H_z,波导中的其

他场分量也就随之确定。这样就把规则波导中场的求解问题归纳为纵向分量 $\boldsymbol{E}_z$ 和 $\boldsymbol{H}_z$ 的求解问题。

E_z 和 H_z 满足波动方程式(8.3a) 和式(8.3b)，则

$$\nabla_t^2 E_z + k_c^2 E_z = 0 \tag{8.9a}$$

$$\nabla_t^2 H_z + k_c^2 H_z = 0 \tag{8.9b}$$

又因为无源区电场和磁场满足的方程分别为

$$\nabla\times \boldsymbol{H} = \mathrm{j}\omega\varepsilon\boldsymbol{E}$$

$$\nabla\times \boldsymbol{E} = -\mathrm{j}\omega\mu\boldsymbol{H}$$

将它们在直角坐标系下展开，可得

$$\begin{cases} E_x = -\mathrm{j}\dfrac{\beta}{k_c^2}\left[\dfrac{\partial E_z}{\partial x} + \dfrac{\omega\mu}{\beta}\dfrac{\partial H_z}{\partial y}\right] \\ E_y = \mathrm{j}\dfrac{\beta}{k_c^2}\left[-\dfrac{\partial E_z}{\partial y} + \dfrac{\omega\mu}{\beta}\dfrac{\partial H_z}{\partial x}\right] \\ H_x = \mathrm{j}\dfrac{\beta}{k_c^2}\left[\dfrac{\omega\varepsilon}{\beta}\dfrac{\partial E_z}{\partial y} - \dfrac{\partial H_z}{\partial x}\right] \\ H_y = -\mathrm{j}\dfrac{\beta}{k_c^2}\left[\dfrac{\omega\varepsilon}{\beta}\dfrac{\partial E_z}{\partial x} + \dfrac{\partial H_z}{\partial y}\right] \end{cases} \tag{8.10}$$

从以上分析可得出以下结论：

(1) 在规则波导中场的纵向分量满足标量齐次波动方程，结合相应边界条件即可求得纵向分量 H_z 和 E_z，从而场的横向分量即可由纵向分量求得。

(2) 既满足上述方程又满足边界条件的解有许多，每一个解对应一个波型也称之为模式，不同的模式具有不同的传输特性。

(3) k_c 是一个与导波系统横截面形状、尺寸及传输模式有关的参量。由于当相移常数 $\beta=0$ 时，意味着波导系统不再传播，亦称为截止，此时 $k_c=k$，故将 k_c 称为截止波数。

8.1.2　TEM 波的传播特性

由于 TEM 波的纵向场分量为零，即 $E_z=H_z=0$，从式(8.10) 可知，只有当 $k_c^2=k^2-\beta^2=0$ 时，电磁场才有非零解。只有当

$$\beta = k = \omega\sqrt{\mu\varepsilon} \tag{8.11}$$

时，导波系统中才有 TEM 波存在。可见，导波系统中的 TEM 波数与无界介质中传播的均匀平面波的波数相同。与无界介质中的均匀平面波相比，两者虽然都是 TEM 波，但由于导波结构的存在，场量在横截面上，呈非均匀分布，是一个非均匀平面波。

TEM 波的相速和相波长分别为

$$v_p = \frac{\omega}{k} = \frac{1}{\sqrt{\mu\varepsilon}} = \frac{c}{\sqrt{\mu_r\varepsilon_r}} \tag{8.12}$$

$$\lambda = \frac{2\pi}{\beta} = \frac{v_p}{f} = \frac{\lambda_0}{\sqrt{\mu_r\varepsilon_r}} \tag{8.13}$$

可见 TEM 波的相速和相波长均与频率无关，因此，TEM 波在传播过程中不产生色散

现象。

TEM 波的波阻抗为

$$Z_{\mathrm{TEM}}=\frac{E_x}{H_y}=-\frac{E_y}{H_x}=\sqrt{\frac{\mu}{\varepsilon}}=\eta \tag{8.14}$$

上式表明，TEM 的波阻抗等于介质的特性阻抗。

由于 TEM 波的 $k_c^2=0$，因此其波动方程变为

$$\nabla_t^2 \boldsymbol{E}=0$$

$$\nabla_t^2 \boldsymbol{H}=0$$

由以上两式可见，TEM 波的场量不仅只有横向分量，而且满足二维拉普拉斯方程，因而在任一横截面上，在某一固定时刻，导行 TEM 波的场分布与稳恒场相同，所以一个能传输 TEM 波的导波系统，如平面双线、同轴线等，也一定能传输直流电。但在单导体的空心金属波导管内不可能存在 TEM 波，这是因为如果在这种空心波导管内有 TEM 波存在，则磁力线应完全在横截面内形成闭合回线，这就要求必须有纵向的传导电流或位移电流存在。但由于空心波导管内无内导体，因此不存在传导电流；同时，由于 TEM 波的纵向电场分量为零，因此也不存在纵向位移电流。这就意味着在横截面内不可能有闭合磁力线，从而说明单导体空心金属波导管内不可能存在 TEM 波。

8.1.3 TE 和 TM 波的传播特性

由于 E_z 或 H_z 等于零，一般情况下电磁场只存在五个分量，TE 波和 TM 波的解的形式可分别写为

TE 波：

$$\boldsymbol{E}=\boldsymbol{a}_x E_x+\boldsymbol{a}_y E_y=(\boldsymbol{a}_x \mathrm{e}_x+\boldsymbol{a}_y \mathrm{e}_y)\mathrm{e}^{-\mathrm{j}\beta z}$$

$$\boldsymbol{H}=\boldsymbol{a}_x H_x+\boldsymbol{a}_y H_y+\boldsymbol{a}_z H_z=(\boldsymbol{a}_x h_x+\boldsymbol{a}_y h_y+\boldsymbol{a}_z h_z)\mathrm{e}^{-\mathrm{j}\beta z}$$

TM 波：

$$\boldsymbol{E}=\boldsymbol{a}_x E_x+\boldsymbol{a}_y E_y+\boldsymbol{a}_z E_z=(\boldsymbol{a}_x \mathrm{e}_x+\boldsymbol{a}_y \mathrm{e}_y+\boldsymbol{a}_z \mathrm{e}_z)\mathrm{e}^{-\mathrm{j}\beta z}$$

$$\boldsymbol{H}=\boldsymbol{a}_x H_x+\boldsymbol{a}_y H_y=(\boldsymbol{a}_x h_x+\boldsymbol{a}_y h_y)\mathrm{e}^{-\mathrm{j}\beta z}$$

因此，对于 TE 波和 TM 波，只需根据边界条件求出 H_z 和 E_z 后，就可利用式(8.10)求出其余四个横场分量。

下面讨论在无耗介质中 TE 波和 TM 波的传播特性。

1. 相移常数和截止波数

由式 $k_c^2=k^2-\beta^2$，可得

$$\beta=\sqrt{k^2-k_c^2}=k\sqrt{1-\frac{k_c^2}{k^2}}=\frac{2\pi}{\lambda}\sqrt{1-\frac{\lambda^2}{\lambda_c^4}}$$

可以看出，当 $k^2-k_c^2>0$ 时，β 为实数，波能够在导波系统中传播；当 $k^2-k_c^2<0$ 时，β 为纯虚数，波在导波系统内呈衰减状态。因此，k_c 是导行波能否在导波系统内传播的临界点，故称为临界波数。相应的波长称为临界波长，即

$$\lambda_c=\frac{2\pi}{k_c} \tag{8.15}$$

2. **波导波长和相速**

与导行波的波数相对应的波长称为波导波长，即

$$\lambda_g=\frac{2\pi}{\beta}=\frac{\lambda}{\sqrt{1-\left(\frac{\lambda}{\lambda_c}\right)^2}} \tag{8.16}$$

由上式可以看出：当 $\lambda<\lambda_c$ 时，$\lambda_g>\lambda$ 为实数；当 $\lambda>\lambda_c$ 时，λ_g 不存在。说明对于导波系统中的 TE 和 TM 波，存在一个波长极限值，波长大于这个值的波不能在其中传播，只能沿 z 方向衰减，故 λ_c 称为临界波长，又称为截止波长，其对应的频率记为 $f_c(f_c\lambda_c=v)$，称为临界频率或截止频率。

由式(8.16) 可得导行波的相速为

$$v_p=\lambda_g f=\frac{v}{\sqrt{1-\left(\frac{\lambda}{\lambda_c}\right)^2}}>v \tag{8.17}$$

由上式可见，导波系统中沿 z 轴方向的相速总大于无界介质中的相速，说明导波系统的轴向并不是电磁波能量的传播方向。

3. **群速**

当存在色散特性时，相速 v_p 已不能很好地描述波的传播速度，这时就要引入“群速”的概念，它表征了波能量的传播速度，当 k_c 为常数时，导行波的群速为

$$v_g=\frac{d\omega}{d\beta}=\frac{1}{\frac{d\beta}{d\omega}}=v\sqrt{1-\left(\frac{\lambda}{\lambda_c}\right)^2} \tag{8.18}$$

由式(8.10)，并考虑到 $E_z=0$，可得 TE 波的波阻抗

$$Z_{TE}=\frac{E_x}{H_y}=-\frac{E_y}{H_x}=\frac{\eta}{\sqrt{1-\left(\frac{\lambda}{\lambda_c}\right)^2}} \tag{8.19}$$

同样，可得 TM 波的波阻抗为

$$Z_{TM}=\eta\sqrt{1-\left(\frac{\lambda}{\lambda_c}\right)^2} \tag{8.20}$$

由以上两式可以看出，导波系统中传播的 TE、TM 波的波阻抗是纯电阻性的，且有 $Z_{TE}>\eta$，$Z_{TM}<\eta$；而对于衰减模式下的波阻抗则是纯电抗性的，说明与衰减模式相伴的有功功率为零。

由式(8.18) ～ (8.20) 可见，TE、TM 波的相速及波阻抗都与频率有关，说明导波系统中的 TE、TM 波是色散波。不过这种色散与由介质损耗所引起的色散不同，它是由导波结构的边界条件引起的，与频率的关系比较简单。

8.2　矩形波导

矩形波导与一般的平行双导线和同轴线相比，具有损耗小和功率容量大等优点，目前

仍是微波频段最主要的导波系统之一。矩形波导是由横截面为矩形的金属导管制成的，其宽边的尺寸为 a，窄边的尺寸为 b，如图 8.2 所示。一般假定波导管无限长，管壁为理想导体，管内填充均匀无损耗介质。

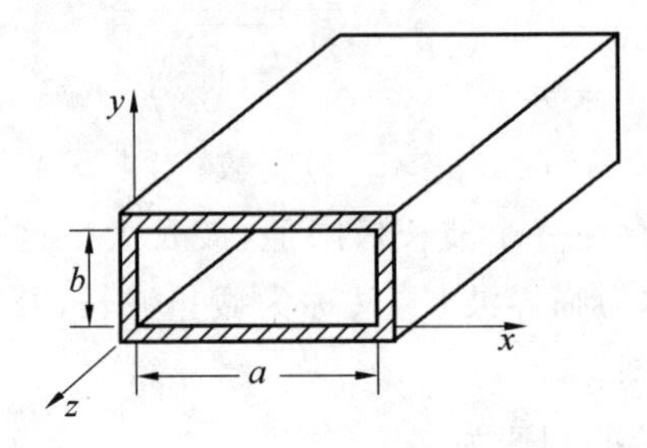

图 8.2　矩形波导

8.2.1　矩形波导中 TE 的解

横电波(TE 波)也称磁波(H 波)，由于横电波的 $E_z=0$，因此只需求解关于 H_z 的波动方程($\nabla_t^2 H_z + k_0^2 H_z = 0$)。在直角坐标系中 $\nabla_t^2 = \frac{\partial^2}{\partial x^2} + \frac{\partial^2}{\partial y^2}$，上式可写作

$$\left(\frac{\partial^2}{\partial x^2} + \frac{\partial^2}{\partial z^2}\right) H_z = -k_c^2 H_z \tag{8.21}$$

应用分离变量法求解该方程，令

$$H_z = X(x)Y(y) \tag{8.22}$$

式中，$X(x)$ 是单变量 x 的函数；$Y(y)$ 是单变量 y 的函数。

将式(8.22) 代入式(8.21) 中，有

$$\frac{1}{X}\frac{\partial^2 X}{\partial x^2} + \frac{1}{Y}\frac{\partial^2 Y}{\partial y^2} = -k_c^2 \tag{8.23}$$

式(8.23) 的第一项只是 x 的函数，第二项只是 y 的函数，而等式的右边为常数，要使该等式对 $0 \leqslant x \leqslant a$、$0 \leqslant y \leqslant b$ 中的任意 x、y 值均成立，式(8.23) 的第一项和第二项必须均为某一常数，设分别为 k_x^2 和 k_y^2，则有

$$\begin{cases} \dfrac{\mathrm{d}^2 X(x)}{\mathrm{d}x^2} + k_x^2 X(x) = 0 \\ \dfrac{\mathrm{d}^2 Y(y)}{\mathrm{d}y^2} + k_y^2 Y(y) = 0 \\ k_x^2 + k_y^2 = k_c^2 \end{cases} \tag{8.24}$$

式中，k_x^2 和 k_y^2 为分离常数。

式(8.24) 的通解为

$$\begin{cases} X(x) = A_1 \cos k_x x + A_2 \sin k_x x \\ Y(y) = B_1 \cos k_y y + B_2 \sin k_y y \end{cases} \tag{8.25}$$

将式(8.25) 代入式(8.22)，得 H_z 的通解为

$$H_z = (A_1 \cos k_x x + A_2 \sin k_x x)(B_1 \cos k_y y + B_2 \sin k_y y) \tag{8.26}$$

式中，A_1、A_2、B_1 和 B_2 及参数 k_x 和 k_y 可利用边界条件确定。

这里不便直接应用 H_z 的边界条件来确定上述参数，但对金属壁的矩形波导，可利用四个壁上电场强度切向分量为零的边界条件导出 H_z 所满足的边界条件，进而确定上述待求参数。

将 $E_z=0$ 代入式(8.8a) 中，有

$$\boldsymbol{E}_t=\frac{j\omega\mu}{k_c^2}\left[-\boldsymbol{a}_x\frac{\partial H_z}{\partial y}+\boldsymbol{a}_y\frac{\partial H_z}{\partial x}\right] \tag{8.27}$$

即

$$E_x=-\frac{j\omega\mu}{k_c^2}\frac{\partial H_z}{\partial y}$$

将式(8.26) 代入上式有

$$E_x=\frac{j\omega\mu}{k_c^2}k_y(A_1\cos k_x x+A_2\sin k_x x)(-B_1\sin k_y y+B_2\cos k_y y) \tag{8.28}$$

由于 $y=0$，$E_x=0$，所以

$$B_2=0$$

由于 $y=b$，$E_x=0$，所以

$$k_y=\frac{n\pi}{b}\quad(n=0,1,2,\cdots)$$

同理，由式(8.27) 可得

$$E_y=\frac{j\omega\mu}{k_c^2}\frac{\partial H_z}{\partial x}$$

将式(8.26) 代入上式有

$$E_y=-\frac{j\omega\mu}{k_c^2}k_x B_1(-A_1\sin k_x x+A_2\cos k_x x)\cos k_y y \tag{8.29}$$

由于 $x=0$，$E_y=0$，所以

$$A_2=0$$

由于 $x=a$，$E_y=0$，所以

$$k_x=\frac{m\pi}{a}\quad(m=0,1,2,\cdots)$$

将所求得的参数代入式(8.26) 后得

$$H_z=H_0\cos\left(\frac{m\pi}{a}x\right)\cos\left(\frac{n\pi}{b}y\right) \tag{8.30}$$

式中，H_0 为 H_z 的振幅，$H_0=A_1B_1$，只与激励源有关，其大小对研究电磁波在波导中传播的一般特性没有关系，这里暂不考虑。

由以上推导可见，在理想导体表面磁场切向分量的法向导数为零。这个结论对理想导体是普遍适用的。将式(8.30) 代入式(8.10)，求得 TE 波的全部场分量表达式为

$$\begin{cases} E_x = \mathrm{j}\dfrac{\omega\mu H_0}{k_c^2}\dfrac{n\pi}{b}\cos\left(\dfrac{m\pi}{a}x\right)\sin\left(\dfrac{n\pi}{b}y\right) \\ E_y = -\mathrm{j}\dfrac{\omega\mu H_0}{k_c^2}\dfrac{m\pi}{a}\sin\left(\dfrac{m\pi}{a}x\right)\cos\left(\dfrac{n\pi}{b}y\right) \\ E_z = 0 \\ H_x = \dfrac{\gamma H_0}{k_c^2}\dfrac{m\pi}{a}\sin\left(\dfrac{m\pi}{a}x\right)\cos\left(\dfrac{n\pi}{b}y\right) \\ H_y = \dfrac{\gamma H_0}{k_c^2}\dfrac{n\pi}{b}\cos\left(\dfrac{m\pi}{a}x\right)\sin\left(\dfrac{n\pi}{b}y\right) \\ H_z = H_0\cos\left(\dfrac{m\pi}{a}x\right)\cos\left(\dfrac{n\pi}{b}y\right) \end{cases} \tag{8.31}$$

由式(8.24)可导出

$$k_c^2 = \sqrt{k_x^2 + k_y^2} = \sqrt{\left(\frac{m\pi}{a}\right)^2 + \left(\frac{n\pi}{b}\right)^2} \tag{8.32}$$

将 $k_c^2 = \omega_c\sqrt{\mu\varepsilon} = 2\pi f_c\sqrt{\mu\varepsilon}$ 代入上式,求得截止频率 f_c 和截止波长 λ_c 分别为

$$f_c = \frac{1}{2\sqrt{\mu\varepsilon}}\sqrt{\left(\frac{m}{a}\right)^2 + \left(\frac{n}{b}\right)^2} \tag{8.33a}$$

$$\lambda_c = \frac{2}{\sqrt{\left(\frac{m}{a}\right)^2 + \left(\frac{n}{b}\right)^2}} \tag{8.33b}$$

在式(8.33)中,m 和 n 可取一系列正整数,故 f_c 可有无限多个值。m 和 n 取特定值时对应的横电波,用 TE_{mn} 或 H_{mn} 表示,其中 m 为电磁场沿波导宽边的半驻波的数目,n 为电磁场沿窄边的半驻波的数目。把 m 和 n 取固定值时电磁场的解称为波导中的一个波型,或称为一个模式。由于 m 和 n 可以取无穷多个值,因此在波导中可存在无穷多个模式。显然,式(8.31)中的 m 和 n 不能同时取零,否则所有场量均为零。因此,矩形波导能够存在 TE_{m0} 模和 TE_{0n} 模及 $\mathrm{TE}_{mn}(m,n\neq 0)$ 模;其中 TE_{10} 模是最低次模,其余称为高次模。

不同的 m 和 n 值代表不同的电磁场分布,矩形波导中 TE_{10}、TE_{11} 和 TE_{21} 的场分布如图 8.3 所示。

8.2.2 矩形波导中 TM 的解

横磁波(TM 波)也称电波(E 波),由于横磁波的 $H_z=0$,因此只需求解关于 E_z 的波动方程。对 TM 波在波导中场分布的研究,类似于对 TE 波的研究,可先求解 E_z,再根据式(8.10)得到其余场分量。此时可直接利用 E_z 在波导壁上 $E_z=0$ 的边界条件,经推导得到 TM 波场分量的表达式

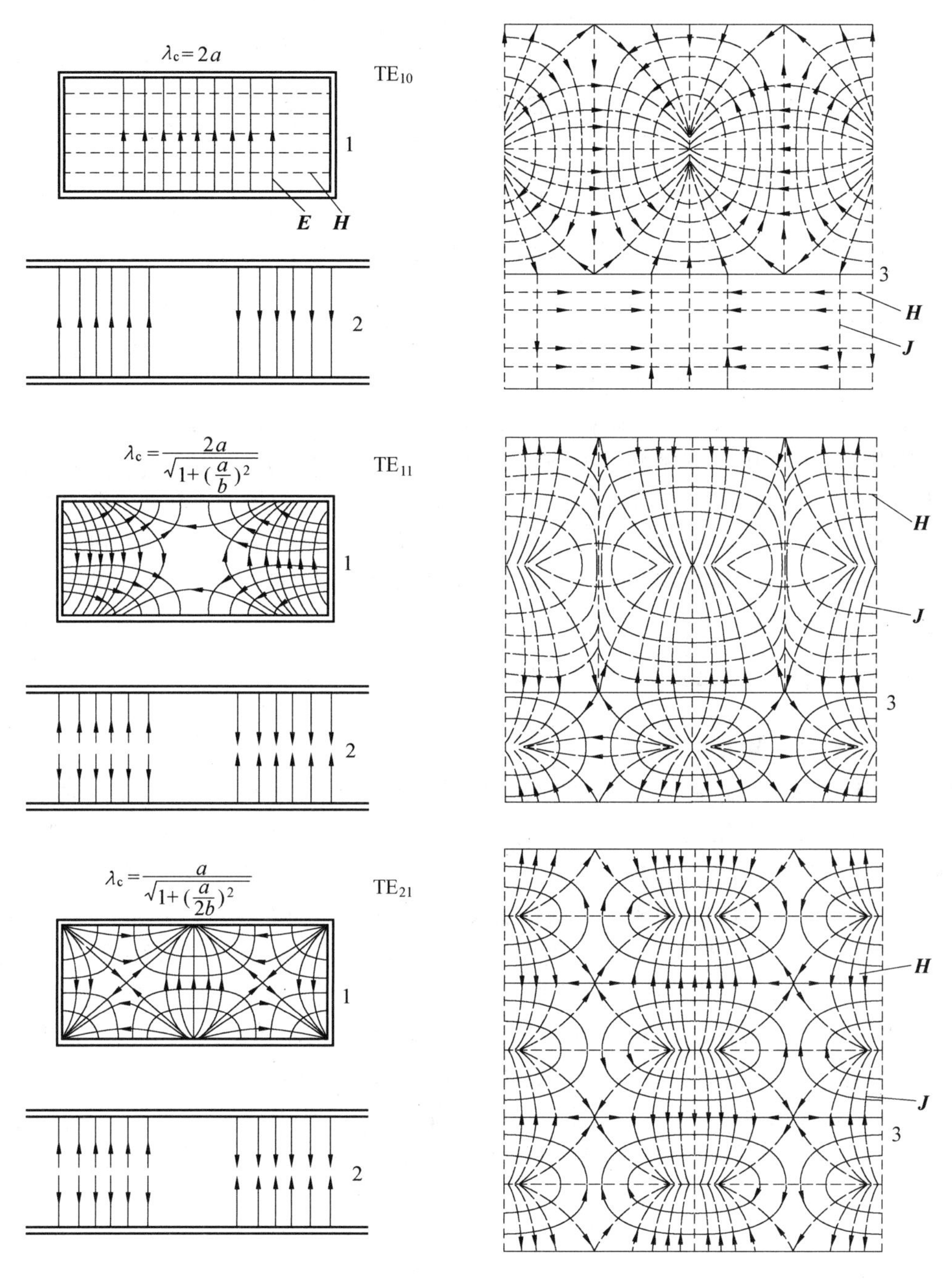

图 8.3　矩形波导三种 TE 模式的场分布及波导表面电流分布

$$\begin{cases} E_x = -\dfrac{\gamma}{k_c^2}\ \dfrac{m\pi}{a}E_0\cos\left(\dfrac{m\pi}{a}x\right)\sin\left(\dfrac{n\pi}{b}y\right) \\ E_y = -\dfrac{\gamma}{k_c^2}\ \dfrac{n\pi}{b}E_0\sin\left(\dfrac{m\pi}{a}x\right)\cos\left(\dfrac{n\pi}{b}y\right) \\ E_z = E_0\sin\left(\dfrac{m\pi}{a}x\right)\sin\left(\dfrac{n\pi}{b}y\right) \\ H_x = \mathrm{j}\ \dfrac{\omega\varepsilon}{k_c^2}\ \dfrac{n\pi}{b}E_0\sin\left(\dfrac{m\pi}{a}x\right)\cos\left(\dfrac{n\pi}{b}y\right) \\ H_y = -\mathrm{j}\ \dfrac{\omega\varepsilon}{k_c^2}\ \dfrac{m\pi}{a}E_0\cos\left(\dfrac{m\pi}{a}x\right)\sin\left(\dfrac{n\pi}{b}y\right) \\ H_z = 0 \end{cases} \tag{8.34}$$

需要注意的是，由于 E_z 是关于 x 和 y 的正弦函数，因此 m 和 n 均不能为零。如有一个为零，则出现 E_z 为零，整个场消失，所以TM_{mn} 波（或 E_{mn} 波）的最低模式为 TM_{11} 模（或 E_{11} 模），其他均为高次模。矩形波导中 TM_{11}、TM_{21} 和 TM_{22} 的场分布和波导壁上表面电流分布如图 8.4 所示。图中实线为电力线，虚线为磁力线，带箭头的半实线为电流线。

总之，矩形波导内存在许多模式的波，TE 波是所有TE_{mn} 模式场的总和，而 TM 波是所有TM_{mn} 模式场的总和。

8.2.3 矩形波导中波的传播特性

1. 矩形波导的截止波长

当工作波长小于截止波长，即工作频率高于截止频率时，电磁波可以在矩形波导内传播。矩形波导内可能出现的模式的多少随着工作频率的改变而发生变化，当工作频率不断提高时，可能出现的模式也越来越多。这种在矩形波导内同时存在多个模式的情况，除了某些特殊应用外，通常对电磁能量的传输及应用是不利的，因为一方面不同模式的传播特性不同，另一方面波导中电磁波的激励（或响应）结构一般只对一定的模式起作用，波导中存在着多个模式意味着能量的损失。同时，多个模式的电场在波导中叠加，有可能使波导中某些地方出现电场最大值，造成波导传输功率容量的下降。一般工程上希望矩形波导内只有一个传播模式。因此如何防止出现高次模是个重要问题。

下面研究在矩形波导的尺寸 a 和 b 一定时出现多个模式的规律。

矩形波导内 TE 波和 TM 波截止波长的计算公式均为

$$\lambda_c = \frac{2}{\sqrt{\left(\dfrac{m}{a}\right)^2 + \left(\dfrac{n}{b}\right)^2}}$$

式中，对 TE 波，除 m 和 n 不能同时为零外，m 和 n 可取任意正整数；对 TM 波，$m \geqslant 1$ 和 $n \geqslant 1$。

为了说明各种模式的截止波长的分布规律性，以标准波导 BJ－32 为例，其各模式截止波长的分布如图 8.5 所示。从图中可以看出，当工作波长大于 TE_{10} 模的截止波长时波不能传播，此区域称为截止区；当工作波长在 TE_{20} 模与 TE_{10} 模的截止波长之间时，波导内只能传播 TE_{10} 模，此区域称为单模传输区。当工作波长比 TE_{20} 模的截止波长还短时，

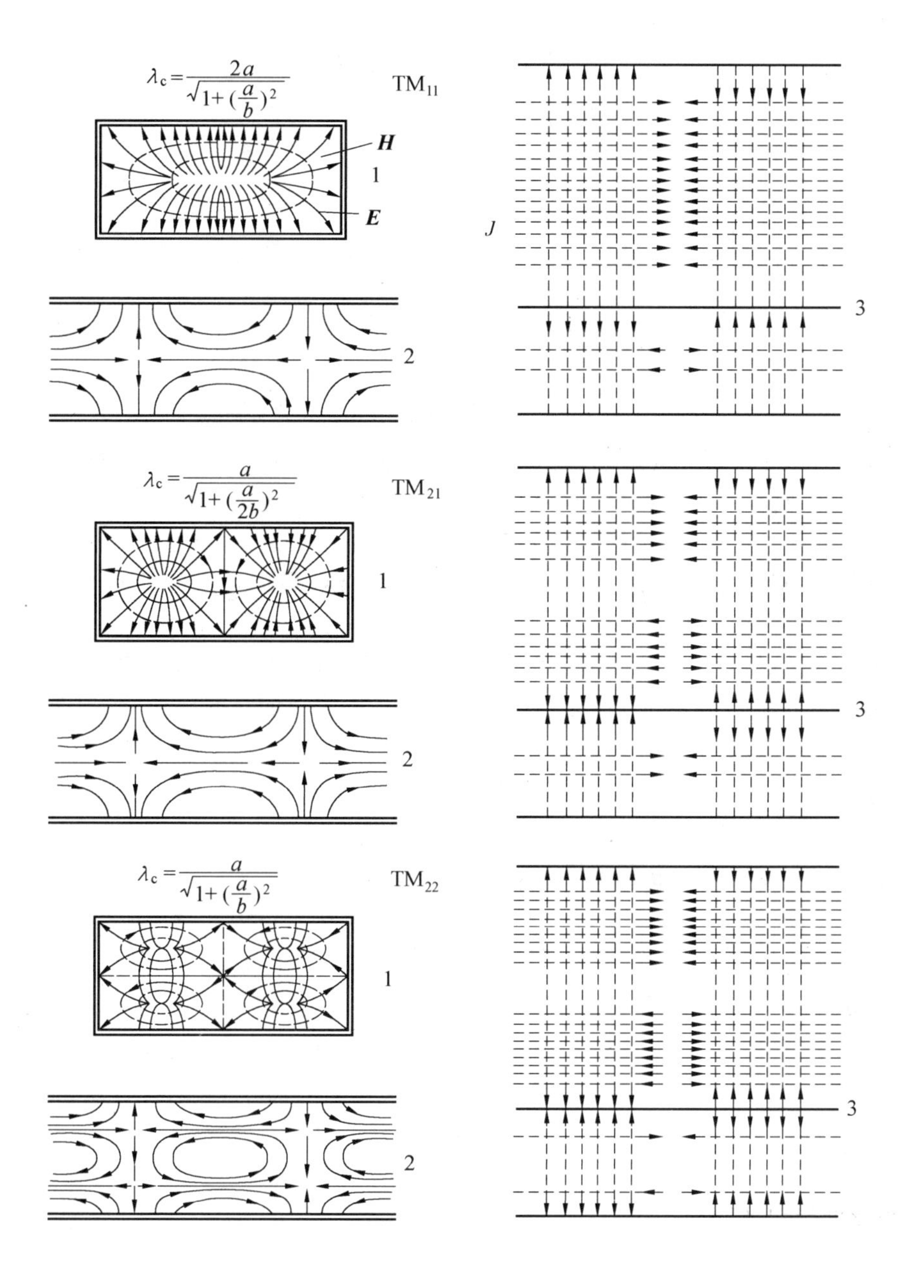

图 8.4　矩形波导中三种 TM 模式的场分布

波导内可同时出现 TE_{10} 模和 TE_{20} 模等多种模式的电磁波，此区域称为多模传输区。而对给定的波导，工作频率越高，可能出现的传播模式也越多。

由式(8.33b)可知，对于大于或等于 1 的 m 和 n 值，TE 波和 TM 波具有相等的截止波长，即

$$\lambda_{cTE_{mn}}=\lambda_{cTM_{mn}}\quad(m,n\geqslant 1)$$

式中，$\lambda_{cTE_{mn}}$ 是 TE_{mn} 模的截止波长；$\lambda_{cTM_{mn}}$ 是同一 m 和 n 值的 TM_{mn} 模的截止波长。这时两种模式的传播常数和传播速度也相同。把在波导中具有相同的截止波长，不同场结构

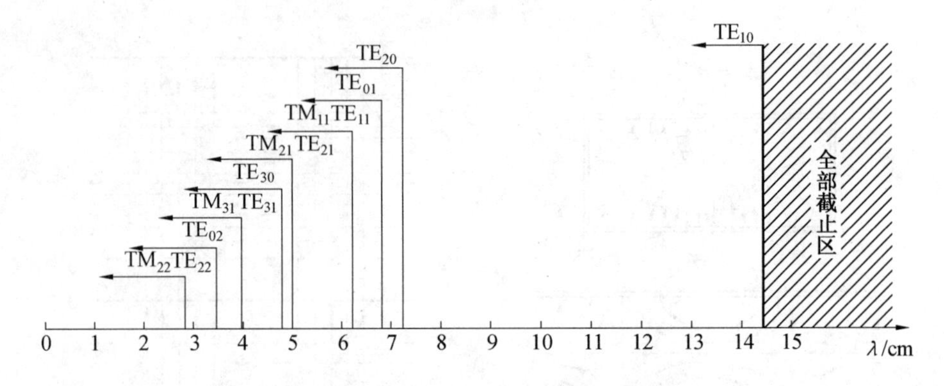

图 8.5 BJ－32 波导各模式截止波长分布图

的两种模称为简并模。一般来说，波导的激励(或响应)只对某一种场结构起作用，简并意味着能量的消耗，工程上一般应避免出现简并现象，这种现象在谐振腔中也会出现。

由以上的分析可见，在矩形波导中 TE_{10} 模的截止波长最长，或者说截止频率最低，故称 TE_{10} 模为矩形波导的主模，其他模式都称为高次模，最靠近主模的高次模称为次低模。矩形波导中的次低模为 TE_{20} 模或 TE_{01} 模。每一个模式的截止波长都是由矩形波导的横截面尺寸决定，只要在选择波导的截面尺寸时，使 TE_{20} 模和 TE_{01} 模成为截止模，就可以使波导中只存在 TE_{10} 模，即达到在波导内只传输主模的目的。

为保证单一模式传播，工作波长应满足

$$\begin{cases}\lambda_{cTE_{20}} < \lambda < \lambda_{cTE_{10}} \\ \lambda_{cTE_{01}} < \lambda < \lambda_{cTE_{10}}\end{cases} \tag{8.35}$$

将 TE_{10} 模、TE_{20} 模、TE_{01} 模的截止波长代入上式得

$$\begin{cases}a < \lambda < 2a \\ 2b < \lambda < 2a\end{cases} \quad \text{或写作} \quad \begin{cases}\lambda/2 < a < \lambda \\ 0 < b < \lambda/2\end{cases}$$

即取 $b < a/2$。

上述两个不等式提供了波导尺寸选择的主要准则，具体尺寸的确定，还需考虑传输功率的大小、传输损耗和效率等因素。工程上一般取

$$\begin{cases}a = 0.7\lambda \\ b = (0.4 - 0.5)a\end{cases}$$

以确保矩形波导中只传输主模。

2. 矩形波导的波导波长

将式(8.33b)代入波导波长的一般表示式(8.16)中，可以得到矩形波导的波导波长为

$$\lambda_g = \frac{\lambda}{\sqrt{1-(\lambda/\lambda_c)^2}}$$

式中

$$\lambda_c = \frac{2}{\sqrt{\left(\frac{m}{a}\right)^2 + \left(\frac{n}{b}\right)^2}}$$

由上式可见，矩形波导内的波导波长不仅和频率有关，还与 m 和 n 有关，这一点和 TEM 波在空间的传播特性不同。

3. 矩形波导的相速

波导内 TE 波和 TM 波的相速的一般表示式为

$$v_p = \frac{v}{\sqrt{1-\left(\frac{\lambda}{\lambda_c}\right)^2}}$$

从上式可以看出，矩形波导内 TE 波和 TM 波的相速 v_p 具有下列性质：

(1) $v_p > v$，说明矩形波导内 TE 波和 TM 波的相速大于 TEM 波的波速。

(2) v_p 是频率的函数，说明矩形波导是一种色散传输系统。

(3) v_p 是 m 和 n 的函数，说明 v_p 与波传播的模式有关。

由相对论可知，物质的运动速度不能大于光速 c，而上式的结果似乎违反了此关系，那么对此应怎样理解呢？图 8.6 提供了解释此现象的物理过程和几何关系。

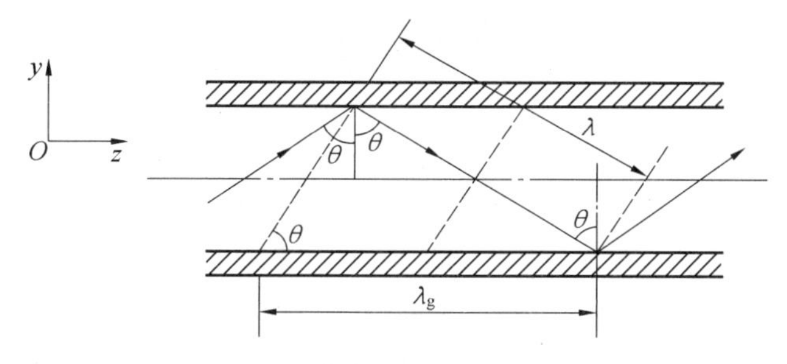

图 8.6　矩形波导中的相速

可以将 TE 波或 TM 波视为 TEM 波在矩形波导内向上下或左右金属管壁斜入射及经管壁反射后形成的。

在图 8.6 中，TEM 波以入射角 θ 向矩形波导的上管壁斜入射，根据反射定律，由上管壁反射的波，成为以 θ 角向下管壁投射的入射波，这样波在上下管壁间连续入射与反射，入射波与反射波的叠加构成了存在于矩形波导内的 TE 波或 TM 波。这种利用 TEM 波在波导壁上的入射、反射解释 TE、TM 波的方法称为部分波方法。

根据定义，相速是指单一频率的电磁波的等相位面在波传播方向上传播的速度。在图 8.6 中，用虚线画出了传播中等相位面的位置，由图上所标 λ_g 与 λ 的几何关系，可直观得出 $\lambda_g > \lambda$，而由于 $v_p = \frac{\lambda_p}{T}$ 和 $v = \frac{\lambda}{T}$，因此 $v_p > v$。v_p 仅表示等相位面的传播速度，并不代表波能量传播的速度。

4. 矩形波导的群速

未被调制的单频电磁波是不能传输信号的，调制波是由多个不同频率的波组成的波群，并构成包络，如图 8.7 所示。故信号传播的速度应是调制波中能反映信号特性的包络的传播速度，该速度称为群速 v_g。

矩形波导内斜入射的 TEM 波在管壁间来回反射，以折线方式向前传播，图 8.8 给出

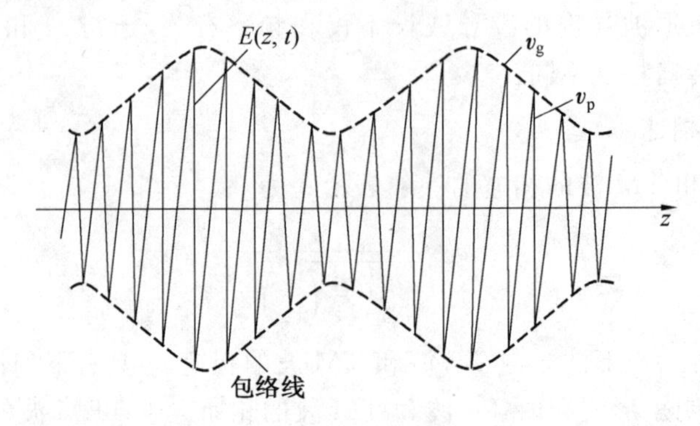

图 8.7　调幅信号波形图

了矩形波导内的群速 v_g、相速 v_p 和 TEM 波的波速 v 之间的关系，有

$$v_g = v\sin\theta$$

式中，θ 为 TEM 波对波导壁的入射角。又由图 8.8 可见

$$\sin\theta = \frac{\lambda}{\lambda_g}$$

则 v_g 表示为

$$v_g = \frac{v\lambda}{\lambda_g} = v\sqrt{1-\left(\frac{\lambda}{\lambda_c}\right)^2}$$

而

$$v_g v_p = v^2 \tag{8.36}$$

式(8.36) 反映了三种速度 v_p、v_g 和 v 之间的关系。TEM 波的波速是色散波(TE 波、TM 波) 相速 v_p 和群速 v_g 的几何中项，矩形波导中的群速小于 TEM 波的波速 v。

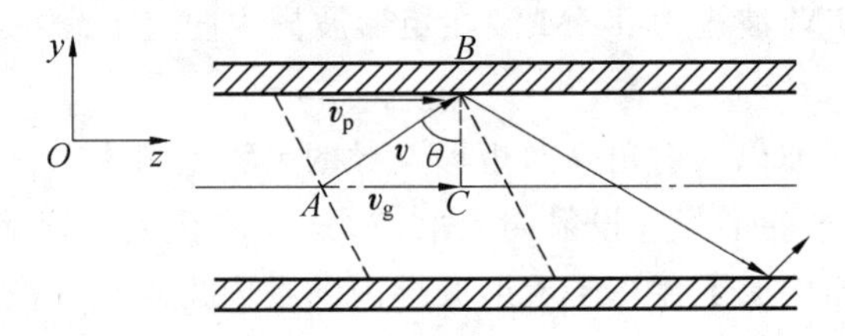

图 8.8　矩形波导内的群速

5. 矩形波导的波阻抗

矩形波导中电磁场的分布与均匀平面波在自由空间的场分布不同，矩形波导中的电磁场分布也因模式不同而不同，如 TE_{10} 模的电场只有一个分量 E_y，但磁场却有 H_x 和 H_z 两个分量；而 TM_{11} 模，电场有三个分量 E_x、E_y 和 E_z，而磁场只有 H_x 和 H_y 两个分量。因此，定义矩形波导中的波阻抗在数值上等于相对于传播方向成右手螺旋关系的横向电场和横向磁场正交分量的比值。即

横电波(TE 波)：

$$Z_{TE} = \frac{E_x}{H_y} = -\frac{E_y}{H_x} = \frac{\eta}{\sqrt{1-\left(\frac{\lambda}{\lambda_c}\right)^2}}$$

式中，η 为 TEM 波的波阻抗，即介质的本征阻抗 $\eta=\frac{\mu}{\varepsilon}$。

横磁波（TM 波）：

$$Z_{\mathrm{TM}}=\frac{E_x}{H_y}=-\frac{E_y}{H_x}=\eta\sqrt{1-\left(\frac{\lambda}{\lambda_c}\right)^2}$$

波阻抗、横向电场和横向磁场之间也可用矢量关系表示。

TE 波：

$$\boldsymbol{E}=-Z_{\mathrm{TE}}(\boldsymbol{a}_z\times\boldsymbol{H}) \tag{8.37a}$$

TM 波：

$$\boldsymbol{H}=\frac{1}{Z_{\mathrm{TM}}}(\boldsymbol{a}_z\times\boldsymbol{E}) \tag{8.37b}$$

式中，$\boldsymbol{a}_z$ 代表波的传播方向，为单位矢量。

8.3　矩形波导中的 TE_{10} 波

矩形波导的主模为 TE_{10} 模，因为该模式具有场结构简单、稳定，频带宽和损耗小等特点，所以实用时几乎毫无例外地工作在 TE_{10} 模式。下面着重介绍 TE_{10} 模式的场分布及其工作特性。

8.3.1　TE_{10} 模的场分布

将 $m=1$、$n=0$、$k_c=\pi/a$ 代入式(8.31)，得到 TE_{10} 模的场分量表达式为

$$\begin{cases} E_y=-\mathrm{j}\,\dfrac{\omega\mu a}{\pi}H_0\sin\left(\dfrac{\pi}{a}x\right) \\ H_x=\mathrm{j}\,\dfrac{\beta a}{\pi}H_0\sin\left(\dfrac{\pi}{a}x\right) \\ H_z=H_0\cos\left(\dfrac{\pi}{a}x\right) \\ H_y=E_x=E_z=0 \end{cases} \tag{8.38}$$

由此可见，E_y 值与 y 无关，即 E_y 沿 y 轴均匀分布，电场 E_y 沿 x 轴按正弦分布，如图 8.9 所示。

磁场有 H_x 和 H_z 两个分量，由 H_x 和 H_z 构成的闭合磁力线位于 xOz 平面内。H_x 随 x 的变化与 E_y 随 x 的变化相同，呈正弦规律，但 H_x 和 E_y 相位相差 π；而 H_z 随 x 的变化呈余弦规律，在 H_x 与 H_z 之间存在着 $\pi/2$ 的相位差，因此在同一点上，H_x 和 H_z 的最大值不同时出现，在 $x=0$ 和 $x=a$ 处，$H_x=0$，而 H_z 为最大；在 $x=a/2$ 处，H_x 为最大，而 H_z 为零。H_x 和 H_z 也不随着 y 改变。磁场在矩形波导内的分布如图 8.10 所示。

8.3.2　TE_{10} 模的传输特性

1. 截止波长和截止频率

将 $m=1$、$n=0$ 代入式(8.33b)，得到 TE_{10} 模的截止波长为

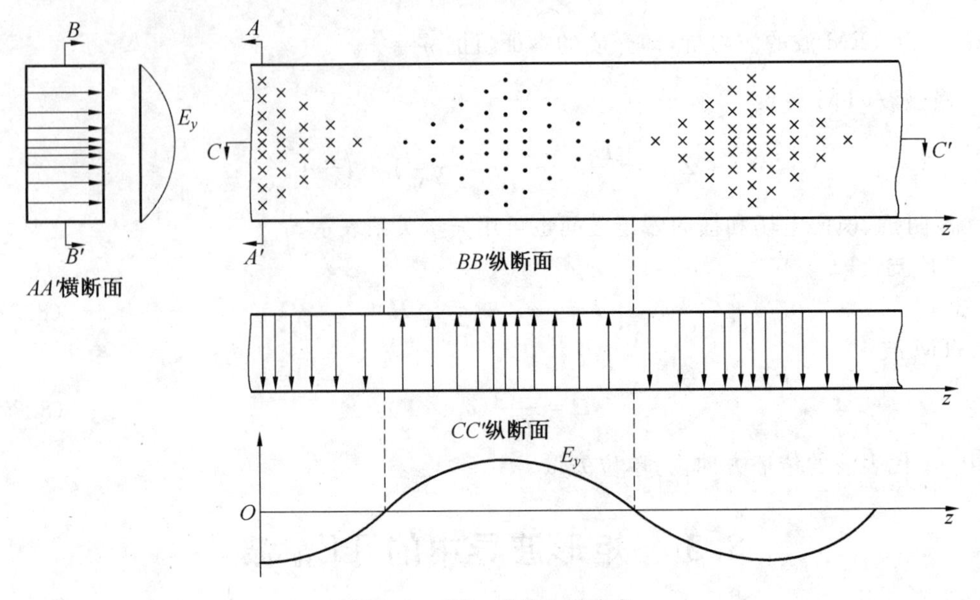

图 8.9 TE$_{10}$ 模的电场分布

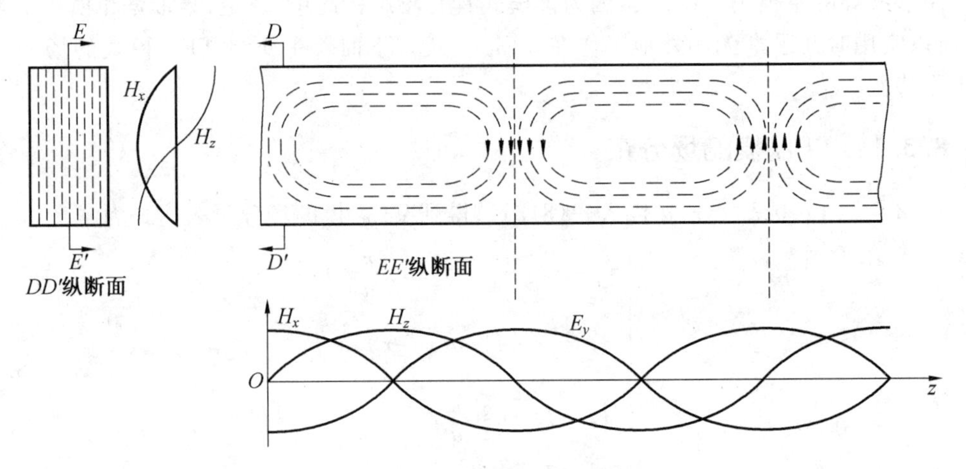

图 8.10 TE$_{10}$ 模的磁场分布

$$\lambda_{\mathrm{cTE}_{10}}=\frac{2}{\sqrt{\left(\frac{m}{a}\right)^2+\left(\frac{n}{b}\right)^2}}=2a \tag{8.39}$$

截止频率为

$$f_{\mathrm{cTE}_{10}}=\frac{v}{\lambda_{\mathrm{cTE}_{10}}}=\frac{v}{2a} \tag{8.40}$$

式中，c 为光速。

2. 相速与群速

由式(8.17) 和式(8.18) 可得 TE$_{10}$ 模的相速 v_{p} 和群速 v_{g} 分别为

$$v_{\mathrm{p}}=\frac{v}{\sqrt{1-\left(\frac{\lambda}{\lambda_{\mathrm{c}}}\right)^{2}}}=\frac{v}{\sqrt{1-\left(\frac{\lambda}{2a}\right)^{2}}} \tag{8.41}$$

$$v_{\mathrm{g}}=v\sqrt{1-\left(\frac{\lambda}{\lambda_{\mathrm{c}}}\right)^{2}}=v\sqrt{1-\left(\frac{\lambda}{2a}\right)^{2}} \tag{8.42}$$

3. **波导波长与波阻抗**

由式(8.16)和式(8.19)可得 TE_{10} 模的波导波长与波阻抗分别为

$$\lambda_{\mathrm{g}}=\frac{\lambda}{\sqrt{1-\left(\frac{\lambda}{\lambda_{\mathrm{c}}}\right)^{2}}}=\frac{\lambda}{\sqrt{1-\left(\frac{\lambda}{2a}\right)^{2}}} \tag{8.43}$$

$$Z_{\mathrm{TE}}=\frac{\eta}{\sqrt{1-\left(\frac{\lambda}{\lambda_{\mathrm{c}}}\right)^{2}}}=\frac{\eta}{\sqrt{1-\left(\frac{\lambda}{2a}\right)^{2}}} \tag{8.44}$$

8.3.3　矩形波导壁 TE_{10} 模的电流分布

波导内壁上电流分布情况如图 8.11 所示，因为波导上、下两宽壁表面磁力线分布相同，但 n 的方向相反，故上、下宽壁表面上的电流方向相反；而波导左右两侧壁表面磁力线方向相反，n 的方向也相反，故两个侧壁表面上电流方向相同。由波导壁上的电流分布可以看出，上、下宽壁上的传导电流是不连续的，但是在波导壁上传导电流间断处，波导中有位移电流与之连接，这样就保证了全电流的连续性。

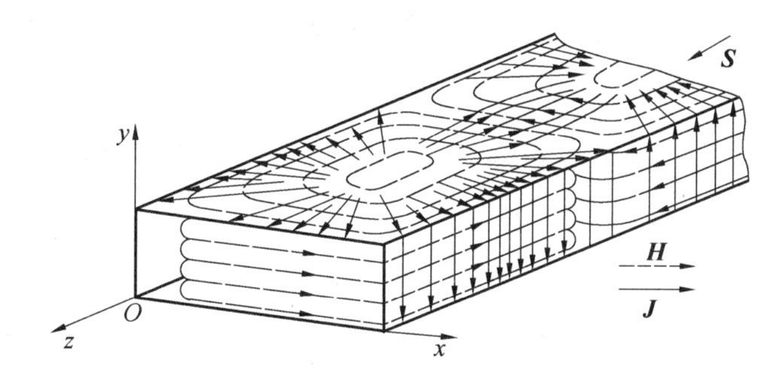

图 8.11　矩形波导壁 TE_{10} 模的电流

了解了波导壁的电流分布，对于处理各种技术问题和设计波导元件具有指导意义。例如，在波导宽壁的中心线上开一纵向小缝，如图 8.12(a) 所示，由于波导宽边中心线上只有纵向电流，该缝切断的电流非常小，对波导内电磁波的传播影响很小，在此缝隙中引入一个探针制成波导测量线，外接晶体检波器和电流表，这样移动该探针即可研究波导内电磁场沿纵向的分布情况。

另外，波导壁上开缝在波导缝隙天线中也有着广泛应用。例如，在波导的侧壁中心线纵向开一小缝，如图 8.12(b) 所示，由于小缝切割了壁电流，这样会在缝隙中形成很强的电场，它和缝隙处的磁场组成指向波导外的坡印廷矢量，因而有较多的电磁能量通过缝隙向外辐射。若缝隙的尺寸开得适当，就可以构成波导缝隙天线。

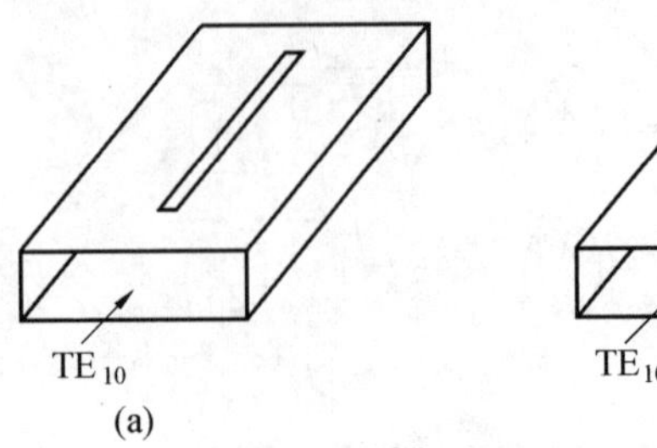

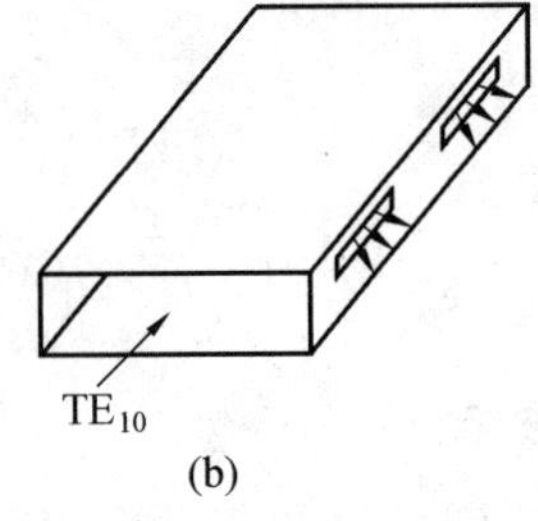

图 8.12　矩形波导壁上开缝

本章小结

(1) 本章主要讨论了波导系统的导波原理以及规则金属波导的分析方法，并与双导体传输线进行了比较。金属波导只能传输 TE 波或 TM 波，不能传输 TEM 波。对于波导内场的分析采用如下方法：先求解 E_z 或 H_z 的波动方程，再求出 E_z 或 H_z 的通解，并根据边界条件求出它的特解，最后利用横向场与纵向场的关系式求得所有场分量的表达式。

(2) 波导传输的导行波为色散波，其传输特性随频率的变化而改变，特性参量的计算公式与 TEM 波传输线相比仅相差一个波型因子$\sqrt{1-\left(\frac{\lambda}{\lambda_c}\right)^2}$。

相移常数：

$$\beta=\frac{2\pi}{\lambda}\sqrt{1-\left(\frac{\lambda}{\lambda_c}\right)^2}\text{（TE 波或 TM 波）},\quad \beta=\frac{2\pi}{\lambda}\text{（TEM 波）}$$

波导波长：

$$\lambda_g=\frac{\lambda}{\sqrt{1-\left(\frac{\lambda}{\lambda_c}\right)^2}}\text{（TE 波或 TM 波）},\quad \lambda=\frac{\lambda_0}{\sqrt{\mu_r\varepsilon_r}}\text{（TEM 波）}$$

相速：

$$v_p=\frac{v}{\sqrt{1-\left(\frac{\lambda}{\lambda_c}\right)^2}}\text{（TE 波或 TM 波）},\quad v=\frac{c}{\sqrt{\mu_r\varepsilon_r}}\text{（TEM 波）}$$

群速：

$$v_g=v\sqrt{1-\left(\frac{\lambda}{\lambda_c}\right)^2}\text{（TE 波或 TM 波）},\quad v_g v_p=v^2$$

波阻抗：

$$Z_{TE}=\frac{\eta}{\sqrt{1-\left(\frac{\lambda}{\lambda_c}\right)^2}},\quad Z_{TM}=\eta\sqrt{1-\left(\frac{\lambda}{\lambda_c}\right)^2},\quad Z_{TEM}=\eta$$

(3) 导行波的传输和截止条件：

$\lambda<\lambda_c$ 或 $f>f_c$ 时，电磁波传播；

$\lambda>\lambda_c$ 或 $f<f_c$ 时，电磁波截止。

(4) 波导系统中的场结构必须满足下列规则：电力线一定与磁力线相互垂直，两者传播方向满足右手螺旋定则；在波导系统的金属壁上只有电场的法向分量和磁场的切向分量；磁力线一定是闭合曲线。

(5) 本章重点讨论了矩形波导等常用的微波传输线，其中 TEM 波传输线易采用路的分析方法分析其传播特性，而波导易采用场的分析方法来分析和求解其场分布和传输特性。其中矩形波导的主模是TE_{10} 模，其工作波长应满足

$$\begin{cases} a < \lambda < 2a \\ 2b < \lambda < 2a \end{cases} \quad 或 \quad \begin{cases} \lambda/2 < a < \lambda \\ 0 < b < \lambda/2 \end{cases}$$

即取 $b < \dfrac{a}{2}$ 时，可保证单模传播。

习　　题

8－1　什么是 TEM 波、TE 波和 TM 波？规则金属波导中为什么不能传输 TEM 波？

8－2　空气填充的矩形波导 $a\times b=60\ \text{mm}\times 40\ \text{mm}$，信号源频率是 3 GHz，试计算对于 TE_{10}、TE_{01}、TE_{11}、TM_{11} 四种波形的截止波长、波导波长、相移常数、群速和波阻抗。

8－3　矩形波导的横截面尺寸为 $a=22.86\ \text{mm}$，$b=10.16\ \text{mm}$，如果将自由空间波长为 20 mm、40 mm 和 60 mm 的信号接入此波导，能否传输？若能，会出现哪些模式？

8－4　试证明工作波长 λ、波导波长 λ_g 和截止波长 λ_c 满足以下关系：

$$\lambda=\frac{\lambda_g\lambda_c}{\sqrt{\lambda_g^2+\lambda_c^2}}$$

8－5　证明填充相当介电常数为 ε_r 的电介质的矩形波导，其临界频率比空心矩形波导的临界频率低$\sqrt{\varepsilon_r}$ 倍。

8－6　矩形波导截面尺寸为 $a\times b=23\ \text{mm}\times 10\ \text{mm}$，波导内充满空气，信号源频率为 10 GHz，试求：

(1) 波导中可以传播的模式。

(2) 该模式的截止波长 λ_c、相移常数 β、波导波长 λ_g 及相速 v_p。

8－7　已知空心波导 $a\times b=46\ \text{mm}\times 20\ \text{mm}$。求：(1) TE_{10} 波的 k_c。(2) 单模传输的频率范围。

8－8　今用 BJ－32 矩形波导($a\times b=72.14\ \text{mm}\times 34.04\ \text{mm}$) 做馈线，设波导中传播 TE_{10} 模，测得相邻两波节之间的距离为 10.9 cm，求 λ_g 和 λ。

8－9　在尺寸为 $a\times b=22.86\ \text{mm}\times 10.16\ \text{mm}$ 的矩形波导中，传输 TE_{10} 型波，工作频率为 10 GHz。

(1) 求 λ_c、λ_g 和 Z_{TE10}。

(2) 若波导宽边尺寸增大一倍，上述各参数将如何变化？还能传输什么模？

(3) 若波导窄边尺寸增大一倍，上述各参数将如何变化？还能传输什么模？

8－10　设矩形波导宽边 $a=25\ \text{mm}$，工作频率 $f=10\ \text{GHz}$，用$\lambda_g/4$ 阻抗变换器匹配一段空气波导($\varepsilon_r=1$) 和一段 $\varepsilon_r=2.56$ 的波导，求匹配介质的相对介电常数 ε'_r 和变换器的长度。

第 9 章

微波网络基础

对于微波系统主要研究的是信号和能量两大问题。信号问题主要研究幅频和相频特性;能量问题主要是研究能量如何有效传输问题。关于均匀系统中的信号和能量传输问题在前面的章节中已经系统地讨论过,对于不均匀系统和不连续的区域,利用严格场解的方法非常复杂,不适宜工程设计。工程上要求一种简单易行的分析方法,这就是微波网络方法,可用于电路理论分析和设计微波元件。该方法把复杂的三维电磁场问题化繁为简、各个击破,最后变成一维电路问题,大大简化了分析和设计过程。本章首先从基本概念入手,给出网络的五种参量矩阵的定义,着重阐述散射矩阵及其基本性质,介绍二端口网络特性参量的计算方法,研究多端口网络的基本性质。为微波系统和元件的设计奠定了理论基础。

9.1 微波网络概述

1. 微波网络理论的概念

微波系统是由微波传输线和各种功能的微波元器件构成的,其中微波传输线是均匀、规则的传输系统,其特性可用广义传输线方程来描述,即将微波传输线等效为平行双线;而微波元器件的边界形状不同于规则传输线,其在系统中引入了不均匀和不连续的区域,其特性可用类似于低频网络的等效电路来描述,即将微波元器件等效为微波网络。因此,任何一个复杂的微波系统都可以用电磁场理论和低频网络理论相结合的方法来分析,这种理论称为微波网络理论(Microwave Networks Theory)。

2. 网络分析与综合

微波网络理论包括网络分析(Networks Analysis)和网络综合(Networks Synthesis)两部分内容。网络分析是根据已知微波系统或微波元器件的结构,应用等效电路(Equivalent Circuit)的方法求出其对应的等效网络参量,分析网络的外部工作特性,本章主要讨论网络分析。网络综合则是根据预定的工作特性指标或要求,运用最优化的设计方法,确定物理上可实现的电路模型或网络结构,并通过相应的微波电路来实现,从而综合设计出符合要求的微波元件或微波系统。

3. 微波网络的分类

微波网络的种类繁多,若按照网络的特性进行划分,可分为以下四种。

(1) 线性与非线性网络。

若微波参考面上的等效(或称模式) 电压和等效电流呈线性关系,则描述网络特性的方程为一组线性代数方程,这种微波网络就称为线性网络。反之,则称为非线性网络。一般无源微波元件等效为线性网络,而有源微波元件等效为非线性网络。

(2) 互易与非互易网络。

若微波网络内只含有各向同性介质,则网络参考面上的参量呈可逆状态,这种微波网络称为互易网络;反之,则称为非互易网络。互易网络满足互易定理。大多数无源的非铁氧体微波元件等效为互易微波网络;而铁氧体微波元件和有源微波电路则等效为不可逆微波网络。

(3) 无耗与有耗网络。

若微波网络内部为无耗介质,且导体是理想导体,则微波网络不损耗功率,即微波网络的输入功率等于网络的输出功率,这种微波网络称为无耗网络;反之,则称为有耗网络。例如,匹配负载和衰减器等微波元件可等效为有耗微波网络。严格地说,任何微波元件均有损耗,但当损耗很小时,以至损耗可以忽略而不影响该元件的特性时,可以认为是无耗网络。

(4) 对称与非对称网络。

若微波元件的结构具有对称性,则与之相对应的这种微波网络称为对称网络;反之,则称为非对称网络。例如,微波滤波器和匹配双 T 等。

4. 微波网络的特点

微波网络理论是在低频网络理论的基础上发展起来的,因此许多适用于低频电路的分析方法和电路特性,对微波电路也同样适用,如基尔霍夫定律、叠加原理、互易定理等。但由于微波电路属于分布参数电路,其相对于低频网络具有如下特点:

(1) 微波等效网络及其参量是对某一工作模式而言的,不同的模式具有不同的等效网络结构和参量。而这个问题在低频网络中是不存在的,因为低频网络中只有一种模式——TEM 波。通常希望微波传输线工作于主模状态。

(2) 微波元器件的不规则边界形状在微波网络中引入了不均匀、不连续的区域,在不均匀区域附近将会产生许多高次模,因此不均匀区域的网络端面(即参考面) 应距离不均匀处足够远,使不均匀处激起的高次模衰减到足够小,此时高次模对工作模式只相当于引入一个电抗值,可计入网络参量之内。低频网络没有参考面选择这一问题。

(3) 微波传输线是微波网络的一部分,为分布参数电路,与之对应的网络参量与线的长度有关,因此整个网络参考面的选择要严格规定,一旦参考面移动,网络参量就会随之改变。

(4) 微波网络的等效电路及其参量只适用于一定的频段,超出这一范围就会失效。因为,当频率大范围变化时,同一个网络结构的电磁特性不仅有量的变化,而且性质也会发生改变(如感性变容性或反之),致使等效电路及其参量也发生改变,并且频响特性也会不断重复出现。

综上所述,实质上微波网络分析是要解决以下三个问题:确定微波元件的参考面;由横向电磁场定义等效电压、等效电流和等效阻抗,以便将均匀传输线等效为平行双线;确

定一组网络参数,建立网络方程,以便将不均匀区域等效为网络。

9.2 微波传输线的等效

任何一个微波元件都需要外接传输线,若将外接的传输线等效成平行双线,微波元件等效为微波网络,那么整个微波系统就可以用微波网络理论来分析。因此应首先解决如何将实际的传输线等效为平行双线的问题。

第7章中的均匀传输线理论是建立在TEM波传输线的基础上的,因此电压和电流有明确的物理意义,而且只与纵向分量 z 有关,与横截面无关;而第2章中的金属波导等非TEM波传输线,其电磁场 $\boldsymbol{E}$ 与 $\boldsymbol{H}$ 不仅与纵向分量 z 有关,还与横向分量 x、y 有关,这时电压和电流的定义就失去了原有的意义,且不易测量。因此,为了使所有的微波传输线都能应用均匀传输线理论来分析,有必要引入等效电压和等效电流的概念。

9.2.1 等效电压和等效电流

由规则金属波导的一般理论可知,矩形波导中传输主模 TE_{10} 波的横向电场 E_T 和横向磁场 $\boldsymbol{H}_T$ 满足麦克斯韦方程,可得

$$\frac{\partial \boldsymbol{E}_T}{\partial z}=-j\omega\mu\boldsymbol{H}_T \tag{9.1a}$$

$$\frac{\partial \boldsymbol{H}_T}{\partial z}=j\frac{\beta^2}{\omega\mu}\boldsymbol{E}_T \tag{9.1b}$$

又根据传输线理论可知,平行双传输线上传输的TEM波电压和电流的复振幅 $U(z)$ 和 $I(z)$ 满足传输线方程,可得

$$\frac{dU(z)}{dz}=ZI(z) \tag{9.2a}$$

$$\frac{dI(z)}{dz}=YU(z) \tag{9.2b}$$

由此可见,式(9.1)与式(9.2)是相互对应的,即波导中的横向电场 $\boldsymbol{E}_T$ 和横向磁场 $\boldsymbol{H}_T$ 与平行双传输线中电压 $U(z)$ 和电流 $I(z)$,具有相同的传输规律。因此,在一定条件下可将波导中横向电场等效为电压,横向磁场等效为电流。

为定义任意传输系统某一参考面上的等效电压和等效电流,一般做如下规定:

(1) 令等效电压 $U(z)$ 正比于横向电场 $\boldsymbol{E}_T$,等效电流 $I(z)$ 正比于横向磁场 $\boldsymbol{H}_T$。

(2) 等效电压与等效电流共轭的乘积等于导波系统的传输复功率 $P=\frac{1}{2}U(z)I^*(z)$,其实部等于平均传输功率。

(3) 等效电压与等效电流之比等于等效输入阻抗,即 $Z(z)=\frac{U(z)}{I(z)}$。

对任意导波系统,当其单模传输时,在广义正交坐标系中,其横向电磁场均可以表示为

$$\boldsymbol{E}_T(x,y,z)=U(z)\boldsymbol{e}_T(x,y) \tag{9.3a}$$

$$\boldsymbol{H}_{\mathrm{T}}(x,y,z)=I(z)\boldsymbol{h}_{\mathrm{T}}(x,y) \tag{9.3b}$$

式中，$\boldsymbol{E}_{\mathrm{T}}(x,y)$ 和 $\boldsymbol{h}_{\mathrm{T}}(x,y)$ 称为模式矢量函数或基准矢量，它们是仅与横向坐标(x,y)有关的矢量实函数，表示电磁场在导波系统横截面上的分布规律，与其传输功率无关；$U(z)$ 和 $I(z)$ 都是仅与一维坐标 z 有关的标量复函数，表示电磁波沿导波系统的传输规律，且与传输功率和负载特性有关，分别称为模式等效电压和模式等效电流，即

$$U(z)=U_{\mathrm{m}}\mathrm{e}^{-\mathrm{j}\beta z} \tag{9.4a}$$

$$I(z)=I_{\mathrm{m}}\mathrm{e}^{-\mathrm{j}\beta z} \tag{9.4b}$$

式中，U_{m} 和 I_{m} 分别为 $U(z)$ 和 $I(z)$ 的振幅。值得注意的是，这里的模式等效电压和模式电流是从只有场的横向分量才对传输功率有贡献的观点出发而定义的一种等效参量，其数值和量纲在选择上具有任意性(多值性)，即不是唯一的。因此，它只是作为分析问题的一种描述手段，只具有形式上的意义，并非真实存在。

根据传输线理论，等效平行双线的等效模式特性阻抗为入射波的等效模式电压和等效模式电流的比值，即

$$Z_{\mathrm{e}}=\frac{U_{\mathrm{i}}(z)}{I_{\mathrm{i}}(z)} \tag{9.5}$$

因此，若把单模微波传输线等效为平行双线，那么第 7 章关于传输线的理论分析都可以应用到等效平行双线中来。下面给出模式矢量函数应满足的归一化条件。

由电磁场理论可知，导波系统中的传输功率为

$$P=\frac{1}{2}\mathrm{Re}\left[\int_S(\boldsymbol{E}_{\mathrm{T}}\times\boldsymbol{H}_{\mathrm{T}}^{*})\cdot\mathrm{d}\boldsymbol{S}\right] \tag{9.6}$$

将式(9.3)代入式(9.6)可得

$$P=\frac{1}{2}\mathrm{Re}[U(z)I^{*}(z)]\int_S[\boldsymbol{e}_{\mathrm{T}}(x,y)\times\boldsymbol{h}_{\mathrm{T}}(x,y)]\cdot\mathrm{d}\boldsymbol{S}$$

由规定(2)可知，其中 $\boldsymbol{e}_{\mathrm{T}}$ 和 $\boldsymbol{h}_{\mathrm{T}}$ 应满足

$$\int_S[\boldsymbol{e}_{\mathrm{T}}(x,y)\times\boldsymbol{h}_{\mathrm{T}}(x,y)]\cdot\mathrm{d}\boldsymbol{S}=1 \tag{9.7}$$

式(9.7)称为模式矢量函数的归一化条件(或称为功率归一化条件)。在此归一化条件下的模式电压和模式电流就是等效平行双线上的等效电压和等效电流。

例 9.1　求出矩形波导传输主模(TE_{10} 模)的等效电压和等效电流。

解　矩形波导中 TE_{10} 波的横向场分量 $\boldsymbol{E}_{\mathrm{T}}$ 和 $\boldsymbol{H}_{\mathrm{T}}$ 分别为

$$\begin{cases}\boldsymbol{E}_{\mathrm{T}}=E_y\boldsymbol{a}_y=E_{\mathrm{m}}\sin\dfrac{\pi x}{a}\mathrm{e}^{-\mathrm{j}\beta z}\boldsymbol{a}_y\\[2ex]\boldsymbol{H}_{\mathrm{T}}=H_x\boldsymbol{a}_x=\dfrac{E_{\mathrm{m}}}{Z_{\mathrm{TE}_{10}}}\sin\dfrac{\pi x}{a}\mathrm{e}^{-\mathrm{j}\beta z}\boldsymbol{a}_x\end{cases}$$

式中，$Z_{\mathrm{TE}_{10}}=\dfrac{\boldsymbol{E}_{\mathrm{T}}}{\boldsymbol{H}_{\mathrm{T}}}=\dfrac{\omega\mu}{\beta}$ 为行波状态下 TE_{10} 模的波阻抗。令满足归一化条件的模式矢量函数为

$$\begin{cases}\boldsymbol{e}_{\mathrm{T}}=K\sin\dfrac{\pi x}{a}\boldsymbol{a}_y\\[2ex]\boldsymbol{h}_{\mathrm{T}}=K\sin\dfrac{\pi x}{a}\boldsymbol{a}_x\end{cases}$$

为确定上式中的任意常数 K，可将上式代入式(9.7)中，可得 $K=\sqrt{2/ab}$。那么模式矢量函数则为

$$\begin{cases}\boldsymbol{e}_{\mathrm{T}}=\sqrt{\dfrac{2}{ab}}\sin\dfrac{\pi x}{a}\boldsymbol{a}_y\\ \boldsymbol{h}_{\mathrm{T}}=\sqrt{\dfrac{2}{ab}}\sin\dfrac{\pi x}{a}\boldsymbol{a}_x\end{cases}$$

将矩形波导等效为平行双传输线，根据式(3.3)，则有

$$\begin{cases}\boldsymbol{E}_{\mathrm{T}}=E_{\mathrm{m}}\sin\dfrac{\pi x}{a}\mathrm{e}^{-\mathrm{j}bz}\boldsymbol{a}_y=U(z)\boldsymbol{e}_{\mathrm{T}}\\ \boldsymbol{H}_{\mathrm{T}}=\dfrac{E_{\mathrm{m}}}{Z_{\mathrm{TE}_{10}}}\sin\dfrac{\pi x}{a}\mathrm{e}^{-\mathrm{j}bz}\boldsymbol{a}_x=I(z)\boldsymbol{h}_{\mathrm{T}}\end{cases}$$

所以，矩形波导等效为平行双线时的等效电压和等效电流分别为

$$\begin{cases}U(z)=\sqrt{\dfrac{ab}{2}}E_{\mathrm{m}}\mathrm{e}^{-\mathrm{j}\beta z}\\ I(z)=\sqrt{\dfrac{ab}{2}}\dfrac{E_{\mathrm{m}}}{Z_{\mathrm{TE}_{10}}}\mathrm{e}^{-\mathrm{j}\beta z}\end{cases}$$

此时，矩形波导任意点处的传输功率为

$$P=\frac{1}{2}\mathrm{Re}[U(z)I^*(z)]=\frac{ab}{4}\frac{E_{\mathrm{m}}^2}{Z_{\mathrm{TE}_{10}}}$$

此结果与第8章推导的矩形波导传输功率计算表达式完全相同，说明此等效电压和等效电流满足规定(2)。

当导波系统中传输多个模式时，即对于多模式传输线，则有

$$\boldsymbol{E}_{\mathrm{T}}(x,y,z)=\sum_n U_n(z)\boldsymbol{e}_{\mathrm{T}n}(x,y) \tag{9.8a}$$

$$\boldsymbol{H}_{\mathrm{T}}(x,y,z)=\sum_n I_n(z)\boldsymbol{h}_{\mathrm{T}n}(x,y) \tag{9.8b}$$

式(9.8)称为模式展开式，下标“n”表示第 n 个模式，其中 $\boldsymbol{e}_{\mathrm{T}n}$ 和 $\boldsymbol{h}_{\mathrm{T}n}$ 是第 n 个模式的模式矢量函数，$U_n(z)=U_{mn}\mathrm{e}^{-\mathrm{j}\beta_n z}$ 和 $I_n(z)=I_{mn}\mathrm{e}^{-\mathrm{j}\beta_n z}$ 分别是第 n 个等效模式电压和等效模式电流。

同理，由单模传输线的推导过程，可得模式矢量函数的归一化条件、等效平行双线的传输功率及其等效特性阻抗分别为

$$\int_S[\boldsymbol{e}_{\mathrm{T}n}(x,y)\times\boldsymbol{h}_{\mathrm{T}n}(x,y)]\cdot\mathrm{d}\boldsymbol{S}=1 \tag{9.9}$$

$$P=\sum_n\frac{1}{2}\mathrm{Re}[U_n(z)I_n^*(z)] \tag{9.10}$$

$$Z_{\mathrm{e}n}=\frac{U_{\mathrm{i}n}(z)}{I_{\mathrm{i}n}(z)} \tag{9.11}$$

对于多模传输线上电磁波的传输问题，可对各个模式单独进行计算，然后合成起来即可。因而，多模传输线的等效电路可以看成是由许多单模传输线等效电路的组合。

9.2.2　等效电压和等效电流的归一化

任意一段均匀传输线均可以等效为平行双线，并可以应用传输线理论进行分析。但需要注意的是等效平行双线的模式电压与模式电流不能唯一确定，这主要是由于阻抗的不稳定性引起的，为了消除这种不确定性，必须引进归一化阻抗的概念。即

$$\overline{Z}(z)=\frac{Z(z)}{Z_0}=\frac{1+\Gamma(z)}{1-\Gamma(z)} \tag{9.12}$$

式中的电压反射系数 $\Gamma(z)$ 可以直接测量，故归一化阻抗可以唯一确定，其中 Z_0 相当于式(9.5)中的 Z_e，即为等效平行双线的模式特性阻抗。

根据归一化阻抗的概念

$$\overline{Z}(z)=\frac{Z(z)}{Z_0}=\frac{\dfrac{U(z)}{I(z)}}{Z_0}=\frac{\dfrac{U(z)}{\sqrt{Z_0}}}{I(z)\sqrt{Z_0}}=\frac{\overline{U}(z)}{\overline{I}(z)}$$

可以推导出归一化电压和归一化电流的定义。故归一化电压和电流的定义为

$$\overline{U}(z)=\frac{U(z)}{\sqrt{Z_0}} \tag{9.13a}$$

$$\overline{I}(z)=I(z)\sqrt{Z_0} \tag{9.13b}$$

复功率也可以用 $\overline{U}(z)$ 和 $\overline{I}(z)$ 来表示，其结果与规定(2)完全一致，即

$$P=\frac{1}{2}\overline{U}(z)\overline{I}^*(z)=\frac{1}{2}\frac{U(z)}{\sqrt{Z_0}}I^*(z)\sqrt{Z_0}=\frac{1}{2}U(z)I^*(z)$$

等效平行双线上的模式电压和模式电流也可以写成入射波和反射波叠加的形式，即

$$U(z)=U_i(z)+U_r(z) \tag{9.14a}$$

$$I(z)=I_i(z)+I_r(z)=\frac{1}{Z_0}[U_i(z)-U_r(z)] \tag{9.14b}$$

式中，$U_i(z)$ 和 $U_r(z)$ 分别为等效模式入射波电压和等效模式反射波电压。若以 Z_0 为参考阻抗对式中等效电压和等效电流进行归一化，则有

$$\frac{U(z)}{\sqrt{Z_0}}=\frac{U_i(z)}{\sqrt{Z_0}}+\frac{U_r(z)}{\sqrt{Z_0}}$$

$$I(z)\sqrt{Z_0}=\frac{U_i(z)}{\sqrt{Z_0}}-\frac{U_r(z)}{\sqrt{Z_0}}$$

根据归一化电压和电流的定义，上式还可以写成

$$\overline{U}(z)=\overline{U}_i(z)+\overline{U}_r(z) \tag{9.15a}$$

$$\overline{I}(z)=\overline{U}_i(z)-\overline{U}_r(z) \tag{9.15b}$$

式中，$\overline{U}_i(z)=\dfrac{U_i(z)}{\sqrt{Z_0}}$ 表示归一化入射波电压；$\overline{U}_r(z)=\dfrac{U_r(z)}{\sqrt{Z_0}}$ 表示归一化反射波电压。

由于归一化电压$\overline{U}(z)$和归一化电流 $\overline{I}(z)$是唯一确定的，因此归一化入射波电压$\overline{U}_{\mathrm{i}}(z)$和反射波电压$\overline{U}_{\mathrm{r}}(z)$也是唯一确定的。另外，还应注意的是归一化电压与电压的量纲以及归一化电流与电流的量纲均不相同。而且归一化入射波电压模的平方正比于入射波的功率，即

$$P_{\mathrm{i}}=\frac{1}{2}|U_{\mathrm{i}}(z)||I_{\mathrm{i}}(z)|=\frac{|U_{\mathrm{i}}(z)|^2}{2Z_0}=\frac{1}{2}\left|\frac{U_{\mathrm{i}}(z)}{\sqrt{Z_0}}\right|^2=\frac{1}{2}|\overline{U}_{\mathrm{i}}(z)|^2 \tag{9.16}$$

同样，归一化反射波电压模的平方正比于反射波功率，即

$$P_{\mathrm{r}}=\frac{1}{2}|U_{\mathrm{r}}(z)||I_{\mathrm{r}}(z)|=\frac{|U_{\mathrm{r}}(z)|^2}{2Z_0}=\frac{1}{2}\left|\frac{U_{\mathrm{r}}(z)}{\sqrt{Z_0}}\right|^2=\frac{1}{2}|\overline{U}_{\mathrm{r}}(z)|^2 \tag{9.17}$$

若将$\Gamma=\dfrac{U_{\mathrm{r}}(z)}{U_{\mathrm{i}}(z)}$代入式(9.15)，可得到

$$U(z)=U_{\mathrm{i}}(z)(1+\Gamma) \tag{9.18a}$$

$$I(z)=I_{\mathrm{i}}(z)(1-\Gamma) \tag{9.18b}$$

那么传输的有功功率P_{t}等于

$$\begin{aligned}P_{\mathrm{t}}&=\frac{1}{2}\mathrm{Re}[U(z)I^*(z)]=\frac{1}{2}\mathrm{Re}[U_{\mathrm{i}}(z)I_{\mathrm{i}}^*(z)(1+\Gamma)(1-\Gamma^*)]\\&=\frac{1}{2}|U_{\mathrm{i}}(z)||I_{\mathrm{i}}(z)|(1-|\Gamma|^2)\end{aligned}$$

因此

$$P_{\mathrm{t}}=P_{\mathrm{i}}(1-|\Gamma|^2)=P_{\mathrm{i}}-P_{\mathrm{r}} \tag{9.19}$$

式中，$P_{\mathrm{r}}=|\Gamma|^2P_{\mathrm{i}}$，其中$|\Gamma|^2=\dfrac{P_{\mathrm{r}}}{P_{\mathrm{i}}}$称为功率反射系数。

9.3 微波元件的等效

9.3.1 唯一性定理和叠加原理

微波元件对电磁波的控制作用是通过微波元件内部的不均匀区域和填充介质的特性来实现的。微波元件通常用“路”的方法进行分析，即将不均匀区域等效为微波网络，其等效的依据为电磁场的唯一性原理和线性叠加原理。

电磁场唯一性原理指出，对于任何一个被封闭曲面包围着的无源场，如果曲面上的切向电场(或切向磁场)是确定的，那么闭合曲面内部的电磁场就能被唯一确定。而不均匀区域的边界即为网络的参考面，参考面上的等效模式电压和等效模式电流是正比于切向电场和切向磁场的幅度函数，因此网络各参考面上的等效模式电压$U_1,U_2,\cdots,U_n$给定时，网络各参考面上的等效模式电流$I_1,I_2,\cdots,I_n$就能被确定，反之亦然。

线性叠加原理指出，如果网络内部的介质是线性介质，即介质特性参量μ、ε和σ均与电场强度无关，那么用于描述各参考面上等效模式电压和等效模式电流关系的方程为线性方程。对于n端口线性网络，如果各参考面上都有电流作用，应用叠加原理，则任意参

考面上的电压为各个参考面上的电流单独作用时在该参考面上引起的电压响应之和，即

$$\begin{cases} U_1 = Z_{11}I_1 + Z_{12}I_2 + \cdots + Z_{1n}I_n \\ U_2 = Z_{21}I_1 + Z_{22}I_2 + \cdots + Z_{2n}I_n \\ U_m = Z_{m1}I_1 + Z_{m2}I_2 + \cdots + Z_{mn}I_n \\ U_n = Z_{n1}I_1 + Z_{n2}I_2 + \cdots + Z_{nn}I_n \end{cases} \tag{9.20a}$$

式中，Z_{mn} 为阻抗参量，若 $m=n$，则称其为自阻抗；若 $m \neq n$，则称其为转移阻抗。

若写成矩阵形式为

$$\begin{bmatrix} U_1 \\ U_2 \\ \vdots \\ U_m \\ \vdots \\ U_n \end{bmatrix} = \begin{bmatrix} Z_{11} & Z_{12} & \cdots & Z_{1n} \\ Z_{21} & Z_{22} & \cdots & Z_{2n} \\ \vdots & \vdots & & \vdots \\ Z_{m1} & Z_{m2} & \cdots & Z_{mn} \\ \vdots & \vdots & & \vdots \\ Z_{n1} & Z_{n2} & \cdots & Z_{nn} \end{bmatrix} \begin{bmatrix} I_1 \\ I_2 \\ \vdots \\ I_n \end{bmatrix} \tag{9.20b}$$

简记为

$$[U] = [Z][I] \tag{9.20c}$$

同理，如果 n 端口线性网络的各个参考面上同时有电压作用，则在任意参考面上的电流为各参考面上电压单独作用时在该参考面上引起的电流响应之和，即

$$\begin{cases} I_1 = Y_{11}U_1 + Y_{12}U_2 + \cdots + Y_{1n}U_n \\ I_2 = Y_{21}U_1 + Y_{22}U_2 + \cdots + Y_{2n}U_n \\ \qquad\vdots \\ I_m = Y_{m1}U_1 + Y_{m2}U_2 + \cdots + Y_{mn}U_n \\ \qquad\vdots \\ I_n = Y_{n1}U_1 + Y_{n2}U_2 + \cdots + Y_{nn}U_n \end{cases} \tag{9.21a}$$

式中，Y_{mn} 为导纳参量，若 $m=n$，则称其为自导纳；若 $m \neq n$，则称其为转移导纳。

写成矩阵形式为

$$\begin{bmatrix} I_1 \\ I_2 \\ \vdots \\ I_m \\ \vdots \\ I_n \end{bmatrix} = \begin{bmatrix} Y_{11} & Y_{12} & \cdots & Y_{1n} \\ Y_{21} & Y_{22} & \cdots & Y_{2n} \\ \vdots & \vdots & & \vdots \\ Y_{m1} & Y_{m2} & \cdots & Y_{mn} \\ \vdots & \vdots & & \vdots \\ Y_{n1} & Y_{n2} & \cdots & Y_{nn} \end{bmatrix} \begin{bmatrix} U_1 \\ U_2 \\ \vdots \\ U_n \end{bmatrix} \tag{9.21b}$$

简记为

$$[I] = [Y][U] \tag{9.21c}$$

式(9.20)和式(9.21)即为网络的基尔霍夫定律，其中 Z 为阻抗矩阵，Y 为导纳矩阵。由此可见，任何一个系统的不均匀性问题都可以用网络观点来解决，网络的特性可以用网络参量来描述。

9.3.2 微波网络特性与网络参量的关系

对于一个含有 n 个端口且内部无源的不均匀区域，如果用一封闭曲面 S 将其包围起来，并把各端口的参考面也选在 S 面上，则由坡印廷定理可得流入一个闭合面的复功率与这个闭合曲面内消耗的功率和储能的关系为

$$P=\sum_{k=1}^{n}-\frac{1}{2}\int_S(\boldsymbol{E}_k\times\boldsymbol{H}_k^*)\cdot\mathrm{d}\boldsymbol{S}=\sum_{k=1}^{n}\frac{1}{2}[U_kI_k^*]=P_{\mathrm{L}}+\mathrm{j}2\omega(W_{\mathrm{m}}-W_{\mathrm{e}})\quad(9.22)$$

式中，E_k 和 H_k 分别为封闭曲面 S 在端口 k 处的切向电场和切向磁场；U_k 和 I_k 分别为端口 k 处的等效模式电压和电流；P 的实部和虚部分别表示封闭曲面 S 内部的损耗功率和存储的电磁场能量。

若将不均匀区域等效为一个单端口微波网络，那么由式(9.20)、式(9.21)和式(9.22)可得流入网络的复功率为

$$P=\frac{1}{2}UI^*=\frac{1}{2}Z\,|I|^2=\frac{1}{2}Y^*\,|U|^2\quad(9.23)$$

将式(9.22)代入式(9.23)可得

$$Z=\frac{P}{\frac{1}{2}\,|I|^2}=\frac{P_{\mathrm{L}}}{\frac{1}{2}\,|I|^2}+\mathrm{j}\,\frac{2\omega(W_{\mathrm{m}}-W_{\mathrm{e}})}{\frac{1}{2}\,|I|^2}=R+\mathrm{j}(\omega_L-\frac{1}{\omega_C})=R+\mathrm{j}X\quad(9.24\mathrm{a})$$

$$Y=\frac{P^*}{\frac{1}{2}\,|U|^2}=\frac{P_{\mathrm{L}}}{\frac{1}{2}\,|U|^2}-\mathrm{j}\,\frac{2\omega(W_{\mathrm{m}}-W_{\mathrm{e}})}{\frac{1}{2}\,|U|^2}=G+\mathrm{j}(\omega_C-\frac{1}{\omega_L})=G+\mathrm{j}B\quad(9.24\mathrm{b})$$

由此可见，单端口微波网络的阻抗参量和导纳参量就是网络参考面上的输入阻抗和输入导纳，而且它们都是频率的函数。

根据式(9.24)可获得微波网络参量的如下结论：

(1) 如果网络有损耗，$P_{\mathrm{L}}>0$，则有 $R>0$，$G>0$。

(2) 如果网络无损耗，$P_{\mathrm{L}}=0$，则有 $R=0$ 或 $G=0$，Z 和 Y 为纯虚数，此时网络只由集总参数元件 L 和 C 组成，并且 $X(-\omega)=-X(\omega)$，$B(-\omega)=-B(\omega)$，即电抗和电纳均为频率的奇函数。

(3) 如果网络内部存储的平均磁能等于平均电能，即 $W_{\mathrm{m}}=W_{\mathrm{e}}$，则 $X=0$ 或 $B=0$，此时网络内部发生谐振。

(4) 如果网络内存储的平均磁能大于平均电能，即 $W_{\mathrm{m}}>W_{\mathrm{e}}$，则 $X>0$，网络参考面上的阻抗呈感性；反之，若 $W_{\mathrm{m}}<W_{\mathrm{e}}$，则 $B>0$，网络参考面上的阻抗呈容性。

上述结论可以推广到多端口网络，但多端口网络不仅具有上述单端口网络的特性，而且还有自身的特点。完整描述多端口网络特性，必须用网络的全部阻抗参量或导纳参量。多端口网络的特性如下：

(1) 对于无耗微波网络，网络的全部阻抗参量或导纳参量为纯虚数，即

$$Z_{ij}=\mathrm{j}X_{ij}\text{ 或 }Y_{ij}=\mathrm{j}B_{ij}\quad(i,j=1,2,3,\cdots)$$

(2) 若参考面所包围的区域填充均匀各向同性介质，则等效为互易网络。互易网络满足互易定理，其阻抗和导纳参量满足

$$Z_{ij}=Z_{ji}\text{或}Y_{ij}=Y_{ji}\quad(i\neq j\text{ 且 }i,j=1,2,3,\cdots)$$

(3) 若 n 端口微波网络在结构上具有对称面或对称轴，则称其为面对称或轴对称微波网络，此时在 i 端口和 j 端口看网络结构是相同的，则网络的阻抗参量和导纳参量满足

$$Z_{ii}=Z_{jj}\text{或}Y_{ii}=Y_{jj}\quad(i\neq j)$$

9.4　二端口微波网络

9.4.1　二端口微波网络参量

在微波网络中，二端口微波网络是最基本的网络形式，如阻抗变换器、衰减器、移相器和滤波器等微波元件均属于二端口微波网络。对于一个线性二端口微波网络，可以应用叠加原理得到表征网络特性的不同形式的线性代数方程组。

表征二端口微波网络特性的参量可分为两大类：一类为反映参考面上电压与电流之间关系的参量，包括阻抗参量、导纳参量和转移参量，其电压和电流的方向如图 9.1(a) 所示；另一类网络参量是反映参考面上归一化入射波电压与反射波电压之间关系的参量，包括散射参量和传输参量，其归一化入射波电压与反射波电压的方向如图 9.1(b) 所示。

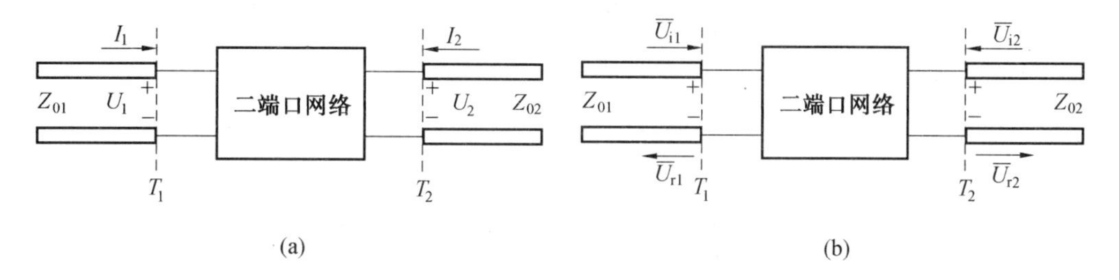

图 9.1　二端口微波网络

1. 阻抗参量(Impedance Parameter)

设图 9.1(a) 所示的网络为线性二端口微波网络，其参考面 T_1 处的电压和电流分别为 U_1 和 I_1，而参考面 T_2 处电压和电流分别为 U_2 和 I_2，连接 T_1、T_2 端的广义传输线的特性阻抗分别为 Z_{01} 和 Z_{02}。现用 T_1 和 T_2 两个参考面上的电流 I_1 和 I_2 来表示参考面上的电压 U_1 和 U_2，其相应的网络方程为

$$\begin{cases}U_1=Z_{11}I_1+Z_{12}I_2\\U_2=Z_{21}I_1+Z_{22}I_2\end{cases}\tag{9.25a}$$

或写成矩阵的形式为

$$\begin{bmatrix}U_1\\U_2\end{bmatrix}=\begin{bmatrix}Z_{11}&Z_{12}\\Z_{21}&Z_{22}\end{bmatrix}\begin{bmatrix}I_1\\I_2\end{bmatrix}\tag{9.25b}$$

简记为

$$[U]=[Z][I]\tag{9.25c}$$

式中，$[U]$ 为电压矩阵；$[I]$ 为电流矩阵；$[Z]$ 是阻抗矩阵，其中 Z_{11}、Z_{22} 分别是端口“1”和“2”的自阻抗，Z_{12} 和 Z_{21} 分别是端口“1”和“2”的互阻抗。各阻抗参量的定义如下：

$Z_{11}=\left.\dfrac{U_1}{I_1}\right|_{I_2=0}$，表示 T_2 面开路时，端口“1”的输入阻抗；

$Z_{12}=\left.\dfrac{U_1}{I_2}\right|_{I_1=0}$，表示 T_1 面开路时，端口“2”至端口“1”的转移阻抗；

$Z_{21}=\left.\dfrac{U_2}{I_1}\right|_{I_2=0}$，表示 T_2 面开路时，端口“1”至端口“2”的转移阻抗；

$Z_{22}=\left.\dfrac{U_2}{I_2}\right|_{I_1=0}$，表示 T_1 面开路时，端口“2”的输入阻抗。

由上述定义可知，[Z]矩阵中的各个阻抗参量必须使用开路法测量，故又称为开路阻抗参量，而且由于参考面选择不同，因此相应的阻抗参量也不同。

在网络分析中，有时为了使理论分析更具普遍性，常把各参考面上的电压和电流对所接传输线的特性阻抗进行归一化。若参考面 T_1 和 T_2 处所接的特性阻抗分别为 Z_{01} 和 Z_{02}，则参考面 T_1 和 T_2 上的归一化电压和归一化电流分别为

$$\begin{cases}\overline{U}_1=\dfrac{U_1}{\sqrt{Z_{01}}}, & \overline{I}_1=I_1\sqrt{Z_{01}}\\[2ex] \overline{U}_2=\dfrac{U_2}{\sqrt{Z_{02}}}, & \overline{I}_2=I_2\sqrt{Z_{02}}\end{cases}\tag{9.26}$$

利用归一化电压和电流的定义式，可将式(9.25a)改写为

$$\begin{cases}\dfrac{U_1}{\sqrt{Z_{01}}}=\dfrac{Z_{11}}{Z_{01}}I_1\sqrt{Z_{01}}+\dfrac{Z_{12}}{\sqrt{Z_{01}Z_{02}}}I_2\sqrt{Z_{02}}\\[2ex] \dfrac{U_2}{\sqrt{Z_{02}}}=\dfrac{Z_{21}}{\sqrt{Z_{01}Z_{02}}}I_1\sqrt{Z_{01}}+\dfrac{Z_{22}}{Z_{02}}I_2\sqrt{Z_{02}}\end{cases}$$

将上式改写成归一化参量方程的形式为

$$\begin{cases}\overline{U}_1=\overline{Z}_{11}\overline{I}_1+\overline{Z}_{12}\overline{I}_2\\ \overline{U}_2=\overline{Z}_{21}\overline{I}_1+\overline{Z}_{22}\overline{I}_2\end{cases}\tag{9.27a}$$

或写成矩阵的形式为

$$\begin{bmatrix}\overline{U}_1\\ \overline{U}_2\end{bmatrix}=\begin{bmatrix}\overline{Z}_{11} & \overline{Z}_{12}\\ \overline{Z}_{21} & \overline{Z}_{22}\end{bmatrix}\begin{bmatrix}\overline{I}_1\\ \overline{I}_2\end{bmatrix}\tag{9.27b}$$

式中，归一化阻抗参量与阻抗参量之间的关系为

$$\begin{cases}\overline{Z}_{11}=\dfrac{Z_{11}}{Z_{01}}, & \overline{Z}_{12}=\dfrac{Z_{12}}{\sqrt{Z_{01}Z_{02}}}\\[2ex] \overline{Z}_{21}=\dfrac{Z_{21}}{\sqrt{Z_{01}Z_{02}}}, & \overline{Z}_{22}=\dfrac{Z_{22}}{Z_{02}}\end{cases}\tag{9.28}$$

对于处理 n 个双端口网络相串联的系统，应用阻抗参量 Z 计算最为方便，下面以两个串联的二端口网络为例说明网络串联前后阻抗矩阵 $[Z]$ 的关系。

如图 9.2 所示，有两个二端口网络 N_1 和 N_2，按串联方式组合在一起。设两个网络的阻抗矩阵分别为 $[Z_1]$ 和 $[Z_2]$，组合后所构成的新二端口网络 N 的阻抗矩阵为 $[Z]$。

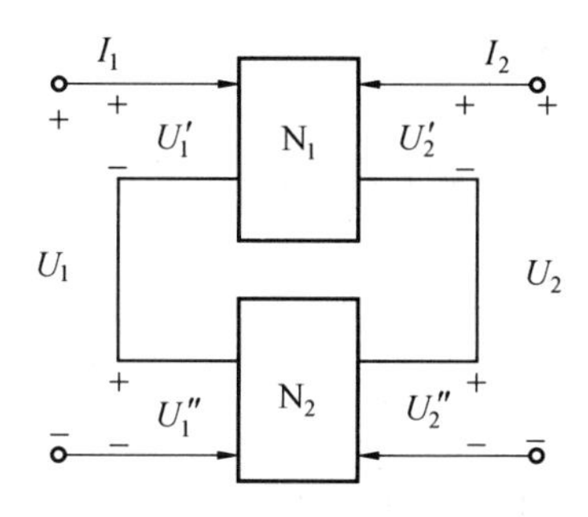

图 9.2　二端口微波网络的串联

对于网络 N_1，有

$$\begin{bmatrix} U_1' \\ U_2' \end{bmatrix} = \begin{bmatrix} Z_{11} & Z_{12} \\ Z_{21} & Z_{22} \end{bmatrix}_1 \begin{bmatrix} I_1 \\ I_2 \end{bmatrix}$$

对于网络 N_2，有

$$\begin{bmatrix} U_1'' \\ U_2'' \end{bmatrix} = \begin{bmatrix} Z_{11} & Z_{12} \\ Z_{21} & Z_{22} \end{bmatrix}_2 \begin{bmatrix} I_1 \\ I_2 \end{bmatrix}$$

因为网络 N_1 和 N_2 串联，所以网络端口的电压满足

$$U_1 = U_1' + U''_1, \quad U_2 = U_2' + U''_2$$

故串联二端口网络总的阻抗矩阵方程为

$$\begin{bmatrix} U_1 \\ U_2 \end{bmatrix} = \left(\begin{bmatrix} Z_{11} & Z_{12} \\ Z_{21} & Z_{22} \end{bmatrix}_1 + \begin{bmatrix} Z_{11} & Z_{12} \\ Z_{21} & Z_{22} \end{bmatrix}_2 \right) \begin{bmatrix} I_1 \\ I_2 \end{bmatrix}$$

或简写成

$$[U] = ([Z_1] + [Z_2])[I] = [Z][I]$$

故串联组合后新二端口网络的阻抗矩阵为

$$[Z] = [Z_1] + [Z_2]$$

同理，若有 n 个二端口网络相串联，则串联后新二端口网络的阻抗矩阵为

$$[Z] = [Z_1] + [Z_2] + \cdots + [Z_n]$$

2. **导纳参量**(Admittance Parameter)

对于如图 9.1(a) 所示的线性二端口微波网络，若用 T_1 和 T_2 两个参考面上的电压 U_1 和 U_2 来表示参考面上的电流 I_1 和 I_2，其相应的网络方程为

$$\begin{cases} I_1 = Y_{11}U_1 + Y_{12}U_2 \\ I_2 = Y_{21}U_1 + Y_{22}U_2 \end{cases} \tag{9.29a}$$

或写成矩阵的形式为

$$\begin{bmatrix} I_1 \\ I_2 \end{bmatrix} = \begin{bmatrix} Y_{11} & Y_{12} \\ Y_{21} & Y_{22} \end{bmatrix} \begin{bmatrix} U_1 \\ U_2 \end{bmatrix} \tag{9.29b}$$

简记为

$$[I]=[Y][U] \tag{9.29c}$$

式中，$[Y]$是导纳矩阵，其中Y_{11}、Y_{22}分别是端口“1”和“2”的自导纳，Y_{12}和Y_{21}分别是端口“1”和“2”的互导纳。各导纳参量的定义如下：

$Y_{11}=\left.\dfrac{I_1}{U_1}\right|_{U_2=0}$，表示$T_2$面短路时，端口“1”的输入导纳；

$Y_{12}=\left.\dfrac{I_1}{U_2}\right|_{U_1=0}$，表示$T_1$面短路时，端口“2”至端口“1”的转移导纳；

$Y_{21}=\left.\dfrac{I_2}{U_1}\right|_{U_2=0}$，表示$T_2$面短路时，端口“1”至端口“2”的转移导纳；

$Y_{22}=\left.\dfrac{I_2}{U_2}\right|_{U_1=0}$，表示$T_1$面短路时，端口“2”的输入导纳。

由上述定义可知，$[Y]$矩阵中的各个导纳参量必须使用短路法测量，故又称为短路导纳参量。

若参考面T_1和T_2处所接的特性导纳分别为Y_{01}和Y_{02}，则式(9.29a)的归一化表达式为

$$\begin{bmatrix}\overline{I}_1\\ \overline{I}_2\end{bmatrix}=\begin{bmatrix}\overline{Y}_{11} & \overline{Y}_{12}\\ \overline{Y}_{21} & \overline{Y}_{22}\end{bmatrix}\begin{bmatrix}\overline{U}_1\\ \overline{U}_2\end{bmatrix} \tag{9.30}$$

式中，归一化导纳参量与导纳参量之间的关系为

$$\begin{cases}\overline{Y}_{11}=\dfrac{Y_{11}}{Y_{01}}, & \overline{Y}_{12}=\dfrac{Y_{12}}{\sqrt{Y_{01}Y_{02}}}\\ \overline{Y}_{21}=\dfrac{Y_{21}}{\sqrt{Y_{01}Y_{02}}}, & \overline{Y}_{22}=\dfrac{Y_{22}}{Y_{02}}\end{cases} \tag{9.31}$$

对于处理n个双端口网络相并联的系统，应用导纳参量Y计算最为方便，下面以两个并联的二端口网络为例说明网络并联前后导纳矩阵$[Y]$的关系。

如图9.3所示，有两个二端口网络N_1和N_2，按并联方式组合在一起。设两个网络的导纳矩阵分别为$[Y_1]$和$[Y_2]$，组合后所构成的新二端口网络N的阻抗矩阵为$[Y]$。

对于网络N_1，有

$$\begin{bmatrix}I_1'\\ I_2'\end{bmatrix}=\begin{bmatrix}Y_{11} & Y_{12}\\ Y_{21} & Y_{22}\end{bmatrix}_1\begin{bmatrix}U_1\\ U_2\end{bmatrix}$$

对于网络N_2，有

$$\begin{bmatrix}I''\\ I_2''\end{bmatrix}=\begin{bmatrix}Y_{11} & Y_{12}\\ Y_{21} & Y_{22}\end{bmatrix}_2\begin{bmatrix}U_1\\ U_2\end{bmatrix}$$

因为网络N_1和N_2并联，所以网络端口的电流满足

$$I_1=I_1'+I_1'',\quad I_2=I_2'+I_2''$$

故组合二端口网络的导纳参量矩阵方程为

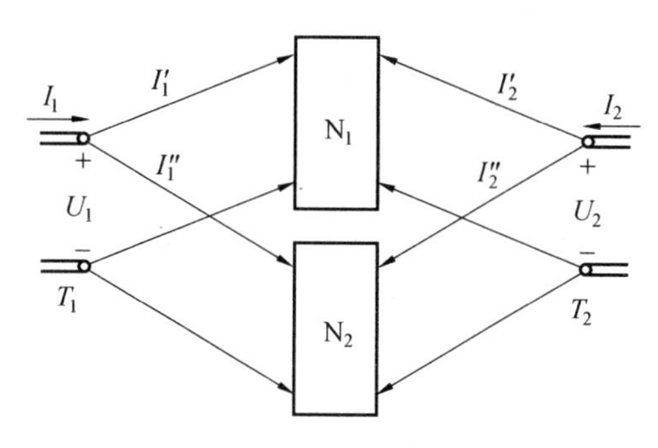

图 9.3　二端口微波网络的并联

$$\begin{bmatrix} I_1 \\ I_2 \end{bmatrix} = \left[\begin{bmatrix} Y_{11} & Y_{12} \\ Y_{21} & Y_{22} \end{bmatrix}_1 + \begin{bmatrix} Y_{11} & Y_{12} \\ Y_{21} & Y_{22} \end{bmatrix}_2 \right] \begin{bmatrix} U_1 \\ U_2 \end{bmatrix}$$

或简写成

$$[I] = ([Y_1] + [Y_2])[U] = [Y][U]$$

故并联组合后新二端口网络的导纳矩阵为

$$[Y] = [Y_1] + [Y_2]$$

同理，若有 n 个二端口网络相并联，则并联后新二端口网络的导纳矩阵为

$$[Y] = [Y_1] + [Y_2] + \cdots + [Y_n]$$

3. **转移参量**(Transfer Parameter)

对于图 9.1(a) 所示的线性二端口微波网络，还可用 T_2 参考面上的电压 U_2 和电流 $-I_2$ 来表示 T_1 参考面上的电压 U_1 和电流 I_1，这里需要注意的是网络转移矩阵规定的电流正方向是由网络内部指向外部，因此在 I_2 前加负号，与之对应的网络方程为

$$\begin{cases} U_1 = A_{11} U_2 - A_{12} I_2 \\ I_1 = A_{21} U_2 - A_{22} I_2 \end{cases} \tag{9.32a}$$

或写成矩阵的形式为

$$\begin{bmatrix} U_1 \\ I_1 \end{bmatrix} = \begin{bmatrix} A_{11} & A_{12} \\ A_{21} & A_{22} \end{bmatrix} \begin{bmatrix} U_2 \\ -I_2 \end{bmatrix} \tag{9.32b}$$

式中，$[A] = \begin{bmatrix} A_{11} & A_{12} \\ A_{21} & A_{22} \end{bmatrix}$ 为转移矩阵，其中各转移参量的定义如下：

$A_{11} = \left.\dfrac{U_1}{U_2}\right|_{I_2=0}$，表示 T_2 面开路时，端口“2”至端口“1”的电压转移系数；

$A_{12} = \left.\dfrac{-U_1}{I_2}\right|_{U_2=0}$，表示 T_2 面短路时，端口“2”至端口“1”的转移阻抗；

$A_{21} = \left.\dfrac{I_1}{U_2}\right|_{I_2=0}$，表示 T_2 面开路时，端口“2”至端口“1”的转移导纳；

$A_{22} = \left.\dfrac{-I_1}{I_2}\right|_{U_2=0}$，表示 T_2 面短路时，端口“2”至端口“1”的电流转移系数。

由上述定义可以看出，各个转移参量无统一的量纲，其对应的归一化表达式为

$$\begin{bmatrix} \overline{U}_1 \\ \overline{I}_1 \end{bmatrix} = \begin{bmatrix} \overline{A}_{11} & \overline{A}_{12} \\ \overline{A}_{21} & \overline{A}_{22} \end{bmatrix} \begin{bmatrix} \overline{U}_2 \\ -\overline{I}_2 \end{bmatrix} \tag{9.33}$$

式中,归一化转移参量与转移参量之间的关系为

$$\begin{cases} \overline{A}_{11} = A_{11}\sqrt{\dfrac{Z_{02}}{Z_{01}}}, & \overline{A}_{12} = \dfrac{A_{12}}{\sqrt{Z_{01}Z_{02}}} \\ \overline{A}_{21} = A_{21}\sqrt{Z_{01}Z_{02}}, & \overline{A}_{22} = A_{22}\sqrt{\dfrac{Z_{01}}{Z_{02}}} \end{cases} \tag{9.34}$$

对于处理 n 个双端口网络相级联的系统,应用转移参量 A 计算最为方便,下面以两个级联的二端口网络为例说明网络级联前后转移矩阵 $[A]$ 的关系。

如图 9.4 所示,有两个二端口网络 N_1 和 N_2,按级联方式组合在一起。设两个网络的转移矩阵分别为 $[A_1]$ 和 $[A_2]$,组合后所构成的新二端口网络 N 的转移矩阵为 $[A]$。

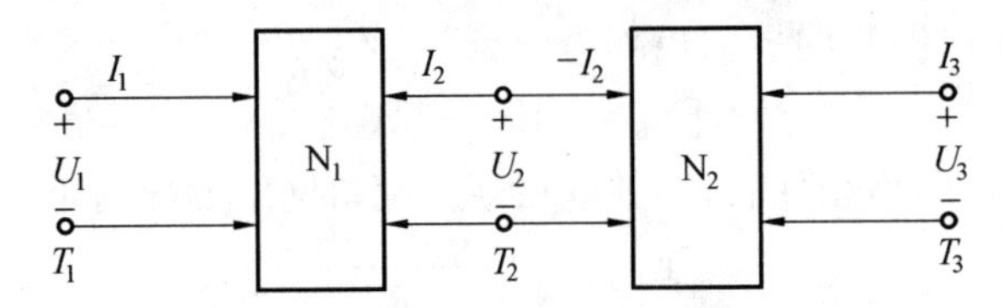

图 9.4　二端口微波网络的级联

对于网络 N_1,有

$$\begin{bmatrix} U_1 \\ I_1 \end{bmatrix} = \begin{bmatrix} A_{11} & A_{12} \\ A_{21} & A_{22} \end{bmatrix}_1 \begin{bmatrix} U_2 \\ -I_2 \end{bmatrix}$$

对于网络 N_2,有

$$\begin{bmatrix} U_2 \\ -I_2 \end{bmatrix} = \begin{bmatrix} A_{11} & A_{12} \\ A_{21} & A_{22} \end{bmatrix}_2 \begin{bmatrix} U_3 \\ -I_3 \end{bmatrix}$$

对于网络 N,则有

$$\begin{bmatrix} U_1 \\ I_1 \end{bmatrix} = \begin{bmatrix} A_{11} & A_{12} \\ A_{21} & A_{22} \end{bmatrix}_1 \begin{bmatrix} A_{11} & A_{12} \\ A_{21} & A_{22} \end{bmatrix}_2 \begin{bmatrix} U_3 \\ -I_3 \end{bmatrix} = \begin{bmatrix} A_{11} & A_{12} \\ A_{21} & A_{22} \end{bmatrix} \begin{bmatrix} U_3 \\ -I_3 \end{bmatrix}$$

于是可得

$$\begin{bmatrix} A_{11} & A_{12} \\ A_{21} & A_{22} \end{bmatrix} = \begin{bmatrix} A_{11} & A_{12} \\ A_{21} & A_{22} \end{bmatrix}_1 \begin{bmatrix} A_{11} & A_{12} \\ A_{21} & A_{22} \end{bmatrix}_2$$

或简写成

$$[A] = [A_1][A_2]$$

若有 n 个二端口微波网络相级联,则级联后新二端口微波网络的转移矩阵为

$$[A] = [A_1][A_2]\cdots[A_n]$$

4. **散射参量**(Scattering Parameter)

前面根据参考面上的电压和电流之间的关系,讨论了阻抗、导纳和转移三种网络参

量。但实际上运用这些参量在微波波段分析和处理问题并不方便，一方面因为在微波系统中无法实现真正的恒压源和恒流源，所以电压和电流在微波频率下已失去明确的物理意义。另一方面这三种网络参量的测量要求理想的短路或开路终端，这在微波频率下也是难以实现的。但在信源匹配的条件下，总可以对反射系数、驻波比及功率等进行测量，即在与网络相连的各分支传输线端口参考面上入射波和反射波的相对大小和相位是可以测量的，而散射参量和传输参量就是建立在入射波和反射波的关系基础上的网络参量。

二端口网络参考面 T_1 和 T_2 上的归一化入射波电压的正方向是流入网络的，归一化反射波的正方向是流出网络的，如图 9.1(b) 所示。应用叠加原理，可以用参考面上的归一化入射波电压$\overline{U}_{i1}$ 和$\overline{U}_{i2}$ 来表示参考面上的归一化反射波电压$\overline{U}_{r1}$ 和$\overline{U}_{r2}$，其对应的网络方程为

$$\begin{cases}\overline{U}_{r1}=S_{11}\overline{U}_{i1}+S_{12}\overline{U}_{i2}\\ \overline{U}_{r2}=S_{21}\overline{U}_{i1}+S_{22}\overline{U}_{i2}\end{cases}\tag{9.35a}$$

或写成矩阵的形式为

$$\begin{bmatrix}\overline{U}_{r1}\\ \overline{U}_{r2}\end{bmatrix}=\begin{bmatrix}S_{11} & S_{12}\\ S_{21} & S_{22}\end{bmatrix}\begin{bmatrix}\overline{U}_{i1}\\ \overline{U}_{i2}\end{bmatrix}\tag{9.35b}$$

简记为

$$[\overline{U}_r]=[S]\,[\overline{U}_i]\tag{9.35c}$$

式中，$[\overline{U}_r]$ 为归一化反射波矩阵；$[\overline{U}_i]$ 为归一化入射波矩阵；$[S]$ 是散射矩阵，其中各散射参量的定义如下：

$S_{11}=\left.\dfrac{\overline{U}_{r1}}{\overline{U}_{i1}}\right|_{\overline{U}_{i2}=0}$，表示 T_2 面接匹配负载时，端口“1”的电压反射系数；

$S_{12}=\left.\dfrac{\overline{U}_{r1}}{\overline{U}_{i2}}\right|_{\overline{U}_{i1}=0}$，表示 T_1 面接匹配负载时，端口“2”至端口“1”的电压传输系数；

$S_{21}=\left.\dfrac{\overline{U}_{r2}}{\overline{U}_{i1}}\right|_{\overline{U}_{i2}=0}$，表示 T_2 面接匹配负载时，端口“1”至端口“2”的电压传输系数；

$S_{22}=\left.\dfrac{\overline{U}_{r2}}{\overline{U}_{i2}}\right|_{\overline{U}_{i1}=0}$，表示 T_1 面接匹配负载时，端口“2”的电压反射系数；

由上述定义可知，$[S]$ 矩阵中的各个散射参量是建立在端口接匹配负载基础上的反

射系数或传输系数，因此利用网络输入、输出端口参考面上接匹配负载，即可测得散射矩阵的各个参量。

5. **传输参量**(Transmission Parameter)

如图 9.1(b) 所示，应用叠加原理，还可以用 T_2 参考面上的归一化入射波电压$\overline{U}_{i2}$ 和反射波电压$\overline{U}_{r2}$ 来表示 T_1 参考面上归一化入射波电压$\overline{U}_{i1}$ 和反射波电压$\overline{U}_{r1}$，其对应的网络方程为

$$\begin{cases}\overline{U}_{i1}=T_{11}\overline{U}_{r2}+T_{12}\overline{U}_{i2}\\ \overline{U}_{r1}=T_{21}\overline{U}_{r2}+T_{22}\overline{U}_{i2}\end{cases} \tag{9.36a}$$

或写成矩阵的形式为

$$\begin{bmatrix}\overline{U}_{i1}\\ \overline{U}_{r1}\end{bmatrix}=\begin{bmatrix}T_{11} & T_{12}\\ T_{21} & T_{22}\end{bmatrix}\begin{bmatrix}\overline{U}_{r2}\\ \overline{U}_{i2}\end{bmatrix} \tag{9.36b}$$

简记为

$$[\overline{U}_r]=[T][\overline{U}_i] \tag{9.36c}$$

式中，$[T]=\begin{bmatrix}T_{11} & T_{12}\\ T_{21} & T_{22}\end{bmatrix}$ 为传输矩阵，其中传输参量 T_{11} 的定义为 $T_{11}=\left.\dfrac{\overline{U}_{i1}}{\overline{U}_{r2}}\right|_{\overline{U}_{i2}=0}=\dfrac{1}{S_{21}}$，表示 T_2 面接匹配负载时，端口“1”至端口“2”的电压传输系数的倒数，而其余网络传输参量没有明确的物理意义。

传输矩阵与转移矩阵类似，在用于网络级联时比较方便。当多个网络级联时，总的 $[T]$ 矩阵等于各级联网络$[T_k]$$(k=1,2,3,\cdots,n)$ 矩阵的乘积，即

$$[T]=[T_1][T_2]\cdots[T_n] \tag{9.37}$$

9.4.2 二端口微波网络的参量转换和基本电路单元

1. 网络参量之间的转换关系

上节讨论的五种网络参量(阻抗参量 Z、导纳参量 Y、转移参量 A、散射参量 S、传输参量 T) 是以不同的形式来描述同一个微波网络，它们之间存在紧密的内在联系，可以相互转换。在五个网络参量中，只有散射参量 S 在微波波段中有明确的物理意义，并且可以测量，故经常被使用，但是 S 参量在处理各种网络间组合问题时不是十分方便，因此在实际应用中，需要其他四种网络参量进行相互补充，以实现方法的最优化，这时就需要了解散射参量与其他网络参量之间的关系。

散射矩阵$[S]$ 与阻抗矩阵$[Z]$ 的关系：

在如图 9.1(b) 所示的二端口网络中，参考面 T_1 的归一化电压和归一化电流分别为

$$\begin{cases}\overline{U}_1=\overline{U}_{i1}+\overline{U}_{r1}\\ \overline{I}_1=\overline{U}_{i1}-\overline{U}_{r1}\end{cases}$$

由此可得参考面 T_1 的归一化入射波电压和反射波电压分别为

$$\begin{cases}\overline{U}_{i1}=\dfrac{1}{2}(\overline{U}_1+\overline{I}_1)=\dfrac{1}{2}\left(\dfrac{U_1}{\sqrt{Z_{01}}}+I_1\sqrt{Z_{01}}\right)\\ \overline{U}_{r1}=\dfrac{1}{2}(\overline{U}_1-\overline{I}_1)=\dfrac{1}{2}\left(\dfrac{U_1}{\sqrt{Z_{01}}}-I_1\sqrt{Z_{01}}\right)\end{cases}$$

又由式(9.25a) 代入上式可得

$$\begin{cases}[\overline{U}_i]=\dfrac{1}{2}([Z][\overline{I}]+[\overline{I}])=\dfrac{1}{2}([Z]+[E])[\overline{I}]\\ [\overline{U}_r]=\dfrac{1}{2}([Z][\overline{I}]-[\overline{I}])=\dfrac{1}{2}([Z]-[E])[\overline{I}]\end{cases}$$

式中，$[E]$ 矩阵为单位阵。若将上式的 $[\overline{U}_r]$ 式除以 $[\overline{U}_i]$ 式，则

$$[Z]-[E]=[S]([Z]+[E])$$

于是就得到 $[S]$ 与 $[Z]$ 的关系为

$$\begin{cases}[S]=([Z]-[E])([Z]+[E])^{-1}\\ [Z]=([E]+[S])([E]-[S])^{-1}\end{cases}$$

同理，用类似的方法还可以求出散射矩阵 $[S]$ 与其他网络参量矩阵的关系，以及其他网络参量矩阵之间的相互转换关系，见表 9.1。

表 9.1　二端口网络参数矩阵的转换关系

	$[\overline{Z}]$	$[\overline{Y}]$	$[\overline{A}]$	$[\overline{S}]$
$[\overline{S}]$	$S_{11}=\dfrac{\lvert\overline{Z}\rvert-1-\overline{Z}_{11}-\overline{Z}_{22}}{\lvert\overline{Z}\rvert+1+\overline{Z}_{11}+\overline{Z}_{22}}$ $S_{12}=\dfrac{2\overline{Z}_{12}}{\lvert\overline{Z}\rvert+1+\overline{Z}_{11}+\overline{Z}_{22}}$ $S_{21}=\dfrac{2\overline{Z}_{21}}{\lvert\overline{Z}\rvert+1+\overline{Z}_{11}+\overline{Z}_{22}}$ $S_{22}=\dfrac{\lvert\overline{Z}\rvert-1-\overline{Z}_{11}+\overline{Z}_{22}}{\lvert\overline{Z}\rvert+1+\overline{Z}_{11}+\overline{Z}_{22}}$	$S_{11}=\dfrac{1-\lvert\overline{Y}\rvert-\overline{Y}_{11}+\overline{Y}_{22}}{\lvert\overline{Y}\rvert+1+\overline{Y}_{11}+\overline{Y}_{22}}$ $S_{12}=\dfrac{-2\overline{Y}_{12}}{\lvert\overline{Y}\rvert+1+\overline{Y}_{11}+\overline{Y}_{22}}$ $S_{21}=\dfrac{-2\overline{Y}_{21}}{\lvert\overline{Y}\rvert+1+\overline{Y}_{11}+\overline{Y}_{22}}$ $S_{22}=\dfrac{1-\lvert\overline{Y}\rvert+\overline{Y}_{11}-\overline{Y}_{22}}{\lvert\overline{Y}\rvert+1+\overline{Y}_{11}+\overline{Y}_{22}}$	$S_{11}=\dfrac{\overline{A}_{11}+\overline{A}_{12}-\overline{A}_{21}-\overline{A}_{22}}{\overline{A}_{11}+\overline{A}_{12}+\overline{A}_{21}+\overline{A}_{22}}$ $S_{12}=\dfrac{2\lvert\overline{A}\rvert}{\overline{A}_{11}+\overline{A}_{12}+\overline{A}_{21}+\overline{A}_{22}}$ $S_{21}=\dfrac{2}{\overline{A}_{11}+\overline{A}_{12}+\overline{A}_{21}+\overline{A}_{22}}$ $S_{22}=\dfrac{-\overline{A}_{11}+\overline{A}_{12}-\overline{A}_{21}+\overline{A}_{22}}{\overline{A}_{11}+\overline{A}_{12}+\overline{A}_{21}+\overline{A}_{22}}$	$\begin{bmatrix}S_{11} & S_{12}\\ S_{21} & S_{22}\end{bmatrix}$

续表 9.1

	$[\bar{Z}]$	$[\bar{Y}]$	$[\bar{A}]$	$[\bar{S}]$
$[\bar{Z}]$	$\begin{bmatrix} \bar{Z}_{11} & \bar{Z}_{12} \\ \bar{Z}_{21} & \bar{Z}_{22} \end{bmatrix}$	$\frac{1}{\lvert\bar{Y}\rvert}\begin{bmatrix} \bar{Y}_{22} & -\bar{Y}_{12} \\ -\bar{Y}_{21} & \bar{Y}_{11} \end{bmatrix}$	$\frac{1}{\bar{A}_{21}}\begin{bmatrix} \bar{A}_{11} & \lvert\bar{A}\rvert \\ 1 & \bar{A}_{22} \end{bmatrix}$	$\bar{Z}_{11}=\frac{1-\lvert S\rvert+S_{11}-S_{22}}{\lvert S\rvert+1-S_{11}-S_{22}}$ $\bar{Z}_{12}=\frac{2S_{12}}{\lvert S\rvert+1-S_{11}-S_{22}}$ $\bar{Z}_{21}=\frac{2S_{21}}{\lvert S\rvert+1-S_{11}-S_{22}}$ $\bar{Z}_{22}=\frac{1-\lvert S\rvert-S_{11}+S_{22}}{\lvert S\rvert+1-S_{11}-S_{22}}$
$[\bar{Y}]$	$\frac{1}{\lvert\bar{Z}\rvert}\begin{bmatrix} \bar{Z}_{22} & -\bar{Z}_{12} \\ -\bar{Z}_{21} & \bar{Z}_{11} \end{bmatrix}$	$\begin{bmatrix} \bar{Y}_{11} & \bar{Y}_{12} \\ \bar{Y}_{21} & \bar{Y}_{22} \end{bmatrix}$	$\frac{1}{\bar{A}_{12}}\begin{bmatrix} \bar{A}_{22} & -\lvert\bar{A}\rvert \\ -1 & \bar{A}_{11} \end{bmatrix}$	$\bar{Y}_{11}=\frac{1-\lvert S\rvert-S_{11}+S_{22}}{\lvert S\rvert+1+S_{11}+S_{22}}$ $\bar{Y}_{12}=\frac{-2S_{12}}{\lvert S\rvert+1+S_{11}+S_{22}}$ $\bar{Y}_{21}=\frac{-2S_{21}}{\lvert S\rvert+1+S_{11}+S_{22}}$ $\bar{Y}_{22}=\frac{1-\lvert S\rvert+S_{11}-S_{22}}{\lvert S\rvert+1+S_{11}+S_{22}}$
$[\bar{A}]$	$\frac{1}{\bar{Z}_{21}}\begin{bmatrix} \bar{Z}_{11} & \lvert\bar{Z}\rvert \\ 1 & \bar{Z}_{22} \end{bmatrix}$	$-\frac{1}{\bar{Y}_{21}}\begin{bmatrix} \bar{Y}_{22} & 1 \\ \lvert\bar{Y}\rvert & \bar{Y}_{11} \end{bmatrix}$	$\begin{bmatrix} \bar{A}_{11} & \bar{A}_{12} \\ \bar{A}_{21} & \bar{A}_{22} \end{bmatrix}$	$\bar{A}_{11}=\frac{1-\lvert S\rvert+S_{11}-S_{22}}{2S_{12}}$ $\bar{A}_{12}=\frac{1+\lvert S\rvert+S_{11}+S_{22}}{2S_{12}}$ $\bar{A}_{21}=\frac{1+\lvert S\rvert-S_{11}-S_{22}}{2S_{12}}$ $\bar{A}_{22}=\frac{1-\lvert S\rvert-S_{11}+S_{22}}{2S_{12}}$

2. 基本电路单元的网络参量矩阵

一个复杂的微波网络通常可以分解成几个简单的网络，这些简单的网络称为基本电路单元。如果简单的电路单元的网络参量矩阵已知，则可以根据网络的组合关系，通过矩阵运算推导出复杂网络的矩阵参量。在微波电路中，常见的二端口基本电路单元有串联阻抗、并联导纳、均匀传输线和理想变压器。对于这些基本电路单元的网络参量矩阵，由于其电路结构简单，可以根据参量矩阵的定义和特性较容易地求出，也可以根据前面讨论的网络参量之间的转换关系，由一种参量导出另一种参量，故在这里不做详细推导，各种基本电路单元对应的网络参量矩阵，见表 9.2。

表 9.2　基本电路单元的网络参量矩阵

名称	电路图	[A] 矩阵	[S] 矩阵	[T] 矩阵	备注
串联阻抗	Z_0　Z_0　Z	$\begin{bmatrix}1 & Z\\0 & 1\end{bmatrix}$	$\begin{bmatrix}\dfrac{\bar{Z}}{2+\bar{Z}} & \dfrac{2}{2+\bar{Z}}\\ \dfrac{2}{2+\bar{Z}} & \dfrac{\bar{z}}{2+\bar{Z}}\end{bmatrix}$	$\begin{bmatrix}1-\dfrac{\bar{Z}}{2} & \dfrac{\bar{Z}}{2}\\ -\dfrac{\bar{Z}}{2} & 1+\dfrac{\bar{Z}}{2}\end{bmatrix}$	$\bar{Z}=\dfrac{Z}{Z_0}$
并联导纳	Y_0　Y　Y_0	$\begin{bmatrix}1 & 0\\Y & 1\end{bmatrix}$	$\begin{bmatrix}-\dfrac{\bar{Y}}{2+\bar{Y}} & \dfrac{2}{2+\bar{Y}}\\ \dfrac{2}{2+\bar{Y}} & \dfrac{-\bar{Y}}{2+\bar{Y}}\end{bmatrix}$	$\begin{bmatrix}1-\dfrac{\bar{Y}}{2} & -\dfrac{\bar{Y}}{2}\\ \dfrac{\bar{Y}}{2} & 1+\dfrac{\bar{Y}}{2}\end{bmatrix}$	$\bar{Y}=\dfrac{Y}{Y_0}$
理想变压器	1:n	$\begin{bmatrix}n & 0\\0 & \dfrac{1}{n}\end{bmatrix}$	$\begin{bmatrix}\dfrac{n^2-1}{1+n^2} & \dfrac{2n}{1+n^2}\\ \dfrac{2n}{1+n^2} & \dfrac{1-n^2}{1+n^2}\end{bmatrix}$	$\begin{bmatrix}\dfrac{n^2+1}{2n} & \dfrac{n^2-1}{2n}\\ \dfrac{n^2-1}{2n} & \dfrac{1+n^2}{2n}\end{bmatrix}$	
均匀传输线	l　Z_0	$\begin{bmatrix}\cos\theta & \mathrm{j}Z_0\sin\theta\\ \mathrm{j}\dfrac{\sin\theta}{Z_0} & \cos\theta\end{bmatrix}$	$\begin{bmatrix}0 & \mathrm{e}^{-\mathrm{j}\theta}\\ \mathrm{e}^{-\mathrm{j}\theta} & 0\end{bmatrix}$	$\begin{bmatrix}\mathrm{e}^{-\mathrm{j}\theta} & 0\\ 0 & \mathrm{e}^{\mathrm{j}\theta}\end{bmatrix}$	$\theta=\dfrac{2\pi l}{\lambda_g}$

9.4.3　二端口微波网络参量的性质

一般的二端口微波网络的五种网络矩阵均具有四个独立的网络参量，但当网络具有某种特性时，网络的独立参量将会减少。由 9.3.2 节可知二端口阻抗参量和导纳参量的相关性质，若再利用各种网络参量之间的转换关系即可得到二端口微波网络另外三种参量的性质。下面将五种微波网络参量的性质总结如下。

1. 互易网络

阻抗参量：$Z_{12}=Z_{21}$；$\bar{Z}_{12}=\bar{Z}_{21}$。

导纳参量：$Y_{12}=Y_{21}$；$\bar{Y}_{12}=\bar{Y}_{21}$。

转移参量：$A_{11}A_{22}-A_{12}A_{21}=1$；$\bar{A}_{11}\bar{A}_{22}-\bar{A}_{12}\bar{A}_{21}=1$。

散射参量：$S_{12}=S_{21}$。

传输参量：$T_{11}T_{22}-T_{12}T_{21}=1$。

2. 对称网络

阻抗参量：$Z_{11}=Z_{22}$。

导纳参量：$Y_{11}=Y_{22}$。

转移参量：$A_{11}=A_{22}(Z_{01}=Z_{02})$。

散射参量：$S_{11}=S_{22}$。

传输参量：$T_{12}=-T_{21}$。

3. 无耗网络

阻抗参量：$Z_{ij}=\mathrm{j}X_{ij}(i,j=1,2)$。

导纳参量：$Y_{ij}=\mathrm{j}B_{ij}(i,j=1,2)$。

转移参量：A_{11} 和 A_{22} 为实数，A_{12} 和 A_{21} 为纯虚数。

散射参量：$[S^{T}][S^{*}]=[E]$，其中$[S^{T}]$为$[S]$的转置矩阵，$[S^{*}]$为$[S]$的共轭矩阵，$[E]$为单位矩阵。

传输参量：$T_{11}=T_{22}^{*}$，$T_{12}=T_{21}^{*}$。

4. 无耗互易网络

对于二端口微波网络，输入网络的微波复功率为

$$P_{in}=\frac{1}{2}\overline{U}_{i1}\overline{U}_{i1}^{*}+\frac{1}{2}\overline{U}_{i2}\overline{U}_{i2}^{*}=\frac{1}{2}[\overline{U}_{i}]^{T}[\overline{U}_{i}]^{*}$$

网络输出的微波复功率为

$$P_{out}=\frac{1}{2}\overline{U}_{r1}\overline{U}_{r1}^{*}+\frac{1}{2}\overline{U}_{r2}\overline{U}_{r2}^{*}=\frac{1}{2}[\overline{U}_{r}]^{T}[\overline{U}_{r}]^{*}$$

如果网络是无耗的，那么网络输出的功率应等于输入网络的功率

$$P_{in}=P_{out}$$

即

$$[\overline{U}_{i}]^{T}[\overline{U}_{i}]^{*}=[\overline{U}_{r}]^{T}[\overline{U}_{r}]^{*}$$

将式(9.35c)代入上式，整理后可得

$$[\overline{U}_{i}]^{T}([S]^{T}[S]^{*}-1)[\overline{U}_{i}]^{*}=0$$

即

$$[S]^{T}[S]^{*}=1$$

这样就证明了$[S]$矩阵的幺正性(或一元性)。

若将上式展开，则有

$$\begin{bmatrix}S_{11} & S_{21}\\ S_{12} & S_{22}\end{bmatrix}\begin{bmatrix}S_{11}^{*} & S_{12}^{*}\\ S_{21}^{*} & S_{22}^{*}\end{bmatrix}=\begin{bmatrix}1 & 0\\ 0 & 1\end{bmatrix}$$

即

$$\begin{cases}|S_{11}|^{2}+|S_{21}|^{2}=1\\ S_{11}S_{12}^{*}+S_{21}S_{22}^{*}=0\\ S_{12}S_{11}^{*}+S_{22}S_{21}^{*}=0\\ |S_{12}|^{2}+|S_{22}|^{2}=1\end{cases}$$

由此还可推出，若网络是有耗的，则网络输出的功率将小于输入网络的功率，则

$$[S]^{\mathrm{T}}[S]^{*}<1, \text{即} |S_{21}|^2<1-|S_{11}|^2$$

若网络是有源的,则网络输出的功率将大于输入网络的功率,则

$$[S]^{\mathrm{T}}[S]^{*}>1, \text{即} |S_{21}|^2>1-|S_{11}|^2$$

若网络互易,则有 $S_{12}=S_{21}$,代入上式可得

$$\begin{cases}|S_{11}|=|S_{22}|\\|S_{12}|=\sqrt{1-|S_{11}|^2}\end{cases}$$

若令 $S_{11}=|S_{11}|e^{j\varphi_{11}}, S_{12}=|S_{12}|e^{j\varphi_{12}}, S_{22}=|S_{22}|e^{j\varphi_{22}}$,并将其代入 $S_{12}S_{11}^*+S_{22}S_{21}^*$ 可得

$$\varphi_{12}=\frac{1}{2}(\varphi_{11}+\varphi_{22}\pm\pi)$$

所以,对于无耗互易的线性二端口网络,各 S 参量之间的关系如下:

$$\begin{cases}|S_{11}|=|S_{22}|\\S_{21}=S_{12}=|S_{12}|e^{j\varphi_{12}}\\|S_{12}|=\sqrt{1-|S_{11}|^2}\\\varphi_{12}=\frac{1}{2}(\varphi_{11}+\varphi_{22}\pm\pi)\end{cases}\tag{9.38}$$

9.4.4　二端口微波网络参量的工作特性参量

微波元器件等效为微波网络后,其性能指标常用工作特性参量来描述,而微波网络的工作特性参量又可以用网络参量来表示。在进行网络分析时,一般是根据微波元件的结构和等效电路来计算网络参量,然后再推导出网络的工作特性参量;而在进行网络综合时,通常是根据给定的工作特性参量推导出网络参量,再利用网络参量确定合适的微波元器件的结构和尺寸。因此,了解工作特性参量与网络参量之间的关系对网络分析和网络综合都非常重要。下面以二端口微波网络为例,讨论几种常用的工作特性参量。

1. 电压传输系数

电压传输系数 T 定义为网络输出端接匹配负载时,输出端参考面上的归一化反射波电压与输入端参考面上的归一化入射波电压之比,即

$$T=\left.\frac{\overline{U}_{r2}}{\overline{U}_{i1}}\right|_{\overline{U}_{i2}=0}\tag{9.39}$$

根据 S 参量的定义可知,电压传输系数 T 即为网络散射参量 S_{21},即

$$T=S_{21}\tag{9.40}$$

对于二端口互易网络,则有

$$T=S_{12}=S_{21}\tag{9.41}$$

根据二端口网络的 S 参量与 A 参量之间的关系,电压传输系数 T 还可用 A 参量来表示,即

$$T=\frac{2}{\overline{A}_{11}+\overline{A}_{12}+\overline{A}_{21}+\overline{A}_{22}}\tag{9.42}$$

2. **输入驻波比**

输入驻波比 ρ 定义为网络输出端接匹配负载时，网络输入端的驻波比。由于当输出端接匹配负载时，输入端电压反射系数的模 $|\Gamma|$ 等于网络散射参量的模 $|S_{11}|$，所以有

$$\rho=\frac{1+|S_{11}|}{1-|S_{11}|} \tag{9.43}$$

或

$$|S_{11}|=\frac{\rho-1}{\rho+1} \tag{9.44}$$

输入驻波比是微波元件的一个重要技术指标，在功率传输系统和测量系统中都希望微波元件的输入驻波比尽量降低，以保证功率无反射地传给终端负载和减小测量误差。

3. **插入衰减**

插入衰减 L 定义为网络输出端接匹配负载时，网络输入端的入射波功率 P_i 与负载吸收功率 P_L 之比，即

$$L=\frac{P_i}{P_L}\bigg|_{\overline{U}_{i2}=0} \tag{9.45}$$

由于 $P_i=\frac{1}{2}|\overline{U}_{i1}|^2, P_L=\frac{1}{2}|\overline{U}_{r2}|^2$，则有

$$L=\frac{|\overline{U}_{i1}|^2}{|\overline{U}_{r2}|^2}=\frac{1}{|T|^2}=\frac{1}{|S_{21}|^2}=\frac{|\overline{A}_{11}+\overline{A}_{12}+\overline{A}_{21}+\overline{A}_{22}|^2}{4} \tag{9.46}$$

由此可见，插入衰减等于电压传输系数平方的倒数。

对于无耗网络，仅有反射衰减，因此网络的插入衰减 L 与输入驻波比 ρ 有下列关系：

$$L=\frac{1}{|S_{21}|^2}=\frac{1}{1-|S_{11}|^2}=\frac{(\rho+1)^2}{4\rho} \tag{9.47}$$

对于互易网络，则有

$$L=\frac{1}{|S_{12}|^2}=\frac{1}{|S_{21}|^2} \tag{9.48}$$

在工程上，常用对数来表示这个功率比，称为功率衰减，简称衰减，用 A 来表示，单位为分贝(dB)，则有

$$A=10\lg L=10\lg\frac{1}{|S_{21}|^2}(\text{dB}) \tag{9.49}$$

或

$$A=10\lg\frac{|\overline{A}_{11}+\overline{A}_{12}+\overline{A}_{21}+\overline{A}_{22}|^2}{4}(\text{dB}) \tag{9.50}$$

对于无源微波网络，$P_i>P_L$，故 $L\geqslant 1$ 或 $A\geqslant 0$。入射波功率除了传输给负载外，有一部分被反射回信号源，一部分被网络所消耗。故插入衰减可改写为

$$L=\frac{1}{|S_{21}|^2}=\frac{1-|S_{11}|^2}{|S_{21}|^2}\ \frac{1}{1-|S_{11}|^2}=L_1L_2 \tag{9.51}$$

式(9.51)用分贝可表示为

$$A = 10\lg L = 10\lg \frac{1 - |S_{11}|^2}{|S_{21}|^2} + 10\lg \frac{1}{1 - |S_{11}|^2} = A_1 + A_2 \tag{9.52}$$

由此可见，网络的插入衰减是由两部分组成的，第一部分 A_1 表示网络损耗引起的吸收衰减，对于无耗网络，因为 $1 - |S_{11}|^2 = |S_{12}|^2$，所以有 $L_1 = 1, A_1 = 0$ dB；第二部分 A_2 表示网络输入端与外接传输线不匹配所引起的反射衰减，如果输入端理想匹配，即 $S_{11} = 0$，则 $L_2 = 1, A_2 = 0$ dB。因此，对于输入端不匹配的有耗网络来说，插入衰减应等于网络的吸收衰减和反射衰减之和。

一般来说，对于阻抗变换器和移相器这类微波元件，吸收衰减和反射衰减都是要求越小越好；而对于微波滤波器，则是利用反射衰减的频率特性，使不需要的频率信号被滤除，但吸收衰减应是越小越好。

4. **插入相移**

插入相移 θ 定义为网络输出端接匹配负载时，输出端的反射波对输入端的反射波的相移，即 $\overline{U}_{r2}$ 与 $\overline{U}_{i1}$ 的相位差，也是电压传输系数的相角。

设入射波电压和反射波电压分别为 $\overline{U}_{i1} = |\overline{U}_{i1}| e^{j\varphi_1}$，$\overline{U}_{i2} = |\overline{U}_{i2}| e^{j\varphi_2}$，将其代入式(9.39)中可得

$$T = \frac{\overline{U}_{r2}}{\overline{U}_{i1}} = \frac{|\overline{U}_{r2}|}{|\overline{U}_{i1}|} e^{j(\varphi_2 - \varphi_1)} \tag{9.53}$$

因此根据定义可得

$$\theta = \arg T = \arg S_{21} \tag{9.54}$$

式中，符号 arg 表示取相角。

实际上，插入相移 θ 表示输出端的输出波滞后于输入端入射波的相位。当 $\theta < 0$ 时，表示 $\overline{U}_{r2}$ 滞后于 $\overline{U}_{i1}$。当 $\theta > 0$ 时，表示 $\overline{U}_{r2}$ 超前于 $\overline{U}_{i1}$。当不同频率的微波信号通过网络时，其插入相移随频率不同而不同。为了使通过网络的信号波形不致有相位失真，对网络的插入相移应有一定的要求。插入相移 θ 是信号频率的函数，其与信号频率的比值等效为入射波电压从输入端传输到输出端所需要的时间，称为网络时延，用 t_p 表示，即

$$t_p = \frac{\theta}{\omega} \tag{9.55}$$

而 $t_p = \frac{d\theta}{d\omega}$ 代表 $\theta \sim \omega$ 曲线上各点的斜率，称为网络的群时延。

由于网络的工作特性参量是按照网络端口处的实际物理量来定义的，它们都是表示端口处的反射特性和两个端口之间的传输特性。在网络输出端接匹配负载下的工作特性参量称为微波元件的技术指标参量，它们均与网络散射参量有关，因此，只要能确定网络散射参量，即可通过上述公式计算出网络工作特性参量。

9.4.5 参考面的移动对二端口微波网络参量的影响

微波传输线是一种分布参数电路，均匀无耗传输线上的电压和电流是随时间和空间而变化的二元函数，故当微波网络端口的参考面沿传输线移动时，参考面上的电压和电流（或入射波和反射波电压）也要随之改变，这就会导致相应的网络参量也随着参考面的移动而变化。由此可见，一组网络参量只对应一个参考面的位置，参考面位置移动后，网络参量就会发生改变。对于二端口网络，利用转移矩阵和散射矩阵分析参考面的移动对网络参量的影响较为方便。

1. 参考面移动对转移矩阵的影响

如图 9.5 所示，假设二端口网络的两个参考面均由内向外移动，即端口 1 的参考面由 T_1 移动到 T_1'，移动的距离为电长度 θ_1，端口 2 的参考面由 T_2 移动到 T_2'，移动的距离为电长度 θ_2。

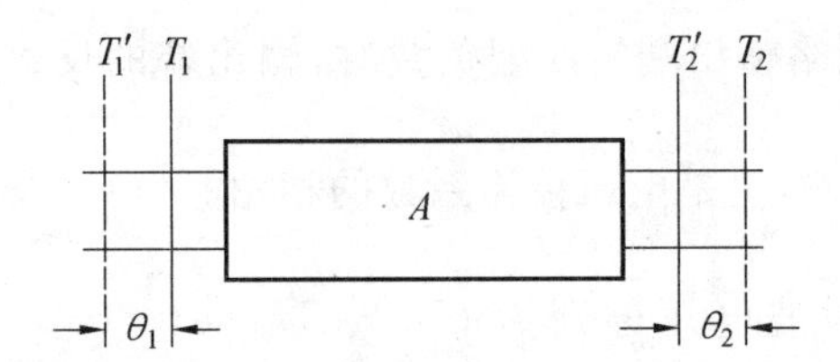

图 9.5　二端口网络参考面的移动

参考面向外移动后，相当于在原网络的端口 1 和端口 2 分别级联一个由均匀传输线（特性阻抗为 Z_0）基本电路单元构成的网络。若参考面移动前二端口网络的转移矩阵为 $[A_0]$，则参考面移动后的网络转移矩阵为

$$[A]=[A_1][A_0][A_2] \tag{9.56}$$

式中，$[A_1]=\begin{bmatrix}\cos\theta_1 & \mathrm{j}Z_0\sin\theta_1\\ \mathrm{j}\dfrac{\sin\theta_1}{Z_0} & \cos\theta_1\end{bmatrix}$；$[A_2]=\begin{bmatrix}\cos\theta_2 & \mathrm{j}Z_0\sin\theta_2\\ \mathrm{j}\dfrac{\sin\theta_2}{Z_0} & \cos\theta_2\end{bmatrix}$。

若参考面由外向内移动，即端口 1 的参考面由 T_1' 移动到 T_1，移动的距离为电长度 θ_1，端口 2 的参考面由 T'_2 移动到 T_2，移动的距离为电长度 θ_2。则由式(9.56)可导出参考面移动前的转移矩阵 $[A_0]$ 与移动后的转移矩阵 $[A]$ 的关系为

$$[A_0]=[A_1^{-1}][A][A_2^{-1}] \tag{9.57}$$

2. 参考面移动对散射矩阵的影响

对于图 9.5 所示的二端口微波网络，设原网络的参考面分别为 T_1 和 T_2，其散射矩阵为 $[S]$。当参考面 T_1 移动电长度 θ_1 到 T'_1，参考面 T_2 移动电长度 θ_2 到 T'_2，相应的散射矩阵为 $[S']$。根据传输线理论，可得 T_1、T_2 和 T'_1、T'_2 两对参考面之间入射波电压和反射波电压有如下关系：

$$\begin{cases}\overline{U}'_{\mathrm{i}1}=\overline{U}_{\mathrm{i}1}\mathrm{e}^{\mathrm{j}\theta_1}, & \overline{U}'_{\mathrm{r}1}=\overline{U}_{\mathrm{r}1}\mathrm{e}^{-\mathrm{j}\theta_1}\\ \overline{U}'_{\mathrm{i}2}=\overline{U}_{\mathrm{i}2}\mathrm{e}^{\mathrm{j}\theta_2}, & \overline{U}'_{\mathrm{r}2}=\overline{U}_{\mathrm{r}2}\mathrm{e}^{-\mathrm{j}\theta_2}\end{cases}$$

根据 S 参量的定义有

$$S'_{11}=\frac{\overline{U}'_{r1}}{\overline{U}'_{i1}}=\frac{\overline{U}_{r1}\mathrm{e}^{-\mathrm{j}\theta_1}}{\overline{U}_{i1}\mathrm{e}^{\mathrm{j}\theta_1}}=S_{11}\mathrm{e}^{-\mathrm{j}2\theta_1},\qquad S'_{12}=\frac{\overline{U}'_{r1}}{\overline{U}'_{i2}}=\frac{\overline{U}_{r1}\mathrm{e}^{-\mathrm{j}\theta_1}}{\overline{U}_{i2}\mathrm{e}^{\mathrm{j}\theta_2}}=S_{12}\mathrm{e}^{-\mathrm{j}(\theta_1+\theta_2)},$$

$$S'_{22}=\frac{\overline{U}'_{r2}}{\overline{U}'_{i2}}=\frac{\overline{U}_{r2}\mathrm{e}^{-\mathrm{j}\theta_2}}{\overline{U}_{i2}\mathrm{e}^{\mathrm{j}\theta_2}}=S_{22}\mathrm{e}^{-\mathrm{j}2\theta_2}\qquad S'_{21}=\frac{\overline{U}'_{r2}}{\overline{U}'_{i1}}=\frac{\overline{U}_{r2}\mathrm{e}^{-\mathrm{j}\theta_1}}{\overline{U}_{i1}\mathrm{e}^{\mathrm{j}\theta_2}}=S_{21}\mathrm{e}^{-\mathrm{j}(\theta_2+\theta_1)}$$

于是可得

$$[S']=\begin{bmatrix}S'_{11} & S'_{12}\\ S'_{21} & S'_{22}\end{bmatrix}=\begin{bmatrix}S_{11}\mathrm{e}^{-\mathrm{j}2\theta_1} & S_{12}\mathrm{e}^{-\mathrm{j}(\theta_1+\theta_2)}\\ S_{21}\mathrm{e}^{-\mathrm{j}(\theta_2+\theta_1)} & S_{22}\mathrm{e}^{-\mathrm{j}2\theta_2}\end{bmatrix}=\begin{bmatrix}\mathrm{e}^{-\mathrm{j}\theta_1} & 0\\ 0 & \mathrm{e}^{-\mathrm{j}\theta_2}\end{bmatrix}\begin{bmatrix}S_{11} & S_{12}\\ S_{21} & S_{22}\end{bmatrix}\begin{bmatrix}\mathrm{e}^{-\mathrm{j}\theta_1} & 0\\ 0 & \mathrm{e}^{-\mathrm{j}\theta_2}\end{bmatrix}$$

上式可以简写成

$$[S']=[P][S][P] \tag{9.58}$$

式中，$[P]=\begin{bmatrix}\mathrm{e}^{-\mathrm{j}\theta_1} & 0\\ 0 & \mathrm{e}^{-\mathrm{j}\theta_2}\end{bmatrix}$，其为对角矩阵。如果网络新的参考面是由原参考面由外向内移动得到的，则 θ 取负值，此时 P 矩阵为$[P]=\begin{bmatrix}\mathrm{e}^{\mathrm{j}\theta_1} & 0\\ 0 & \mathrm{e}^{\mathrm{j}\theta_2}\end{bmatrix}$。

由此可得到如下结论：

(1) 均匀无耗传输线上参考面移动时，不改变原网络 S 参量的幅值，只改变其相位角。

(2) 参考面由外向内移动(即向靠近网络方向移动)时，对角矩阵$[P]$中对应该端口的元素为 $\mathrm{e}^{\mathrm{j}\theta_k}$($k=1,2,3,\cdots$)；参考面由内向外移动(即向远离网络方向移动)时，对角矩阵$[P]$中对应该端口的元素为 $\mathrm{e}^{-\mathrm{j}\theta_k}$($k=1,2,3,\cdots$)。

(3) 若只移动某个参考面，则只改变与此参考面有关的 S 参量的相位角。

9.5　多端口微波网络

前面介绍的各种网络参量均是以二端口网络为例的，实际上推广到由任意 n 个输入和输出端口组成的微波网络均可用前述网络参量来描述。下面主要介绍多端口微波网络的阻抗参量矩阵、导纳参量矩阵和散射参量矩阵。

设 n 端口微波网络各端口参考面上的归一化电压分别为$\overline{U}_1,\overline{U}_2,\cdots,\overline{U}_n$，归一化电流分别为$\overline{I}_1,\overline{I}_2,\cdots,\overline{I}_n$。仿照二端口微波网络，应用叠加原理，可以写出描述 n 端口微波网络各端口参考面上的电压和电流关系的矩阵方程为

$$\begin{bmatrix} \overline{U}_1 \\ \overline{U}_2 \\ \vdots \\ \overline{U}_n \end{bmatrix} = \begin{bmatrix} \overline{Z}_{11} & \overline{Z}_{12} & \cdots & \overline{Z}_{1n} \\ \overline{Z}_{21} & \overline{Z}_{22} & \cdots & \overline{Z}_{2n} \\ \vdots & \vdots & & \vdots \\ \overline{Z}_{n1} & \overline{Z}_{n2} & \cdots & \overline{Z}_{nn} \end{bmatrix} \begin{bmatrix} \overline{I}_1 \\ \overline{I}_2 \\ \vdots \\ \overline{I}_n \end{bmatrix}$$

$$\begin{bmatrix} \overline{I}_1 \\ \overline{I}_2 \\ \vdots \\ \overline{I}_n \end{bmatrix} = \begin{bmatrix} \overline{Y}_{11} & \overline{Y}_{12} & \cdots & \overline{Y}_{1n} \\ \overline{Y}_{21} & \overline{Y}_{22} & \cdots & \overline{Y}_{2n} \\ \vdots & \vdots & & \vdots \\ \overline{Y}_{n1} & \overline{Y}_{n2} & \cdots & \overline{Y}_{nn} \end{bmatrix} \begin{bmatrix} \overline{U}_1 \\ \overline{U}_2 \\ \vdots \\ \overline{U}_n \end{bmatrix}$$

或简写成

$$[\overline{U}] = [\overline{Z}][\overline{I}] \tag{9.59}$$

$$[\overline{I}] = [\overline{Y}][\overline{U}] \tag{9.60}$$

式中，$\overline{Z}_{ij}$ 表示端口 j 至端口 i 的开路归一化转移阻抗；$\overline{Z}_{jj}$ 表示端口 j 的开路归一化输入阻抗；$\overline{Y}_{ij}$ 表示端口 j 至端口 i 的短路归一化转移导纳；$\overline{Y}_{jj}$ 表示端口 j 的开路归一化输入导纳。

设 n 端口微波网络各端口参考面上的归一化入射波电压分别为$\overline{U}_{i1}$，$\overline{U}_{i2}$，…，$\overline{U}_{in}$，归一化反射波电压分别为$\overline{U}_{r1}$，$\overline{U}_{r2}$，…，$\overline{U}_{rn}$。仿照二端口微波网络散射参量的定义，可以写出 n 端口微波网络散射参量矩阵的方程为

$$\begin{bmatrix} \overline{U}_{r1} \\ \overline{U}_{r2} \\ \vdots \\ \overline{U}_{rn} \end{bmatrix} = \begin{bmatrix} S_{11} & S_{12} & \cdots & S_{1n} \\ S_{21} & S_{22} & \cdots & S_{2n} \\ \vdots & \vdots & & \vdots \\ S_{n1} & S_{n2} & \cdots & S_{nn} \end{bmatrix} \begin{bmatrix} \overline{U}_{i1} \\ \overline{U}_{i2} \\ \vdots \\ \overline{U}_{in} \end{bmatrix}$$

或简写成

$$[\overline{U}_r] = [S][\overline{U}_i] \tag{9.61}$$

式中，$\overline{S}_{ij}$ 表示端口 j 至端口 i 的电压传输系数（若 $\overline{S}_{ij} \neq 0$，则表示端口 i 与端口 j 之间有耦合；若 $\overline{S}_{ij} = 0$，则表示端口 i 与端口 j 之间无耦合，即相互隔离）；S_{jj} 表示端口 j 的电压反射

系数。

1. 互易网络性质

若 n 端口微波网络互易，则网络参量矩阵具有如下性质：

$$\overline{Z}_{ij}=\overline{Z}_{ji},\quad \overline{Y}_{ij}=\overline{Y}_{ji},\quad S_{ij}=S_{ji}\quad (i,j=1,2,\cdots,n;i\neq j)\tag{9.62a}$$

或写成

$$[\overline{Z}]=[\overline{Z}^{\mathrm{T}}],[\overline{Y}]=[\overline{Y}^{\mathrm{T}}],\quad [S]=[S]^{\mathrm{T}}\tag{9.62b}$$

2. 对称网络性质

若 n 端口微波网络的端口 i 与端口 j 在结构上具有对称性，则网络参量矩阵具有如下性质：

$$\overline{Z}_{ii}=\overline{Z}_{jj},\quad \overline{Y}_{ii}=\overline{Y}_{jj},\quad S_{ii}=S_{jj}\quad (i,j=1,2,\cdots,n)\tag{9.63}$$

3. 无耗网络性质

若 n 端口微波网络无耗，则网络参量矩阵具有如下性质：

$$Z_{ij}=\mathrm{j}X_{ij}\text{ 或 }Y_{ij}=\mathrm{j}B_{ij}\quad (i,j=1,2,\cdots,n)\tag{9.64a}$$

即 n 端口网络的全部阻抗参量或导纳参量均为纯虚数。

$$[S^{\mathrm{T}}][S^{*}]=[E]\tag{9.64b}$$

式中，$[S^{\mathrm{T}}]$ 为 $[S]$ 的转置矩阵；$[S^{*}]$ 为 $[S]$ 的共轭矩阵；$[E]$ 为单位矩阵。这个性质也称为无耗网络的幺正性。

上述这些网络参量矩阵的性质在微波元件的分析中有着非常重要的应用。另外，三种 n 端口微波网络参量矩阵之间可以相互转换，其转换关系与二端口网络类似。

本章小结

(1) 微波系统是由均匀传输线和微波元件两部分构成的。微波网络法是把均匀传输线等效为平行双线，微波元件等效为网络，因此任何一个复杂的微波系统均可以利用微波网络理论进行研究和分析。微波网络理论包括网络分析和网络综合两部分内容。

(2) 微波网络按照端口的个数可分为二端口网络和多端口网络，其中二端口网络是研究多端口网络的基础。表征二端口微波网络特性的参量可分为两大类：一类为反映参考面上电压与电流之间关系的参量，包括阻抗参量 Z、导纳参量 Y 和转移参量 T；另一类网络参量是反映参考面上归一化入射波电压与反射波电压之间关系的参量，包括散射参量 S 和传输参量 T。其中只有散射参量 S 在微波波段中有明确的物理意义，并且可以直接测量。

(3) 二端口微波网络参量的性质。

① 互易网络：$Z_{12}=Z_{21}$；$Y_{12}=Y_{21}$；$A_{11}A_{22}-A_{12}A_{21}=1$；$S_{12}=S_{21}$；$T_{11}T_{22}-T_{12}T_{21}=1$。

② 对称网络：$Z_{11}=Z_{22}$；$Y_{11}=Y_{22}$；$A_{11}=A_{22}$；$S_{11}=S_{22}$；$T_{12}=-T_{21}$。

③ 无耗网络：$Z_{ij}=\mathrm{j}X_{ij}\,(i,j=1,2)$；$Y_{ij}=\mathrm{j}B_{ij}\,(i,j=1,2)$；$T_{11}=T_{22}^{*}$，$T_{12}=T_{21}^{*}$。

A_{11} 和 A_{22} 为实数，A_{12} 和 A_{21} 为纯虚数；$[S^{T}][S^{*}]=[E]$。

④ 无耗互易网络：散射参量 S 只有三个独立的参量，其相互的关系为

$$\begin{cases}|S_{11}|=|S_{22}| \\ S_{21}=S_{12}=|S_{12}|e^{j\varphi_{12}} \\ |S_{12}|=\sqrt{1-|S_{11}|^2} \\ \varphi_{12}=\dfrac{1}{2}(\varphi_{11}+\varphi_{22}\pm\pi)\end{cases}$$

(4) 二端口微波网络的组合方式包括串联方式、并联方式和级联方式，其中串联方式适宜用阻抗参量矩阵来分析，并联方式适宜用导纳参量矩阵来分析，级联方式适宜用转移参量矩阵和传输参量矩阵来分析。

(5) 微波元件的性能指标常用网络的工作特性参量来描述，而且微波网络的工作特性参量可以用网络参量来表示，其相应的关系为

电压传输系数：$T=S_{21}=\dfrac{2}{\overline{A}_{11}+\overline{A}_{12}+\overline{A}_{21}+\overline{A}_{22}}$

输入驻波比：$\rho=\dfrac{1+|S_{11}|}{1-|S_{11}|}$

插入衰减：$L=\dfrac{1}{|T|^2}=\dfrac{1}{|S_{21}|^2}=\dfrac{|\overline{A}_{11}+\overline{A}_{12}+\overline{A}_{21}+\overline{A}_{22}|^2}{4}$；

$$A=10\lg L=10\lg\frac{1}{|S_{21}|^2}(\mathrm{dB})$$

插入相移：$\theta=\arg T=\arg S_{21}$

(6) 微波传输线是一种分布参数电路，均匀无耗传输线上的电压和电流是随时间和空间变化的二元函数，故当网络端口的参考面沿传输线移动时，网络参量也随之发生改变。二端口网络参考面的移动对网络参量的影响，可利用转移参量矩阵和散射参量矩阵来分析。

① 参考面移动对转移矩阵的影响。

参考面由内向外移动时，若参考面移动前二端口网络的转移矩阵为 $[A_0]$，则参考面移动后网络的转移矩阵为

$$[A]=[A_1][A_0][A_2]$$

式中，$A_1=\begin{bmatrix}\cos\theta_1 & jZ_0\sin\theta_1 \\ j\dfrac{\sin\theta_1}{Z_0} & \cos\theta_1\end{bmatrix}$；$A_2=\begin{bmatrix}\cos\theta_2 & jZ_0\sin\theta_2 \\ j\dfrac{\sin\theta_2}{Z_0} & \cos\theta_2\end{bmatrix}$。

参考面由外向内移动时，参考面移动前的转移矩阵 $[A_0]$ 与移动后的转移矩阵 $[A]$ 的关系为

$$[A_0]=[A_1^{-1}][A][A_2^{-1}]$$

② 参考面移动对散射矩阵的影响。

参考面移动后的散射矩阵 $[S']$ 与移动前的散射矩阵 $[S]$ 的关系为

$$[S']=[P][S][P]$$

当参考面由内向外移动时，对角阵 $[P]=\begin{bmatrix} e^{-j\theta_1} & 0 \\ 0 & e^{-j\theta_2} \end{bmatrix}$；当参考面由外向内移动时，对角阵 $[P]=\begin{bmatrix} e^{j\theta_1} & 0 \\ 0 & e^{j\theta_2} \end{bmatrix}$，其中 θ_1 和 θ_2 为参考面移动的电长度。

习　　题

9－1　用微波网络理论来分析微波系统问题的优点是什么？

9－2　均匀传输线等效为平行双线的条件是什么？将微波元件等效为网络应注意什么？

9－3　为什么要引入归一化阻抗的概念？归一化电压、归一化电流和归一化阻抗的定义分别是什么？入射波功率、反射波功率和传输功率与归一化入射波和反射波电压的关系是什么？

9－4　二端口微波网络参量矩阵包括哪些？分别适用于什么网络组合方式？

9－5　二端口微波网络散射参量矩阵在无耗、互易、对称网络中的性质分别是什么？

9－6　二端口微波网络的主要工作特性参量有哪些？与散射参量的关系是什么？

9－7　互易二端口网络参考面 T_2 接负载阻抗 Z_L，如图所示，证明参考面 T_1 处的输入阻抗为 $Z_{in}=Z_{11}-\dfrac{Z_{12}^2}{Z_{22}+Z_L}$。

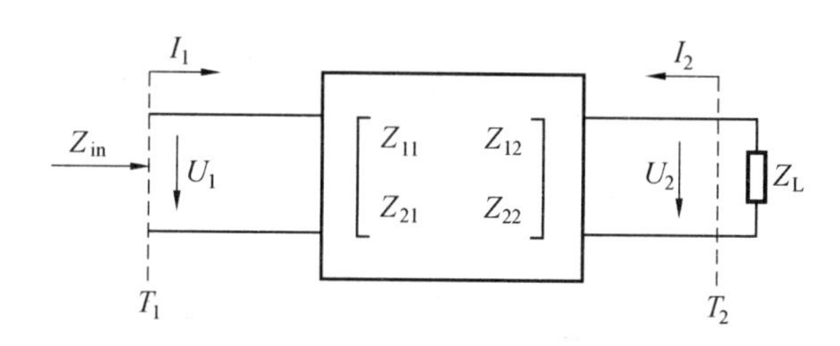

题 9－7 图

9－8　已知互易无耗二端口网络的转移参量 $A_{11}=A_{22}=1+XB$，$A_{21}=2B+XB^2$（式中，X 为电抗，B 为电纳），试证明转移参量 $A_{12}=X$。

9－9　已知二端口网络的转移参量 $A_{11}=A_{22}=0$，$A_{12}=jZ_0$，$A_{21}=j/Z_0$，两个端口外接传输线的特性阻抗为 Z_0，求网络的归一化阻抗参量矩阵、归一化导纳参量矩阵及散射参量矩阵。

9－10　如图所示，无耗互易对称二端口网络的参考面 T_2 处接匹配负载，测得距参考面 T_1 距离为 $l=0.125\lambda_p$ 处是电压波节，驻波比 $\rho=1.5$，求二端口网络的散射矩阵。

9－11　求如图所示的微波网络的转移矩阵 $[A]$。

9－12　求如图所示的并联网络的散射矩阵 $[S]$。

9－13　求如图所示的微波网络的散射矩阵 $[S]$。

9－14　试推导二端口微波网络参量矩阵 $[S]$ 与 $[A]$ 之间的关系。

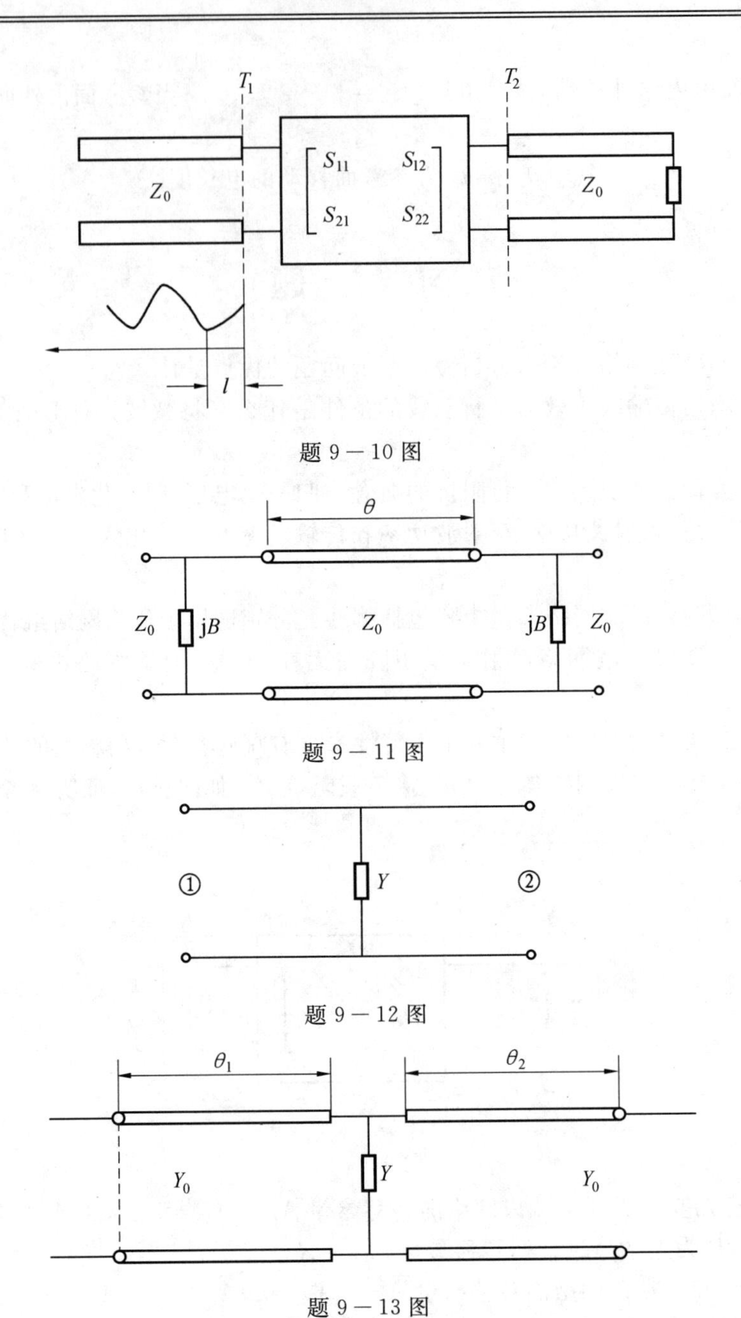

题 9－10 图

题 9－11 图

题 9－12 图

题 9－13 图

9－15　设二端口网络的散射矩阵[S]已知，终端接有负载 Z_1，如图所示，求输入端反射系数 Γ_{in}。

9－16　已知二端口网络的散射矩阵为

$$S=\begin{bmatrix}0.2e^{j\frac{3}{2}\pi} & 0.98e^{j\pi}\\ 0.98e^{j\pi} & 0.2e^{j\frac{3}{2}\pi}\end{bmatrix}$$

求二端口网络的插入相移 θ、插入衰减 A(dB)、电压传输系数 T 及输入驻波比 ρ。

9－17　已知二端口网络的转移参量 $A_{11}=A_{22}=1$，$A_{12}=\mathrm{j}Z_0$，$A_{21}=0$，网络外接传输

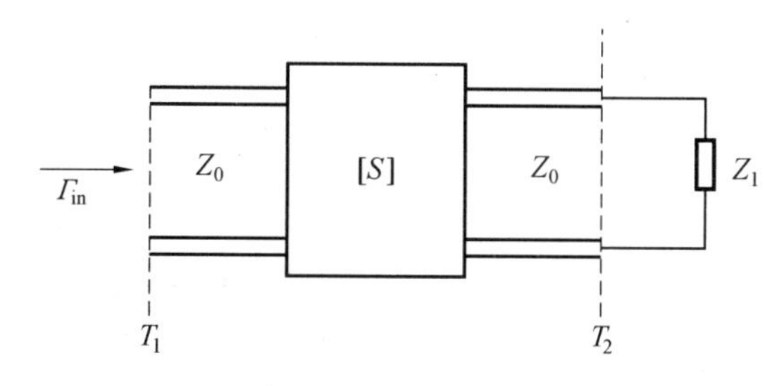

题 9－15 图

线特性阻抗为 Z_0，求网络的输入驻波比。

9－18　如图所示，参考面 T_1、T_2 所确定的二端口网络的散射参量为 S_{11}、S_{12}、S_{21}、S_{22}。网络输入端传输线上电磁波的相移常数为 β。若参考面 T_1 外移距离 l_1 至 T_1' 处，求参考面 T'_1、T_2 所确定的网络散射矩阵 $[S']$。

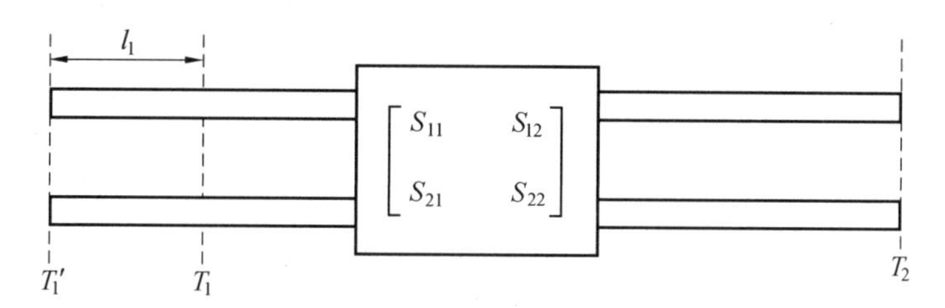

题 9－18 图

9－19　如图所示，参考面 T_1、T_2 所确定的二端口网络的散射参量为 S_{11}、S_{12}、S_{21}、S_{22}。网络输入、输出端传输线上电磁波的相移常数为 β。若参考面 T_1 向内移距离 $l_1=\lambda/2$ 至 T_1' 处，参考面 T_2 向外移距离 $l_2=\lambda/2$ 至 T_2' 处，求参考面 T_1'、T_2' 所确定的网络散射矩阵 $[S']$。

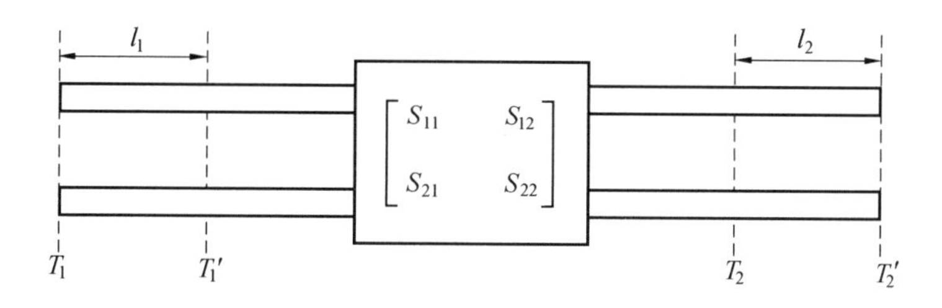

题 9－19 图

9－20　已知三端口网络在参考面 T_1、T_2、T_3 所确定的散射矩阵 $[S]$ 为

$$[S]=\begin{bmatrix} S_{11} & S_{12} & S_{13} \\ S_{21} & S_{22} & S_{23} \\ S_{31} & S_{32} & S_{33} \end{bmatrix}$$

现将参考面 T_1 向内移 $\lambda_{g1}/2$ 至 T_1'，参考面 T_2 向外移 $\lambda_{g2}/2$ 至 T_2'，参考面 T_3 不变（设为 T_3'），如图所示。求参考面 T_1'、T_2'、T_3' 所确定网络的散射矩阵 $[S']$。

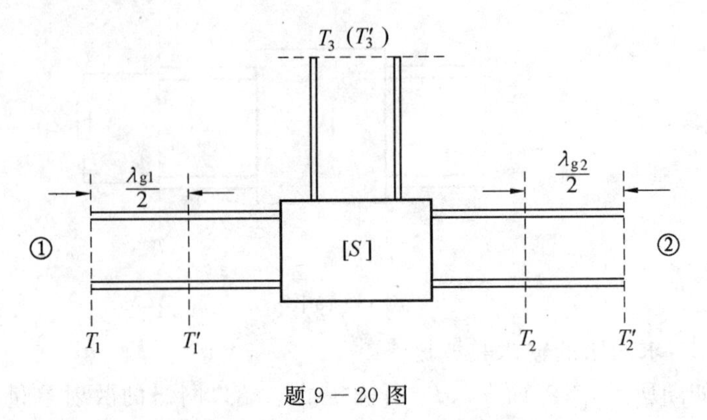

题 9－20 图

9－21　用阻抗法测得二端口网络的三个反射系数为 $\Gamma_{1M}=2/3$，$\Gamma_{1S}=3/5$，$\Gamma_{1O}=1$。求网络的散射参量矩阵。

第 10 章

微波元器件

微波元器件和微波传输线都是微波系统重要的组成部分,微波传输线主要负责微波信号的有效、可靠传输,而微波元器件主要用于对微波信号进行各种处理或变换,其按照元器件工作过程中是否需要提供电源,可分为有源元器件和无源元器件。有源元器件的主要功能是实现微波信号的产生、放大、调制和变频等,如晶体管等;无源元器件的主要功能是实现信号的匹配、分配、滤波等,如电容、电感、电阻、滤波器、分配器、谐振回路等。

微波元器件按其变换性质可分为线性元器件和非线性元器件两大类,其中线性元器件又可分为线性互易元器件和线性非互易元器件两大类。线性互易元器件只对微波信号进行线性变换而不改变信号的频率特性,并满足互易定理,其主要包括各种微波连接匹配元件、功率分配元器件、微波滤波器件及微波谐振器件等;线性非互易元器件主要是指铁氧体器件,它的散射矩阵不对称,但仍工作在线性区域,主要包括隔离器、环行器等;非线性元器件能引起频率的改变,从而实现放大、调制、变频等,主要包括微波电子管、微波晶体管、微波固态谐振器、微波场效应管及微波电真空器件等。由于在实际的工程应用中,微波元器件的种类繁多,不能逐一介绍,因此本章只重点介绍部分具有代表性的、常用的微波无源元器件:连接匹配元件和功率分配元器件。

10.1 连接匹配元件

微波连接匹配元件包括终端负载元件、微波连接元件以及阻抗匹配元器件三大类。终端负载元件是连接在传输系统终端实现终端短路、匹配或标准失配等功能的元件;微波连接元件用以将作用不同的两个微波系统按一定要求连接起来,主要包括波导接头、衰减器、相移器及转换接头等;阻抗匹配元器件是用于调整传输系统与终端之间阻抗匹配的器件,主要包括螺钉调配器、多阶梯阻抗变换器及渐变型变换器等。

10.1.1 终端负载元件

终端负载元件是一种典型的单端口互易元件,主要包括短路负载、匹配负载和失配负载。这类终端装置广泛地应用于实验室,以测量微波元器件的阻抗和散射参量。

1. 短路负载

短路负载是一种用于实现微波系统短路的器件,属于纯电抗性的负载,可以把入射波功率全部反射。最简单的金属波导短路负载是在波导终端接上一块用铜或者良导体做成

的金属片，但在实际微波系统中往往需要改变终端短路面的位置，即需要一种可移动的短路面——短路活塞。短路活塞可分为接触式短路活塞和扼流式短路活塞两种，接触式短路活塞结构简单，但是由于活塞和波导壁之间不规律的接触，使得有效的电短路位置无规则地偏离活塞前面的实际短路位置。另外，由于短路不完善，通过活塞可能还会引起一些功率泄漏。故接触式短路活塞目前已经很少使用，这里重点介绍一下扼流式短路活塞。

扼流式短路活塞实际上是 $\lambda/4$ 变换器的应用实例之一，应用于同轴线和波导的扼流式短路活塞如图 10.1(a)、图 10.1(b) 所示，它们的有效短路面不在活塞和系统内壁直接接触处，而向波源方向移动 $\lambda_g/2$ 的距离。这种结构由两段不同等效特性阻抗的 $\lambda_g/4$ 变换段构成，其工作原理可用图 10.1(c) 所示的等效电路来表示，其中 cd 段相当于 $\lambda_g/4$ 终端短路的传输线，bc 段相当于 $\lambda_g/4$ 终端开路的传输线，两段传输线之间串有接触电阻 R_k，由等效电路不难证明 ab 面上的输入阻抗 $Z_{ab}=0$，即 ab 面上等效为短路，于是当活塞移动时就实现了短路面的移动。扼流式短路活塞的优点是损耗小，而且驻波比可以大于 100，但这种活塞频带较窄，一般只有 10% ~ 15% 的带宽。图 10.1(d) 所示是同轴 S 型扼流式短路活塞，它具有宽带特性。

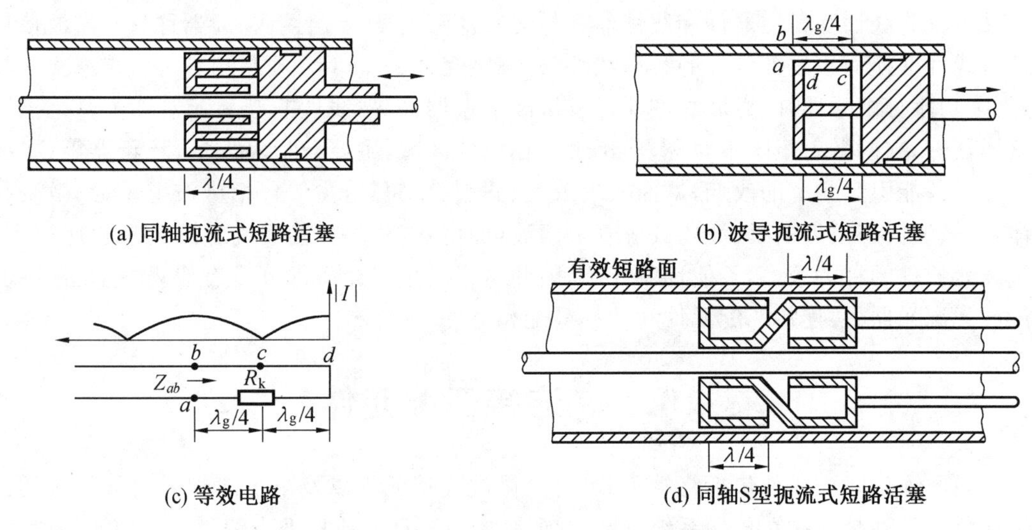

图 10.1　扼流式短路活塞及其等效电路

2. 匹配负载

匹配负载是一种几乎能吸收全部输入功率的单端口元件。对波导而言，一般在一段终端短路的波导内放置一块或几块劈形吸收片，吸收片由介质片（如陶瓷、胶木片等）涂以金属碎末或炭木制成，可以实现小功率匹配负载。如果将吸收片平行地放置在波导中电场最强处，在电场作用下吸收片就能强烈吸收微波能量，从而减小反射。劈尖的长度越长吸收效果越好，匹配性能越好，劈尖长度通常取半波长的整数倍。当波导内传输微波功率较大时，可在短路波导内放置楔形吸收体，如图 10.2(a)、图 10.2(b) 所示；或在波导外侧加装散热片以利于散热，如图 10.2(c) 所示；当传输微波功率特别大时，还可采用水负载，通过水的流动将热量带走，如图 10.2(d) 所示。

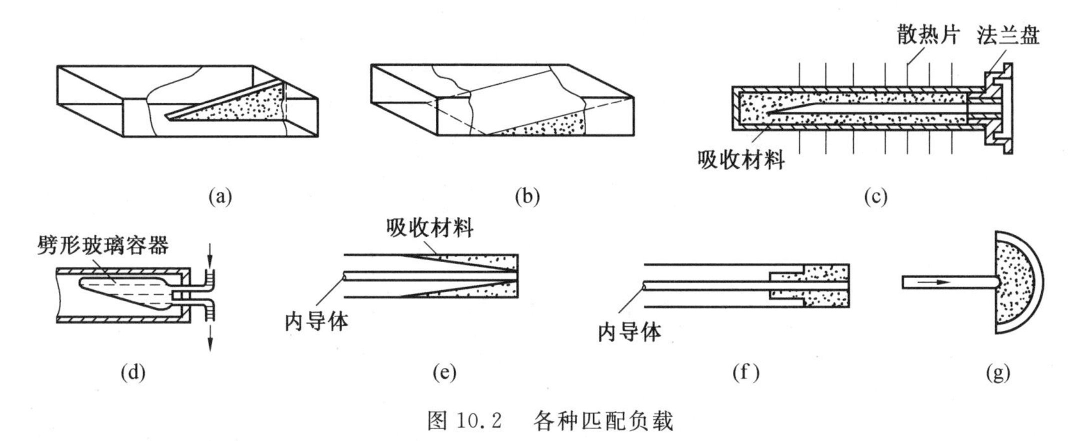

图 10.2　各种匹配负载

同轴线匹配负载是在同轴线内、外导体间放置阶梯形或圆锥形吸收体来实现的，如图 10.2(e)、图 10.2(f) 所示。微带匹配负载一般用半圆形的电阻作为吸收体，这种负载具有频带宽、功率容量大的特点，如图 10.2(g) 所示。

3. **失配负载**

失配负载是一种可以控制微波功率反射比例的元件，通常根据要求控制的反射程度制成一定驻波比的标准失配负载，主要用于微波测量。失配负载与匹配负载的制作方法相似，只需将匹配负载的尺寸适当调整，即可使之和原传输系统失配。例如，波导失配负载就是将匹配负载的波导窄边 b 改制成尺寸不同的标准波导窄边 b_0，使之产生一定的反射制成的。若设驻波比为 ρ，则有

$$\rho=\frac{b_0}{b}\ 或\ \frac{b}{b_0} \tag{10.1}$$

例如：3 cm 的波段标准波导 BJ－100 的窄边为 10.16 mm，若要求驻波比为 1.1，则失配负载的窄边为 9.236 mm。

10.1.2　微波连接元件

微波连接元件是将各种微波传输器件的输入和输出端连接起来构成所需的系统的装置，通常要求接触损耗小、驻波比低、工作容量大和工作频带宽等，属于二端口互易元件，主要包括波导接头、衰减器、相移器、转换接头等。

1. **波导接头**

波导接头通常可分为平法兰接头和扼流法兰接头，它们是借助于焊接在连接波导端口上的法兰盘来实现的。图 10.3(a) 所示为平法兰接头，其特点是结构简单、加工方便、体积小、工作频带宽，其驻波比可以做到小于 1.002，但对于接触面的机械加工光洁度要求较高，对连接孔的定位和法兰盘与波导盘的垂直度也要求较严。

图 10.3(b) 所示为扼流法兰接头，它是由一个刻有扼流槽的法兰和一个平法兰对接而成的，其特点是在没有机械接触的地方实现良好的电接触，对接触表面光洁度要求不高，功率容量大，但工作频带较窄，一般在 10％～12％ 频带范围内，其驻波比 $\rho\approx1.1$。因此扼流法兰接头通常用于高功率、窄频带的密封系统中，而平法兰接头常用于低功率、宽

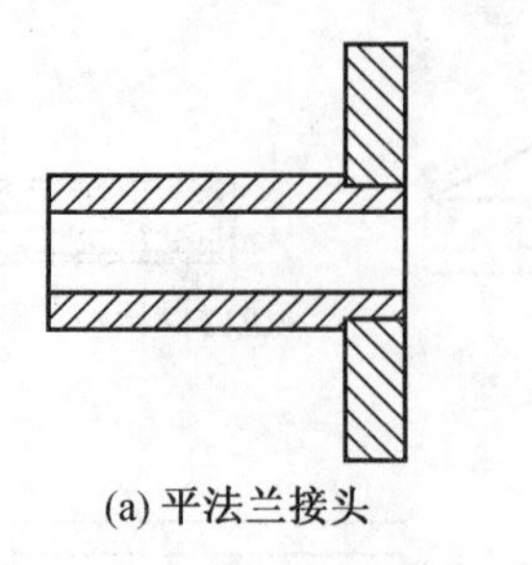

(a) 平法兰接头

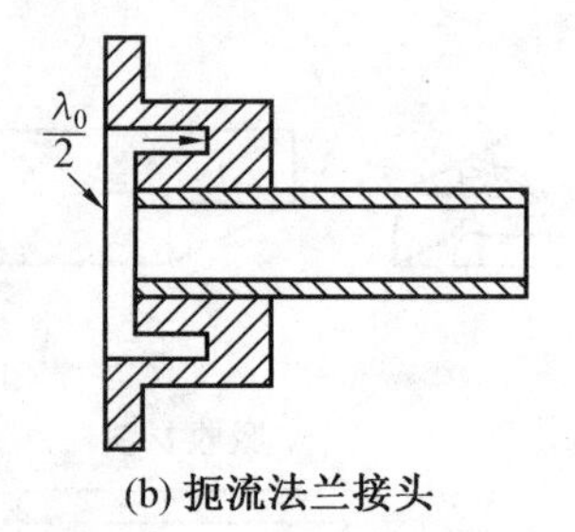

(b) 扼流法兰接头

图 10.3　波导法兰接头

频带的系统中。

波导连接头除了法兰接头之外，还有各种扭曲与弯转元件，用以满足不同的需要。当需要改变电磁波的极化方向而不改变其传输方向时，可以采用波导扭转元件，如图10.4(a)所示；当需要改变电磁波的方向时，可以采用波导弯曲。波导弯曲可分为E面弯曲和H面弯曲，分别如图10.4(b)、图10.4(c)所示。为了使反射最小，扭转长度应为$(2n+1)\lambda_g/4$，通常E面波导弯曲的曲率半径应满足$R\geqslant 1.5b$，H面弯曲的曲率半径应满足$R\geqslant 1.5a$。

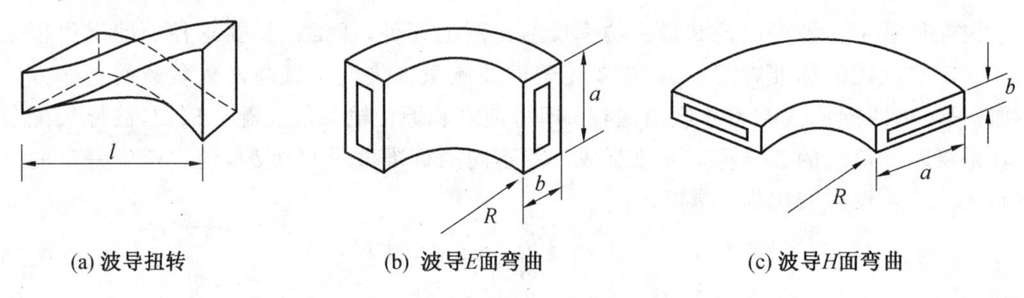

(a) 波导扭转　　(b) 波导E面弯曲　　(c) 波导H面弯曲

图 10.4　波导弯曲与扭转元件

2. 衰减器

衰减器是用来控制传输系统中电磁波振幅的元件，可以将微波功率衰减到所需的电平。衰减器是一个有耗的二端口互易网络。对于理想的衰减器，其散射矩阵应为

$$[S_a]=\begin{bmatrix}0 & e^{-\alpha l}\\ e^{-\alpha l} & 0\end{bmatrix} \tag{10.2}$$

衰减器的种类很多，按照其工作原理可分为吸收式、截止式、电调式、场移式等，其中最常见的是吸收式衰减器，它由在一段矩形波导中平行于电场方向放置且具有一定衰减量的吸收片构成，包括固定式和可变式两种，如图10.5所示。

吸收片可以由陶瓷片上蒸发一层厚度很薄的电阻金属膜或胶木板表面涂覆石墨构成，一般两端为尖劈形，用以减小或消除反射。因为矩形波导TE_{10}模在波导宽边中心位置的电场最强，逐渐向两边减小到零，所以当吸收片沿波导横向移动时，即可改变其衰减量。

3. 相移器

相移元件是用来改变传输系统中电磁波相位的元件，理想相移器的散射矩阵应为

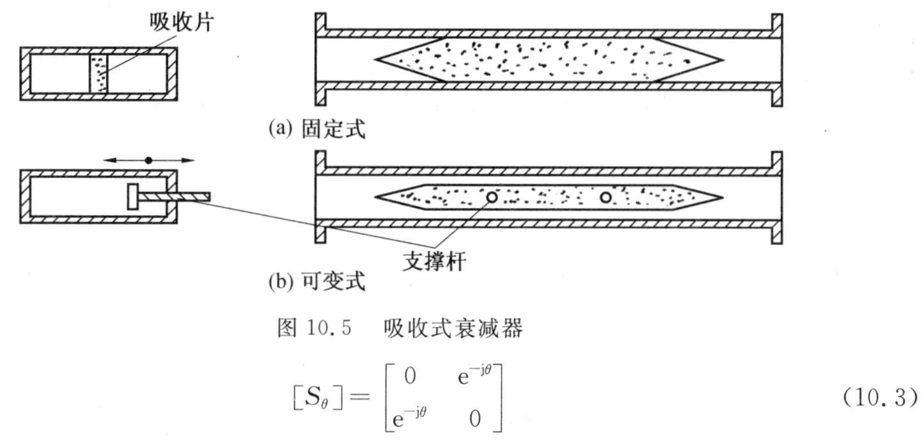

图 10.5　吸收式衰减器

$$[S_\theta]=\begin{bmatrix}0 & e^{-j\theta}\\ e^{-j\theta} & 0\end{bmatrix} \tag{10.3}$$

由传输线理论可知，当电磁波通过一段长度为 l 的传输系统后，相位变化为

$$\theta=\beta l=\frac{2\pi l}{\lambda_g} \tag{10.4}$$

由此可见，要改变传输系统的相位有两种方法：改变传输系统的机械长度；改变传输系统的相移系数 β。通常采用后一种方法来实现相位移动。因为 $\beta=\frac{2\pi}{\lambda_g}$，而对矩形波导中的 TE_{10} 模而言，由 $\lambda_g=\frac{\lambda}{\sqrt{1-(\frac{\lambda}{2a})^2}}$ 可知，改变波导宽边的尺寸 a 可以改变波导波长，以使相移 θ 发生改变。

此外，又因为 $\lambda=\frac{\lambda_0}{\sqrt{\mu_r\varepsilon_r}}$，所以当波导中填充相对介电常数为 ε_r 的介质时，其 λ_0 也随之改变，并导致 λ_g 同时发生变化，因此在波导中放置介质片也能改变相移 θ。因此，将上述衰减器的吸收片换成介电常数 $\varepsilon_r>1$ 的无耗介质片时，就构成了移相器。

4. 转换接头

在一个完整的微波系统中，通常需要将微波从一种传输系统（或元器件）转换到另一种传输系统（或元器件），此时就需要使用模式转换器，同轴波导激励器和方圆波导转换器等传输系统中都有模式转换器。在模式转换器的设计中，一方面要保证工作模式的转换，另一方面要保证形状转换时阻抗的匹配，以保证信号的有效传送。

另外，由于在电子干扰和雷达通信中经常用到圆极化波，而微波传输系统往往是线极化的，为此需要进行极化转换，这就需要极化转换器。由电磁场理论可知，一个圆极化波可以分解为空间互相垂直、相位相差 90°、幅度相等的两个线极化波；同样，一个线极化波也可以分解为空间互相垂直、幅度相等、相位相同的两个线极化波，所以只要设法将线极化波中的一个分量产生 90° 相移，再将两个分量合成便可以构成一个圆极化波。

常用的线－圆极化转换器有两种：多螺钉极化转换器和介质极化转换器（图 10.6）。这两种结构都是慢波结构，其相速要比空心圆波导小。如果变换器输入端输入的是线极化波，其 TE_{11} 模的电场与慢波结构所在平面成 45° 角，这个线极化分量将分解为垂直和平行于慢波结构所在平面的两个分量 E_u 和 E_v，它们在空间互相垂直，且都是主模 TE_{11}，只

要螺钉数足够多或介质板足够长，就可以使平行分量产生附加 90° 的相位滞后。于是，在极化转换器的输出端两个分量合成的结果便是一个圆极化波。至于是左极化还是右极化，要根据极化转换器输入端的线极化方向与慢波平面之间的夹角确定。

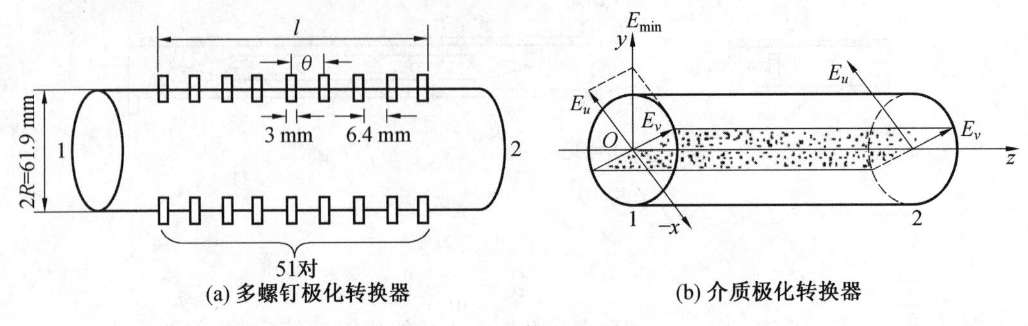

图 10.6　极化转换器

10.1.3　阻抗匹配元件

阻抗匹配元件种类很多，它们的作用是消除反射，提高传输效率，改善系统稳定性。这里主要介绍螺钉调配器、阶梯阻抗变换器和渐变型阻抗变换器三种。

1. 螺钉调配器

螺钉是低功率微波装置中普遍采用的调谐和匹配元件。在波导宽边中央插入可调螺钉作为调配元件，如图 10.7 所示。 螺钉深度的不同等效为不同的电抗元件，使用时为了避免波导短路击穿，螺钉都设计成容性，即螺钉旋入波导中的深度应小于 $3b/4$（b 为波导窄边尺寸）。由支节调配原理可知，多个相距一定距离的螺钉可构成螺钉阻抗调配器，不同的是这里支节用容性螺钉来代替。

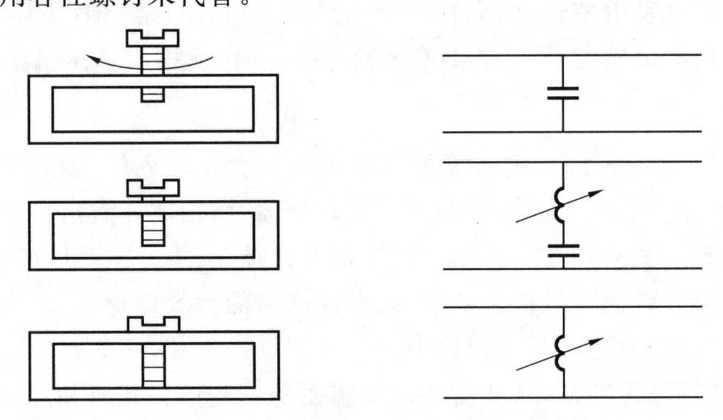

图 10.7　波导中的螺钉及其等效电路

螺钉调配器可分为单螺钉、双螺钉、三螺钉和四螺钉四种。单螺钉调配器通过调整螺钉的纵向位置和深度来实现匹配，如图 10.8(a) 所示；双螺钉调配器是在矩形波导中相距 $\lambda_g/8$、$\lambda_g/4$ 或 $3\lambda_g/8$ 等距离的两个螺钉构成的，如图 10.8(b) 所示。双螺钉调配器有匹配盲区，故有时采用三螺钉调配器，其工作原理在此不再赘述。由于螺钉调配器的螺钉间距与工作波长直接相关，因此螺钉调配器是窄频带的。

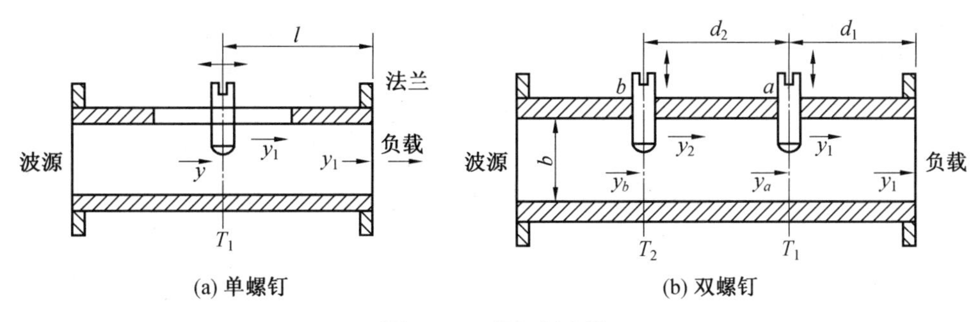

(a) 单螺钉　　(b) 双螺钉

图10.8　螺钉调配器

2. **多阶梯阻抗变换器**

用$\lambda/4$阻抗变换器可实现阻抗匹配,但严格来说,只有在特定频率上才满足匹配条件,因为$\lambda/4$阻抗变换器的工作频带是很窄的。

要使变换器在较宽的工作频带内仍可实现匹配,必须用多阶梯阻抗变换器,图10.9所示分别为波导、同轴线、微带的多阶梯阻抗变换器。它们都可等效为图10.10所示的电路。设多阶梯阻抗变换器共有N节,参考面分别为$T_0, T_1, T_2, \cdots, T_N$共$(N+1)$个,如果参考面上局部电压反射系数对称选取,即取$\Gamma_0=\Gamma_N, \Gamma_1=\Gamma_{N-1}, \Gamma_2=\Gamma_{N-2}, \cdots$,则输入参考面$T_0$上总电压反射系数$\Gamma$为

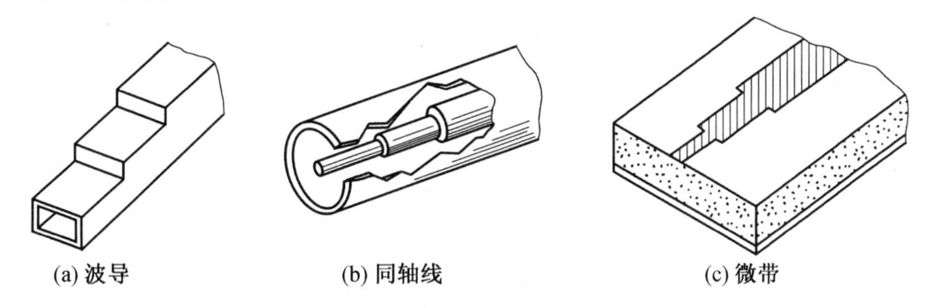

(a) 波导　　(b) 同轴线　　(c) 微带

图10.9　各种多阶梯阻抗变换器

$$\begin{aligned}\Gamma &= \Gamma_0 + \Gamma_1 e^{-j2\theta} + \Gamma_2 e^{-j4\theta} + \cdots + \Gamma_{N-1} e^{-j2(N-1)\theta} + \Gamma_N e^{-j2N\theta} \\ &= (\Gamma_0 + \Gamma_N e^{-j2N\theta}) + (\Gamma_1 e^{-j2\theta} + \Gamma_{N-1} e^{-j2(N-1)\theta}) + \cdots \\ &= e^{-jN\theta}[\Gamma_0(e^{jN\theta} + e^{-jN\theta}) + \Gamma_1(e^{-j(N-2)\theta} + e^{j(N-2)\theta}) + \cdots] \\ &= 2e^{-jN\theta}[\Gamma_0 \cos N\theta + \Gamma_1 \cos(N-2)\theta + \cdots]\end{aligned} \tag{10.5}$$

于是反射系数模值为

$$|\Gamma| = |\Gamma_0 \cos N\theta + \Gamma_1 \cos(N-2)\theta + \cdots| \tag{10.6}$$

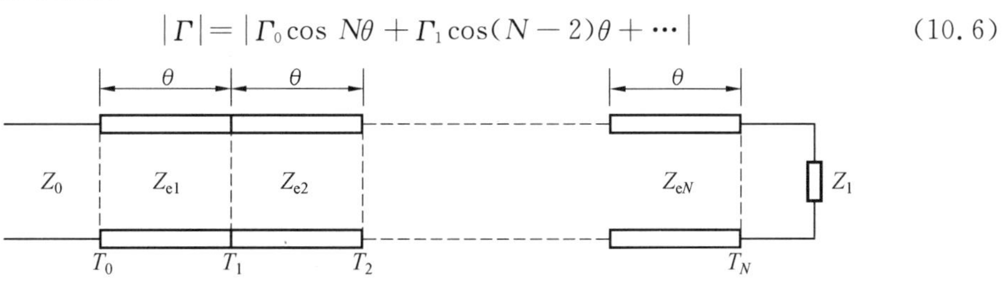

图10.10　多阶梯阻抗变换器的等效电路

当 $\Gamma_0, \Gamma_1, \cdots$ 值给定时，上式右端为余弦函数 $\cos\theta$ 的多项式，满足 $|\Gamma|=0$ 的 $\cos\theta$ 有很多解，亦即有许多 λ_g 使 $|\Gamma|=0$。这就是说，在许多工作频率上都能实现阻抗匹配，从而拓宽了频带。显然，阶梯级数越多，频带越宽。

10.2　功率分配元器件

在微波系统中，往往需将一路微波功率按比例分成几路，这就是功率分配问题。实现这一功能的元件称为功率分配元器件，主要包括定向耦合器、功率分配器以及各种微波分支器件。这些元器件一般都是线性多端口互易网络，因此可用微波网络理论进行分析。

10.2.1　定向耦合器

定向耦合器是一种具有定向传输特性的四端口元件，它是由耦合装置联系在一起的两对传输系统构成的，如图 10.11 所示，图中 ①、② 是一条传输系统，称为主线；③、④ 为另一条传输系统，称为副线。耦合装置的耦合方式有许多种，一般有孔、分支线、耦合线等。本节首先介绍定向耦合器的性能指标，然后分别介绍波导双孔定向耦合器和双分支定向耦合器。

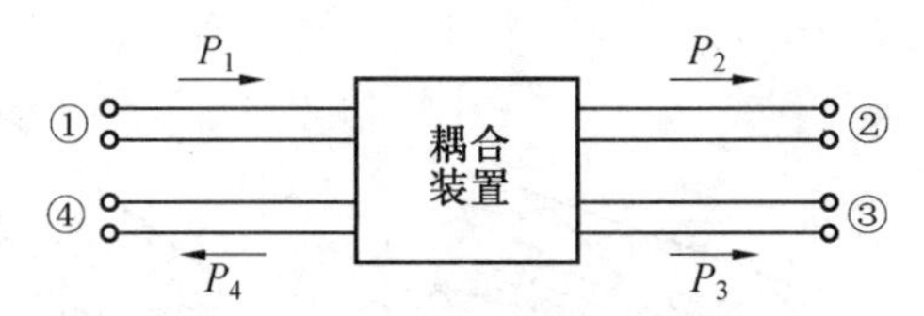

图 10.11　定向耦合器的原理图

1. 定向耦合器的性能指标

定向耦合器是四端口网络，端口 ① 为输入端，端口 ② 为直通输出端，端口 ③ 为耦合输出端，端口 ④ 为隔离端，并设其散射矩阵为[S]。描述定向耦合器的性能指标有耦合度、隔离度、定向度、输入驻波比和工作带宽，下面分别加以介绍。

(1) 耦合度。

输入端 ① 的输入功率 P_1 和耦合端 ③ 的输出功率 P_3 之比定义为耦合度，记作 C。

$$C = 10\lg\frac{P_1}{P_3} = 20\lg\frac{1}{|S_{13}|}\ (\mathrm{dB}) \tag{10.7}$$

(2) 隔离度。

输入端 ① 的输入功率 P_1 和隔离端 ④ 的输出功率 P_4 之比定义为隔离度，记作 I。

$$I = 10\lg\frac{P_1}{P_4} = 20\lg\left|\frac{1}{S_{14}}\right|\ (\mathrm{dB}) \tag{10.8}$$

(3) 定向度。

耦合端 ③ 的输出功率 P_3 与隔离端 ④ 的输出功率 P_4 之比定义为定向度，记作 D。

$$D = 10\lg\frac{P_3}{P_4} = 20\lg\left|\frac{S_{13}}{S_{14}}\right| = 20\lg\left|\frac{1}{S_{14}}\right| + 20\lg|S_{13}| = I - C\quad (\mathrm{dB}) \tag{10.9}$$

(4) 输入驻波比。

端口 ②、③、④ 都接匹配负载时的输入端口 ① 的驻波比定义为输入驻波比，记作 ρ。

$$\rho=\frac{1+|S_{11}|}{1-|S_{11}|} \tag{10.10}$$

(5) 工作带宽。

工作带宽是指定向耦合器的上述 C、I、D、ρ 等参数均满足要求时的工作频率范围。

2. 波导双孔定向耦合器

波导双孔定向耦合器是最简单的波导定向耦合器，主、副波导通过其公共窄壁上两个相距 $d=(2n+1)\lambda_{g0}/4$ 的小孔实现耦合。其中，λ_{g0} 是中心频率所对应的波导波长，n 为正整数，一般取 $n=0$。耦合孔一般是圆形，也可以是其他形状。波导双孔定向耦合器的结构如图 10.12(a) 所示，下面简单介绍其工作原理。

根据耦合器的耦合机理，画出如图 10.12(b) 所示的原理图。设端口 ① 入射 TE_{10} 波 ($u_1^+=1$)，第一个小孔耦合到副波导中的归一化出射波为 $u_{41}^-=q$ 和 $u_{31}^-=q$，q 为小孔耦合系数。假设小孔很小，到达第二个小孔的电磁波能量不变，只是引起相位差(βd)，第二个小孔处耦合到副波导处的归一化出射波分别为 $u_{42}^-=q\mathrm{e}^{-\mathrm{j}\beta d}$ 和 $u_{32}^-=q\mathrm{e}^{-\mathrm{j}\beta d}$，在副波导输出端口 ③ 合成的归一化出射波为

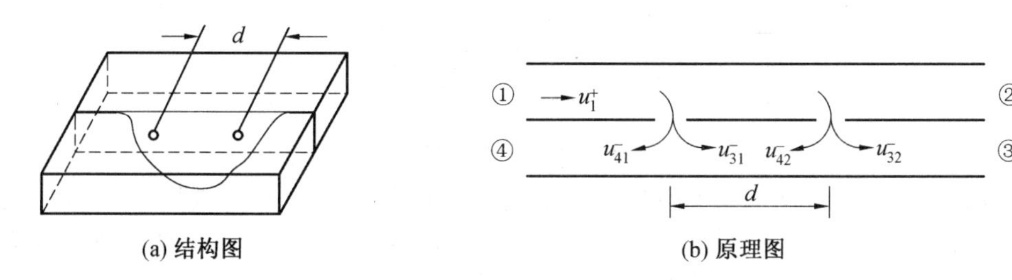

图 10.12　波导双孔定向耦合器

$$u_3^-=u_{31}^-\mathrm{e}^{-\mathrm{j}\beta d}+u_{32}^-=2q\mathrm{e}^{-\mathrm{j}\beta d} \tag{10.11}$$

副波导输出端口 ④ 合成的归一化出射波为

$$u_4^-=u_{41}^-+u_{42}^-\mathrm{e}^{-\mathrm{j}\beta d}=q(1+\mathrm{e}^{-\mathrm{j}2\beta d})=2q\cos\beta d\,\mathrm{e}^{-\mathrm{j}\beta d} \tag{10.12}$$

由此可得波导双孔定向耦合器的耦合度为

$$C=20\lg\left|\frac{u_1^+}{u_3^-}\right|=-20\lg|2q|\quad(\mathrm{dB}) \tag{10.13}$$

小圆孔耦合的耦合系数为

$$q=\frac{1}{ab\beta}\left(\frac{\pi}{a}\right)^2\frac{4}{3}r^3 \tag{10.14}$$

式中，a、b 分别为矩形波导的宽边和窄边；r 为小孔的半径；β 是 TE_{10} 模的相移常数。而波导双孔定向耦合器的定向度为

$$D=20\lg\left|\frac{u_3^-}{u_4^-}\right|=20\lg\frac{2|q|}{2|\cos\beta d|}=20\lg|\sec\beta d| \tag{10.15}$$

当工作在中心频率时，$\beta d=\pi/2$，此时 $D\to\infty$；当偏离中心频率时，$\sec\beta d$ 具有一定的

数值，此时 D 不再为无穷大。实际上双孔耦合器即使在中心频率上，其定向性也不是无穷大，而只能在 30 dB 左右。由式(10.15)可见，这种定向耦合器是窄带的。

总之，波导双孔定向耦合器是依靠波的相互干涉实现主波导的定向输出，在耦合口上同相叠加，在隔离口上反相抵消。为了增加定向耦合器的耦合度，拓宽工作频带，可采用多孔定向耦合器，关于这方面的知识，读者可参阅有关文献。

3. **双分支定向耦合器**

双分支定向耦合器由主线、副线和两条分支线组成，其中分支线的长度和间距均为中心波长的 1/4，如图 10.13 所示。设主线入口线 ① 的特性阻抗为 $Z_1=Z_0$，主线出口线 ② 的特性阻抗为 $Z_2=Z_0k$（k 为阻抗变换比），副线隔离端 ④ 的特性阻抗为 $Z_4=Z_0$，副线耦合端 ③ 的特性阻抗为 $Z_3=Z_0k$，平行连接线的特性阻抗为 Z_{0p}，两个分支线特性阻抗分别为 Z_{t1} 和 Z_{t2}。下面来讨论双分支定向耦合器的工作原理。

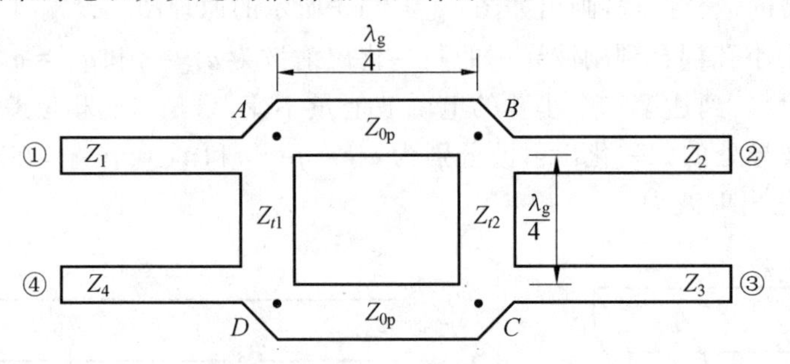

图 10.13　双分支定向耦合器

假设输入电压信号从端口 ① 经 A 点输入，则到达 D 点的信号有两路，一路是由分支线直达，其波行程为 $\lambda_g/4$，另一路由 $A\to B\to C\to D$，波行程为 $3\lambda_g/4$；故两条路径到达的波行程差为 $\lambda_g/2$，相应的相位差为 π，即相位相反。因此，若选择合适的特性阻抗，使到达的两路信号的振幅相等，则端口 ④ 处的两路信号相互抵消，从而实现隔离。

同样由 $A\to C$ 的两路信号为同相信号，故在端口 ③ 有耦合输出信号，即端口 ③ 为耦合端。耦合端输出信号的大小同样取决于各线的特性阻抗。

下面给出微带双分支定向耦合器的设计公式。设耦合端 ③ 的反射波电压为 $|U_{3r}|$，则该耦合器的耦合度为

$$C=10\lg\frac{k}{|U_{3r}|^2}\quad(\mathrm{dB})\tag{10.16}$$

各线的特性阻抗与 $|U_{3r}|$ 的关系式为

$$Z_{0p}=Z_0\sqrt{k-|U_{3r}|^2}\tag{10.17a}$$

$$Z_{t1}=\frac{Z_{0p}}{|U_{3r}|}\tag{10.17b}$$

$$Z_{t2}=\frac{Z_{0p}k}{|U_{3r}|}\tag{10.17c}$$

可见，只要给出要求的耦合度 C 及阻抗变换比 k，即可由式(10.16)算得 $|U_{3r}|$，再由式(10.17)算得各线特性阻抗，就可设计出相应的定向耦合器。对于耦合度为 3 dB、阻抗

变换比 $k=1$ 的特殊定向耦合器，称为3 dB定向耦合器，它通常用在平衡混频电路中。此时

$$Z_{0p}=\sqrt{2}Z_0 \tag{10.18a}$$

$$Z_{t1}=Z_{t2}=Z_0 \tag{10.18b}$$

$$|U_{3r}|=\frac{1}{\sqrt{2}} \tag{10.18c}$$

此时散射矩阵为

$$[S]=-\frac{1}{\sqrt{2}}\begin{bmatrix}0 & j & 1 & 0\\ j & 0 & 0 & 1\\ 1 & 0 & 0 & j\\ 0 & 1 & j & 0\end{bmatrix} \tag{10.19}$$

分支线定向耦合器的带宽受 $\lambda_g/4$ 的限制，一般可做到10%～20%，若要求频带更宽，可采用多节分支耦合器。

10.2.2　功率分配器

将一路微波功率按一定比例分成 n 路输出的功率元件称为功率分配器。按输出功率比例不同，可分为等功率分配器和不等功率分配器。在结构上，大功率往往采用同轴线而中小功率常采用微带线。下面介绍两路微带功率分配器以及微带环形电桥的工作原理。

1. 双路微带功率分配器

双路微带功率分配器的平面结构如图10.14所示，其中输入端口特性阻抗为 Z_0，分成的两段微带线电长度为 $\lambda_g/4$，特性阻抗分别是 Z_{02} 和 Z_{03}，终端分别接有电阻 R_2 和 R_3。功率分配器的基本要求如下：

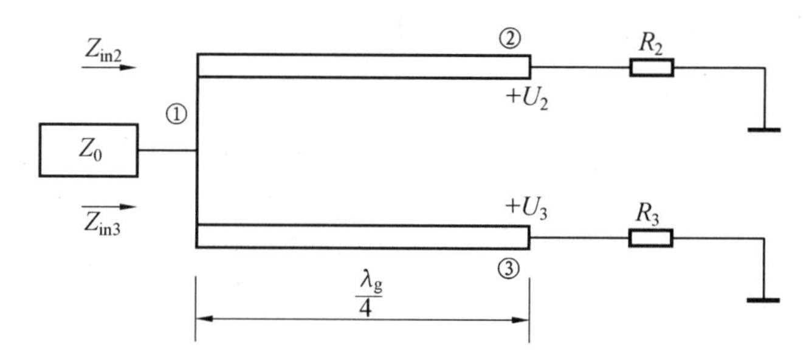

图10.14　两路微带功率分配器的平面结构

(1) 端口①无反射。

(2) 端口②、③输出电压相等且同相。

(3) 端口②、③输出功率比值为任意指定值，设为 $1/k^2$。

根据以上三条有

$$U_2=U_3 \tag{10.20a}$$

$$\frac{1}{Z_{in2}}+\frac{1}{Z_{in3}}=\frac{1}{Z_0} \tag{10.20b}$$

$$\left(\frac{1}{2}\frac{U_2^2}{R_2}\right)/\left(\frac{1}{2}\frac{U_3^2}{R_3}\right)=\frac{1}{k^2} \tag{10.20c}$$

$$Z_{\text{in}2}=\frac{Z_{02}^2}{R_2} \tag{10.21a}$$

$$Z_{\text{in}3}=\frac{Z_{03}^2}{R_3} \tag{10.21b}$$

这样共有 R_2、R_3、Z_{02}、Z_{03} 四个参数而只有三个约束条件，故可任意指定其中的一个参数，现设 $R_2=kZ_0$，于是由式(10.20) 和式(10.21) 可得其他参数：

$$Z_{02}=Z\sqrt{k(1+k^2)} \tag{10.22a}$$

$$Z_{03}=Z_0\sqrt{(1+k^2)/k^3} \tag{10.22b}$$

$$R_3=\frac{Z_0}{k} \tag{10.22c}$$

实际的功率分配器终端负载往往是特性阻抗为 Z_0 的传输线，而不是纯电阻，此时可用 $\lambda_g/4$ 阻抗变换器将其变为所需电阻，另一方面，U_2、U_3 等幅同相，在 ②、③ 端跨接电阻 R_j，既不影响功率分配器性能，又可增加隔离度。于是实际功率分配器平面结构如图 10.15 所示，其中 Z_{04}、Z_{05} 及 R_j 由以下公式确定：

$$Z_{04}=\sqrt{R_2Z_0}=Z_0\sqrt{k} \tag{10.23a}$$

$$Z_{05}=\sqrt{R_3Z_0}=\frac{Z_0}{\sqrt{k}} \tag{10.23b}$$

$$R_j=Z_0\,\frac{1+k^2}{k} \tag{10.23c}$$

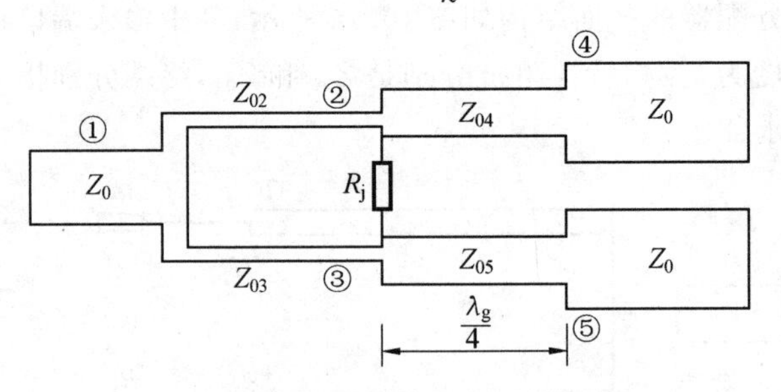

图 10.15　实际功率分配器平面结构

2. 微带环形电桥

微带环形电桥是在波导环形电桥基础上发展起来的一种功率分配元件，其结构原理图如图 10.16 所示，它由全长为 $3\lambda_g/2$ 的环及与它相连的四个分支组成，分支与环并联。其中端口 ① 为输入端，该端口无反射；端口 ②、④ 等幅同相输出；端口 ③ 为隔离端，无输出。其工作原理可用类似定向耦合器的波程叠加方法进行分析。在这里不做详细分析，只给出其特性参数应满足的条件。

设环路各段归一化特性导纳分别为 a、b、c，而四个分支的归一化特性导纳为 1。则满足上述端口输入输出条件下，各环路段的归一化特性导纳为

$$a=b=c=\frac{1}{\sqrt{2}} \tag{10.24}$$

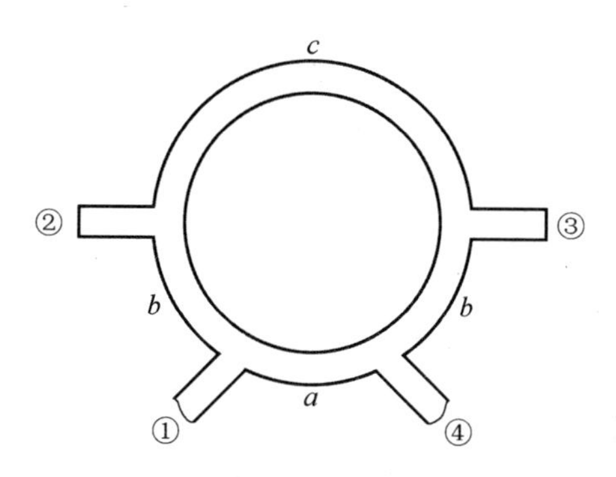

图10.16　微带环形电桥的结构原理图

而对应的散射矩阵为

$$[S]=\frac{1}{\sqrt{2}}\begin{bmatrix}0 & -\mathrm{j} & 0 & -\mathrm{j}\\ -\mathrm{j} & 0 & \mathrm{j} & 0\\ 0 & \mathrm{j} & 0 & -\mathrm{j}\\ -\mathrm{j} & 0 & -\mathrm{j} & 0\end{bmatrix} \tag{10.25}$$

10.2.3　波导分支器

将微波能量从主波导中分路接出的元件称为波导分支器，它是微波功率分配器件的一种，常用的波导分支器有E－T分支、H－T分支和匹配双T。

1. E－T**分支**

E－T分支器是在主波导宽边面上的分支，其轴线平行于主波导的TE_{10}模的电场方向，其结构及等效电路如图10.17所示。由等效电路可见，E－T分支相当于分支波导与主波导串联。

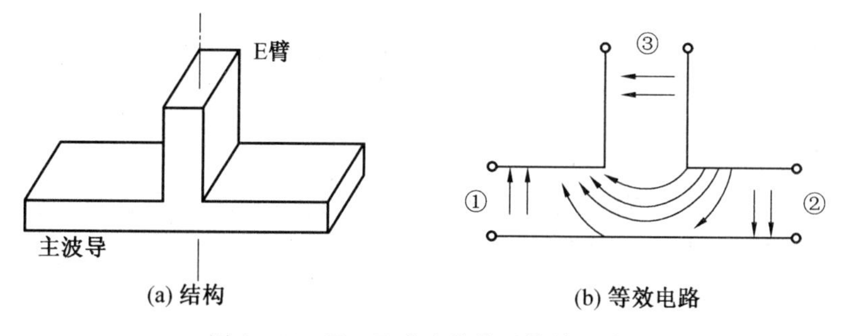

图10.17　E－T分支结构及等效电路

当微波信号从端口③输入时，平均地分给端口①、②，但两端口是等幅反相的；当微波信号从端口①、②反相激励时，则在端口③合成输出最大；而当微波信号从端口①、②同相激励时，端口③将无输出。由此可得E－T分支的[S]参数为

$$[S]=\begin{bmatrix} \frac{1}{2} & \frac{1}{2} & \frac{1}{\sqrt{2}} \\ \frac{1}{2} & \frac{1}{2} & -\frac{1}{\sqrt{2}} \\ \frac{1}{\sqrt{2}} & -\frac{1}{\sqrt{2}} & 0 \end{bmatrix} \tag{10.26}$$

2. H－T **分支**

H－T 分支是在主波导窄边面上的分支，其轴线平行于主波导 TE_{10} 模的磁场方向，其结构及等效电路如图 10.18 所示。由图可见，H－T 分支相当于并联于主波导的分支线。

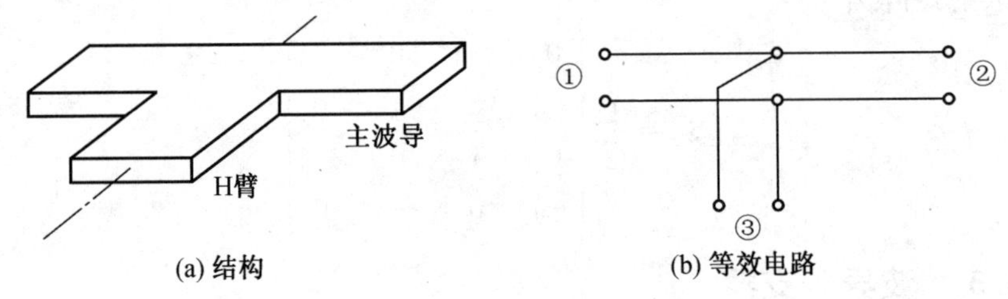

图 10.18 H－T 分支结构及等效电路

当微波信号从端口③输入时，平均地分给端口①、②，这两端口得到的是等幅同相的 TE_{10} 波；当在端口①、②同相激励时，端口③合成输出最大；而当在端口①、②反相激励时，端口③将无输出。H－T 分支的散射矩阵为

$$[S]=\begin{bmatrix} \frac{1}{2} & \frac{1}{2} & \frac{1}{\sqrt{2}} \\ \frac{1}{2} & \frac{1}{2} & \frac{1}{\sqrt{2}} \\ \frac{1}{\sqrt{2}} & \frac{1}{\sqrt{2}} & 0 \end{bmatrix} \tag{10.27}$$

3. **匹配双** T

将 E－T 分支和 H－T 分支合并，并在接头内加匹配以消除各路的反射，则构成匹配双 T，也称为魔 T，如图 10.19 所示。它有以下特征：

(1) 四个端口完全匹配。

(2) 端口①、②对称，即有 $S_{11}=S_{22}$。

(3) 当端口③输入时，端口①、②有等幅同相波输出，端口④隔离。

(4) 当端口④输入时，端口①、②有等幅反相波输出，端口③隔离。

(5) 当端口①或②输入时，端口③、④等分输出而对应端口②或①隔离。

(6) 当端口①、②同时加入信号时，端口③输出两信号相量和的 $1/\sqrt{2}$ 倍，端口④输出两信号差的 $1/\sqrt{2}$ 倍。

因此，端口①、②所在的臂为平分臂，端口③、④所在的臂为隔离臂，端口③称为魔 T 的 H 臂或和臂，而端口④称为魔 T 的 E 臂或差臂。

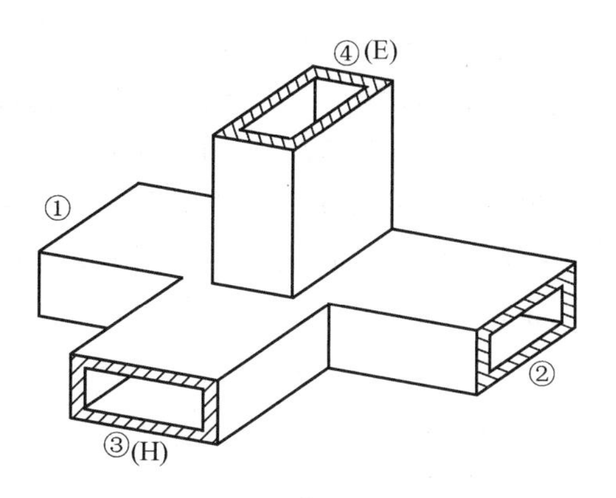

图 10.19　魔 T 的结构

根据以上分析，魔 T 各散射参数有以下关系：

$$S_{11}=S_{22} \tag{10.28a}$$

$$S_{13}=S_{31} \tag{10.28b}$$

$$S_{14}=-S_{24} \tag{10.28c}$$

$$S_{33}=S_{44}=0,\quad S_{34}=0 \tag{10.28d}$$

又因为网络是无耗的，则有

$$[S]^{+}[S]=[I] \tag{10.29}$$

以上两式经推导可得魔 T 的$[S]$矩阵为

$$[S]=\frac{1}{\sqrt{2}}\begin{bmatrix}0 & 0 & 1 & 1\\ 0 & 0 & 1 & -1\\ 1 & 1 & 0 & 0\\ 1 & -1 & 0 & 0\end{bmatrix} \tag{10.30}$$

总之，魔 T 具有对口隔离，邻口 3 dB 耦合（即功率平分）及完全匹配的关系，因此它在微波领域获得了广泛应用，尤其多用在雷达收发开关、混频器及移相器等场合。

本 章 小 结

(1) 在微波系统中，实现信号的产生、放大、变频、匹配、分配、滤波等功能的部件，称之为微波元器件。微波元器件按其变换性质可分为线性互易元器件、线性非互易元器件以及非线性元器件三大类，其中线性互易元器件只对微波信号进行线性变换而不改变频率特性，并满足互易定理，它主要包括各种微波连接匹配元件、功率分配元器件、微波滤波器件及微波谐振器件等。

(2) 微波连接匹配元件包括终端负载元件、微波连接元件以及阻抗匹配元器件三大类。终端负载元件是连接在传输系统终端实现终端短路、匹配或标准失配等功能的元件，是典型的一端口互易元件，主要包括短路负载、匹配负载和失配负载等。微波连接元件用以将作用不同的两个微波系统按一定要求连接起来，是二端口互易元件，主要包括波导接头、衰减器、相移器及转换接头等；阻抗匹配元器件是用于调整传输系统与终端之间阻抗匹配的器件，其主要作用是为了消除反射，提高传输效率，改善系统稳定性，主要包括螺钉

调配器、多阶梯阻抗变换器及渐变型变换器等。

(3) 功率分配元器件是将一路微波功率按比例分成几路的线性多端口互易元件，可用微波网络理论进行分析，主要包括定向耦合器、功率分配器以及各种微波分支器件。

(4) 定向耦合器是一种是由耦合装置联系在一起的两对传输系统构成的具有定向传输特性的四端口元件，常用的有波导双孔定向耦合器、双分支定向耦合器。

(5) 定向耦合器的性能指标。

① 耦合度 C。

$$C = 10\lg \frac{P_1}{P_3} = 20\lg \frac{1}{|S_{13}|} \text{(dB)}$$

② 隔离度 I。

$$I = 10\lg \frac{P_1}{P_4} = 20\lg \left| \frac{1}{S_{14}} \right| \text{(dB)}$$

③ 定向度 D。

$$D = 10\lg \frac{P_3}{P_4} = 20\lg \left| \frac{S_{13}}{S_{14}} \right|$$

④ 输入驻波比。

$$\rho = \frac{1 + |S_{11}|}{1 - |S_{11}|}$$

⑤ 工作带宽是指定向耦合器的上述 C、I、D、ρ 等参数均满足要求时的工作频率范围。

(6) 微波功率分配器是将一路微波功率按一定比例分成 n 路输出的功率元件。按输出功率比例不同，可分为等功率分配器和不等功率分配器。在结构上，大功率往往采用同轴线，而中小功率常采用微带线。常用的功率分配器包括两路微带功率分配器和微带环形电桥。

(7) 两路微带功率分配器的参数设计公式如下：

$$\begin{cases} \dfrac{P_2}{P_3} = \dfrac{1}{k^2} \\ Z_{04} = \sqrt{R_2 Z_0} = Z_0 \sqrt{k} \\ Z_{05} = \sqrt{R_3 Z_0} = \dfrac{Z_0}{\sqrt{k}} \\ R_{\mathrm{j}} = Z_0 \dfrac{1 + k^2}{k} \end{cases}$$

(8) 波导分支器是将微波能量从主波导中分路接出的元件，常用的波导分支器有 E－T 分支、H－T 分支和匹配双 T。

①E－T 分支是在主波导宽边面上的分支，其轴线平行于主波导的 TE_{10} 模的电场方向。E－T 分支相当于分支波导与主波导串联。

②H－T 分支是在主波导窄边面上的分支，其轴线平行于主波导 TE_{10} 模的磁场方向。H－T 分支相当于并联于主波导的分支线。

③ 匹配双 T 是将 E－T 分支和 H－T 分支合并，且在接头内加匹配以消除各路的反

射，也称为魔 T，其散射矩阵[S]为

$$[S]=\frac{1}{\sqrt{2}}\begin{bmatrix}0 & 0 & 1 & 1\\0 & 0 & 1 & -1\\1 & 1 & 0 & 0\\1 & -1 & 0 & 0\end{bmatrix}$$

习　　题

10－1　有一驻波比为 1.75 的标准失配负载，标准波导尺寸为 $a\times b_0=2\times 1(\mathrm{cm}^2)$，当不考虑阶梯不连续性电容时，求失配波导的窄边尺寸 b_1。

10－2　在终端接负载的 BJ－32 波导中测得行波系数为 0.29，第一个电场波腹点距离负载 5.7 cm，工作波长为 10 cm，现采用螺钉匹配，求螺钉的位置和归一化电纳值。

10－3　一微带三端口功率分配器，$Z_0=100\ \Omega$，要求端口②与端口③输出功率之比 $P_2/P_3=1/4$，试计算 Z_{02}、Z_{03} 及隔离电阻 R。若端口①输入的总功率 P_1 为 150 mW，求输出功率 P_2 和 P_3。

10－4　有一个三端口元件，测得其[S]矩阵为

$$[S]=\begin{bmatrix}0 & 0.9995 & 0.1\\0.9995 & 0 & 0\\0.1 & 0 & 0\end{bmatrix}$$

此元件具有哪些性质？它是一个什么样的微波元件？

10－5　写出下列各种理想双端口元件的[S]矩阵：

(1) 理想衰减器。(2) 理想相移器。(3) 理想环形器。

10－6　试写出魔 T 的散射矩阵并简要分析其特性。

10－7　设某定向耦合器的耦合度为 33 dB，定向度为 24 dB，端口 1 的入射功率为 25 W，计算直通端口②和耦合端口③的输出功率。

10－8　一微带三端口功率分配器，$Z_0=50\ \Omega$，要求端口②与端口③输出功率之比 $P_2/P_3=1/4$，试计算 Z_{02}、Z_{03} 及隔离电阻 R。若端口①输入的总功率 P_1 为 200 mW，求输出功率 P_2 和 P_3。

10－9　双分支定向耦合器的结构如图所示，利用波程叠加法分析其工作原理。

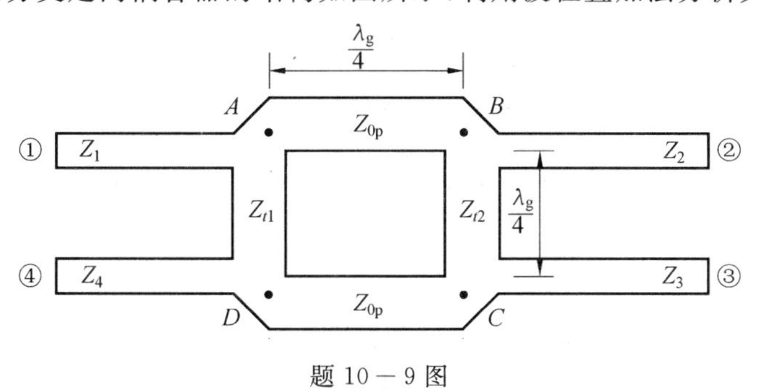

题 10－9 图

10－10　波导双孔定向耦合器如图所示，已知波导波长为 $\lambda_g = 14$ cm，两孔相距 $d = 3.45$ cm，求该定向耦合器的定向度。

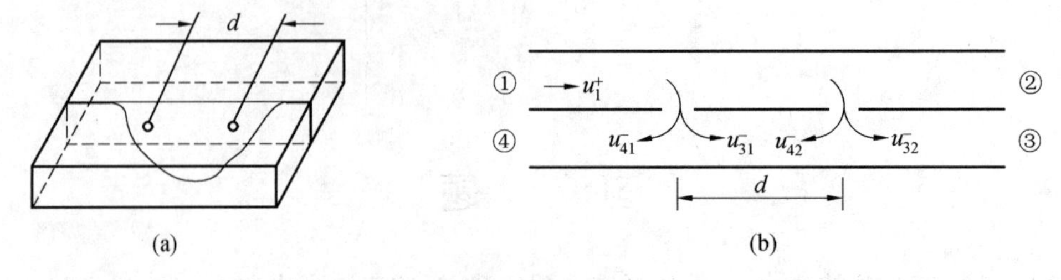

题 10－10 图

10－11　如图所示为一魔 T 电桥，端口 ③ 接匹配信号源，端口 ④ 接匹配的功率计，①、② 两端口各接一负载，它们的反射系数分别为 Γ_1 和 Γ_2，试求：

(1) 功率计上的功率指示值(列出输出功率 P_4 的表达式)。

(2) 若输入功率为 1 W，$\Gamma_1 = 0.1$，$\Gamma_2 = 0.3$，问此时功率的指示值。

(3) 若 $\Gamma_1 = \Gamma_2 = 0$，测得结果又如何？结果说明了什么？

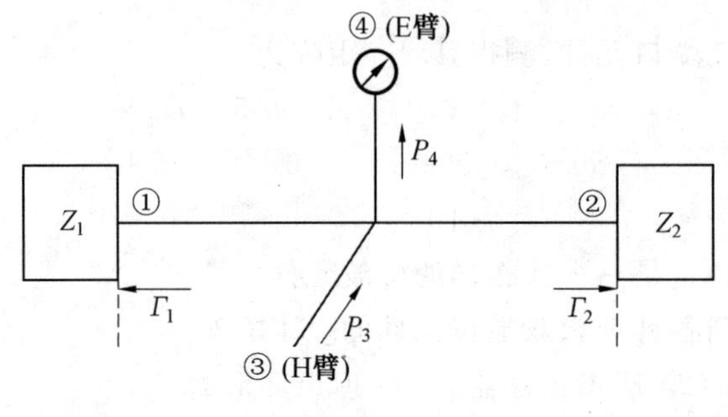

题 10－11 图

10－12　微带环形电桥的结构如图所示，其中 a 段和 b 段长度为 $\lambda/4$，c 段长度为 $3\lambda/4$，端口 ① 为输入端，端口 ② 和 ④ 为输出端，端口 ③ 为隔离端，利用波程叠加法分析其工作原理。

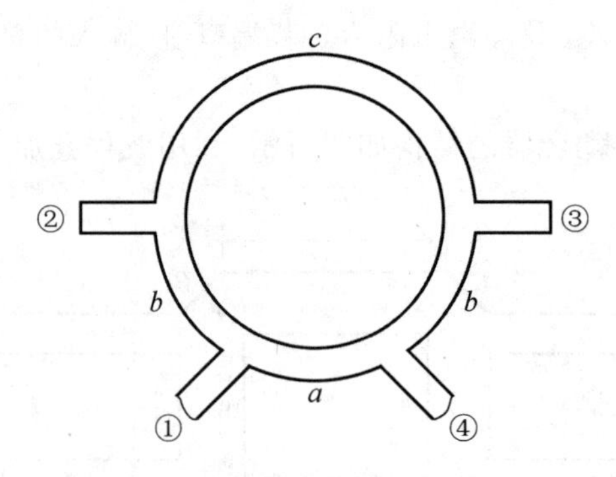

题 10－12 图

10－13　一匹配双 T 如图所示，功率自端口 ③ 输入，其值为 P_3，端口 ④ 接匹配负载，端口 ① 和 ② 所接负载均不匹配，其反射系数分别为 Γ_1 和 Γ_2，试证明端口 ④ 输出功率 P_4

与输入功率 P_3 之比为 $P_4/P_3=(\Gamma_1-\Gamma_2)(\Gamma_1-\Gamma_2)^*/4$。

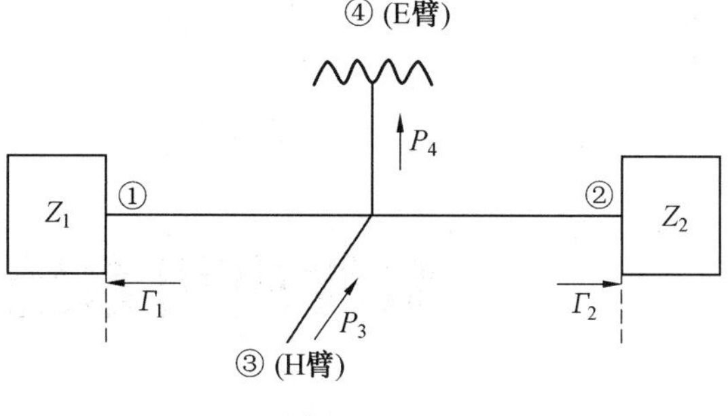

题10－13图

第11章

微波应用系统

11.1 雷　　达

11.1.1 概　　述

雷达是利用物体对电磁波的反射特性来发现目标并确定目标的距离、方位、高度及速度等参数的，是微波系统应用的典型例子。雷达设备中许多部件都是微波部件。雷达发射机工作时所发射信号的一部分由遥远的目标反射回来，然后通过高灵敏接收机进行检测。如果使用窄波束天线，就可由天线的位置准确地测出目标的方向；目标的距离是通过信号传送到目标并从目标反射回来所经历的时间来确定的，目标的径向速度也与返回信号的多普勒频移有关。雷达系统的典型应用包括：

(1) 公众应用。机场监视、海上导航、气象雷达、测量学、飞机着陆、夜间防盗、速度测量、测绘等。

(2) 军事应用。空间和海事导航，飞机、导弹、空间飞行器的检测和跟踪，导弹制导，导弹和火炮的点火控制，武器保险、侦察等。

(3) 科学应用。天文学绘图及成像、精密距离测量、自然资源遥感等。

11.1.2 雷达发射机的主要技术参数

根据雷达用途的不同，对发射机规定一些主要的质量指标，提出一些具体的技术参数，雷达发射机主要的性能指标通常用工作频率或频段、脉冲重复频率、脉冲宽度、输出功率、高频脉冲形式、总效率、频率稳定度等技术参数来描述。

1. 工作频率

雷达的工作频率 f_0 是指发射机输出射频信号的频率。目前雷达发射机的工作频率范围为3 MHz～300 GHz，大部分雷达工作在200 MHz～12 GHz频段。在雷达技术领域里常用L、S、C、X等英文字母来命名频段的名称，见表11.1。

表 11.1　雷达频段与雷达种类

频段名称	频率范围	雷达种类
HF(高频)	3 ～ 30 MHz	高频超视距警戒
VHF(甚高频)	30 ～ 300 MHz	超远程警戒
UHF(超高频)	300 ～ 1 000 MHz	超远程警戒
L	1 ～ 2 GHz	远程警戒,空中交通管制
S	2 ～ 4 GHz	中程警戒,机场交通管制,远程气象
C	4 ～ 8 GHz	远程跟踪,机械气象观测
X	9 ～ 12 GHz	远程跟踪,导弹制导,测绘海用,机械截击
Ku	12 ～ 18 GHz	高分辨率力地形测绘,卫星测高

雷达工作频率的选择,是一个考虑多种因素的复杂问题,涉及其发射功率管的功率容量,接收机的噪声系数、工作频率、天线增益、方向性及测角精度等问题。常规雷达一般是单一频率工作,但为了反干扰,现代雷达要求雷达的工作频率能迅速跳变。选择雷达发射机的工作波长时,应考虑下列因素:

(1) 当天线辐射波束的形状(即天线的方向性) 确定后,天线系统的尺寸随工作波长的缩短而减小,具体来说,波长越短,天线的方向性就越好。

(2) 电磁波的传播与波长有关。毫米波的传播受空气、云、雨、雾的吸收影响较小,但因会受地面反射的影响,因此天线的方向性也会受到影响。厘米波受地面反射的影响较小,但当波长小于 3 cm 时,受空气、云、雨、雾的吸收和散射影响较大。

(3) 工作波长越短,脉冲宽度越窄,这有利于提高距离分辨能力。因而应用毫米波可使雷达分辨能力大大提高。

(4) 因为发射管的输出功率随工作波长的缩短而减小,所以工作波长的选择还要考虑有没有合适的振荡管能够产生这一波长的振荡功率输出。同时,还要考虑接收机的灵敏度对所选定的波长能否达到要求。

根据上述因素,各种用途不同的雷达发射机,应按其特殊要求决定其工作波长。

空用及舰用雷达,由于受到体积及质量的严格限制,使用笨重庞大的天线是不合适的。因此,其工作波长通常选取在厘米波和毫米波波段。

地面炮瞄雷达,要考虑到转移阵地的灵活性及具有较好的方向性、较强的分辨能力和良好的跟踪性能,天线也不希望很大。因此,其工作波长的选择在厘米波和毫米波波段。

陆用警戒雷达,对天线体积的要求可以放宽一些,但要求发射功率大,作用距离远,故多选择在分米波和米波波段(米波发射管平均功率大,同时地面反射也有助于增加作用距离)。但从运输、维护及军事隐蔽等方面来看,工作波长过长也是不适宜的。

气象雷达应工作在对于气象现象(如云、雨、雾等) 有强烈反射的厘米波段或波长更短频段。

雷达发射机有单一波长工作的,也有能够在很窄的波段内变波长工作的(其波长可以变化的范围不大,约为百分之十)。为了避免敌人的有源干扰,设计出宽频带的雷达发射

机具有重大的实际意义。当雷达遇干扰时,发射机的工作波长能迅速地变换(从一个频率跳变到另一个频率)。这就要求设计宽频带的无惯性调谐的发射管。

2. 脉冲重复频率(或重复周期)

发射机每秒钟产生的高频脉冲个数,称为脉冲重复频率 f,其倒数称为脉冲重复周期 T,它等于相邻两个高频脉冲前沿的间隔时间,如图 11.1 所示。

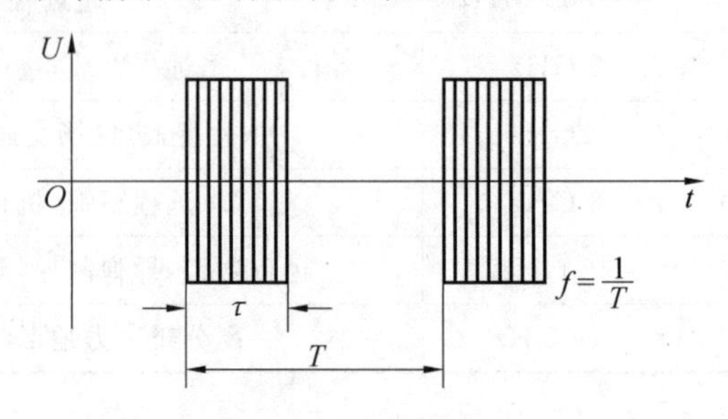

图 11.1 脉冲重复频率

雷达发射机的脉冲重复频率与其用途和种类有关,一般高频、超高频的远程警戒雷达的脉冲重复频率为几十赫兹至几百赫兹,而微波雷达的脉冲重复频率高达数千赫兹。脉冲重复频率一般由雷达定时器决定,其值可以固定,也可以根据战术或技术的需要按一定规律进行改变,如动目标显示雷达为了改善动目标系统的性能,要求发射机能适应脉冲重复频率变化的要求。

3. 脉冲宽度

脉冲雷达发射的高频脉冲持续时间称为脉冲宽度 τ,如图 11.1 所示。脉冲宽度 τ 的选择主要根据以下三个因素来确定:

(1) 雷达的作用距离。

(2) 脉冲宽度和雷达对目标的距离分辨力有关,τ 越小,距离分辨力越强。

(3) 脉冲宽度与接收机通频带的关系。τ 越小,则要求接收机的通频带越宽,这会给接收机的设计与制造带来困难。

4. 发射功率

发射机的输出功率可用脉冲功率 P_M 和平均功率 P_P 来表示。脉冲功率 P_M 是指高频脉冲持续期间的输出功率;平均功率 P_P 是指脉冲功率在一个重复周期 T 内的平均值。对常规脉冲雷达来说,它们的关系是

$$P_P=(\tau/T)P_M \tag{11.1}$$

厘米波雷达发射机采用多腔磁控管,最大脉冲功率可达几十兆瓦;分米波雷达发射机采用多腔速调管,脉冲功率可达数百兆瓦;米波雷达发射机一般应用超高频真空三极管。脉冲功率一般为数十千瓦到数百千瓦,最大的也可达数兆瓦。

5. 脉冲波形

雷达发射的脉冲高频振荡的包络,要求越接近矩形越好,有以下几个方面的原因:

(1) 当脉冲宽度 τ 一定时,矩形脉冲所包含的能量比任何其他波形(如三角形)所包含的能量大,所以通常选用矩形脉冲来调制高频振荡。

(2) 矩形脉冲计时精度最高,因而测距精度也最高,如图 11.2(a) 所示。

(3) 矩形脉冲,容易分辨出两个相邻目标,距离分辨力最强。

(4) 调制脉冲为矩形,使发射管的工作电压随时间变化很小,使发射管的功率和频率比较稳定,对接收质量影响小。

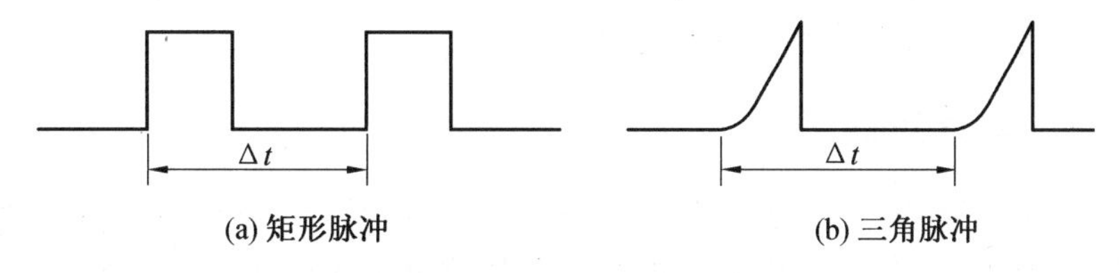

图 11.2　两种脉冲波形测距精度比较

现代雷达发射机的脉冲宽度,一般在 20 μs 以内。炮瞄雷达使用较窄的脉冲,因为它要求有很高的距离分辨力而其作用距离却不是很远;对预警雷达的要求则相反,常使用较宽的脉冲。

为了增大作用距离,目前采用"脉冲压缩技术",即以增加可以利用的发射管的平均功率来提高探测目标的能力。这一技术是在发射管脉冲功率不变的条件下,增大发射脉冲的宽度,且使其工作频率随时间做线性调频。这样,天线辐射出去的是一个宽脉冲线性调频的高频振荡。对接收机来说,需要将回波信号经过适当处理,使它通过一个具有线性时间延迟频率特性的匹配滤波器,将回波脉冲在时间上加以"压缩",使接收信号成为一个比发射脉冲窄得多的脉冲信号。

6. 高频脉冲形式

为适应不同类型、不同作用的雷达探测目标的需要,高频脉冲信号的形式也不同,常用的高频发射脉冲信号形式如图 11.3 所示。

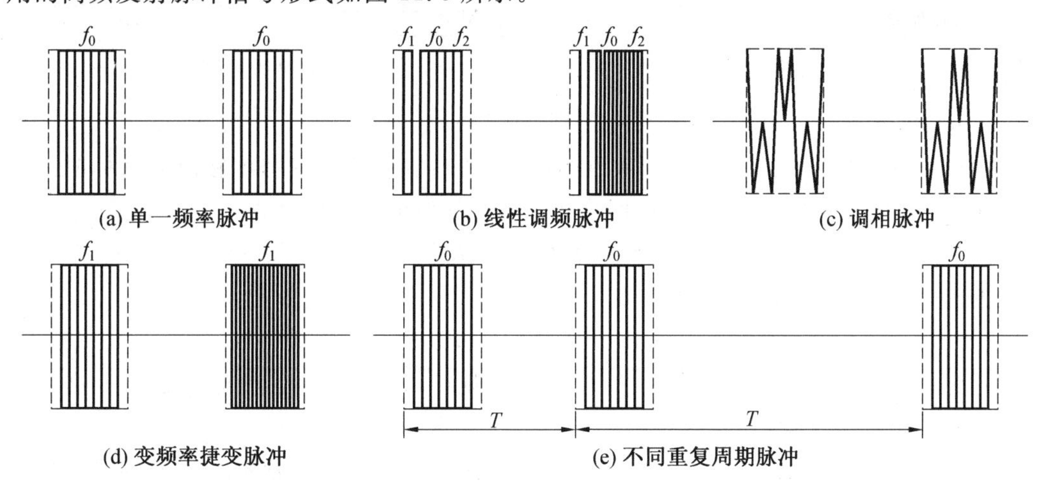

图 11.3　常用的高频发射脉冲信号形式

7. 工作频率稳定度

工作频率稳定度是指发射机工作频率的稳定状况。发射机的工作条件(如工作状态和环境)的改变引起工作频率的变化,称为频率偏移。如果频率发生偏移,会使接收机收

到的信号变弱或根本收不到信号，从而影响雷达的正常工作。

8. **总效率**

雷达发射机的总效率是指输出的平均功率 P_P 与输入消耗的功率(交、直流功率)P_{in} 之比，以 $\eta = P_P/P_{in}$ 表示。因为发射机通常是雷达机中最耗电的部分，所以提高发射机的总效率是发射机设计者努力解决的问题之一。

11.1.3 雷达方程

图 11.4 给出了收发合置与收发分置两种基本雷达系统。在收发合置系统中，发送和接收使用同一天线；在收发分置系统中，发送和接收分别使用独立的天线。大部分雷达是收发合置型的，但在某些应用(如导弹点火控制)中，用一个独立的发射天线指向目标。如果天线的增益为 G，发射机通过天线辐射功率为 P_t，则入射到目标的功率密度为

$$S_t = P_t G/(4\pi R^2) \tag{11.2}$$

式中，R 是天线到目标的距离(假设目标是位于天线的主波束方向上)，目标将使入射的功率向各个方向散射，在给定方向散射功率与入射功率密度之比定义为目标雷达横截面 σ，即

$$\sigma = P_s/S_t \tag{11.3}$$

式中，P_s 是目标散射的总功率。雷达横截面具有面积的量纲，而且是目标本身专有的，它取决于入射角和反射角以及入射波的极性。

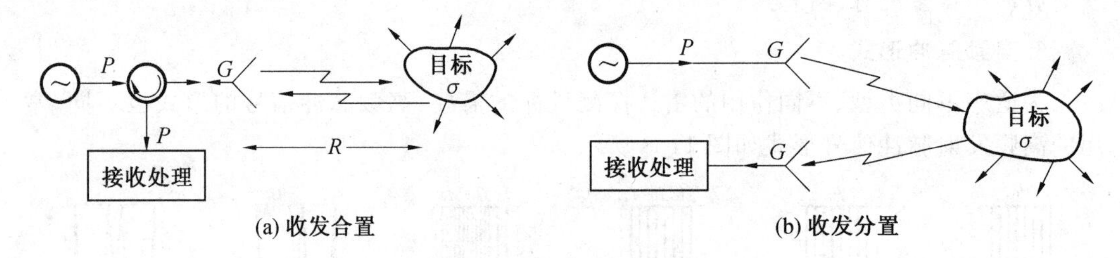

图 11.4　两种基本雷达系统

由于目标相当于一定大小的二次源的作用，其辐射场的功率密度在离开目标时一定会按 $1/(4\pi R^2)$ 衰减变化。因此，返回到接收天线的散射功率密度为

$$S_r = P_t G\sigma/(4\pi R^2)^2 \tag{11.4}$$

天线的有效面积为 $G\lambda^2/(4\pi)$，则接收功率为

$$P_r = P_t G^2 \lambda^2 \sigma/(4\pi)^3 R^4 \tag{11.5}$$

上式称为雷达方程。从接收的功率按 $1/R^4$ 变化规律可知，为了检测远距离目标，必须采用具有高灵敏度的低噪声接收机。

天线接收到噪声也同样在接收机产生噪声，这就出现接收机能够检测到的最小检测电平问题。如果此功率为 P_{min}，则可以得出最大距离为

$$R_{max} = [P_t G^2 \lambda^2 \sigma/(4\pi)^3 P_{min}]^{\frac{1}{4}} \tag{11.6}$$

雷达方程说明了雷达的作用距离与发射功率的四次方根成正比。当决定雷达作用距离的其他因素给定时，发射机的脉冲功率越大，雷达的作用距离就越远。采用信号处理技

术可以有效地降低最小检测电平，从而增大作用距离。脉冲雷达经常采用脉冲积分，这时将 N 个接收脉冲形成的序列在时间上积分，其效果是相对于返回的脉冲电平而言，降低了零均值的噪声电平，其改善因子近似为 N。

例 11.1　脉冲雷达工作在 10 GHz，天线增益为 28 dB，发射脉冲功率为 2 kW。要求检测一个横截面为 12 m^2 的目标，最低检测信号为 $P_{min}=-90$ dBm，计算该雷达的最大作用距离。

解　将增益 $G=10^{28/10}=631$，功率 $P_{min}=10^{-90/10}$ mW $=10^{-12}$ W，$\lambda=0.03$ m 代入式(11.6)中，计算得到最大作用距离为

$$R_{max}=[(2\times10^3)\times(631)^2\times(0.03)^2\times(12)/(4\pi)^3\times(10^{-12})]^{1/4}=8\ 114(\mathrm{m})$$

11.1.4　脉冲雷达

脉冲雷达是通过测量脉冲微波信号的往返时间来确定目标的距离。图 11.5 所示是一个典型的脉冲雷达系统方框图，发射机通过上边带混频使微波振荡器频率 f_0 输出为 f_0+f_{IF}。经过功率放大后，脉冲信号送到天线发射。发射/接收开关由脉冲发生器控制，发射信号的脉冲宽度为 τ，脉冲重复频率(Pulse Recurrence Frequency，PRF) 为 $f_r=1/T_r$。因此，发射脉冲由频率为 f_0+f_{IF} 的微波信号脉冲串组成。典型的脉冲宽度为 100 ms ～50 ns；脉冲越窄，距离的分辨率越高。典型的 PRF 范围为 100 Hz ～ 100 kHz，PRF 越高，单位时间给出的返回脉冲越多，可提高整机性能。

返回的信号在接收机中放大后，再与频率为 f_0 的本振混频，以产生要求的中频信号。本振既用于发射机中的上变频，也用于接收机中的下变频，这能使系统得到简化，而且避免了频移问题。IF 信号放大和检波后，送到视频放大和显示部分。为了覆盖 360° 方位，搜索雷达需要使用连续旋转天线。这时，显示器上显示出目标距离和角度的极坐标图形。现代雷达都是采用计算机处理检测信号，并可实现全数字化显示目标的信息。

脉冲雷达中的发射/接收开关实际上执行两种功能：形成发送脉冲串；在发射机和接收机之间实现自动切换天线。后者称为双工功能。原则上，双工功能也可以用一个环行器实现；但是，对发射机和接收机之间的环行器隔离度要求很高(80 ～ 100 dB)，以防止发射信号泄漏到接收机从而损坏接收机。由于环行器典型的隔离度只有 20 ～ 30 dB，因此还必须有高隔离度的开关。如果需要，也可在发射机电路通道中，附加开关来得到更高的隔离度。从图 11.5 可知，混频器及其左边的电路全部由微波器件组成。

常用的雷达体制如下：

(1) 常规脉冲雷达。

该体制雷达对发射机的稳定度没有严格的要求，所以总是选用单级振荡式发射机。为保证发射机信号频谱能量的主要部分落在接收机通频带内，要求信号的频谱宽度没有明显展宽，频谱形状没有明显失真。对磁控管振荡器，信号频谱的展宽和失真主要是调制脉冲波形不好引起的；对超高频三、四极管振荡器，由于电压变化引起频率变化不大，因此对调制器要求较松。由于接收机常用自动频率微调来跟踪发射机的频率变化，允许频率变化，但变化不能大，若用反射速调管做本振，在 10 cm 波段允许变化为 2 ～ 3 MHz，在 3 cm 波段允许变化为 10 ～ 15 MHz。

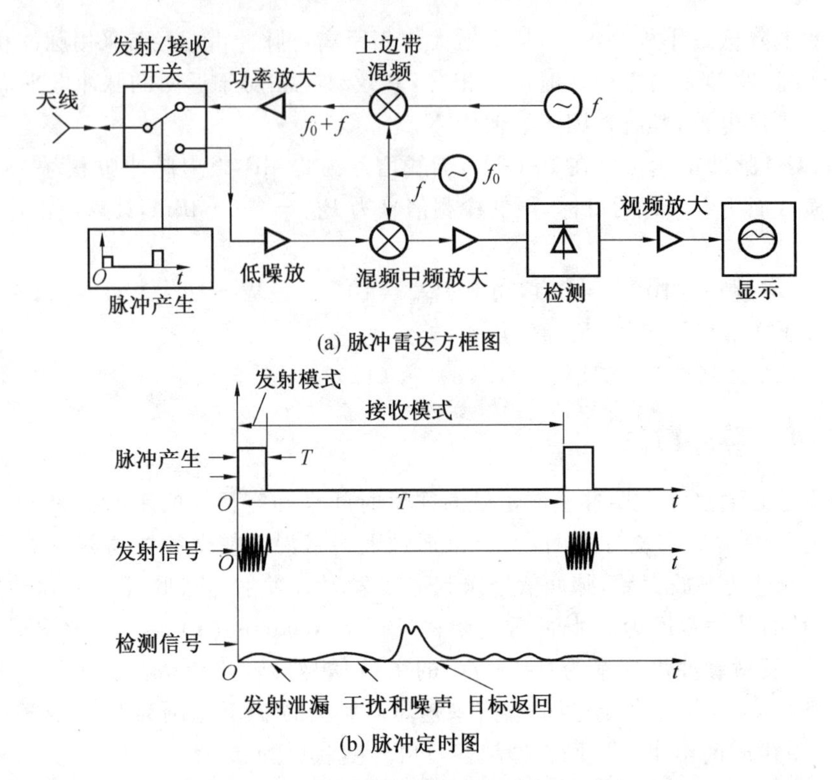

图 11.5 脉冲雷达系统方框图和定时图

（2）脉冲压缩雷达。

该体制雷达用以发射宽的编码脉冲，接收时对回波脉冲进行处理，压缩成窄脉冲，既能达到宽脉冲高的探测能力，又可保持窄脉冲好的距离分辨力。从发射机角度看，要增加探测距离，就要提高其平均功率。为此，有增大峰值功率、增大发射脉冲宽度两个途径。由于增大峰值功率受到发射管和传输线的高功率击穿限制，因此，尽可能采用宽脉冲发射，但对于脉冲为定频的常规雷达，宽脉冲又受到距离分辨力变差的限制。事实上，距离分辨力与信号的频谱宽度有关，频谱越宽，距离分辨力越好，常规雷达的信号脉宽 τ 和它的频谱宽度 B 的乘积 $\tau B=1$，表现为距离分辨力受限。但在脉冲压缩雷达中，由于采用宽的编码信号，它的特点是 τB 远大于 1，这既可以加大信号脉宽 τ 又可以提高距离分辨力，同时也提高了速度分辨力。此外，由于采用编码信号，增强了抗干扰性。为了把宽的编码脉冲压缩成窄脉冲，发射机应发射一个宽脉冲的线性调频信号，信号被接收后，让它通过一段色散延迟线（即匹配滤波器，延迟时间和频率有关），使它的延迟时间随频率的增加而减小。宽脉冲信号中在前面的低频率成分经过延迟线的延迟时间长，而在后面的高频成分经过延迟线的延迟时间短，结果在其输出端，线性调频宽脉冲的前面部分和后面部分就会“堆积”起来，压缩成窄脉冲，其宽度为 τ。脉冲压缩雷达信号形式常有两种：一是上述宽脉冲线性调频，要求发射的信号具有 $\tau B>1$ 的性质；二是相位编码信号，对此，要求尽量不失真（频率失真、相位调制和振幅调制）地把编码信号放大到足够高的功率电平。

11.1.5　多普勒(Doppler)雷达

如果目标朝着雷达方向有速度分量,则由于多普勒效应,返回的信号频率相对发射频率将有频移。如果发射频率为 f_0,径向目标速度为 v,则频移或多普勒频率为

$$f_{\mathrm{d}} = 2vf_0/c \tag{11.7}$$

式中,c 是光速。这时的接收频率为 $f_0 \pm f_{\mathrm{d}}$,正号对应接近目标,负号对应远离目标。图 11.6 所示为一种基本的多普勒雷达系统。由于采用连续波信号,它比脉冲雷达简单得多。发射机振荡器耦合出一小部分能量用作接收混频器的本振,因为接收信号在频率上有多普勒频移,所以混频器后接的滤波器应有一个对应预期最小和最大目标速度的通带。滤波器在零频时应有很大的衰减,以消除频率为 f_0 的杂乱返回信号和发射泄漏,因为这些信号下变到零频,这时发射机和接收机间不需要高隔离度,可以使用一般的环行器。这种类型的滤波器响应,亦有助于减小 l/f 噪声的影响。

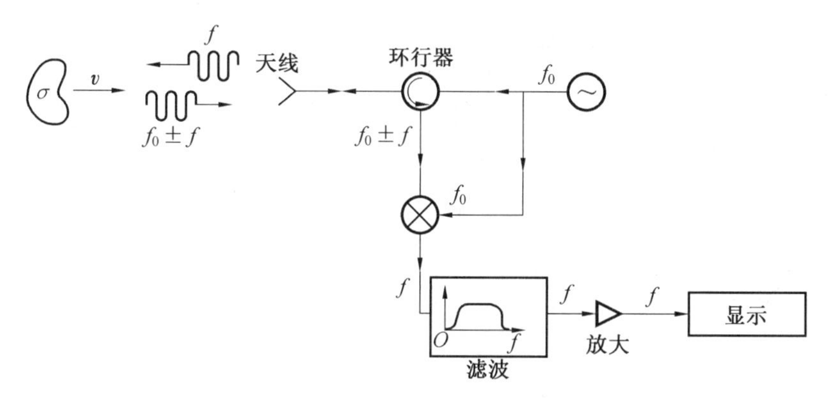

图 11.6　基本的多普勒雷达系统

由于解调过程中 f_{d} 的符号已丢失,因此上述雷达不能区分接近目标还是远离目标。但是,采用能分别地产生上边带和下边带的滤波器,可以恢复这些信息。

由于移动目标返回的脉冲雷达信号中包含有多普勒频移,可以用雷达确定目标的距离和速度(如果此时使用窄波束天线)。这种雷达称为脉冲多普勒雷达,与脉冲雷达或多普勒雷达相比,它具有明显的优点。使用脉冲雷达的一个问题是不能真实地区分真实动目标和由地面、树木、建筑物等处的杂乱返回信号,这些杂乱返回信号,可以从天线的旁瓣中被检测到,但是如果采用脉冲多普勒雷达(如作为机场的监视雷达使用),那么就可用多普勒频移来区分动目标返回信号和静止杂物返回信号。

11.1.6　相控阵雷达

相控阵雷达与机械扫描雷达一样,其发射分系统和接收分系统仍然是两个基本分系统。发射分系统包括发射天线阵、发射馈电系统(即发射波束形成网络)、发射信号产生及功率放大部分。接收分系统包括接收天线阵、接收机前端、接收波束形成网络、多路接收机、信号处理机及雷达终端设备。

图 11.7 所示是一种比较典型的相控阵雷达系统组成框图。完成不同任务用的各种

相控阵雷达的组成框图虽然有所差别，但基本组成部分仍然是一致的。

相控阵雷达的天线，可以是收发分开的，也可以是合一的。美国 AN/FPS－85 型空间监视用超远程相控阵雷达就是收发天线分开的。目前，几乎所有相控阵雷达都采取收发共用天线。图 11.17 所示为收发合一的天线情况。

相控阵雷达发射机可以有多种安放位置。图 11.7 所示为在子天线阵级别上设置高功率放大器(High Power Amplifier, HPA)的情况。每一部发射机的输出信号功率反馈给一个子阵上的所有天线单元，整个天线阵面辐射的信号功率是所有发射机的功率之和，在空间实现发射信号的功率合成。与整个雷达采用单部发射机的方案相比，这种方案除了可增加总的发射功率外，还能减少发射馈线网络的损耗，与在每个天线单元上设置一个发射机的方案相比，移相器的插入损耗和子天线阵的馈线网络损耗依然存在。当在每一个天线单元上安置一部功率量级较小的发射机时，发射馈线损耗的影响较小，移相器等馈线元件可处在低功率状态，为雷达系统的设计带来了较大的方便。

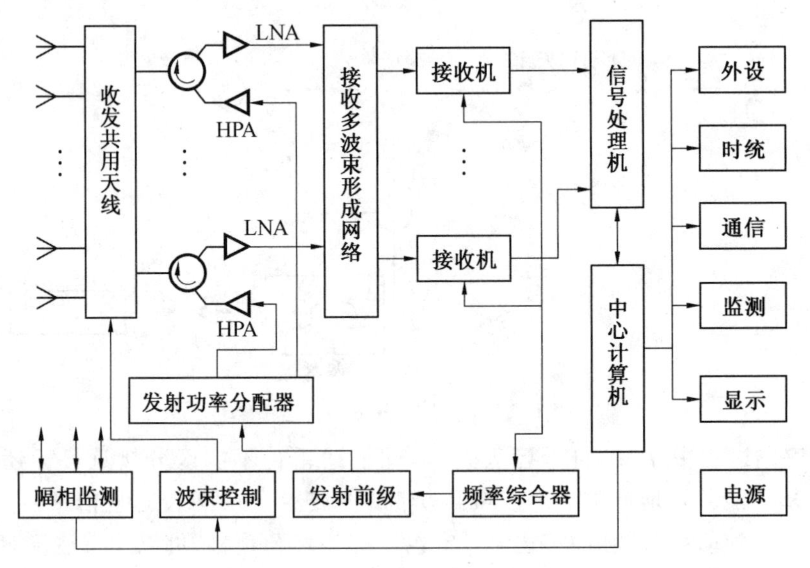

图 11.7　相控阵雷达系统组成框图

由于图 11.7 所示的天线阵是收发共用天线阵，故相对于每一部子阵发射机都应有一个收发开关。图上的低噪声放大器(Low Noise Amplifier, LNA)是子阵接收机的基本组成部分，子阵接收机除了 LNA 外，还包括限幅器和滤波器等。各个子阵接收机的输出送到接收多波束形成网络。图 11.7 中的高频接收多波束形成网络所形成的波束，可以是相互覆盖的接收多波束，也可以是单脉冲测角所需要的和、差波束，与每一个接收波束相对应都有一路接收机。如果在中频上实现多个接收波束，那么，在波束形成网络之前的各个子阵接收机前端应包含混频器和前置中频放大器等。

波束控制器是相控阵雷达所特有的，它取代了机械扫描雷达中的伺服驱动分系统。在计算机控制下，按波束指向的代码，波束控制器算出每一个天线单元上的移相器所需的控制代码，将其传送至各移相器上的寄存器和驱动器。在需要精密控制相控阵天线副瓣的雷达中，要增加移相器的位数和调谐衰减器，对它们的控制也由波束控制器来实现。此时，波控分系统的设备量将有所增加，对于要实现变极化工作的相控阵雷达，变极化的控制也由波束控制器来进行。

相控阵雷达包含成千上万个天线单元，如大量的移相器、发射机、接收机及各种微波元器件，这就要求用监测设备对它们的工作进行定期或动态性监测，因此，多路信号的幅度和相位监测分系统是必不可少的。对于具有低副瓣或超低副瓣天线性能的相控阵雷达，幅相监测设备同时对整个天线馈电系统口径场分布进行诊断、测试工作。幅相监测系统是一个包括计算机、监测馈线、信号源、幅相接收机及控制设备在内的系统，因此，它也是相控阵雷达系统中的一个特有组成部分。

相控阵雷达的控制中心是电子计算机。它负责相控阵雷达工作方式的管理，按照预先编制的程序控制发射波束和接收波束，实现对预定空域的搜索。从目标截获到跟踪控制，也是在计算机控制下自动建立的。对多个目标的边搜索边跟踪控制，只有在计算机控制下才能完成。目标回波信号经接收机和信号处理机处理，并提取出方位、仰角、距离和速度等信息后，送中心计算机进行数据处理，以完成信号相关判决、目标位置外推、滤波、数据内插、航迹相关和轨道测量等计算。对于弹道目标，还要计算目标的发射点和落点坐标。目标丢失后，相控阵雷达的中心计算机要控制和实现对目标的重照、数据补点，要满足修改数据采样率要求等。根据目标回波信号的大小实现自适应能量管理、改变信号波形、信号重复频率及雷达在目标方向上的驻留时间，这也是在中心计算机控制下完成的。根据目标位置和特征判定其威胁度，然后按威胁度大小改变对目标的跟踪状态。根据被跟踪的目标数目和不同的跟踪状态，中心计算机可灵活地调整供搜索和跟踪用的信号能量分配程度。

图中的“时统”设备用于时间统一勤务，这是将雷达与更大系统集成在一起协同工作所不可缺少的。通信设备是用来与上级指挥机关、C3I系统中的指挥中心或其他情报来源（如气象和后勤支援）相连接所必需的。雷达信息都在中心计算机控制下送往各种用户。

图11.7所示的相控阵雷达系统，也可分为雷达天线阵面及雷达终端两大部分。终端部分包括信号处理机、中心计算机、时统、通信和显示等部分。对大型相控阵雷达，这部分设备可以放置在离天线阵面较远的地方。

11.2　微波中继通信系统

11.2.1　概述

微波中继通信是微波应用的另一重要领域。微波中继通信的中继方式（中继站的形式），可以分为直接中继（或称射频转接、微波转接）、外差中继（或称中频转接）、基带中继（称群频转接或再生转接）三种，如图11.8所示。直接中继是把接收到的微波信号用微波放大器直接放大，无须经过微波－中频－微波的上、下变频过程，信号传输失真较小。当然，为了避免中继中收、发同频干扰，需要对接收信号进行移频。为了克服传播衰落引起

的电平波动，还需要在微波频率上采取自动增益控制措施。但总的说来，这种方式的设备量少、电源功耗低，适于不需要上、下话路的低功耗无人值守中继站。

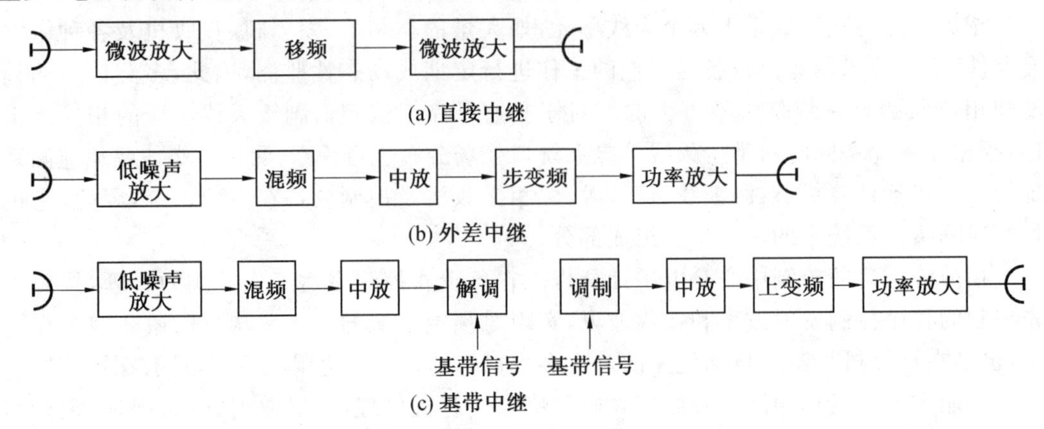

图 11.8　几种微波中继方式

外差中继是把接收到的微波信号通过混频器下变换为中频，在中频进行放大，然后经过变频器变回到微波频率再发送到下一站。这种方式由于省去了调制与解调过程，设备简单，是一种常用的中继站形式。

基带中继除了要进行上、下变频过程以外，还要进行调制与解调。尽管增加了一些设备，但对于一些必须进行上、下话路的中继站，这是唯一能采用的中继方式。特别对于数字微波来说，由于每个中继站的数字信息都经过再生，就可以避免噪声和传输畸变的积累，从而提高了传输质量。再生中继是数字微波中继通信的主要中继方式。

11.2.2　微波收信设备

微波收信机的构成框图如图 11.9 所示。微波收信机是常用的微波通信设备，数字微波收信设备都采用外差变频接收方式。图 11.9 中，来自天线 1 的信号经带通滤波器抑制其他波道的干扰，选出需要的工作频道信号送至低噪声放大器。通常在低噪声放大器前、后都加有铁氧体隔离器，以保证带通滤波器为恒定匹配负载，并保持 FET 放大器的高性能稳定工作。

宽频带 FET 放大器可以覆盖整个通信频段的全部波道，在 FET 放大器后面加抑制镜频滤波器以消除镜频噪声。抑制镜频滤波器可以采用带通式，也可以用带阻式，只要对镜频噪声抑制 13 ～ 20 dB 即可，但是不得影响信号通道频率响应特性的平坦度。抑制镜频滤波器反射回去的镜频噪声，将由 FET 放大器的输出隔离器吸收。

多径传播衰落是数字微波通信中必须解决的重要问题，尤其大容量数字微波通信系统受多径传播影响更为严重，为此，采用空间分集和中频自适应均衡等技术。图 1.9 中给出了两路空间分集接收示意框图。

来自天线 1 与 2 的直达信号和多径干扰信号，经两路相同的带通滤波，低噪声放大、抑镜滤波、混频、前置中放，在相加器中合并相加。其中 2 路的本机振荡用移相器控制其相位，使前置中放的输出信号具有合适的相位，以获得最佳的抗多径衰落效果。

因为多径传播的直达信号与各路干扰信号之间有相当复杂的关系，仅仅靠空间分集

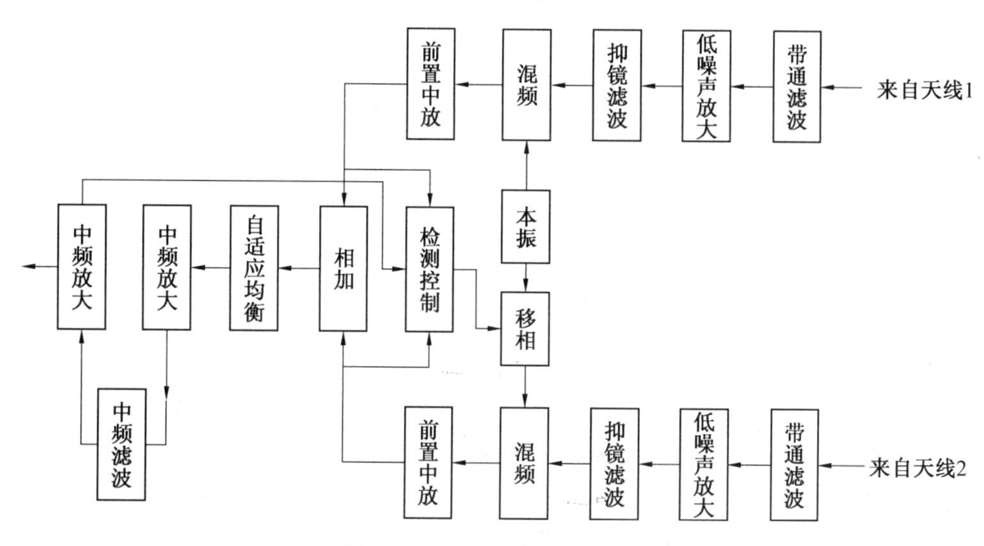

图 11.9　微波收信机的构成框图

往往不能达到完善的抗衰落，所以在高性能微波信道机中常把空间分集与中频自适应均衡器配合使用，最大限度地减低通信中断时间。最后，信号经中频滤波器和中频放大输出。主中放提供较大增益和 50 dB 左右的自动增益控制范围。主中放都是宽频带的，其幅频响应的主要形态将由单独的中频滤波器来保证。

收信设备的主要技术指标如下：

(1) 工作频段。微波中继通信常用的频段有 2 GHz、4 GHz、6 GHz、7 GHz、8 GHz、11 GHz、13 GHz、15 GHz、18 GHz，目前我国的数字微波中继主要使用 12 GHz 以下的频段。其中干线通信常用 2 GHz、4 GHz、6 GHz 频段，支线通信可用 2 GHz、7 GHz、8 GHz、11 GHz 等频段。不同频段的接收机，其微波系统的组成方法和电路形式不尽相同，但大体上与图 11.9 相近。各频段所用的频带宽度为 400 ～ 600 MHz，其中包括 8 ～ 16 个工作波道。

(2) 噪声系数。噪声系数是收信设备的重要指标。由多级微波部件组成的收信系统噪声系数主要取决于前面一两级。对于图中的配置，整个系统的噪声系数可表示为

$$N_F = L_0 N_{F1}[1 + (1/L_i)] + 2L_0(N_{F2} - 1)/G_1 \tag{11.8}$$

式中，L_0 为输入带通滤波器的传输损耗，$L_0 > 1$；N_{F1} 为低噪声放大器的噪声系数；G_1 为低噪声放大器的功率增益；L_i 为抑制镜频滤波器的抑制度，$L_i \geqslant 1$；N_{F2} 为包括后级中放的混频接收系统的双带噪声系数。

如果低噪声放大器增益足够高，比如 $G_1 > 25$ dB，则式(11.8)可简化为

$$N_F = L_0 N_{F1}[1 + (1/L_i)] \tag{11.9}$$

用 dB 作为单位表示为

$$N_F/\text{dB} = L_0 + N_{F1} + 10\lg[1 + (1/L_i)] \tag{11.10}$$

由此可看出，分路带通滤波器插入损耗 L_0 直接叠加在整机噪声系数里，希望它尽量小才好。L_0 可做到 1.0 ～ 1.5 dB。FET 低噪声放大器的噪声系数 N_{F1}，在厘米波低端可达 1.0 ～1.5 dB，高频端为 2.0 ～ 2.5 dB。抑制镜频滤波器的影响也相当重要，假如不加抑

制镜频滤波器，有 $L_i=1$，则 $10\lg[1+(1/L_i)]=3$ dB，可见，这时整个系统噪声恶化相当严重。实际上，只要 $L_i\geqslant 15$ dB，镜频噪声的影响即可忽略不计。

在数字微波通信系统的设计与误码测试中，也常用到归一化信噪比 E_b/N_0，其中 E_b 为单位比特的信号能量，N_0 为单位频带的噪声功率，即噪声功率密度。当接收到的信号功率为 P_r，比特率为 f_b 时，输入端归一化信噪比为

$$E_b/N_0=P_r/(\mathrm{FKT}_0 f_b) \tag{11.11}$$

根据整机噪声系数 N_F 即可得到归一化信噪比，可作为设计依据。

(3) 本振频率稳定度。收信设备频率稳定度应和发信设备具有相同的指标，通常要求 $(1\sim 2)\times 10^{-5}$，有些高性能通信机中要求达到 $(1\sim 6)\times 10^{-6}$。

在方案选取上，收信本振和发信本振常用两个相互独立的振荡器，在有些中继设备里，收信本振功率是由发信本振功率里取出一部分进行移频得到的，收信与发信本振频率相差 300 Hz 左右。共用一个振荡源的优点是收信与发信本振频率必是同方向漂移，因此用于中频转接站时，可以适当降低对振荡器频率稳定度的要求。

(4) 通频带。为了有效地抑制噪声干扰，获得最佳信号传输，应该选择合适的通频带和通频带形状。接收机的通频带特性主要由中频滤波器决定。

(5) 选择性。选择性是指接收机在通频带以外，对各种干扰的抑制能力，尤其要注意抑制邻近波道干扰、镜频干扰和本机收发之间干扰等，这项指标在总体设计时，在干扰防护要求中制定，并由微波滤波器和中频滤波器以及抑制镜频滤波器来保证。

(6) 最大增益与自动增益控制范围。接收机的最大增益取决于输入端的门限电平和解调器的正常工作电平。例如，当数字微波中继接收机的输入门限电平为 764 mV 时，要使解调器正常工作，要求中频放大器在 75 Ω 负载上输出 200 mV，则接收机最大增益为 93 dB。此增益应该在微波低噪声放大器、前置中放、主中放各级之间进行分配，同时还要把混频器损耗和滤波器损耗考虑在内。另外还需注意各放大器是否会出现饱和及非线性情况。

自动增益控制电路是微波中继收信机不可缺少的部分。如果没有这部分电路，当发生传输衰落时，解调器就无法工作。以正常传输电平为基准，低于这个电平的传输状态称为下衰落，高于这个电平的传输状态称为上衰落。

11.2.3 微波发信设备

图 11.10 所示是典型的外差中继型微波发信设备框图。在发信设备中，信号的调制方式可分为中频调制和微波直接调制。目前的微波中继系统中大多采用中频调制方式，这样可以获得较好的设备兼容性。

勤务信号经常采用微波调制方式，即把勤务信号直接调制在微波本机振荡频率上。在数字调制的载波上进行浅调频的复合调制方式，具有设备简单，不过多占用主信道的功率与频带，以及能用在非再生中继站上、下勤务信号上等优点，是目前数字微波通信系统中最常用的一种勤务传送方式。图 11.10 就是利用变容管对主振频率进行浅调频，然后对中频已调信号进行上变频的。

上变频以后的微波信号接至带通滤波器，取出上边带或下边带信号，对此滤波器通带

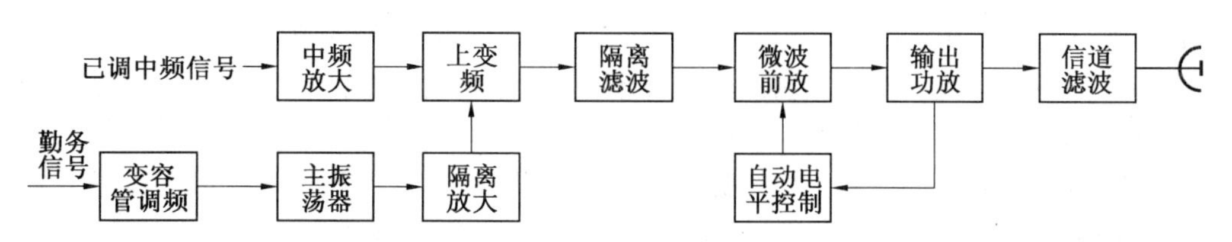

图 11.10　典型的外差中继型微波发信设备框图

特性的要求和分路滤波器相同。上变频后的信号一般属于弱信号，需用微波功率放大器进行放大。通常要把微波功率放大到瓦量级以上，通过分路滤波器送到天线发射。为了保持末级功率放大器不超出直线工作范围，以免产生非线性失真，要用自动电平控制电路把输出功率维持在合适的电平。

发信设备的主要性能指标如下：

(1) 工作频段。微波中继通信的频段范围为 1 ～ 40 GHz。工作频率越高，越容易获得较宽的通频带和较大的通信容量，同时天线设备也具有更尖锐的方向性，而且体积质量减小。但是频率高时，雾、雨或雪的吸收显著，传播损耗、衰落和接收设备噪声也越高。从 12 GHz 起必须考虑大气中水蒸气的吸收问题，这种吸收衰耗会随频率上升而增加，当频率接近 22 GHz 时，即达到水蒸气分子谐振频率时，是大气中传播衰减峰值，衰减量很大。

1.7 ～ 12 GHz 是长距离的微波中继通信的主要工作频段。我国选用 2 GHz、4 GHz、6 GHz、8 GHz、11 GHz 作为微波通信的主要频段，其中，2 GHz、4 GHz、6 GHz 频段主要用作干线微波中继；7 GHz、8 GHz、11 GHz 主要用作支线或专用网。

(2) 输出功率。微波中继站所需的发射功率和很多因素有关。例如，通信话路越多、频带越宽，为保持同样通信质量，必须有更大发信功率，另外，也和站址选择、多径衰落的影响、分集接收技术的采用等因素有关。

一般情况下，数字通信比模拟信号通信具有更好的抗干扰能力。为了保持同等通信质量，数字微波通信与模拟通信相比需要较小的发送功率。数字微波发射机输出功率有时只需要几十毫瓦到几百毫瓦功率，只有长距离情况下才需要几瓦量级。

(3) 频率稳定度。微波通信对频率稳定度的要求取决于所采用的通信制式以及对通信质量的要求。对数字微波通信系统经常采用的 PSK 调制方式来说，发射机频率漂移将使解调过程产生相位误差，致使有效信号幅度下降、误码率增加，因此采用数字调相的数字微波发射机比采用模拟调频的模拟微波发射机应该具有更高的频率稳定度。采用 PSK 调制时，频率稳定度可以取 1×10^{-5} ～ 10×5^{-5}。

发信频率稳定度取决于本机振荡器的频率稳定度。微波介质稳频振荡器可以直接产生微波振荡，具有电路简单、杂频干扰小及噪声小等优点。目前，频率稳定度可达到 1×10^{-5} ～ 2×10^{-5}。若附加勤务信号调频时，可能对频率稳定度有一些影响，使频率稳定度略有下降。在对频率稳定度有严格要求时，如要求 2×10^{-6} ～ 5×10^{-6} 时，则必须采用石英晶体分频锁相或脉冲锁相振荡源。

(4) 干扰与噪声。发信设备中的噪声可包括相位噪声、交调干扰噪声等。相位噪声产生于本机振荡器，它体现了振荡器瞬时频率稳定度的质量，也表示了微波振荡器输出信

号的频谱纯度。离开主振频率越远,相位噪声密度越低,噪声谱密度随频率下降的速率与振荡电路的 Q 值有关。直接振荡式的微波本振,如介质振荡器、体效应二极管振荡器等,当回路 Q 值不够高时,将产生较强的相位噪声。

交调干扰噪声主要产生于本机振荡器、上变频器和末级功率放大器。尤其是倍频链式的本振源具有很强的谐波干扰,已经很少采用。上变频器属于非线性多频工作状态,也有较大的交调干扰噪声。此外,微波各部件之间的回波反射也产生干扰噪声。

各类噪声都是叠加在有用信号之上,噪声的存在使信噪比降低,增大了数字通信的误码率。由于在直接中继和外差中继方式中,各中继站的噪声可能造成叠加积累,因此必须对每个站产生的噪声功率加以限制。

(5) 微波发送频谱框架。由于微波通信事业发展迅速,12 GHz 以下的频段已经十分拥挤,特别是数字微波通信技术的广泛应用,使频率资源显得更为紧张。提高频谱利用率和避免邻近波道干扰是需要解决的重要问题。因此应该对数字微波通信机的发送信号频谱加以限制,使它不占用过宽的频带,不会对邻近波道产生过大干扰,对发送信号频谱的限制范围称为发送谱框架。

美国联邦通信委员会(Federal Communications Commission, FCC) 曾规定过发送谱框架的标准。根据此标准,作为一个例子,可以得到 11 GHz 频段,可用带宽为 40 MHz 时的发送谱框架,如图 11.11 所示。发送谱框架将由基带滤波器或带通成形滤波器(可以是中频也可以是微波) 的滤波特性来保证。

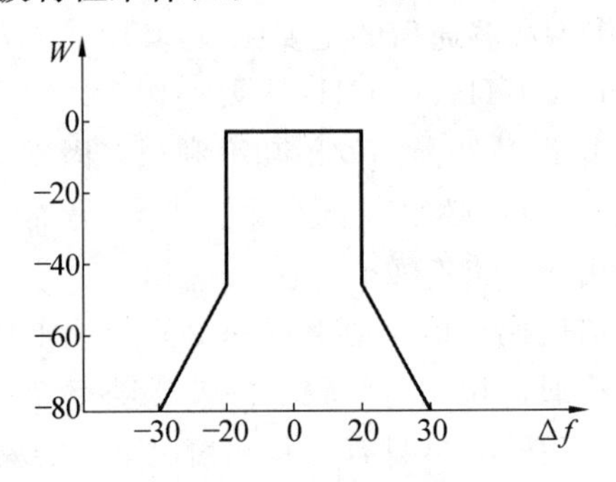

图 11.11　输入双频信号频谱

(6) 交调失真。发信设备是大信号工作状态,往往处于具有一定非线性的区域,如功率放大器和上变频器等。如果存在两个正弦信号,其角频率分别为 ω_1 和 ω_2,则由于电路的非线性作用将产生许多交叉调制分量

$$m\omega_1 \pm n\omega_2 \quad (m, n = 0, 1, 2, \cdots)$$

按照谐波次数 $(m+n)$ 的大小,各分量分别称为 $(m+n)$ 阶交调分量。在各阶交调分量中 $2\omega_1 - \omega_2$ 和 $2\omega_2 - \omega_1$ 处在基频 ω_1 和 ω_2 附近,大多数情况下都落在电路通频带之内,从而成为干扰信号。五阶交调分量 $3\omega_2 - 2\omega_1$ 和 $3\omega_1 - 2\omega_2$ 虽然也处在基频不远的地方,但在非线性不很严重时,它们的功率就比较弱,所以干扰不大。在数字微波通信中,因为更高阶的交调分量和高谐波分量已处于频带之外,而且功率强度也不大,所以不构成危害。

输入双频信号时的各交叉调制分量的频谱分布如图 11.12 所示。

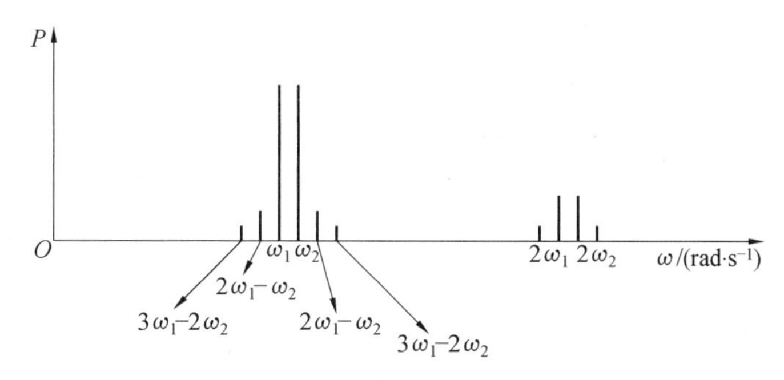

图 11.12　输入双频信号时的交叉调制分量的频谱分布

电路的线性度越坏，交调分量越强。表示交调分量大小的指标为交调系数 M_{m+n}，它是各阶交调分量功率 P_{m+n} 与基频功率 P_1 和 P_2 之比。例如，三阶交调系数是

$$M_3/\text{dBc}=10\lg\frac{P_3}{P_1}=10\lg\frac{P_3}{P_2}\quad(\text{dB}) \tag{11.12}$$

式中，P_3 是频率为 $2\omega_1-\omega_2$ 或 $2\omega_2-\omega_1$ 的功率。由于两个功率相距不远，这个谱线的功率差别不大。

双频信号输入时的三阶交调系数是发射设备非线性的一项重要指标，主要取决于通信体制及发射谱框架，还有误码性能恶化等因素。例如，PSK 调制的三阶交调系数为 $-20\sim-25$ dBc；而对于多电平正交调幅系统，如 16QAM 系统，则要求 $-25\sim-30$ dBc 以上。

11.3　毫米波应用

11.3.1　毫米波军事应用

毫米波是介于微波与红外之间的电磁波，频段是指 30 ～ 3 000 GHz，相应波长为 0.1 ～ 10 mm。因此兼有微波和光波的特性。目前绝大多数的毫米波应用研究集中在四个“窗口”频率(包括 35 GHz、45 GHz、94 GHz、140 GHz、220 GHz)和三个吸收峰(60 GHz、120 GHz、200 GHz 频率)上。与激光相比，毫米波的传播受气候的影响要小得多，可以认为具有全天候特性。和微波相比，毫米波元器件的尺寸要小得多，因此毫米波系统更容易小型化。军事上的需要是推动毫米波系统发展的重要因素，目前，在雷达、制导、战术和战略通信、电子对抗、遥感、辐射测量等方面得到了广泛应用。

毫米波电子系统具有如下特性：

(1) 天线孔径小，天线增益高。

(2) 跟踪精度高和制导精度高。

(3) 抗电子干扰能力强。

(4) 低角跟踪时多径效应和地杂波干扰小。

(5) 多目标鉴别性能好。

(6) 雷达分辨率高。

(7) 大气衰减“谐振点”可做保密传输。

在大气层内，毫米波传输窗口(35 GHz、94 GHz、140 GHz 和 220 GHz) 虽比微波对云、雨引起的衰减要大一些，但毫米波系统体积小、质量轻，易于高度集成化，而且频带宽、分辨率高，敌方难于截获，抗干扰性能强，透过烟、雾、灰、尘的能力强，具有全天候战斗能力。

1. 毫米波雷达

毫米波雷达的优点是角分辨率高，频带宽，多普勒频移大和系统体积小，缺点是作用距离受功率器件限制大。目前大多数火控系统和地空导弹制导系统中的跟踪雷达均已工作在毫米波频段。精密跟踪雷达一般都是双频系统，两者协同工作，即一部雷达同时工作于微波频段(用于搜索、引导，精度较低) 和毫米波频段(跟踪精度高、作用距离近)。例如美国海军的 TRAKX 双频精密跟踪雷达有一部 9 GHz、300 kW 的发射机和一部 35 GHz、13 kW 的发射机及相应的接收系统，共用一个 2.4 m 抛物面天线，可跟踪距水面 30 m 高的目标，作用距离可达 27 km。炮位侦察雷达用于精确测定敌方炮弹的轨迹，从而推算出敌方炮兵阵地的位置。由于毫米波雷达体积小、角跟踪精度高、抗干扰和低截获，常采用 3 mm 波段的雷达，发射机平均输出功率在 20 W 左右。用于跟踪弹、炮的搜索，跟踪两位一体雷达，搜索部分采用 X 波段，跟踪部分采用毫米波(8 mm)，为有效跟踪掠海飞行的小型高速导弹(巡航导弹)，舰炮火控系统的跟踪雷达也使用毫米波段，如美国挑战者 SA－2 舰载火控跟踪雷达采用 M(20 ～ 40 GHz) 波段，英国 30 型舰载火控跟踪雷达也使用了毫米波段。毫米波雷达在高空传输损耗很小，可用来高空探测飞机和导弹，地面探测这些目标则会被很强的大气吸收层所遮挡。

2. 毫米波制导

毫米波制导兼有微波制导和红外制导的优点，同时由于毫米波天线的旁瓣可以做得很低，敌方难于截获，增加了集团干扰的难度。加之毫米波制导系统受导弹飞行中形成的等离子体的影响较小，国外许多导弹的末制导采用了毫米波制导系统，是精确制导的主要发展方向之一，特别是寻的制导系统。例如，休斯公司研制的“黄蜂” 反坦克导弹工作在 94 GHz，“幼畜” 和“海法尔” 以及“SADARM” 等导弹和火箭弹上都使用 35 GHz 的导引头。

毫米波制导系统最初有两种工作方式：一种是主动方式，这种方式作用距离远，但由于角闪烁效应及其他一些造成指向摆动的因素会影响制导精度；另一种是被动方式，这时没有角闪烁效应，制导精度很高，但作用距离有限。为此经常将两者结合起来使用，即在距离较远处采用主动方式，当接近目标时转为被动方式。20 世纪 80 年代以后，又发展了一种“半主动” 体制，即在导弹的引导头中没有毫米波发射机，只有接收机。发射机装在另外的武器平台上，对目标进行照射。引导头接收从目标反射回来的信号进行制导，也能既保证作用距离又避免角闪烁效应。还因为发射机和导弹不在一起，提高了抗干扰能力。

目前正在研究的毫米波成像技术及毫米波脉冲多普勒导引头和红外焦平面探测器合成的双模导引头，使导引头具有真正全天候条件下“打了不用管” 的功能。用于21 世纪的超音速巡航导弹(Supersonic Cruise Missile，SCM)、超音速反舰导弹(Supersonic Anti-ship Missile，SAM)、先进反辐射导弹(Advanced Anti-Radiation Missile，AARM)、先进反舰导弹(Advanced Anti-Ship Missile，AASM)等都采用毫米波技术在内的复合制导。

3. 毫米波军事通信

军用毫米波通信具有波束窄、数据率高、电波隐蔽、保密和抗干扰性能好，开设迅速，使用方便灵活以及全天候工作的特点。军用毫米波通信主要应用有远(空间)近(大气层)距保密通信、快速应急通信、对潜通信、卫星通信、星际通信、微波干线上下山的走线和电缆中断抢通设备等。

4. 毫米波电子对抗

由于毫米波雷达和制导系统的发展，相应的电子对抗手段也发展起来。据报道，美国的电子对抗设备中侦察部分110 GHz以下已实用化，正在向300 GHz发展。干扰部分40 GHz以下已实用化，正在向110 GHz发展。由于毫米波雷达和制导系统的波束很窄，天线的旁瓣可以做得很低，使侦察和有源干扰都比较困难。因此无源干扰在毫米波段有较大的发展。目前最常用的是投放非谐振的毫米波箔片和气溶胶，对敌方毫米波雷达波束进行散射。它可以干扰较宽的频段而不必事先精确测定敌方雷达的频率，也可以利用爆炸、热电离或放射性元素产生等离子体对毫米波进行吸收和散射以干扰敌方雷达。在毫米波段也可以利用隐身技术。对付有源毫米波雷达时，和在微波波段一样可以采用减小雷达截面的外形设计，或者在表面涂敷铁氧体等毫米波吸收材料以减小反射波的强度。对于通过检测金属目标的低毫米波辐射与背景辐射之间的反差来跟踪目标的无源雷达，则要在目标表面涂敷毫米波辐射较强的伪装物，使其辐射和背景辐射基本相等从而使目标融合于背景中。

5. 精密跟踪雷达

实际的精密跟踪雷达多是双频系统，即一部雷达可同时工作于微波频段(作用距离远而跟踪精度较差)和毫米波频段(跟踪精度高而作用距离较短)，两者互补取得较好的效果。双频还带来了一个附加的好处:毫米波频率可作为隐蔽频率使用，提高雷达的抗干扰能力。

11.3.2　民用毫米波系统

在民用方面，毫米波在无线局域网、宽带无线接入、移动卫星通信和个人卫星通信、超高速无线局域网系统、无线室内连接、宽带移动接入系统、卫星电视接收系统、高速铁路无线火车通信系统、CATV无线传输系统、内部车辆通信系统、高速公路汽车防撞雷达、高精度定位系统等方面得到广泛应用。下面给出具体应用实例。

1. 毫米波无线电台

图11.13所示为简易50 GHz波段无线电台，可提供短距离彩色电视信号、数据、传真和语音信号的无线传送。它可以传送6.3 bit/s速率的数字信号或者模拟图像和语音信号。在良好天气下，系统可以覆盖10 km或者更长的传输距离。考虑到雨水的衰减，使用

的传输距离为 1 ～ 3 km。该系统可用于传输数据、监视屏幕图像、电视会议、电视图像和收音机节目、楼内通信。

图 11.13　毫米波无线电台

2. **无线接入系统**

常规的固定宽带设备扩展到个人用户时需要使用光纤系统，需要很大的投入和时间。本地多点分配业务(Local Multipoint Distribute Service, LMDS)是一种崭新的宽带无线接入技术。普通的无线接入系统都是窄带系统，工作在 450 MHz、800 MHz 等频段，针对低速的语音和数据业务。而 LMDS 属于无线固定接入手段，它最大的特点在于其宽带特性，LMDS 工作在毫米波波段(22.0 ～ 22.4 GHz、22.6 ～23.0 GHz、25.25 ～ 27.0 GHz、38.05 ～ 38.5 GHz 以及 39.05 ～39.5 GHz)。22 GHz 波段用于点对点系统；26 GHz 波段用于点对点和点对多点系统；38 GHz 波段用于点对点和点对多点系统；60 GHz 用到上行线路和下行线路。可用频谱往往达到 1 GHz 以上。由于该技术利用高容量点对多点微波传输，通过毫米波进行传输，它几乎可以提供任何种类的业务，支持双向语音、数据及视频图像业务，能够实现 64 bit/s ～ 2 Mbit/s，甚至高达 155 Mbit/s 的用户接入速率，具有很高的可靠性，被称为是一种“无线光纤”技术。图 11.14 所示为毫米波无线接入系统示意图。

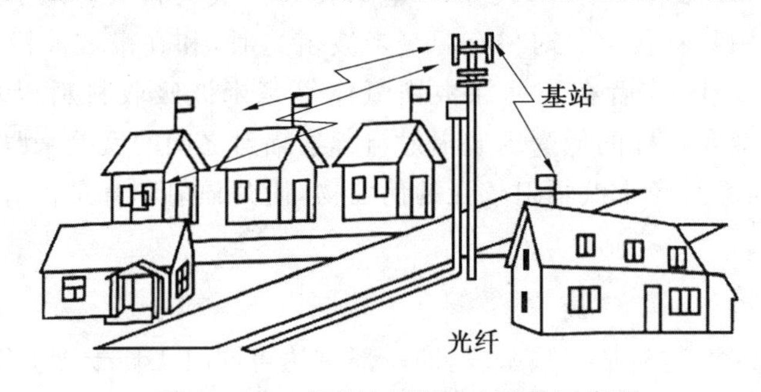

图 11.14　毫米波无线接入系统示意图

3. **广播电视系统**

在广播领域，毫米波用于户外中继现场无线摄像机，以及用于从中继现场向广播电视台传输节目，特别是应用于宽带的 HDTV 节目的传送。

4. **车载雷达**

车载雷达的目的是防止相撞和打滑以及自适应低速行驶的控制。车载雷达集中于 60 GHz 以上的毫米波波段，因为这个波段的波长较短，天线波束窄，由于频率很高，探测速度的多普勒频移更加精确，雷达系统的小体积可允许天线和其他设备设计得更小，更容易安装在车辆上。车载雷达有两个主要用途，一是感应地面速度，二是探测障碍物。地面速度传感器探测包括在地面后向散射波的多普勒信息，可以用来防滑和防陷。障碍物传感器用来监视车辆的前方、后方和两侧的障碍。障碍物传感器还具有防撞雷达和自适应低速行驶控制前向雷达的功能。图 11.15 所示为车载 FMCW 雷达。

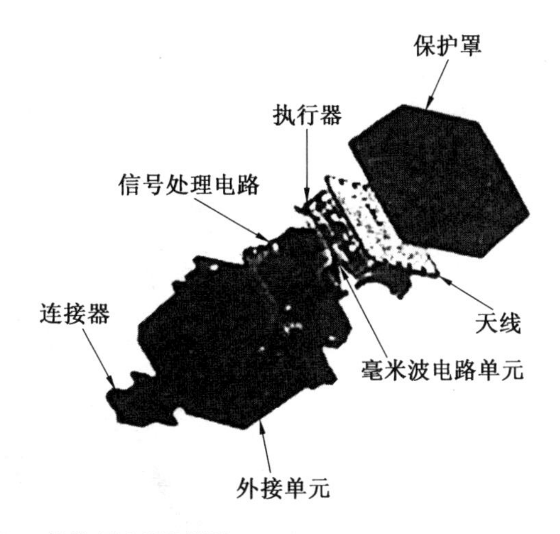

图 11.15　车载 FMCW 雷达

5. **高速公路汽车防撞雷达**

驾驶员在高速公路上或在雨、雾、雪、烟和黑暗等环境条件下驱车行驶时，该系统能帮助驾驶员识别道路前方（在转弯时将考虑在转道上）的障碍物（包含运动的车辆），并对其进行实时检测，对存在危险的情况做出报警，提醒驾驶员做出判断。如果驾驶员失去反应处理时间，该系统将控制并启动汽车刹车系统，避开即将发生的碰撞。

毫米波防撞雷达系统有调频连续波（Frequency Modulated Continuous Wave, FMCW）雷达和脉冲雷达两种。对于脉冲雷达系统，当目标距离很近时，发射脉冲和接收脉冲之间的时间差非常小，这就要求系统采用高速信号处理技术，近距离脉冲雷达系统就变得十分复杂，成本也大幅上升。因而汽车毫米波雷达防撞系统常采用结构简单、成本较低、适合做近距离探测的调频连续波雷达体制。

6. **定位系统**

在某些场合，为保证安全要采用无人驾驶车辆工作来提高生产率，使用毫米波的高精度定位系统是十分有效的。基于双曲无线电导航原理，研制出 77 ～ 79 GHz 毫米波定位系统。在这个系统中，由一个控制站和两个从属站的三个固定站发射毫米波传输延迟时间通过移动站进行测量来确定位置。移动站使用圆极化天线，在垂直平面上有约 6° 的天线波束带宽，在水平面上是全向的。固定站使用的天线波束带宽在垂直平面上约 2.3°，在水平面上是 100°。使用毫米波定位系统定位精确度为 ± 10 cm。

7. **毫米波的成像阵列**

图 11.16 给出了光学成像和毫米波成像图像的比较结果。左面的图像是由通常使用的光学相机拍出的，右面的图像是使用 98 GHz 毫米波成像得到的图像。左面照片上有云层遮盖的部分在使用毫米波成像所得到的图像仍然是清晰可见的。在这种情况下，在直升机上安装的高灵敏度毫米波探测器进行机械扫描可得到二维图像。

图 11.17 所示是毫米波成像阵列设备的结构。图 11.17(a) 给出了由八木天线作为探测元构成的一维成像阵列。图 11.17(b) 是由一个锥形槽天线和探测元结合构成的二维

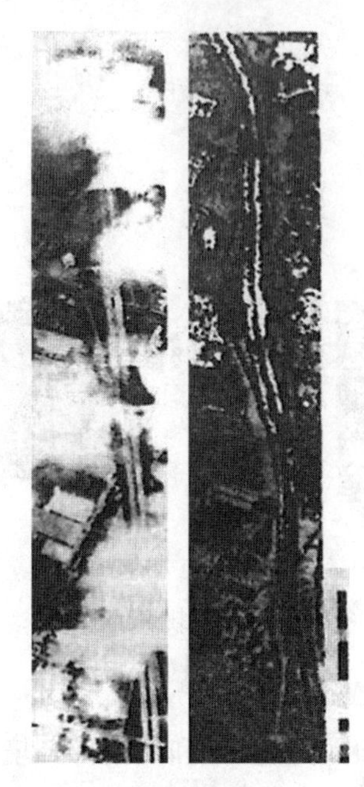

图 11.16　光学成像和毫米波成像图像的比较结果

成像阵列。

成像方法有两类：一种是被动方法，探测目标热辐射的毫米波；另一种是主动方法，成像系统主动向目标发射毫米波探测由目标散射或通过目标发射的波。

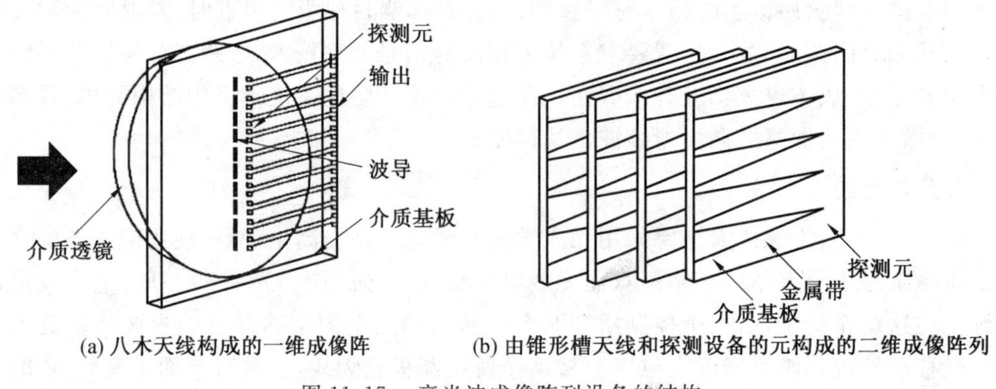

图 11.17　毫米波成像阵列设备的结构

8. **全球环境遥感**

大气中氧气和水蒸气在微波和毫米波波段都具有强烈的吸收作用。毫米波容易受到大区域水聚集物如雨、雾、云的吸收和散射作用的影响。介质吸收、散射和热噪声辐射，其特性可用毫米波观测到，通过观测的数据来估计介质的物理特性。

成像阵列遥感也分被动和主动两种类型，在被动遥感中，在吸收光谱附近或目标介质附近采用遥感观察可以得到较高的精确结果。例如，在 50 ～ 70 GHz 范围氧气吸收波段实施遥测观测获得大气温度的高度剖面分布。另外，在22.35 ～ 183.31 GHz 范围水蒸气吸收波段遥测观测可测量水蒸气数量。最近，利用毫米波或亚毫米波波段使用高敏感度遥感仪通过频谱观察尝试确定臭氧层中臭氧的密度分布以及跟踪破坏臭氧分子的气体的密度分布情况。

在毫米波主动遥感技术中，降水雷达和云层雷达是典型的系统。一个多普勒测量功能的 94 GHz 云层雷达被研制出并应用于测量云层分布以及在不同云层之间升 / 降气流的分布；一个设想的系统研究正在进行，它通过使用 35 GHz 波段和 94 GHz 波段的一个双频雷达从一个卫星上观测地球周围云层和雨的分布情况。在微波波段不能观测云层，因为在这个波段上由于波长远大于雾滴尺寸，所以由云层雾滴造成的散射强度很小。这是一个由于其短波长使用毫米波波段的典型例子。

9. **射电天文学应用**

19 世纪 70 年代，毫米波射电天文学出现的一个主要领域就是对星际分子的观测。这是因为许多星际分子的转动能谱在毫米波波段内。星际分子云层相应于星体产生的这个区域，因此使用毫米波波段决定产生宇宙的机理的射电天文学就是必不可少的。射电天文学的核心在于有高密度和高角分辨率的星际分子热辐射。出于这个目的，研制出了有大孔径天线和干涉仪的毫米波射电望远镜。图 11.18(a) 所示是安装在日本国家天文台的 45 m 直径的毫米波天文望远镜。图 11.18(b) 所示是由五个直径为 10 m 的毫米波天文望远镜天线组成的高分辨率毫米波干涉仪。

(a) 45 m直径毫米波天文望远镜

(b) 高分辨率毫米波干涉仪

图 11.18　毫米波天文望远镜

10. **激光光谱学应用**

为进行测量，在早期的激光光谱仪中常用微波对激光进行调制以得到频率的连续变化。但相对于光的频率，微波调制所能得到的频率变化范围太窄了。在毫米波技术成熟以后，由于用它对激光进行调制可以得到比较宽的频率变化范围，因此它取代了微波而被用于激光光谱仪中。

11.4　微波遥感

由于微波遥感具有全天候、全天时的工作能力，并且对地面物体目标具有一定的穿透力，因此受到了人们的普遍重视并得到了飞速发展。用以获得微波遥感信息的仪器是微

波遥感器。微波遥感器可分为主动微波遥感器和被动微波遥感器，主动微波遥感器包括高度计、散射计和合成孔径雷达；被动微波遥感器指微波辐射计。被动方式与可见光和红外遥感类似，是由微波扫描辐射计接收地表目标的微波辐射。目前多数星载雷达采用主动方式，即由遥感平台发射电磁波，然后接收辐射和散射回波信号，主要探测地物的后向散射系数和介电常数。它发射的电磁波波长一般较长，在 1 mm ～ 1 m 之间。合成孔径雷达（Sythetic Aperture Radar，SAR）概念的提出是相对真实孔径雷达天线而言的。对于真实孔径雷达，当雷达随载体（飞机或卫星）飞行时，向地表发射雷达波束，然后接受地面反射信号，这样便得到了地表雷达图像。卫星雷达天线越长，对地物的观测分辨率就越高。由于受雷达天线长度的限制，真实孔径雷达的地表分辨率往往很低，难以满足应用要求。而合成孔径雷达正是解决了利用有限的雷达天线长度来获取高分辨率雷达图像的问题。

合成孔径雷达技术是干涉合成孔径雷达（Interferometric Synthetic Aperture Radar，INSAR，简称干涉雷达）技术和差分干涉合成孔径雷达（Differential Interference Synthetic Aperture Rader，D－INSAR，简称差分干涉雷达）技术的基础，它涉及侧视雷达系统、雷达波信号处理技术以及雷达图像的生成等方面。而干涉雷达技术和差分干涉雷达技术则是基于合成孔径雷达技术的图像处理方法和模型，是合成孔径雷达技术的应用延伸和扩展。

自 20 世纪 80 年代以来，美国、俄罗斯、日本、印度等国家都在积极进行微波遥感卫星发射，许多遥感卫星主要载荷都是微波遥感器。除此之外，在月球、火星、金星等探测中也用了微波遥感技术。用于微波遥感的微波频率包括厘米波、毫米波、亚毫米波，目前为止辐射计频率已覆盖至 200 GHz 以上，甚至可以高于 300 GHz 频率，所以非常实用。

微波遥感与可见光和红外遥感相比其形式不同，后者主要是图像，而且一般都是表面的物性组分信息。而微波主要是对目标表面结构信息敏感。其信息载体是多样的，不单纯是图像信息，而是要建立信息载体与目标信息的相关性，更多地提取深层次的信息。

1.“神舟”四号飞船上的多模态微波遥感器

“神舟”四号飞船上的多模态微波遥感器由高度计、散射计和辐射计组成，其中高度计和散射计的工作频率是 13.9 GHz，辐射计由 6.6 GHz、13.9 GHz、19.35 GHz、23.8 GHz 和 37 GHz 五个通道组成。6.6 GHz、19.35 GHz 和 37 GHz 包含垂直极化和水平极化，13.9 GHz 为水平极化，23.8 GHz 为垂直极化。高度计、散射计和 13.9 GHz 辐射计交替工作，散射计和 13.9 GHz 辐射计共用一个水平极化天线。

多模态微波遥感器在设计上采用了一些先进的原理和技术。散射计采用了两个互相垂直的不同极化的笔形波束圆锥扫描天线体制，天线扫描形成的圆环足迹随飞船运行方向向前推进，从而与以往的扇形波束天线体制相比，增加了测量刈幅，减小了发射功率和数据量。高度计采用了全去斜坡技术，即用同一个线性调频脉冲发生器产生的 Chirp 发射信号和 Chirp 本振信号进行全去斜坡处理，再用滤波的方法将距天线不同距离处的海面回波分开。辐射计接收机采用全功率增益波动自动补偿的方案，天线采用宽带共馈源技术，使辐射计由 6.6 ～ 37 GHz 的四个频段共用一个反射面和馈源。

多模态微波遥感器的原理框图如图 11.19 所示。多模态微波遥感器共由 11 个单元

组成，其中的三个天线单元分别是四频段共馈辐射计天线、高度计天线和散射计天线。散射计天线由互相垂直的水平极化和垂直极化两个抛物面天线组成，其中水平极化天线和 13.9 GHz 辐射计共用。

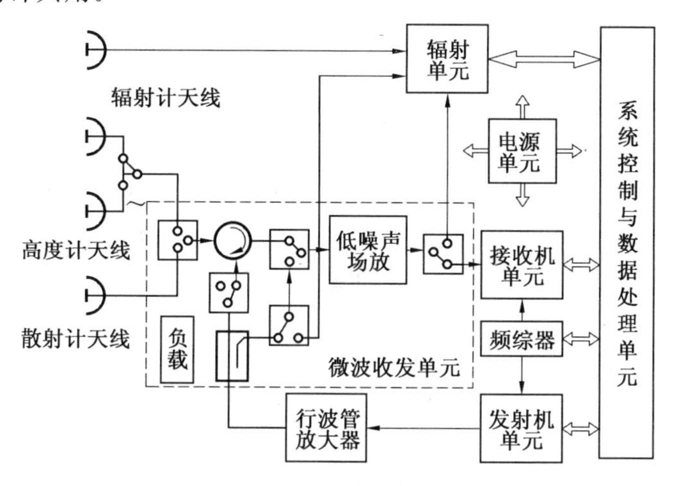

图 11.19　多模态微波遥感器的原理框图

微波收发单元由定向耦合器、环行器、低噪声场效应管放大器和微波开关组成。它完成模态切换以及高度计和散射计发射和接收通道的转换；将高度计和散射计发射信号的一部分耦合到接收机做系统内定标，并将接收和内定标信号进行放大。发射机单元包括高度信号产生器和模态转换开关等，负责产生高度计发射信号并对高度计和散射计发射信号进行切换。行波管放大器将发射机产生的信号放大到发射信号所需的强度。接收机单元由高度计和散射计接收机组成，将高度计和散射计接收信号下变频到低频并放大到适合 A/D 采集的电平，其中高度计和散射计接收机由开关选通工作。频综器单元由高稳定晶振、混频器、放大器、倍频器和开关等器件组成。频综器产生高度计和散射计进行上变频和下变频所需的所有频率，同时产生散射计发射脉冲。辐射单元由五通道辐射计接收机组成，其中垂直极化和水平极化的转换通过辐射天线分波器上的开关切换实现。系统控制和数据处理单元由系统工作状态控制以及各模态控制和数据处理电路组成，负责完成系统工作模态控制、各模态数据采集和预处理以及与卫星通信等任务。电源单元由电源变换器和电源分配器组成。电源单元不仅为各模态提供所需的二次电源，而且完成模态转换功能。

2. 遥感器新技术

新型微波遥感器包括三维成像雷达高度计、高空间分辨率微波辐射计、模块化的微波遥感器、地面被动探测雷达等。

星载三维成像雷达高度计作为一种主要的微波遥感器，已经在海洋环流研究、海洋潮汐研究、海洋动力学研究、海冰研究和海洋环境预报研究中发挥了积极的作用。常规的星载高度计之所以不能成像主要由于两方面的限制：地面足迹太大即地面分辨率低和刈幅不宽。地面分辨率的提高有三个途径：第一，采用波束有限技术即增大天线口径；第二，采用脉冲有限、线性调频脉冲以及脉冲压缩技术；第三，采用合成孔径信号处理技术。对于

第一种途径，在目前的航天技术条件下是不可能实现的，因为它在方位向和距离向都需要巨大的尺寸才能满足要求；第二种途径只能在一定程度上改善地面分辨率；只有第三种途径才是理想的选择，因为它大大降低了对天线口径的要求，但同时它也大大增加了信号处理的复杂性。

本章小结

本章主要介绍了脉冲雷达、多普勒雷达、相控阵雷达的关键技术参数，以及主要的性能指标；对微波应用的另外一个重要领域，即微波中继系统进行了详细的介绍，包括微波收信设备、微波发信设备；概述了军用毫米波系统和民用毫米波系统；最后对微波遥感的典型应用系统进行了详细介绍。

习　题

11－1　雷达的工作原理是什么？雷达方程的物理意义是什么？

11－2　简述雷达发射机的主要技术参数。

11－3　简述如何选择雷达的工作频率？

11－4　脉冲雷达的脉冲宽度 τ 对雷达性能有哪些影响？

11－5　简述脉冲雷达的原理。

11－6　简述多普勒雷达的原理。

11－7　简述相控阵雷达的主要组成部分。

11－8　简述微波中继通信系统三种通信方式、适用情况及优缺点。

11－9　在微波中继通信中有哪几种噪声，来源是什么？消除的方法是什么？

11－10　毫米波的特点是什么？

11－11　毫米波在民事和军事方面各有哪些应用，分别采用了它的什么特点？

11－12　微波遥感与可见光、红外遥感有什么不同？

11－13　新型的微波遥感器主要包括哪些？

11－14　星载雷达提高地面分辨率的三个途径是什么？

第 12 章

综合实验

12.1 微波仿真软件的熟悉使用

一、实验目的

1. 了解微波射频电路的特点。
2. 了解 ADS 仿真软件的功能，学会其使用方法。
3. 学习集总参数滤波器的设计方法。

二、实验内容

设计一个中心频率为 5 GHz 的集总参数低通滤波器。

三、实验要求

1. 要求对 ADS 仿真软件界面和基本功能有一定的了解。
2. 掌握微波电路的相关概念和特点。
3. 掌握利用 ADS 仿真软件设计微波电路的方法。

四、实验环境

1. 实验设备：PC 机。
2. 实验软件：ADS 仿真软件。
3. 实验环境：Windows XP 或 Windows 7 以上版本。

五、实验原理

1. 微波网络。

微波系统可以看成由许多网络和传输线构成的系统，其中每个网络可以由各种微波器件构成，如图 12.1 所示。按照网络与传输系统的通道口数目来分可将微波网络分为以下几种：

(1)一端口网络——与传输系统有一个联络通道。

(2)二端口网络——与传输系统有两个联络通道。

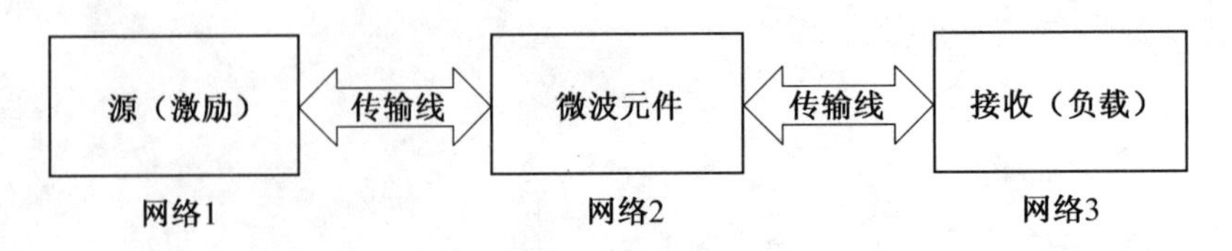

图 12.1 微波系统

(3)三端口网络——与传输系统有三个联络通道。

(4)四端口网络——与传输系统有四个联络通道。

2. 散射矩阵(S 参数)。

对于一个二端口网络,如图 12.2 所示。满足

$$b_1 = S_{11}a_1 + S_{12}a_2$$
$$b_2 = S_{21}a_1 + S_{22}a_2$$

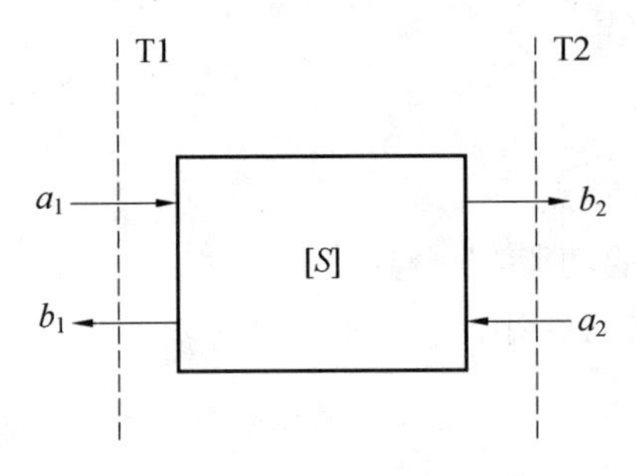

图 12.2 二端口网络

$S_{11} = \frac{b_1}{a_1} | a_2 = 0$ 为端口 T1 在端口 T2 匹配时的反射系数。

$S_{22} = \frac{b_2}{a_2} | a_1 = 0$ 为端口 T2 在端口 T1 匹配时的反射系数。

$S_{21} = \frac{b_2}{a_1} | a_2 = 0$ 为端口 T2 匹配时 T1 端口到 T2 端口的传输系数,表示系统的正向传输特性。

$S_{12} = \frac{b_1}{a_2} | a_1 = 0$ 为端口 T1 匹配时 T2 端口到 T1 端口的传输系数,表示系统的反向传输特性。

3. Smith 圆图是处理传输线理论非常好的可视化图形处理工具,具有直观方便和易于理解的优点,目前得到了广泛应用,是射频与微波电路中的重要工具。

六、实验步骤

1. 启动 ADS 仿真软件,显示主界面,如图 12.3 所示。

2. 创建一个新工程,创建项目名为 lab1,在设置单位的菜单中选择 millimeter,点击"OK"建立新项目,如图 12.4 和图 12.5 所示。

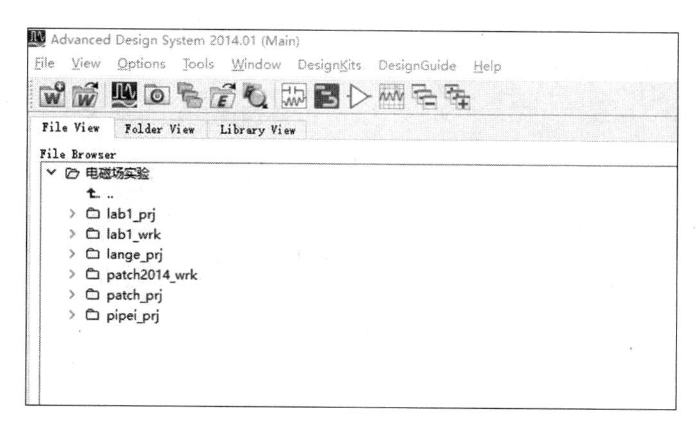

图 12.3　主界面

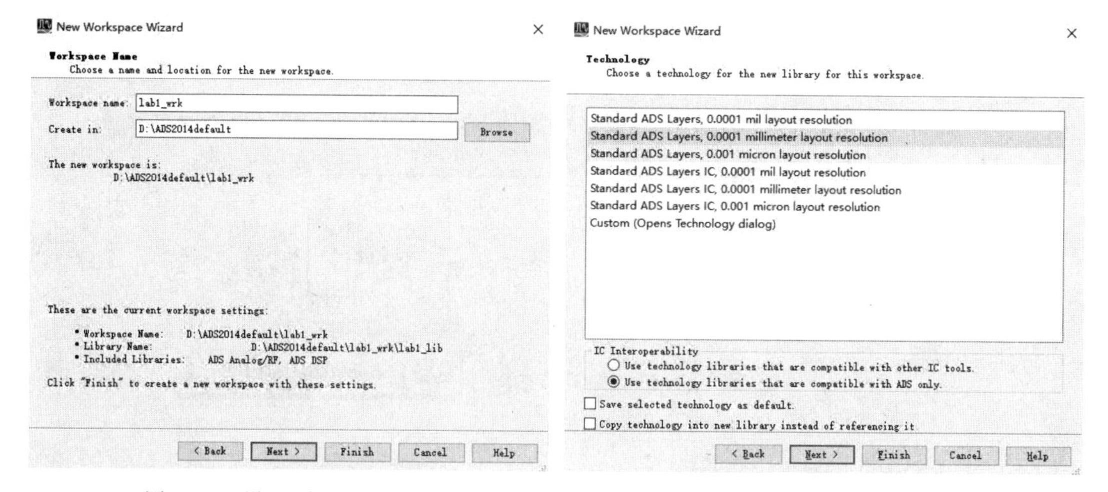

图 12.4　设置项目名称窗口　　　　图 12.5　设置单位窗口

3. 建立一个低通滤波器。

(1)在主窗口,点击 New Schematic Window 图标。

(2)存储原理图。

(3)在元件模型列表窗口选择 Lumped－Components(集总参数元件),如图 12.6 所示。

(4)从该选项左面面板选择电容 capacitor 。

(5)并选择电感 ,地 ,用线 按照设计好的电路原理图把它们连接在一起。

(6)在元件模型窗口选择 Simulation－S_Param 面板,如图 12.7 所示,在该项面板中选择 SP 模拟控制器 和端口 Term ,将其放置到原理图上,用 ESC 键结束命令。修改完元件参数的电路图如图 12.8 所示。

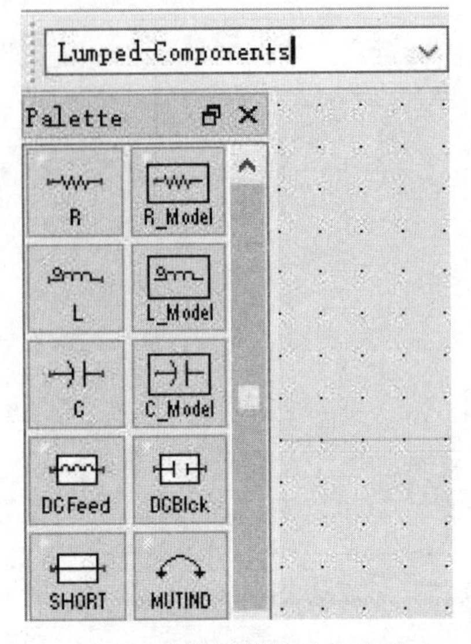

图 12.6　集总参数元件选项

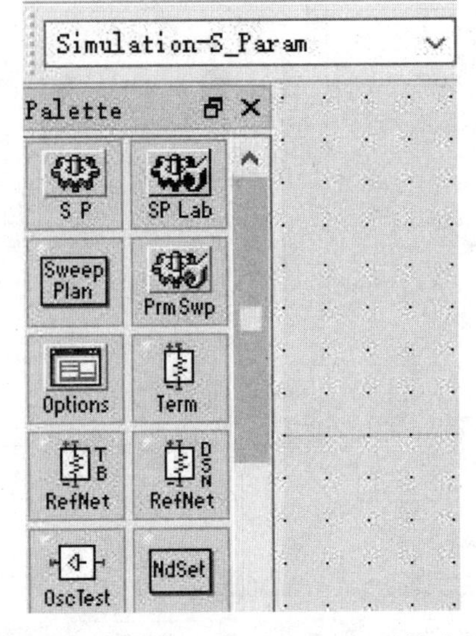

图 12.7　Simulation－S_Param 元件选项

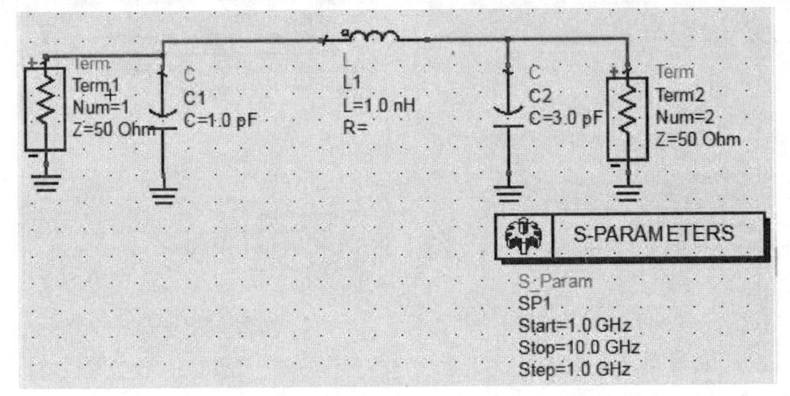

图 12.8　修改完元件参数的电路图

4. 设置 S 参数仿真模拟。

双击原理图中的 SP 模拟控制器，打开配置窗口，如图 12.9 所示，将 Step－size 设置为 0.5 GHz，选择 Apply，点击"OK"设置完毕。

5. 开始模拟仿真并显示数据。

(1)点击原理窗口上方的 simulate 图标，开始模拟仿真，此时会弹出状态窗口显示模拟仿真的信息，如图 12.10 所示。

(2)完成模拟仿真后，系统会自动显示数据显示窗口，如图 12.11 所示。

(3)在 Palette 面板中，可以选择不同的数据显示方式。本实验选择矩形图，将 Rectangular Plot 图标放到数据显示窗口，选择要显示的 S(2,1)参数，点击"Add"，选择 dB 单位，点击"OK"后就会显示一个低通滤波器的 S(2,1)参数，如图 12.12 和图 12.13 所示。

(4)然后点击 Marker>new，把一个三角号放在 S(2,1)曲线上，可以通过鼠标控制具体位置，如图 12.14 所示，也可对其进行存储。

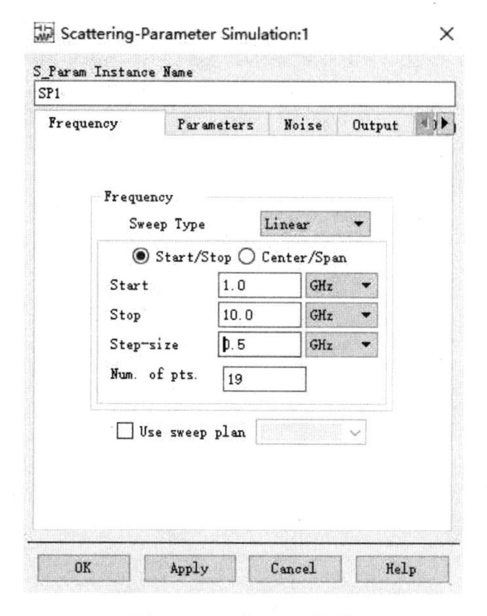

图 12.9 设置 S 参数

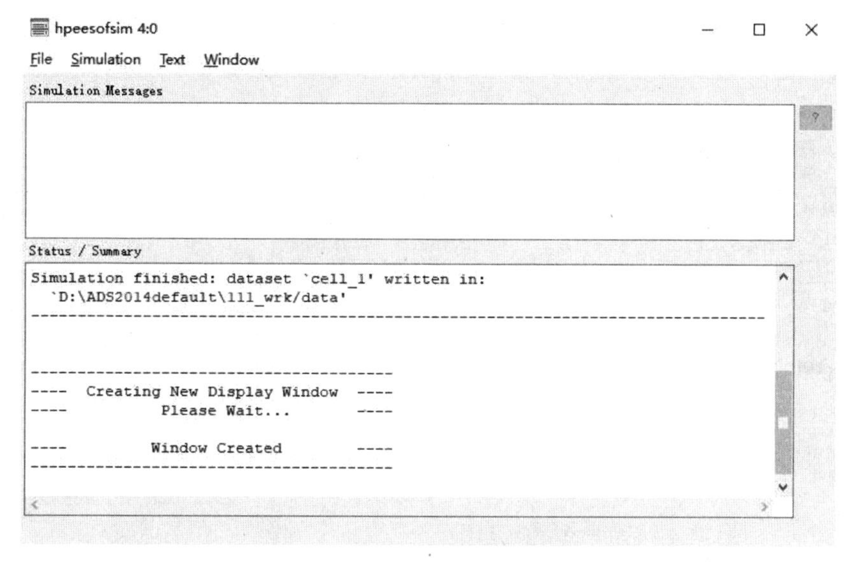

图 12.10 模拟仿真信息窗口

6. 调整滤波器电路。

(1)点击原理图窗口的 View all 图标,自动调整原理图显示情况。

(2)在原理图中配合使用 Shift 和 Ctrl 键选择 C1 和 L1。

(3)点击 Tune 图标可以调节元件参数,如图 12.15 所示。调谐的结果会实时显示在数据窗口中,如图 12.16 所示。

(4)改变调谐的范围,在 Max 处调节最大值,在 Min 处调节最小值,在 Step 处调节步长,如图 12.17 所示。

(5)调节完成后,可点击"Update Schematic"按钮,更新原理图中相应元件的参数,也

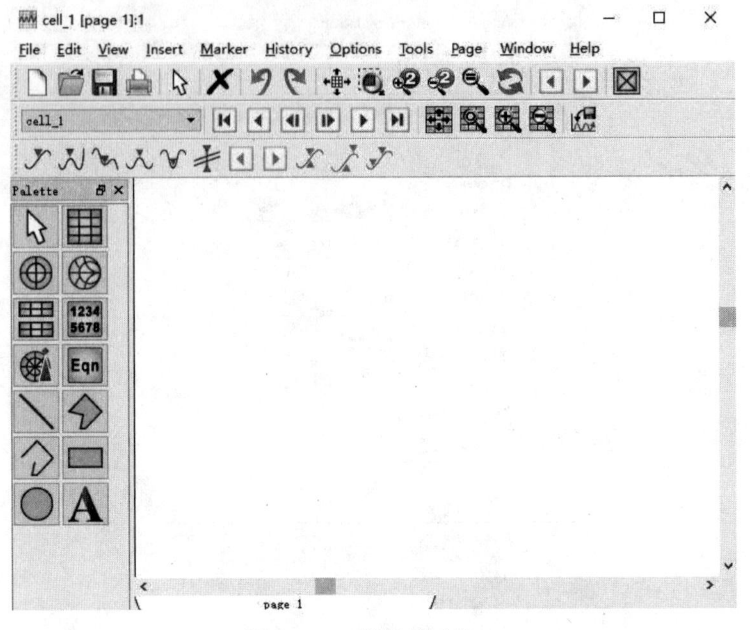

图 12.11　数据显示窗口

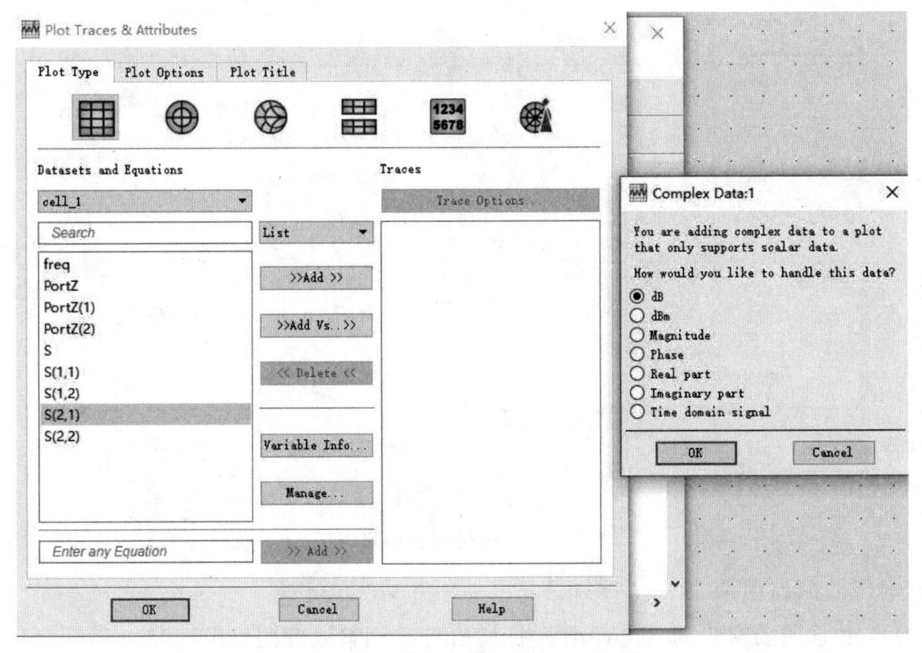

图 12.12　S(2,1)参数选择窗口

可以点击更多的元件参数，增加更多的参数调节。调节满意后，点击“Close”按钮结束调谐，此时数据窗口会留下最终的调谐曲线，然后保存即可。

七、实验电路图

实验电路原理图如图 12.18 所示。

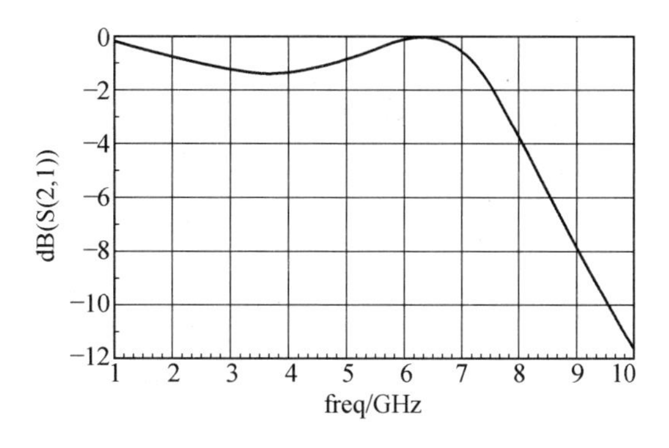

图 12.13　滤波器 S(2,1)参数

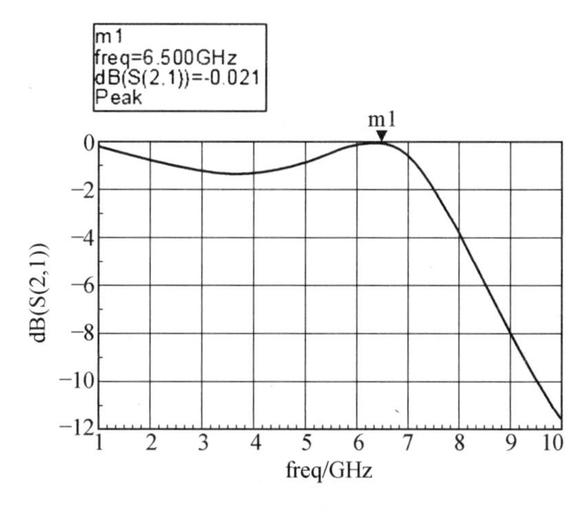

图 12.14　放置三角标

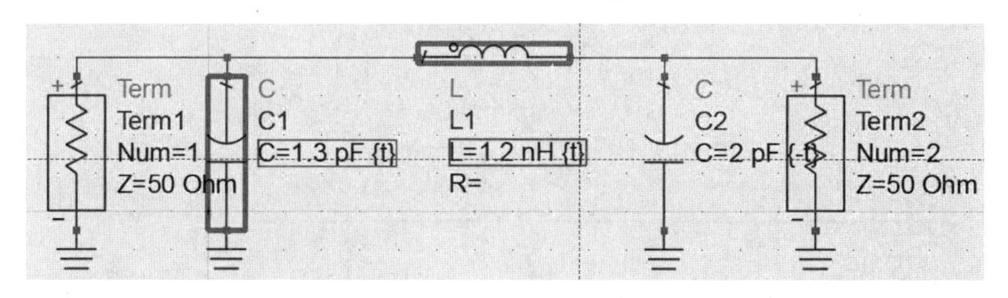

图 12.15　选择元件参数

八、实验结果

实验数据结果如图 12.19 所示。

九、实验结果讨论

1. 微波电路仿真中，常用的仿真器包括哪些？
2. 按照微波网络与传输系统的通道口数目，可将微波网络分为哪几种？

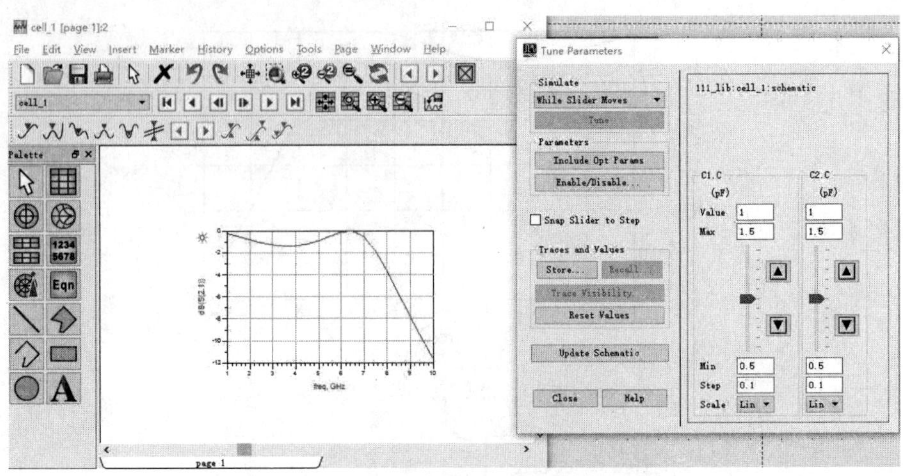

图 12.16　调节电路参数时的 S(2,1)参数

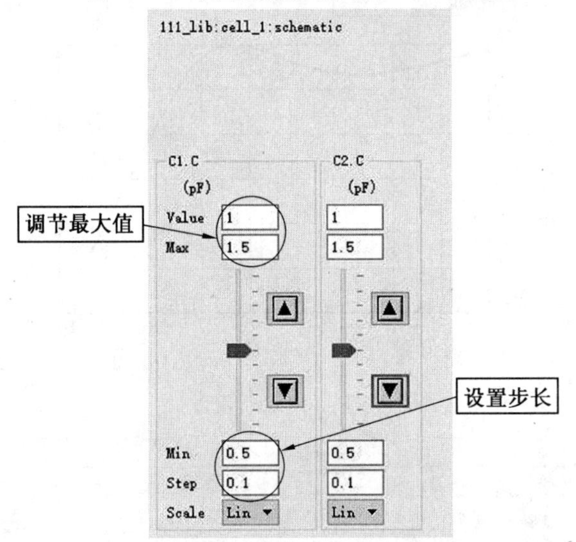

图 12.17　调谐范围设置窗口

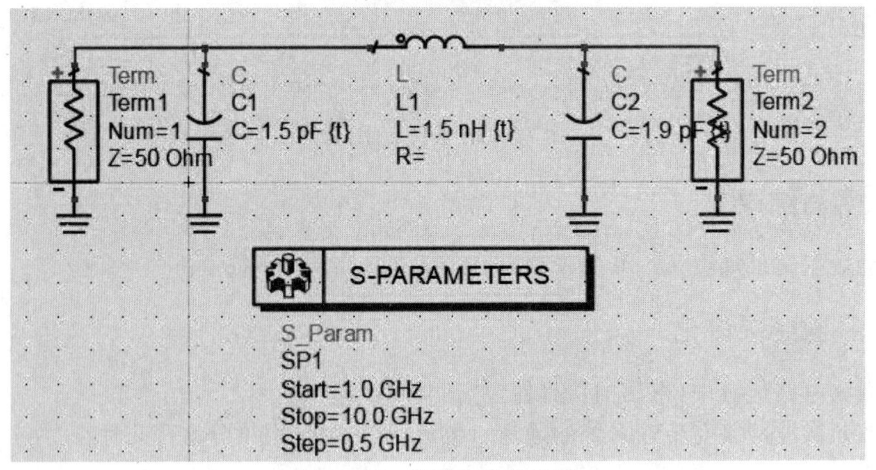

图 12.18　实验电路原理图

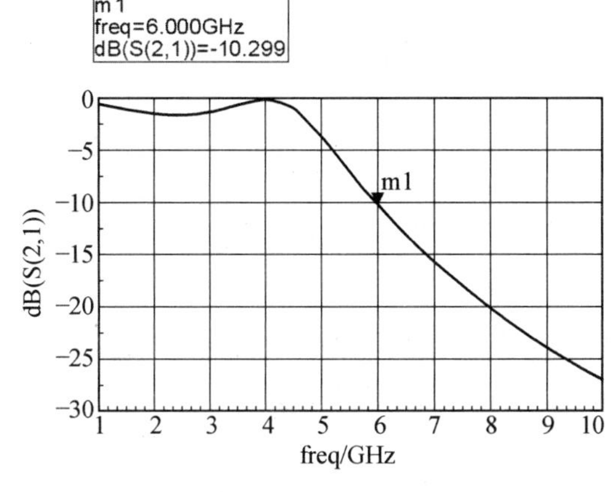

图 12.19　实验数据结果

12.2　阻抗匹配电路的仿真设计

一、实验目的

1. 了解分立电容、电感的相关知识。
2. 了解阻抗匹配的原理。
3. 利用 ADS 仿真软件进行集总参数阻抗匹配电路设计。

二 、实验内容

设计阻抗匹配电路，使 $Z_s=(75+j10)$Ohm 信号源与 $Z_l=50\ \Omega$ 的负载匹配，频率为 50 MHz。

三、实验环境

1. 实验设备：PC 机。
2. 实验软件：ADS 仿真软件。
3. 实验环境：Windows XP 或 Windows 7 以上版本。

四、实验原理

1. 阻抗匹配原理。

阻抗匹配的概念是射频电路设计中最基本的概念之一，贯穿射频电路设计的始终。阻抗匹配意味着信号源传递给负载的功率最大。也就是说，要想实现最大的功率传输，必须使负载的阻抗与源阻抗匹配。匹配网络如图 12.20 所示，要想实现源与负载匹配，传输功率最大，需要满足共轭匹配条件。

2. 集总元件或分立元件。

分立元件是相对分布参数电路而言的，具体是指普通的电阻、电容、晶体管等电子元

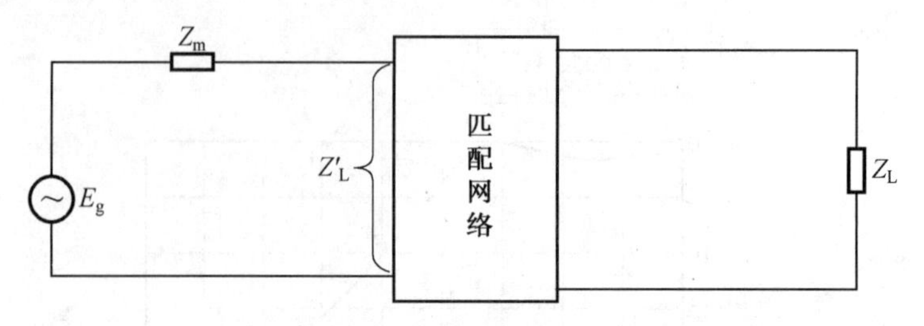

图 12.20 匹配网络

件，统称为分立元件，其内部结构所包含的元件都是分立的。在频率不是特别高的场合，可使用集总电容、电感进行阻抗匹配电路的设计。

3. 史密斯圆图。

史密斯圆图是处理传输线理论的最好的可视图形处理工具之一，具有直观、方便和易于理解等优点，得到了广泛的应用。特别是，它对匹配电路设计的全过程可以进行直观的描述。如图 12.21 所示，如果电路连接的是电感，则参考点将向史密斯圆图的上半圆移动；如果电路连接的是电容，则参考点将向史密斯圆图的下半圆移动。

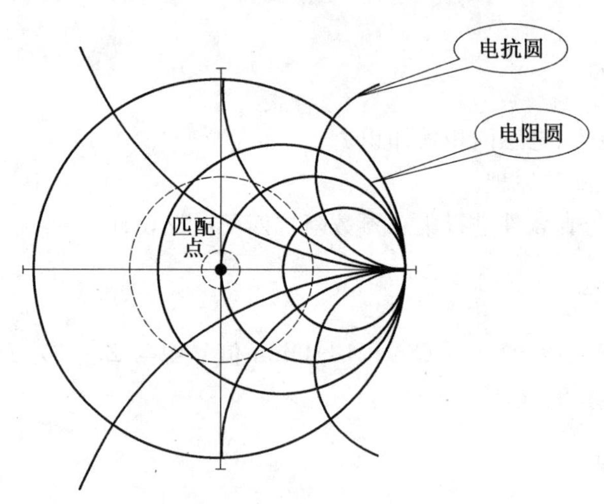

图 12.21 史密斯圆图

五、实验步骤

1. 新建 ADS 工程，新建原理图，命名为 match，如图 12.22 所示。此时新的原理图如图 12.23 所示，在原理图中可以看到有两个端口和 S－PARAMETERS 控件。

2. 双击 Term 端口，弹出设置对话框，分别把 Term1 设置成 $Z=(75+j*10)$ Ohm，Term2 设置 $Z=50$ Ohm，如图 12.24 所示。这里，Term1 相当于源，Term2 相当于负载。

3. 在元器件面板列表中选择“Smith Chart Matching”，单击图标，在原理图里添加“DA_SmithChartMatch”控件，如图 12.25 所示。

单击和将电路连接成如图 12.26 所示。“DA_SmithChartMatch”控件在使用时需要考虑方向。在 S－PARAMETERS 控件里设置起始频率和终止频率为 1～

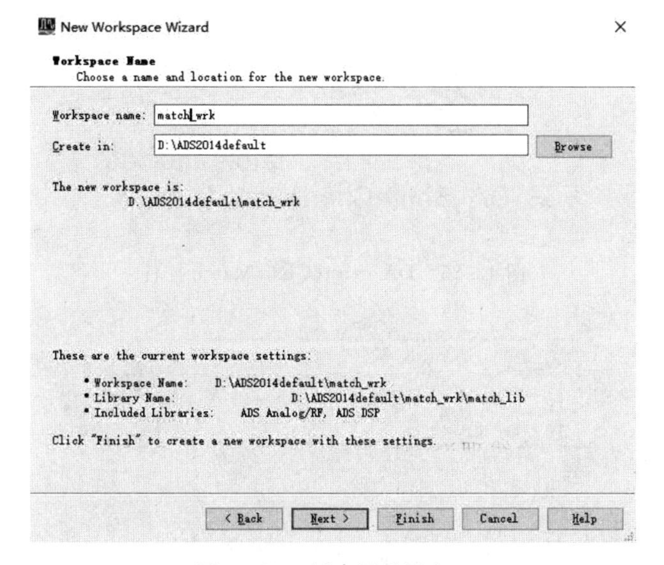

图 12.22　新建原理图窗口

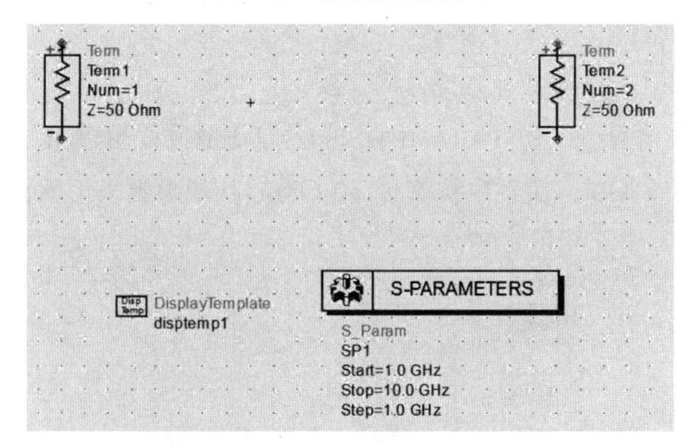

图 12.23　新的原理图

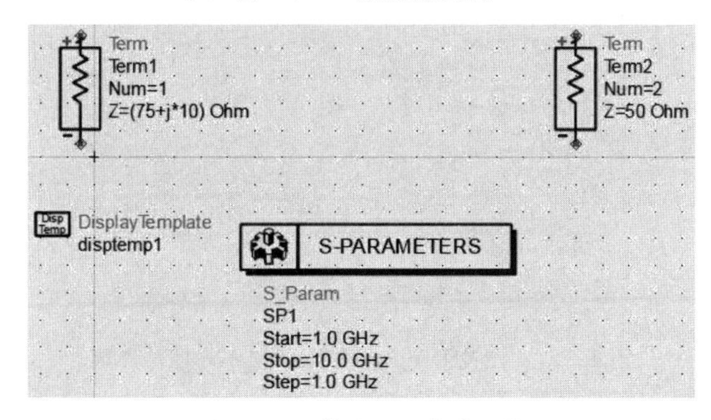

图 12.24　修改源和负载阻抗

100 MHz，步长为 1 MHz，因为此时的工作频率是 50 MHz。

4. 双击“DA_SmithChartMatch”控件，设置控件的相关参数，如图 12.27 所示。关键的参数设置为 F_p=50 MHz，SourceType=Complex Impedance，SourceEnable=True，源

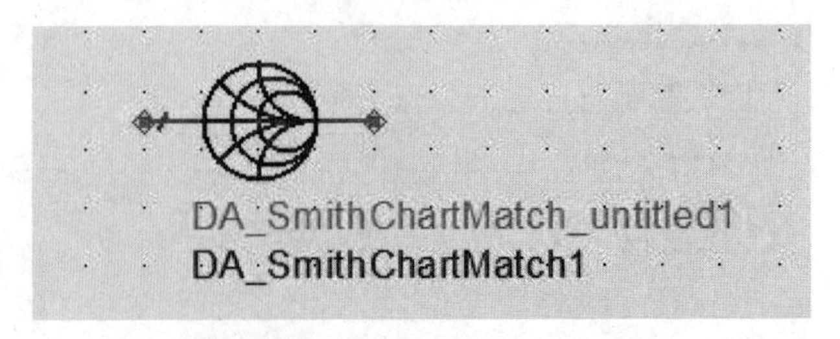

图 12.25　DA_SmithChartMatch 控件

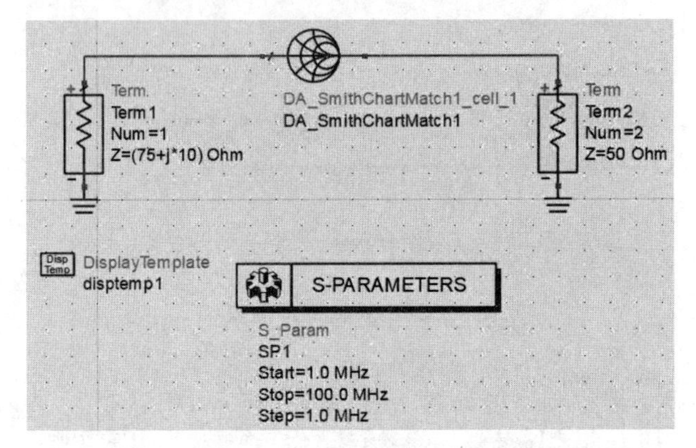

图 12.26　S－PARAMETERS 控件参数修改后的原理图

阻抗 Z_g＝(75－j＊10)Ohm，负载阻抗 Z_L＝50 Ohm，其他参数采用默认值。

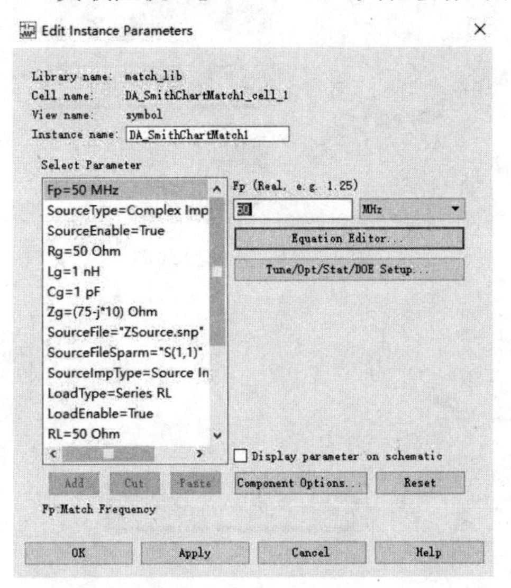

图 12.27　设置 DA_SmithChartMatch 控件参数

5. 在原理图设计窗口中，点击菜单命令 Tools→Smith Chart，弹出“Smart Component Sync”对话框，选择“Update Smart Component from Smith Chart Utility”选项后，单击“OK”按钮，弹出“Smith Chart Utility”对话框，如图 12.28 所示。

6. 在图 12.28 中，需要设置频率(Freq)和特性阻抗(Z0)，这里分别将其设置为Freq＝0.05 GHz，Z0＝50 Ohm。单击“Define Source/Load Network Terminations”按钮，弹出

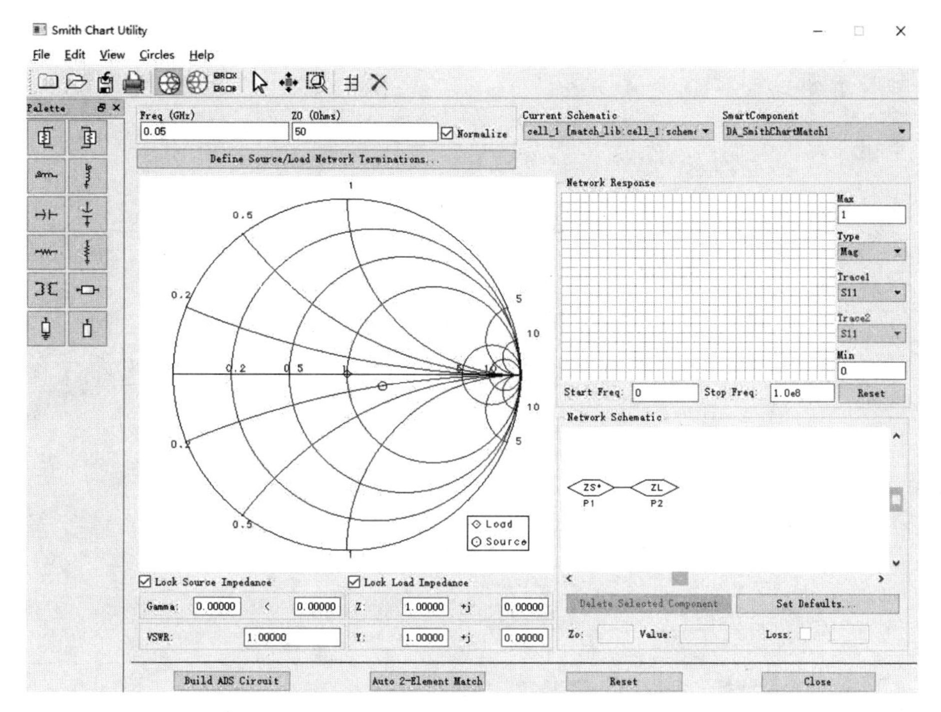

图 12.28　“Smith Chart Utility”对话框

“Network Terminations”对话框，这里可以设置源和负载的阻抗，如图 12.29 所示。

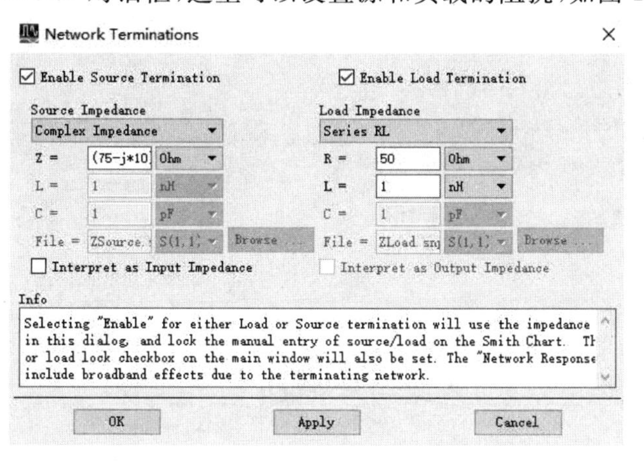

图 12.29　“Network Terminations”对话框

7. 在图 12.29 中，需要勾选“Enable Source Termination”和“Enable Load Termination”选项，这是为了配合图 12.27 中“Smith Chart Matching Network”对话框中设置的“SourseEnable=True”和“LoadEnable=True”选项，因此在图 12.27 里设置的源和负载阻抗可以直接导入“Network Terminations”对话框。设置完成后依次单击“Apply”和“OK”按钮，可以看到源（圆形标记）和负载（方形标记）阻抗点都在史密斯圆图上显现出来，如图 12.30 所示。

8. 采用 LC 分立元件实现阻抗匹配时，需要在“Smith Chart Utility”对话框的面板 Palette 中选择相应的 L、C 元件，改变 L、C 位置，观察 L、C 值变化时输入阻抗的变化轨

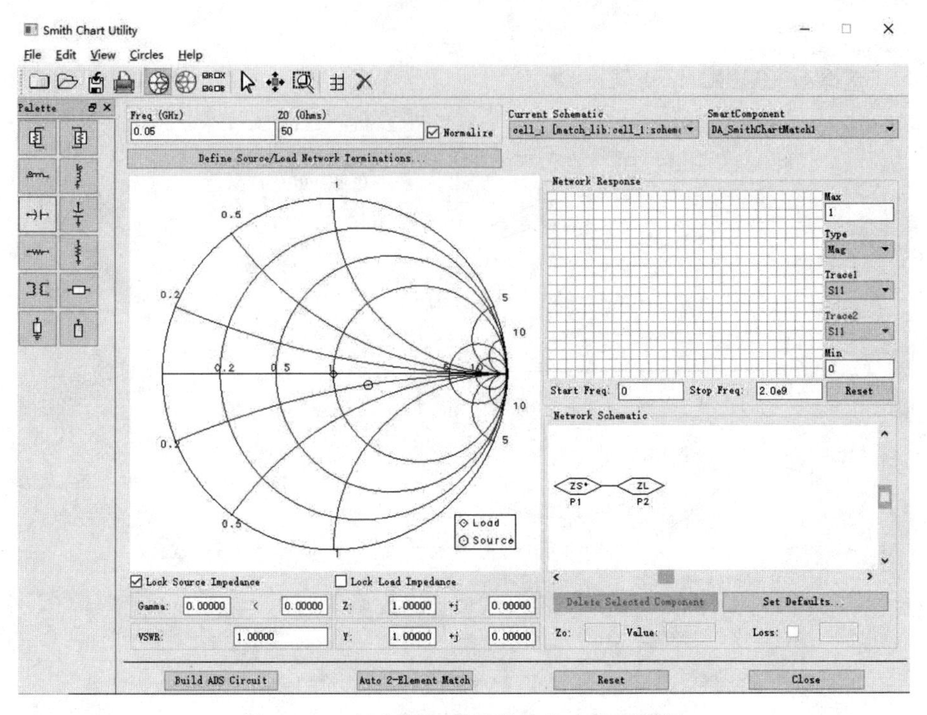

图 12.30　加入源和负载阻抗的史密斯圆图

迹，如图 12.31 所示。

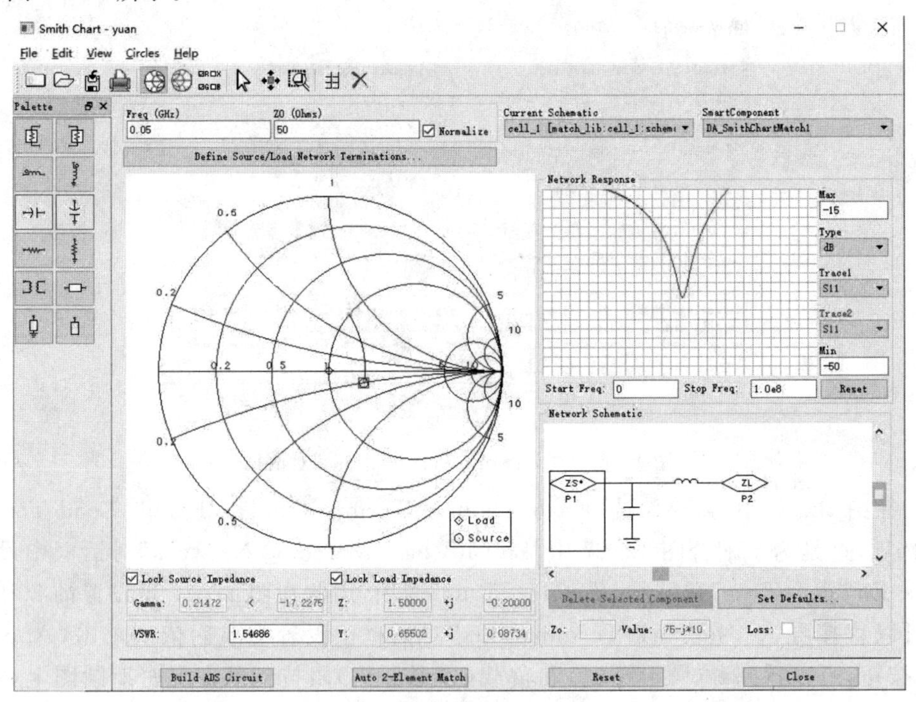

图 12.31　匹配过程

9. 单击“Build ADS Circuit”按钮即可生成相应的匹配电路，与图 12.31 中圈出的电路结构一致。单击图标可以查看匹配电路，如图 12.32 所示。

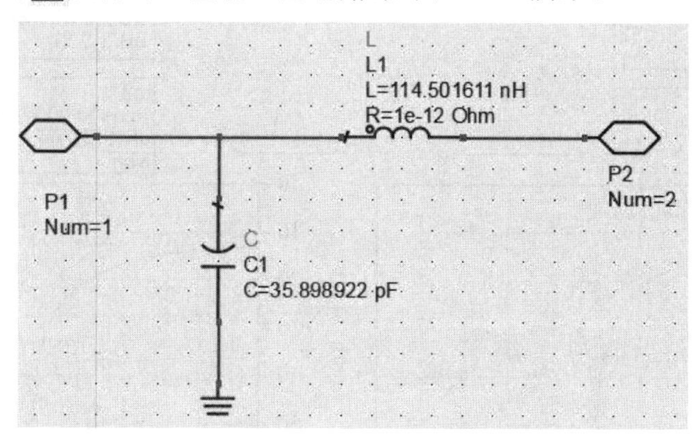

图 12.32　匹配电路

10. 按“F7”键或点击图标进行电路仿真，单击，添加 S(1,1)和 S(2,1)，选择“dB”，如图 12.33，点击“OK”键，得到的仿真结果如图 12.34 所示。

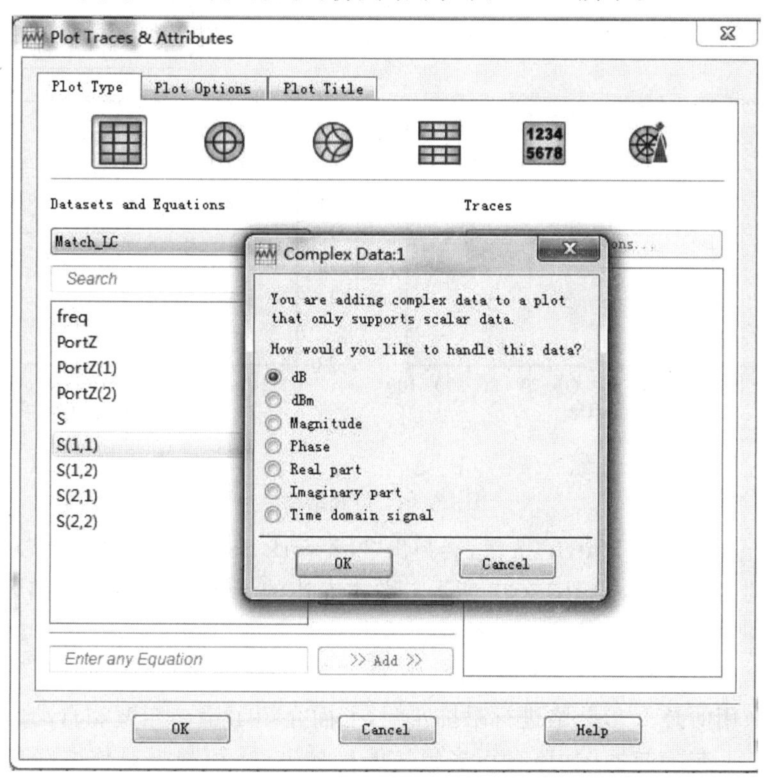

图 12.33　添加 S 参数数据结果

从图 12.34 中可以看出，在 50 MHz 输入输出端口的反射系数 $S(1,1)=S(2,2)\approx -50$ dB。这是一个无源互易对称网络，所以 S(1,1)和 S(2,2)的曲线相同。

除了手动匹配外，还可以进行自动匹配。在“Smith Chart Utility”对话框最后一行有个“Auto 2－Element Match”按钮，该按钮可以实现自动匹配。在确定输入输出阻抗后，

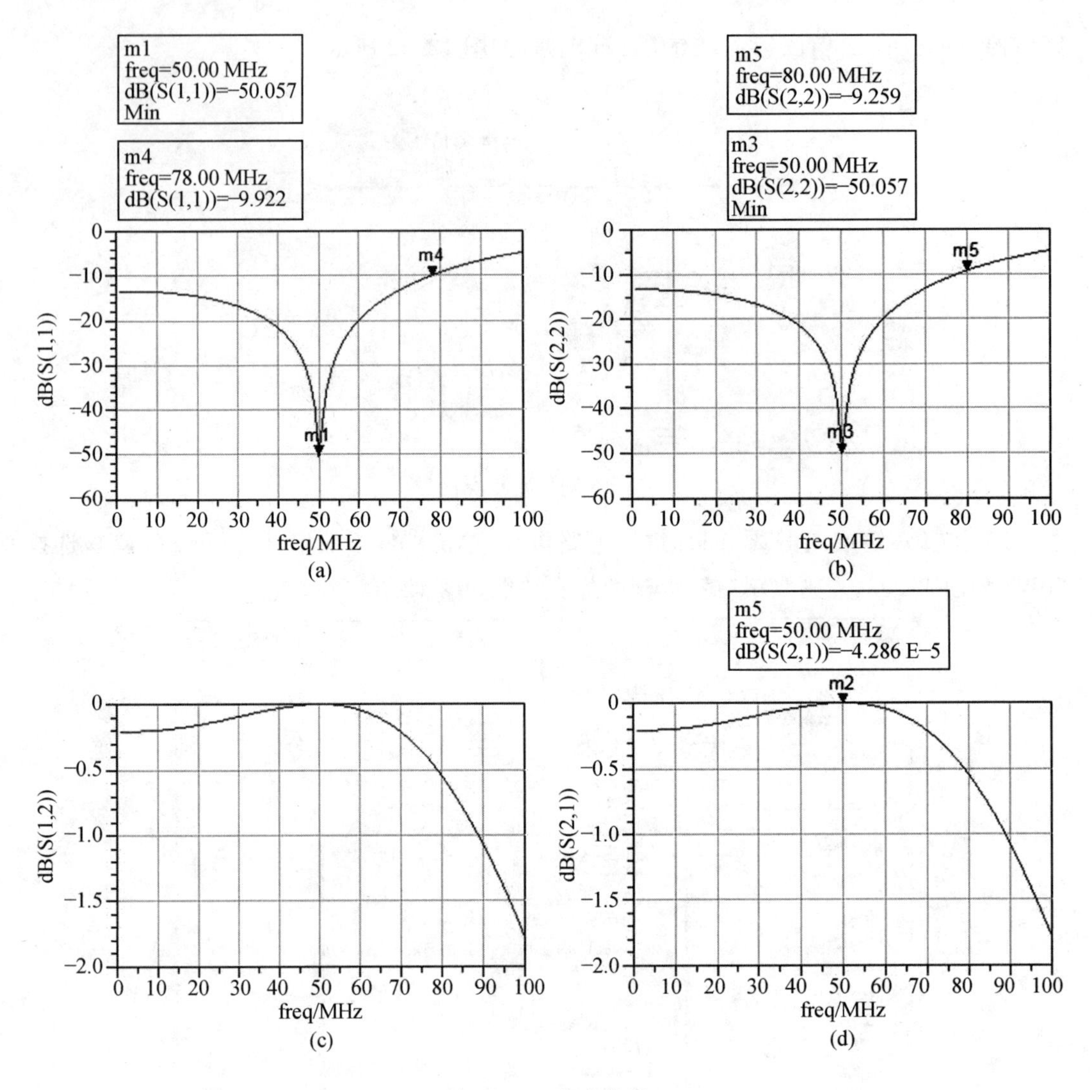

图 12.34　仿真结果

单击“Auto 2－Element Match”按钮，会弹出“Network Selector”对话框，该对话框中提供了两个可选的匹配网络，如图 12.35 所示。单击左边的串联电容、并联短路电感的匹配网络，自动生成匹配路径，如图 12.36 所示。单击左下角的“Build ADS Circuit”按钮，此时原理图中会自动生成相应的匹配电路，如图 12.37 所示。

本实验采用的是 L 形网络进行阻抗匹配，上面介绍了手动匹配和自动匹配电路的两种方法。除了 L 形阻抗匹配，还有很多阻抗匹配的方法，可根据具体电路参数要求进行选择，如驻波比、带宽、Q 值、隔离度要求等。

六、实验电路图

实验电路图和匹配电路图如图 12.38 和图 12.39 所示。

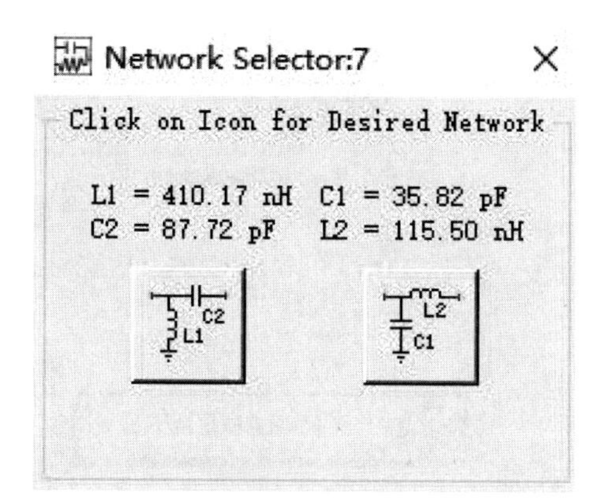

图 12.35　“Network Selector”对话框

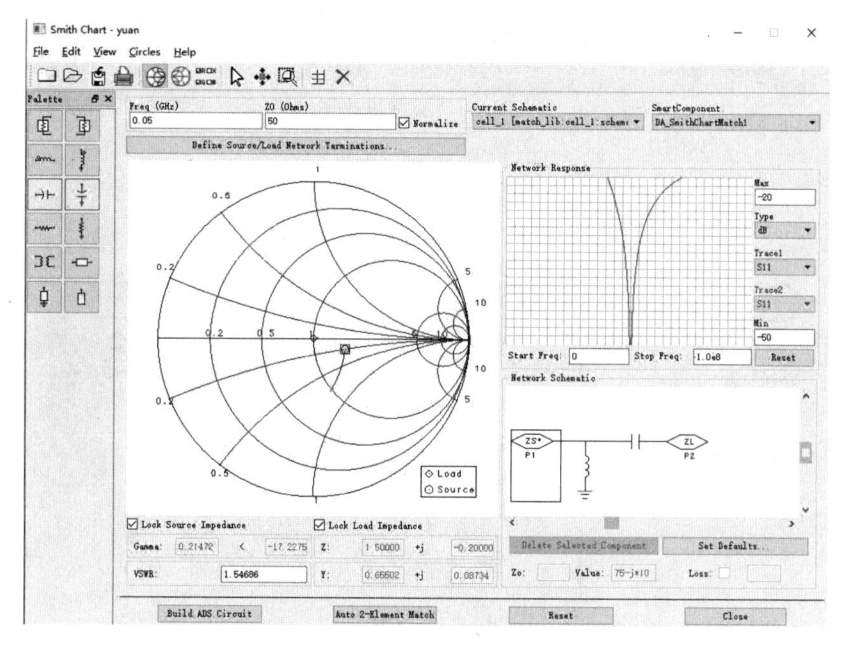

图 12.36　自动生成的匹配路径

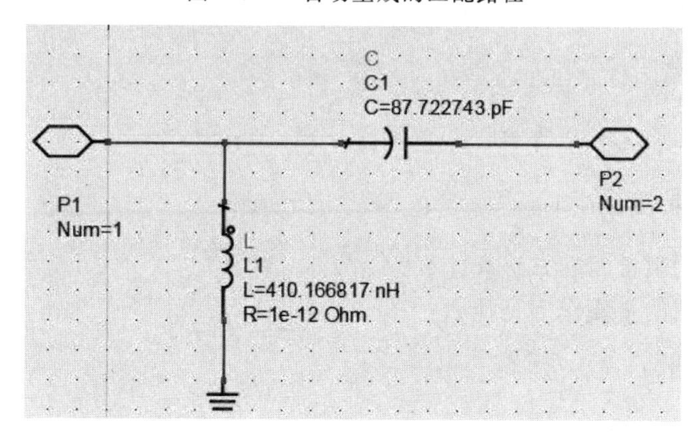

图 12.37　Auto 2－Element Match 生成的子电路

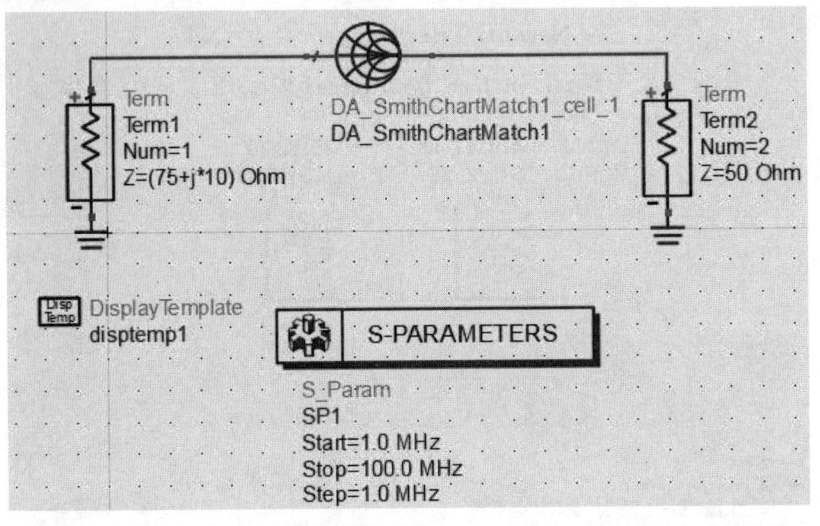

图 12.38　实验电路图

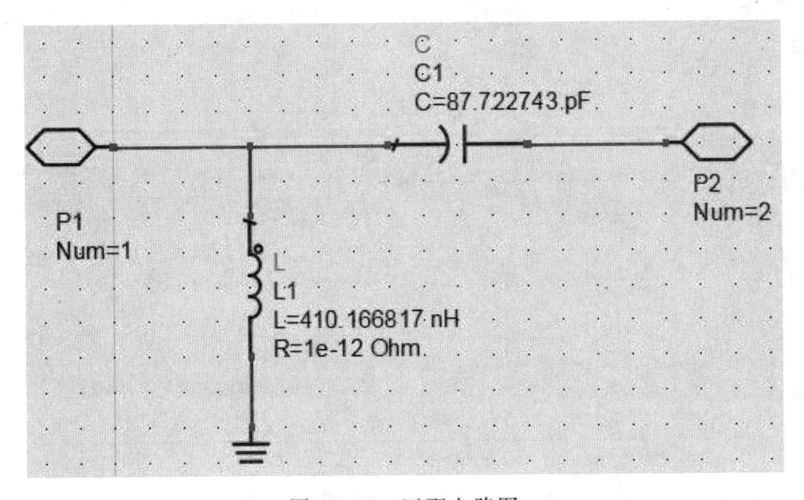

图 12.39　匹配电路图

七、实验结果

仿真结果图如图 12.40 所示。

八、实验结果讨论

1. 微波电路的阻抗匹配方法有什么?
2. 史密斯圆图的主要作用是什么?

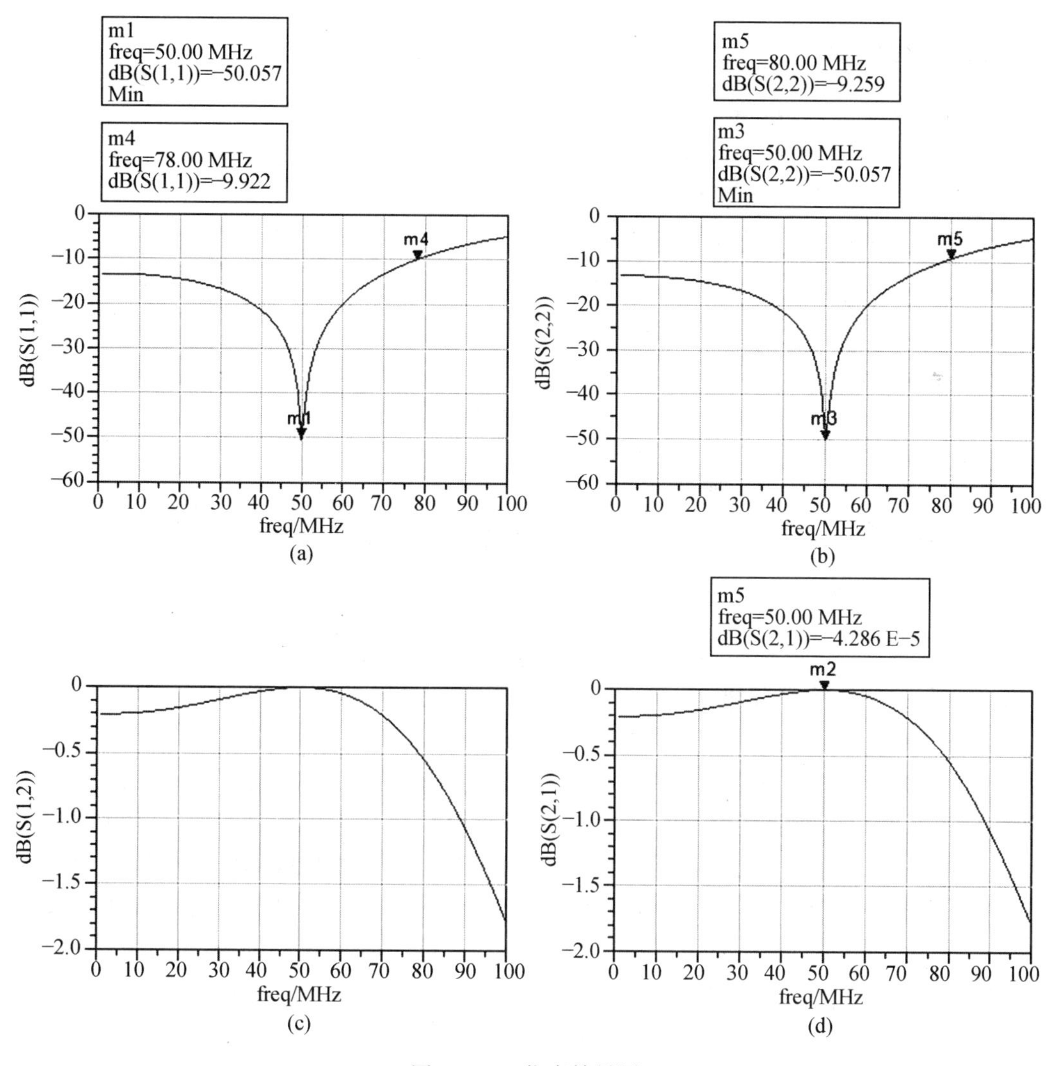

图 12.40　仿真结果图

12.3　Lange 耦合器的仿真设计

一、实验目的

1. 使用 ADS 仿真软件设计一个 3 dB Lange 耦合器。
2. 根据指标对 Lange 耦合器性能参数进行优化仿真。
3. 得出相应的实验结果并对其进行分析，了解其工作原理。

二、实验内容

设计一个 3 dB 的 Lange 耦合器，并根据给定的指标对性能参数进行仿真与优化。

三、实验要求

1. 频带范围：0～20 GHz。
2. 中心频点 f_0：12 GHz。
3. 在 8～16 GHz 的频率范围内输入驻波比：$\rho<1.1$。
4. 在中心频点 $f_0=12$ GHz 处的插损和耦合度：$2.9<I_L=C<3.1$ dB。
5. 在 8～16 GHz 的频率范围内的定向度：$D>17$ dB。
6. 在 8～16 GHz 的频率范围内的隔离度：$I>20$ dB。

四、实验环境

1. 实验设备：PC 机。
2. 实验软件：ADS 仿真软件。
3. 实验环境：Windows XP 或 Windows 7 以上版本。

五、实验原理

Lange 耦合器一般为四端口网络器件，包括输入口、直通口、耦合口和隔离口。它可以设计成任意输出功率分配比，常用于平衡放大器、功率放大器和平衡混频器中。本实验为典型的 Lange 耦合器，具有较强的耦合特性。

Lange 耦合器结构如图 12.41 所示，端口①的输入功率一部分直接传输给直通端口②，另一部分耦合到耦合端口③。理想情况下，没有功率从隔离端口④输出，而且直通端口与耦合端口之间有 90°的相位差。图中，Z_0 为输入、输出微带线的特性阻抗，S 为微带线之间的间距，$\lambda/4$ 为工作带宽中心频点处的四分之一波长。影响耦合系数 C 的参数有线宽比 W/H、缝隙宽度与微带线厚度之比 S/H、基板介电常数 ε_r、导体厚度与微带线厚度之比 T/H 和频率。这五个参数的微小变化会引起耦合器奇偶模阻抗发生相应变化，但影响最大的是缝隙宽度 S、导体厚度 T 和微带线厚度 H。

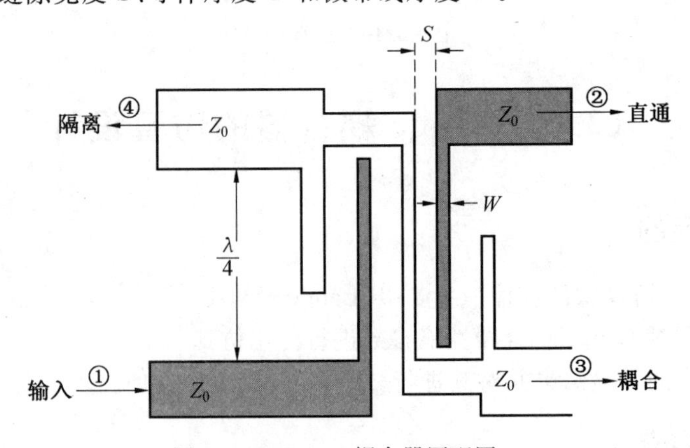

图 12.41 Lange 耦合器原理图

六、实验步骤

1. 创建一个新工程，工程名为 coupling，在设置单位栏中选择 millimeter，点击“Finish”，完成新建工程，如图 12.42 和图 12.43 所示，此时弹出原理图设计向导，如图 12.44 所示，在原理图设计向导中选择“No help needed”，再单击“Finish”按钮，完成新建工程。

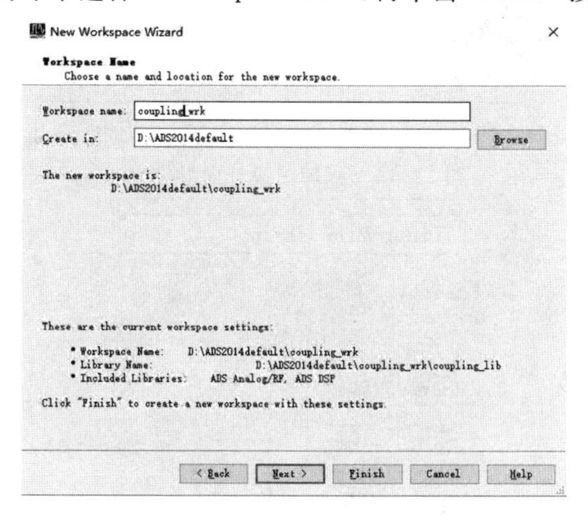

图 12.42　设置工程名窗口

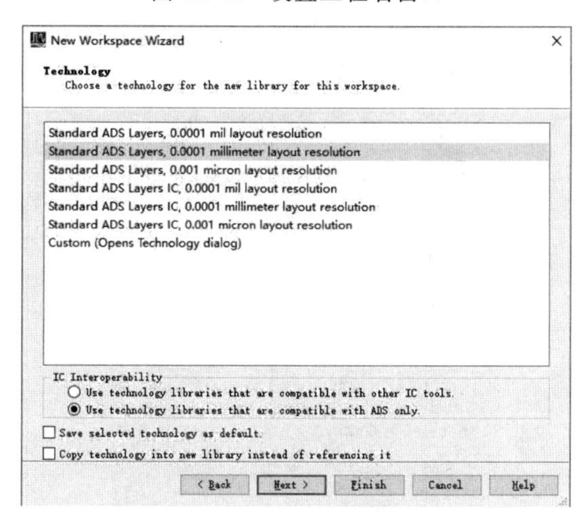

图 12.43　设置单位窗口

2. 建立 Lange 耦合器原理图。

(1)在主窗口中，点击“New Schematic Window”图标，或选择 New→New Schematic 命令，新建一个原理图。此时，新原理图命名为 cell1，并保存原理图。

(2)在原理图设计窗口的元件面板中选择“TLines－Microstrip”元件面板，如图 12.45所示。

(3)在图 12.45 所示的元件面板中选择三个 MLIN 和两个 MTEE 放置到原理图中，并按图 12.46 所示的电路形式连接起来，组成 Lange 耦合器的一个支路。

(4)类似地，从元件面板中再选择三个 MLIN 和两个 MTEE 放置到原理图中。按照

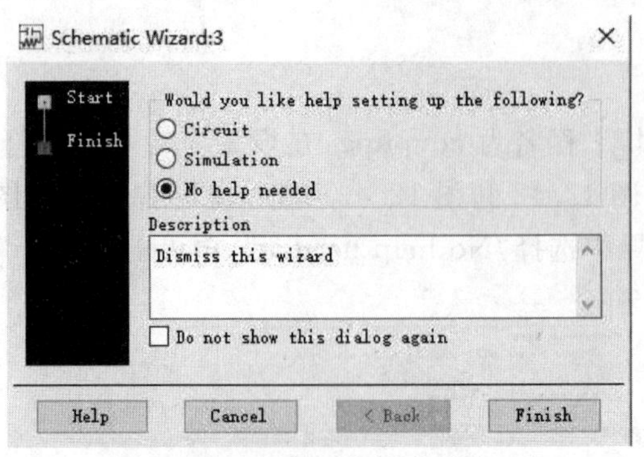

图 12.44　原理图设计向导窗口

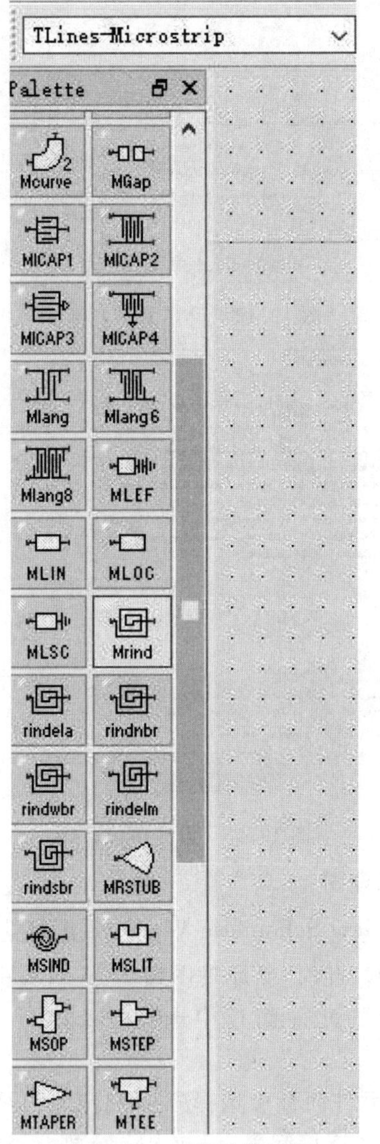

图 12.45　元件选择面板

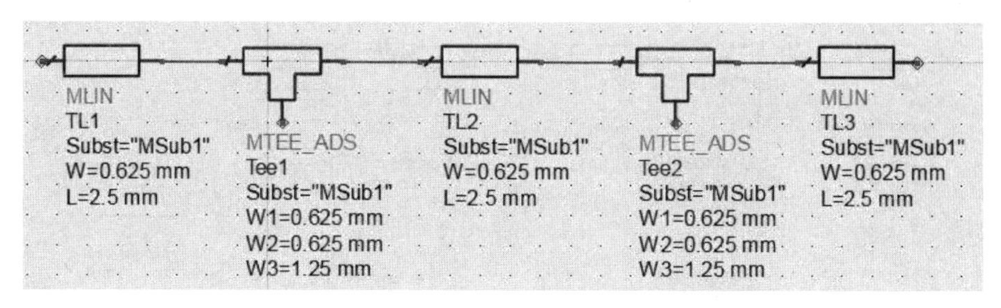

图 12.46　Lange 耦合器的一个支路

图 12.47 所示的电路形式连接，构成 Lange 耦合器的另一个支路。由图 12.46 和图12.47 可知，这两条 Lange 耦合器的支路是对称的。

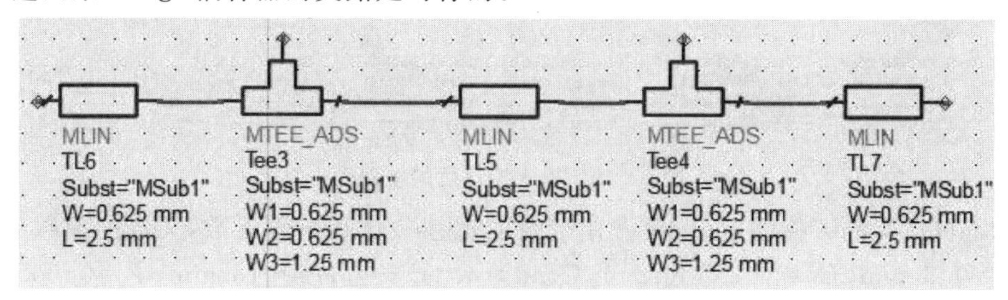

图 12.47　Lange 耦合器的另一个支路

(5)再次，从元件面板中选择两个 MLIN 放置到原理图中，将其作为连接两个支路的微带线，电路连接形式如图 12.48 所示。这样，Lange 耦合器的电路连接就完成了。

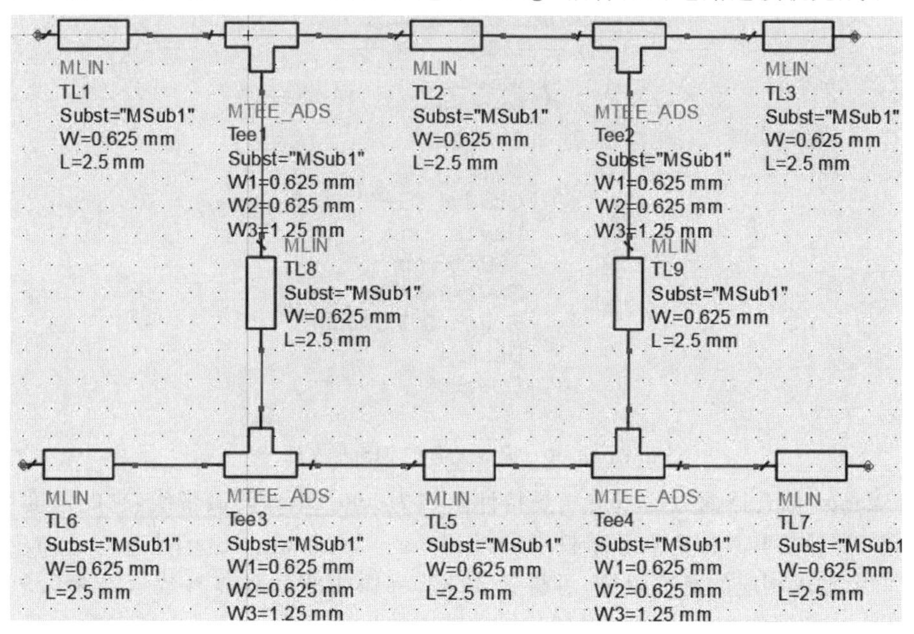

图 12.48　微带线连接两条支路

3. 微带线的参数设置

(1)从“TLines－Microstrip”元件面板中选择一个微带线参数控件 MSub，放置到原理图中，如图 12.49 所示。

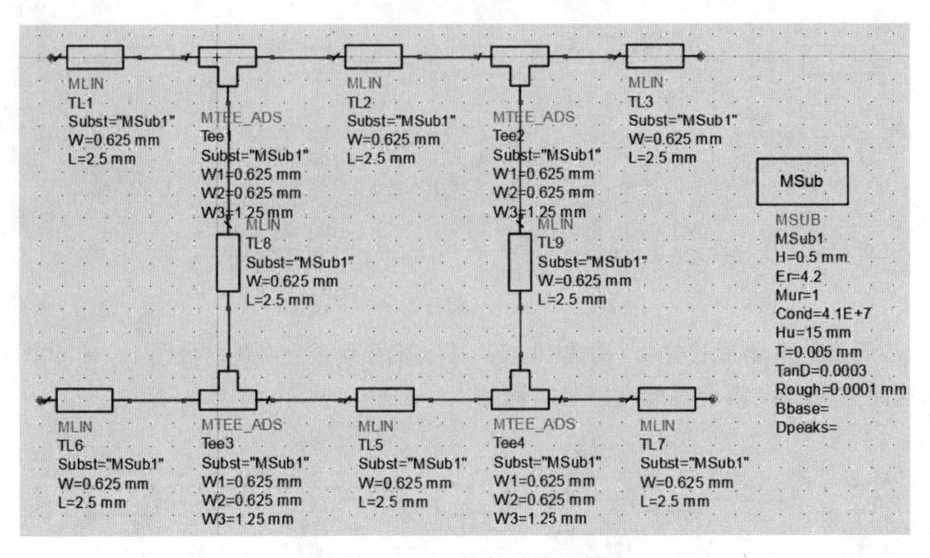

图 12.49　插入控件后的电路图

(2)双击“MSub”控件,可以设置微带线的尺寸参数和电气参数,关键的参数设置如下:H＝0.5 mm,Er＝4.2,Mur＝1,Cond＝4.1E＋7,Hu＝15 mm,T＝0.005 mm,TanD＝0.000 3,Rough＝0.000 1 mm,完成设置的 MSub 控件如图 12.50 所示。

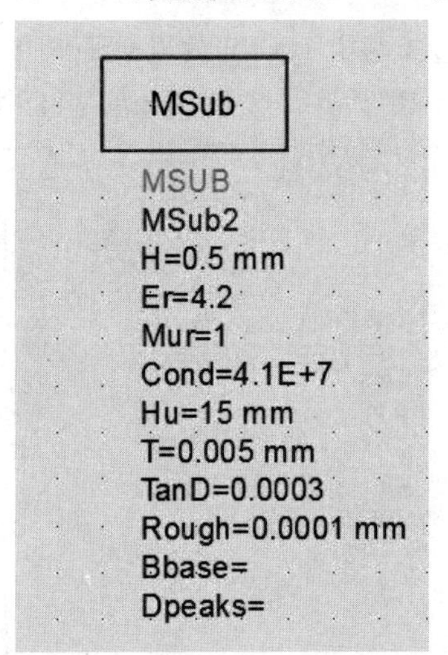

图 12.50　完成设置的 MSub 控件

(3)Lange 耦合器两边的引出线是特性阻抗为 500 Ohm 的微带线,它的宽度可由微带线计算工具得到,具体为在菜单栏中选择 Tools→LineCalc→Start Linecalc 命令,在电特性窗口中输入相应的特性阻抗,可得到 50 Ohm 微带线的具体参数为 W＝0.98 mm,L＝2.5 mm。类似的方法也可以得到其他微带线的尺寸参数。完成电气参数和尺寸参数设置之后的电路原理图如图 12.51 所示。

4. S 参数仿真。

(1)在原理图设计窗口中选择 S 参数仿真元件面板“Simulation－S_Param”,从中选择四个 Term,阻抗设置为 500 Ohm,并将其放置在耦合器的四个端口上,用来定义四个

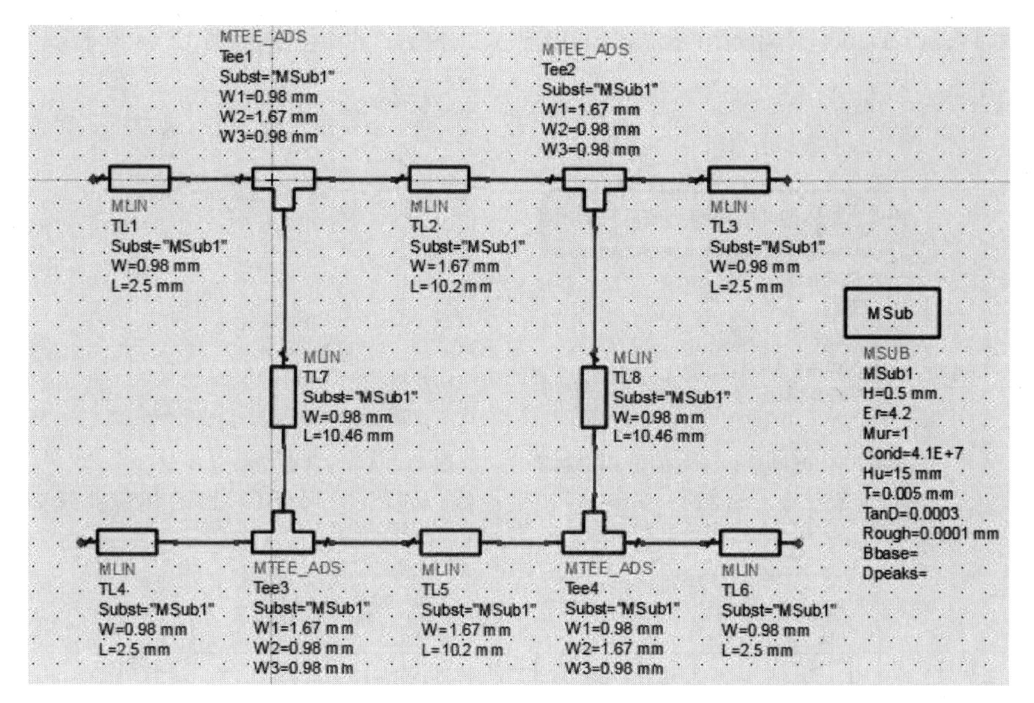

图 12.51　完成电气参数和尺寸参数设置之后的电路原理图

端口。单击工具栏上的接地图标，将四个端口接地，端口连接好的电路如图 12.52 所示。

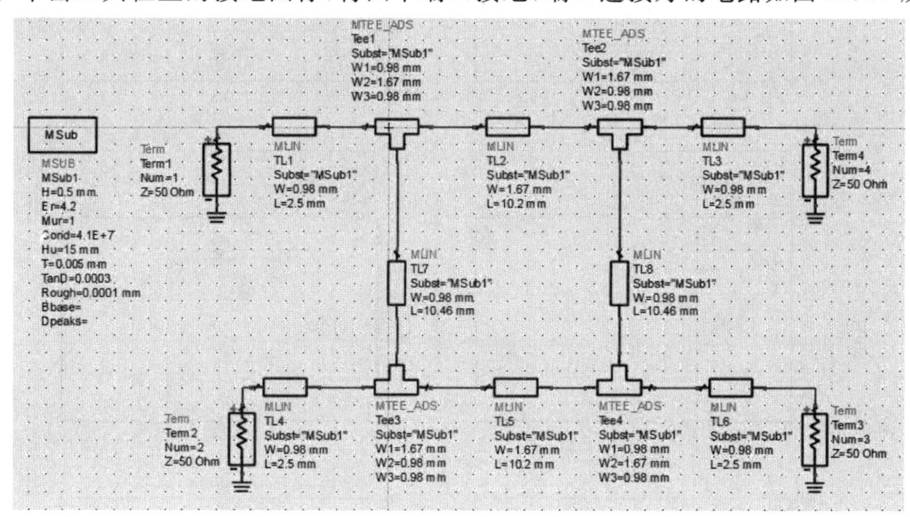

图 12.52　端口连接好的电路

(2)从 S 参数仿真元件面板中选择一个 S 参数仿真控制器放置到原理图中。

(3)双击 S 参数仿真控制器并设置仿真参数，完成参数设置的仿真控制器如图 12.53 所示。

(4)点击工具栏上的图标开始仿真，仿真结束后，系统会弹出数据显示窗口。

5. 查看仿真结果。

(1)在数据显示窗口中，点击图标，插入关于 S 参数的矩形图，选择参数 S(1,1)、

S(2,1)、S(3,1)、S(4,1)幅度图(单位 dB)以及 S(3,1)、S(4,1)的相位图,如图 12.54 所示。

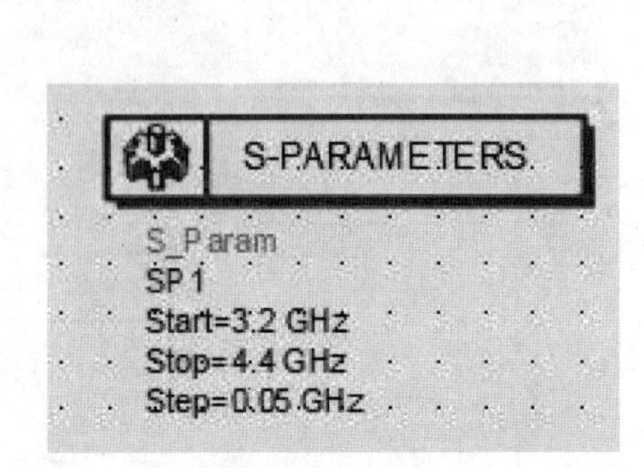

图 12.53 完成参数设置的仿真控制器

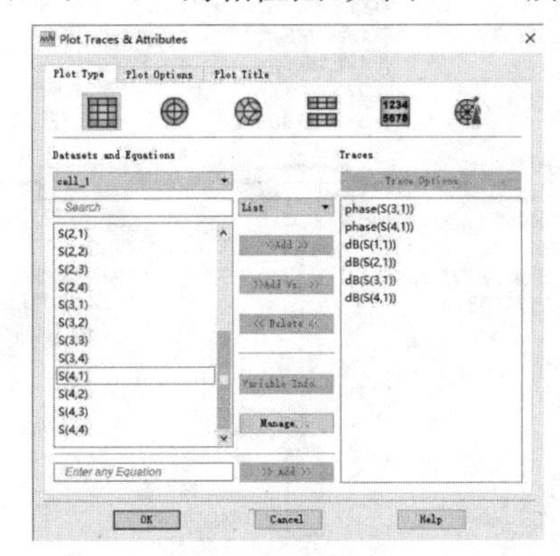

图 12.54 S参数结果选择窗口

(2)S(1,1)、S(2,1)、S(3,1)、S(4,1)幅度曲线以及 S(3,1)、S(4,1)的相位曲线如图 12.55 所示。

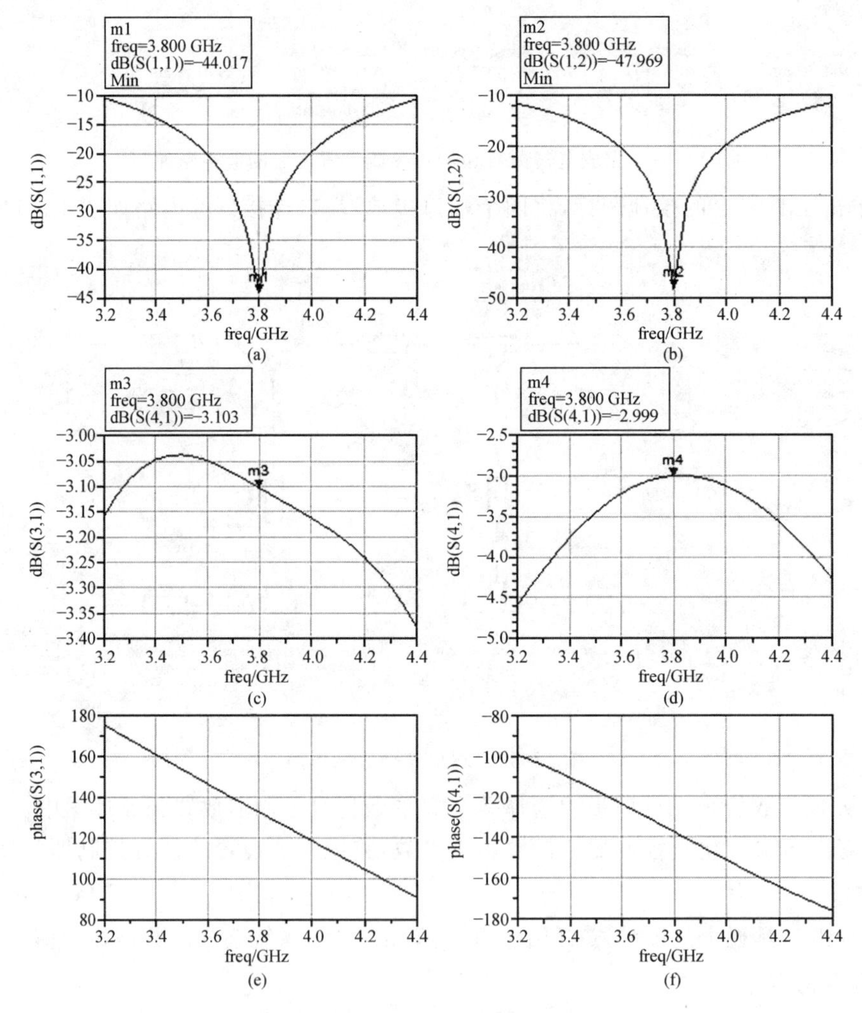

图 12.55 S参数的幅度和相位曲线

从图 12.55 中可以看出，S(1,1)和 S(2,2)参数的幅度曲线在 3.8 GHz 处都在 −40 dB以下，说明端口前端反射系数和端口间隔离度符合设计要求。S(3,1)和 S(4,1)的幅值曲线在 3.8 GHz 处大约小于−3 dB，这说明从端口 1 到端口 3 以及从端口 1 到端口 4 均有 3 dB 左右的衰减，满足设计要求。从 S(3,1)和 S(4,1)的相位曲线图中可以看出，其相位变化是线性的，也满足设计要求。这样就完成了一个满足设计要求的 3 dB Lange 耦合器设计。

七、实验电路图

3 dB Lange 耦合器电路原理图如图 12.56 所示。

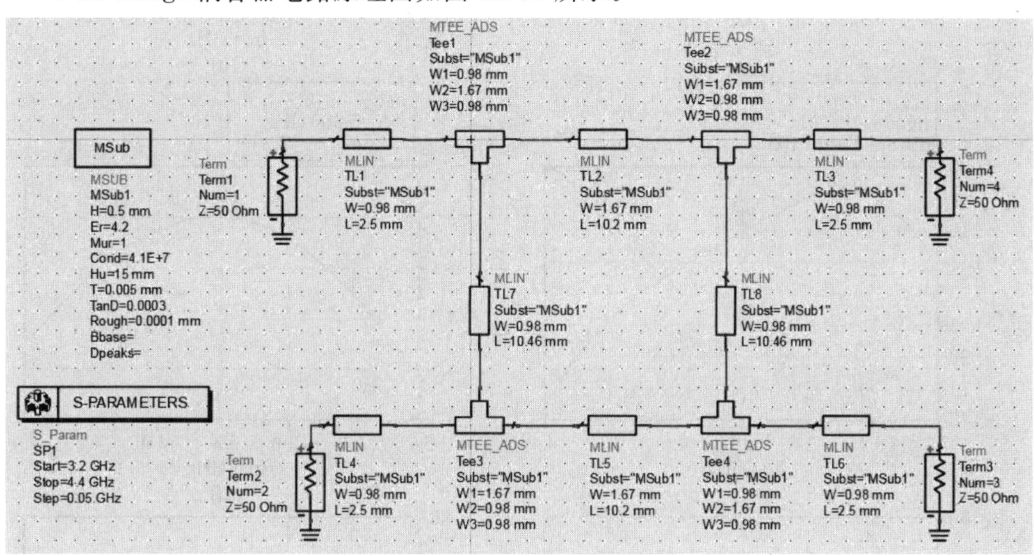

图 12.56　3 dB Lange 耦合器电路原理图

八、实验结果

3 dB Lange 耦合器的 S 参数仿真结果如图 12.57 所示。

九、实验结果讨论

1. Lange 耦合器的作用是什么？可应用在哪些场合？
2. Lange 耦合器的性能指标包括哪些？

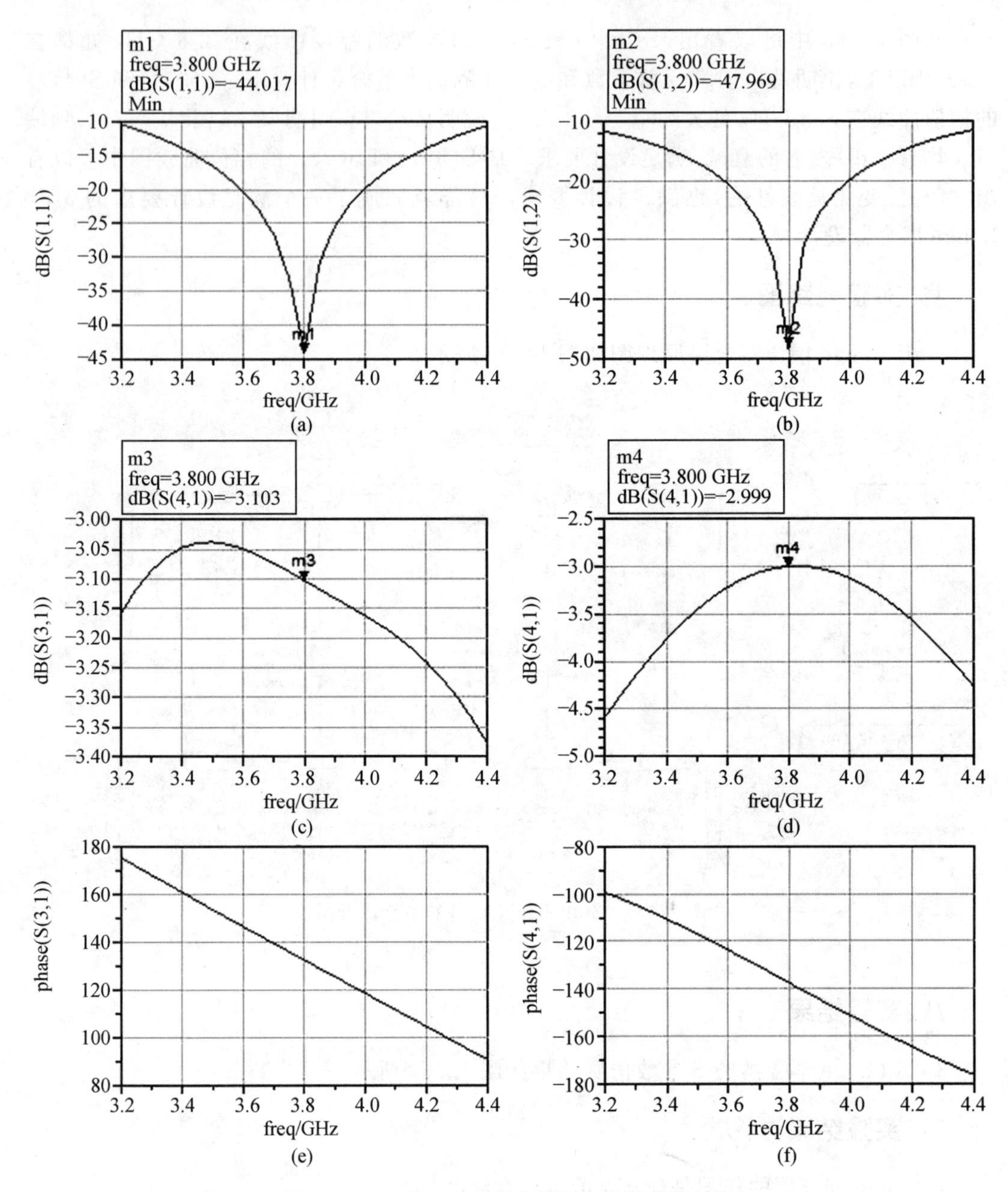

图 12.57　3 dBLange 耦合器的 S 参数仿真结果

12.4　微带低通滤波器的设计

一、实验目的

1. 使用 ADS 仿真软件设计一个微带滤波器。

2. 根据指标对微带低通滤波器的性能参数进行优化仿真。

3. 得出相应的实验结果并对其进行分析，了解其工作原理。

二、实验内容

设计一个微带低通滤波器，并根据给定的指标对性能参数进行仿真与优化。

三、实验要求

微带低通滤波器的具体指标如下：

1. 通带截止频率：3 GHz。
2. 通带增益：大于－5 dB，主要由滤波器的 S(2,1)参数确定。
3. 阻带增益：在 4.5 GHz 以上小于－45 dB，主要由滤波器的 S(2,1)参数确定。
4. 通带反射系数：小于－18 dB，由滤波器的 S(1,1)参数确定。

在进行设计时，主要以滤波器的 S 参数作为优化目标。S(2,1)、S(1,2)是传输参数，滤波器通带、阻带的位置以及增益、衰减全都表现在 S(2,1)、S(1,2)随频率变化的曲线上。S(1,1)、S(2,2)参数是输入、输出端口的反射系数，如果反射系数过大，就会导致反射损耗增大，影响系统的前后级匹配，使系统性能下降。

四、实验环境

1. 实验设备：PC 机。
2. 实验软件：ADS 仿真软件。
3. 实验环境：Windows XP 或 Windows 7 以上版本。

五、实验原理

微带滤波器是用来分离不同频率微波信号的一种器件。它的主要作用是抑制不需要的信号，使其不能通过滤波器，只让需要的信号通过。在微波电路系统中，滤波器的性能对电路的性能指标有很大的影响，因此如何设计出一个高性能的滤波器，对设计微波电路系统具有很重要的意义。微带电路具有体积小、质量小、频带宽等诸多优点，近年来在微波电路系统中应用广泛，其中用微带做滤波器是其主要应用之一，本实验将重点介绍如何设计并优化微带滤波器。

微带滤波器中最基本的滤波器是微带低通滤波器，其他类型的滤波器可以通过低通滤波器的原型转化过来。最大平坦滤波器和切比雪夫滤波器是两种常用的低通滤波器的原型。微带低通滤波器的一种比较容易的实现方法是使用开路并联短截线或短路串联短截线来代替集总元件的电容或电感来实现滤波功能。这类滤波器的电特性不是特别好，虽然不能满足所有的应用场合，但是由于它设计简单，因此也得到了广泛的使用。

通常滤波器可分为低通、高通、带通及带阻四种类型，图 12.58 所示是这四种滤波器的特性曲线。按滤波器的频率响应划分，常见的有巴特沃斯型、切比雪夫Ⅰ型、切比雪夫Ⅱ型及椭圆型等；按滤波器的构成元件划分，可分为有源型及无源型两类；按滤波器的制作方法划分，可分为波导滤波器、同轴线滤波器、带状线滤波器、微带滤波器。

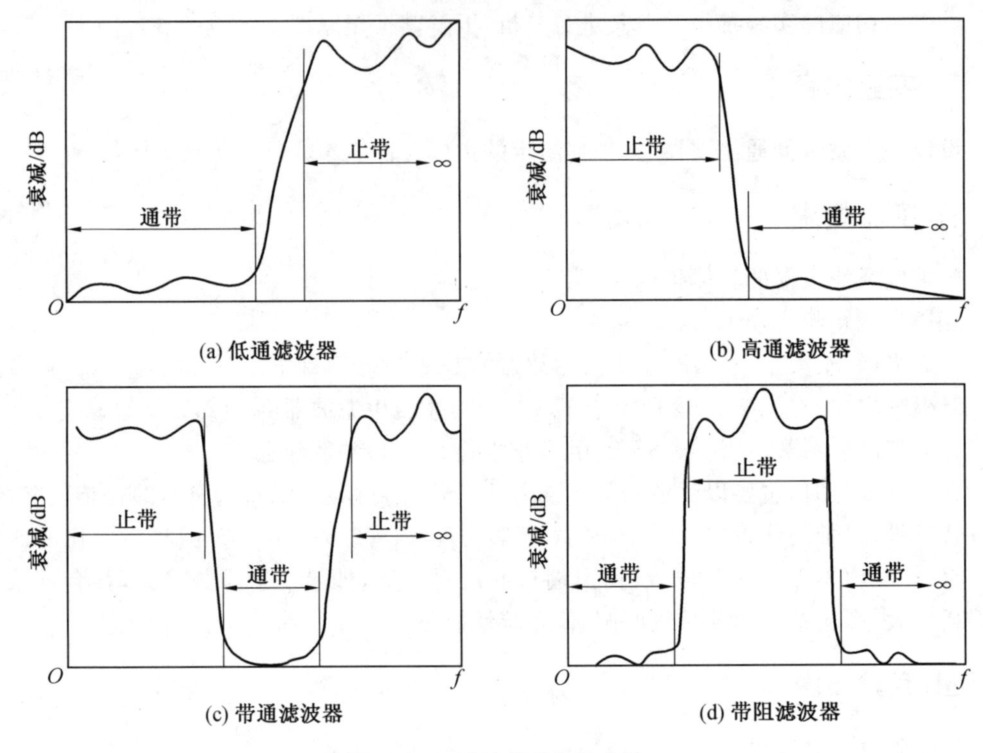

图 12.58　滤波器的特性曲线

六、实验步骤

1. 建立工程。

创建一个新工程，工程名为 microstrip_filter（图 12.59），在设置单位栏中选择 millimeter（图 12.60），点击“Finish”，完成新建工程，此时弹出原理图设计窗口和原理图设计向导，在原理图设计向导中选择“No help needed”，再单击“Finish”按钮，完成新建工程。

New Workspace Wizard

Workspace Name
Choose a name and location for the new workspace.

Workspace name: microstrip_wrk
Create in: D:\ADS2014default　Browse

The new workspace is:
D:\ADS2014default\microstrip_wrk

These are the current workspace settings:
• Workspace Name: D:\ADS2014default\microstrip_wrk
• Library Name: D:\ADS2014default\microstrip_wrk\microstrip_lib
• Included Libraries: ADS Analog/RF, ADS DSP

Click "Finish" to create a new workspace with these settings.

< Back　Next >　Finish　Cancel　Help

图 12.59　新建工程

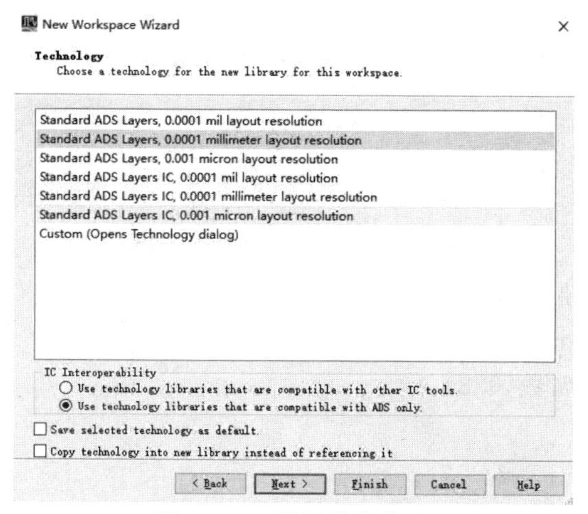

图 12.60　设置单位窗口

2. 原理图设计。

创建完工程文件后，下面开始进行微带低通滤波器的原理图设计。具体步骤如下：

(1)在主窗口中，点击"New Schematic Window"图标，或选择 New→New Schematic 命令，新建一个原理图，并对原理图命名，保存原理图。在原理图设计窗口中选择 TLines－Microstrip 元件面板列表，窗口左侧的工具栏变为如图 12.61 所示。并选择八个 MLIN 和一个 MSub 按照图 12.62 所示的方式连接起来。

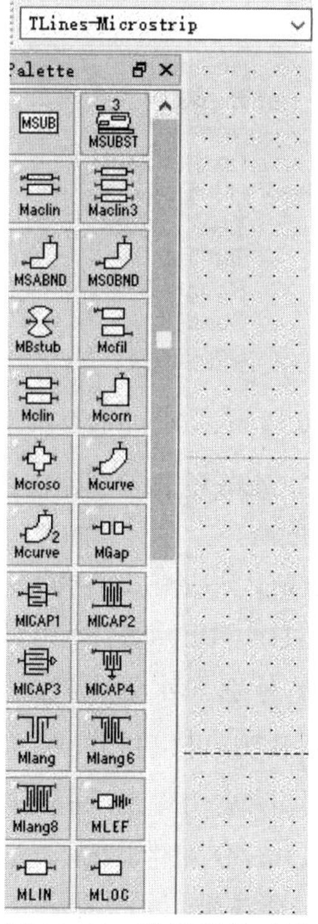

图 12.61　微带元件面板

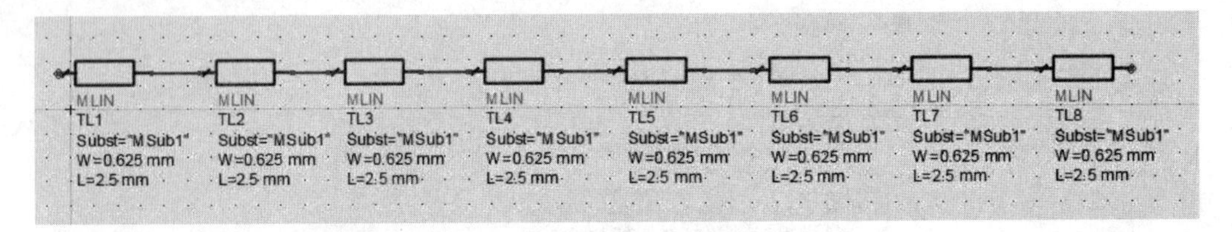

图 12.62　滤波器主要原理图

(2)设置 MSub 微带线参数。

H:基板厚度(2 mm)。

Er:基板相对介电常数(3.8)。

Mur:磁导率(1)。

Cond:金属电导率(5.88e+7)。

Hu:封装高度(1.0e+33 mm)。

T:金属层厚度(0.035 mm)。

TanD:损耗角正切(0.01)。

Rough:表面粗糙度(0 mm)。

完成设置的 MSub 控件如图 12.63 所示。

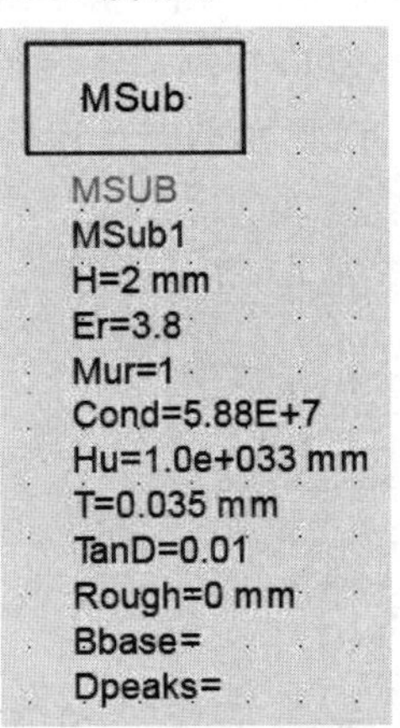

图 12.63　MSub 控件设置

(3)滤波器两端的引出线是 50 Ohm 的微带线,它的宽度可由微带线计算工具算出。选择 Tools→LineCalc→Start LineCalc 命令。在打开的窗口中输入如图 12.64 所示的内容。

在 Substrate Parameters 栏中填入与 MSub 相同的微带线参数。在 Component Parameters 栏中填入中心频率为 3 GHz。Physical 栏中的 W 和 L 分别表示微带线的宽和长。Electrical 栏中的 Z0 和 E_Eff 分别表示微带线的特性阻抗和相位延迟,点击“Synthesize”和 Analyze 栏中的▲和▼箭头,可以进行 W、L 与 Z0、E_Eff 之间的换算。本实验中 Z0 为 50 Ohm,E_Eff 为 90 deg,W 为 4.24 mm,L 为 14.42 mm。

(4)双击两边的引出线 TL1、TL8,分别将其宽与长设为 3.087 mm 和 16.69 mm,宽度和长度是滤波器设计和优化的主要参数,因此要用变量代替,便于后面的修改和优化。微带滤波器的结构是对称的,因此设置了 w1、w2、w3、w4、w5、w6、l1、l2、l3、l4、l5、l6 共 12

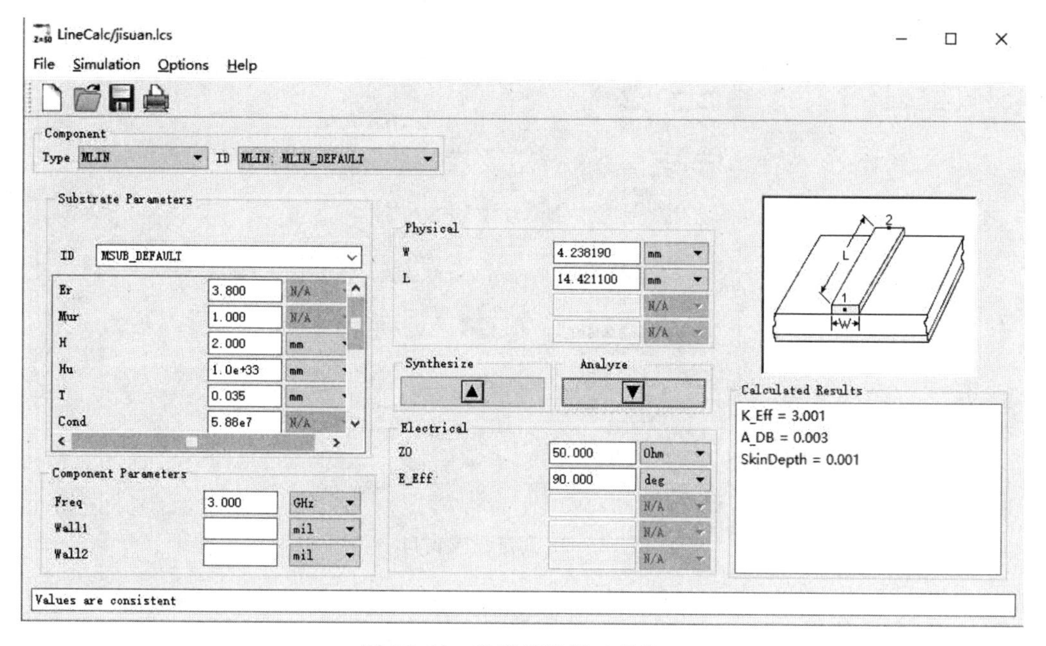

图 12.64　微带线计算工具窗口

个变量。

双击每个微带线设置参数，W 分别设为相应的变量，单位为 mm。在设置 12 个变量时，为了让它们显示在原理图上，需要把 Display parameter on schematic 的选项勾上。变量设置完成后的原理图如图 12.65 所示。

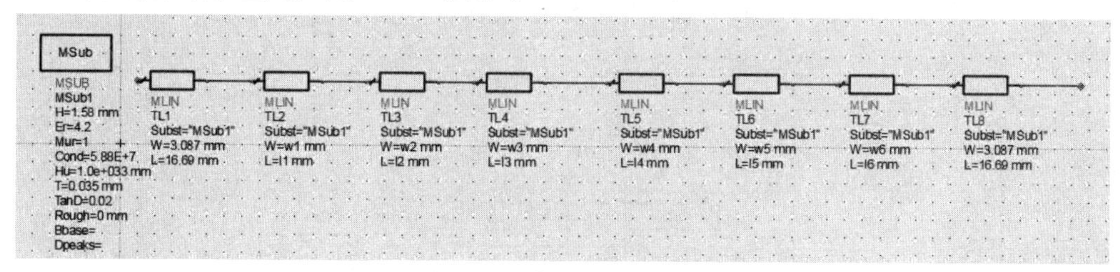

图 12.65　变量设置完成后的原理图

(5)由于原理图中的 MLIN 和 MLOC 的宽度都是变量，因此需要在原理图中添加一个变量控件。单击工具栏上的 VAR 图标，把变量控件 VAR 放置在原理图上，双击该图标弹出变量设置窗口，如图 12.66 所示，可以添加各个微带线的 W 参数。在 Instance Name 栏中填写控件名称，Name 栏中填写变量名称，Variable Value 栏中填写变量初值，点击“Add”按钮添加变量，然后单击“Tune/Optimization/Stat is…”按钮设置变量的取值范围，选择 Optimization 标签，其中的 Enabled/Disabled 表示该变量是否能被优化，Minimum Value 表示可优化的最小值，Maximum Value 表示可优化的最大值，如图 12.67 所示。

微带滤波器中微带线的变量值及优化范围设置如下：

w1=11.3 opt{ 10 to 13 }，表示 w1 的默认值为 11.3，变化范围为 10～13。

w2=0.428 opt{ 0.35 to 0.5 }，表示 w2 的默认值为 0.428，变化范围为 0.35～0.5。

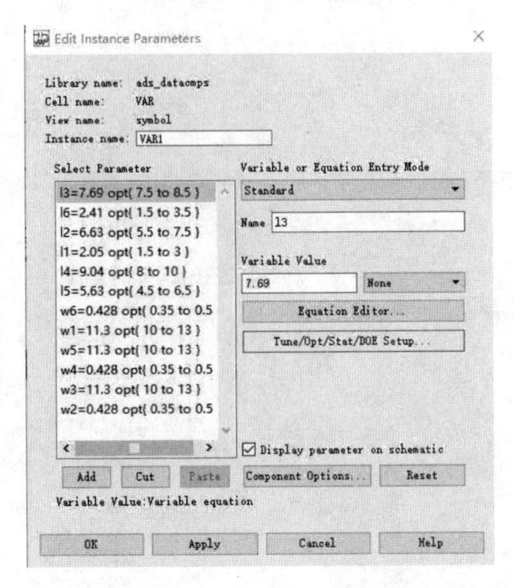

图 12.66 变量设置窗口

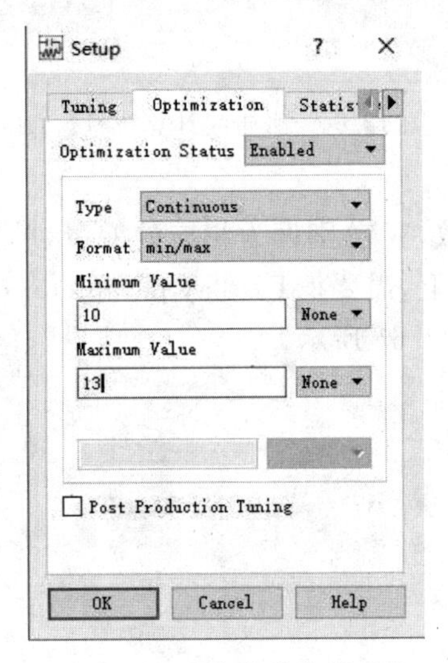

图 12.67 变量参数优化设置窗口

w3＝11.3 opt{ 10 to 13 }，表示 w3 的默认值为 11.3，变化范围为 10～13。

w4＝0.428 opt{ 0.35 to 0.5 }，表示 w4 的默认值为 0.428，变化范围为 0.35～0.5。

w5＝11.3 opt{ 10 to 13 }，表示 w5 的默认值为 11.3，变化范围为 10～13。

w6＝0.428 opt{ 0.35 to 0.5 }，表示 w6 的默认值为 0.428，变化范围为 0.35～0.5。

l1＝2.05 opt{ 1.5 to 3 }，表示 l1 的默认值为 2.05，变化范围为 1.5～3。

l2＝6.63 opt{ 5.5 to 7.5 }，表示 l2 的默认值为 6.63，变化范围为 5.5～7.5。

l3＝7.69 opt{ 7.5 to 8.5 }，表示 l3 的默认值为 7.69，变化范围为 7.5～8.5。

l4＝9.04 opt{ 8 to 10 }，表示 l4 的默认值为 9.04，变化范围为 8～10。

l5＝5.63 opt{ 4.5 to 6.5 }，表示 l5 的默认值为 5.63，变化范围为 4.5～6.5。

l6＝2.41 opt{ 1.5 to 3.5 }，表示 l6 的默认值为 2.41，变化范围为 1.5～3.5。

这样一个完整的微带低通滤波器的电路就设计完成了，如图 12.68 所示。

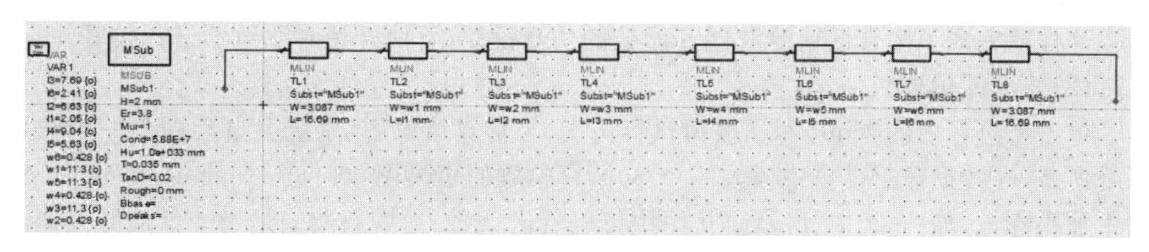

图 12.68　微带低通滤波器的电路原理图

3. S 参数仿真设置和原理图仿真。

上面已经详细阐述了原理图的设计以及电路参数的设置过程，下面介绍 S 参数仿真设置和原理图仿真。在执行仿真之前，先进行 S 参数仿真设置。

(1)S 参数仿真设置。

在原理图设计窗口中选择 S 参数仿真工具栏，Simulation－S_Param。将 Term 放置在滤波器的两个端口上，并放置两个地。

在 S 参数仿真面板 Simulation－S_Param 中选择 S 参数扫描控件，并将其放置在原理图中，该控件可设置扫描的频率范围和步长。双击 S 参数仿真控制器，参数设置如下：

Start＝0 GHz，表示频率扫描的起始频率为 0 GHz。

Stop＝5 GHz，表示频率扫描的终止频率为 5 GHz。

Step＝0.01 GHz，表示频率扫描的频率间隔为 0.01 GHz。

完成参数设置的 S 参数仿真控制器如图 12.69 所示。

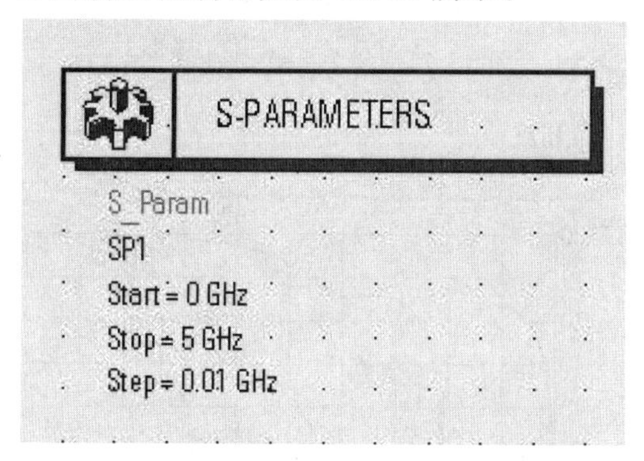

图 12.69　完成参数设置的 S 参数仿真控制器

调整电路原理图和各种控件，最终得到的电路原理图如图 12.70 所示。

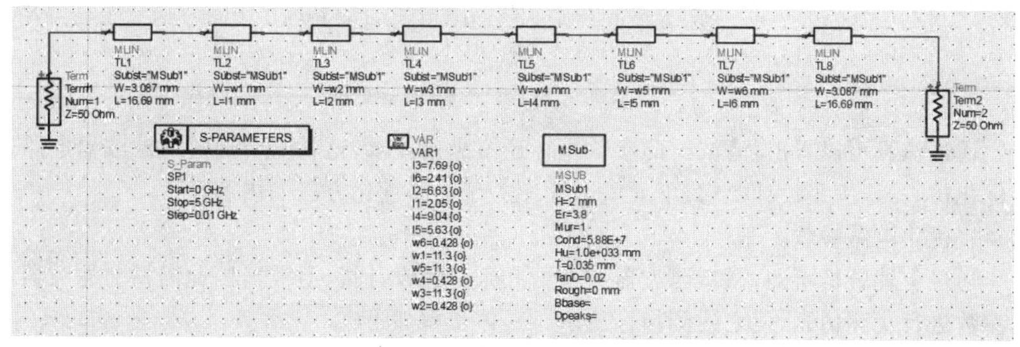

图 12.70　最终得到的电路原理图

这样就完成了微带低通滤波器S参数的仿真设置，下面开始对滤波器进行仿真。

(2)原理图仿真。

单击工具栏上的"Simulate"按钮执行仿真，当仿真结束后，系统会自动弹出一个数据显示窗口，在数据显示窗口中插入一个S(2,1)参数的矩形图，再点击Maker→New，可在图中加一标记，如图12.71所示。从图中可以看出，S(2,1)参数曲线是一个低通滤波器的形状，但是与设计指标的要求还有一定的差距。以同样的方式插入一个S(1,1)参数的矩形图，加上一个Marker点，如图12.72所示。从图中可以看出，S(1,1)在通带内还有待于进一步改善，使端口的反射系数更小。

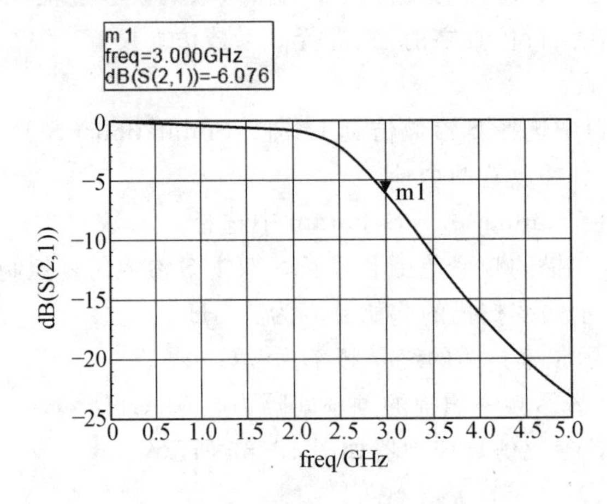

图12.71 S(2,1)参数曲线图

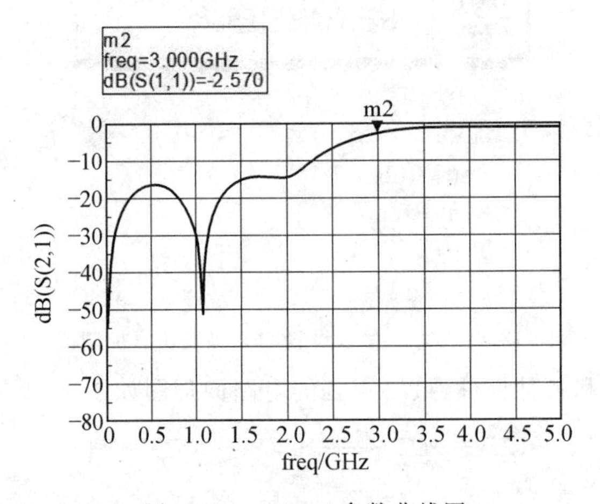

图12.72 S(1,1)参数曲线图

通过仿真可以看出，滤波器的参数指标还不满足要求，这就需要通过对滤波器电路进行优化仿真，以满足设计要求，下面就来介绍关于电路优化方面的内容。

4.优化电路参数。

通过上述分析可知，微带滤波器的参数并未达到设计指标要求，因此需要对滤波器电路参数进行优化仿真，使之达到指标要求。具体步骤如下：

(1)在原理图设计窗口中选择优化面板列表Optim/Stat/Yield/DOE，在列表中选择优化控件 OPTIM，双击该控件可以设置优化方法和优化次数，常用的优化方法有随机(Random)、梯度(Gradient)等。随机法用于大范围搜索，梯度法用于局部搜索。设置完成的优化控件如图 12.73 所示。此时，迭代次数(Number of iterations)设置为 500。

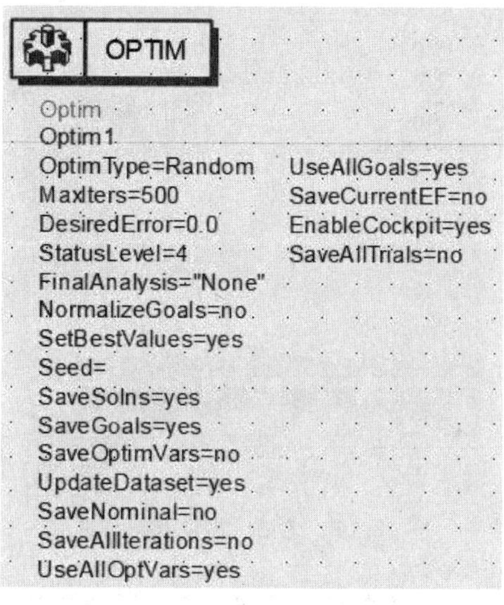

图 12.73　完成设置的优化控件

(2)在优化面板列表中选择优化目标控件 Goal，并将其放置在原理图中，双击该控件设置其参数，如图 12.74 所示。

Expression 是优化目标名称，其中 dB(S(2,1))表示以 dB 为单位的 S(2,1)参数的值。

Analysis 是仿真控件名称，这里选择 SP1。

Weight 是指优化目标的权重，这里输入 100。

Sweep variables 是指优化目标所依赖的变量，这里为频率 freq。

Name 是指限制条件的名称，这里默认为 limit1。

Type 是指限制条件的种类。

Min 和 Max 是优化目标的最小和最大值。

freq min 和 freq max 是需要优化的频段的最小和最大值。

本实验共设置了三个优化目标(图 12.74)，前两个优化参数是关于 S(2,1)的，用来设定微带滤波器的通带和阻带的频率范围以及衰减情况，最后一个优化参数是关于 S(1,1)的，用来设定通带内的反射系数，完成设置的目标控件如图 12.75 所示。由于原理图仿真和实际情况会有一定的偏差，因此在设定优化参数时，可以适当增加通带宽度。对于其他参数，也可以根据优化结果进行调整。

(3)设置完优化目标后把原理图保存，然后点击工具栏中的 Simulate 按钮开始进行优化仿真。在优化过程中系统会自动打开一个状态窗口来显示优化结果(图 12.76)。其中 CurrentEF 表示与优化目标的偏差，数值越小表示越接近优化目标。CurrentEF 下面还列出了各个优化变量的值，当优化结束时系统会自动打开数据显示窗口。在数据显示窗口中可以添加 S(1,1)参数和 S(2,1)参数，可以观察这些参数的变化趋势，如图 12.77

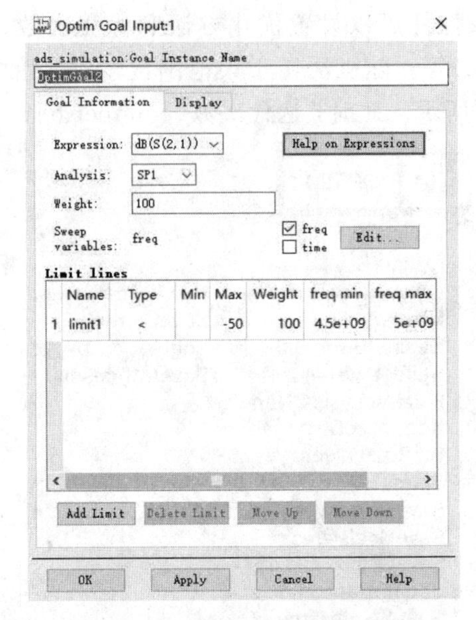

图 12.74　优化目标设置对话框

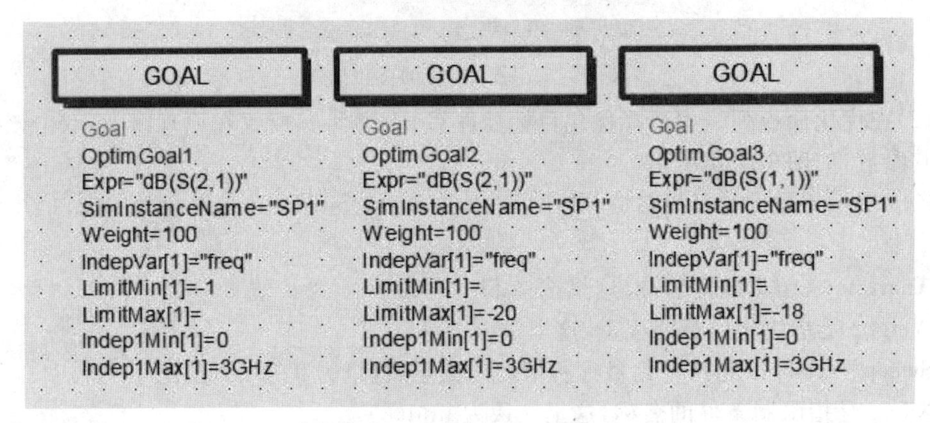

图 12.75　完成设置的目标控件

和图 12.78 所示。从图中可以看出，滤波器的 S(1,1)参数和 S(2,1)参数满足设计要求。

(4)需要注意的是，在一次优化完成后，要点击原理图窗口菜单中的 Simulate－Update Optimization Values 保存优化后的变量值(VAR 控件上可以看到变量的当前值)，否则优化后的值将不保存。假设一次优化的结果不能满足设计指标要求，可以根据实际情况对优化目标、优化变量的取值范围、优化方法及迭代次数进行适当的调整，经过数次优化后，当 CurrentEF 的值为 0 时，优化才结束。

(5)优化完成后必须关掉优化控件，才能观察到优化后的仿真曲线。点击原理图工具栏中的按钮，然后点击优化控件 OPTIM，则优化控件上显示出一个红叉，表示该控件已经被关掉。要使控件重新开启，只需点击工具栏中的按钮，然后点击要开启的控件，则控件上的红叉就会消失，控件功能也重新恢复。

(6)点击工具栏中的 Simulate 按钮进行仿真，仿真结束后会出现数据显示窗口。在

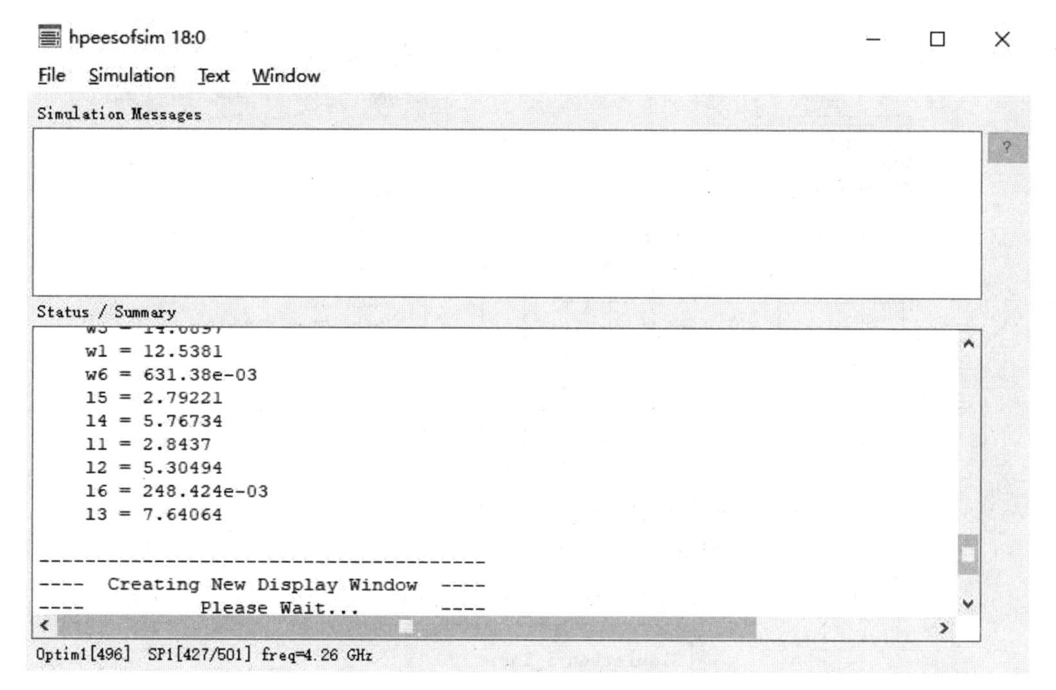

图 12.76　优化状态窗口

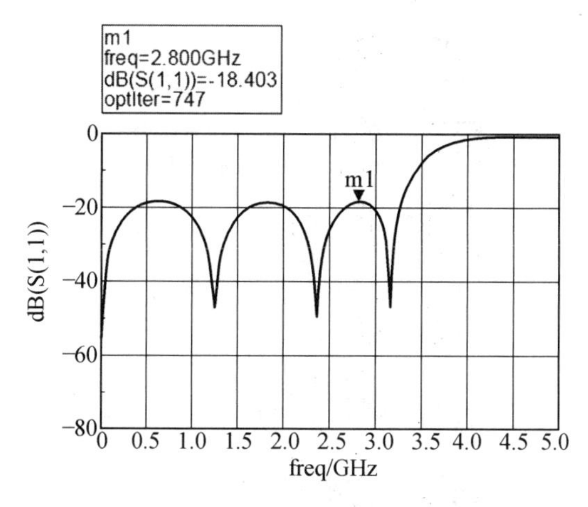

图 12.77　S(1,1)参数曲线

数据显示窗口可以观察滤波器的 S(1,1)和 S(2,1)曲线,其结果与优化结果相同。

5. 其他参数。

在原理图仿真时,还可以观察到滤波器的其他参数,如群时延、输入电压驻波比等参数。双击 S 参数控件,在其设置窗口的 Parameters 选项卡中勾上 Group delay 选项,就会在仿真时计算群时延,如图 12.79 所示。在原理图窗口的 Simulation－S_param 面板中(图 12.80),选择驻波比测量控件 VSWR,并将其放置在原理图中,即可计算输入驻波比。

要想观察这两个参数的曲线,只需在仿真后出现的图形显示窗口中添加 delay(2,1)及 VSWR＝vswr(S(1,1))曲线即可。

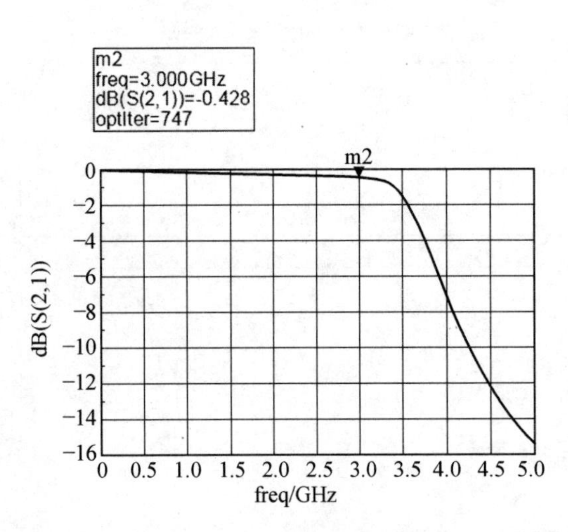

图 12.78　S(2,1)参数曲线

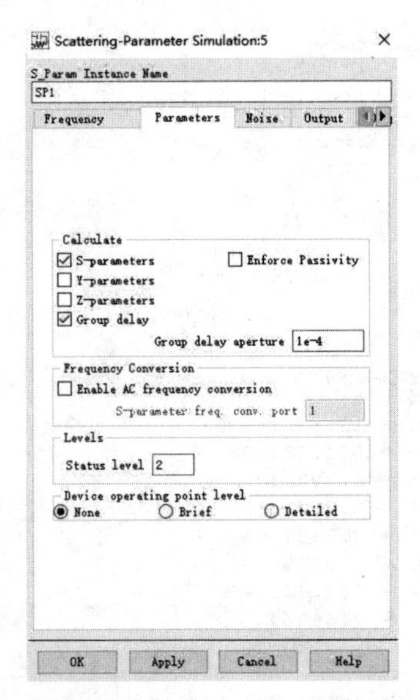

图 12.79　设置 Group delay 选项

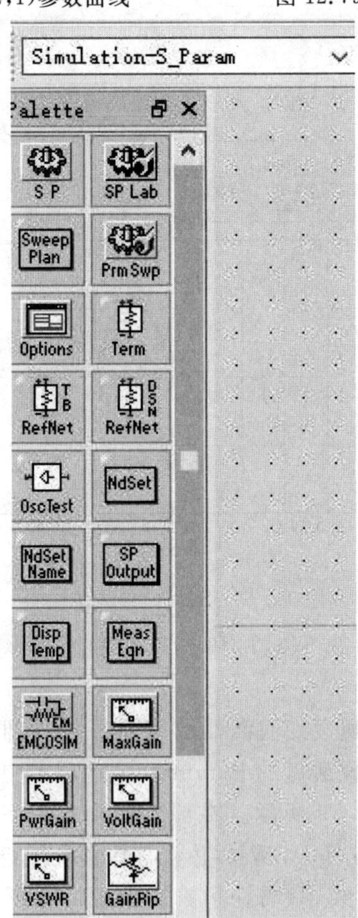

图 12.80　VSWR 控件

七、实验电路图

实验电路图如图 12.81 所示。

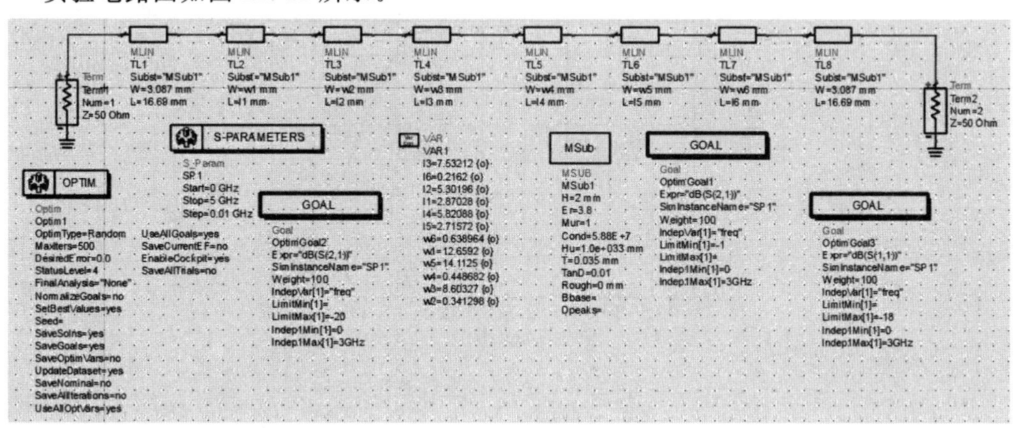

图 12.81　实验电路图

八、实验结果

实验结果如图 12.82 和图 12.83 所示。

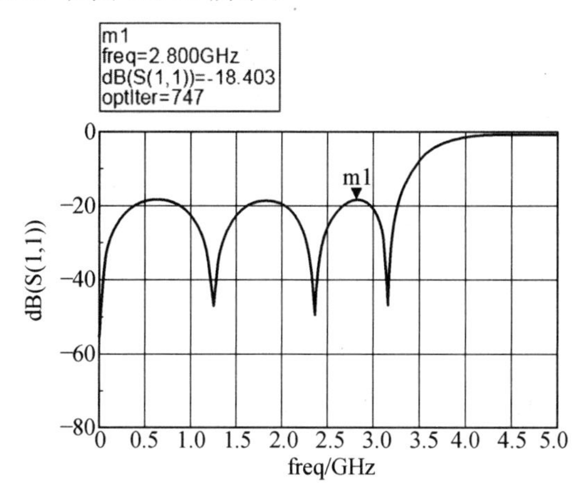

图 12.82　S(1,1)参数曲线

九、实验结果讨论

1. 微带滤波器的主要参数指标包括哪些？
2. 微带滤波器的种类及其特点是什么？

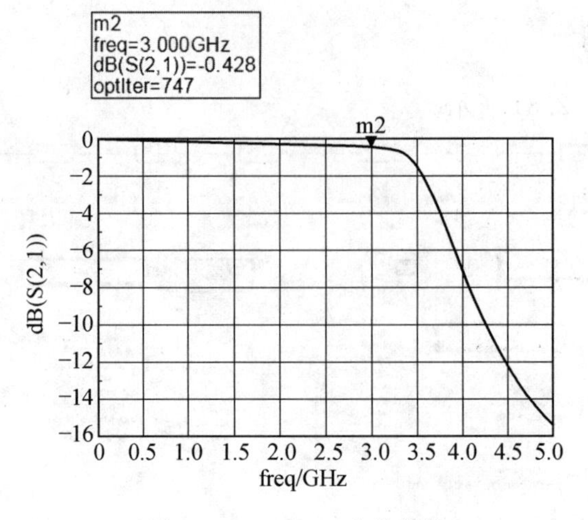

图 12.83 S(2,1)参数曲线

12.5 电磁波反射实验

一、实验目的

1. 认识时变电磁场,理解电磁波产生的原理。
2. 理解电磁波的反射原理。

二、实验内容

利用微波分光仪验证电磁波反射定律。

三、实验要求

1. 什么是电磁波的反射?
2. 电磁波的反射需要遵循什么定律?

四、实验环境

微波分光仪 DH926B,金属板。

五、实验原理

电磁波在传播过程中如遇到障碍物,会发生反射现象,本实验以一块大的金属板作为障碍物来研究当电磁波以某一入射角入射到金属板时所遵循的反射定律,即反射线在入射线和通过入射点的法线所决定的平面上,反射线和入射线分居在法线的两侧,反射角等于入射角。

六、实验步骤

1. 仪器连接时,两喇叭口面应互相正对,它们各自的轴线应在一条直线上。指示两喇叭位的指针应分别指示于工作平台的 0°和 180°刻度处。

2. 将支座放在工作平台上，并利用平台上的定位鞘和刻线对正支座，拉起平台上四个压紧螺钉旋转一定角度后放下，将支座压紧。

3. 将反射金属板放在支座上时，应使金属板平面与支座下面的小圆盘上的 90°和 −90°这对刻线一致。这时小平台上的 0 刻度就与金属板的法线方向一致。

4. 转动小平台，将固定臂指针调到 30°～65°角度之间任意一位置，这时固定臂指针所对应刻度盘上指示的刻度就是入射角的读数。

5. 开启 DH926B 型三厘米固态信号源。

6. 转动活动臂，当表头显示出最大指示时，活动臂指针所对应刻度盘上指示的刻度就是反射角的读数。如果此时表头指示太大或太小，应调整系统发射端的可变衰减器，使表头指示接近满量程。

7. 连续选取几个入射角进行实验，并在表 12.1 中记录反射角。

七、实验结果

表 12.1

入射角/(°)		30	35	40	45	50	55	60	65
反射角/(°)	左侧								
	右侧								

八、实验结果讨论

1. 反射实验时，反射波的极化方向与入射波的极化方向有什么关系？为什么在反射角附近，乃至反射板的后面仍然可以接收到反射波？

2. 反射实验时，实测反射角和理论反射角有无误差？哪些因素可能导致实验产生误差？能否提出一些改进措施？

12.6　电磁波极化实验

一、实验目的

1. 理解并掌握极化的概念。

2. 理解电磁波的极化方式。

二、实验内容

利用微波分光仪进行电磁波偏振(极化)实验。

三、实验要求

1. 了解电磁波的极化。

2. 了解马吕斯定律。

四、实验环境

微波分光仪 DH926B。

五、实验原理

平面电磁波是横波，它的电场强度矢量 $\boldsymbol{E}$ 和波的传播方向垂直。如果 $\boldsymbol{E}$ 在垂直于传播方向的平面内沿着一条固定的直线变化，这样的横电磁波称为线极化波。在光学中也称为偏振波。电磁场沿着某一方向的能量与 $\cos\varphi$ 有关系，这就是光学中的马吕斯定律：$I=I_0\cos\varphi$，式中，I 为偏振光的强度；φ 为 I 和 I_0 的夹角。

六、实验步骤

1. 调整两喇叭，应使两喇叭口面相互平行，并与地面垂直，其轴线在一条直线上。

2. 接收喇叭与一段旋转短波导在一起，旋转接收喇叭上的短波导，在短波导轴承环的90°范围内，每隔5°有一刻度，接收喇叭的转角可以从此处读到。

3. 开启 DH1121B 型三厘米固态信号源。

4. 转动活动臂，可以得到活动臂指针所对应刻度盘上指示的刻度。

5. 连续选取几个转角进行实验，并在表 12.2 中记录。可与马吕斯定律进行比较。

做实验时，为了避免小平台的影响，可以松开平台中心的三个十字槽螺钉，把工作台取下。

七、实验结果

表 12.2

I	0	10	20	30	40	50	60	70	80	90
理论值	100	96.98	88.3	75	58.68	41.32	25	11.7	3	0
实验值(左侧、右侧)										

注：要求各测两组(左、右)，算出平均值及误差大小，并分析原因

八、实验结果讨论

1. 偏振实验时，发射喇叭与接收喇叭的极化方式如果不一致，活动臂指针所对应刻度盘上指示的刻度是否有指示？如果有，请回答为什么？如果没有，请回答为什么？

2. 偏振实验时，实测实验值和理论值有无误差？哪些因素可能导致实验产生误差？

习题参考答案

第 1 章

1－1　(1) $\sqrt{14}$　(2) $\frac{1}{\sqrt{6}}\boldsymbol{a}_x+\frac{1}{\sqrt{6}}\boldsymbol{a}_y-\frac{2}{\sqrt{6}}\boldsymbol{a}_z$　(3)7　(4) $-\boldsymbol{a}_x-7\boldsymbol{a}_y-4\boldsymbol{a}_z$

(5) $2\boldsymbol{a}_x+2\boldsymbol{a}_y-4\boldsymbol{a}_z$　(6) -19

1－2　(1) $\sqrt{5+\pi^2}$　(2) $-\frac{1}{\sqrt{14}}\boldsymbol{a}_\rho+\frac{3}{\sqrt{14}}\boldsymbol{a}_\varphi-\frac{2}{\sqrt{14}}\boldsymbol{a}_z$　(3) $3\pi-4$

(4) $(2\pi+3)\boldsymbol{a}_\rho-3\boldsymbol{a}_\varphi-(\pi+6)\boldsymbol{a}_z$　(5) $\boldsymbol{a}_\rho+(\pi+3)\boldsymbol{a}_\varphi+(\pi-2)\boldsymbol{a}_z$

1－3　-5

1－4　$\boldsymbol{F}_1(\rho,\varphi,z)=\boldsymbol{a}_\rho$，$\boldsymbol{F}_2(\rho,\varphi,z)=\boldsymbol{a}_\rho+\frac{\pi}{2}\boldsymbol{a}_\varphi$，$\boldsymbol{F}_1(r,\theta,\varphi)=\boldsymbol{a}_r+\frac{\pi}{2}\boldsymbol{a}_\theta+\frac{\pi}{2}\boldsymbol{a}_\varphi$，

$\boldsymbol{F}_2(r,\theta,\varphi)=\boldsymbol{a}_r+\frac{\pi}{2}\boldsymbol{a}_\theta$

1－5　$\boldsymbol{F}_1(x,y,z)=2\boldsymbol{a}_x$，$\boldsymbol{F}_2(x,y,z)=0$

1－6　$\boldsymbol{F}_1(x,y,z)=5\boldsymbol{a}_z$，$\boldsymbol{F}_2(x,y,z)=0$

1－7　$-\frac{\sqrt{2}+1}{2}$

1－8　$\frac{98}{13}$

1－9　$3\boldsymbol{a}_x-2\boldsymbol{a}_y-6\boldsymbol{a}_z, 6\boldsymbol{a}_x+3\boldsymbol{a}_y$

1－10　$(10y-z+5)\boldsymbol{a}_x+10x\boldsymbol{a}_y-x\boldsymbol{a}_z$

1－11　略

1－12　略

1－13　$x+z$

1－14　4

1－15　$\frac{2\pi a^5}{5}$

1－16　$-2y\boldsymbol{a}_x-x\boldsymbol{a}_z$

1－17　0

1－18　$\nabla\cdot\boldsymbol{A}=y^2z^3$，

$\nabla\times\boldsymbol{A}=(2x^2y-x^3)\boldsymbol{a}_x+(3xy^2z^2-2xy^2)\boldsymbol{a}_y-(3x^2y-2xyz^3)\boldsymbol{a}_z$

1－19　略

第2章

2－1 $\boldsymbol{E}=(\boldsymbol{a}_x+\boldsymbol{a}_y+2\boldsymbol{a}_z)\dfrac{1}{32\sqrt{2}\varepsilon_0\pi}$ V/m

2－2 (1)$E=E_z=\dfrac{\rho_s}{2\varepsilon}\left(1-\dfrac{z}{\sqrt{a^2+z^2}}\right)$ (2)ρ_s 不变，$a\to 0, E\to 0; a\to\infty$，

$E\to\dfrac{\rho_s}{2\varepsilon_0}$ (3)q 不变，$a\to 0, E\to\dfrac{q}{4\pi\varepsilon_0 z^2}; a\to\infty, \rho_s\to 0, E\to 0$

2－3 略

2－4 (1)$E_1=\dfrac{q_r}{4\pi\varepsilon a^3}(r<a), E_2=\dfrac{qr}{4\pi\varepsilon_0 a^3}(r>a)$

$\rho_p=(\dfrac{\varepsilon_0}{\varepsilon}-1)\dfrac{3q}{4\pi a^3}(r<a), \rho_p=0(r>a)$

$\rho_{sp}=(1-\dfrac{\varepsilon_0}{\varepsilon})\dfrac{q}{4\pi a^2}(r=a), q_{p总}=0$

(2)$E_1=\dfrac{q}{4\pi\varepsilon r^2}(r<a), E_2=\dfrac{q}{4\pi\varepsilon_0 r^2}(r>a)$

$\rho_{sp}=(1-\dfrac{\varepsilon_0}{\varepsilon})\dfrac{q}{4\pi a^2}, \rho_p=0(r=a)$

$q_{p总}=q_p+\oint_S\rho_{sp}\mathrm{d}S=0$，其中 $q_{p球心}=(\dfrac{\varepsilon_0}{\varepsilon}-1)q$

2－5 (1)$E_1=\dfrac{q}{4\pi\varepsilon a^2}(r<a), E_2=\dfrac{q}{4\pi\varepsilon_0 r}(r>a)$

$\rho_p=(\dfrac{\varepsilon_0}{\varepsilon}-1)\dfrac{q}{\pi a^2}(r<a), \rho_p=0(r>a)$

$\rho_{sp}=(1-\dfrac{\varepsilon_0}{\varepsilon})\dfrac{q}{2\pi a^2}(r=a), q_{p总}=0$

(2)$E_1=\dfrac{q}{2\pi\varepsilon r}(r<a), E_2=\dfrac{q}{4\pi\varepsilon_0 r}(r>a)$

$\rho_{sp}=(1-\dfrac{\varepsilon_0}{\varepsilon})\dfrac{q}{2\pi a}; \rho_p=0$

$q_{p总}=q_{p轴线}+\oint_S\rho_{sp}\mathrm{d}S=0$，其中 $q_{p轴线}=(\dfrac{\varepsilon_0}{\varepsilon}-1)q$

2－6 (1)$\boldsymbol{E}$:$\dfrac{q}{4\pi\varepsilon_0 r^2}\boldsymbol{a}_n(r>r_2), \dfrac{q}{4\pi\varepsilon_2 r^2}\boldsymbol{a}_n(r_1<r<r_2), \dfrac{q}{4\pi\varepsilon_1 r^2}\boldsymbol{a}_n(a<r<r_1)$，

$0(0<r<a)$

$\boldsymbol{P}_e$:$0(r>r_2), \left(1-\dfrac{\varepsilon_0}{\varepsilon_2}\right)\dfrac{\varepsilon}{4\pi r^2}\boldsymbol{a}_n(r_1<r<r_2), \left(1-\dfrac{\varepsilon_0}{\varepsilon_1}\right)\dfrac{\varepsilon}{4\pi r^2}\boldsymbol{a}_n(a<r<r_1)$，

$0(0<r<a)$

(2)$\rho_{sp1}=-\dfrac{q}{4\pi a^2}\left(\dfrac{\varepsilon-\varepsilon_0}{\varepsilon_1}\right)(r=a)$

$\rho_{sp2} = -\dfrac{q}{4\pi r_1^2}\left[\dfrac{\varepsilon_0(\varepsilon_1 - \varepsilon_0)}{\varepsilon_1\varepsilon_2}\right](r = r_1)$

$\rho_{sp3} = -\dfrac{q}{4\pi r_2{}^2}\left(\dfrac{\varepsilon_2 - \varepsilon_0}{\varepsilon_2}\right)(r = r_2)$

(3)$\rho_{p_1} = \rho_{p_2} = 0$

(4)$q_{总} = 0$

2－7　$\theta_1 = 30°$，　$E_2 = 141.4\ \text{V/m}$

2－8　$\theta_2 = \arctan\left[\left(\dfrac{\varepsilon_1}{q_2} - \dfrac{\rho_s}{\varepsilon_2 E_1 \cos\theta_1}\right)^{-1}\tan\theta_1\right] \approx 52°$

2－9　(1) $\dfrac{aU_0}{b-a}(\dfrac{b}{r} - 1)$，$\boldsymbol{a}_r \dfrac{abU_0}{b-a}\dfrac{1}{r^2}$

(2) $\dfrac{2\pi ab(\varepsilon_2 + \varepsilon_1)}{b-a}$

2－10　$\dfrac{S(\varepsilon_2 - \varepsilon_1)}{d\ln\dfrac{\varepsilon_2}{\varepsilon_1}}$

2－11　(1)$E_1 = \dfrac{\sigma_2 U_0}{\sigma_2 d_1 + \sigma_1 d_2}$，$E_2 = \dfrac{\sigma_1 U_0}{\sigma_2 d_1 + \sigma_1 d_2}$

(2)$\rho_{sf} = \dfrac{\sigma_1\varepsilon_2 - \varepsilon_1\sigma_2}{\sigma_2 d_1 + \sigma_1 d_2}U_0$，$\rho_{sp} = \dfrac{U_0}{\sigma_2 d_1 + \sigma_1 d_2}(\sigma_2\varepsilon_1 - \sigma_2\varepsilon_0 - \sigma_1\varepsilon_2 + \sigma_1\varepsilon_0)$

2－12　(1)$\rho_{sp} = \dfrac{L}{2}P_0$，$\rho_p = -3P_0$　(2)$Q_{sp} = 3P_0L^3$，$Q_p = -3P_0L^3$

2－13　$\sigma_p = \dfrac{3\varepsilon_0(\varepsilon - \varepsilon_0)}{\varepsilon + 2\varepsilon_0}\cos\theta E_0$

2－14　(1) 圆柱外的电场强度 $\boldsymbol{E}_2 = \boldsymbol{a}_r(-1 - \dfrac{a^2}{r^2})A\cos\varphi + \boldsymbol{a}_\varphi(1 - \dfrac{a^2}{r^2})A\sin\varphi(r \geqslant a)$，圆柱内的电场强度 $\boldsymbol{E}_1 = 0$　(2) 导体；$\sigma = -2\varepsilon_0 A\cos\varphi$

2－15　$W_e = \dfrac{4\pi\rho_0^2 R^5}{15\varepsilon_0}$(可用两种方法求解)

第3章

3－1　$\boldsymbol{B}_\varphi = \begin{cases} 0, & 0 < \rho < a \\ \dfrac{\mu_0(\rho^3 - a^3)}{3b\rho}, & a < \rho < b \end{cases}$

3－2　$\dfrac{\mu_0 J_0}{2\pi}\left[\boldsymbol{a}_z \ln\dfrac{(x + W/2)^2 + z^2}{(x - W/2)^2 + z^2} + \boldsymbol{a}_x 2\left(\arctan\dfrac{x + W/2}{z} - \arctan\dfrac{x - W/2}{z}\right)\right]$

3－3　$\boldsymbol{B} = \boldsymbol{a}_x 2y + \boldsymbol{a}_z(y^2 - x^2)$

3－4　(1) 在导体板外部。

$$\boldsymbol{B} = \begin{cases} -\boldsymbol{a}_x \dfrac{\mu_0 J_0 d}{2} & (y > d/2) \\ \boldsymbol{a}_x \dfrac{\mu_0 J_0 d}{2} & (y < -d/2) \end{cases}$$

(2) 在导体板内部。

$$\boldsymbol{B}=\begin{cases}-\boldsymbol{a}_x\mu_0 J_0 y & (0<y<d/2)\\ \boldsymbol{a}_x\mu_0 J_0 y & (-d/2<y<0)\end{cases}$$

3－5　$A_z=A_+ + A_- =\frac{\mu_0 I}{2\pi}\ln\left(\frac{r_-}{r_+}\right)$

3－6　$\boldsymbol{H}=\boldsymbol{a}_y\frac{J_0 d}{2}$

3－7　$\boldsymbol{A}=\boldsymbol{a}_\varphi\frac{\mu_0 abI}{4\pi r^2}\sin\theta$

3－8　$\boldsymbol{B}=\int \mathrm{d}\boldsymbol{B}=\boldsymbol{a}_z\int_0^L\frac{\mu_0 Mb^2\mathrm{d}z'}{2[(z-z')^2+b^2]^{\frac{3}{2}}}=\boldsymbol{a}_z\frac{\mu_0 M}{2}\left[\frac{z}{\sqrt{z^2+b^2}}-\frac{z-L}{\sqrt{(z-L)^2+b^2}}\right]$

3－9　$\boldsymbol{B}_1=\boldsymbol{a}_\varphi\frac{\mu_1 I}{2\pi\rho},\boldsymbol{B}_2=\boldsymbol{a}_\varphi\frac{\mu_2 I}{2\pi\rho}$

3－10　$\boldsymbol{H}_1=\frac{2\mu_2}{\mu_1+\mu_2}\boldsymbol{H}_0,\boldsymbol{H}_2=\frac{2\mu_1}{\mu_1+\mu_2}\boldsymbol{H}_0$

3－11　(1) 在 $x=\pm a, 0<y<+\infty$ 处，$\frac{\partial \boldsymbol{A}_z}{\partial x}=0$

(2) 在 $y=0, -a<x<a$ 处，$\frac{\partial \boldsymbol{A}_z}{\partial y}=0$

3－12　$\frac{H_1}{H_2}=\frac{\mu}{\mu_0}$

3－13　$B_2=0.13\times10^{-2}\,\mathrm{T},\theta_2=0.107^\circ$

3－14　内导体内：$L=\frac{\mu_0}{8\pi}$；内外导体之间 $L=\frac{\mu_0}{8\pi}+\frac{\mu_0}{2\pi}\ln\frac{b}{a}$

3－15　略

3－16　$M=\frac{\Psi_{12}}{I_1}=\frac{\mu_0 c}{2\pi}\ln\frac{a(a+d+b)}{(a+b)(a+d)}$

第 4 章

4－1　$\boldsymbol{J}_\mathrm{d}=-1.24\times10^{-10}\sin(2\pi\times50t)\boldsymbol{a}_z\quad \mathrm{A/m^2}$

4－2　$\boldsymbol{J}_\mathrm{d}=-307\times10^{-5}r^{-1}\cos 377t\boldsymbol{a}_\mathrm{r}\quad \mathrm{A/m^2}$

4－3　$\boldsymbol{H}=\boldsymbol{a}_y\frac{E_0\beta}{\mu_0\omega}\cos(\omega t-\beta z)$

4－4　(1)$\boldsymbol{E}(x,y,z,t)=\mathrm{Re}[\boldsymbol{a}_x E_0\mathrm{e}^{\mathrm{j}\varphi_x}\mathrm{e}^{\mathrm{j}\omega t}]=\boldsymbol{a}_x E_0\cos(\omega t+\varphi_x)$

(2)$\boldsymbol{E}(x,y,z,t)=\mathrm{Re}[\boldsymbol{a}_x E_0\mathrm{e}^{-\mathrm{j}(\frac{\pi}{2}-kz)_x}\mathrm{e}^{\mathrm{j}\omega t}]=\boldsymbol{a}_x E_0\cos(\omega t-kz+\frac{\pi}{2})$

(3)$\boldsymbol{E}(x,y,z)=(\boldsymbol{a}_x+2\mathrm{j}\boldsymbol{a}_y)E_0\mathrm{e}^{-\mathrm{j}kz}$

4－5　(1)$\boldsymbol{S}=\boldsymbol{a}_z\xi_0 E_0^2\cos^2(\omega t-k_0 z)\quad \mathrm{W/m^2}$

(2)$\boldsymbol{S}_\mathrm{av}=\frac{1}{2}\xi_0 E_0^2\boldsymbol{a}_z\quad \mathrm{W/m^2}$

4－6　$\boldsymbol{S}=\boldsymbol{S}_{av}=\boldsymbol{a}_z\xi_0{}^2E_0^2$　W/m²

4－7　$\boldsymbol{H}=\boldsymbol{a}_z 2.3\times10^{-4}\sin 10\pi x\cos(6\pi\times10^9 t-54.4z)-\boldsymbol{a}_z 1.33\times 10^{-4}\cos 10\pi x\sin(6\pi\times10^9 t-54.4z)$　A/m，$\beta=\sqrt{300}\pi$　rad/m

4－8　略

4－9　略

4－10　在 $x=0$ 处，$E_y=0, H_x=0, H_z=H_0\cos(kz-\omega t)$

在 $x=a$ 处，$E_y=0, H_x=0, H_z=-H_0\cos(kz-\omega t)$

$\boldsymbol{J}_{s0}=-\boldsymbol{a}_y\cos(kz-\omega t)$

4－11　略

第 5 章

5－1　$\boldsymbol{H}(z,t)=-2.65\boldsymbol{a}_x\sin(\omega t-\beta z)$　A/m

5－2　(1)$\varepsilon_r=2.25$　(2)$\boldsymbol{H}(x,t)=1.5\boldsymbol{a}_z\cos(10^9 t-5x)$　A/m

(3)$\boldsymbol{S}_{av}=282.75\boldsymbol{a}_x$　W/m²

5－3　$\boldsymbol{E}=(150\boldsymbol{a}_x-200\boldsymbol{a}_y)\cos(8\pi\times10^8 t-\frac{8\pi}{3}y+\frac{88\pi}{75}$　V/m

$\boldsymbol{H}=-(\frac{5}{3\pi}\boldsymbol{a}_x+\frac{5}{4\pi}\boldsymbol{a}_z)\cos(8\pi\times10^8 t-\frac{8\pi}{3}y+\frac{88\pi}{75}$　V/m

5－4　(1)$k=2\pi$ rad/m、$v_p=1.5\times10^8$ m/s、$\lambda=1$ m、$\eta=188.5\ \Omega$

(2)$\boldsymbol{E}(0,0)=8.66\times10^{-3}$ V/m

(3)$z=15$ m

5－5　$\mu_r=2, \varepsilon_r=8$

5－6　(1) 传播方向为 $\boldsymbol{a}_z$，$f=3$ GHz　(2) 左旋圆极化波

(3)$\boldsymbol{H}=-2.65\times10^{-7}\boldsymbol{a}_x e^{-j(20\pi z-\frac{\pi}{2})}+2.65\times10^{-7}\boldsymbol{a}_y e^{-j20\pi z}$ A/m

(4)$P_{av}=2.65\times10^{-11}$ W

5－7　$\mu_r=1.99, \varepsilon_r=1.13$

5－8　$\varepsilon_r=11.93, v_p=0.87\times10^8$ m/s

5－9　$v_p=1.35\times10^8$ m/s，$\varepsilon_r=4.94$

5－10　(1)$\boldsymbol{E}=40\boldsymbol{a}_x\cos(9\times10^9 t+30z)$ V/m，$\boldsymbol{H}=-\frac{1}{3\pi}\boldsymbol{a}_y\cos(9\times10^9 t+30z)$ A/m

(2)$f=1.43\times10^9$ Hz，$\lambda=0.21$ m

5－11　(1)$\beta=\frac{\pi}{30}$ rad/m，$y=2\pm n\frac{\lambda}{2}2.5$ m

(2)$\boldsymbol{E}=-1.508\times10^{-3}\boldsymbol{a}_x\cos(10^7\pi t-0.105y+\frac{\pi}{4})$V/m

5－12　(1)$f=3\times10^8$ Hz、$\lambda=1$ m、$\beta=2\pi$ rad/m、$v_p=3\times10^8$ m/s

(2)$\boldsymbol{E}(z,t)=96\pi(\boldsymbol{a}_x-\boldsymbol{a}_y\cos(6\pi\times10^8 t-2\pi z))$V/m

(3)$\boldsymbol{S}(z,t)=153.6\pi\boldsymbol{a}_z\cos^2(6\pi\times10^8 t-2\pi z)$ W/m²

5－13　(1)$\boldsymbol{a}_n = -0.375\boldsymbol{a}_x + 0.273\boldsymbol{a}_y + 0.886\boldsymbol{a}_z$

(2)$\varepsilon_r = 2.5$

(3)$\boldsymbol{E} = (4\boldsymbol{a}_x - \boldsymbol{a}_y + \boldsymbol{a}_z)10^3 e^{-\frac{j\pi}{300}}$，$\boldsymbol{H} = 4(6\boldsymbol{a}_x + 18\boldsymbol{a}_y - 3\boldsymbol{a}_z)e^{-\frac{j\pi}{300}\boldsymbol{a}_n}$

式中，$k = \frac{\pi}{3} \times 10^{-2}\sqrt{\varepsilon_r}$ rad/m

5－14　(1)$\boldsymbol{a}_n = -\frac{2}{3}\boldsymbol{a}_x + \frac{2}{3}\boldsymbol{a}_y + \frac{1}{3}\boldsymbol{a}_z$　(2)$\lambda = \frac{4}{3}$ m，$f = \frac{9}{4} \times 10^8$ Hz

(3)$\boldsymbol{E} = 377 \times 10^{-6}(-\frac{1}{3}\boldsymbol{a}_x - \frac{7}{6}\boldsymbol{a}_y + \frac{5}{3}\boldsymbol{a}_z)\cos[\frac{9\pi}{2} \times 10^8 - \pi(-x+y+0.5z)]$ V/m

(4)$\boldsymbol{S}_{av} = 1.7\pi \times 10^{-10}(-\boldsymbol{a}_x + \boldsymbol{a}_y + \frac{1}{2}\boldsymbol{a}_z)$ W/m^2

5－15　(1) $|\boldsymbol{E}| = 122.1$ V/m　(2) $|\boldsymbol{E}| = 98.8$ V/m　(3) $|\boldsymbol{E}| = 119.4$ V/m

5－16　$d = 155.5$ mm

5－17　略

5－18　$\boldsymbol{E}(\boldsymbol{r}) = E_0[\boldsymbol{a}_x - \frac{j}{\sqrt{2}}(\boldsymbol{a}_y - \boldsymbol{a}_z)]e^{-jkr}$

$\boldsymbol{H}(r) = \sqrt{\frac{\varepsilon}{\mu}}E_0(j\boldsymbol{a}_x + \frac{1}{\sqrt{2}}\boldsymbol{a}_y - \frac{1}{\sqrt{2}}\boldsymbol{a}_z)e^{-jkr}$

$\boldsymbol{E}(r,t) = E_0[\boldsymbol{a}_x\cos(\omega t - k \cdot r) + \boldsymbol{a}_y \frac{1}{\sqrt{2}}\cos(\omega t - k \cdot r - \frac{\pi}{2}) + \boldsymbol{a}_z \frac{1}{\sqrt{2}}\cos(\omega t - k \cdot r + \frac{\pi}{2})]$

$\boldsymbol{H}(r,t) = \sqrt{\frac{\varepsilon}{\mu}}E_0[\boldsymbol{a}_x\cos(\omega t - k \cdot r + \frac{\pi}{2}) + \boldsymbol{a}_y \frac{1}{\sqrt{2}}\cos(\omega t - k \cdot r) - \boldsymbol{a}_z \frac{1}{\sqrt{2}}\cos(\omega t - k \cdot r)]$

5－19　$\boldsymbol{a}_n = (\sqrt{6}, \frac{\sqrt{6}}{3}, \frac{\sqrt{6}}{3})$，$\omega = 9.95 \times 10^8$ rad/s，直线极化波，

$\boldsymbol{H}(\boldsymbol{r}, t \frac{-3\boldsymbol{a}_x + \boldsymbol{a}_y + \boldsymbol{a}_z}{\sqrt{11}}) = 8 \times 10^{-3}(-\boldsymbol{a}_x + 4\boldsymbol{a}_y - 7\boldsymbol{a}_z)\cos(9.95 \times 10^8 t + 3x - y - z)$ A/m

5－20　$\boldsymbol{a}_n = \frac{1}{\sqrt{5}}(2\boldsymbol{a}_x - \boldsymbol{a}_y)$，$\lambda = 2.81$ m，左旋圆极化波，

$\boldsymbol{H}(\boldsymbol{r}) = \frac{1}{120\pi}(-j\boldsymbol{a}_x + j2\boldsymbol{a}_y + \sqrt{5}\boldsymbol{a}_z)e^{-j(2x-y)}$ A/m

5－21　略

5－22　(1)$\alpha = 83.9$ Np/m，$\beta \approx 300\pi$ rad/m，$\eta_c = 41.56e^{-j0.028\pi}$ Ω，$v_p = 0.333 \times 10^8$ m/s，$\lambda = 6.67 \times 10^{-3}$ m，$\delta = 11.92 \times 10^{-3}$ m

(2)$y = 27.4 \times 10^{-3}$ m

(3)$\boldsymbol{H}(y,t)=0.1\boldsymbol{a}_x\mathrm{e}^{-83.9y}\sin(10^{10}\pi t-300\pi y-\frac{\pi}{3})$ A/m

$\boldsymbol{E}(y,t)=\boldsymbol{a}_z4.156\mathrm{e}^{-83.9y}\sin(10^{10}\pi t-300\pi y-\frac{\pi}{3}+0.028\pi)$ V/m

5－23 $f=10$ kHz时：$\alpha=0.396$ Np/m，$\lambda=15.87$ m，$\eta_c=0.099(1+\mathrm{j})\Omega$

$f=100$ kHz时：$\alpha=1.26$ Np/m，$\lambda=5$ m，$\eta_c=0.314(1+\mathrm{j})\Omega$

$f=1$ MHz时：$\alpha=3.96$ Np/m，$\lambda=1.587$ m，$\eta_c=0.99(1+\mathrm{j})\Omega$

$f=10$ MHz时：$\alpha=12.6$ Np/m，$\lambda=0.5$ m，$\eta_c=3.14(1+\mathrm{j})\Omega$

$f=100$ MHz时：$\alpha=37.57$ Np/m，$\lambda=0.149$ m，$\eta_c=14.05\mathrm{e}^{\mathrm{j}41.8^\circ}\Omega$

$f=1$ GHz时：$\alpha=69.12$ Np/m，$\lambda=0.03$ m，$\eta_c=36.5\mathrm{e}^{\mathrm{j}20.8^\circ}\Omega$

5－24 右旋椭圆极化波

5－25 (1)$x=1.395$ m

(2)$\eta_c=238.44\mathrm{e}^{\mathrm{j}0.286^\circ}\Omega$，$\lambda=0.063$ m，$v_p=1.89\times10^8$ m/s

(3)$\boldsymbol{H}(x,t)=0.21\boldsymbol{a}_z\mathrm{e}^{-0.497x}\sin(6\pi\times10^9t-31.6\pi x+\frac{\pi}{3}-0.0016\pi)$ A/m

5－26 (1)$\sigma=0.99\times10^5$ S/m (2)$z=1.75\times10^{-4}$ m

5－27 0.211 m

第6章

6－1 (1)$\boldsymbol{E}^+=\boldsymbol{a}_y6\times10^{-3}\cos(2\pi\times10^8t-\frac{2\pi}{3}x)$ V/m

(2)$\boldsymbol{E}^-=-\boldsymbol{a}_y6\times10^{-3}\cos(2\pi\times10^8t+\frac{2\pi}{3}x)$ V/m

(3)$\boldsymbol{E}=\boldsymbol{a}_y12\times10^{-3}\sin\left(\frac{2\pi}{3}x\right)\sin(2\pi\times10^8t)$ V/m

6－2 (1)$\boldsymbol{H}^+=\boldsymbol{a}_y\frac{5}{12\pi}\cos(\omega t-\beta z)$ (2)$\boldsymbol{E}^-=-\boldsymbol{a}_x50\cos(\omega t+\beta z)$

(3)$\boldsymbol{E}=\boldsymbol{a}_x100\sin\omega t\sin\beta z$

6－3 (1)$\boldsymbol{E}^-=-\frac{1}{3}(\boldsymbol{a}_y+\mathrm{j}\boldsymbol{a}_z)E_0\mathrm{e}^{\mathrm{j}\beta x}$ V/m，$\boldsymbol{E}^\mathrm{T}=\frac{2}{3}(\boldsymbol{a}_y+\mathrm{j}\boldsymbol{a}_z)E_0\mathrm{e}^{-\mathrm{j}2\beta x}$ V/m

(2) 反射波为右旋圆极化波，透射波为左旋圆极化波

6－4 (1)$\boldsymbol{E}^-=-E_0(\boldsymbol{a}_x-\mathrm{j}\boldsymbol{a}_y)\mathrm{e}^{\mathrm{j}\beta z}$，$\boldsymbol{E}_{合成}=-2E_0(\mathrm{j}\boldsymbol{a}_x+\boldsymbol{a}_y)\sin\beta z$

(2) 入射波：右旋圆极化；反射波：左旋圆极化

(3)$\boldsymbol{J}=\frac{E_0}{60\pi}(\boldsymbol{a}_x-\mathrm{j}\boldsymbol{a}_y)$ A/m

6－5 (1) $\frac{\varepsilon_{r1}}{\varepsilon_{r2}}=3.7$ 或者 0.27 (2) $\frac{\varepsilon_{r1}}{\varepsilon_{r2}}=1442$ 或者 6.935×10^{-4}

6－6 (1)$\theta_c=6.38^\circ$ (2)$R=\mathrm{e}^{\mathrm{j}38^\circ}$，$T=1.89\mathrm{e}^{\mathrm{j}19^\circ}$

6－7 (1)$\boldsymbol{E}=E_0(-\boldsymbol{a}_z0.866+\boldsymbol{a}_x0.5)\mathrm{e}^{-\mathrm{j}2\pi(0.5z+0.866x)}$

(2)$\boldsymbol{H}=\boldsymbol{a}_y \dfrac{E_0}{120\pi}e^{-j2\pi(0.5z+0.866x)}$

(3)$R_{//}=0.052, T_{//}=0.526$

6－8　(1)$\boldsymbol{E}^+=\boldsymbol{a}_x E_0 e^{\frac{-j2\pi z}{3}}$　(2)$\boldsymbol{H}^+=\boldsymbol{a}_y \dfrac{E_0}{120\pi}e^{\frac{-j2\pi z}{3}}$　(3)$R_\perp=-\dfrac{1}{3}, T_\perp=\dfrac{2}{3}$

(4)$\boldsymbol{E}=\boldsymbol{a}_x\left(E_0 e^{\frac{-j2\pi z}{3}}-\dfrac{1}{3}e^{\frac{j2\pi z}{3}}\right)$　(5)$\boldsymbol{E}^{\mathrm{T}}=\boldsymbol{a}_x \dfrac{2}{3}E_0 e^{\frac{-j8\pi z}{3}}$

6－9　$\boldsymbol{S}_{\mathrm{av}}=\boldsymbol{a}_z \dfrac{5E_0^2}{240\pi}$

6－10　垂直极化反射波振幅为 0.5 V/m ,垂直极化折射波振幅为 0.5 V/m;

平行极化反射波振幅为 0,平行极化反射波振幅为$\dfrac{\sqrt{3}}{3}$V/m

6－11　$\dfrac{E(\lambda_2)}{E(0)}=e^{-k_2 a\lambda_2}=e^{-2\pi\times 0.633}=0.0188$

6－12　(1)$\varepsilon_r=9$　(2)$S_{\mathrm{av}}^-=\dfrac{1}{4}$ W/m^2,$S_{\mathrm{av}}^{\mathrm{T}}=\dfrac{3}{4}$ W/m^2

6－13　$\theta_i=\theta_B=\arctan\dfrac{\sqrt{\varepsilon_2}}{\sqrt{\varepsilon_1}}=30°$

6－14　63.4°

6－15　$\varepsilon_r=3$

第 7 章

7－1　微波传输线按其所传输电磁波的性质大致可分为三种类型:第一类是双导体传输线(或 TEM 波传输线),主要包括平行双线、同轴线、带状线和微带线等;第二类是单导体传输线(或色散波传输线),主要包括矩形波导、圆波导、脊形波导和椭圆波导等;第三类是介质传输线(或表面波传输线),主要包括镜像线、介质线和介质波导等。

7－2　集总参数电路:电路的几何尺寸比工作波长小得多,电路系统中的电压、电流是同时建立起来的,电压、电流有明确的物理意义。

分布参数电路:电路几何尺寸与工作波长可比拟或远大于工作波长,电压、电流已明确的物理意义。

7－3　均匀无耗传输线:截面尺寸、形状、介质分布、材料及边界条件均不变的规则无耗导波系统。

传输线方程:$\dfrac{dU(z)}{dz}=ZI(z)$, $\dfrac{dI(z)}{dz}=YU(z)$。

传输线方程的物理意义:传输线上电压的变化是由串联阻抗的降压作用造成的,而电流的变化是由并联导纳的分流作用造成的。

7－4　长线、短线

7－5　$Z_0=50\ \Omega$。

7－6　$Z_0=43.9\ \Omega, \lambda=0.67\ \text{m}$

7－7　电压复振幅为 $U(z_1)=-\text{j}18$

电流复振幅为 $I(z_1)=-\text{j}0.22$

电压瞬时值表示式为 $u(z_1,t)=18\sin\omega t$

电流瞬时值表示式为 $i(z_1,t)=0.22\sin\omega t$

7－8　负载反射系数为 $\Gamma_{\text{L}}=\frac{1}{3}$

$Z_{\text{in}}(z=0.2\lambda)=29.43\angle-23.79°\ \Omega, \Gamma(z=0.2\lambda)=\frac{1}{3}\text{e}^{-\text{j}0.8\pi}$

$Z_{\text{in}}(z=0.25\lambda)=25\ \Omega, \Gamma(z=0.25\lambda)=-\frac{1}{3}$

$Z_{\text{in}}(z=0.5\lambda)=100\ \Omega, \Gamma(z=0.5\lambda)=\frac{1}{3}$

7－9　(1) 传输线的实际长度为 $l=0.5\ \text{m}$

(2) 负载终端反射系数为 $\Gamma_{\text{L}}=-\frac{49}{51}$

(3) 输入端反射系数为 $\Gamma_{\text{in}}=\frac{49}{51}$

(4) 输入端阻抗为 $Z_{\text{in}}=2\ 500\ \Omega$

7－10　略

7－11　反射系数为 $\Gamma_{\text{in}}=1$，输入阻抗为 $Z_{\text{in}}\rightarrow\infty$

7－12　电压波腹处的输入阻抗为 $Z_{\max}=75\ \Omega$

电压波节处的输入阻抗为 $Z_{\min}=33.33\ \Omega$

7－13　$\Gamma_{\text{L}}=-0.2\text{j}$

7－14　终端电压反射系数为 $\Gamma_{\text{L}}=-0.2$

传输线特性阻抗为 $Z_0=150\ \Omega$

距终端最近的一个电压波腹点的距离为 $l_{\min}=0.075\ \text{m}$

7－15　终端反射系数为 $\Gamma_{\text{L}}=\frac{1}{3}$

负载阻抗为 $Z_{\text{L}}=100\ \Omega$

7－16　负载阻抗为 $Z_{\text{L}}=42.5-\text{j}22.5(\Omega)$

短路分支线的并接位置为 $z=0.016\lambda$

分支线的最短长度为 $l=0.174\lambda$

7－17　特性阻抗为 $Z_{01}=214.46\ \Omega$，离终端的距离为 $l=0.043\lambda$

7－18　在终端并接的情况：特性阻抗为 $Z_{01}=88.38\ \Omega$，短路线长度为 $l=0.287\lambda$

在 $\frac{\lambda}{4}$ 阻抗变换器前并接的情况：特性阻抗为 $Z_{01}=70.7\ \Omega$，短路线长度为 $l=0.148\lambda$

7－19　负载阻抗为 $Z_{\text{L}}=322.87-\text{j}736.95(\Omega)$

支节的位置为 $z=0.22\lambda$

支节的长度为 $l=0.42\lambda$

7－20　始端输入阻抗为 $Z_{in}=18+j24(\Omega)$

始端输入导纳为 $Y_{in}=0.02-j0.026(S)$

7－21　负载阻抗为 $Z_L=360-j400(\Omega)$

7－22　负载阻抗为 $Z_L=136.25-j231.25(\Omega)$

7－23　驻波比为 $\rho=1.79$

7－24　终端反射系数为 $\Gamma_L=\frac{2}{3}e^{j\frac{\pi}{3}}$

负载阻抗为 $Z_L=35.71+j74.23(\Omega)$

第 8 章

8－1　电磁波按照其电场和磁场纵向分量的有无可分为TEM波、TE波、TM波。既无纵向电场又无纵向磁场($\boldsymbol{E}_z=0,\boldsymbol{H}_z=0$)，而只有横向电场和磁场的电磁波称为横电磁波，简称 TEM 波；只有纵向磁场而无纵向电场($\boldsymbol{E}_z=0,\boldsymbol{H}_z\neq0$) 的电磁波称为横电波(电场纯横向波)，简称TE波，又称M波；只有纵向电场而无纵向磁场($\boldsymbol{E}_z\neq0,\boldsymbol{H}_z=0$) 的电磁波称为横磁波(磁场纯横向波)，简称 TM 波，又称 E 波。

空心金属波导内不能存在 TEM 波。因为如果规则金属波导内部存在 TEM 波，则要求磁场应完全在波导的横截面内，而且是闭合曲线。由麦克斯韦方程可知，闭合曲线上磁场的积分应等于与曲线相交链的电流。由于规则金属波导中不存在轴向即传播方向的传导电流，故必然应有传播方向的位移电流。由位移电流的定义式 $\boldsymbol{J}_d=\frac{\partial \boldsymbol{D}}{\partial t}$ 可知在传播方向有电场存在，而这与 TEM 波的定义相互矛盾，所以规则金属波导内不能传输 TEM 波。

8－2　$\lambda_{cTE10}=120$ mm，$\lambda_{cTE01}=80$ mm，$\lambda_{cTE11}=\lambda_{cTM11}=66.56$ mm；矩形波导中只能传输主模 TE_{10}，其波导波长、相移常数、群速和波阻抗分别为 $\lambda_g=180.91$ mm，$\beta=34.71$，$v_g=1.66\times10^8$ m/s，$Z_{TE10}=681.66\ \Omega$。

8－3　$\lambda=60$ mm的信号不能传输；$\lambda=40$ mm的信号能传输，工作在主模 TE_{10} 模式下；$\lambda=20$ mm 的信号能传输，存在 TE_{10}、TE_{20}、TE_{01} 三种模式。

8－4　$$\lambda=\frac{2\pi}{k}=\frac{2\pi}{\sqrt{k_c^2+\beta^2}}=\frac{2\pi}{\sqrt{\left(\frac{2\pi}{\lambda_c}\right)^2+\left(\frac{2\pi}{\lambda_g}\right)^2}}=\frac{\lambda_c\lambda_g}{\sqrt{\lambda_c^2+\lambda_g^2}}$$

8－5　$$\frac{f_{cer}}{f_c}=\frac{\dfrac{k_c}{2\pi\sqrt{\mu_0\varepsilon_0\varepsilon_r}}}{\dfrac{k_c}{2\pi\sqrt{\mu_0\varepsilon_0}}}=\frac{1}{\sqrt{\varepsilon_r}}$$

8－6　(1) 可传输的模式为 TE_{10}

(2)$\lambda_{cTE10}=46$ mm，$\beta=158.8$，$\lambda_g=39.5$ mm，$v_p=3.95\times10^8$ m/s

8－7　(1)$k_c=68.26$　(2)3.26 GHz $<f<$ 6.52 GHz

8－8　$\lambda_g=21.8$ cm，$\lambda=12$ cm

8－9　(1)$\lambda_{cTE10}=45.72\ \text{mm}, \lambda_g=40\ \text{mm}, Z_{TE10}=499.26\ \Omega$

(2)$\lambda_{cTE10}=91.44\ \text{mm}, \lambda_g=32\ \text{mm}, Z_{TE10}=398.78\ \Omega$，只能传输 TE_{10} 模

(3)$\lambda_{cTE10}=45.72\ \text{mm}, \lambda_g=40\ \text{mm}, Z_{TE10}=499.26\ \Omega$，只能传输 TE_{10} 模

8－10　$\varepsilon_r'=1.6, l=6.725\ \text{mm}$

第9章

9－1～9－8　略

9－9　$\overline{Z}_{11}=\overline{Z}_{22}=0, \overline{Z}_{12}=\overline{Z}_{21}=-\text{j}, \overline{Y}_{11}=\overline{Y}_{22}=0,$

$\overline{Y}_{12}=\overline{Y}_{21}=\text{j}, S_{11}=S_{22}=0, S_{12}=S_{21}=-\text{j}$

9－10　$[S]=\begin{bmatrix}-\text{j}0.2 & \pm 0.98\\ \pm 0.98 & -\text{j}0.2\end{bmatrix}$

9－11　$[A]=\begin{bmatrix}\cos\theta-BZ_0\sin\theta & \text{j}Z_0\sin\theta\\ \text{j}\sin\theta/Z_0+2\text{j}B\cos\theta-\text{j}B^2Z_0\sin\theta & \cos\theta-BZ_0\sin\theta\end{bmatrix}$

9－12　$[S]=\begin{bmatrix}-\dfrac{\overline{Y}}{2+\overline{Y}} & \dfrac{2}{2+\overline{Y}}\\ \dfrac{2}{2+\overline{Y}} & -\dfrac{\overline{Y}}{2+\overline{Y}}\end{bmatrix}$

9－13　$[S]=\begin{bmatrix}-\dfrac{\overline{Y}}{2+\overline{Y}}e^{-\text{j}2\theta_2} & \dfrac{2}{2+\overline{Y}}e^{-\text{j}(\theta_1+\theta_2)}\\ \dfrac{2}{2+\overline{Y}}e^{-\text{j}(\theta_1+\theta_2)} & -\dfrac{\overline{Y}}{2+\overline{Y}}e^{-\text{j}2\theta_2}\end{bmatrix}$

9－14　略

9－15　$\Gamma_{in}=S_{11}+\dfrac{S_{12}S_{21}\Gamma_1}{1-S_{22}\Gamma_1}$

9－16　$\theta=\pi, A=0.175\ \text{dB}, T=0.98e^{\text{j}\pi}, \rho=1.5$

9－17　$\rho=\dfrac{1}{2}(3+\sqrt{5})$

9－18　$[S']=\begin{bmatrix}S_{11}e^{-\text{j}2\beta l_1} & S_{12}e^{-\text{j}\beta l_1}\\ S_{21}e^{-\text{j}\beta l_1} & S_{22}\end{bmatrix}$

9－19　$[S']=\begin{bmatrix}S_{11} & S_{12}\\ S_{21} & S_{22}\end{bmatrix}$

9－20　$[S']=\begin{bmatrix}S_{11} & S_{12} & -S_{13}\\ S_{21} & S_{22} & -S_{23}\\ -S_{31} & -S_{32} & S_{33}\end{bmatrix}$

9－21　$S_{11}=S_{22}=2/3, S_{12}=S_{21}=\pm 1/3$

第 10 章

10－1　$b_1=0.57\ \text{cm}$ 或 $b_1=1.75\ \text{cm}$

10－2　螺钉的位置：$z=1.14\ \text{cm}$，归一化电纳值：$b=-1.3173$

10－3　因为$\dfrac{P_2}{P_3}=\dfrac{1}{k^2}=\dfrac{1}{4}$，所以 $k=2$

$$Z_{02}=Z_0\sqrt{k(1+k^2)}=100\sqrt{10}\ \Omega \text{ 或 } 316.23\ \Omega$$

$$Z_{03}=Z_0\sqrt{(1+k^2)/k^3}=25\sqrt{10}\ \Omega \text{ 或 } 79.06\ \Omega$$

$$R=Z_0\,\frac{1+k^2}{k}=250\ \Omega$$

$$P_2=\frac{1}{5}P_1=30\ \text{mW},\ P_3=\frac{4}{5}P_1=120\ \text{mW}$$

10－4　答：① 由 $S_{11}=S_{22}=S_{33}=0$ 知此元件的三个端口都是匹配的；② 由 $S_{23}=S_{32}=0$ 知此元件的端口 ② 和端口 ③ 是相互隔离的；③ 由 $S_{ij}=S_{ji}(i,j=1,2,3)$ 知此元件是互易的；④ 由 $S_{11}=S_{22}=S_{33}$ 知此元件是对称的；⑤ 由$[S]^+[S]\neq[I]$知此元件是有耗元件。由以上性质可知此元件是一个不等分的电阻性功率分配元件。

10－5　① 理想衰减器：$[S]=\begin{bmatrix}0 & e^{-\alpha l}\\ e^{-\alpha l} & 0\end{bmatrix}$

② 理想相移器：$[S]=\begin{bmatrix}0 & e^{-j\theta}\\ e^{-j\theta} & 0\end{bmatrix}$

③ 理想环形器：$[S]=\begin{bmatrix}0 & 0 & e^{j\theta}\\ e^{j\theta} & 0 & 0\\ 0 & e^{j\theta} & 0\end{bmatrix}$

10－6　$[S]=\dfrac{1}{\sqrt{2}}\begin{bmatrix}0 & 0 & 1 & 1\\ 0 & 0 & 1 & -1\\ 1 & 1 & 0 & 0\\ 1 & -1 & 0 & 0\end{bmatrix}$

(1) 四端口完全匹配；

(2) 端口 ① 与端口 ② 对称；

(3) 当端口 ③ 为激励端口时，端口 ① 与 ② 有等幅同相波输出，端口 ④ 隔离；

(4) 当端口 ④ 为激励端口时，端口 ① 与 ② 有等幅反相波输出，端口 ③ 隔离；

(5) 当端口 ① 或 ② 为激励端口时，端口 ③ 与 ④ 等幅输出，端口 ② 或 ① 隔离；

(6) 当端口 ① 与 ② 同时激励时，端口 ③ 输出两信号相量和的$\dfrac{1}{\sqrt{2}}$倍，端口 ④ 输出两信号相量差的$\dfrac{1}{\sqrt{2}}$倍。

10－7　直通端口 ② 的输出功率为 $P_2=24.9875\ \text{W}$，

耦合端口 ③ 的输出功率为 $P_3=0.0125$ W

10－8　因为$\dfrac{P_2}{P_3}=\dfrac{1}{k^2}=\dfrac{1}{4}$,所以 $k=2$

$$Z_{02}=Z_0\sqrt{k(1+k^2)}=50\sqrt{10}\,\Omega \text{ 或 } 158.11\ \Omega$$

$$Z_{03}=Z_0\sqrt{(1+k^2)/k^3}=\frac{25\sqrt{10}}{2} \text{ 或 } 39.53\ \Omega$$

$$R=Z_0\,\frac{1+k^2}{k}=125\ \Omega$$

$$P_2=\frac{1}{5}P_1=40\ \text{mW},P_3=\frac{4}{5}P_1=160\ \text{mW}$$

10－9　答:输入电压信号从端口 ① 经 A 点输入，则到达 D 点的信号有两路。一路是由分支线 $A\to D$ 直达，其波行程为 $\lambda_g/4$;另一路由 $A\to B\to C\to D$，波行程为 $3\lambda_g/4$;故两条路径到达的波行程差为 $\lambda_g/2$,相应的相位差为 π，即方向相反。 因此若选择合适的特性阻抗，使到达的两路信号的振幅相等，则端口 ④ 处的两路信号相互抵消，从而实现隔离。

同理,由 $A\to C$ 的两路信号为同相信号，故在端口 ③ 有耦合输出信号，即端口 ③ 为耦合端。耦合端输出信号的大小同样取决于各线的特性阻抗。

10－10　定向耦合器的定向度:$D=33$ dB

10－11　(1) $[S]=\dfrac{1}{\sqrt{2}}\begin{bmatrix}0 & 0 & 1 & 1\\ 0 & 0 & 1 & -1\\ 1 & 1 & 0 & 0\\ 1 & -1 & 0 & 0\end{bmatrix}$

所以$[b]=[S][a]$

所以 $b_1=\dfrac{1}{\sqrt{2}}(a_3+a_4),b_2=\dfrac{1}{\sqrt{2}}(a_3-a_4)$,

$b_3=\dfrac{1}{\sqrt{2}}(a_1+a_3),b_4=\dfrac{1}{\sqrt{2}}(a_1-a_2)$

因为 $a_4=0,\Gamma_1=\dfrac{a_1}{b_1},\Gamma_2=\dfrac{a_2}{b_2}$

所以 $b_1=\dfrac{1}{\sqrt{2}}a_3,b_2=\dfrac{1}{\sqrt{2}}a_3$

因为 $P_4=\dfrac{1}{2}\mid b_4\mid^2,P_3=\dfrac{1}{2}\mid a_3\mid^2$

所以 $P_4=\dfrac{1}{4}\mid\Gamma_1-\Gamma_2\mid^2P_3$

(2)$P_4=0.1$ W$=10$ mW

(3)$\Gamma_1=\Gamma_2=0$ 时,$P_4=0,b_4=\dfrac{1}{2}(\Gamma_1-\Gamma_2)a_3$

结论:端口 ① 和端口 ② 接匹配负载时,端口 ③ 与端口 ④ 相互隔离。

10－12　答:输入电压信号从端口 ① 输入，则到达端口 ② 和端口 ④ 的信号分别有

两路。顺时针一路的波行程分别为 $5\lambda_g/4$ 和 $\lambda_g/4$，逆时针一路的波行程分别为 $5\lambda_g/4$ 和 $\lambda_g/4$，故两条路径到达的波行程差 $\Delta l=\frac{5\lambda_g}{4}-\frac{\lambda_g}{4}=\lambda_g$，相应的相位差为 2π，即相位同向，又因为两路信号的振幅相等，则端口 ② 和端口 ④ 处的两路信号相互叠加，从而实现等幅同向输出。

同理，输入电压信号从端口 ① 输入，则到达端口 ③ 的信号分别有两路，其中顺时针一路的波行程为 λ_g，逆时针一路的波行程为 $\lambda_g/2$，故两条路径到达的波行程差 $\Delta l=\lambda_g-\frac{\lambda_g}{4}=\frac{\lambda_g}{2}$，相应的相位差为 π，即相位反向，又因为两路信号的振幅相等，则端口 ③ 处的两路信号相互抵消，无输出，即端口 ③ 为隔离端。

10－13　证明：由 $\frac{P_4}{P_3}=\frac{|b_4|^2}{|a_3|^2}$，

$$\begin{bmatrix}b_1\\b_2\\b_3\\b_4\end{bmatrix}=\frac{1}{\sqrt{2}}\begin{bmatrix}0&0&1&1\\0&0&1&-1\\1&1&0&0\\1&-1&0&0\end{bmatrix}\begin{bmatrix}a_1\\a_2\\a_3\\a_4\end{bmatrix},$$

$a_1=\Gamma b_1, a_2=\Gamma_2 b_2, b_4=\frac{1}{2}a_3(\Gamma_1-\Gamma_2)$，得

$$\frac{|b_4|^2}{|a_3|^2}=\frac{1}{4}|\Gamma_1-\Gamma_2|^2=\frac{1}{4}(\Gamma_1-\Gamma_2)(\Gamma_1-\Gamma_2)^*$$

第 11 章

略

参 考 文 献

[1] 杨儒贵. 电磁场与电磁波教学指导书[M]. 2 版. 北京:高等教育出版社，2008.
[2] 吴群. 微波工程技术[M]. 哈尔滨:哈尔滨工业大学出版社，2005.
[3] 边莉，周喜权. 电磁场与电磁波[M]. 哈尔滨:哈尔滨工业大学出版社，2009.
[4] 张洪欣，沈远茂，韩宇南. 电磁场与电磁波[M]. 北京:清华大学出版社，2013.
[5] 焦其祥. 电磁场与电磁波[M]. 2 版. 北京:科学出版社,2010.
[6] 王家礼,朱满座,路宏敏,等. 电磁场与电磁波[M]. 3 版. 西安:西安电子科技大学出版社，2000.
[7] 张洪欣，沈远茂，张鑫. 电磁场与电磁波教学、学习与考研指导[M]. 北京:清华大学出版社，2014.
[8] 沈熙宁. 电磁场与电磁波[M]. 北京:科学出版社,2006.
[9] CHENG D K. Field and Wave Electromagnetics [M]. New York: Addison Wesley, 2007.
[10] 刘学观，郭辉萍. 微波技术与天线[M]. 3 版. 西安:西安电子科技大学出版社，2012.
[11] 边莉. 微波技术基础及应用[M]. 哈尔滨:哈尔滨工业大学出版社，2009.
[12] 吕善伟. 微波工程基础[M]. 北京:北京航空航天大学出版社,1995.
[13] 谢处方，饶克谨. 电磁场与电磁波[M]. 4 版. 北京:高等教育出版社，2006.
[14] 郭辉萍，刘学观. 电磁场与电磁波[M]. 4 版. 西安:西安电子科技大学出版社，2015.
[15] 黄玉兰,电磁场与微波技术[M]. 2 版. 北京:人民邮电出版社,2012.
[16] 王家礼,朱满座,路宏敏,等. 电磁场与电磁波学习指导[M]. 西安:西安电子科技大学出版社，2011.
[17] 吴群，宋朝晖. 微波技术[M]. 2 版. 哈尔滨:哈尔滨工业大学出版社，2010.
[18] 冯恩信. 电磁场与电磁波[M]. 3 版. 西安:西安交通大学出版社,2010.
[19] 钟顺时. 天线理论与技术[M]. 北京:电子工业出版社，2011.
[20] JIN A K. Electromagnetic Wave Theory[M]. New York: Wiley,1986.
[21] 邱景辉,李在清,王宏,等. 电磁场与电磁波[M]. 3 版. 哈尔滨:哈尔滨工业大学出版社，2008.
[22] 周希朗. 电磁场理论与微波技术基础[M]. 南京:东南大学出版社,2010.
[23] 陈艳华，李朝晖，夏玮. ADS 应用详解[M]. 北京:人民邮电出版社，2008.
[24] 徐兴福. ADS2008 射频电路设计与仿真实例[M]. 北京:电子工业出版社，2009.
[25] 马海武，王丽黎，赵仙红. 电磁场理论[M]. 北京:北京邮电大学出版社,2004.
[26] 沈俐娜. 电磁场与电磁波[M]. 武汉:华中科技大学出版社,2009.
[27] 曹伟，徐立勤. 电磁场与电磁波理论[M]. 2 版. 北京:科学出版社,2010.